Kurven erkunden und verstehen

Dörte Haftendorn

Kurven erkunden und verstehen

Mit GeoGebra und anderen Werkzeugen

Dörte Haftendorn
Institut für Mathematik und ihre Didaktik
Leuphana Universität Lüneburg
Lüneburg, Deutschland

ISBN 978-3-658-14748-8 ISBN 978-3-658-14749-5 (eBook)
DOI 10.1007/978-3-658-14749-5

Die Deutsche Nationalbibliothek verzeichnet diese Publikation in der Deutschen Nationalbibliografie; detaillierte bibliografische Daten sind im Internet über http://dnb.d-nb.de abrufbar.

Springer Spektrum

Planung: Ulrike Schmickler-Hirzebruch

Gedruckt auf säurefreiem und chlorfrei gebleichtem Papier.

Springer Spektrum ist Teil von Springer Nature
Die eingetragene Gesellschaft ist Springer Fachmedien Wiesbaden GmbH
Die Anschrift der Gesellschaft ist: Abraham-Lincoln-Strasse 46, 65189 Wiesbaden, Germany

Vorwort

Mathematik ist wunderbar! Wirklich kann man sich über die Schönheit und Vielfalt der mathematischen Kurven nur wundern. Man kann staunen, wie einfach sie sich heute geometrisch mit Computermöglichkeiten erzeugen lassen, wie viele Freiheiten man beim Variieren hat, wie wenige elementare mathematischen Fähigkeiten man für interessante Ergebnisse braucht, wie viele mathematische Kompetenzen man an ihnen entwickeln kann.

Ich empfinde es als „unendlich schade", dass heute im Dienst befindliche Lehrende die „Kegelschnitte", geschweige denn die „Höheren Kurven", gar nicht mehr aus eigener Schulzeit kennen. Zumindest gilt das für Deutschland. Nun aber gibt es kräftige Werkzeuge, allen voran das frei verfügbare GeoGebra, die alle Wünsche erfüllen können, die man an eine nachhaltige, von den Lernenden mitgestaltete Lehre von Mathematik stellt. Es geht nicht darum, das historische Wissen über Kurven auszubreiten, sondern darum, dass Kurven durch ihre eindrücklichen Konstruktionen und Visualisierungen Fragen aufwerfen, die dann das Lernen mathematischen „Handwerks" mit Sinn erfüllen. Dazu zählen sowohl elementargeometrische Argumentationen, als auch Repräsentationen der Kurven im kartesischen Koordinatensystem, Verwendung von Parameter- und Polargleichungen und die entsprechenden Beweise.

Ziel des Buches ist es, eine zeitgemäße Gesamtdarstellung zu Kegelschnitten und höheren Kurven zu bieten, die der mathematischen Ausbildung, vor allem in den Lehrämtern, neue Impulse geben soll. Einzelne Aspekte können für Vorlesungen, Seminare, Hausarbeiten, Projekte, Begabtenförderung und ganz normale Klassen und Kurse vom 8. Schuljahr bis zum 8. Semester, ja bis in hohe Alter interessierter Laien, herausgegriffen werden. Entsprechende Hilfen gibt Kapitel 10. Schwerpunkt ist, wie der Titel verspricht: **Kurven erkunden und verstehen**.

Auf der Website zum Buch `http://www.kurven-erkunden-und-verstehen.de` sind die interaktiven Dateien zu finden. Weitere Kurven und ausführliche Rechnungen, für die im Buch der Platz nicht reichte, bieten Ihnen Anregungen zum Vertiefen. Auch die Aufgabenlösungen stehen dort.

Für die Anregung Mitte der 90er Jahre, mich in der Schule und dann in der Hochschule mit Kurven zu befassen, danke ich Hans Schupp und Thomas Weth. Der internationalen, kreativen GeoGebra-Community unter ihrem *spiritus rector* Markus Hohenwarter verdanke ich das geniale Werkzeug für dieses Buch. Dem Springer Spektrum Verlag ist zu danken für die großzügige Ausstattung mit vielen, ausschließlich farbigen Bildern.

Mein besonderer Dank gilt meinem Kollegen Dieter Riebeseh1, der selbst Freude am freien Erkunden hatte. Sein fundierter mathematischer Rat und seine stete Gesprächsbereitschaft waren hilfreich.

Meinem Mann Roland Weissbach danke ich für seine Geduld und Unterstützung.

Lüneburg im August 2016,
Dörte Haftendorn

Inhaltsverzeichnis

Aufgabenverzeichnis

1 Einleitung

Übersicht

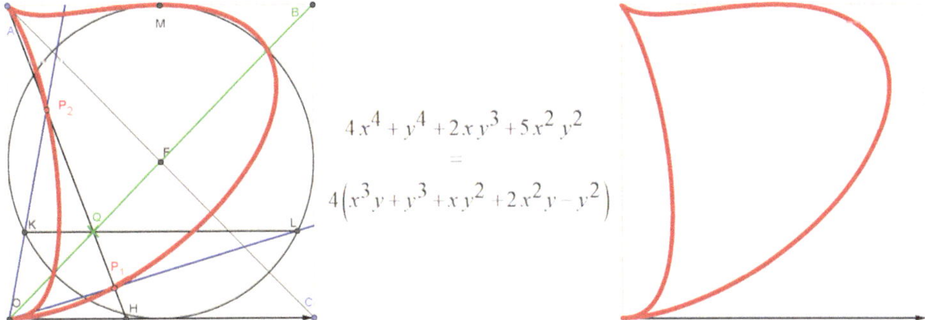

Abb. 1.1 Die D-Kurve, ihre Konstruktion, ihre Gleichung und das D als pure Kurve. Näheres siehe Abschnitt 5.1.1. Konstruktion aus [Wieleitner 1919].

In diesem Buch werden Geometrie und Gleichungen miteinander verbunden, wie es die einleitende Abbildung zeigt. Diesen Bogen von der konstruierenden Geometrie der Griechen zu Darstellungen in einem kartesischen Koordinatensystem haben als Erste die Mathematiker der Barockzeit geschlagen. Später wurden die immer weiter entwickelten Methoden der Analysis auf Kurven angewendet, bis – vor allem im 19. Jahrhundert – mit Hilfe von ursprünglich geometrischen Kurven technische Probleme gelöst wurden.

Im Zuge der theoretischen Fundierung von Mathematik und dem Ausbau der Algebra im 20. Jahrhundert trat die Beschäftigung mit Kurven in den Hintergrund, schließlich verschwand sie in den siebziger Jahre fast völlig aus den Lehrplänen der Schulen. Allenfalls interessierte man sich noch für die Kegelschnitte.

Eine Wende hätte mit dem Aufkommen der Computer eintreten können. Insbesondere Dynamische Geometriesysteme und Software, die jeden zu einer Kurve gehörigen Gleichungstyp problemlos in einen Graphen der Kurve verwandeln, sind geeignet, dieses reichhaltige mathematische Gebiet didaktisch neu zu durchdringen und für vertieftes Mathematik-Lehren und -Lernen aufzubereiten. Zwei breit angelegte Bücher,

[Schupp 1988] und [Schupp und Dabrock 1995], haben dieses vor mehr als 20 Jahren zu leisten versucht, mussten aber noch auf Programmierung in damaligen Computersprachen zurückgreifen. Einige Autoren haben in Büchern und Aufsätzen und verstreuten Veröffentlichungen Anregungen zu Kurven-Aspekten gegeben: [Steinberg 1993], [Weth 1993], [Gaechter 1997], [Schupp 2000], [Weigand und Weth 2002], [Schumann 2007]. Einen Niederschlag in den Lehrplänen hat dieses kaum gefunden. Es soll zwar der Computer „sinnvoll" in der Mathematiklehre eingesetzt werden, aber an die Möglichkeiten von Kurven denkt man bei der Curriculumgestaltung aus Mangel an Erfahrung – und an Mut zur Veränderung – eher nicht.

Eine **grundlegende Darstellung, insbesondere der höheren Kurven**, die die heutigen Möglichkeiten aufgreift und den Fokus auf das eigentätige Erkunden und Verstehen seitens der Lernenden legt, fehlt. In dieser Hinsicht soll dieses Buch einen Beitrag leisten.

1.1 Adressaten, Ziele und Aufbau des Buches

Adressaten dieses Buches sind zunächst diejenigen, die an den Hochschulen Studierende, insbesondere des Lehramts, in der **Fachwissenschaft Mathematik** ausbilden. Sie mögen sehen, wie viel solides mathematisches Handwerk und „Denkwerk" im Thema Kurven gelernt werden kann. Daher ist auch stets die jeweilige logische Situation herausgearbeitet und die zum Thema passenden Beweise sind so ausgeführt, dass Beweiskompetenzen aufgebaut werden können. [Pólya 1949] schreibt in seinem Vorwort: „Kurzum, ich habe versucht, meine ganze Erfahrung als Forscher und Lehrer aufzubieten, um dem Leser passende Gelegenheit für intelligentes Nachahmen und selbständiges Arbeiten zu geben." Das könnten auch meine Worte sein.

Ziele Anderthalb Jahrzehnte Hochschullehre bestärken mich in der Auffassung, dass die Studierenden sich von diesem Thema begeistern lassen, dass sie es als Bereicherung empfinden und daher mit Engagement mathematisches Handeln lernen. Dieses gilt auch, wenn sie – wie z. B. angehende Wirtschaftspädagogen – später wohl kaum das Thema Kurven unterrichten werden.

Grundsätzlich ist „Verstehen" ein ernst zu nehmendes Bedürfnis, das in diesem Thema in besonderes vielfältiger Weise befriedigt werden kann. Dazu dienen außer den Visualisierungen mit beweglichen Elementen auch die Vorstellung mehrerer Erzeugungsweisen für dieselbe Kurve und die Beweise auf unterschiedliche Arten. Lehrreich ist ebenfalls der gleichzeitige Blick auf die Zusammenhänge in gekoppelten Grafikfenstern: Bei Polarkurven, Lissajous-Kurven u.A. in 2D und 3D, Inversion und bei bipolaren Kurven.

Aufbau Die Inhalte der Kapitel werden im ausführlichen Inhaltsverzeichnis deutlich, daher zähle ich sie hier nicht auf. Die Kurven haben aber derartig viele Bezüge untereinander, dass man es mit einer linearen Anordnung schwer hat. Mit entsprechenden Anmerkungen im Text und Vermerken im Index habe ich versucht, Ihnen die Querverbindungen nachvollziehbar zu machen. Zum Beispiel erscheint die Ellipse schon bei der

Versiera, bei den bipolaren Kurven, bei den Stangenkonstruktionen, bei der Inversion und der Reflexion, hauptsächlich aber bei den Kegelschnitten in mehreren Konstruktionen im Zusammenhang mit Parabel und Hyperbel.

Jeder große Abschnitt beginnt mit einer einfachen „Grundkonstruktion" und schreitet allmählich zu einer allgemeineren Definition fort, die dann das freie Erkunden mit einem „offenen" Konstruktionsprinzip ermöglicht. Auch beim Verzicht auf rechnerische Beweise kann man wertvolle Mathematik treiben, die verbale, geometrische Begründungen zulässt. Entsprechende Unterstützung zu geben, war mir ein Anliegen.

1.2 Welche Hilfen werden bereitgestellt?

- Das Kapitel 2 stellt einen **Werkzeugkasten** zur Verfügung. Es erklärt grundsätzliche Begriffe, die im ganzen Buch wichtig sind. Weiter stellt es wesentliche Handlungsweisen vor, die überall vorkommen und durch die Aufnahme in den Werkzeugkasten nicht jedes Mal neu erklärt werden müssen. Insbesondere die schulisch weniger bekannten Konzepte wie Polarkoordinaten, Parameterkurven und 3D-Graphen sind hier ausführlich dargestellt. Auch theoretische Elemente wie der Unterschied zwischen algebraisch und transzendent werden erläutert.
- Durch den Werkzeugkasten soll es möglich sein, einzelne Kurven und Themen herauszupicken und sie zu verstehen, ohne das ganze Buch zu lesen. Dazu sieht man bei Fragen im Werkzeugkasten nach. Es ist nicht gemeint, dass man ihn erst „durcharbeiten" sollte. *Der Sinn eines Werkzeugs erschließt sich immer erst beim Gebrauch.*
- In Kapitel 3 ist das Vorgehen „für Einsteiger" besonders sorgfältig erläutert.
- Ein **Anhang zur Analysis** stellt nicht nur die Begriffe und Formeln für Steigung, Fläche, Volumen, Bogenlänge und Krümmung für die verschiedenen Gleichungstypen vor, sondern erklärt sie auch in einer verständlichen Form. Die Konzepte für Steigung, Ableitung und Integral für Funktionen werden auch knapp dargestellt, obwohl sie schulüblich sind.
- Das Kapitel 10 zur **Didaktik** ist nicht nur für Lehrende geschrieben, sondern gibt auch Hinweise für Menschen, die sich allein mit den Kurven beschäftigen wollen. Es sind Voraussetzungen und Schwierigkeit der Themen genannt.
- Auf die Erstellung eines hilfreichen **Index'** ist besonderer Wert gelegt. Sie finden dort auch Einträge zu *Hantierung mit Seilen, Stangen, Pappen*, *experimentieren*, *beweisen mit GeoGebra*, *argumentieren*, *systematisieren* und ähnliche, die helfen sollen, das für Sie Richtige im Buch zu finden.
- Das **Literaturverzeichnis** enthält direkte Links. Zu empfehlen sind die (englischsprachigen) Internetseiten [Famous Curves Index], [2dcurves Website], [Xah Lee Website] und [Math-World] auf denen Sie sehr viele Kurven in schönen Darstellungen finden können.
- Dieses Buch versucht, nicht nur die **Kurven** zu präsentieren, sondern das **Erkunden und Verstehen** zu unterstützen.

1.3 Website zum Buch, Tipps und Fazit

- Website zum Buch: der Link ist `www.kurven-erkunden-und-verstehen.de`. Die Website spiegelt die Gliederung des Buches wider, so können Sie sich zurechtfinden.
- Es gibt alle Dateien, mit denen die Bilder des Buches erzeugt wurden, zum kostenlosen Herunterladen aus dem Internet von der Website zum Buch.
- Aufgaben und Fragestellungen ohne Nummer sind vielfach eingestreut. Für die nummerierten Aufgaben gibt es ein Verzeichnis, da man sie sonst schlecht findet.
- Es gibt Aufgaben, die eigenes Fragen und Erkunden anregen. Auch deren Lösungsvorschläge sind auf der Website zum Buch. Wenn Fragen übrig bleiben, wenden Sie sich an die Autorin.
- Es ist gut denkbar, in der Lehre nur die eine oder andere Kurve und ihre Behandlung vorzustellen und weitere Kurven der eigenen Erarbeitung der Lernenden zu überlassen.
- Es ist auch gut denkbar, sich auf die Geometrie und die kartesischen Formeln zu beschränken und andere Darstellungen wegzulassen. Suchen Sie sich Ihren Weg!
- Es bietet sich an, dass eine Lerngruppe „Poster“ zu einzelnen Kurven oder Themen erstellt. Einige Konstruktionen eignen sich für großformatige Realisierungen auf dem Schulhof.
- Bei vielen Kurven sind die Definitionen so offen formuliert, dass reichlich Raum für Ergänzungen bleibt, deren Untersuchung sich dann mit den gelernten Methoden lohnt.
- Da Kurvengleichungen in jeder Form eingegeben werden können, wird umfassendes Experimentieren möglich. Insbesondere können Eigenschaften vermutet werden. Wenn sie dann bei Parametervariation erhalten bleiben, kann die Suche nach einem Beweis angeregt werden. So wird in einem spiraligen Prozess Mathematik betrieben.

Fazit: Durch meinen Werdegang stehe ich wohl nicht im Verdacht, dass ich durch den Computer die Mathematik verdrängen wollte. Ich zitiere:

> „Es ist unwürdig, die Zeit von hervorragenden Leuten mit knechtischen Rechenarbeiten zu verschwenden, weil bei Einsatz einer Maschine auch der Einfältigste die Ergebnisse sicher hinschreiben kann.“ Gottfried Wilhelm Leibniz (1646 - 1716)

Bezogen auf die Kurven ist es nicht das Rechnen, sondern das **schnelle Darstellen**, das einen ähnlich revolutionär anderen Umgang mit ihnen erlaubt, wie damals (in Leibniz' prophetischer Vorstellung) die Erfindung der Rechenmaschine den Wert des Zahlenrechnens verändert hat.

Vielleicht ist es heute unwürdig, die lernenden Menschen mit dem „abgemagerten Gerippe“ von Mathematik abzuspeisen, wie es die Curricula als Mindestforderung beschreiben, und „zum Ausgleich“ angehenden Lehrpersonen in nicht unbeträchtlichem Teil ihrer Studienzeit schulisch nicht verwertbare „unverdauliche Kost“ zu servieren.

2 Werkzeugkasten

Übersicht

In meinem Keller habe ich etliche geerbte Werkzeuge. Wenn ich ein Handwerksproblem habe, sehe ich nach, ob es nicht ein gut passendes Werkzeug dafür gibt. So ähnlich stelle ich mir Ihren Umgang mit diesem Werkzeugkasten vor.

Widmen Sie sich einer Kurvenfamilie und sehen Sie hier nach, wenn Ihnen die Erklärungen dort nicht reichen oder wenn Sie weitere Ideen haben und dafür nach Möglichkeiten suchen. Hier sind Grundelemente dargestellt, die bei den einzelnen Kurven nicht jedes Mal neu erklärt werden konnten.

Sollten Sie noch wenig mathematische Erfahrung haben, dann lesen Sie hier „sanfte Einführungen". Sie sollten aber den Mut haben, Abschnitte zu überspringen, die bei Ihnen noch nicht auf „fruchtbaren Boden" fallen.

Zwei Ausnahmen gibt es von dieser generellen Empfehlung:
Erstens: Grundbegriffe wie Kurve, Kurvengleichung, algebraisch, transzendent werden nur hier erklärt.
Zweitens: Die Tipps zu GeoGebra helfen wirklich.

2.1 Wie entsteht eine Kurve geometrisch?

Es geht in diesem Kapitel um Handwerkszeug, also mit welchen Werkzeugen erzeugt man Kurven? Jeder hat Erfahrungen mit Zirkel und Lineal, aber man kann auch Freihandkurven zeichnen oder an Kreis, Gerade und andere Kurven einfach nur *denken*. Jedenfalls soll eine mathematische Kurve **keine Breite** haben, wie ja auch ein mathematischer Punkt keine Ausdehnung hat.

Zudem soll der Kurvenbegriff so allgemein sein, dass auch Geraden zu den Kurven zählen. Vertiefen können wir ihn erst nach der Verbindung mit Koordinaten und Funktionen in nächsten Abschnitten. Ausdrücklich geht Abschnitt 2.5 auf den Kurvenbegriff ein.

Eine **geometrische Kurve** stellen wir uns zu recht irgendwie mit geometrischen Werkzeugen erzeugt vor. Solche sind nicht nur Zirkel, Lineal und Geodreieck, sondern auch Stangengelenke, wie sie in Abschnitt 4.4.3 gezeigt sind. Heutzutage gehören aber auch die als Computersoftware realisierten dynamischen Geometriesysteme, kurz DGS, dazu. Sie bauen ähnlich wie ein guter Geometrieunterricht mit Zirkel und Lineal Grundkonstruktionen wie Mittelsenkrechte, Winkelhalbierende u. s. w. auf, die dann wieder zu Werkzeugen werden und so fort.

In einer entscheidenden Hinsicht kommen die DGS aber sehr viel weiter, als es die Arbeit mit Papier und Stift vermag: **Die DGS können die Ortslinie eines Punktes kontinuierlich zeichnen**. In der Mathematik wird synonym **Ortskurve** und **geometrischer Ort** verwendet. Der Begriff der **Ortskurve** ist schon seit der Antike bekannt. Zum Beispiel sagt man: Der Kreis ist der geometrische Ort aller Punkte, die von einem festen Punkt denselben Abstand haben. Oder: Die Ellipse ist der geometrische Ort aller Punkte, die von zwei festen Punkten dieselbe Abstandssumme haben. Sehr viele Kurven dieses Buches sind solche Ortskurven. Da werde ich nun gar nichts weiter erklären, denn wenn Sie per Daumenkino durch das Buch blättern, sehen Sie immer wieder Kreise und Geraden, die die unterschiedlichsten Kurven entstehen lassen. Bei den einzelnen Kurven ist die genaue geometrische Betrachtung dann ein Kernpunkt. GeoGebra ist eher ein umfassendes „Dynamisches Mathematiksytem“, ein **DMS**, denn es geht weit über die Geometrie hinaus, siehe Abschnitt 2.7.

2.2 Was bedeuten Gleichungen mit x und y?

Mit dem rechtwinkligen Koordinatensystem, bei dem nach rechts die x-Achse und nach oben die y-Achse zeigt, sind Sie seit der schulischen Sekundarstufe vertraut. Gemessen aber daran, dass sehr viele der in diesem Buch behandelten Kurven seit der Antike (erste Blütezeit etwa 300 v. Chr.) bekannt sind, war es im Jahre 1637 eine bemerkenswerte Leistung von Renè Descartes, lateinisiert *Cartesius*, die Punkte P mit den Koordinaten x und y mit den geometrisch erzeugten Punkten in *einem* Konzept zusammenzuführen. Daher spricht man von einem **kartesischen Koordinatensystem.**

Zu den Namen der Variablen Selbstverständlich sind in der Mathematik die Namen der Variablen nicht wesentlich. Jedoch sind in den Anwendungen der Mathematik spezielle Namen üblich. Physiker nehmen t für die Zeit, meist als Rechtsachse, s für den Weg, v für die Geschwindigkeit und viele andere Namen für die zahlreichen physikalischen Größen. Die Ökonomen möchten K für die Kosten, S für die Stückkosten u. s. w. Die x-y-Zusammenhänge lassen sich auf alles übertragen.

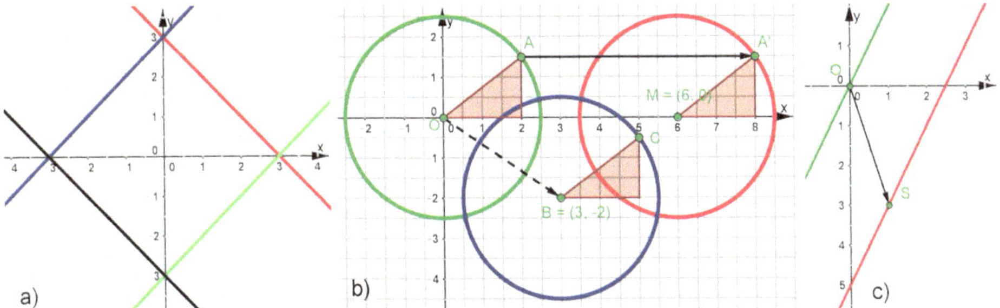

Abb. 2.1 Gleichungen verstehen: a) implizite Geradengleichungen entdecken, b) Gleichungen für verschobene Kreise, c) Gleichung für eine verschobene Gerade

2.2.1 Punkte und Geraden

2.2.1.1 Entdeckung des Zusammenhanges von Gerade und Gleichung

In Abb. 2.1 a) sollen Lernende Koordinaten x und y von Punkten notieren, die auf *einer* der Graden liegen. (Es gelten die Kästchenkreuzungspunkte.) Die vom Lehrenden gestellte **Leitfrage** ist: *Wie muss man mit x und y rechnen, damit 3 herauskommt.*
Für die rote Gerade: $P = (1, 2)$ liegt auf ihr, man muss $x + y = 3$ rechnen, das gilt für alle ihre Punkte. Also sagt man: $\boldsymbol{x + y = 3}$ **ist die Gleichung der roten Geraden**. Entsprechend erhält man für die grüne Gerade die Gleichung $x - y = 3$, für die schwarze $-x - y = 3$ und für die blaue Gerade $-x + y = 3$. Auch alle Zwischenpunkte auf den Geraden erfüllen die Gleichung *ihrer* Geraden.

2.2.1.2 Anmerkung zur Schreibweise von Geraden und Punkten

Als Einführung (in Klasse 7 oder 8) beugt dieses Vorgehen der Fixierung auf Funktionen vor. Jede Gleichung mit $a\,x + b\,y = c$ ist eine Geradengleichung. Diese Darstellung ist in der österreichischen Mathematik in Schulen üblich, daher kann man (außer für $b = 0$) in der aus Österreich kommenden Software GeoGebra (siehe Abschnitt 2.7) zwischen dieser und der nach y aufgelösten Form umschalten.

Punktschreibweise In diesem Buch werden Punkte mit einer Gleichung geschrieben, also $P = (x, y)$ oder wie in Abb. 2.1 b) $B = (3, -2)$. Früher übliche Schreibweisen wie $B(3; -2)$ oder $B(3| - 2)$ sind **unverträglich** mit mathematischer Software und sie verschleiern die mathematische Tatsache, dass $(3, -2)$ auch ohne Benennung ein Punkt ist. Das Gleichheitszeichen ist eine Zuweisung, die dem B diesen Punkt zuweist. In GeoGebra kann man als Zugeständnis an Schulbücher in Deutschland zwischen mehreren Punktdarstellungen umschalten. Die Semikolon-Art ist aber nicht dabei, weil sie für Polarkoordinaten reserviert ist. Beim CAS-Taschenrechner und anderer Software ist der Strich | der Mit-Operator oder hat eine ganz andere Funktion. Man kann ihn also auch nicht nehmen.

Ein Problem haben wir in Deutschland mit dem Komma, das weltweit in der Informatik ein „Listentrenner“ ist. GeoGebra, das in etwa 50 Sprachen übersetzt ist, schreibt bei Zahlen den **Dezimalpunkt**, so ist es auch in diesem Buch.

In einem **kartesischen** Koordinatensystem hat ein Punkt $P = (x, y)$ die **Abszisse** x und die **Ordinate** y. Eine Gerade hat, mit geeigneten reellen Zahlen a, b, c, die Gleichung:

$$a\,x + b\,y = c \tag{2.1}$$

2.2.2 Kreise und Grundlegendes

Am Beispiel der Kreise entsteht ein Grundverständnis von Kurvengleichungen und Verschiebungen von Kurven.

2.2.2.1 Die Kreisgleichung

Besonders wichtig wird für das Folgende die Kreisgleichung. In Abb. 2.1 b) ergibt sie sich für den grünen Kreis mit $r = 2.5$ sofort aus dem Satz des Pythagoras für das Dreieck mit der Hypotenuse $\overline{OA}$: $x^2 + y^2 = r^2$. Dabei ist (x, y) als beliebiger Kreispunkt aufgefasst. Nehmen wir nun dieses spezielle $A = (2, 1.5)$, so ergibt sich beim Einsetzen in die Gleichung $2^2 + 1.5^2 = 2.5^2$, also $4 + 2.25 = 6.25$ und dann $6.25 = 6.25$. Dies ist eine **wahre Aussage**. Also liegt A auf dem Kreis. Führen wir den Test für den in der Nähe liegenden Punkt $D = (2.3, 1)$ durch, so folgt links $2.3^2 + 1^2 = 5.29 + 1 = 6.29$, aber rechts $2.5^2 = 6.25$. Es ist $6.29 = 6.25$ eine **falsche Aussage**. Darum liegt D *nicht* auf dem Kreis. Einen weiteren Vorschlag, dieses ordentlich aufzuschreiben, finden Sie *vor* Satz 2.1.

Genau die Punkte, deren Koordinaten beim Einsetzen in die Kurvengleichung eine **wahre Aussage** erzeugen, liegen auf der Kurve.

Das Wort „genau“ besagt dabei auch gleich: Ein Punkt, dessen Koordinaten die Gleichung nicht erfüllen, liegt **nicht auf der Kurve**.

Die Abb. 2.1 b) dient nun dazu, Gleichungen für **verschobene Kreise** zu erklären. Sie sehen, dass das kleine Erklärungsdreieck ebenfalls verschoben ist. Seine Breite ist für den roten Kreis mit Mittelpunkt $M = (6, 0)$ allgemein $(x - 6)$, konkret für $A' = (8, 1.5)$: $(8 - 6) = 2$. Darum ist wieder mit Pythagoras $\boldsymbol{(x - 6)^2 + y^2 = r^2}$.
Beim blauen Kreis haben wir auch bei den Ordinaten die Veränderung, nun allgemein

$(y - (-2)) = (y + 2)$, konkret (-0.5+2)=1.5. Damit liefert wieder der Pythagoras die Kreisgleichung für den blauen Kreis $\boldsymbol{(x - 3)^2 + (y + 2)^2 = r^2}$.

In kartesischen Koordinaten haben **Kreise mit dem Radius** r eine der Gleichungen:

$$\begin{array}{rlrl} \text{allgemein} & \text{Mittelpunkt } (m, n) & (x-m)^2 + (y-n)^2 & = r^2 \\ \text{speziell} & \text{Mittelpunkt } (0, 0) & x^2 + y^2 & = r^2 \end{array} \tag{2.2}$$

2.2.3 Allgemeine Kurvengleichung und Verschiebung

2.2.3.1 Entwicklung des Grundverständnisses an Parabel und Lemniskate

Eine Kurvengleichung hat oft die Gestalt $Term_{links}(x, y) = Term_{rechts}(x, y)$. Die runden Klammern liest man als „von x und y“ und meint damit, dass die linke bzw. rechte Seite der Gleichung „irgendwie“ von x und y abhängig ist. Alle in der Algebra der Sekundarstufe erlaubten Gleichungsumformungen lassen die durch die Gleichung dargestellte Kurve unverändert. Bei Division und Multiplikation mit Termen, die null werden können, müssen Fallunterscheidungen getroffen werden. Das hat man damals gelernt, hier wird an den passenden Stellen solches Vorgehen gezeigt.

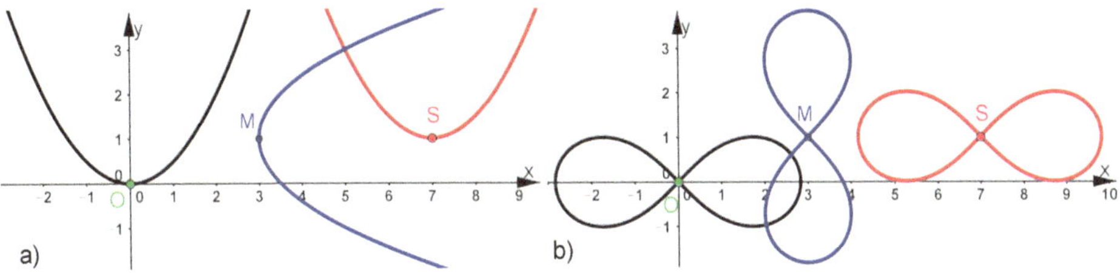

Abb. 2.2 Kurvengleichungen und Verschiebungen: a) schwarze Parabel $y - \frac{1}{2}x^2 = 0$, b) schwarze Lemniskate $(x^2 + y^2)^2 - 2e^2(x^2 - y^2) = 0$. Die Gleichungen der farbigen Varianten stehen am Ende des Abschnitts.

Insbesondere kann man stets ohne Probleme den $Term_{rechts}(x, y)$ subtrahieren. So ist es in Abb. 2.2 getan worden. Dadurch erhält man die sogenannte **Standardform** $\boldsymbol{F(x, y) = 0}$ **der Kurvengleichung**. Sie ist für allgemeine und theoretische Aussagen sehr nützlich. Aber auch bei einigen interessanten Weiterführungen, insbesondere in Abschnitt 5.3, setzt man die Standardform ein. Dabei ist F ist eine **Funktion** mit der Eigenschaft, dass bei Einsetzung der Koordinaten eines Kurvenpunktes wirklich null herauskommt.

In diesem Lichte können wir nochmals den Test für den Punkt $D = (2.3, 1)$ im grünen Kreis in Abb. 2.1 b) machen: Er ist mit $F(2.3, 1) = 2.3^2 + 1^2 - 2.5^2 = 5.29 + 1 - 6.25 = 6.29 - 6.25 = 0.04 \neq 0$ nun gut aufgeschrieben.

Satz 2.1 (Kurvenpunkte und Kurvengleichung)
Gegeben sei eine Funktion F, die von x und y und evtl. noch von Parametern a, $b, \cdots$ abhängt. Dann ist

$$F(x,y)=0 \qquad \text{eine Kurvengleichung in Standardform.} \tag{2.3}$$

Genau die Punkte $P=(x,y)$, welche die Gleichung erfüllen, liegen auf der Kurve.
*Gelingt es, die Kurvengleichung nach y – oder wenigstens nach x – aufzulösen, hat man eine **explizite kartesische Gleichung**. Anderenfalls hat man eine **implizite kartesische Gleichung**.*

In Abb. 2.2 sind Ihnen die Parabelgleichungen in der expliziten Form vertraut, für die schwarze Parabel $y=\frac{1}{2}x^2$. Für die Lemniskate (siehe Abschnitt 4.4.1) bleibt man bei der impliziten kartesischen Gleichung, allenfalls ist die Gleichung $(x^2+y^2)^2=2e^2(x^2-y^2)$ üblich.

Kurven verschieben
Sei $G=(g_x,g_y)$ ein beliebiger Punkt und $\vec{g}=\binom{g_x}{g_y}$, dann ist:

$$F(x-g_x,y-g_y)=0 \tag{2.4}$$

die Gleichung der um den Vektor $\vec{g}$ verschobenen Kurve $F(x,y)=0$.

Gleichungen für die Kurven in Abb. 2.2:

Grundform	Parabel	$y-\frac{1}{2}x^2=0$
	Lemniskate	$(x^2+y^2)^2-2e^2(x^2-y^2)=0$
durch $S=(7,1)$	Parabel	$(y-1)-\frac{1}{2}(x-7)^2=0$
	Lemniskate	$((x-7)^2+(y-1)^2)^2-2e^2((x-7)^2-(y-1)^2)=0$
Tausch $x$und y	Parabel	$x-\frac{1}{2}y^2=0$
	Lemniskate	$(x^2+y^2)^2-2e^2(y^2-x^2)=0$
durch $M=(3,1)$	Parabel	$(x-3)-\frac{1}{2}(y-1)^2=0$
	Lemniskate	$((x-3)^2+(y-1)^2)^2-2e^2((y-1)^2-(x-3)^2)=0$

Auch für die üblichen expliziten Kurven: $y=f(x)$ wird zu $y-g_y=f(x-g_x)$. Vertraut ist Ihnen für die rote Parabel $y=\frac{1}{2}(x-7)^2+1$. Beachten Sie: hier auf der rechten Seite steht $+1$ für das Hochschieben, aber in der Standardform wird y durch $y-1$ ersetzt.

2.2.3.2 Parameter in Kurvengleichungen

Parameter – betonen Sie Parámeter – werden auch *Formvariable* genannt. In der Gleichung der Lemniskate in Abb. 2.2 ist der Parameter e enthalten. In der Zeichnung ist $e = 2$ gewählt. Für größere e wird die Lemniskate größer.

Wenn $F(x, y) = 0$ Parameter enthält, wird durch die Gleichung nicht eine einzige Kurve, sondern eine ganze **Schar von Kurven** beschrieben, die bei Variation der Parameterwerte ihre Form ändern. In GeoGebra realisiert man Parameter als Schieberegler und kann dann beobachten, wie sich die Kurvenform *kontinuierlich* verändert. Gerade hier zeigt sich eine große Bereicherung, die das Thema Kurven durch die Arbeit mit dem Computer erfährt.

2.2.3.3 Kurven, auf denen ein bestimmter Punkt P_0 liegt

Kommt beim Einsetzen eines Punktes $P_0 = (x_0, y_0)$ die Gleichung $F(x, y) = 0$ eine Gleichung heraus, die noch Parameter enthält, so liegt P_0 *nicht auf jeder* der durch die Parameter beschriebenen Kurven.

Aber der Punkt definiert eine Teilmenge aller durch $F(x, y) = 0$ beschriebenen Kurven dadurch, dass $F(x_0, y_0) = 0$ *gefordert* wird.
Zum Beispiel ergibt sich aus der Geradengleichung 2.1 dann zunächst $a\,x_0 + b\,y_0 = c$. Wir wählen nun c genau so, wie es hier steht, und erhalten, eingesetzt in Gleichung 2.1 und links zusammengefasst: $\boldsymbol{a(x - x_0) + b(y - y_0) = 0}$. Bei jeder Wahl von a und b erfüllt P_0 offensichtlich diese Gleichung. Sie beschreibt also das **Geradenbüschel** durch P_0.

In Abb. 2.1 ist dieses mit der *Verschiebungsidee* aus Gleichung 2.4 zusammengebracht: Die Ursprungsgerade hat die Gleichung $y = 2x$, dann hat die parallele Gerade durch $P_0 = S = (1, -3)$ die Gleichung y-(-3)=2 (x-1), das passt zu $2(x - 1) - (y - (-3)) = 0$ aus dem vorigen Absatz. Die explizite Schreibweise ist $y = 2(x - 1) - 3$ oder aufgelöst $y = 2x - 6$.

Eine Gerade mit Steigung m durch den Punkt $P = (x_0, y_0)$ hat die Gleichung

$$m(x - x_0) - (y - y_0) = 0 \qquad \Longleftrightarrow \qquad y = m(x - x_0)\,x + y_0 \tag{2.5}$$

Besonders die rechte Darstellung werden Sie in diesem Buch mindestens hundert Mal ohne weitere Bemerkung finden. Sie wird **Punkt-Steigungs-Form** der Geradengleichung genannt. Man lernt so etwas nicht auswendig, schlägt es auch nicht in der Formelsammlung nach. **Sehen** Sie die **Verschiebung**!

2.3 Was sind Polarkoordinaten?

Definition 2.1 (Polarkoordinaten, Teil 1)
Ein Punkt P habe in kartesischen Koordinaten die Darstellung $\boldsymbol{P = (x, y)}$.
P hat einen Abstand r zum **Pol** O, den **Polarradius**. Der Strahl OP heißt **Fahrstrahl**.
Den **Polarwinkel** θ misst man stets in **mathematisch positivem Sinn**, also gegen den Uhrzeigersinn. Der Punkt P hat nun die **Polardarstellung** $\boldsymbol{P = (r; \theta)}$.

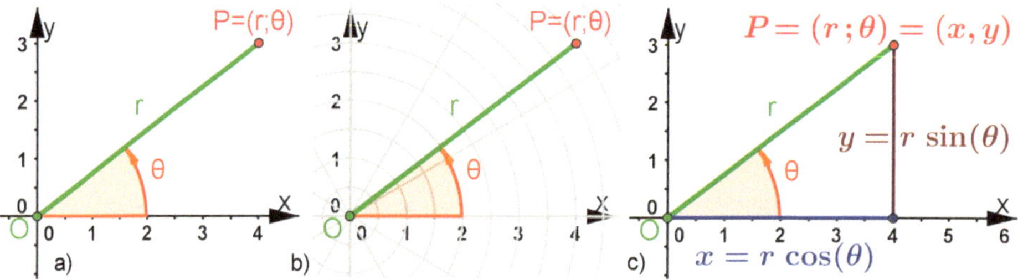

Abb. 2.3 Polarkoordinaten verstehen: a) Grundaussage, b) Grundaussage im „Polargitter“, c) begründet die Grundgleichungen 2.6

$$\textbf{Grundgleichungen:} \quad \boldsymbol{x = r\cos(\theta), \quad y = r\sin(\theta), \quad r^2 = x^2 + y^2} \tag{2.6}$$

Keine Einschränkungen für r und θ Es gibt Autoren, die keine negativen Radien erlauben oder den Winkel auf Werte $0 \leq \theta < 2\pi$ beschränkt sehen wollen. Damit können dann aber Kurven nicht angemessen beschrieben werden. Dies zeigt sich in Abschnitt 2.3.4 und wird in Abschnitt 3.2.1.5 ausführlich diskutiert. Für das Thema Kurven braucht man alle reellen r- und θ-Werte. Wir müssen also die obige Grunddefinition erweitern.

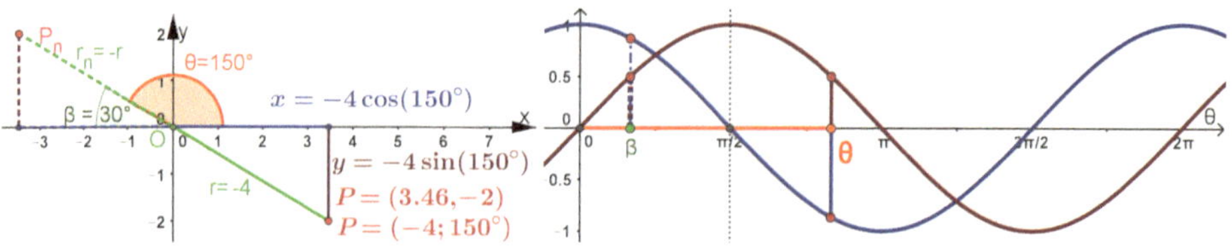

Abb. 2.4 Polarkoordinaten Definition Teil 2: a) Für negative Polarradien wird $P_n = (|r|; \theta)$ am Ursprung gespiegelt. b) Die Grundgleichungen 2.6 gelten weiterhin.

Definition 2.2 (Polarkoordinaten, Teil 2)
In der Darstellung $P = (r; \theta)$ sind alle reellen Werte von r und θ erlaubt. Es ist $|r|$ der (geometrische) Abstand von P vom Ursprung.
Ist r **positiv**, dann bildet die positive x-Achse, genannt **Polarachse**, mit dem Fahrstrahl den Winkel θ (siehe Abb. 2.3).
Ist r negativ, dann bildet die **Polarachse** mit der rückwärtigen Verlängerung des Fahrstrahls den Winkel θ.
Alternative Sprechweise: Bei negativem r ergibt sich mit $|r|$ und dem Polarwinkel θ zunächst ein Punkt P_n, den man noch am Ursprung spiegeln muss, um P zu erhalten (siehe Abb. 2.4).
Ein negatives θ wird, wie stets mathematisch üblich, im Uhrzeigersinn von der positven x-Achse aus gemessen.

Es geht in Abb. 2.4 um einen Punkt P mit negativem Polarradius und einem positiven stumpfen Winkel θ. In Bild a) zeigt der zweite Schenkel von $\theta = 150^o$ zu dem Hilfspunkt $P_n = (4; 150^o)$. Für diesen Winkel ist aber in Bild b) der Kosinus (blau) negativ. Es liegt also $P = (-4; 150^o) = (x, y)$ mit $x = -4 \cdot \cos(150^o)) = +3.46$ und $y = -4 \cdot \sin(150^o)) = -2$ an der von der Definition geforderten Stelle. Eine Übung und Aufgabe zu Polarkoordinaten finden Sie auf der Website zum Buch.

Die Grundgleichungen 2.6 gelten für positive und negative Polarradien und für alle reellen θ-Werte ohne Einschränkungen.

Wenn Sie mit diesen Grundlagen schon etwas vertraut sind und sich vor allem für **Kurven und ihre Polargleichungen** interessieren, dann springen Sie zu Abschnitt 2.3.2.

2.3.1 Polarkoordinaten lesen und verstehen

2.3.1.1 Anmerkung zur Benennung θ und den Winkelwerten

In der deutschen Mathematik nannte man den Polarwinkel φ (sprich phi). Da aber unsere Mathematikwerkzeuge in Amerika konzipiert wurden und da dort θ (sprich theta) üblich ist, wird insbesondere bei grafikfähigen Taschenrechnern θ vorgegeben, beim TI-Nspire gibt es eine Taste für θ, aber nicht für φ. Daher habe ich mich für θ entschieden.

Meist, besonders in beliebigen Funktionen, ist der Polarwinkel im **Bogenmaß**, also als reine Zahl, zu messen. Würde man z. B. bei der Spirale $r(\theta) = \theta$ den Winkel im Gradmaß messen, könnte man $r(\theta)$ nicht direkt als Abstand deuten. Eine Hilfe bietet in GeoGebra das Polargitter, dass man anstelle des Karogitters einschalten kann.
Am besten prägt man sich ein: $\frac{\pi}{4} = 45^o$, $\frac{\pi}{2} = 90^o$, $\pi = 180^o$, $2\pi = 360^o$, $\cdots$.

Übrigens steht da ein =-Zeichen, weil man das Zeichen ^{o} als Faktor $\frac{\pi}{180}$ auffassen kann. Für Zaghafte: Es ist $45^o = 45 \cdot \frac{\pi}{180} = \frac{\pi}{4}$.

2.3.1.2 Eindeutigkeit und Mehrdeutigkeit

Die kartesische Darstellung $P = (x, y)$ ist **eindeutig**, die Polardarstellung aber **mehrdeutig**. Einem Punkt P sieht man nicht an, ob zu ihm ein positiver oder negativer Polarradius gehört, oder ob der Polarwinkel positiv oder negativ ist, oder ob der Polarwinkel noch Vielfache von 2π enthält.

GeoGebra stellt alle Punkte, die sich aus Kurvengleichungen ergeben, richtig dar, schreibt sie aber im Algebrafenster nur mit den **Hauptwerten** – positivem r und $0 \leq \theta < 360^o$ – auf. Im Zusammenhang mit Kurven ist es stets einfach zu entscheiden, ob der Radius nun positiv oder negativ zu nehmen ist, oder ob der Winkel schon um Vielfache von 2π größer ist als der angezeigte. Besonders hilfreich ist dabei die polarkartesische Darstellung aus Abschnitt 2.3.4. Eine weitere Erklärung und eine Aufgabe dazu finden Sie auf der Website zum Buch.

2.3.2 Polarkurven

Durch die Grundgleichungen 2.6 sind die kartesischen Koordinaten mit den Polarkoordinaten verknüpft. Daher kann man kartesische Kurvengleichungen in Gleichungen umschreiben, die nur noch r und θ enthalten. Ein Kreis mit dem Mittelpunkt (m, n) hat dann nach Gleichung 2.2 die Gleichung $(r\cos(\theta) - m)^2 + (r\sin(\theta) - n)^2 = \varrho^2$, der griechische Buchstabe ϱ (sprich *rho*) steht nun für den festen Kreisradius. Genau alle Punkte $P = (r; \theta)$, die diese Gleichung erfüllen, liegen auf dem Kreis. Dieses ist eine **implizite Polargleichung**. Solche sind unüblich, man bemüht sich, sie nach r aufzulösen. Wenn das gelingt, hat man eine Gleichung $r = r(\theta)$, rechts steht also ein Term, der von θ abhängt.

Durch eine Polargleichung $r = r(\theta)$ kann eine **Polarkurve** beschrieben werden. Der Polarradius ist dann eine **Funktion** von θ. Nicht jede Kurve hat eine solche (nach r aufgelöste) Polargleichung.

Anmerkung zur Schreibweise Es ist in $r = r(\theta)$ das r sowohl der Name der *Funktion* als auch Name des Wertes, der sich beim Einsetzen von θ ergibt. Schulnahe Autoren nehmen z. T. als Funktionsnamen einen anderen Buchstaben. Man schreibt heute nicht mehr $y = y(x)$, sondern $y = f(x)$. Beim Lernen des Funktionsbegriffes ist das auch förderlich. Bei den Polarkoordinaten ist die oben genannte Schreibweise weltweit üblich, ein weiterer Buchstabe stiftete eher nur Verwirrung. Ähnlich schreiben die Physiker $s = s(t)$, weil sonst zur Vielzahl der Buchstaben für die Größen noch die Namen der Funktionen hinzukämen. Man deutet das so: Der Weg s hängt von t ab. Also heißt $r = r(\theta)$: der Polarradius hängt vom Polarwinkel ab.

Mathematische Abbildungen von Polarkurven Die Polardarstellung von Kurven ist besonders günstig für **zentrische Streckungen** von Ursprung aus und für **Drehungen um den Ursprung**. Auch die Inversion am Kreis, siehe Abschnitt 9.5, ergibt sich auf einfache Weise.

Ungünstig sind Achsenstreckungen und Verschiebungen, die in der kartesischen Darstellung so einfach möglich sind. Bei der Strophoide haben wir in den Gleichungen 3.10 und 3.19 zwei deutlich verschiedene Polargleichungen wegen der waagerechten Verschiebung um eine Schlaufenbreite.

2.3.3 Zeichnen von Polarkurven

Es gibt verschiedene Gesichtspunkte, die beim Zeichnen der durch Polargleichungen gegebenen Kurven – kurz Polarkurven – wichtig sein könnten. Die schnelle Zeichnung „in einem Rutsch“ bringt Abschnitt 2.3.3.1. Zwei Möglichkeiten für eine verzögerte Darstellung bietet Abschnitt 2.3.3.2, die höchsten Ansprüche an das Verstehen erfüllt die polar-kartesische Sicht in Abschnitt 2.3.4.

2.3.3.1 Schnelle Zeichnung von Polarkurven

Im Hinblick auf Kurven sind die Grundgleichungen 2.6 eigentlich eine spezielle **Parameterdarstellung**. Diesen widmet sich Abschnitt 2.4 noch ausführlich. Wie alle auch nur etwas ambitionierten Werkzeuge für das Graphenzeichnen hat auch GeoGebra einen direkten Befehl für Parameterdarstellungen, diesen nutzen wir mit den Grundgleichungen. Es ist günstig, zunächst $r(x)$ zu definieren und dann $r(\theta)$ ohne die Gefahr von Übertragungsfehlern einzutragen.

Ist eine Kurve durch eine Polargleichung $r = r(\theta)$ gegeben, dann liefert der Befehl `Kurve[r(`θ`)` $\cdot \cos(\theta)$, `r(`θ`)` $\cdot \sin(\theta), \theta, \theta_0, \theta_1$`]` die Kurve im genannten Intervall für θ.

Außer der Schnelligkeit hat diese Art die Vorteile, dass die Kurve auf das Schnittpunkt-Werkzeug, den Tangenten-Befehl u. ä. reagiert. Diese Eigenschaften haben als „Ortslinie“ erzeugte Kurven nicht.

2.3.3.2 Polarkurven entschleunigen

Es ist für das Verstehen sinnvoll, die Polarkurve **langsam** entstehen zu lassen. Diesen Wunsch kann man auf zwei Arten erfüllen.

Polarkurve als Parameterkurve langsam entstehen lassen Ist in der schnellen Art 2.3.3.1 die rechte Grenze θ_1 als Schieberegler realisiert, zunächst mit einem Wert dicht beim Startwinkel θ_0, kann man die „Kurvenschlange“ wachsen lassen. Auch nachträglich kann man sich nochmals ansehen, wie die Kurve durchlaufen wird.

Es kann gut sein, dass man sich wundert, denn θ_1 deutet man als momentanen Polarwinkel, aber P liegt manchmal gar nicht auf dem Schenkel von θ_1. Dieses Rätsel kann man mit der polar-kartesischen Sicht lösen, die in Abschnitt 2.3.4 erklärt wird.

Direkte Spur eines polaren Punktes Man braucht einen Schieberegler θ und gibt dann $P = (r(\theta); \theta)$ an. Nun kann man den Spurmodus für P einschalten und durch Ziehen an θ zeichnet P die Kurve **punktweise**. In einer ersten Phase unterstützt dieses das Begreifen. Hilfreich ist als Hintergrund das Polargitter, in dem man Winkel und Radius sehen kann. Fordert man schließlich die Ortslinie von P bezüglich θ an, wird sie so weit gezeichnet, wie man Werte für den Schieberegler vorgesehen hat. Die Spurpunkte verschwinden bei Neuanzeige des Fensters (oder mit Strg F). Eine Ortskurve dagegen bliebe erhalten.

2.3.4 Gekoppelte polar-kartesische Darstellung von Kurven

Auch Lehrende der Mathematik haben irgendwann um das Verständnis eines mathematischen Phänomens oder Verfahrens gerungen. Mir ist es zu Beginn meiner Lehre in der Schule mit den Polarkoordinaten von Kurven so gegangen. Zum Beispiel hatte ich zwei Vierblattrosetten, die fast gleich aussehen, aber bei wachsendem Polarwinkel ganz verschieden durchlaufen werden.

Zu einer Sicherheit gelangte ich erst, als ich mir die **Entsprechungen in kartesischer Sicht** klarmachte und meinen Schülern an der Tafel erläutern konnte. So hat es schon 1704 Pièrre de Varignon getan, wie ich kürzlich in [Gaechter 1997] las. Als dann die Computerwerkzeuge für Mathematik greifbar waren, war dieses Thema unter den ersten, die ich auszuloten versucht habe. Seit dem Aufkommen des Internets Ende der 90er Jahre steht mein Erklärungsvorschlag auf meiner Website [Haftendorn 2]. Anfangs musste man beide Bilder noch in demselben Grafikfenster unterbringen. Das war dann – zugegebenermaßen – nicht sehr übersichtlich. Nun aber gibt es die „gekoppelten“ Grafikfenster, bei denen die mathematischen Elemente links und rechts miteinander gekoppelt sind. Alles kann in allen Fenstern verwendet werden, auch im Algebrafenster. Diese Möglichkeiten stelle ich Ihnen nun vor. Durch diese dreifache Sicht wird das Verstehen in besonderem Maße unterstützt.

2.3.4.1 Das Grundprinzip der gekoppelten polar-kartesischen Darstellung

Gegeben ist die Polardarstellung einer Kurve durch $r = r(\theta)$ und es geht darum, die zugehörige Kurve zu zeigen und zu verstehen.

In den Darstellungen in diesem Buch ist links das erste Grafikfenster, das ein polares Koordinatensystem zeigt. Rechts ist das zweite Grafikfenster, in dem die Gleichung der

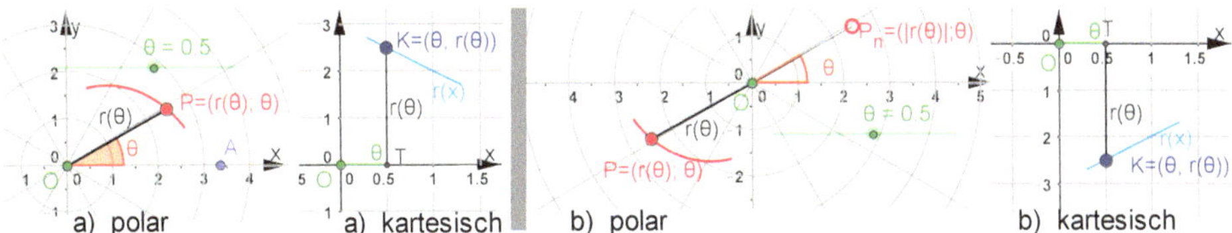

Abb. 2.5 Start in die polar-kartesische Darstellung in zwei gekoppelten Grafikfenstern. a) polar: positiver Radius von $P = (r(\theta);\theta)$ im Polargitter, a) kartesisch: $K = (\theta, r(\theta))$ oberhalb der x-Achse, b) polar: $P = (r(\theta);\theta)$ mit negativem Radius im Polargitter, zusätzlich zeigt der Fahrstrahl von $P_n = (|r(\theta)|;\theta)$ den Polarwinkel θ, b) kartesisch: $K = (\theta, r(\theta))$ liegt bei diesem θ unter der x-Achse.

Polarkurve als $y = r(x)$ in der üblichen kartesischen Darstellung definiert ist. Der Polarwinkel θ ist als Schieberegler verwirklicht. Wie mathematisch zu erwarten ist, versteht das System $r(\theta)$ in allen Fenstern als den Wert, den die Funktion r bei der Einsetzung von θ liefert. Beim Ziehen von θ wandert sowohl $K = (\theta, r(\theta))$ im 2. Grafikfenster als auch $P = (r(\theta);\theta)$ im 1. Grafikfenster. Diese Kopplung ermöglicht, das Verstehen der Polarkoordinaten auf dem vertrauten Umgang mit kartesischen Funktionsgraphen aufzubauen.

2.3.4.2 Durchlauf eines polaren Punktes durch das Spitzei

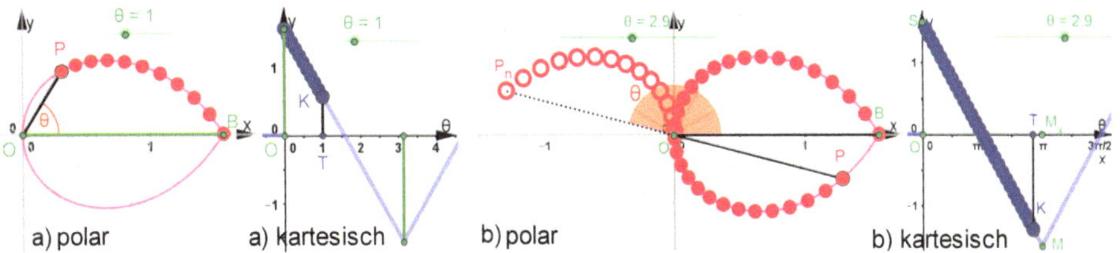

Abb. 2.6 Gekoppelte polar-kartesische Darstellung einer Kurve: a) polar: dicke rote Punkte zeigen selbst θ an. a) kartesisch: $K = (\theta, r(\theta))$ liegt oberhalb der x-Achse, b) polar: weiter auf der Kurve mit negativem Radius und dicken roten Punkten im Polargitter, zusätzlich zeigt der Fahrstrahl von P_n mit offenen roten Punkten den Polarwinkel θ, b) kartesisch: K ist nun unter die x-Achse gewandert.

Abb. 2.6 zeigt in a) und b) jeweils die beiden gleichzeitig in GeoGebra zu sehenden Grafikfenster. In der kartesischen Sicht ist hier in blau $r(x) = |\pi - x| - \frac{\pi}{2}$ mit $0 \le x < 2\pi$ eingetragen, also $r(\theta)$ in kartesischer Auffassung. Es gibt einen Schieberegler θ, der in beiden Fenstern sichtbar ist. Für $K = (\theta, r(\theta))$ ist der Spurmodus eingeschaltet. In der polaren Sicht ist für $P = (r(\theta);\theta)$ der Spurmodus gesetzt. In diesem Fenster kann man die **Ortslinie von** P bezüglich des Schiebereglers θ anfordern, sie **ist die gesuchte Kurve**, hier das hellrote „Spitzei".

Für diese Einführung ist das Wandern von K und P durch das Bewegen von θ in 0.1-Schritten mit dicken Punkten besonders hervorgehoben. Ab $\theta = 1.6$ erscheint P_n als leerer roter Kreis im zweiten Quadranten. Die Ursache dafür ist, dass K unter die x-Achse gewandert ist. Die Ordinate von K ist gleich dem Polarradius von P. Dieser Wert ist nun negativ. Darum zeigt P_n lediglich den Polarwinkel θ an, der Kurvenpunkt P ist vom 1. in den 4. Quadranten gewandert, er ist die Spiegelung von P_n am Ursprung. P geht „unten herum" wieder auf den Startpunkt B zu.

Zweiter Durchlauf durch das Spitzei Nachdem das Spitzei einmal durchlaufen ist, kommt bei weiter wachsendem θ ein zweiter Durchlauf, dieses Mal aber mit negativem Radius, bis $\theta = \frac{3}{2}\pi$ überschritten wird.
Man kann allerlei überlegen: $B = (\frac{\pi}{2}, 0) = (\frac{\pi}{2}; 2\pi)$ wird bei den 0.1-Schritten für θ nicht genau getroffen. Damit würde beim Weiterzeichnen aber auch kein einziger der vorigen Punkte wieder erreicht.

2.3.4.3 Ausblick auf Anwendungen dieser Sichtweise in diesem Buch

Die Konchoide des Nikomedes ist die erste Kurve dieses Buches und Abb. 3.4 im Abschnitt 3.1.3.2 geht ausführlich auf diese Sichtweise ein. Wenn Sie das Verständnis des vorigen Abschnitts noch vertiefen wollen, ist es durchaus sinnvoll dort jetzt zu lesen. Gleiches gilt für Abb. 3.11 in Abschnitt 3.2.1.5.

Auch Abb. 3.24 in Abschnitt 3.4.4.2 konzentriert sich auf den Durchlauf eines Punktes durch die Strophoide. Spannend ist, dass die Strophoide je nach Zusammenhang, in den sie gestellt wird, verschieden durchlaufen wird. Dies zeigt, dass die Form einer Kurve keine hinreichende Information über den Durchlauf eines ihrer Punktes in Polarkoordinaten liefert.

Es lohnt sich, wenn Sie sich auf die polar-kartesische Sichtweise einlassen, denn sie hilft beim Verstehen der Kurven. So verspricht es der Buchtitel.

2.4 Was ist eine Parameterdarstellung?

Parameterdarstellungen sind das **übergreifende Konzept**, mit dem Punkte der Geometrie mit Koordinaten verbunden werden. Polar- und explizite kartesische Darstellungen können als Parameterdarstellung aufgefasst werden. Gerade in Bezug auf Kurven ist die Vorstellung der **Bahnkurve** eines Punktes P hilfreich: Zu jedem Zeitpunkt t ist der Punkt $P = (x, y)$ an dem durch $x = x(t)$ und $y = y(t)$ gegebenen Ort. Gemeint ist, dass sich Koordinaten als **Funktionswerte** bei Einsetzung von t ergeben. Zur Rechtfertigung der Schreibweise lesen Sie evtl. die Anmerkung in Abschnitt 2.3.2.

Bei der **Parameterdarstellung** hat das Wort „Parameter", wieder betont auf der zweiten Silbe, die Bedeutung **Hilfsvariable**. Das t spielt für x und y *die Rolle* einer Variablen, die *eigentlichen* Variablen sind dann aber x und y selbst. Verwechseln Sie dieses nicht damit, dass eine Kurvenkonstruktion oder Kurvengleichung *Parameter* im Sinne von *Formvariablen* enthalten kann, siehe Abschnitt 2.2.3.2.

Definition 2.3 **(Parameterdarstellung)**
Es seien die **Parameter** t und s reelle Zahlen. $x(t)$, $y(t)$, $z(t)$, $x(s,t)$, $y(s,t)$, $z(s,t)$ Funktionen dieser Parameter. Dann ist durch

$$x = x(t),\ y = y(t) \quad \textbf{eine Kurve in der Ebene gegeben} \tag{2.7}$$

$$x = x(t),\ y = y(t),\ z = z(t) \quad \text{eine Raumkurve im 3D-Raum gegeben} \tag{2.8}$$

$$x = x(s,t),\ y = y(s,t) \quad \text{ggf. ein Gebiet in der Ebene gegeben} \tag{2.9}$$

$$x = x(s,t),\ y = y(s,t),\ z = z(s,t) \quad \text{eine Raumfläche im 3D-Raum gegeben} \tag{2.10}$$

Oft wird ein Bereich angegeben, in dem die Parameter liegen sollen. Diese Angabe ist bei Gleichung 2.9 unerlässlich, sonst wäre evtl. die gesamte Ebene erfasst.
Alle Funktionen können noch Parameter (als *Formvariable*) enthalten.

2.4.1 Schnelle Zeichnung von Parameterkurven

In Abschnitt 2.3.3.1 haben wir diese Möglichkeit schon genutzt. Wie dort erwähnt hat jedes Mathematikprogramm, das überhaupt Graphen zeichnet, einen direkten Befehl für Parameterdarstellungen, sie umfassen andere Darstellungen. Bemerkenswert ist, dass das CAS MuPAD, eine Entwicklung aus der Universität Paderborn, in seinen Anfängen **ausschließlich** die Parameterdarstellung vorgesehen hatte. Die **schulüblichen Funktionsgraphen** erhielt man dann mit $\boldsymbol{x(t) = t}$ und $\boldsymbol{y(t) = f(t)}$, man nennt dieses die **Standard-Parametrisierung** von Funktionen. Die an einem deutschen CAS interessierte Lehrerschaft hat aus didaktischen Gründen sehr bald die übliche Darstellung $y = f(x)$ gefordert. Weiteres zu MuPAD können Sie auf der Website zum Buch lesen.

Ist eine Kurve durch eine **Parameterdarstellung** $x = x(t)$ und $x = (y(t)$ mit dem Parameter t und einem Intervall $t_0 \leq t \leq t_1$ gegeben, dann liefert der Befehl `Kurve[x(t), y(t), t, t_0,t_1 ]` die Kurve im für t genannten Intervall.
Außer der schnellen Eingabe hat diese Art den Vorteil, dass die Kurve auf das Schnittpunkt-Werkzeug und allerlei andere nützliche Befehle reagiert. Auch hier kann man die Kurve langsam entstehen lassen, wie in Abschnitt 2.3.3.2 gezeigt wurde.

2.4.2 Parameterdarstellung doppelt-kartesisch

Die beiden Funktionen, die aus t die Werte x- und y-berechnen, ergeben in ihrem **Zusammenspiel** die Kurve. Wenn Sie dieses *wirklich durchschauen* wollen, so ist die in Abb. 2.7 a) und b) vorgestellte Art hilfreich. Als Beispiel ist dort die Parameterdarstel-

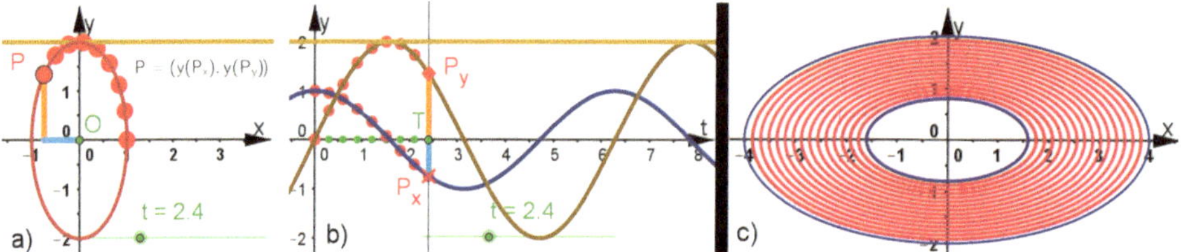

Abb. 2.7 a) und b) Parameterdarstellung einer Ellipse in gekoppelter doppelt-kartesischer Sicht c) Mit zwei Parametern entstehen viele Ellipsen zwischen zwei Ellipsen. So kann gemäß Gleichung 2.9 ein Gebiet in der Ebene dargestellt werden.

lung einer Ellipse $x = x(t) = a\cos(t)$ und $y = y(t) = b\sin(t)$ genommen. Dafür werden die beiden definierenden Funktionen f und g getauft. Im zweiten Grafikfenster werden ihre Funktionsgraphen als $f(x)$ in blau und $g(x)$ in braun gezeichnet. Ein Schieberegler t mit dem Punkt $T = (t, 0)$ steuert die Übertragung in das linke Grafikfenster. Die Ordinaten $f(t)$ und $g(t)$ an der Stelle t werden links zum Punkt $P = (f(t), g(t))$ zusammengeführt, wie es der Definition entspricht.

Nun kann man sich Fragen zur Kurve durch Sicht auf diese gekoppelten Fenster beantworten. Im rechten Fenster sind die vertrauten Analysis-Antworten möglich. Im dritten Absatz von Abschnitt 4.4.1.5 und Abb. 4.27 wird dieses Vorgehen besonders fruchtbar.

2.4.3 Gebiet der Ebene in Parameterdarstellung

In die beiden Parametergleichungen einer Ellipse ist noch ein Faktor s eingefügt. Somit haben wir ein Beispiel für Gleichung 2.9: $x = x(s,t) = s \cdot a\cos(t)$ und $y = x(s,t) = s \cdot b\sin(t)$. Für $s = 0.4$ haben wir die kleine Ellipse. Wenn für sie der Spurmodus eingeschaltet wird, entstehen mit wachsendem s bis $s = 1$ die roten Ellipsen. So kann man die **Parameterdarstellung eines Gebietes** verstehen.

Anmerkung Die Parameterdarstellungen für **Raumkurven** und **Raumflächen** haben ihren Ort in den Abschnitten 2.6 und 5.3.

2.4.4 Wie rechnet man eine Darstellung in eine andere um?

Kartesische Darstellung $\longleftrightarrow$ Polardarstellung Beide Umrechnungen beruhen auf den Grundgleichungen 2.6. Sie sind in Abschnitt 3.1.3.1 für die Hundekurve und in Abschnitt 3.1.4.2 übersichtlich vorgestellt.

Polardarstellung $\longrightarrow$ Parameterdarstellung Aus der Polardarstellung erhält man eine Parameterdarstellung durch die Grundgleichungen 2.6. Dies ist auch schon beim Zeichnen von Polarkurven in Abschnitt 2.3.3.2 verwendet.
Dieses ist aber keineswegs die einzige Möglichkeit. In Abschnitt 4.4.1.5 wird eine **mo-**

difizierte Parameterdarstellung, die in Gleichung 4.28 x^2 und y^2 angibt, aus der Polargleichung hergeleitet.

Parameterdarstellung $\longrightarrow$ Polardarstellung Dieser Wunsch kann nicht allgemein erfüllt werden. Die Polardarstellung ist mit Polarwinkel und Polarradius ein **geometrisches** Konzept. Es kann viele Parameterdarstellungen für eine Kurve geben, sie müssen gar nichts mit Geometrie zu tun haben.

Geometrische Konstruktion $\longrightarrow$ Polardarstellung Bei Konstruktionen, die geometrisch ein Zentrum aufweisen, kann man oft recht leicht aus der Geometrie eine Polargleichung finden. Das ist für alle klassischen Kurven in Kapitel 3 gezeigt. Lesen Sie das dort, siehe Index *Polardarstellung*.

Geometrische Konstruktion $\longrightarrow$ Parameterdarstellung Eine Parameterdarstellung, die nicht aus einer Polargleichung hergeleitet ist, **kann** auch geometrisch fundiert sein, muss es aber nicht. Dieser Weg bleibt auf Einzelfälle beschränkt. So ein Fall ist die Auffassung der Ellipse als allgemeine Versiera in Abb. 4.9 im Abschnitt 4.1.4.4. Hier ergibt sich die in Abb. 2.7 verwendete Parameterdarstellung aus der Scheitelkreis-Konstruktion.

Parameterdarstellung $\longrightarrow$ kartesische Darstellung Aus $x = x(t)$ und $y = y(t)$ lässt sich manchmal t eliminieren. Dann kann man wenigstens eine **implizite kartesische Gleichung** erhalten. Zum Beispiel folgt aus der Parameterdarstellung der Ellipse $x = x(t) = a\cos(t)$ und $y = y(t) = b\sin(t)$ nach Division durch a, bzw. b, Quadrieren und Addieren $\frac{x^2}{a^2} + \frac{y^2}{b^2} = \cos(x)^2 + \sin(x)^2 = 1$. Das ist die kartesische Gleichung 4.9 der Ellipse.

Kartesische Darstellung $\longrightarrow$ Parameterdarstellung Wenn es gelingt, die kartesische Gleichung nach $y = g(x)$ oder nach $x = f(x)$ aufzulösen, dann nimmt man die **Standard-Parametrisierung** $x = t$ und $y = g(t)$, bzw. in Abwandlung $y = t$ und $x = f(t)$. Man handelt sich dabei leicht Wurzelausdrücke ein, die man möglicherweise mit einer **modifizierten Parameterdarstellung** mit $x^2 = \tilde{f}(t)$ und $y^2 = \tilde{g}(t)$ umgehen kann, siehe Gleichung 4.28 zur Lemniskate.

Im Allgemeinen gibt es kein *Umwandlungsrezept*. Das Auffinden einer Parameterdarstellung ist eine *kreative Tat*. Man versucht vielleicht einen Teilterm als t zu benennen, aber: ich lande meistens *in der Wüste*.

Grund für die Bemühung war – zumindestens früher – oft, das Unvermögen des verwendeten mathematischen Werkzeugs, zu einer impliziten kartesischen Gleichung eine Zeichnung zu erzeugen. Heute ist das nicht mehr nötig. Lesen Sie dazu in Abschnitt 2.7. Einen gewissen Vorteil gegenüber der impliziten Kurvengleichung bietet die Parameterdarstellung – wenn man sie dann hat – auch bei Fragen der Analysis.

2.5 Was sind Kurven und ihre grundlegenden Kurventypen?

Über den Kurvenbegriff können Bücher geschrieben werden. [Parchomenko 1957] nennt sein Buch geradezu: „Was ist eine Kurve?“. Ich gehe hier bewusst nicht den theoretischen Weg, der Kurven im Rahmen der Topologie als eindimensionale Punktmenge beschreibt. Auf den geometrischen Aspekt, der für die Antike der wesentliche war, ist schon Abschnitt 2.1 eingegangen. Er ist für dieses Buch auch ganz zentral. Geometrisch konstruierte Kurven können auch ganz *für sich* stehen, sie brauchen die Koordinaten und Gleichungen nicht als *Existenzberechtigung*. Dennoch kann eine zugehörige *Kurvengleichung* den Blick weiten.

Zitiert nach [Schupp und Dabrock 1995] geht Camille Jordan (1838-1922) den umgekehrten Weg und definiert:

Eine **Kurve** ist die Menge aller Punkte $P = (x, y)$, die durch eine Parameterdarstellung mit $x = f(t)$ und $y = g(t)$ mit Funktionen f und g dargestellt werden.
Eine **Kurve heißt stetig**, wenn f und g stetige Funktionen sind.

Dabei ist – anschaulich formuliert – die Funktion f mit $x = f(t)$ an einer Stelle t_0 stetig, wenn das Heranrücken von t an t_0 bewirkt, dass auch x an x_0 heranrückt. Entsprechendes gilt für g. Die Kurven dieses Buches, die eine Parameterdarstellung haben, sind stetig.

Satz von Jordan zu geschlossenen Kurven
Wenn f und g eine gemeinsame Periode haben, ist die **Kurve geschlossen**.

Das ist einsichtig, denn dann gibt es ein Intervall T für t, nach dessen Ende es genauso weitergeht wie an seinem Anfang. Dieser Satz ist aber **nicht umkehrbar**, denn die Lemniskate ist eine geschlossene Kurve, obwohl sie mit Gleichung 4.28 eine (modifizierte) Parameterdarstellung ohne periodische Funktionen hat. Auch in der Gleichung 4.29 sind die Funktionen nicht periodisch. Allerdings ist in dieser Darstellung die Lemniskate nur geschlossen, wenn man Unendliches t hinzu nimmt. [Wieleitner 1919, S. 6] fasst solche Durchgänge durch das Unendliche ausdrücklich nicht als Unstetigkeiten auf.

2.5.1 Was ist eine algebraische Kurve?

Zunächst: „Was ist Algebra?“ Jungen Menschen oder Fachfremden kann man sagen: Algebra ist das Rechnen mit Buchstaben, wie bei der Binomischen Formel $(a+b)^2 = a^2 + 2ab + b^2$. Das ist nicht ganz falsch, aber erheblich zu kurz gegriffen. Die Algebra untersucht grundsätzlich *Strukturen*, in denen man mit Symbolen operieren kann. Darunter sind *auch* die reellen Zahlen und die Gleichungen, die man mit Variablen darin aufstellen kann. So eine Gleichung ist die binomische Formel, aber auch die Kurvengleichungen mit Summen und Produkten der Variablen x und y. Dieser Aspekt der Algebra kommt in diesem Buch zum Tragen.

Definition 2.4 (Algebraische Kurve)
Das Wort **algebraisch** wird in einigen Kontexten verwendet.

- Ein reeller **algebraischer Term** enthält ausschließlich Summen und Produkte – und damit auch natürlich-zahlige Potenzen – von reellen Zahlen und Variablen. Beispiel: $7x^2y + (\sqrt{2}\,a - y^4)^3x^2$
- Eine **algebraische Gleichung** entsteht durch ein Gleichheitszeichen zwischen zwei algebraischen Termen. Beispiel: $5a\,x^2 - 7y^2 = \frac{1}{2}x\,y\,z$
- **Algebraische Umformungen** ergeben sich durch die in der Sekundarstufe I gelernten Regeln. Bei Gleichungen verändern sie die Lösungsmengen nicht.
- Ein reelles **Polynom in** x ist ein algebraischer Term, der in der aufgelösten Form ausschließlich Summanden der Gestalt $a_i\,x^i$ enthält. Beispiel $x^3 - 3x^2 + 5x - 10$
- Eine reelle **Polynomfunktion in x** ist $y = f(x)$, mit einem Polynom $f(x)$. Beispiel: $y = 5x^3 - 4x^2 + 1$
- Ein reelles **Polynom in** x **und** y ist ein algebraischer Term, der in der ausmultiplizierten Form ausschließlich Summanden der Gestalt $a_{ij}\,x^iy^j$ enthält. Beispiel: $-5x^6 - 15x^4y^2 - 12x^2y^4 - 5y^6$ entsteht durch Ausmultiplizieren von $3x^2y^4 - 5(x^2 + y^2)^3$
  Dabei heißen die a_{ij} **Koeffizienten** des Polynoms. Bei einem **reellen Polynom** sind sie reelle Zahlen, evtl. mit reellen Parametern.
  Der Name *Polynom* kommt vom griechischen *poly* und *nomos* und bedeutet *Viel-Gesetzlichkeit.*
- Die höchste Summe n der Exponenten, also der größte Wert von $i + j$, der im Polynom auftritt, heißt der **Grad des Polynoms.**
- Eine **algebraische Kurve** muss durch eine Gleichung $F(x, y) = 0$ mit einem Polynom F in x und y beschrieben werden können. Sie hat den **Grad** n des Polynoms.

Polynomfunktionen in x – sie werden auch oft kurz **Polynome** genannt – sind ein wesentliches Element des Schulunterrichts. Insbesondere interessieren ihre **Nullstellen**, die Lösungen der Gleichung $f(x) = 0$. Es gilt der Satz (von Gauß):

Satz 2.2 (Fundamentalsatz der Algebra)
Ein reelles Polynom n-ten Grades hat höchstens n Nullstellen.

Sein Beweis verwendet Methoden, die in dieses Buch nicht passen. Wie man die Polynome nicht zu großen Grades in ihren kartesischen Erscheinungsformen im wahren Wortsinn „durchschauen“ kann, habe ich in meinem Buch [Haftendorn 2016, Kap. 6.1.3] dargestellt. Wenn wirklich alle n Nullstellen – mit Vielfachheit gezählt – vorhanden sind, kann man viele Eigenschaften der Kurven vorhersagen.

Die Gleichungen $F(x, y) = 0$ mit einem Polynom n-ten Grades in x und y kann man auch als „erweiterte Nullstellensuche“ deuten. Für jedes feste $x = x_0$ ist $F(x_0, y)$ ein Polynom höchstens n-ten Grades in y und kann daher nach dem Fundamentalsatz 2.2 höchstens n-mal die Gerade $x = x_0$ schneiden. Entsprechendes gilt für $y = y_0$, aber auch für Schnitte mit einer beliebigen Geraden $y = mx + b$.

Folgerung: Kurvengrad und Geradenschnitt

Eine algebraische Kurve n-ten Grades kann von einer beliebigen Geraden **höchstens n-mal geschnitten** werden. Kann man sich umgekehrt eine Gerade denken, die n-mal eine algebraische Kurve schneidet, dann hat die Kurve **mindestens den Grad n**.

2.5.1.1 Vorgehen der Zeichenwerkzeuge für implizite Kurven

Die Nullstellen des Polynoms von y bei festem x aus dem gewählten Fenster werden numerisch berechnet. Bei algebraischen Kurven von Grad n kann die Suche nach n Lösungen beendet werden. Diese höchstens n Punkte mit x als Abszisse werden gezeichnet. Wie dann die Routinen programmiert sind, ist verschieden. Bei Mathematica sieht man deutlich, dass zunächst in recht großem Raster Punkte erzeugt werden, in deren Nähe in einem zweiten Durchgang die Verfeinerung erfolgt.

Sie als Anwender der Zeichenwerkzeuge sollten berücksichtigen, dass z. B. beim Zoomen neu gerechnet wird. Dadurch könnten Feinheiten zum Vorschein kommen, die bisher nicht zu sehen waren. Bei algebraischen Kurven, deren Grad Sie schon kennen, ergibt sich aus dem vorigen blauen Kasten schon die Sicherheit, dass nicht noch „Zipfelchen“ auftauchen werden.

2.5.1.2 Polardarstellungen, die auf algebraische Kurven führen

Obwohl die trigonometrischen Funktionen transzendent (siehe Abschnitt 2.5.2) sind, kann ihre Verwendung in Polargleichungen zu algebraischen Kurven führen.

Satz 2.3 (Polargleichungen, die zu algebraischen Kurven führen)
*Hat eine Kurve eine Polardarstellung $r(\theta) = f(\cos(\theta), \sin(\theta))$, bei der f ein reelles Polynom in $\cos(\theta)$ und $\sin(\theta)$ ist, dann ist die **Kurve algebraisch**.*

Beweis Wegen der Grundgleichungen 2.6 ist dann $r = f(\frac{x}{r}, \frac{y}{r})$ ein Polynom in x und y mit Summanden $a_{ij}\left(\frac{x}{r}\right)^i\left(\frac{y}{r}\right)^j$. Der Grad sei n. Multiplikation der Gleichung mit r^n führt rechts zu einem Polynom in x und y mit Summanden $a_{ij}r^{n-(i+j)}x^iy^j$. Ist der Exponent von r eine gerade Zahl $2k$, so ist $r^{2k} = (x^2+y^2)^k$, anderenfalls ist $r^{2k+1} = (x^2+y^2)^k\sqrt{x^2+y^2}$. Fasst man in der gesamten Gleichung alle Wurzelterme auf einer Seite zusammen und quadriert, so erhält man die gesuchte algebraische Gleichung. □

Dieser Satz gilt auch, wenn **Sinus- oder Kosinusterme noch in Nennern** vorhanden sind. Dann muss man mit dem Hauptnenner multiplizieren. Dazu folgt ein Beispiel:

Beispiel 2.1 (Cissoide aus Kreis und Gerade)
Wir wandeln die Gleichung 3.16 einer Cissoide bezüglich Kreis und Gerade aus Abschnitt 3.4.3.2 in eine kartesische Gleichung um.
Wenn wir also von $r(\theta) = \frac{c}{\cos(\theta)} - 2a \cdot \cos(\theta)$ ausgehen, erhalten wir durch Multiplikation zunächst $r\cos(\theta) = c - 2a\cos^2(\theta)$. Mit den Grundgleichungen 2.6 folgt $x = c - 2a\frac{x^2}{r^2} \iff 2a\frac{x^2}{r^2} = c - x$. Multiplizieren wir nun mit r^2 und ersetzen dieses auch gleich durch x^2+y^2 so folgt $2ax^2 = (c-x)(x^2+y^2)$ als kartesische Gleichung dieser Cissoide. In der Gleichung 3.17 ist nach x^2- und y^2-Termen sortiert. ■

2.5.1.3 Fazit zu algebraischen Kurven

Im 17. Jahrhundert wollte Descartes nur die „algebraischen Kurven“ gelten lassen. Zudem „hatten er und seine nächsten Nachfolger nur sehr unrichtige Vorstellungen von der äußeren Erscheinung dieser Kurven, da sie gewohnt waren, nur für positive Abszissen Betrachtungen anzustellen.“ (Zitiert nach [Wieleitner 1919, S. 6].)

Das kann uns heute nicht mehr so passieren, wir sind mit dem vollständigen kartesischen Koordinatensystem vertraut. Zudem nähern wir uns in diesem Buch den algebraischen Kurven von verschiedenen Seiten: der geometrischen, der kartesischen, der polaren Sicht und der parametrischen Sicht. Durch diesen vielfältigen Blick können wir recht sicher sein, dass uns nichts Wesentliches verborgen bleibt.

Allerdings habe ich die „theoretische Sicht“ der **Algebraischen Geometrie**, wie sie in [Brieskorn und Knörrer 1981] auf tausend Seiten dargelegt wird, ausgeblendet. Schon [Wieleitner 1919] sagt: „Die algebraischen Kurven bilden eine Kurvenfamilie, über die es eine **ausgebaute Theorie** gibt“. Er geht in seinem Buch aber nicht näher darauf ein.

2.5.2 Was ist eine transzendente Kurve?

Gottfried Wilhelm Leibniz (1646-1716) bekämpfte die eingeschränkte Sicht von Descartes (s.o.) und widmete sich auch Kurven, zu denen es keine algebraische Gleichung gibt. Er nannte sie im Jahre 1686 **transzendente Kurven**. Das Wort bedeutet *hinüber steigend*, gemeint ist, dass sie das „Algebraische“ übersteigen. In diesem Buch sind die transzendenten Kurven vor allem in den Spiralen und den Zykloiden in den Abschnitten 8.1 und 8.3.1 vertreten. Aber auch die Exoten-Kurven in Abschnitt 9.6 sind transzendent.

2.5.2.1 Transzendente Zahlen

Transzendente Zahlen sind reelle Zahlen, die sich **nicht** als Nullstellen eines Polynoms ergeben können. Bekannte Vertreter sind die Kreiszahl π und die Euler'sche Zahl e. Transzendenz ist nicht leicht nachzuweisen. Für e schaffte das der Mathematiker Charles Hermite im Jahre 1873. Darauf aufbauend bewies Ferdinand Lindemann im Jahre 1882 die Transzendenz von π. Damit ist auch bewiesen, dass e und π nicht mit Zirkel und Lineal konstruierbar sind. Hierzu steht mehr in Kapitel 6.

2.5.2.2 Transzendente Funktionen

Nun wird klar, dass die **Exponentialfunktionen** wie $f(x) = e^x$ und die Logarithmen sicher zu den transzendenten Funktionen gehören. Dasselbe gilt für die **trigonometrischen Funktionen** wie Sinus, Kosinus und Tangens. Deren Funktionsgraphen – und natürlich auch ihre Verknüpfungen und Verkettungen sind dann i. A. **transzendente Kurven**.

2.5.2.3 Transzendente Gleichungen

Gleichungen, in denen eine Variable in verschiedenen transzendenten Funktionen oder zusätzlich „frei" vorkommt, sind nur in Sonderfällen nach der Variablen auflösbar. Zum Beispiel lassen sich $x = cos(x)$ oder $cos(x) = e^x$ **nicht** nach x auflösen. Erst recht lässt sich keine Lösung geometrisch konstruieren. So etwas gehört zur „mathematischen Bildung", insbesondere der Lehrenden. In der Lehrerfortbildung habe ich Menschen getroffen, die Mathematiksoftware nicht zu nutzen gedachten, bis „sie endlich solche einfachen Gleichungen exakt lösen kann".

2.5.2.4 Transzendente Kurven

Bisher gibt es noch keine Klassifikation der transzendenten Kurven. Es gibt transzendente Kurvenscharen, die als Spezialfälle algebraische Kurven enthalten. Allerdings gilt dies nicht umgekehrt. Ein starker Hinweis auf Transzendenz sind Kurvengleichungen von ähnlicher Bauart wie die eben erwähnten transzendenten Gleichungen. Bei Polargleichungen mit trigonometrischen Funktionen ist wegen Satz 2.3 in Abschnitt 2.5.1.2 Vorsicht geboten.

- Die **Spiralen** sind i. d. R. transzendent. Ihre Polargleichung ist z. B. $r(\theta) = \theta$ oder $r(\theta) = e^\theta$. Wir vertiefen dies in Abschnitt 8.1.
- Die **Zykloiden** sind i. d. R. transzendent. Ihre Parameterdarstellung ist z. B. $x = t - \sin(t)$ und $y = t - \cos(t)$. Siehe Abschnitt 8.3.1.

2.6 Was haben Kurven mit dem 3D-Raum zu tun?

Der Abschnitt 5.3 ist eigens den Phänomenen des 3D-Raumes gewidmet, die mit Kurven etwas zu tun haben. Hier im Werkzeugkasten-Kapitel stelle ich nur einige handwerkliche Elemente zusammen, die man etwa einmal nachschlagen möchte.

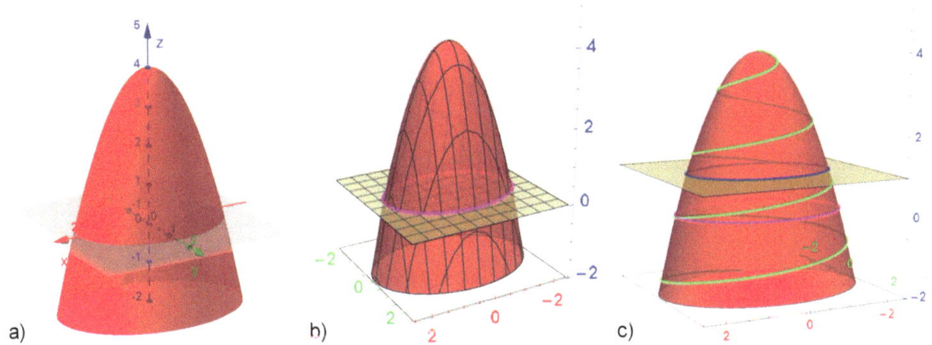

Abb. 2.8 **Paraboloid**: a) in GeoGebra 3D, b) Grundebene mit Gitter und violetter Ellipse als **Schnittkurve**, die Bilder eines Gitters auf der **Raumfläche** heißen **Grids**, c) zusätzlich verschobene Ebene mit blauer Schnittellipse und eine grüne **Raumkurve** auf dem Paraboloid

2.6.1 Wie entsteht eine Raumfläche aus einer Kurvengleichung?

Es gibt auch hier wieder zwei kartesische Darstellungen, eine Parameterdarstellung und sogar zwei Polardarstellungen.

2.6.1.1 Raumflächen als kartesische Funktion

Gegeben ist eine reelle Funktion f in zwei Variablen. Der Definitionsbereich ist die x-y-Ebene, die Funktionswerte werden z genannt, die x-Achse, die y-Achse und die z-Achse bilden ein „Rechtssystem". Zeigt der Daumen der *rechten Hand* in x-Richtung, der gestreckte Zeigefinger in y-Richtung, dann kann der Mittelfinger senkrecht dazu nur in z-Richtung gestreckt werden.

Eine reelle Funktion f mit den Werten $z = f(x, y)$ ordnet jedem Punkt(x, y) aus der x-y-Ebene, oder einem Definitionsbereich darin, eine reelle Zahl z zu, die auf einer Senkrechten durch diesen Punkt eingetragen wird. Die so entstehenden Punkte P=(x,y,z) bilden zusammen eine **Raumfläche**.

In Abb. 2.8 ist $z = 4 - x^2 - 2y^2$ als roter „Hut“ dargestellt. Die violette Ellipse hat die Gleichung $0 = 4 - x^2 - 2y^2$. Nach der Umformung zu $\frac{x^2}{4} + \frac{y^2}{2} = 1$ erkennt man die Ellipsengleichung 4.9 (s. Abschnitt 4.1.4.4) für die Halbachsen $a = 2$ und $b = \sqrt{2}$.

Aus einer beliebigen Kurvengleichung in Standardform $0 = F(x, y)$ wird durch $z = F(x, y)$ eine **Raumfläche** mit der **ursprünglichen Kurve als Schnittkurve** mit der Grundebene. Zur Grundebene parallele Ebenen $z = z_0$ erzeugen mit $0 = F(x, y) - z_0$ eine **Familie von *raumverwandten* Kurven.**

In Abschnitt 5.3 erkunden wir diesen Zusammenhang an lohnenden Beispielen.

2.6.1.2 Raumflächen mit impliziter kartesischer Gleichung

Satz 2.4 (Raumflächen in impliziter kartesischer Darstellung)
Gegeben sei eine Funktion F, die von x, y und z abhängt. Sie darf noch Formparameter a, b, $\cdots$ enthalten. Dann ist

$$F(x, y, z) = 0 \qquad \textit{eine implizite Raumflächengleichung in Standardform.} \qquad (2.11)$$

Genau die Punkte $P = (x, y, z)$, welche die Gleichung erfüllen, liegen auf der Raumfläche.
*Gelingt es, die Gleichung nach z – oder wenigstens nach x oder y – aufzulösen, hat man eine **explizite kartesische Gleichung**. Anderenfalls hat man eine **implizite kartesische Gleichung**. Ist F(x,y,z) eine reelles Polynom in drei Variablen, handelt es sich um eine **algebraische Raumfläche**.*

Zum Darstellen von implizit gegebenen Raumflächen lesen Sie bitte Abschnitt 2.8.3.

2.6.2 Raumkurven und Raumflächen in anderen Darstellungen

Eine Übersicht bietet Definition 2.3 am Beginn von Abschnitt 2.4. Dort finden Sie auch die im Folgenden erwähnten Gleichungen 2.7, 2.8 und 2.10.

2.6.2.1 Raumkurven in Parameterdarstellung

Die drei Gleichungen mit *einem* Parameter, die nun nötig sind, stehen in Gleichung 2.8 zu Beginn von Abschnitt 2.4. In Abb. 2.9 a) ist eine Schraubenlinie durch `Kurve[4cos(t), 2sin(t),t/5,t,0,20]` in GeoGebra definiert. Die beiden ersten Ein-

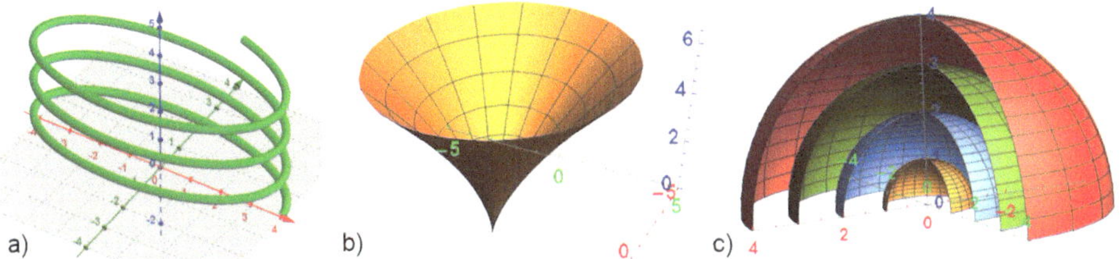

Abb. 2.9 a) Schraubenlinie als **Raumkurve** in GeoGebra 3D (s. Abschnitt 2.6.2.1), b) **Parametrische Raumfläche** mit der Neil'schen Parabel in Schnitten, die die z-Achse enthalten, und Ellipsen in Schnitten senkrecht zur z-Achse (s. Abschnitt 2.6.2.2), c) vier Halbkugeln, die zu einem Viertel offen sind, in **Kugelkoordinaten** (s. Abschnitt 2.6.2.3)

träge gelten für x und y und gehören zur Parameterdarstellung der Ellipse, die wir schon in Abb.2.8 verwendet haben. Der nächste Eintrag steht für z, er sorgt für das Steigen der Kurve. Es ist t dann der Parameter, der von 0 bis 20 läuft, es wird als Höhe 4 erreicht.

In Abb. 2.8 c) ist auch eine Raumkurve zu sehen, sie schmiegt sich an das Paraboloid an. Nach dem blauen Kasten am Ende von Abschnitt 2.6.1.1 ist $z_0 = 4 - x^2 - 2y^2$ die Schnitt-Ellipse in der Höhe z_0, es ist also $a^2 = 4 - z_0$ und $b^2 = \frac{4-z_0}{2}$. Damit erhält man mit $x = \sqrt{4 - \frac{t}{4}}\cos(t)$, $y = \sqrt{\frac{4-\frac{t}{4}}{2}}\sin(t)$ und $z = \frac{t}{4}$ für den Parameter t mit $-8 \leq t \leq 16$ die angeschmiegte Raumkurve in Parameterdarstellung.

Wie bei den Polar- und Parameterdarstellungen in Abschnitt 2.3.3.2 kann man auch hier Schieberegler für Anfang oder Ende des Parameterintervalls einführen und dann die Kurve langsam entstehen lassen.

2.6.2.2 Raumflächen in Parameterdarstellung

Die drei Gleichungen mit zwei Parametern, die nun nötig sind, stehen in Gleichung 2.10. In Abschnitt 4.2 steht in Gleichung 4.10 die Parameterdarstellung $x = s^2$ und $y = as^3$ der Neil'schen Parabel (hier geschrieben mit s). Wir kombinieren sie mit der eben verwendeten Ellipse zu $x = 2\cos(t)\cdot s^3$, $y = \sqrt{2}\sin(t)\cdot s^3$ und $z = 3s^2$. Die z-Achse spielt also die Rolle der x-Achse bei der ebenen Kurve. Abb. 2.9 b) zeigt die Raumfläche. In GeoGebra steht der Befehl `Oberfläche[x(s,t),y(s,t),z(s,t),s,s_0,s_1,t,t_0,t_1]` zur Verfügung. Die Schnitte senkrecht zur z-Achse sind Ellipsen, die Schnitte, die die z-Achse enthalten, sind Neil'sche Parabeln. Das eben Gelernte ist in Abschnitt 5.3.2 angewendet.

Wenn Sie das Bauprinzip verstanden haben, ist Ihnen Tür und Tor geöffnet, selbst Raumflächen zu erfinden.

2.6.2.3 Kugel- und Zylinderkoordinaten

Auch auf dieser Grundlage lassen sich die Kurven dieses Buches „in den 3D-Raum fortsetzen". Die entsprechenden Beispiele stehen in Abschnitt 5.3.

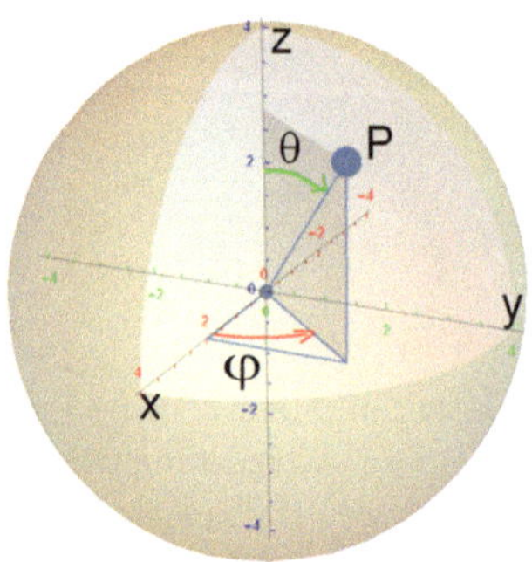

Abb. 2.10 Kugelkoordinaten, sphärische Koordinaten
Der Punkt $P = (x, y, z)$ habe den Abstand $|r|$ vom Ursprung. Der **Polarradius** r ergibt sich als Funktion zweier Winkel θ und φ zu $r = r(\theta, \varphi)$.
Die Winkel werden in nebenstehender Weise gemessen.
Die 3D-Parameterdarstellung ist

$$\begin{aligned} x &= r(\theta,\varphi)\cdot\sin(\theta)\cos(\varphi) \\ y &= r(\theta,\varphi)\cdot\sin(\theta)\sin(\varphi) \\ z &= r(\theta,\varphi)\cdot\cos(\theta) \end{aligned} \tag{2.12}$$

Kugelkoordinaten Zu den Kugelkoordinaten sagt man auch **sphärische Koordinaten**. Es sind die **räumlichen Polarkoordinaten**. Sei O der Ursprung eines kartesischen Koordinatensystems. Wenn die z-Achse als **Polarachse** gewählt wird, dann ist die x-y-Ebene die **Äquatorebene**. Abb. 2.10 zeigt die Zusammenhänge.

Mathematica hat einen speziellen Befehl SphericalPlot3D[...], wenn dergleichen nicht existiert, kann man die Parameterdarstellung verwenden.

Eine Kugel mit dem Radius a um den Ursprung hat in Kugelkoordinaten die Gleichung $r = a$. In Abb. 2.9 c) stehen für die vier Halbkugeln tatsächlich im eben genannten Befehl nur die Zahlen $\{1, 2, 3, 4\}$. Der Winkel θ ist aus dem Intervall $[0, \frac{\pi}{2}]$, der Winkel φ ist aus $[\frac{\pi}{2}, 2\pi]$. Mit der kartesischen Kugelgleichung $x^2 + y^2 + z^2 = a^2$ hätte man diese „ausgeschnittenen“ Kugeln nicht zeichnen können.

Varianten der Kugelkoordinaten In der Geografie und in GPS-Systemen werden Kugelkoordinaten mit etwas anders definierten oder benannten Winkeln verwendet. Wenn die Erde näherungsweise als Kugel angesehen wird, durchstößt die z-Achse die Erde am Nord- und Südpol, der halbe Großkreis, der durch die positive x-Achse verläuft, ist der „Nullmeridian von Greenwich“. Der Winkel, der in Abb. 2.10 φ heißt, wird λ (sprich lambda) genannt. Er wird „östlich“(+) und „westlich“(-) mit Gradzahlen bis 180° gemessen. Entsprechend heißen auch Meridiane, z. B. ist $9^o11'29.6''$ die **geografische Länge** für Ludwigsburg. Bei den Winkeln verwendet man das 4000 Jahre alte **Hexagesimalsystem** (60-iger System) mit Winkelminuten $'$ und Winkelsekunden $''$. Es sind $60' = 1^o$ und $60'' = 1'$. Uns ist es von den Uhren vertraut. Die **geografische Breite**, z. B. $48^o53'49.2'$ für den Marktplatz dieser Stadt, wird als Winkel vom Äquator aus nach Norden gemessen. *Dieser* Winkel heißt hier üblicherweise φ (sprich phi) und ergänzt (auf der Nordhalbkugel) den Winkel θ zu 90°.

Die wirklichen GPS (Geo-Positioning-System) betrachten die Erde als Ellipsoid, aber auch das ist nur näherungsweise richtig. Lesen Sie in Wikipedia über GPS. Die Definition von Kugelkoordinaten in Abb. 2.10 entspricht dem internationalen Gebrauch in der Physik.

Zylinderkoordinaten Hierbei verwendet man in der x-y-Ebene die ebenen Polarkoordinaten, die z-Achse steht senkrecht auf der x-y-Ebene und liefert ohne Umrechnung die z-Koordinaten. Ich kenne kein Mathematik-Werkzeug, das für Zylinderkoordinaten einen *direkten* Befehl hat. Man kann die Parameterdarstellung $x(\theta) = r(\theta) \cdot \cos(\theta)$, $y(\theta) = r(\theta) \cdot \sin(\theta)$ der Polarkoordinaten verwenden und z bleibt einfach so. So kann man allen Kurven, von denen man eine Polardarstellung kennt, eine senkrechte Wand geben. Anstelle von z kann auch $z = z(\theta, t)$ stehen. Hierzu gibt es in 5.3 in Abb. 5.24 a) ein schöne Rosette.

2.7 Tipps für GeoGebra

Sie alle wissen, dass eigenes Musizieren die Freude an Musik vertieft, dass eigene Bewegung mehr ist als Sportschau gucken, dass eine eigene Wanderung erfüllender ist als jeder noch so schöne Bildband über das betreffende Bergland. So ist es auch mit der Mathematik. Man kann seine intellektuelle und ästhetische Freude an ihr erheblich steigern, wenn man sich auf die heutigen Möglichkeiten einlässt, Mathematik mit passenden Computerprogrammen zu erleben. Das Entscheidende ist das eigene Tun und die Verfolgung der Fragen, die dabei auftauchen, nicht die Präsentation von Antworten.

2.7.1 Wo findet man GeoGebra und die Website zum Buch?

GeoGebra ist ein umfassendes „Dynamisches Mathematiksystem“, das an den eben genannten Zweck besonders gut angepasst ist. Es leistet viel mehr als ein DGS und wurde etwa 2003 von dem Österreicher Markus Hohenwarter entwickelt, der Mathematik und Philosophie für das höhere Lehramt studiert hatte und auch Informatik. Aus diesem Hintergrund ist ein hervorragendes (elektronisches) Werkzeug entstanden, das inzwischen in über 50 Sprachen übersetzt wurde und weltweit in Schulen und Universitäten von Lehrenden, Lernenden und Mathematik-Enthusiasten eingesetzt wird. Es ist frei verfügbar und soll das auch bleiben, wie Prof. Hohenwarter (nun in Linz) versichert. Die Entwicklungsarbeit an GeoGebra wird zumeist ehrenamtlich geleistet.

2.7.1.1 Beschaffung

Die umfassende Adresse ist `http://www.geogebra.org`. GeoGebra gibt es für Desktop-PC und für Tablets, jeweils für je drei z. Z. gängige Betriebssysteme. Auch Smartphones sind berücksichtigt. Ausführliche Handbücher sind in Deutsch, in Englisch und vielen weiteren Sprachen verfügbar. Am besten Sie informieren sich direkt.

2.7.1.2 Die Website zum Buch

Die Adresse ist `http://www.kurven-erkunden-und-verstehen.de`. Die Site ist genauso gegliedert wie das Buch und enthält zusätzlich Vorträge, die ich zum Thema gehalten habe. Dort finden Sie alle GeoGebra-Dateien, welche die Bilder des Buches erzeugt haben.

Sie haben die Endung *.ggb und Sie können sie – natürlich frei – herunterladen. Auch einige kurze Erklärungen sind dabei, aber das vorliegende Buch bietet erheblich mehr.

Weiter gibt es Lösungsvorschläge und Dateien zu den Aufgaben, Anregungen, Ergänzungen und Beweise, die im Buch keinen Platz fanden. Darüber hinaus sind einige Lernseiten im *.pdf-Format angeboten, wie ich sie in meiner Berufszeit für die Studierenden, z. T. auch für Schüler entwickelt habe. Auf meiner Site [Haftendorn 3] spiegeln sich im Bereich Kurven meine Ideen seit 1996. Sie waren eine Quelle für dieses Buch. Für wichtige Seiten steht ein direkter Link im Literaturverzeichnis.

2.7.1.3 GeoGebra-Material und GeoGebra-Books

Mit `https://www.geogebra.org/haftendorn` kommen Sie direkt zu meinen Seiten bei GeoGebra. Sie sehen die Icons für Materialien, manche haben eine kleines blaues Zeichen, das ein Buch zeigt. Sie weisen auf „**GeoGebra-Books**“ hin. Das sind Zusammenstellungen von thematisch oder didaktisch zusammengehörigen Materialien. Für die Leser dieses Buches gibt es das GeoGebra-Book „**Kurven erkunden und verstehen**“. Dort können Sie die im Buch verwendeten Dateien interaktiv bedienen, ohne dass etwas auf Ihren Computer heruntergeladen wird. Direkte Links zu diesen Applets sind auch auf der Website zum Buch. An beiden Stellen können Sie die *.ggb-Datei für die offline-Nutzung herunterladen. Grundsätzlich stehen Ihnen dann alle Möglichkeiten offen. Dagegen beschränken sich die Applets im Internet auf die Eigenschaften, die ich – evt. aus didaktischen Gründen reduziert – implementiert habe.

2.7.2 Wichtige Tipps für Kurven

2.7.2.1 Ortslinien erzeugen

- Man definiert die Parameter mit z. B. $a = 1$ als später noch veränderliche Zahlen.
- Zuerst braucht man den **Weg** für Q, eine Gerade, ein Kreis oder eine Kurve. Sie kann durch die interaktiven Konstruktionselemente oder durch eine Gleichung gegeben sein. Sie sollte möglichst nicht selbst als Ortslinie konstruiert sein. Auf Ortslinien kann man zwar einen zugfesten Punkt setzen, aber man erhält keine Schnittpunkte, Tangenten und andere Analysiselemente.
- Mit dem Button „Punkt auf Objekt“ setzt man Q darauf.
- Entsprechend der Konstruktionsvorschrift oder auf eigene Entscheidung konstruiert man einen Punkt P, evt. noch P'.
- Man setzt im Eigenschaftsdialog für P den Spurmodus und zieht an Q. So entsteht die Ortskurve punktweise. In der Lehrsituation ist dies der erste Schritt.
- für die „gesteuerte“ Parametervariation bewegt man einen Punkt oder einen Schieberegler besser mit den Pfeiltasten. Die Schrittweite ist einstellbar, z. B. im Register „Algebra“.

- Für eine (fast) vollständige Übersicht nimmt man das Ortslinienwerkzeug aus dem Konstruktionsmenü und bekommt die **Ortslinie von P bezüglich Q**. (Erst P, dann Q anklicken.)
- Die Ortslinie ist nur eine Näherungskurve und existiert intern nicht als *eine* Gleichung sondern als *Spline*. Zu diesem Werkzeug der Numerik steht etwas in meinem Buch [Haftendorn 2016]. Darum können Sie auch mit Ortskurven keine Schnittpunkte mit anderen Objekten erzeugen.

2.7.2.2 Implizite Gleichungen

Implizite kartesische Gleichungen kann man in der Eingabezeile eintippen.

Gleichungen ohne Parameter Leider werden sofort sämtliche Klammern aufgelöst, so dass man keine Chance hat, sich zu vergewissern, ob man sich vertippt hat. Das kann man verhindern, wenn man irgendeinen Parameter in die Gleichung setzt. Also setzen Sie c=1 und bringen Sie in der Gleichung irgendwo c als Faktor an.

Gleichungen mit Parameter Sie bewahren die Termstruktur nach der Eingabe am Tooltipp und im Eigenschaftsmenu. **Nur so ist sicheres Arbeiten möglich**. Variationen können gezielt erfolgen. Achten Sie bei der Standardform der Kurvengleichung darauf, dass Sie nicht $= 0$ vergessen.

Andere Variablennamen Man muss x und y nehmen. Für Beispiele aus anderen Wissenschaften (Physik, Ökonomie, Chemie u. s. w.) muss man umtaufen. Für die Übersichtlichkeit bietet es sich an, den Gleichungsnamen „sprechend“ zu wählen.

2.7.2.3 Explizite Gleichungen

Es ist zwar möglich mit $y = term(x)$ eine Funktion zu zeichnen. Meist ist es besser, nur den $term(x)$ in die Eingabezeile zu schreiben, dann bekommt sie einen Funktionsnamen automatisch zugewiesen, noch geschickter ist, man schreibt gleich z. B. $h(x) = term(x)$ in die Eingabezeile. In den Befehlen, in denen eine Funktion zu nennen ist, muss man dann h nennen und nicht $h(x)$. Das ist mathematisch sauber konzipiert. In GeoGebra-CAS muss die Funktionsdefinition einen Doppelpunkt enthalten, also $h(x) := term(x)$. Für Funktionen gibt es mehr Analysisbefehle als für Kurven.

2.7.2.4 Zwei Grafikseiten

Vielfach ist in diesem Buch die Verwendung einer zweiten Grafikseite vorgeschlagen. Das Einschalten geht über das Ansichtsmenu. In die gerade „aktive“ Seite wird die nächsten Eingabe eingetragen. Landet sie falsch ober will man etwas in beiden Ansichten sehen, so ist im Eigenschaftsdialog im Reiter „Erweitert“ ganz unten die Auswahl durch Häkchen möglich. Zusätzlich kann man auch noch ein 3D-Grafikfenster anschalten, die

CAS-Ansicht und die Tabellen-Ansicht. Da man Fenster „loslösen“ kann, ist didaktische Übersicht möglich. Beim Speichern werden alle Fenster gespeichert.

2.7.2.5 GeoGebra 3D

Während der Erstellung dieses Buches haben sich die Fähigkeiten von GeoGebra bemerkenswert weiter entwickelt. Als erstes gab es als Funktionen $z = f(x, y)$ gegebene Raumflächen (*english surfaces*). Durch die neuen Möglichkeiten, 3D-Kurven in Parameterdarstellung `Kurve[x(t),y(t),z(t),t,t_0,t_1]` und Raumflächen mit `Oberfläche[x(s,t),y(s,t),z(s,t),s,s_0,s_1,t,t_0,t_1]` umfassend darzustellen, können schon viele Wünsche erfüllt werden. Darüber hinaus ist geometrisches Konstruieren im 3D-Raum möglich (siehe auch Abschnitt 2.8.3.2).

Von den implizit gegebenen Raumflächen können nun außer Ebenen und Kugeln auch 3D-Quadriken (siehe Abschnitt 5.3.5) dargestellt werden. Vermutlich folgen bald andere implizit gegebene Raumflächen.

2.7.2.6 GeoGebra-CAS

Den Einsatz habe ich in 4.1.1.2 exemplarisch vorgeführt. Im Prinzip sind alle Fenster in GeoGebra gekoppelt. Ganz wichtig ist daher, dass Sie bei der Arbeit mit CAS **neue Parameter** taufen. Z. B. haben Sie für die Zeichnungen a, dann nehmen Sie im CAS a_c, getippt `a_c`. Wenn a schon eine feste Zahl ist, könnten Sie sonst im CAS keine allgemeinen Ergebnisse erhalten, wie z. B. die Nullstelle $a \pm \sqrt{a^2 - 1}$. Genau das aber interessiert, die numerischen Ergebnisse sieht man ja in der Grafik.

Für die **Analysisbefehle** müssen Sie, falls Parameter bewahrt werden sollen, auch die Funktionen neu definieren. Z. B $f_c(x) := x^2 + a_c x$ erlaubt dann $f_c'(x)$ mit dem Ergebnis $2x + a_c$. Weitere Arbeit ist direkt mit f_c' möglich (bei anderen CAS muss man oft neu definieren). Für die Ableitung nach anderen Variablen, wie es in diesem Buch für Polarradien $r(\theta)$ und Parameterdarstellungen nötig ist, gibt es den ausführlichen Befehl „Ableitung“: `Ableitung[ <Funktion>, <Variable>, <Grad der Ableitung> ]`. Aber achten Sie darauf, dass Sie $x_c(t) := term_x(t)$ und $y_c(t) := term_y(t)$ vorher als *Funktionen* definieren und nur x_c, den Funktions*namen*, eintragen.

2.7.3 Was (noch) nicht geht in GeoGebra

GeoGebra hat eine rasante Entwicklung gezeigt. 2016 ist es in Deutschland erst etwa ein dutzend Jahre bekannt. Mit CAS und 3D-Fenstern sind die jüngsten großen Schritte gelungen. Natürlicherweise ist noch nicht alles verwirklicht, während ich dies schreibe. Neues erfahren Sie bei GeoGebra selbst und auf der Website zum Buch

Elimination Im Thema Kurven wird bei den Herleitungen oft die Elimination von Variablen gebraucht. Einen kräftigen Befehl wie `Eliminate` in Mathematica gibt es in Geo-

Gebra (noch) nicht. In Abschnitt 2.8.2 ist erklärt, wie man diesen wichtigen Einzelbefehl dennoch aus Mathematica nutzen kann. In GeoGebra kann man sich evtl. mit mehrfachem `Löse` (Solve) behelfen, wenn es von Hand zu „wüst“ wird.

Skalierung der 3D-Grafiken Vorläufig muss man mit kleinen Tricks dafür sorgen, dass das Gewünschte in einem der drei vorgeschlagenen Größenbereiche liegt.

2.8 Tipps zu weiterer Mathematik-Software

2.8.1 Tipps für CAS-Taschenrechner

Meine Studierenden hatten den Taschenrechner TI-Nspire-CAS. Daher habe ich damit viel Erfahrung. Die im Buch beschriebenen Konstruktionen und CAS-Rechnungen sind auch alle mit dem „Handheld“ zu bewältigen. Auf meiner Website [Haftendorn 1] finden Sie viele TI-Nspire-Dateien zum Herunterladen, sie sind kenntlich an einem Button *.tns. Die Möglichkeiten, Farben, Strichdicken, Beschriftungen und Anderes zu steuern, sind nicht so komfortabel wie in GeoGebra. Aber die Verfügbarkeit in der Hand der Lernenden ist didaktisch „goldwert“.

2.8.2 Tipps für Wolfram-Alpha und Mathematica

Mathematica ist weltweit eines der umfassendsten CAS-Mathematik-Werkzeuge (englisch). Es wird von Steven Wolfram und seiner Firma entwickelt. Ich kenne es seit einem viertel Jahrhundert und habe auch für dieses Buch seine Möglichkeiten genutzt. Direkte Bedienungsfreundlichkeit und Interaktivität gehören nicht zu den Zielen von Mathematica, da ist GeoGebra stärker.

2.8.2.1 Für Jedermann: wolfram-alpha

Es gibt eine Plattform `www.wolfram-alpha.com`, die eine Eingabezeile zur Verfügung stellt, in der jede einzeilige mathematische Frage mit der ganzen Macht des CAS Mathematica ausgeführt wird.

Eliminierung Der Befehl `Eliminate[{g1,g2,g3},{u,v}]//Simplify` wird in diesem Buch oft benötigt. Dabei sind in der ersten geschweiften Klammer drei Gleichungen mit x, y, u, v und etwa noch Parametern. Ein Beispiel finden Sie in Abschnitt 3.1.1.5. Das Ergebnis ist eine implizite Gleichung, ggf. mit Parametern, die man mit `copy as plaintext` herausgreifen und direkt in GeoGebra eingeben kann. Statt $==$ ist $=$ zu schreiben.

Weiteres wird im Buch bei Bedarf und auf der Website zum Buch genannt.

Mathematisches Lexikon (englisch) Mit `http://mathworld.wolfram.com/topics/Curves.html` bietet sich eine schier unerschöpfliche Quelle für Kurven, darunter viele, die Ihnen dieses Buch vorstellt. Das gilt auch für Mathematik im Allgemeinen. Bedenken Sie, dass Wikipedia nicht die einzige Quelle für Ihre Internetrecherche sein sollte.

2.8.3 Tipps für Programme zur Raumgeometrie

2.8.3.1 Surfer für implizite kartesische Gleichungen im 3D-Raum

Das frei verfügbare Werkzeug für Jedermann ist `Surfer`, eine im Jahr der Mathematik 2008 in `http://imaginary.org` von dem renommierten Mathematischen Forschungsinstitut Oberwolfach präsentierte Software, die der Mathematiker Oliver Labs [Labs 2015] genau für implizite kartesische Gleichungen von Raumflächen konzipiert hat [Labs 2008].

2.8.3.2 Cabri3D und Archimedes Geo 3D

Die Raumgeometrie ist ein ähnlich vernachlässigtes Gebiet wie die Kurven und auch hier eröffnen die Computer ganz neue Möglichkeiten. Heinz Schumann hat zur schulischen Raumgeometrie Bücher veröffentlicht [Schumann 2007] und [Schumann 2011], die sich auf das Programm Cabri-3D beziehen: `www.cabri.com`.

Die Entwicklung der Göttinger Lehrers Andreas Göbel bietet Ähnliches zu einem bescheidenen Shareware-Preis: `http://www.raumgeometrie.de`

2.8.4 Cinderella und andere starke Mathematik-Systeme

Cinderella ist ein in den 90er Jahren mathematisch sehr sauber konzipiertes Dynamisches-Geometrie-System, das viele Fragestellungen gut bearbeiten kann. Es wurde von den Professoren J. Richter-Gebert (München) und U. Kortenkamp (jetzt Potsdam) entwickelt und ist heute frei verfügbar, `http://www.cinderella.de/`. In [Mathe Vital] an der TUM, der TU München, findet man viele eindrucksvolle Beispiele.

Maple ist ein großes CAS aus Kanada, das man kaufen muss. Ende der 90er Jahre hatte ich eine Lizenz, habe das Programm dann aber nicht weiter verfolgt. Es ist in Süddeutschland verbreitet. Vermutlich kann man die Fragestellungen dieses Buches alle mit Maple umsetzen.

Maxima und wxMaxima sind freie CAS, letzteres für Windows. Hier greift der Nachteil freier Programme, die Dokumentation und Hilfestellungen lassen Wünsche offen. Aber es gibt eine Community, die sich austauscht.

2.8.5 Blick zurück und nach vorn

2000 Jahre gibt es mathematische Kurven, aber nun ermöglichen die Computer freies und kreatives Erkunden und Verstehen.

3 Klassische Kurven ohne Ende

Übersicht

Kegelschnitte in der Warteschleife Klassische Kurven, das sind doch vor allem die Kegelschnitte. Aber sie müssen warten, erst Kapitel 7 ist ihnen gewidmet. *Gerade weil* ihre geometrischen Erzeugungsweisen und ihre Gleichungen „elementarer" sind als die in der obigen Übersicht genannten Kurven, erlauben sie weniger kreative Erweiterungen. Ihr Reiz liegt in der Vielfalt ihrer Eigenschaften, die zumeist seit der Antike bekannt sind. Da es mir in diesem Buch aber darauf ankommt, Erkunden und Verstehen anzuregen, ist es spannender, andere klassische Kurven an den Anfang zu stellen, die offenere Definitionen zulassen.

Unlösbare Probleme lösen, das wollten die antiken Mathematiker und ihre Nachfolger mit den in diesem Kapitel vorgestellten Kurven. In welchem Sinn ihnen das gelungen ist – oder eben nicht – erfahren Sie in Kapitel 6.

Klassische Kurven mit klassischem Zugang Die in diesem Kapitel vorgestellten Kurven tragen prominente Namen, haben eine einfache geometrische Erzeugungsweise und eine algebraische kartesische Gleichung.

Zu Konchoiden, Strophoiden und Cissoiden gibt es jeweils eine **geometrische Konstruktionsvorschrift**, bei der mit Geraden, Kreisen oder anderen Kurven auf eine bestimmte Weise hantiert wird. Stets gibt es einen Punkt Q, der auf einem **Weg** wandert. Von Q hängt auf eine für die Kurvenfamilie typischen Weise ein Punkt P ab, der eine **Ortslinie** zeichnet, wenn Q bewegt wird.

Geometrische Eigenschaften können diskutiert, Gleichungen gefunden und bewiesen werden. Parameter und Konstellationen können variiert werden. Das gibt es seit Jahrhunderten.

Der neue Zugang In zwei wichtigen Aspekten unterscheidet sich das Vorgehen in diesem Buch aber von dem bisher Üblichen: Bald nach der Vorstellung einer solchen klassischen Kurve in der üblichen Form wird eine sehr allgemeine Definition gegeben, die – bei gleicher Handlungsweise – so offen formuliert ist, dass dem Erfindungsreichtum wahrhaftig kaum eine Grenze gesetzt wird. Zu Recht heißt erste Kapitel: Klassische **Kurven ohne Ende**.

Zum Anderen werden die modernen Computerwerkzeuge für dynamische Geometrie (DGS) und für Computeralgebra (CAS) zum Erkunden und zur eigenen Weiterarbeit eingesetzt. In GeoGebra kann man die Konstruktionen leicht selbst bauen, ausgefeiltere Dateien findet man auf der der Website zum Buch.

Es geht mir in diesem Buch nicht darum, dass es Ihr **historisches Wissen** erweitert, sondern Ihrem Mathematisieren – und dem Ihrer Adressaten – sollen Impulse gegeben und Betätigungsfelder eröffnet werden.

Auswählen ist möglich Obwohl für jede Kurve Weiterführungen vorgestellt werden, ist es denkbar, dass Sie sich beim ersten Kennenlernen auf die klassischen Grundtypen beschränken.

Zudem können Sie sich den in der Übersicht genannten Kurven **unabhängig von einander** widmen. Das grundsätzliche Vorgehen ist bei der Konchoide und der Strophoide am ausführlichsten erklärt. Wenn Sie etwas nicht verstehen, sehen Sie dort oder im Werkzeugkasten Kapitel 2 nach. Manchmal ist es auch sinnvoll, das nicht so ganz Begriffene bei anderen Kurven wiederzufinden. Dort leuchtet es vielleicht eher ein.

Ganz wichtig ist es zu wissen, dass Sie die zu den Kurven angesprochenen Aspekte **auswählen oder abwählen** können. Zum Beispiel kann man die Herleitungen fortlassen und sich mit den kartesischen Gleichungen zufrieden geben. So habe ich es mit den 8. Klassen bei dem in Abschnitt 3.1.1.2 beschriebenen Projekt getan. Polarkoordinaten oder Raumflächen in Kapitel 5 sind Sichtweisen, die den mathematischen Reichtum zeigen, aber auch bescheidenere Erkenntnisse sind schon wunderbar und wertvoll.

3.1 Konchoiden: die Hundekurve und ihre Verwandten

Für die Konchoiden gibt es eine gute *Einkleidung* der Definition, die das Verstehen und das Sprechen über die Beobachtungen beflügelt. Erst wenn eine Vertrautheit hergestellt ist, kann die allgemeine Konchoidendefinition in Abschnitt 3.1.2 gut verstanden werden. Die metaphorische Denkweise kann dann in eine abstrakte übergehen.

3.1.1 Konchoide des Nikomedes, genannt Hundekurve

Der Grieche Nikomedes lebte im 3. Jh. v Chr. Er hat diese Konchoide, zu deutsch *Muschellinie*, zur Dreiteilung des Winkels verwendet, das wird in Kapitel 6 aufgegriffen.

Definition 3.1 (Hundekurve oder Konchoide des Nikomedes)
Ein Mensch namens Q wandert auf einer geraden Straße, siehe Abb. 3.1 und 3.2. An einer Leine der Länge k zerrt sein Hund P stets in Richtung seines Lieblingsbaumes B. Die Ortslinie des Hundes ist die **Hundekurve**. Zu ihr gehört auch die Ortslinie des Hundes P', der den Baum so fürchtet, dass er stets vom Baum fortstrebt.

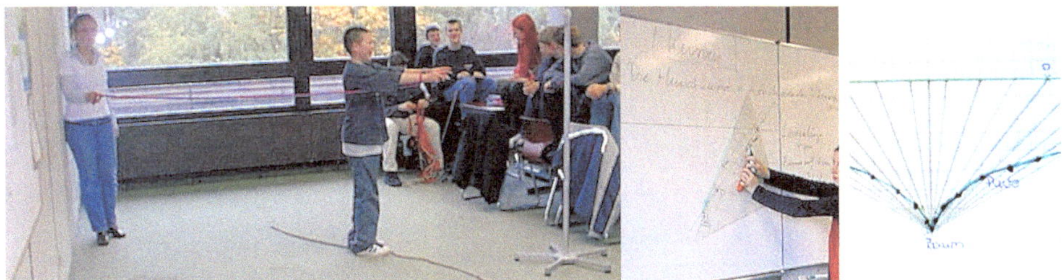

Abb. 3.1 Erste Erfahrungen einer 8. Klasse mit der Hundekurve: Das Mädchen spielt Q, der Junge den Hund P, der an der festen Leine dem „Baum" (Kartenständer) zustrebt. Auf dem Boden wird ein Seil ausgelegt, das den Weg des Hundes zeigt, (Anmerkung Abschnitt 3.1.1.2).

3.1.1.1 Konstruktion der Hundekurve

Die Definition kann nun rein geometrisch mit einer Geraden als Straße und einem Punkt B als Baum an der Tafel oder auf Papier umgesetzt werden. Will man aber später auch Gleichungen verwenden, muss man eine Lage im Koordinatensystem wählen. Bei den Konchoiden bewährt es sich, den Baum in den Ursprung zu setzen. Die Straße kann man wie in Abb. 3.2 achsenparallel verwirklichen.

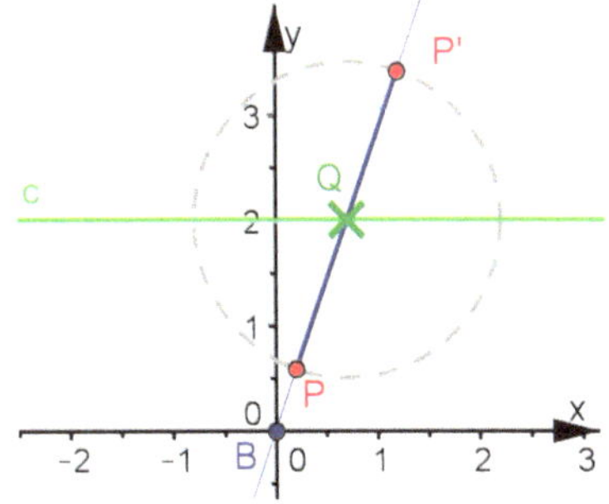

Abb. 3.2 **Konstruktion der Hundekurve**
Setze $B = (0, 0)$ und zwei Konstanten a und k als Schieberegler.
Setze $y = a$ (Gerade als Straße) und darauf Q zugfest.
Erzeuge die Gerade $g = BQ$ und schneide sie mit dem Kreis um Q mit dem Radius k.
Zeichne die Ortslinien von P und P' bezüglich Q.
Hilfen zu „zugfest" und „Ortslinien" sind in Abschnitt 2.7.2.1.

Der Sinn von Konstruktionsbeschreibungen Es folgt nun eine Konstruktionsbeschreibung. Bei dieser ist *absichtlich* die Kurve noch nicht mit eingezeichnet, denn ich möchte Sie ermuntern, dieses in GeoGebra nachzubauen und dann an Q zu ziehen. Genauso wenig, wie man Schwimmen ohne Wasser oder Radfahren ohne Fahrrad lernen kann, ist es möglich, Kurven ohne das Zeichnen mit Zirkel und Lineal und die damit **initiierte**

Bewegung zu lernen. Früher musste diese Bewegung i. W. im Kopf stattfinden. Ein Dirigent kann eine Partitur auch im Kopf lesen, die **Musik** erschließt sich erst durch den schönen Fluss der Töne.

3.1.1.2 Didaktische Anmerkung:

In den Jahren 1998 und 2001 habe ich je eine Unterrichtseinheit zu Kurven in Klasse 8 durchgeführt. Diese sind in den Websites [Johanneum 2000] und [Haftendorn 7] ausführlich beschrieben. Damals und auch in Vorlesungen in der Lehrerausbildung hat es sich bewährt, mit der „Hundekurve“ anzufangen. Der Dreischritt - *Rollenspiel, gemeinsame Überlegungen zur Geometrisierung, händisches Zeichnen* - bereitet den Boden für eine Umsetzung in einem DGS, heute in GeoGebra. Zunächst entstehen so - von Hand oder mit der *Spur-Markierung* - nur die unteren Äste von Abb.3.3 a), b). Das *Ortslinienwerkzeug* zeichnet aber auch gleich den zweiten Ast. Es entsteht in der Lerngruppe eine Diskussion, wie man den zweiten Ast deuten kann. Diese liefert dann auch gleich die Einsicht, dass es nicht um „echte“ Hunde geht, sondern um geometrische Zusammenhänge, die es zu erkunden gilt. Auch in Abb. 3.3 c) kann es sich ja nur um einen „verrückten Mathematik-Hund“ handeln.

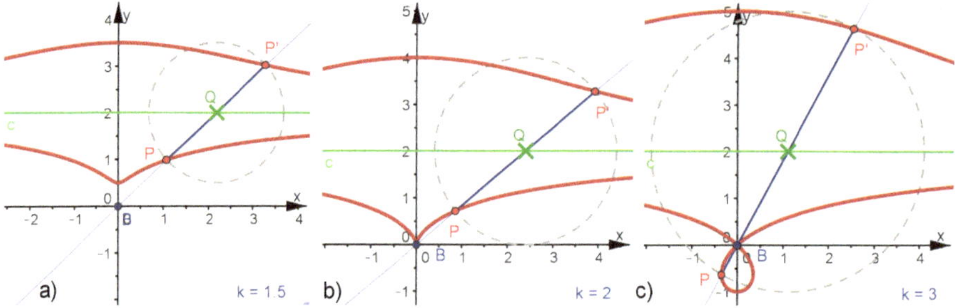

Abb. 3.3 Erscheinungsformen der Konchoide des Nikomedes

Es gibt **drei wesentliche Formen der Hundekurve (Konchoide des Nikomedes)**, gezeigt in Abb. 3.3. Sie hat stets zwei Äste und zwischen diesen eine gerade **Asymptote**. Im Abstand a von dieser Geraden ist der Baum (Pol). Es sei k die Leinenlänge. Der Ast auf der Seite des Baumes hat für $k > a$ eine **Schlaufe** und einen **Doppelpunkt** (doppelt durchlaufener Punkt) im Baum B, für $k = a$ eine Spitze und für $a > k$ einen Bogen. Der andere Ast ist stets ein einfacher Bogen.

Die Erarbeitung einer solchen Erkenntnis ist für das Lernen sehr wertvoll. Vom systematischen Betrachten zu einer Übersicht über das Phänomen zu gelangen, ist ein Ur-Anliegen der Mathematik, ja von Wissenschaft überhaupt.

Weitere elementare Überlegungen: Im Sonderfall $a = 0$, wenn der Baum also auf der Straße steht, fallen beide Konchoidenäste zu einer Geraden zusammen. (Das ist in Abschnitt 3.1.4 anders.)
Eine größere Entfernung von der Straße als k kann kein Konchoidenpunkt haben. Die zugehörige Stellung von Q ist der Fußpunkt des Lotes von B auf die Straße.
Außen nähern sich die Konchoidenäste immer mehr der Straße an, denn wenn der Baum noch in der Ferne ist, ziehen die Hunde *fast* parallel zu Straße. Die Straße ist also **Asymptote** für die Hundekurve. Im Vorgriff auf Gleichung 3.1: Für $y = a$ ist $(x^2+a^2)\cdot 0 = k^2a^2$ für kein x eine wahre Aussage.

3.1.1.3 Anmerkung zu den Kurvendarstellungen

Es ist für das Verstehen der vielen Kurven in diesem Buch – und in einer Lehrsituation – außerordentlich hilfreich, wenn eine gewisse *Einheitlichkeit in den Namen und Farben* durchgehalten wird. Fast immer gibt es eine Kurve C, auf der ein Punkt Q zugfest wandert. Diese Kurve und der kreuzförmige Punkt Q sind grün. Geometrische Elemente der Konstruktion sind meist blau. Kreise, die zum Übertragen von Längen dienen, sind grau gestrichelt. Dick markierte Strecken gleicher Farbe sollen gleiche Längen hervorheben. Punkte P und zugehörige *Ortslinien* sind vorzugsweise rot. Gegebenenfalls wird die von der passenden Gleichung erzeugte Kurve dick gestrichelt andersfarbig darunter gelegt. So wird optisch gezeigt, dass die *Gleichung* richtig ist.
Durch diese Systematik werden Sie mit den Aussagen der Bilder bald vertraut.

3.1.1.4 Aufstellen der kartesischen Gleichung einer Kurve

Diese Schrittfolge ist so abgefasst, dass das Vorgehen auf alle Kurven dieses Kapitels übertragbar ist.

- **Schritt 1)** Man bezeichnet die Koordinaten von Q mit u und v, also $Q = (u, v)$, und setzt $P = (x, y)$.
  Man schreibt die Gleichung der Kurve auf, auf der Q wandert. Das ist hier $y = a$. In diese Gleichung setzt man Q ein, also $v = a$. Speziell hier sieht man das auch sofort. Dies ist also Gleichung 1. Sie darf (i. d. R.) kein x oder y mehr enthalten.
- **Schritt 2)** Man überlegt, wie P geometrisch entsteht. Bei den Konchoiden sieht man zunächst den Kreis um Q mit dem Radius k. Daraus folgt die Gleichung $(x - u)^2 + (y - v)^2 = k^2$. Dabei ist es egal, ob man mit der Kreisgleichung begründet oder mit der Idee: für ein Dreieck mit k als Hypotenuse ergibt sich mit dem Pythagorassatz $k^2 = (u - x)^2 + (v - y)^2$. Wichtig ist: hier sind x und y wirklich die Koordinaten von P. Damit haben wir Gleichung 2.
- **Schritt 3)** P liegt auf der Geraden BQ. Hier greift der Strahlensatz $\frac{y}{x} = \frac{v}{u}$ oder die Idee: P liegt auf der Geraden $y = \frac{v}{u}x$. Jedenfalls haben wir Gleichung 3. Hier kann $Q = B$ nicht auftreten, eine entsprechende Bemerkung folgt nach Gleichung 3.7.

In schwierigeren Fällen braucht man eine weitere Hilfsvariable, dann ist auch eine weitere Gleichung nötig.

- **Schritt 4)** Nun müssen wir aus den drei Gleichungen u und v *eliminieren* (d.h. hinauswerfen). Gleichung 1 ist hier am einfachsten, wir setzen sie in die beiden anderen ein. Damit haben wir Gleichung 2′: $(x-u)^2+(y-a)^2=k^2$ und Gleichung 3′: $\frac{y}{x}=\frac{a}{u}$. Gleichung 3′ nach u aufgelöst und in 2′ eingesetzt ergibt Gleichung 4: $(x-\frac{ax}{y})^2+(y-a)^2=k^2$. Nach Beseitigung des Bruches durch Multiplikation mit y^2 und Ausklammern haben wir Gleichung 4′ als eine *kartesische Gleichung der Hundekurve*: $(x^2+y^2)\cdot(y-a)^2=k^2y^2$.
- **Schritt 5)** Man gibt diese Gleichung, oder irgendeine zulässige Umformung, in GeoGebra ein und erhält – für die momentanen Werte der Parameter a und k – die Kurve. Sie muss mit der Ortslinie, die man schon erzeugt hatte, übereinstimmen.

Kartesische Gleichung der Hundekurve

$$(x^2+y^2)\cdot(y-a)^2=k^2y^2 \tag{3.1}$$

3.1.1.5 Hilfen bei der Eliminierung

Nicht immer ist die Elimination so einfach wie hier. Am schwierigsten ist in den meisten Fällen Schritt 4. Zunächst hängt der Erfolg davon ab, wie sicher man im Umformen von Gleichungen und Termen ist. (Kehrseite: *man kann das hier sehr erfolgreich üben.*) Aber manches Mal hat man auch objektiv wenig Chancen. Schon mehrere quadratische Terme in u und v sind unangenehm, kommen aber dritte oder höhere Potenzen dieser Variablen vor, ist man mit dem Schulwissen am Ende, ab fünfter Potenz geht es gar nicht mehr exakt.

Zum Glück gibt es aber heute CAS, die Computer-Algebra-Systeme. Am durchschlagendsten hilft Mathematica, das über `www.wolfram-alpha.com` für jedermann kostenlos Einzelbefehle ausführt (siehe Abschnitt 2.8.2). Für die obige Elimination muss man die drei Gleichungen zwischen geschweiften Klammern eintragen, hinten stehen die Variablen, die wegfallen sollen: `Eliminate[{v==a, (x-u)^2+(y-v)^2==k^2, y/x==v/u},{u,v}]`
Nach Millisekunden wird angezeigt:

$$a^2(x^2+y^2)+ay(-2x^2-2y^2)=y^2(k^2-x^2-y^2)\bigwedge x\neq 0$$

Die Gleichung kann man so wie sie ist für GeoGebra nehmen, sie ist nur nicht so hübsch umgeformt wie die oben genannte Hundekurven-Gleichung. Versuchen Sie es! Das große Dach $\bigwedge$ heißt *und*, also darf x nicht Null sein. Grund ist der Bruch in Gleichung 3. Wenn man stattdessen dafür $y\,u=v\,x$ eingibt, tritt der Sonderfall nicht auf, denn die Kurve enthält durchaus den Ursprung.

Ist die ausgegebene Gleichung besonders „wild“, so hilft manchmal die Ergänzung `//Simplify` gleich hinter der Klammer] des Befehls.
Es zeigt sich hier deutlich, dass es sich auch bei Verwendung eines CAS lohnt, algebraische Kompetenzen zu haben. Die „Knochenarbeit“ aber können wir delegieren.
In Abschnitt 5.1 kommen Kurven vor, bei denen man die Parameter, die – wie hier a und k – eigentlich frei wählbar bleiben sollen, festlegen muss, um überhaupt zu einer kartesischen Gleichung zu kommen.

3.1.1.6 Geometrie, Kurvengleichungen und ihre Umformungen

Geometrie versus Gleichung

Sehen eine geometrisch erzeugte Kurve und die dafür rechnerisch erzeugte und visualisierte Gleichung **verschieden** aus, hat man **mit Sicherheit einen Fehler** gemacht.
Sehen Sie dagegen **gleich** aus, könnte eine in Wahrheit vorhandene Abweichung durch das gewählte Grafikfenster oder die Strichdicken verborgen sein. Die Geometrie zeigt i. d. R. eher die **Wahrheit**.

Aufgabe 3.1 Visuelles Prüfen von Termumformungen

Prüfen Sie durch Zeichnung in GeoGebra und durch Rechnung: Welche der folgenden Gleichungen ist eine richtige Umformung der Hundekurven-Gleichung 3.1?

a) $(x+y)^2 \cdot (y-a)^2 = k^2y^2$ b) $(x^2+y^2) \cdot (y^2-a^2) = k^2y^2$

c)$x^2(y-a)^2 = y^2(k^2-(y-a)^2)$ d) $(k+y-a)(k-y+a)y^2 = (x \cdot (y-a))^2$

e) $x^2y^2 = (y+a)^2(k^2-y^2)$

Hinweis

Beachten Sie, dass sich Strichrechnung und Quadrierung nicht gut vertragen. Die dritte binomische Formel ist für d) nützlich. Gleichung e) zeigt zwar die verschobene Hundekurve, aber es ist keine zulässige Gleichungsumformung. ◀

3.1.2 Allgemeine Definition der Konchoiden

Die meisten Kurven dieses Buches haben allgemeine Definitionen, die dann das Fenster zu freiem mathematischen Arbeiten öffnen. Ich stelle Sie stets **nach dem Hauptbeispiel** vor. Beziehen sie den allgemeinen Text zunächst auf dieses, hier Abb. 3.2.

Definition 3.2 (Allgemeine Konchoide)
Gegeben ist eine Kurve C, ein beliebiger Punkt B, Pol geheißen, und eine feste Länge k. Ein Punkt Q wandert auf der Kurve C.
Der Kreis um Q mit dem Radius k scheidet die Gerade $g = BQ$ in den Punkten P und P'.
Die Ortslinie von P und P' heißt **Konchoide der Kurve C bezüglich Punkt B und Länge k.**

Bei der Hundekurve haben wir als Kurve C eine Gerade gewählt. Der Pol war der Baum B. Die feste Länge wurde als Leinenlänge aufgefasst. In dem in Abb. 3.1 und Abschnitt 3.1.1.2 beschriebenen Projekt für Klasse 8 musste die Lerngruppe erst einmal überlegen, dass man die gestraffte Leine als Gerade realisieren kann und die Leinenlänge als von einem Schieberegler abhängige Zahl, die dann als Kreisradius dient. Hier ist die allgemeine Definition deutlicher. Ich habe sie übrigens in dem im Kurvenzusammenhang viel zitierten „Book of Curves“ [Lockwood 1961]gefunden.

Als nächste Konchoide werden wir in Abschnitt 3.1.4 die Pascal'schen Schnecken erkunden, indem wir als Kurve C aus der Definition einen Kreis nehmen. Diese „Verwandschaft“ ist recht bekannt. Aber Sie ahnen schon, dabei muss es ja nicht bleiben. In Abschnitt 3.1.5 wählen wir ganz frei andere Kurven. Auch die Stellung des Pols B hat überraschende Wirkungen.

3.1.3 Polargleichungen der Konchoiden

Wenn B der Ursprung ist, kann man in der allgemeinen Konchoiden-Definition die Gerade durch B als Fahrstrahl **zweier** Polardarstellungen auffassen, denn sowohl Q als auch P liegen darauf. Für den Polarradius von Q nehmen wir den Buchstaben ϱ, sprich *rho*. Der Polarradius r von P, bzw. P', ist gerade um die Leinenlänge k kürzer bzw. länger als der Polarradius von Q. Der Abstand von Q und P ist stets k:

Satz 3.1 (Polargleichung einer Konchoide)
Ist $\varrho = \varrho(\theta)$ die Polargleichung der Straße C und liegt B im Ursprung O, dann ist

$$r = \varrho(\theta) \pm k \tag{3.2}$$

die Polargleichung der Konchoiden der Kurve C bezüglich B mit der Leinenlänge k.

Dieses ist eine äußerst *nützliche Erkenntnis.* Wir brauchen nur die Polargleichung für die Straße, hier also für die Gerade $y = a$, zu finden. Allgemein gilt nach den Grundgleichungen 2.6, geschrieben für ϱ: $y = \varrho \sin(\theta)$, zusammen ist also $\varrho = \frac{a}{\sin(\theta)}$ die Polargleichung für die waagerechte Gerade. Nach Satz 3.1 folgt:

Die **Polargleichung für die Hundekurve** in der Lage von Abb. 3.3 ist:

$$r = \frac{a}{\sin(\theta)} \pm k \tag{3.3}$$

3.1.3.1 Aus der kartesischen Gleichung die Polargleichung herleiten

Alternativ könnte man algebraisch die Polargleichung aus der kartesischen Gleichung 3.1 der Hundekurve $(x^2 + y^2) \cdot (y - a)^2 = k^2 y^2$ herleiten: Wegen der Grundgleichungen 2.6 $r^2 = x^2 + y^2$ und $y = r\sin(\theta)$ folgt $r^2(r\sin(\theta) - a)^2 = k^2 r^2 \sin^2(\theta)$. Kürzen durch r^2 ergibt $r\sin(\theta) - a = \pm k\sin(\theta)$ und obige Polargleichung 3.3 folgt sofort nach Division durch $\sin(\theta) \neq 0$. Das darf man tun, weil es entsprechend der Konstruktion für $\theta = 0$ und $\theta = \pi$ keinen Kurvenpunkt im Endlichen gibt.

3.1.3.2 Gekoppelte polar-kartesische Darstellung der Konchoide des Nikomedes

Das Addieren einer Zahl im Funktionsterm bewirkt bei Funktionsgraphen das Verschieben parallel zu y-Achse. Diese vertraute Tatsache kann man bei Polarkoordinaten nur in der polar-kartesischen Version wiederfinden.

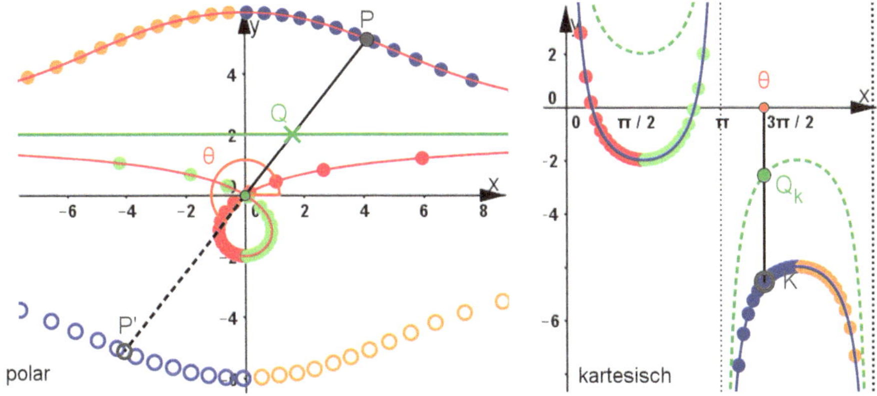

Abb. 3.4 Polar-kartesische Darstellung der Konchoide des Nikomedes (Hundekurve). Wenn θ von 0 bis 2π läuft, werden nacheinander rote, grüne, blaue und gelbe dicke Punkte gezeichnet. Die offenen blauen und gelben Punkte sind die Hilfspunkte, die wegen der negativen Radien entstehen.

Die Abb. 3.4 zeigt die in Abschnitt 2.3.4 erklärte gleichzeitige Darstellung der Kurve mit der Polardarstellung 3.3 auf der linken Seite und rechts die Funktionen $\varrho(x) = \frac{a}{\sin(x)}$ grün gestrichelt und $r(x) = \frac{a}{\sin(x)} - k$ in Blau. Wie erwartet entsteht die blaue Kurve durch Herunterschieben der grün gestrichelten.

Begründung der drei Formen der Hundekurve Die grün gestrichelte Funktion hat ihr Minimum in $(\frac{\pi}{2}, a)$. Also hat die blau gezeichnete Funktion für $k < a$ keine Nullstelle (siehe Abb. 3.3 a)), für $a = k$ genau eine Nullstelle und zwar für $\theta = \frac{\pi}{2}$. Dieses begründet das senkrechte Hineinlaufen in die Spitze in Abb. 3.3 b). Für $a < k$ kann der Graph beliebig nach unten verschoben werden. Die Schlaufe in Abb. 3.3 c) kann also beliebig groß werden. Der Winkel, den die Schlaufenbögen mit der x-Achse bilden, ist durch die Nullstellen $\frac{\pi}{2} \pm \arccos(\frac{a}{k})$ gegeben, wie man leicht überlegt und ausrechnet. Da zwischen den Nullstellen der blaue Graph unter der x-Achse liegt, wird die Schlaufe immer mit negativem Radius durchlaufen (zugehörige offene Kreise sind fortgelassen). Auch der ganze obere Ast der Hundekurve gehört zu negativen Radien. Die Strecke $\overline{QP}$ repräsentiert die Leine. Der Fahrstrahl von P' zeigt den momentanen Polarwinkel. So ist es in Abschnitt 2.3.4 erklärt.

Mit der polar-kartesischen Darstellung braucht man die Polargleichung nicht nur „formal“ zur Kenntnis zu nehmen, sondern kann sie und ihren Bezug zur Kurve *verstehen*, wie es der Titel des Buches verspricht.

3.1.4 Pascal'sche Schnecken oder die Limaçon

Wie bei der Konstruktionsbeschreibung der Hundekurve in Abschnitt 3.1.1.1 vorgeschlagen seien Sie auch hier so mutig, dass Sie selbst nachbauen und sich Entdeckerfreuden gönnen.

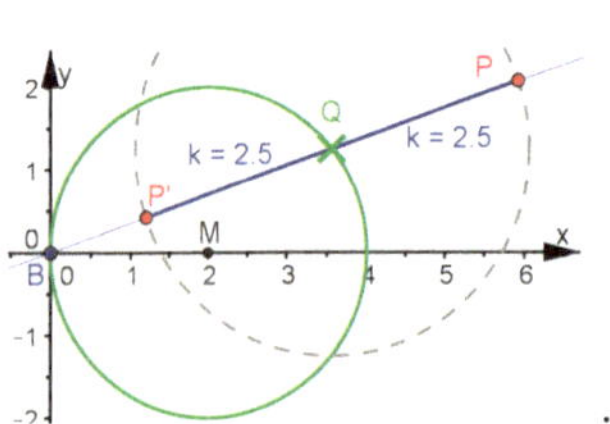

Abb. 3.5 Konstruktion der Pascal'schen Schnecken
Setze $B = (0,0)$ und zwei Konstanten a und k als Schieberegler.
Schlage einen Kreis um $M = (a,0)$ mit dem Radius a.
Setze darauf Q zugfest.
Erzeuge die Gerade $g = BQ$ und schneide sie mit dem Kreis um Q mit dem Radius k.
Zeichne die Ortslinien von P und P' bezüglich Q.
Variation: $B = (b,0)$ mit $b \neq 0$

Wenn nun die Straße, auf der Q wandert, statt einer Geraden ein Kreis ist, auf dessen Rand der Baum B steht, dann entstehen **Pascal'sche Schnecken**, Konstruktionszeichnung in Abb. 3.5. Sie haben ihren Namen nach Étienne Pascal, der Anfang des 17. Jahrhunderts in Frankreich als Anwalt, Steuerbeamter und Mathematiker lebte. Er ist der Vater von Blaise Pascal, der als Mathematiker, Physiker und Religionsphilosoph zu den bedeutendsten Persönlichkeiten seiner Zeit zählt. Auf französisch heißt Schnecke *Limaçon*, diese Bezeichnung für die Kurven ist auch in deutsch und englisch möglich. Mit Bezug auf die Definition kann man auch **Kreis-Konchoiden** sagen, dann wären auch die Variationen der Baumstellung inbegriffen.

Die Pascal'schen Schnecken lassen sich auch durch Abrollen eines markierten Kreises auf einem festen Kreis erzeugen. Dieses wird im Abschnitt 8.3.2 bei den Trochoiden in Abb. 8.28 aufgegriffen.

In Abb. 3.6 sieht man wieder drei Grundformen a), b) und c). Die mittlere, in Bild b),

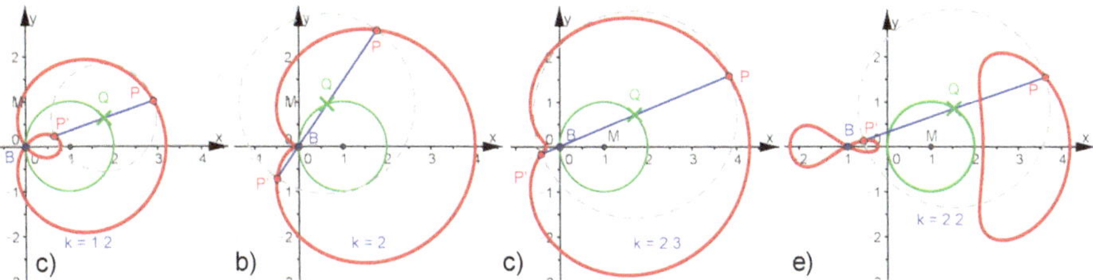

Abb. 3.6 Pascal'sche Schnecken, Wanderkreis-Radius a, Leine k a) Schlaufe für $k < 2a$, b) Kardioide (mit Spitze) für $k = 2a$ und c) nur Einbuchtung für $k > 2a$.
In d) wurde die Baumstellung variiert.

ist die **Kardioide**, die ihren Namen nach ihrer Herzform hat. Sie wissen: der Kardiologe ist der Herzspezialist unter den Ärzten. Die Kardioide kommt in diesem Buch noch an mehreren Stellen vor, insbesondere auch bei der Reflexion in Abschnitt 9.4.1.

3.1.4.1 Polargleichung der Pascal'schen Schnecken

Q und P haben denselben Polarwinkel θ. Der Wanderkreis von Q ist Thaleskreis über dem durch B und M verlaufenden Durchmesser der Länge $2a$. Daher gilt für die

Polargleichung des Kreises um $M = (a, 0)$ durch O: $weg(\theta) = 2a\cos(\theta)$ (3.4)

und damit nach Satz 3.1 in Abschnitt 3.1.3:

Polargleichung der Pascal'schen Schnecken, der Limaçon

$$r = 2a\cos(\theta) \pm k \tag{3.5}$$

Sie gilt für alle Pascal'schen Schnecken mit dem Baum im Ursprung und einem Kreis mit Radius a in gezeigter Lage und der Leinenlänge k.

Aufgabe 3.2 Erkunden der Pascal'schen Schnecken
Bedenken Sie: Dies Buch kann zum Erkunden anregen und Verstehen ermöglichen. Nur Sie *selbst* können erkunden und verstehen.

1. Begründen Sie entsprechend Abschnitt 3.1.3.2 die drei Formen der Pascal'schen Schnecken nit Hilfe der polar-kartesischen Darstellung.
2. In Abb. 3.6 d) sehen Sie eine völlig andere Kurve, weil der Baum B nicht auf dem Kreisrand steht. Überlegen Sie, warum es für eine vollständige Übersicht über mögliche Formen reicht, wenn man $B = (b, 0)$ auf der x-Achse verschiebt. Mit *reicht* ist dabei gemeint, dass man bei einer beliebigen Lage von B irgendwo im Koordinatensystem nur mehr Mühe hat und doch nichts anderes sehen kann, als mit geschickt gewählter Lage. Es reicht sogar $b < a$ zu betrachten. Man formuliert auch: **Ohne**

Beschränkung der Allgemeinheit, kurz **o. B. d. A.**, liege B auf der x-Achse links von M.

3. Erarbeiten Sie sich eine solche Übersicht. Überlegen Sie dabei, was Sie als *wesentlich verschieden* ansehen möchten.
4. In jeder Stellung von B könnten Sie auch noch die Leinenlänge k variieren.

Hinweis

Die interaktive Datei finden Sie auf der Website zum Buch. Wenn Sie ein schönes Poster mit den Kurvenbildern entwerfen wollen, schalten Sie in GeoGebra die Anzeige der Konstruktionselemente und der Achsen nach Belieben aus. Verwenden Sie z. B.: Export → Grafik-Ansicht in die Zwischenablage. ◀

3.1.4.2 Aus der Polargleichung die kartesische Gleichung herleiten

Zunächst soll hier gezeigt werden, wie man aus einer Polargleichung eine kartesische Gleichung herleitet. Es ist immer $x = r\cos(\theta)$, also $r = 2a\frac{x}{r} \pm k \iff r^2 = 2ax \pm rk \iff r^2 - 2ax = \pm kr \iff x^2 + y^2 - 2ax = \pm kr$. Nun ist das Quadrieren dieser Gleichung sinnvoll, da $r^2 = x^2 + y^2$ ist. Damit ergibt sich (in dieser Lage):

Eine kartesische Gleichung der Pascal'schen Schnecken

$$\left(x^2 + y^2 - 2ax\right)^2 = k^2\left(x^2 + y^2\right) \tag{3.6}$$

3.1.4.3 Kartesische Gleichung der Schnecken aus der Geometrie herleiten

Natürlich kann man auch die kartesische Gleichung so aufstellen, wie es in Abschnitt 3.1.1.4 erklärt ist. Der Wanderkreis, sofort notiert für Q, hat die kartesische Gleichung 1: $(u-a)^2 + v^2 = a^2$. Die Gleichungen 2 und 3 sind bei allen Konchoiden dieselben, bei denen der Baum B im Ursprung steht. In `http://www.wolfram-alpha.com` liefert `Eliminate[{(u-a)^2+v^2==a^2, (x-u)^2+(y-v)^2==k^2,y u==v x}, {u,v}]//Simplify` die Gleichung:

$$\left(k^2 - x^2 - y^2\right)\left(k^2\left(x^2 + y^2\right) - \left(x^2 + y^2 - 2ax\right)^2\right) = 0. \tag{3.7}$$

Die linke Klammer ist der Kreis um den Ursprung mit dem Radius k. Von ihm passen nur die Schnittpunkte mit der y-Achse zur geometrischen Ausgangssituation. Diese Punkte $(0, \pm k)$ sind aber in der rechten großen Klammer auch Lösung. Der Kreis taucht als Lösung auf, weil wir nicht ausgeschlossen haben, dass Q und B zusammenfallen. Wenn sie es tun, ist Gleichung 3 $yu = xv$ ohne Aussage, wir haben dann eine Gleichung zu wenig und der Kreis mit dem Radius k, der in Abb. 3.6 stets grau gestrichelt ist, tritt mit dem Mittelpunkt $Q = B$ zur Lösungsmenge hinzu. Daher muss man die linke Klammer fortlassen. Dann bleibt die oben hergeleitete Gleichung übrig.

Streng genommen hätten wir bei allen Herleitungen bei Gleichung 3 $Q \neq B$ fordern müssen, aber wenn wir anschließend richtig reagieren, kommen wir auch zum Ziel.

3.1.5 Formenreichtum der Konchoiden

Historisch betrachtet wurden nur die Konchoiden von Geraden und Kreisen. Sie haben wir oben kennengelernt.

Die Konstruktion von Konchoiden für andere Kurven ist ganz einfach. Man kann sogar in derselben GeoGebra-Datei nachträglich andere Kurven eintragen. Für die Parabel-Konchoide in Abb. 3.7 ist die Scheitelordinate der Parabel mit a zu steuern.

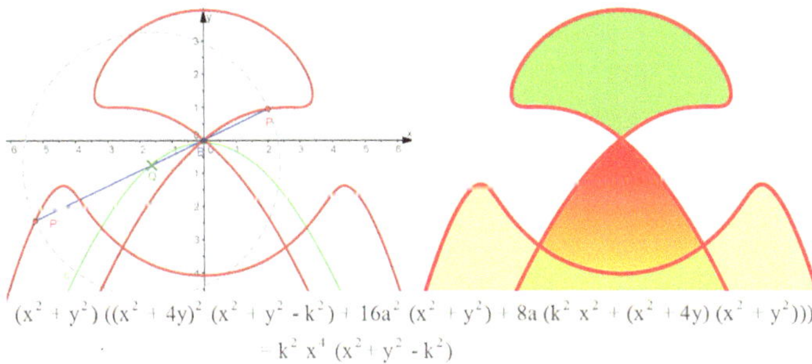

Abb. 3.7 Konstruktion der **Konchoide der Parabel** $y = -\frac{1}{4}x^2 - a$ mit $a = 0.1$, dem Baum im Ursprung und der Leinenlänge $k = 4$.
Die Formel hat a und k als Parameter.
Diese **Parabel-Konchoide** ziert das Cover.

Aufgabe 3.3 Erkunden von Konchoiden zu allerlei Wanderkurven C.
Sie können das Folgende durchaus in einer einzigen GeoGebra-Datei experimentieren, eine solche finden Sie auf der Website zum Buch.

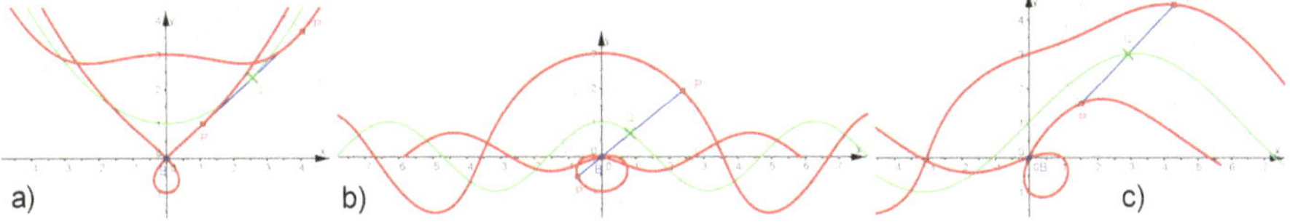

Abb. 3.8 Allgemeine Konchoiden als Anregungen zu Aufgabe 3.3 a) einer Parabel, b) einer Kosinuskurve, c) einer variierten Sinuskurve

Die Variation der Parabel aus Abb. 3.7 birgt schon viele Überraschungen. Aber Sie brauchen lediglich den Eintrag für die Wanderkurve zu ändern, um ganz eigene Kreationen hervorzubringen. Alle geometrischen Konstruktionselemente sind sofort auf die neue Kurve oder Funktion bezogen.

1. Wählen Sie zunächst andere Leinenlängen k.
2. Wählen Sie andere Höhenlagen a der Parabel.
3. Wählen Sie andere Parabeln. Diese dürfen einen Parameter a enthalten.
4. Geben Sie in GeoGebra die in Abb. 3.7 gezeigte Gleichung mit Schiebereglern für a und k ein. Achten Sie (über den Eigenschaften-Dialog) darauf, dass a kleine Werte wie z. B. 0.1 annehmen kann. Finden Sie Ihre Lieblingsform.
5. Wählen Sie überhaupt andere Funktionen, wie es in Abb. 3.8 gezeigt ist.

Hinweis

Beachten Sie den Hinweis zu Aufgabe 3.2.

Auch die Herleitung der angegeben Gleichung finden Sie auf der Website zum Buch. ◀

3.2 Strophoiden: die Seilkurve und ihre Verwandten

In der ersten Hälfte des 17. Jahrhunderts hat Torricelli die gerade Strophoide – soweit man weiß – als Erster untersucht. Der Name **Strophoide** ist abgeleitet vom griechischen $\sigma\tau\varrho\acute{o}\varphi o\varsigma$, (strophos) *Band, Seil*, also kann man **Seilkurve** sagen. Dieses leuchtet ein, aber Vorsicht: auch die Konchoide, die Trisektrix und andere haben eine solche Schlinge, sind aber keine Strophoiden. In Abschnitt 3.2.1.7 werden wir überlegen, wie man nachweist, ob zwei verschieden erzeugte Kurven gleich sind. Weitere Kurven mit einer Schlinge sind in Abb. 3.23 zu sehen und Satz 3.3 in Abschnitt 3.4.3 hilft zu zeigen, um welche Schlingen-Kurve es sich handelt.

3.2.1 Gerade Strophoide

Schon bei grobem Hinsehen erkennen Sie eine Ähnlichkeit zur Konstruktionszeichnung 3.2: Wieder gibt es eine grüne Gerade mit Q, einen Kreis um Q und eine Ursprungsgerade, die mit dem Kreis P und P' erzeugt. Der entscheidende Unterschied ist, dass sich der Radius des Kreises beim Bewegen von Q ändern wird, denn er ist durch den Abstand vom festen Punkt A bestimmt.

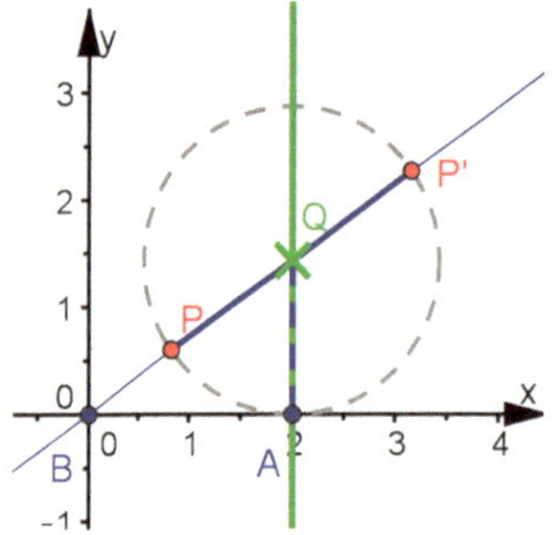

Abb. 3.9 Konstruktion der geraden Strophoide
Setze die Punkte $B = (0,0)$ und $A(a,0)$ mit einer Konstanten a als Schieberegler.
Errichte die Senkrechte auf der Geraden BA. Setze darauf Q zugfest.
Erzeuge die Gerade $g = BQ$ und schneide sie mit dem Kreis um Q mit dem Radius $\overline{QA}$.
Zeichne die Ortslinien der Schnittpunkte P und P' bezüglich Q. Variiere auch a.

Die Variation von a bewirkt offenbar lediglich eine Maßstabsänderung. Es gibt also „als geometrische Form" nur *eine einzige* gerade Strophoide, so wie es nur *einen* Kreis, *ein* Quadrat u. s. w. gibt. Den Beweis dazu wird die Polargleichung liefern.

3.2.1.1 Asymptote

In Abb. 3.10 wird besonders deutlich, dass es wohl eine senkrechte – also zu der Senkrechten $x = a$ aus der Konstruktion parallele – Gerade als *Asymptote* gibt. Wenn Q nach oben

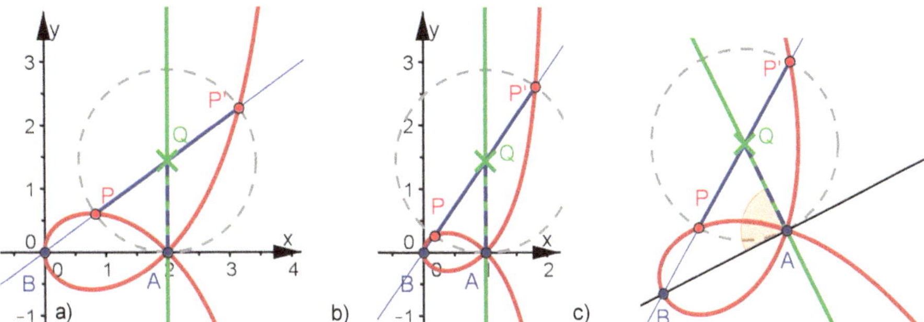

Abb. 3.10 Gerade Strophoiden: a) und b) unterscheiden sich lediglich durch den Maßstab, der durch die Abszisse a von A gesteuert wird. c) zeigt die rein geometrische Auffassung der Konstruktionsbeschreibung ohne ein Koordinatensystem. Wegen des rechten Winkels bei A ist die Kurve auch eine **gerade Strophoide**.

wandert, wird der Kreis um Q immer größer. Dabei rückt P beliebig dicht an B heran, kann aber den Abstand a von der Geraden $x = a$ nicht erreichen. Da P' durch Punktspiegelung von P an Q entsteht, kann auch P' den Abstand a von dieser Senkrechten nicht erreichen, solange Q im Endlichen ist. **Die Gerade $x = 2a$ ist also Asymptote.** Diese Überlegung ist eine *vollständige Begründung*, aber natürlich wird auch später die Gleichung dieses zeigen, siehe Abschnitt 3.2.1.6. Es ist übrigens ein fataler Irrtum zu glauben, man müsse beim Beweisen stets „algebraisch rechnen".

3.2.1.2 Herleitung der kartesischen Gleichung (mit Lerneffekten)

Wir gehen vor wie bei der Hundekurve in Abschnitt 3.1.1.4. Gleichung 1 ist einfach $u = a$, denn $Q = (u, v)$ wandert auf $x = a$. Die Gleichung 2 legt $P = (x, y)$ auf dem Kreis um Q fest, also $(x - u)^2 + (y - v)^2 = v^2$. Der Radius ist das variable v.
Gleichung 3 kommt aus dem Strahlensatz (oder der Geradengleichung) und wir hatten am Ende der Hilfe zur Eliminierung in Abschnitt 3.1.1.5 gelernt, dass die Produktform $yu = xv$ unproblematischer als die Quotientenform ist.

Drei Wege und drei verschiedene Gleichungen? Ich werde Ihnen drei Vorgehensweisen zeigen, die auf *scheinbar* verschiedene Gleichungen führen. Wenn wir dann beweisen, dass alle drei die Strophoide richtig wiedergeben, dann sehen Sie ein, dass Sie algebraische Umformungsfähigkeiten auch dann noch wirklich brauchen, wenn Sie CAS zur Verfügung haben. Lehrpersonen, die glauben, beim Einsatz von CAS würde das Umformen nicht gelernt, haben sich offenbar diesen Anforderungen nicht gestellt.

Weg 1 Selbst eliminieren: $(x - a)^2 + (y - \frac{ya}{x})^2 = (\frac{ya}{x})^2$ ergibt
$x^2(x - a)^2 + (yx - ya)^2 = y^2a^2$, dann $(x^2 + y^2)(x - a)^2 = a^2y^2$.
Dieses ist eine algebraische Gleichung 4. Grades.

Weg 2 Anders zusammenfassen: $x^2(x-a)^2 + y^2(x^2 - 2ax + a^2) = y^2a^2$ ergibt $x^2(x-a)^2 + xy^2(x-2a) = 0$, Division durch x, da $x \neq 0$, hat zur Folge $x(x-a)^2 = y^2(2a-x) = 0$, Gleichung 3. Grades, etwa so in Büchern.

Weg 3 Mit Eliminate und Simplify, siehe Abschnitt 3.1.4.3 oder Abschnitt 2.8.2.1, entsteht $x(a^2 + x^2 + y^2) = 2a(x^2 + y^2)$.

Die Gleichung aus Weg 1 hat einen zu hohen Grad. Wir erwarten Grad 3, da die Strophoide von einer Geraden nur höchstens 3mal geschnitten werden kann, lesen Sie dazu die Folgerung aus Satz 2.2 in Abschnitt 2.5.1. Eine Division ist *so* nicht möglich, da müsste man schon für die Standardform $F(x,y) = 0$ eine Faktorisierung suchen. Tatsächlich kann man, wenn man das tut, ein x ausklammern. Dies würde bedeuten, dass alle Punkte der y-Achse Lösung sind. Man hatte aber im ersten Schritt die Gleichung mit x multipliziert. Das war nur zulässig für $x \neq 0$. Wenn wir dieses x nun weglassen, bleibt $a^2x - 2ax^2 + x^3 - 2ay^2 + xy^2$ als Ergebnis von Weg 1.

Einfach so durch „Hinsehen“ erkennt man nicht, dass die drei Gleichungen aus diesen Vorgehensweisen äquivalent sind. Heutzutage hat man zuerst einmal die Möglichkeit, alle drei in der GeoGebra-Datei einzugeben. Tatsächlich liegen die drei dargestellten Kurven und die Ortslinie übereinander. Letztere trägt die „Wahrheit“, zumindest in unkritischen Bereichen. Wichen dagegen alle drei gemeinsam von der Ortslinie ab, hätte man *gewiss einen Fehler beim Aufstellen der Bedingungen* gemacht. Aber einzelne Umformungsfehler werden durch Abweichung der Kurve fast immer entlarvt (siehe Abschnitt 3.1.1.6).

Wenn nun alles übereinander liegt, lohnt es sich, einen algebraischen Beweis der Äquivalenz in Angriff zu nehmen.

Weg 2 versucht eine naheliegende Umformung der zweiten Gleichung aus Weg 1. Nun schafft man ebenfalls die Reduktion des Grades. Die Gleichung aus Weg 3 kann man auch auf diese Form bringen, wenn man die y^2-Terme zusammenfasst.

Die **Gleichung der geraden Strophoide** mit dem Scheitel im Ursprung und dem Doppelpunkt in $A = (a, 0)$ ist:

$$(2a - x)y^2 = x(x-a)^2 \tag{3.8}$$

3.2.1.3 Gleichung einer verschobenen Kurve aufstellen

Da vielfach bei der Strophoide A als Ursprung gewählt wird, besonders im Vergleich zu Trisektrix und Cissoide, wollen wir dafür eine Gleichung durch Verschieben finden. Wie es in Abschnitt 2.2.3 erklärt ist, muss man für eine Verschiebung parallel zur x-Achse um a für $a > 0$ nach links in der kartesischen Gleichung einer Kurve jedes Vorkommen von x durch $(x + a)$ ersetzen. Aus $(2a - x)y^2 = x(x-a)^2$ wird dann $(2a - (x+a))y^2 = (x+a)((x+a) - a)^2$. Elementare Klammerregeln führen auf:

Kartesische **Gleichungen der geraden Strophoide** mit dem Scheitel im Punkt $B = (-a, 0)$ (mit $a > 0$) und dem Doppelpunkt im Ursprung A sind:

$$(a-x)y^2 = (a+x)x^2 \qquad \Longleftrightarrow \qquad y^2 = \frac{a+x}{a-x}x^2 \tag{3.9}$$

3.2.1.4 Herleitung der Polargleichung aus der Konstruktion

Gesucht ist $r = r(\theta)$ für $P = (r(\theta); \theta)$. Es ist $v = \overline{QA} = \overline{QP}$. Im Dreieck BAQ ist $v = a\tan(\theta)$ und $a = \overline{BQ} \cdot \cos(\theta)$. Aus $r = \overline{BQ} - v$ folgt sofort:

Polargleichungen der geraden Strophoide mit dem Scheitel im Ursprung

$$r - \frac{a}{\cos(\theta)} - a\tan(\theta) \qquad \Longleftrightarrow \qquad r = a\frac{1-\sin(\theta)}{\cos(\theta})) \qquad \Longleftrightarrow \qquad r = a \cdot \tan(\frac{\pi}{4} - \frac{\theta}{2}). \tag{3.10}$$

Die erste ergibt, auf den Hauptnenner gebracht, die zweite. Die dritte Formel folgt (etwas knifflig) aus den Additionstheoremen, sie ist etwas „griffiger“.
Die Polargleichungen zeigen besonders deutlich, dass der Parameter a die *Strophoide zentrisch streckt*, also die *Form* nicht verändert.

3.2.1.5 Verstehen der Polargleichung

Grundlegendes zu Polarkoordinaten und der gleichzeitigen Darstellung der polaren und der kartesischen Version der Polargleichung können Sie im Werkzeugkasten in Abschnitt 2.3.4 finden.

Die Gleichungen 3.10 gehen durch Umformungen aus einander hervor. Darum ist es egal, welche man rechts als $r(x)$ in Blau zeichnet. An der dritten der Gleichungen 3.10 kann man besten erkennen, dass es sich um einen waagerecht auf das Doppelte gedehnten Tangens handelt, der noch gespiegelt und verschoben ist. Jedenfalls ist er 2π-periodisch und hat bei $\frac{3\pi}{2}$ eine Polstelle. Man sieht die blauen Punkte P mit negativem Radius ins Unendliche streben, ihre Hilfspunkte P', die offenen blauen Kreise, zeigen deutlich den gegen $\frac{3\pi}{2}$ strebenden Polarwinkel. Im kartesischen Bild ist es ein Pol mit Zeichenwechsel, die gelben Punkte kommen von oben, im polaren Bild kommen die gelben Punkte von unten auf den Doppelpunkt zu, der „letzte“ hat den Polarwinkel 2π.

Durchlauf durch die Strophoide Er beginnt mit $\theta = 0$ im Doppelpunkt, kehrt nach der Schlaufe zum Doppelpunkt zurück, geht nach oben an die Asymptote und kommt von unten wieder herein. Dafür muss θ ein Intervall der Breite 2π durchlaufen.

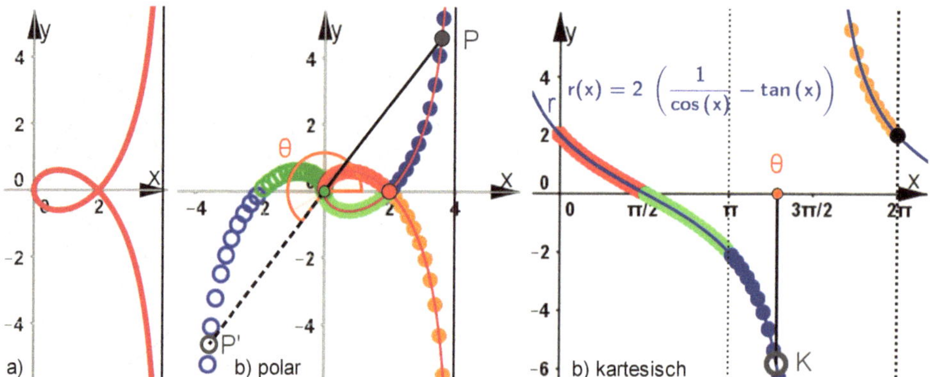

Abb. 3.11 Polar-kartesische Darstellung der geraden Strophoide: a) Strophoide im Polargitter, b) gekoppelte Grafikfenster in GeoGebra, für von 0 bis 2π wachsendes θ werden nacheinander die ausgefüllten roten, grünen, blauen und gelben Punkte durchlaufen. Die offenen grünen und blauen Punkte sind die Hilfspunkte, die für negative Radien entstehen. Letztere sind rechts durch die grünen und blauen Punkte unterhalb der x-Achse angezeigt.

In Abschnitt 3.4.4.1 wird die **Strophoide in anderer Lage** als Cissoide nachgewiesen. Dabei ergibt sich natürlich auch eine andere Polargleichung, nämlich Gleichung 3.19. Mit ihr wird die Strophoide „schneller" durchlaufen, die Periode ist π statt 2π, wie zu Abb. 3.24 in Abschnitt 3.4.4.2 erklärt wird. Die polar-kartesische Darstellung deckt solche Besonderheiten auf. Man hätte den Unterschied nicht erwartet.

Im Abschnitt 9.5.4.1 bei der Inversion werden wir eine Gleichung der Strophoide kennenlernen, die noch anders durchlaufen wird.

Besonderheit im Ursprung Sieht man die zweite Gleichung von 3.10 an, so hätte man zunächst einen Pol bei $\theta = \frac{\pi}{2}$ erwartet. Dort wird der Zähler aber auch null. Wer genügend Analysis kann, nimmt nun die L'Hospital'sche Regel und bekommt als **Grenzwert** die null heraus. Die ersten beiden Polargleichungen sind im Ursprung nicht definiert, können aber stetig ergänzt werden. In der kartesischen Sicht fällt bei $x = \frac{\pi}{2}$ gar nichts auf, das ist typisch für stetig fortsetzbare Funktionen. Die dritte Polargleichung hat dort keine undefinierte Stelle. Also sind trigonometrische Umformungen mit Vorsicht einzusetzen.

Reelle Radien muss man zulassen In manchen Schulbüchern wird verlangt, dass ein Polarradius r nicht negativ sein darf. Mit dem $|r|$ hätte man aber in Abb. 3.11 dann keine grünen und blauen gefüllten Punkte, sondern in diesen Farben nur die ungefüllten Kreise. Die zur y-Achse symmetrische M-Form, die dann entstünde, wäre mit der geometrischen Strophoide nicht verträglich. Die Einschränkung ist mathematisch also nicht sinnvoll.

3.2.1.6 Asymptote

In Abschnitt 3.2.1.1 haben wir schon geometrisch bewiesen, dass die Gerade $x = 2a$ Asymptote ist. In der **kartesischen Gleichung** folgt durch Einsetzen $(2a - 2a) \cdot y^2 = 2a(2a - a)^2$, also $0 \cdot y^2 = 2a^3$. Diese Gleichung ist für kein y erfüllbar, sie hat eine leere

Lösungsmenge, es gibt keinen Punkt mit der Abszisse $2a$. Als Kurve 3. Grades kann sie aber auch rechts keinen weiteren Ast haben. Man könnte noch mit der Einsetzung $x = 2a - \varepsilon$ zeigen, dass es für beliebig kleine ε eine Ordinate für P' gibt, aber *ein* Beweis reicht.

3.2.1.7 Andere Konstruktionen: „Gleich oder nicht gleich?“

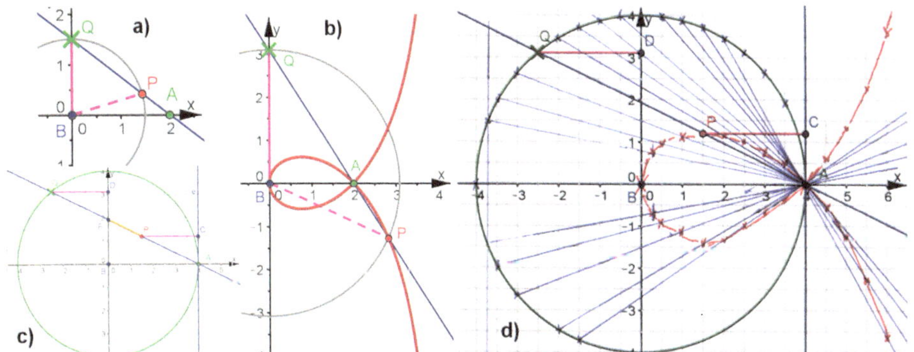

Abb. 3.12 a) und b) Konstruktion und Ortskurve der **Logocyclica**, c) und d) Konstruktion und ihre punktweise Durchführung für die **Rasterschlaufe**, siehe Abschnitt 3.2.1.8.

Mehrere Konstruktionen für dieselbe Kurve wenden das Gelernte auf eine verwandte, aber nicht schwierigere Art an. Sie eignen sich auch für Klassenarbeiten oder Klausuren. In Abschnitt 3.4.1.1 gibt es für die Cissoide weitere Konstruktionen.

In Abb. 3.12 b) und d) sind zwei weitere Kurven mit einer „Schlinge“ zu sehen. Die Konstruktion ist ganz anders als bei der Strophoide. Daher müssen wir uns Strategien überlegen, **wie man Gleichheit oder Verschiedenheit bei Kurven nachweist**. Der folgende Weg ist so beschrieben, dass entschieden werden kann, ob eine geometrisch konstruierte Kurve C_1 mit einer bekannten Kurve C_2 – hier der geraden Strophoide – übereinstimmt oder nicht. Natürlich sehen beide Kurven „ganz grob“ gleich aus, sonst bräuchte man ja gar nicht anzufangen.

Weg 1 **Geometrie – Gleichung** Man wählt für C_2 eine Gleichung, die für die Lage von C_1 passt. Für den Test auf „Strophoide“ ist das für Abb. 3.12 die Gleichung 3.8. Für b) gilt $a = 2$: $(2{\cdot}2-x)y^2 = x(x-2)^2$, für d) gilt $a = 4$: $(2{\cdot}4-x)y^2 = x(x-4)^2$. Liegt die nach dieser Gleichung mit GeoGebra gezeichnete Kurve C_2 auf der als C_1 konstruierten Kurve, ist das ein starker Hinweis auf „Gleichheit“. Es ist *kein Beweis*, da – streng genommen – die Unterschiede im gewählten Fenster unterhalb der Darstellungsgenauigkeit liegen könnten. Aber weitere algebraische Arbeit lohnt sich.

Liegen die Kurven nicht aufeinander, so ist *entschieden*: Es sind verschiedene Kurven.

Weg 2 **Geometrie – Geometrie** Man baut in die Zeichnung von C_1 die Konstruktionszeichnung von C_2 ein und versucht, mit geometrischen Argumenten zu zeigen, dass aus einer zutreffenden Konstruktion von C_1 *immer* eine zutreffende Konstruktion von C_2 folgt.

In Abb. 3.12 a) errichtet man also in A die Senkrechte auf BA und verlängert BP bis zum Schnitt Q' (hier nicht dargestellt). Wegen der Parallelität der Senkrechten zur y-Achse ist dann das Dreieck PQB ähnlich (winkelgleich) zum Dreieck PAQ'. Damit ist letzteres auch ein gleichschenkliges Dreieck und die Strecken $\overline{AQ'}$ und $\overline{PQ'}$ haben die gleiche Länge, wie es in der Strophoiden-Definition gefordert ist. Nun ist *entschieden*: Abb. 3.12 b) ist wirklich eine Strophoide.

Weg 3 kartesisch: Gleichung – Gleichung Man stellt für C_1 eine kartesische Gleichung auf und versucht sie mit Umformungen auf die passende Form von C_2 zu bringen. Für Abb. 3.12 a) folgt aus dem Strahlensatz mit Zentrum A sofort $ya = v(a - x)$. Wegen des Kreises ist aber $r = v$ und die Quadrierung ergibt $y^2a^2 = (x^2 + y^2)(a - x)^2$. Diese Gleichung ist im Abschnitt 3.2.1.2 bei Weg 1 als Strophoidengleichung nachgewiesen.

Weg 4 polar: Gleichung – Gleichung Man stellt für C_1 eine Polargleichung auf. Das beginnt hier wie in Weg 3 und führt ohne Quadrierung zu $r\sin(\theta)a = r \cdot (a - r\cos(\theta))$, Division durch r und Auflösung nach r ergibt $r = a\frac{1-\sin(\theta)}{\cos(\theta}$. Das ist eine der Polargleichungen 3.10 der Strophoide.

Fazit

Die Konstruktion Abb. 3.12 a) ist eine alternative Konstruktion der Strophoide, die Kurve wird auch **Logocyclica** genannt.

3.2.1.8 Rasterkonstruktion der Strophoide

Die Konstruktion aus Abb. 3.12 c) kann von Hand ohne Zirkel in Klausuren durchgeführt werden. Im Bild d) sind mehr Punkte gezeichnet, als unbedingt nötig, Symmetrien kann man auch noch besser ausnutzen. Das Entscheidende ist, dass man Q auf dem Kreis von einer senkrechten Kästchenlinie zur nächsten rückt, die Gerade QA zeichnet und auf ihr P auch auf der *nächsten senkrechten Kästchenlinie* findet. **Ausmessen ist nicht nötig.** Dieses Verfahren passt zur beschränkten Klausurzeit. Da es viele solche Rasterkonstruktionen gibt, kann man es prinzipiell mit der Lerngruppe schon geübt haben. Ich schreibe das hier so ausführlich, weil oft geglaubt wird, das Kurventhema vertrüge sich nicht mit der Notwendigkeit von Klassenarbeiten und Klausuren. Für die 8. Klasse ist die Erfassung und Umsetzung der Konstruktion, Beobachtungsfragen zu Scheitel, Doppelpunkt und Asymptote, gefolgt von der Auswahl der richtigen Gleichung aus mehreren vorgelegten – wie in Aufgabe 3.1 – schon ein sehr gut erreichbares Lernziel. Im Lehramtsstudium habe ich auch nach Gleichungen und anderen Nachweisen gefragt. Dabei ist es günstig, nicht zu verraten, dass es sich um eine Strophoide handelt.

Letzteres habe ich hier aber noch gar nicht nachgewiesen. Von den vier Wegen des vorigen Abschnitts möchte ich, weil er am wenigsten formal abläuft, den geometrischen Weg 2 wählen.

Satz 3.2 (Rasterkonstruktion der Strophoide)
Die Rasterkonstruktion aus Abb. 3.12 c) führt auf eine Strophoide.

Beweis (Rasterkonstruktion der Strophoide) Die beiden violetten Strecken $\overline{QD}$ und $\overline{PC}$ sind per definitionem gleich lang. Sie sind Katheten in den rechtwinkligen Dreiecken QFD und PAC, die errsichtlich gleiche Winkel haben und somit nun kongruent sind. Daher liegt die orangefarben hervorgehobene Strecke $\overline{FP}$ wirklich mittig auf der Sehne $\overline{QA}$. Das hat $\overline{BF} = \overline{BP}$ zur Folge und es existiert der in der Konstruktion Abb. 3.12 a) geforderte Kreis. Diese Konstruktion führt nach dem vorigen Fazit zur Strophoide. □

3.2.1.9 Weiteres zur geraden Strophoide

Es ist erstaunlich, dass viele der Kurven, denen sich dieses Buch widmet, auch ganz ohne Bezug zu einer Kurvendefinition „einfach so" in der Geometrie auftauchen. Dafür steht die folgende Aufgabe, die sich für alle eignet, die im Dreieck den Höhenschnittpunkt erzeugen können. Weitere solche einfache **Geometrieaufgaben** mit Ortslinien finden Sie in Aufgabe 7.8 am Ende von Kap. 7. Oft führen sie auf Parabeln, Geraden und Kreise, aber eben nicht immer.

Aufgabe 3.4 Der Höhenschnittpunkt wandert
Der Text bezieht sich auf Abb. 3.13. Dort sind die Bezeichnungen so gewählt, dass ein Beweis dann leicht fällt. Es ergibt sich eine Strophoide in der Lage von Abb. 3.10 a).

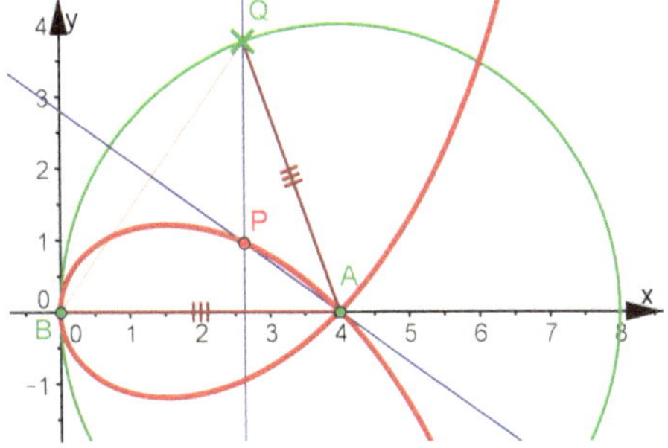

Abb. 3.13 Höhenschnittpunkt im Dreieck
Setze die Punkte $B = (0, 0)$ und $A(a, 0)$ mit beliebigem a.
Schlage um A einen Kreis mit dem Radius $\overline{BA}$ und setze darauf Q zugfest.
Zeichne das Dreieck BAQ und konstruiere zu ihm zwei Höhengeraden.
Gesucht ist die Ortslinie des Höhenschnittpunktes P, wenn Q auf dem Kreis wandert.

Mit dem Eintragen der Gleichung 3.8 können Sie das bestätigen.
Beweisen Sie es auch geometrisch durch zusätzliches Eintragen von Konstruktionselementen aus Abb. 3.9.
Beweisen Sie es durch Aufstellen der Gleichung für die so erzeugte Kurve.

Hinweis
Für den geometrischen Beweis ist es hilfreich, Q und die von dort ausgehende Höhe an der Geraden $x = a$ zu spiegeln. Für den algebraischen Beweis verfolgt man die Schritte in Abschnitt 3.1.1.4 und noch die Tipps in Abschnitt 3.2.1.2. Beide Beweise findet man auf der Website zum Buch, aber versuchen Sie es erst selbst! ◀

3.2.2 Allgemeine Strophoide

Wie Sie jetzt sehen konnten, bietet schon die gerade Strophoide viele lohnende Besonderheiten. In Kapitel 9 bei den Fußpunktkurven, den Hüllkurven und der Inversion taucht sie auch wieder auf.

Nun wenden wir uns aber erst – wenn Sie mögen –der allgemeinen Definition zu, die Lockwood in seinem *Book of Curves* [Lockwood 1961]gibt. Sie kann uns ermuntern den Abschnitten 3.2.3 und 3.2.4, das ganze Arsenal von Variationen, das wir bei den Konchoiden durchgespielt haben, auch hier zur Anwendung zu bringen.

Definition 3.3 (Allgemeine Strophoide)
Gegeben ist eine Kurve C, ein beliebiger Punkt B, **Pol** geheißen, und ein fester Punkt A. Ein Punkt Q wandert auf der Kurve C.
Der Kreis um Q mit dem Radius $\varrho = \overline{QA}$ schneidet die Gerade $g = BQ$ in den Punkten P und P'.
Die Ortslinie von P und P' heißt **Strophoide der Kurve C bezüglich Pol B und Punkt A.**

Die in Abb. 3.9 beschriebene Konstruktion hat direkt die oben gegebene Definition umgesetzt. Als Kurve C wurde eine **Gerade** durch A gewählt, die **senkrecht** auf der Geraden BA steht. Die Definition ist rein geometrisch, das demonstriert Abb. 3.10 c). Ein Koordinatensystem braucht man ja nur, wenn man auf Gleichungen hinaus will. Man versucht, es „geschickt“ zu wählen. Da P definitionsgemäß auf einer Geraden durch den Pol B liegt, bietet es sich an, B in den Ursprung zu legen und A o. B. d. A. auf die x-Achse zu setzen. So wird eine überschaubare Polargleichung ermöglicht, wie es ja auch geschehen ist.

3.2.3 Schiefe Strophoide

Sehen Sie sich nochmals die allgemeine Definition der Strophoide in Abschnitt 3.2.2 an. Es ist dort von einem Pol B und einem Punkt A die Rede. Über die Kurve C, auf der Q wandert, ist zunächst gar nichts gesagt. In Abschnitt 3.2.1 haben wir als C eine Gerade genommen, die in A *senkrecht* auf BA steht. Diese Forderung nach dem rechten Winkel lassen wir nun fallen. In Abb. 3.14 ist links die Konstruktion zu sehen.

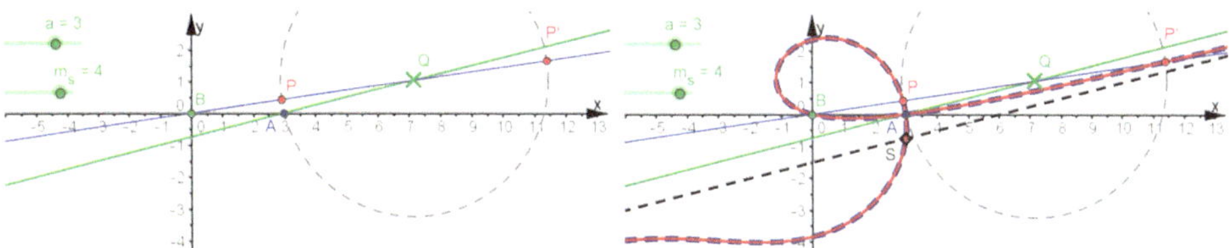

Abb. 3.14 Schiefe Strophoide: Konstruktion mit Gerade $x = k\,y + a$ und $m_s = k$, rechts mit Ortslinie und Asymptote. Gestrichelt unterlegt ist die visualisierte Gleichung.

Dabei ist die Gerade, auf der Q wandert, als Gleichung $x = k\,y + a$ verwirklicht, k ist der Kehrwert der üblichen Geradensteigung. Diese Gleichungsform ist geschickter als $y = m\,x + b$, denn wir möchten die senkrechte Gerade aus der Abb. 3.10 als Spezialfall einschließen. Letztlich *drehen* wir diese Spezialfall-Gerade. Damit drehen wir aber auch die Asymptote der geraden Strophoide. Diese hatte die Gleichung $x = 2a$, nun vermuten wir also $x = k\,y + 2a$ als Asymptote. Dieser Vorschlag ist schwarz gestrichelt eingetragen und wirkt überzeugend. Wenn wir die Gleichung haben, wird sich dies bestätigen.

3.2.3.1 Kartesische Gleichung der schiefen Strophoide

Wir verfolgen die nun schon etwas vertrauten Schritte in Abschnitt 3.1.1.4 – oder spezieller von der geraden Strophoide aus Abschnitt 3.2.1.2. Gleichung 1 ist $u = k\,v + a$. Gleichung 2 kommt aus dem gestrichelten Kreis, bei dem der Radius aus A und Q mit dem Pythagorassatz zu bestimmen ist. Also: $(x-u)^2 + (y-v)^2 = (u-a)^2 + v^2$. Gleichung 3 ist wieder $yu = xv$. Die Elimination von Hand ist „ungemütlich". Unser Knecht `http://www.wolfram-alpha.com` liefert mit

```
Elimininate[{x=k v + a, (x-u)^2+(y-v)^2=(u-a)^2+v^2,  y u=x v},{u,v}]
```

die gesuchte implizite Gleichung. „Implizit" heißt sie, da sie weder nach y noch nach x aufgelöst ist.

Die Gleichung der **schiefen Strophoide** in der Lage aus Abb. 3.14 lautet:

$$(2a - x)y^2 = x(x-a)^2 + k\,y\left(a^2 - x^2 - y^2\right) \tag{3.11}$$

Dabei ist $A = (a, 0)$ und k der Kehrwert der Steigung der Geraden AQ.

3.2.3.2 Anmerkungen zur schiefen Strophoide

Widmen wir uns zuerst der **Asymptotenfrage**. In GeoGebra wird mit dem 'Schnittpunkt-Werkzeug' *genau ein* Punkt $S = \left(3, -\frac{3}{4}\right)$ als Schnitt der schwarz gestrichelten Geraden und der blau gestrichelten Darstellung der eben berechneten Kurvengleichung ausge-

geben. Übrigens kann man mit Ortslinien *niemals* Schnittpunktberechnungen erhoffen. Auch ein CAS liefert genau diesen Punkt. Das passt zu unserer Vermutung, diese Gerade sei Asymptote.
Streng genommen ist das noch kein vollständiger Beweis. Aber wir haben die Idee für die Asymptote in diesem Fall aus der oben genannten „Drehung". Für die gerade Strophoide war uns der Beweis gelungen.

Wir können noch **etwas Merkwürdiges** beobachten: Wenn man Q nach rechts bis zum Rand des Fensters zieht, läuft P nur ein kleines Stück aus der Stellung in Abb. 3.14 nach oben. Stattdessen wird von P' fast die ganze Schlaufe durchmessen, wenn man Q von A nach links laufen lässt. Diese Wege waren bei der geraden Strophoide „halb und halb" auf die Schlaufe aufgeteilt. Kurzes Überlegen ergibt, dass die Parallele zur „Wandergeraden" durch B, also die Gerade $x = k\,y$ von P rechts von B nicht erreicht werden kann. In Abb. 3.14 ist für $k = 4$ dieser *geometrisch unerreichbare Punkt* $\left(\frac{48}{17}, \frac{12}{17}\right)$.

Aufgabe 3.5 Strophoide zu einer waagerechten Geraden
Wählen Sie als Kurve C die waagerechte Gerade $y = c$ mit $B = (0, 0)$ und $A = (a, 0)$.

1. Konstruieren Sie die zugehörige Strophoide und sehen Sie sich die auftretenden Formen an. Formulieren Sie Ihre Beobachtungen.
2. Warum haben Sie, auch wenn Sie B und A nicht variieren und nur beliebige $c \geq 0$ zulassen, dennoch alle Strophoiden untersucht, bei denen die Kurve C eine Gerade parallel zu BA ist?
3. Raten Sie mit etwas Überlegung eine Asymptote (in Abhängigkeit von c) dieser Strophoiden. Untermauern Sie Ihre Wahl dadurch, dass GeoGebra nur den einen direkt sichtbaren Schnittpunkt mit Ihrer Geraden hat. Welche besondere Lage hat dieser Schnittpunkt?
4. Stellen Sie die drei Gleichungen für Q und P auf (entsprechend Abschnitt 3.1.1.4 oder Abschnitt 3.2.1.2). Eliminieren Sie u und v. Es geht dieses Mal durchaus von Hand.
5. Überprüfen Sie Ihren Vorschlag für eine Asymptote an der Gleichung.
6. Zeigen Sie, dass die Kurve $C : y = c$ von der Strophoide nie geschnitten wird.
7. Stellen Sie sich selbst Fragen und versuchen Sie wenigstens näherungsweise Antworten zu finden.

Hinweis
Eine interaktive Datei und die Lösungen finden Sie – wie immer – auf der Website zum Buch. ◂

3.2.4 Noch allgemeinere Strophoiden

Bei den Konchoiden haben wir zunächst bei der Hundekurve als Kurve C eine Gerade gehabt, dann hat Étienne Pascal stattdessen einen Kreis genommen und die Limaçon waren geboren, die dann Pascal'sche Schnecken genannt wurden. Es liegt nahe, dieses hier auch zu versuchen.

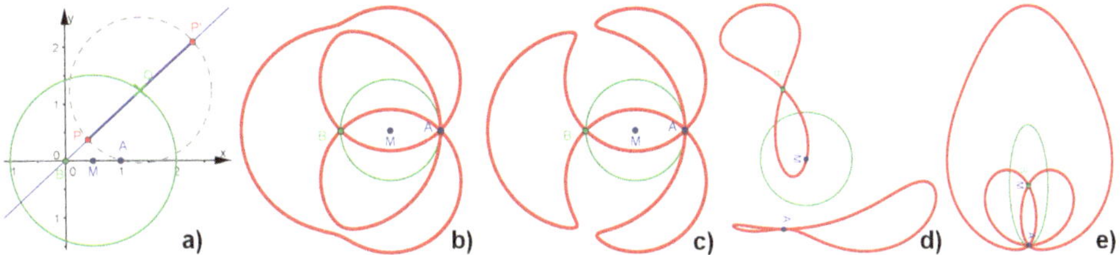

Abb. 3.15 Strophoide zu Kreisen: a) Konstruktion, in b)-d) werden die Lage des Mittelpunktes und der Kreisradius variiert, in e) ist die Wanderkurve eine Ellipse

Die Formenvielfalt der Kreis-Strophoiden ist enorm. Die Aufgabe 3.6 macht Erkundungsvorschläge. In Abb. 3.15 e) ist die Bezugskurve C eine Ellipse. Wie sieht es mit einer Parabel aus?

Aufgabe 3.6 Kreis-Strophoiden
Bei den Pascal'schen Schnecken regt Aufgabe 3.2 das Nachdenken über *wesentliche* Veränderungsmöglichkeiten an. Hier könnten B und A feste Punkte sein und die Form der Strophoide hängt dann von der Lage und Größe des Wanderkreises ab. Nur wegen der Gesamtgröße des Bildes ist in Abb. 3.15 dennoch a variiert.

1. In Abb. 3.15 ist B im Ursprung und $A = (a, 0)$. Der Parameter a, der Mittelpunkt M des Wanderkreises und der Radius ϱ erfüllen bei b) $a = 4$, $M = (1.99, 0)$, $\varrho = 2$, bei c) $a = 4$, $M = (2.01, 0)$, $\varrho = 2$ und bei d) $a = 3$, $M = (1.5, 0.5)$, $\varrho = 1$. Dabei sind c) und d) um 90°gedreht dargestellt. Bauen Sie die Konstruktion mit fein steuerbaren Schiebereglern für die Parameter nach und lassen Sie sich von der Formenvielfalt überraschen.
2. Machen Sie sich klar, dass es Geraden gibt, die diese Strophoiden sechsmal schneiden. Also muss die algebraische Gleichung mindestens den Grad 6 haben. Aufstellung einer Gleichung ist mit „Eliminate" möglich – siehe Website – aber der Aufwand lohnt nicht recht. *Hinsehen ist besser.*
3. Der Sonderfall $M = \left(\frac{a}{2}, 0\right)$, $\varrho = \frac{a}{2}$ zeigt als Ortslinie nur zwei Kreise, sehen Sie sich das an. Die zugehörige Gleichung ist:
   $(x^2 + y^2 - a(x + y)) \cdot (x^2 + y^2 - a(x - y)) = 0$. Sie **zerfällt in zwei Faktoren**. Zeigen Sie, dass dies tatsächlich die beiden Kreise sind, die man sieht. Sehen Sie sich aber auch an, dass nicht P den einen Kreis und P' den anderen Kreis erzeugt.
   Mehr zu Gleichungen, die in Produkte zerfallen, finden Sie vor allem in Abschnitt 5.3.3.
4. Zeigen Sie durch ein einfaches geometrisches Argument, dass sich mit $M = A$ **immer allgemeine Kreis-Konchoiden** ergeben und dass diese für $\varrho = a$ Pascal'sche Schnecken sind.

3.3 Trisektrix

Das Wort „Trisektrix“ ist aus dem Lateinischen *tri* (drei) und der femininen Form von *sektor*, also *sektrix* (die Zerschneiderin), gebildet. Gemeint sind Kurven, die die Winkeldreiteilung ermöglichen. Es gibt also mehrere Kurven mit dem Namen **Trisektrix**. Die **Winkeldreiteilung** ist ein bedeutender Teil von Abschnitt 6.2 zu den antiken Problemen. An dieser Stelle wenden wir uns der berühmtesten Trisektrix zu.

3.3.1 Die Trisektrix von Maclaurin

Der Schotte Colin Maclaurin (1698-1746) war ein bedeutender Mathematiker, Zeitgenosse Newtons, Eulers und Daniel Bernoullis. Er stellte die folgende Trisektrix vor. Sie wird definiert durch die Konstruktionsvorschrift in Abb. 3.16.

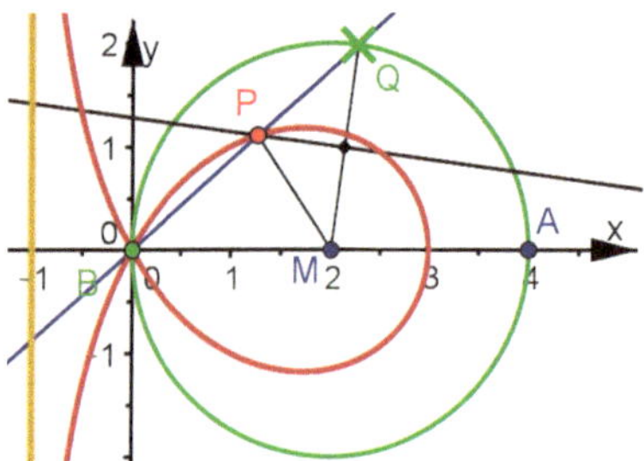

Abb. 3.16 **Konstruktion: Trisektrix von Maclaurin**
Setze $B = (0,0)$, $M = (2a,0)$ und $A = (4a,0)$.
Zeichne den Kreis um M mit Radius $2a$ und setze auf ihn Q zugfest.
Zeichne die Strecke MQ und ihre Mittelsenkrechte.
Deren Schnittpunkt mit der Geraden BQ ist P.
Die Ortslinie von P bezüglich Q ist die **Trisektrix**.

Die Trisektrix von Maclaurin hat keine so allgemeine Definition wie unsere vorigen Kurvenfamilien, sie ist, wie Satz 3.3 und Abb. 3.23 b) zeigen werden, eine ganz spezielle Cissoide, die für die geometrische Winkeldrittelung „erfunden“ wurde. Daher ist in Abb. 3.17 der Weg ausführlich gezeigt, den Maclaurin vorgeschlagen hat.

3.3.1.1 Winkeldrittelung mit der Trisektrix von Maclaurin

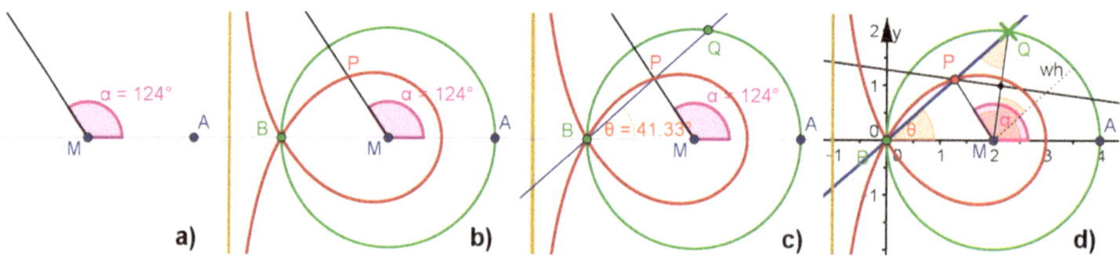

Abb. 3.17 Trisektrix: a)-c) schrittweise Winkeldrittelung d) Beweiszeichnung

1. Zeichne den Winkel α, der gedrittelt werden soll, mit Scheitel $M = (2a,0)$ und einem Punkt $A = (4a,0)$ auf dem 1. Schenkel.
2. Zeichne den Kreis um M durch A und seinen Durchmesser $\overline{BA}$.

3. Konstruiere nach der Vorschrift in Abb. 3.16 die Trisektrix (mit hinreichend vielen Punkten in der Nähe des 2. Schenkels).
4. Wähle einen Punkt P auf dem 2. Schenkel, der auch auf der Trisektrix liegt, und zeichne den Strahl von B nach P.
5. Der Winkel $\theta = \angle ABP$ hat mathematisch exakt die Größe $\frac{\alpha}{3}$.

Aber diese Lösung hat den Schnittpunkt nicht **im Vorwärtsgang** mit Zirkel und Lineal *eindeutig* erzeugt. Dieses war ein Vorgeschmack von Abschnitt 6, der sich vertieft den unlösbaren Konstruktionsproblemen der Antike widmet.

3.3.1.2 Geometrischer Beweis der Winkeldrittelung

In Abb. 3.17 d) ist die Beweiszeichnung. Das Dreieck QBM ist gleichschenklig mit Basis QB. Der Winkel $\theta = \angle ABP$ ist daher auch bei Q. Das Dreieck MQP ist wegen der Mittelsenkrechten aus der Konstruktion ebenfalls gleichschenklig und $\angle QMP = \theta$. Nach dem Außenwinkelsatz für das Dreieck MQB ist der Winkel $\angle AMQ$ die Summe der nicht anliegenden Winkel, also $\angle AMQ = 2\theta$. Damit gilt $\alpha = \angle AMP = 3\theta$ und schließlich $\theta = \frac{\alpha}{3}$. □

3.3.1.3 Polargleichung der Trisektrix, geometrisch hergeleitet

Dies wird eine Herleitung aus der Geometrie: Nachdem im vorigen Beweis der Winkel bei Q als θ nachgewiesen ist, betrachten wir das kleine rechtwinklige Dreieck in Abb. 3.17 c), in dem $\overline{PQ}$ die Hypotenuse ist. Die von Q ausgehende Kathete ist a, denn laut Konstruktion ist $\overline{MQ} = \overline{MA} = 2a$ und die Kathete wird durch die Mittelsenkrechte gebildet. Somit folgt $\overline{PQ} = \frac{a}{\cos(\theta)}$. Da $\overline{BQ}$ der Polarradius des Kreises ist, gilt wegen $r = \overline{BP} = \overline{BQ} - \overline{PQ}$ mit Gleichung 3.4 für den dem Radius $2a$ die folgende Polargleichung. Mit ihr entlarvt sich die Trisektrix von Maclaurin als **Cissoide**, wie Satz 3.3 zeigen wird.

Polargleichung der Trisektrix von Maclaurin

$$r(\theta) = 4a\cos(\theta) - \frac{a}{\cos(\theta)} \tag{3.12}$$

3.3.1.4 Polar-kartesische Darstellung der Trisektrix

Das Prinzip der Abb. 3.18 b) ist in Abschnitt 2.3.4 erklärt. In der kartesischen Sicht erzeugt der Kehrwert des Kosinus an der Stelle $\frac{\pi}{2}$ für die Funktion $r = r(x)$ einen Pol mit Zeichenwechsel. Damit ist eine Parallele zur y-Achse Asymptote der Trisektrix. Die Nullstellen der kartesischen Funktion folgen aus $4a\cos(\theta) = \frac{a}{\cos(\theta)}$ zu $\cos(\theta) = \pm\frac{1}{2}$ ohne

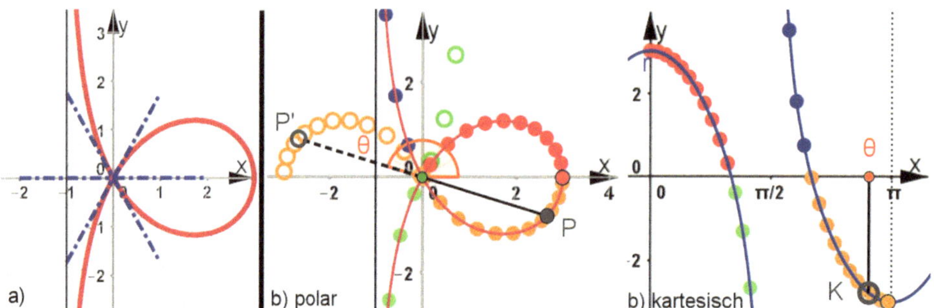

Abb. 3.18 Trisektrix: a) Ursprungstangenten im Sechsecksstern, b) gekoppelte Grafikfenster in GeoGebra, für von 0 bis π wachsendes θ werden nacheinander die ausgefüllten roten, grünen, blauen und gelben Punkte durchlaufen. Die offenen grünen und gelben Punkte sind die Hilfspunkte, die für negative Radien entstehen. Letztere sind rechts durch die grünen und gelben Punkte unterhalb der x-Achse angezeigt.

den Parameter a. Also gilt für *jede* Trisektrix der in Bild a) eingezeichnete Sechsecksstern. Wegen des Faktors a sind alle Trisektren mathematisch ähnlich.

3.3.1.5 Kartesische Gleichung der Trisektrix von Maclaurin

Auf dem vertrauten Weg – gehen Sie ihn selbst wie in Abschnitt 3.1.4.2 – von der Polargleichung zur kartesischen Gleichung folgt zunächst $(x^2 + y^2)(x + a) = 4ax^2$ und dann:

Kartesische Gleichung der Trisektrix

Sie gilt für die Lage von Abb. 3.16 mit der Schlaufenbreite $3a$.

$$(a + x)y^2 = (3a - x)x^2. \tag{3.13}$$

Es ist $x = -a$ das größte negative x, das für $a > 0$ eine unerfüllbare Gleichung erzeugt. Darum ist die Gerade $x = -a$ **Asymptote** der Trisektrix.

3.4 Cissoiden: die Efeukurve und ihre Verwandten

Die Cissoiden sind – mit der allgemeinen Definition von Abschnitt 3.4.2 – eine außerordentlich vielfältige Kurvenfamilie. Es wird sich sogar zeigen, dass alle klassischen Kurven dieses Kapitels als spezielle Cissoiden aufgefasst werden können. Das gilt allerdings nur für ihre Hauptform, eben die klassische Form, nicht immer für deren allgemeine Definitionen.

3.4.1 Die Cissoide des Diokles

Die klassische Cissoide ist in Abb. 3.19 mit einer Spitze gezeigt. Sie hat zu dem Namen „Efeukurve“ geführt, das griechische Wort $\kappa\iota\sigma\sigma o\varsigma$ (kissos) heißt *Efeu*, die Blätter haben eine solche Spitze. Sie ist nach [Schupp und Dabrock 1995] eine der ältesten höheren Kurven und wurde von Diokles etwa 180 v. Chr. erfunden, um das Delische Problem (siehe Abschnitt 6.3) zu lösen. Der Anfangsbuchstabe wird nicht einheitlich geschrieben und gesprochen. In deutschsprachigen Büchern steht oft **K**issoide, auch **Z**issoide oder **C**issoide. Ich habe mich für letzteres entschieden, da es auch die englische Schreibart ist.

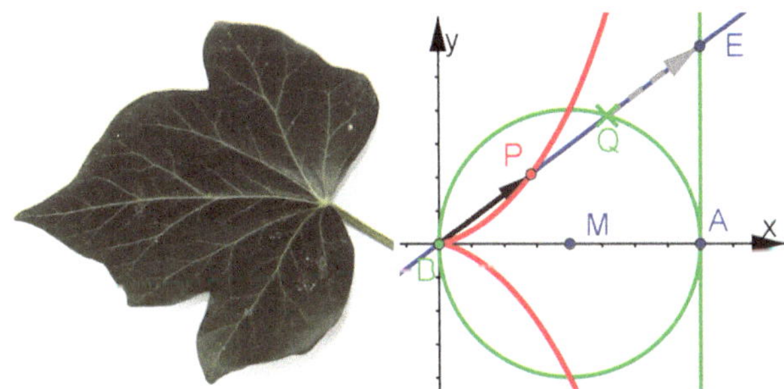

Abb. 3.19 Efeukurve: Zeichne $B = (0,0)$, den Kreis um $M = (a,0)$ mit Radius a und die Senkrechte g auf $\overline{BA}$ in $A = (2a,0)$. Setze Q zugfest auf den Kreis und zeichne die Gerade BQ. Die Gerade BQ schneidet die Senkrechte g in E. Der Vektorpfeil $\overrightarrow{QE}$ wird an B angehängt und ergibt dadurch den Punkt P.

Die Ortslinie von P bezüglich Q ist die **Efeukurve**, die **Cissoide des Diokles**.

3.4.1.1 Vier weitere Konstruktionen für Cissoiden

Ich nenne weitere Konstruktionen, weil es, besonders in einem didaktischen Zusammenhang, wichtig ist, das gerade Gelernte in Beispielen zu festigen, die „nicht zu weit entfernt“ sind. Man kann sie für eigenständiges Tun, Hausaufgaben und Lernkontrollen einsetzen. Die Beschreibungen für die Konstruktionen in Abb. 3.20 a), b), c) und Abb. 3.21 c) sind so abgefasst, dass Sie zusammen mit dem passenden Bild zum richtigen Punkt P führen und dann auch im *nächsten Abschnitt Beweise* ermöglichen. Man könnte die Konstruktionen auch rein geometrisch koordinatenfrei beschreiben.

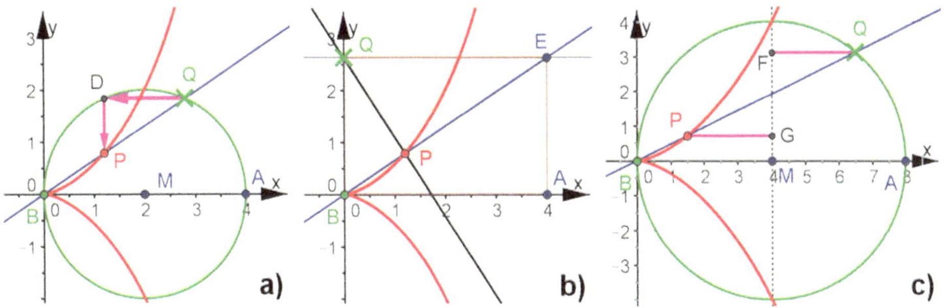

Abb. 3.20 Weitere Konstruktionen für die Cissoide in a) und b) und eine Rasterkonstruktion in c). Konstruktionsbeschreibungen, eine vierte Konstruktion und Beweise folgen.

- **Cisso a)** Setze $B = (0, 0)$. Zeichne den Kreis um $M = (a, 0)$ mit Radius a. Setze Q zugfest auf den Kreis und zeichne die Gerade BQ.
  Gehe von Q aus auf einer Parallelen zur x-Achse bis zum Kreispunkt D und von dort auf einer Parallelen zur y-Achse bis zur Geraden BQ.
  Der so markierte Punkt P hat als Ortslinie eine Cissoide, wenn Q auf dem Kreis wandert.
- **Cisso b)** Setze $B = (0, 0)$ und $A = (2a, 0)$ und dann auf die y-Achse einen zugfesten Punkt Q.
  Konstruiere ein achsenparalleles Rechteck $QBAE$ mit dem neuen Punkt E. (Prüfe durch Ziehen an Q, dass auch das Rechteck zugfest ist.)
  Zeichne die Gerade BE und fälle von Q aus das Lot auf diese Gerade.
  Der Fußpunkt P dieses Lotes hat bezüglich Q als Ortslinie eine Cissoide.
- **Cisso c) Rasterkonstruktion auf Karopapier** für das Zeichnen von Hand, auch in Lernkontrollen.

  a) Setze $B = (0, 0)$. Zeichne den Kreis um $M = (a, 0)$ mit Radius $a = 4\,cm$ (oder größer)und $A = (2a, 0)$ Zeichne die Mittelsenkrechte von $\overline{AB}$). (Dieser Teil kann als Startbild vorliegen.)

  b) Markiere Q auf dem Kreis genau auf einer *senkrechten* Karolinie und zeichne die Verbindungsgerade BQ.

  c) Zähle die senkrechten Karolinien von Q bis zur Mittelsenkrechten.
  Markiere P auf der Verbindungsgeraden und auf der anderen Seite der Mittelsenkrechten genau so viele Karolinien entfernt wie Q.

  d) Rücke Q um eine *senkrechte* Karolinie weiter, zeichne BQ und rücke auch P eine Karolinie weiter. *Wiederhole dies oft, nutze Einsichten in die Symmetrie.* So entsteht eine **punktweise Konstruktion** der Cissoide von Hand.

- **Cisso 4)** aus Abb. 3.21 c). Setze $F = (-2a, 0)$ und einen zugfesten Punkt Q auf die y-Achse.
  Konstruiere den Thaleskreis zu $\overline{FQ}$ (Mittelpunkt G) und schneide ihn mit dem Kreis um Q mit dem Radius $2a$. Der Schnittpunkt D sei derjenige, der eine andere Ordinate als Q hat.
  Die Mitte der Strecke $\overline{DQ}$ ist P. Die Ortslinie von P bezüglich Q ist die Cissoide.

3.4.1.2 Beweise, dass es wirklich Cissoiden sind.

Die Logik dieser Beweissituation haben wir bei den Strophoiden in Abb. 3.12 auch gehabt. Dort sind in Abschnitt 3.2.1.7 für einen Beweis **vier Wege** vorgeschlagen. Hier wähle ich den zweiten, den geometrischen Weg. Er ist hier für a) bis c) einfach und ich werde das vollständig ausführen. Damit möchte ich Ihnen Mut machen, solche Beweise auch selbst zu versuchen. Das Prinzip ist stets, die fragliche und die bekannte Konstruktion in ein und derselben Zeichnung zu verwirklichen. Dann muss man zeigen, dass die fragliche Konstruktion die Elemente der bekannten Konstruktion „erzwingt“.

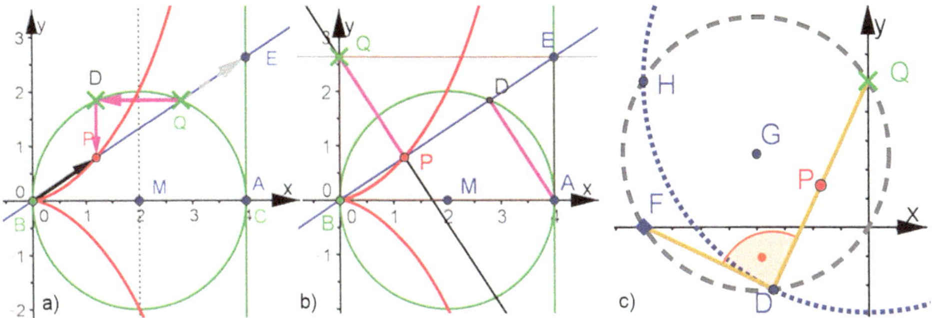

Abb. 3.21 Cissoide: a) und b) Beweiselemente zu obigen Konstruktionen in Abb. 3.20 a) und b), in c) finden Sie eine vierte Konstruktion.

- **Beweis von Cisso a) aus Abb. 3.20** mit Bezug auf Abb. 3.21 a).
  Der Punkt D der Konstruktion ist auffassbar als Spiegelung von Q an der Mittelsenkrechten von $\overline{BA}$. Ist die Senkrechte in A und ihr Schnittpunkt E mit der Geraden BQ mit eingezeichnet, so sieht man, dass die Entfernung, die Q von dieser Senkrechten hat, auch die Entfernung ist, die D – und damit auch das P nach Konstruktion a) – von der y-Achse hat. Damit ist der Vektor $\overrightarrow{QE}$ gleich dem Vektor $\overrightarrow{BP}$ und P passt zur Definition der Cissoide in Abb. 3.19.
- **Beweis von Cisso b) aus Abb. 3.20** mit Bezug auf Abb. 3.21 b).
  Wenn hier D – wie auch P – als Lotfußpunkt konstruiert wird, ist $\overline{QP} = \overline{AD}$, denn im Rechteck haben gegenüberliegende Ecken denselben Abstand von der Diagonalen. Zudem liegt D auf dem Kreis, denn dieser ist ein Thaleskreis über $\overline{BA}$. Damit übernimmt D die Rolle von Q aus der Hauptkonstruktion in Abb. 3.19. Aus Symmetriegründen (ausführlicher: Dreieck DAE ist wegen ssw kongruent zu Dreieck PQB) ist $\overline{DE} = \overline{BP}$, das P aus Konstruktion b) erfüllt die Bedingungen der Hauptkonstruktion in Abb. 3.19.
- **Beweis von Cisso c) aus Abb. 3.20** (ohne Extrabild) Durch Spiegeln von Q an der Mittelsenkrechten von $\overline{BA}$ kann man die Konstruktion auf die Beweiszeichnung Abb. 3.21 a) zurückführen, die schon als gültige Cissoidenkonstruktion nachgewiesen ist.
- **Beweis von Cisso 4) aus Abb. 3.21 c).** Hier ist der Beweis knifflig. Auf der Website zum Buch können Sie ihn sich ansehen. Dort ist auch die kartesische Gleichung hergeleitet. Wenn Sie sich erproben wollen, dann bedenken Sie: Das Dreieck FDQ ist wegen des Thaleskreises rechtwinklig. Für die Dreiecke ODF und ODQ kann man Kongruenz nachweisen und der Pendant-Schnittpunkt H zu D hat dieselbe Ordinate wie Q.

3.4.2 Allgemeine Cissoide

Die Cissoide des Diokles in Abschnitt 3.4.1 entspricht genau dieser Definition mit dem Kreis als Kurve C_1 und der Tangente rechts als Kurve C_2.

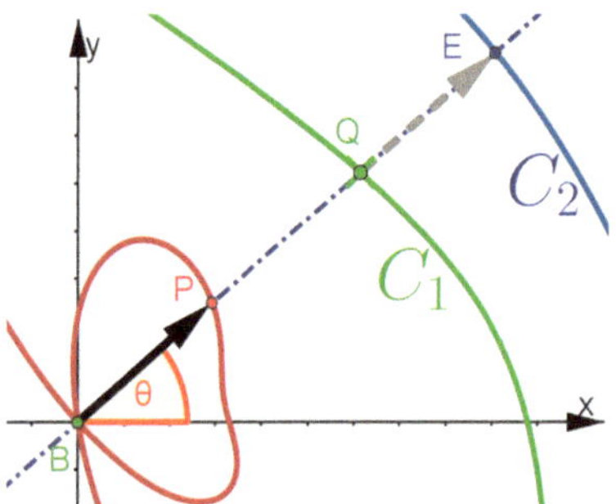

Abb. 3.22 Zeichnung mit allgemeinen Kurven

Definition 3.4 (Allgemeine Cissoide)
Gegeben sind **zwei Kurven** C_1 und C_2 und ein beliebiger Punkt B, **Pol** geheißen. Ein Punkt Q wandert auf der Kurve C_1.
Die Gerade $g = BQ$ schneidet die die Kurve C_2 in Punkt E. Der Vektorpfeil $\overrightarrow{QE}$ wird an B angehängt und definiert auf g den Punkt P. Die Ortslinie von P heißt **Cissoide der Kurven C_1 und C_2 bezüglich Punkt B.**

Vertauschung von C_1 und C_2 Tut man dies, so zeigen die beiden Vektoren in Abb. 3.22 genau anders herum. Damit erhält man die **an Punkt B gespiegelte Kurve**.

3.4.3 Die allgemeine Polargleichung der Cissoide

Es springt schon fast ins Auge, dass sich aus den Polargleichungen der Kurven C_1 und C_2 die Polargleichung der Cissoide ergeben muss.

Satz 3.3
Universale Polargleichung der Cissoide
Sind $\varrho_1 = \varrho_1(\theta)$ und $\varrho_2 = \varrho_2(\theta)$ die Polargleichungen der Kurven C_1 und C_2 bezüglich B, dann ist

$$r(\theta) = \varrho_2(\theta) - \varrho_1(\theta) \qquad \textit{kurz:} \qquad r = \varrho_2 - \varrho_1 \tag{3.14}$$

die Polargleichung der allgemeinen Cissoide von C_1 und C_2 bezüglich des Ursprungs als Pol B.

Beweis In Abb. 3.22, auch in Abb. 3.19, sind Kurven C_1 und C_2 gezeichnet und gemäß Definition 3.4 vom Pol B aus der **Fahrstrahl**, also die Gerade BQ, eingetragen. Im Folgenden sei B auch der Pol der Polardarstellung und die x-Achse sei die Polarachse. Dann haben P, Q und E denselben Polarwinkel θ. Vektoriell ergibt sich $\overrightarrow{QE} = \overrightarrow{BE} - \overrightarrow{BQ} = \overrightarrow{BP}$. Die von B ausgehenden Vektoren sind aber die Polarradien der betreffenden Kurven. □

3.4.3.1 Polargleichung der Cissoide des Diokles

Die Kurve C_1 in Abb. 3.19 ist der Kreis um $M = (a, 0)$ mit dem Radius a. Er wirkt für den Punkt Q als Thaleskreis, so dass nach Gleichung 3.4 gilt: $\varrho_1 = 2a\ \cos(\theta)$. Die Gerade

$x = 2a$ wird mit der Grundgleichung 2.6 zu $\varrho_2 \cos(\theta) = 2a$, also ist deren Polargleichung $\varrho_2(\theta) = \frac{2a}{\cos(\theta}$. Also gilt:

Polargleichung der Cissoide des Diokles

In der Lage von Abb. 3.19

$$r(\theta) = \varrho_2(\theta) - \varrho_1(\theta) = \frac{2a}{\cos(\theta)} - 2a\cos(\theta) \tag{3.15}$$

Jede der für die klassischen Kurven in diesem Buch hergeleiteten Polargleichungen hatte eine Darstellung als **Differenz**. Wenn man den Subtrahenden als C_1 auffasst und den Minuenden als C_2, sind also alle klassischen Kurven spezielle Cissoiden. Es gilt sogar:

Satz 3.4 (Universalität der Cissoiden)
Lässt sich die Gleichung einer Polarkurve als Differenz mit $r(\theta) = \varrho_2(\theta) - \varrho_1(\theta)$ schreiben, dann ***ist sie eine Cissoide*** *bezüglich der Kurven $\varrho_1(\theta)$ und $\varrho_2(\theta)$.*

Im Abschnitt 3.4.5 greifen wir nochmals diese universale Polargleichung auf.

3.4.3.2 Kleine Variationen der Cissoiden

Die in Abb. 3.19 in $A = (2a, 0)$ errichtete Senkrechte stellen wir jetzt in $C = (c, 0)$. Die Gerade $x = c$ hat die Gleichung $\varrho_2(\theta) = \frac{c}{\cos(\theta)}$ und daraus folgt als wirklich „kleine“ Variation:

Cissoiden mit anderer Stellung der Geraden

$$\text{Cissoiden in Variation, polar} \quad r(\theta) = \frac{c}{\cos(\theta} - 2a\cos(\theta) \tag{3.16}$$

$$\text{Cissoiden in Variation, kartesisch} \quad (c - x)y^2 = (2a - c + x)x^2 \tag{3.17}$$

$$\text{Cissoiden des Diokles, kartesisch} \quad (2a - x)y^2 = x^3 \tag{3.18}$$

Mit den Grundgleichungen 2.6 folgt aus der Polargleichung zunächst $r\cos(\theta) = c - 2a(\cos(\theta))^2$, also $x = c - 2a\frac{x^2}{r^2}$ und nach wenigen Schritten ergibt sich Gleichung 3.17. Ausführlicher ist dies in Beispiel 2.1 in Abschnitt 2.5.1.2 vorgerechnet. Bei der Cissoide des Diokles ist $c = 2a$.

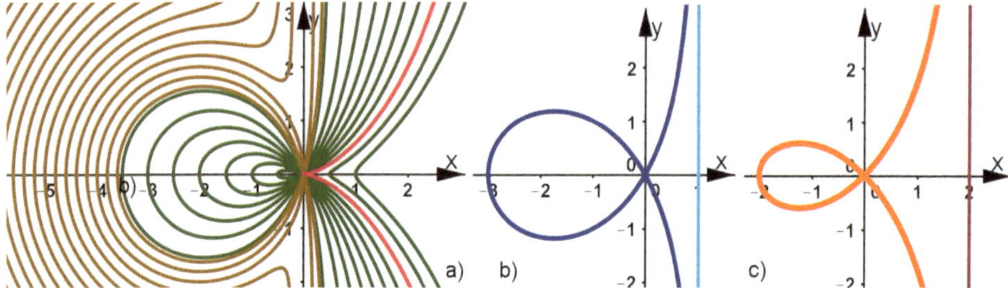

Abb. 3.23 Cissoiden nach Gl. 3.16 mit $a = 2$: a) braun $-2.6 \leq c \leq 0.4$, $\Delta = 0.2$, grün $0.5 \leq c \leq 5$, $\Delta = 0.5$ und rot $c = 4$, die Cissoide des Diokles, b) $c = 1$ Trisektrix. c) $c = 2$ Strophoide

3.4.4 Die klassischen Kurven als Cissoiden

Bevor wir zu einer Übersicht gelangen, betrachten wir das Vorgehen an der Strophoide.

3.4.4.1 Die Strophoide als spezielle Cissoide

In Abb. 3.23 c) wird behauptet, es sei eine Strophoide zu sehen. Für die dunkelgelbe Kurve gilt nach Gleichung 3.16 wegen $c = a$:

Strophoide als Cissoide

Polargleichung $$r(\theta) = \frac{a}{\cos(\theta} - 2a\cos(\theta) \tag{3.19}$$

Diese Polargleichung ist verschieden von Gleichung 3.10, aber hier ist auch nicht der Scheitel im Ursprung, sondern der Doppelpunkt. Setzen wir in die obige Gleichung 3.17 nun $c = a$ ein, so folgt $(a - x)y^2 = (a + x)x^2$ und ist die Gleichung 3.9, die wir in Abschnitt 3.2.1.3 für die verschobene Strophoide hergeleitet haben. Die dunkelgelbe Kurve in Abb. 3.23 c) ist also wirklich die **Strophoide als spezielle Cissoide**.

3.4.4.2 Andere Polargleichung ergibt einen schnelleren Durchlauf

In Abschnitt 3.2.1.5 haben wir uns die Strophoide in polar-kartesischer Darstellung mit der Polargleichung 3.10 $r(\theta) = \frac{a}{\cos(\theta)} - a\tan(\theta)$ genau angesehen. Danach wird die Strophoide vom Doppelpunkt aus in einer Linkskurve zunächst durch die Schlaufe, dann mit negativen Radien nach oben durchlaufen. Sie kommt von unten zum Doppelpunkt zurück. Dafür läuft θ von 0 bis 2π. Nun aber, als Cissoide mit Doppelpunkt im Urprung (siehe Abb. 3.23 c) und Abb. 3.24 a)) ist das anders. Sie hat die Polardarstellung 3.19 und hier braucht θ nur von 0 bis π zu laufen. Der Durchlauf, der also doppelt so schnell

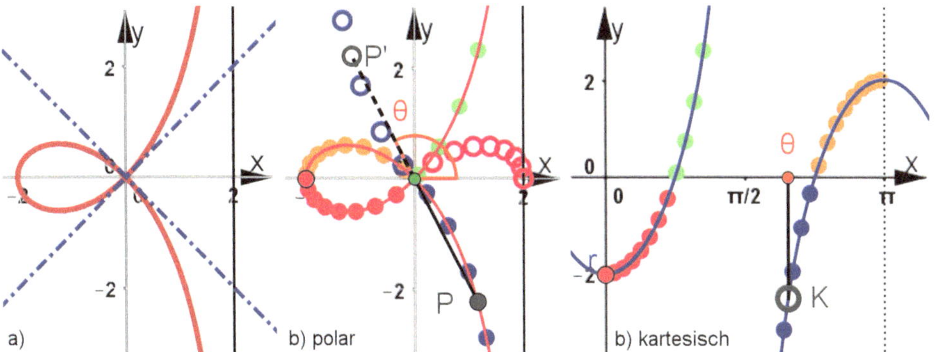

Abb. 3.24 Strophoide mit Doppelpunkt im Ursprung und polar-kartesischer Darstellung, anders als Abb. 3.11

ist, beginnt am Scheitel mit negativen Radien und geht mit positiven Radien nach oben. Wenn der polare Punkt dann von unten wiederkommt, muss er den Doppelpunkt noch passieren, um die Schlaufe zu beenden.

Den Durchlauf durch eine Polarkurve kann man also ohne Kenntnis der Gleichung **nicht vorhersagen**. Übrigens ist hier die Beschränkung auf positive Radien ebenso falsch wie in Abb. 3.11, sie brächte sogar noch eine *völlig andere falsche Form.*
Im Abschnitt 9.5.4.1 zur Inversion lernen wir eine weitere Besonderheit der Strophoide kennen.

3.4.5 Geometrie aus der Polargleichung erfinden

Da wir nun im vorigen Abschnitt 3.4.4.2 für die Strophoide eine Polargleichung kennengelernt haben, die mit der geometrischen Konstruktion in Abb. 3.9 und Abb. 3.10 nichts zu tun hat, erhebt sich die Frage, ob man nicht umgekehrt aus der neuen Deutung der Polargleichung auch für andere Kurven eine Konstruktion mit dem Cissoiden-Prinzip finden kann. In Abb. 3.25 ist uns das gelungen. Halten wir nochmals fest, dass eine Par-

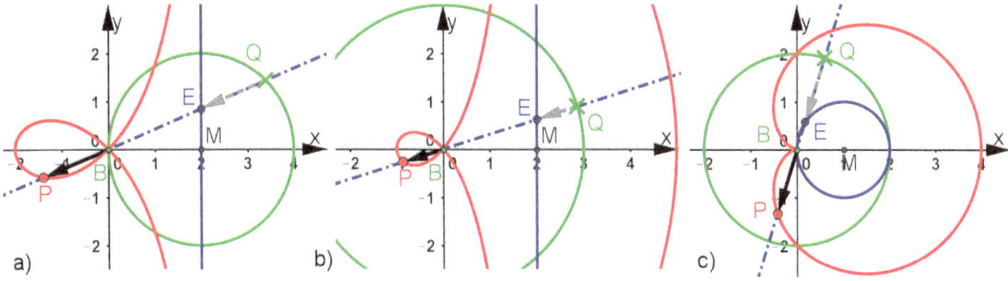

Abb. 3.25 Geometrische Konstruktion mit dem Cissoiden-Prinzip, Grundlage ist die als Cissoide gedeutete Polargleichung, a) Strophoide, b) Konchoide des Nikomedes, c) Kardioide als spezielle Pascal'sche Schnecke

allele zur y-Achse an der Stelle a die Polargleichung $r = \frac{a}{\cos(\theta)}$ hat, ein Kreis wie in

Bild a) mit Radius a hat die Gleichung $r = 2a\cos(\theta)$, ein Ursprungskeis mit Radius k ist gegeben durch $r(\theta) = k$. Damit ist die Strophoide wegen $r(\theta) = \frac{a}{\cos(\theta)} - 2a\cos(\theta)$ und Satz 3.3 und Definition 3.4 in Abb. 3.25 a) mit dem Kreis als C_1 und der Gerade durch seinen Mittelpunkt richtig als Cissoide konstruiert. Mit der Definition der Strophoide in Abb. 3.10 und den alternativen Konstruktionen in Abb. 3.12 und Abb. 3.13 haben wir nun fünf interessante Strophoidenkonstruktionen. Vom lernpsychologischen und didaktischen Nutzen solcher Vielfalt habe ich in den Abschnitten 3.2.1.7 und 3.4.1.1 schon gesprochen. Lernen, insbesondere eine **mathematische Ausbildung, ist ein Prozess**, bei dem Neues immer wieder an Vertrautem „andocken" sollte. Und das könnte in diesem Thema „Kurven erkunden und verstehen" mit großer Freiheit und Vielfalt geschehen.

Ebenso ist in b) wegen der Polargleichung $r(\theta) = \frac{a}{\cos(\theta)} - k$ aus Gleichung 3.3 die Hundekurve (oder Konchoide des Nikomedes) als Cissoide konstruiert. Eben dieses gilt für die Kardioide, die die Polargleichung $r(\theta) = 2a\cos(\theta) - k$ hat. In Abb. 3.25 c) ist $a = 1$ und $k = 2$.

3.4.5.1 Verallgemeinerungen

Statt des blauen Kreises als Kurve C_2 kann man jede beliebige Kurve nehmen und erhält immer mit dem Ursprungskreis als C_1 eine als Cissoide konstruierte Konchoide (siehe Gleichung 3.2).

Nach der universalen Polargleichung in Satz 3.3 kann man also folgern:

Existenz einer geometrischen Konstruktion

Ist die Polargleichung einer Kurve C eine Differenz – oder kann man sie als Differenz schreiben – $r(\theta) = \varrho_2(\theta) - \varrho_1(\theta)$, dann existiert eine geometrische Konstruktion als Cissoide aus den beiden Kurven C_1 und C_2 mit den Polarradien ϱ_1 und ϱ_2.
Sind C_1 und C_2 (als Kurven, nicht nur punktweise) mit Zirkel und Lineal konstruierbar, dann ist C mindestens punktweise vollständig konstruierbar.

In Abschnitt 5.2.2 geht es darum, dass Baron de Sluze bei den Konchoiden des Nikomedes in der kartesischen Gleichung eine Klammer *nicht* quadriert hat. Für *seine* Kurvenfamilie habe ich nirgendwo eine Konstruktion gefunden. Da man aber die Polargleichung herleiten kann und diese eine Differenz ist, regt Aufgabe 5.5 an, die Baron-Sluze-Kurven als Cissoiden geometrisch zu konstruieren. Diese Idee setzt die Erkenntnis des letzten blauen Kastens um.

Anmerkung mit eingeschränkter Fruchtbarkeit Formal ist mit $\varrho_2 := r + \varrho_1$ überhaupt **jede Polarkurve r eine Cissoide** bezüglich jeder Kurve ϱ_1 und der so definierten Kurve ϱ_2. Diese umfassende Aussage ist aber nur dann fruchtbar, wenn ϱ_2 eine in irgendeinem Sinn bedeutungsvolle Kurve ist.

Aufgabe 3.7 Im Umfeld der Cissoiden
Anregungen zum Erkunden mit diesen Erkenntnissen

1. Erzeugen Sie die Polarkurve $r(\theta) = a\tan(\theta)$,
2. Konstruieren Sie die Strophoide als Cissoide aus ihrer Polargleichung 3.10.
3. Erzeugen Sie die Polarkurve für eine Pascal'sche Schnecke $r(\theta) = 2a\cos(\theta) - k$ in einer entschleunigten Art (siehe Abschnitt 2.3.3.2), und sehen Sie sich den Durchlauf an.
4. Konstruieren Sie eine Pascal'sche Schnecke mit Schlaufe als Cissoide.
5. Experimentieren Sie mit der kartesischen Gleichung 3.17 der Variations-Cissoide. Geben Sie freie Konstanten a und c und die Gleichung in GeoGebra ein und finden Sie alle *wesentlichen Formen*. Es sollten mindestens fünf sein, ein exakter Kreis ist dabei.

Hinweis
Zu 1. und 3.: Nehmen Sie z. B. das Werkzeug Kurve[....] aus Abschnitt 2.3.3.1.
Zu 5.: Siehe Abb. 3.23. Achten Sie darauf, dass Sie die Parameter *fein* einstellen können. Variieren Sie a bei festem c, aber auch c bei festem a. ◀

3.4.6 Noch allgemeinere Cissoiden

In Abschnitt 3.2.3 haben wir die *schiefe Strophoide* betrachtet. Da die zugehörige gerade Strophoide eine Cissoide ist, wundert es nicht, dass wir genauso auch **schiefe Cissoiden** erhalten. Sie haben dieselbe Form und ebenfalls die Gleichung 3.11.

Spannend wird es nun aber, wenn wir wirklich **andere Kurven für C_1 und C_2** gemäß der Definition 3.4 nehmen und dann noch die Lage des Pols B variieren. In Abb. 3.26

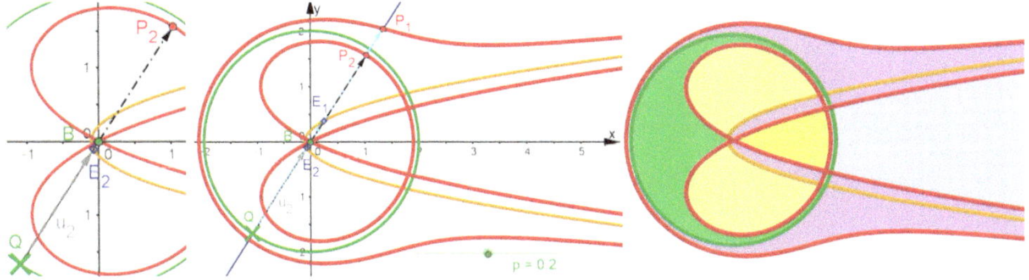

Abb. 3.26 Cissoide bezüglich Kreis (grün) $\varrho_1(\theta) = a$ für $a = 2$ und Parabel (gelb). Die Parabel hat ihren Brennpunkt im Ursprung und die Gleichung 7.4 $\varrho_2(\theta) = \frac{p}{1-\cos(\theta)}$ für $p = 0.2$. Links sehen Sie im Ausschnitt die Konstruktion von P_2: Der Vektor $\overrightarrow{QE_2}$ wird an B angehängt, um P_2 zu erzeugen.

ist in der Mitte der Kreis um B mit dem Radius a als C_1 und die Parabel mit dem Brennpunkt B und dem Scheitel $\left(-\frac{p}{2}, 0\right)$ als C_2 verwirklicht. Für diese rote Cissoide sind auf der Website die beiden kartesischen Gleichungen hergeleitet:

$$\text{Cissoide aus Kreis und Parabel} \quad (x^2 + y^2 \pm a\,x)^2 = (a \pm p \pm x)^2(x^2 + y^2)$$

Es ist für die äußere Kurve überall das Pluszeichen zu nehmen, sie entsteht aus der Polargleichung $r(\theta) = \frac{-p}{1+\cos(\theta)} - a$. Für die innere Kurve ist das angezeigte Minuszeichen zuständig, ihr liegt $r(\theta) = \frac{p}{1-\cos(\theta)} - a$ zugrunde. Diese Modifizierung war nötig, da P_1 und P_2 den zu Q passenden Durchlauf durch die Parabel haben müssen.

Die Gleichung ist vom 6. Grad, wie man es mindestens erwartet hat, denn eine Schnittgerade kann die Kurve sechsmal schneiden (siehe Folgerung aus Satz 2.2). Man kann die beiden Gleichungen nach Definition zweier Schieberegler für p und a direkt in GeoGebra eingeben. Aber auch mit anderen Parametern p und a können nicht noch mehr „Schlaufen“ entstehen, denn mehr Schnittpunkte mit einer Geraden kann es nicht geben.

Aufgabe 3.8 Cissoiden bezogen auf Kegelschnitte

a) Variieren Sie in der Situation aus Abb. 3.26 den Parabel-Parameter p.

b) Probieren Sie andere Kegelschnitte aus dem Kegelschnitt-Menü aus. Konstruieren Sie mit ihnen Cissoiden.

c) In welchem Sonderfall, in dem C_1 und C_2 Kreise sind, ist die Cissoide auch ein Kreis?

Hinweis

Die Datei finden Sie auf der Website zum Buch. Die Verwendung von Kegelschnitten hat den Vorteil, dass sie in GeoGebra *direkt* verfügbar sind. Sie können auch andere kartesische Kurvengleichungen oder Polar- oder Parameterkurven mit dem Werkzeug Kurve[...] eingeben. Auch auf Ortslinien kann man zugfeste Punkte setzen, daher sind sie als C_1 für eine Cissoiden-Erfindung geeignet. Da Sie aber Schnittpunkte brauchen, reichen Ortslinien als C_2 nicht aus. Sonst sind Ihrem Erfindungsreichtum keine Grenzen gesetzt.

Wenn Sie aus Ihren schönsten Kurven ein Plakat gestalten wollen, wie es Abb. 3.26 rechts andeutet, so *verbergen* Sie in GeoGebra alle störenden Konstruktionselemente. ◀

3.5 Analysis-Anwendungen bei den klassischen Kurven

Die Analysis ist – durchaus zu Recht – Bestandteil jeder höheren mathematischen Ausbildung. In diesem Buch habe ich im Anhang zum Gebrauch in allen Kapiteln Elemente der Analysis zur Steigung, zu Flächen, Rotationsvolumina, Bogenlängen und Krümmungen vorgestellt und auch i. W. hergeleitet.

Beispiel 3.1 (Steigung bei der Cissoide des Diokles)

Frage: *Welche Steigung hat die Cissoide des Diokles in dem Punkt P, in dem sie im 1. Quadranten ihren Erzeugungskreis C_1 schneidet?*

Wir beziehen uns auf die Konstruktion in Abb. 3.19 im Abschnitt 3.4.1 und die Gleichung 3.15 im Abschnitt 3.4.3.1. Kurze Überlegung zeigt, dass die Kurve den Kreis in seinem höchsten Punkt schneidet. Also ist $P = (a, a)$ und der Polarwinkel von P ist $\theta = \frac{\pi}{4}$.

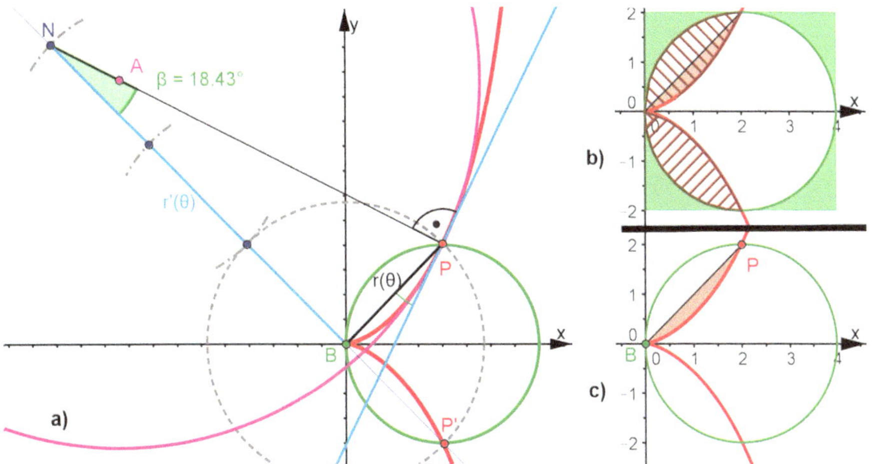

Abb. 3.27 **Cissoide des Diokles und Analysis in den Beispielen 3.1, 3.2, 3.6**
a) Normalen- und Tangentenkonstruktion gemäß Abb. 11.1 und Krümmungskreis (lilafarben), b) Die beiden schraffierten Blätter sind flächengleich zu den vier grünen Ecken, c) Bestimmung der Cissoidenfläche

Bei $r(\theta) = 2a\left(\frac{1}{\cos(\theta)} - \cos(\theta)\right)$ ist die Ableitung $r'(\theta) = \frac{d\,r(\theta)}{d\,\theta} = 2a\left(+\frac{\sin(\theta)}{\cos(\theta)^2} + \sin(\theta)\right)$. Die Einsetzung von $\theta = \frac{\pi}{4}$, bei der bekanntlich der Sinus und der Kosinus denselben Wert $\frac{1}{2}\sqrt{2}$ haben, ergibt gemäß Abb. 11.1 in Abb 3.27 a): $\overline{BN} = r'(\frac{\pi}{4}) = 2a\left(\frac{1}{\frac{1}{2}\sqrt{2}} + \frac{1}{2}\sqrt{2}\right) = 3a\sqrt{2}$. Dieses ist exakt der **dreifache Polarradius von** P.

Steigung in der geometrischen Version In Abb. 3.27 a) ist N – mit den grau gestrichelten Kreisen – entsprechend auf der Senkrechten zu BP eingetragen. Das rechtwinklige Dreieck BPN hat also bei jeder Cissoide des Diokles das Kathetenverhältnis $1 : 3$ und damit den spitzen Winkel $\beta = \arctan(\frac{1}{3}) = 18{,}43^o$ bei N. Wenn man das

$$\text{Additionstheorem für den Tangens} \qquad \tan(\theta+\beta) = \frac{\tan(\theta) + \tan(\beta)}{1 - \tan(\theta)\cdot\tan(\beta)} \tag{3.20}$$

verwendet, ergibt sich für die Steigung der Cissoide in diesem Punkt P:
$\tan(\alpha) = \frac{1+\frac{1}{3}}{1-\frac{1}{3}} = 2$. Diese Steigung zeigt auch die Tangente in P in Abb. 3.27 a).

Steigung in der kartesischen Version $r'(\theta) = 3a\sqrt{2}$ wurde soeben berechnet. Entsprechend Abschnitt 11.2.4.1 ergibt sich für diesen Punkt P:
$\dot{x} = 3a\sqrt{2}\cdot\frac{1}{\sqrt{2}} - a\sqrt{2}\cdot\frac{1}{\sqrt{2}} = 3a - a = 2a$ und $\dot{y} = 3a\sqrt{2}\cdot\frac{1}{\sqrt{2}} + a\sqrt{2}\cdot\frac{1}{\sqrt{2}} = 3a + a = 4a$.
Für die Steigung folgt nach Gleichung 11.4 wie oben: $\frac{dy}{dx} = \frac{4a}{2a} = 2$. ■

Beispiel 3.2 (Fläche bei der Cissoide des Diokles)
Frage: *Welche Fläche schließt die Cissoide des Diokles mit dem Fahrstrahl des obersten Kreispunktes P aus Beispiel 3.1 ein?*
Die gemeinte Fläche ist in Abb. 3.27 c) dargestellt. Gemäß Formel 11.10 gilt:
$A = \frac{1}{2}\cdot 4a^2\int_0^{\frac{\pi}{4}}\left(\frac{1}{\cos(\theta)} - \cos(\theta)\right)^2 d\theta = 2a^2(\frac{5}{4} - \frac{3}{8}\pi)$. Dieses Ergebnis liefert GeoGebra

und jedes andere CAS sofort. Wenn Integrationskompetenzen hier nicht wesentlich sein sollen, kann man ein solches Ergebnis mit mathematischer Phantasie weiter verwerten. Dieses tut der Flächenvergleich im nächsten Absatz.
Für diejenigen, die hier Integrieren lernen wollen, zeige ich noch Zwischenrechnungen: $A = 2a^2 \int_0^{\frac{\pi}{4}} \left(\frac{1}{\cos(\theta)^2} - 2 + \cos(\theta)^2\right) d\theta = 2a^2 \left[\tan(\theta) - 2\theta + \frac{\theta}{2} + \frac{1}{4}\sin(2\theta)\right]_0^{\frac{\pi}{4}} = 2a^2 \left(1 - \frac{3\pi}{8} + \frac{1}{4} \cdot 1 - 0\right) = 2a^2(\frac{5}{4} - \frac{3}{8}\pi)$.

Bemerkenswerter Flächenvergleich In Abb. 3.27 b) sind zwei schraffierte „Blätter" zu sehen. Die Fläche jedes Blattes besteht aus der soeben berechneten Fläche und einem Kreisabschnitt. Da der Kreis den Radius a hat, hat letzterer die Fläche $\frac{\pi}{4}a^2 - \frac{1}{2}a^2$. Also haben die zwei Blätter zusammen die Fläche $Z = 4a^2(\frac{5}{4} - \frac{3}{8}\pi) + 2(\frac{\pi}{4}a^2 - \frac{1}{2}a^2) = 4a^2 - \pi a^2$. Diesen Term kann man deuten als die Fläche des den Kreis umschreibenden Quadrates ohne die Kreisfläche, also als die in Abb. 3.27 b) grün dargestellten vier Ecken.
Fazit: Die zwei Blätter sind zusammen flächengleich zu den vier grünen Ecken.

Fläche zwischen der Cissoide des Diokles und ihrer Asymptote Erstaunlicherweise hat die oben und unten unbegrenzte Fläche zwischen der Cissoide des Diokles und ihrer Asymptote den endlichen Flächeninhalt $A = 3\pi a^2$, also dreimal den Inhalt des Erzeugungskreises aus Abb. 3.19. Weisen Sie dieses nach. Hinweis: Für $\frac{1}{2}A$ müssen Sie vor der Grenzwertbildung die von dem Integral über die Polarkurve berechnete Fläche von einem Trapez subtrahieren. Als Alternative können Sie aus Gleichung 3.18 eine Funktionsgleichung machen. ■

Beispiel 3.3 (Kreisfläche und Stolpersteine)

Bei den bisher behandelten Kurven kam häufig ein Kreis mit dem Radius a und dem Mittelpunkt (a,0) vor. So war es bei den Pascal'schen Schnecken in Abb. 3.6, einigen Cissoiden in Abb. 3.20 und der Trisektrix in Abb. 3.16. Ein solcher Kreis hat nach Gleichung 3.4 die Polargleichung $r(\theta) = 2a\cos(\theta)$. Wir berechnen nun den Flächeninhalt dieses Kreises nach der Formel 11.10: $A = \frac{1}{2}\int_0^{2\pi}(2a\cos(\theta))^2 d\theta = 2a^2\left[\frac{\theta}{2} + \frac{1}{a}\sin(2\theta)\right]_0^{2\pi} = 2a^2(\pi + 0 - 0 - 0) = 2a^2\pi$. **Aber das stimmt ja gar nicht!** Die Kreisfläche ist nur halb so groß, $A_{Kreis} = \pi a^2$. Der **Stolperstein** ist die Tatsache, dass dieser Kreis zweimal durchlaufen wird, wenn θ von 0 bis 2π läuft.
Solche *Durchlaufprobleme* habe ich im Text bisher schon an einigen Stellen angesprochen, insbesondere bei der Konchoide in Abschnitt 3.1.3.2 und der Strophoide in Abschnitt 3.2.1.5.

Bei Längen- und Flächenbestimmungen mit Polarkoordinaten muss man sich über den **Durchlauf eines Kurvenpunktes** in Abhängigkeit von θ Klarheit verschaffen. Dazu können die entschleunigte Darstellung aus Abschnitt 2.3.3.2 oder die polar-kartesische Darstellung aus Abschnitt 2.3.4 dienen. Tut man das nicht, ist dem Ergebnis nicht zu trauen.

■

Beispiel 3.4 (Fläche der Kardioide)
Die Kardioide ist eine spezielle Pascal'sche Schnecke, bei der die Leinenlänge k gleich dem Durchmesser des Wanderkreises ist, also $k = 2a$. Ihre Polargleichung ist nach Gleichung 3.5 damit $r = 2a\,(\cos(\theta) \pm 1)$. Die Kardioide ist in Abb. 3.6 b) zu sehen.
Frage: *Welchen Flächeninhalt hat die Kardioide im Vergleich zur Fläche ihres Erzeugungskreises?*
Wir überlegen – oder sehen es im Graphenzeichner –, dass der Graph der Funktion r mit $r(x) = \cos(x) + 1$ keine negativen Werte hat, die x-Achse in $x = \pi$ berührt und bei $x = 2\pi$ zum ersten Mal wieder den Ausgangswert 2 erreicht. Die y-Achsenstreckung mit dem Faktor $2a$ ändert daran nichts, nur der maximale Wert wird $4a$. Also startet die Kardioide für $\theta = 0$ im polaren Punkt $(4a; 0)$, erreicht den Ursprung mit $(0; \pi)$ und ist mit $(4a; 2\pi)$ zum ersten Mal wieder am Ausgangspunkt. Damit können wir nach der Formel 11.10 rechnen:
$A = \frac{1}{2}\int_0^{2\pi}(2a(\cos(\theta)+1))^2 d\theta = 2a^2\left[2\sin(\theta) + \frac{1}{4}\cos(\theta) + \frac{3}{2}\theta)\right]_0^{2\pi} = 6a^2\pi$,
also **hat die Kardioide die sechsfache Fläche ihres Erzeugungskreises.** Das Integral kann GeoGebra oder ein anderes CAS liefern. Für die Arbeit von Hand kann man das Integral über Kosinus-Quadrat aus Beipiel 3.3 entnehmen oder „ganz zu Fuß“ mit partieller Integration arbeiten.

In Abschnitt 9.4.1 gibt es noch viele interessante Eigenschaften die Kardioide. Dort deuten wir den Flächeninhalt als $\frac{2}{3}$ der Fläche des umfassenden Kreises in Abb. 9.12.

■

Beispiel 3.5 (Bogenlänge der Kardioide und Integrations-Lerneffekte)
Frage: *Welche Bogenlänge hat die Kardioide?*
Im Beispiel 3.4 haben wir schon überlegt, dass die Kardioide mit der Polargleichung $r = 2a\,(\cos(\theta) + 1)$ genau einmal durchlaufen wird, wenn $0 \leq \theta \leq 2\pi$ gilt. Nach Gleichung 11.16 haben wir zu bewältigen: $S = \int_0^{2\pi}\sqrt{r^2 + (r')^2} = 2a\int_0^{2\pi}\sqrt{(\cos(\theta)+1)^2 + (-\sin(\theta))^2}\,d\theta = 2a\sqrt{2}\int_0^{2\pi}\sqrt{(\cos(\theta)+1)}\,d\theta$. Dieses Integral ist auch mit CAS nicht so einfach zu bestimmen. Für die Stammfunktion bietet GeoGebra an: $2\sqrt{2}\cdot\operatorname{sgn}(\cos(\frac{\theta}{2}))\cdot\sin(\frac{\theta}{2})$ und Mathematica gibt: $2\sqrt{\cos(\theta)+1}\cdot\tan(\frac{\theta}{2})$. Die Terme sehen sehr unterschiedlich aus, doch die gezeichneten Graphen stimmen überein. Sie zeigen aber eine Sprungstelle bei $\theta = \pi$. Es gilt nämlich:

$$\textbf{Signum-Funktion} \qquad \operatorname{sgn}(x) = \begin{cases} -1 & : \; x < 0 \\ 0 & : \; x = 0 \\ +1 & : \; x > 0 \end{cases} \tag{3.21}$$

Diese Sprungstelle zwingt uns, die Gesamtlänge als das Doppelte des oberen Kardioidenbogens zu berechnen. Genaueres Nachdenken zeigt: Der Integrand ist stets positiv und stetig, daher muss die Stammfunktion stetig sein und monoton wachsen. Dafür sorgen die beiden CAS nicht, sie sind „zufrieden“, wenn die Ableitung der angegeben Stammfunktion der Integrand ist. Für die *wirkliche* Stammfunktion müsste man ab $\theta = \pi$ eine Integrationskonstante wählen, die die Stammfunktion stetig macht.

Die obere Grenze des Integrals ist nun also π, aber mit der Einsetzung in die Stammfunktionen kommt Unbrauchbares heraus. Die Lösung bringt der linksseitige Grenzwert für $\theta \to \pi$ und zusammen haben wir in der GeoGebra-Version:
$S = 2 \cdot 2a\sqrt{2}\left[2\sqrt{2} \cdot 1 \cdot \sin(\frac{\theta}{2})\right]_0^\pi = 16a$. Damit ist die **Länge des Kardioidenbogens** das 16-fache des Radius' des erzeugenden Wanderkreises oder auch das **8-fache der Leinenlänge des Hundes**, wenn man an die Erzeugung als Kreis-Konchoide denkt. Im geometrischen Zusammenhang von Abschnitt 9.4.1 hat man eine weitere Deutung.

Diesen Wert hätten die CAS bei der Anforderung des bestimmten Integrals – allerdings mit oberer Grenze π – sofort gezeigt. GeoGebra hätte bei der oberen Grenze 2π null angeboten, da das Integral eine Bilanz aus positiven und negativen Flächen gibt. Dieses Beispiel zeigt, dass es sich auch beim Einsatz von CAS immer noch sehr lohnt, ein Problem von mehreren Seiten zu betrachten und dabei **mathematisches Arbeiten** zu lernen.

Steinberg verwendet in [Steinberg 1993, S. 62] die Umformung $1 + \cos(\theta) = 2\cos(\frac{\theta}{2})^2$, die man mit den Additionstheoremen beweisen kann, und kann dann das Integral elementar lösen. Allerdings darf dabei auch nur bis π integriert werden, denn seine Umformung $\sqrt{1 + \cos(\theta)} = \sqrt{2}\cos(\frac{\theta}{2})$ ist nur für $0 \le \theta \le \pi$ richtig, da sonst die rechte Seite negativ werden kann und die linke nicht. ■

Beispiel 3.6 (Die Krümmung der Cissoide des Diokles in einem Punkt)
In Abb. 3.27 a) ist aus der Cissoide der Punkt P herausgestellt, in dem die Cissoide ihren Erzeugungskreis schneidet. In Beispiel 3.1 sind schon die Tangente und Normale in P betrachtet. Für die Polargleichung $r(\theta) = 2a\left(\frac{1}{\cos(\theta)} - \cos(\theta)\right)$ hatte sich $r'(\theta) = 2a\sin(\theta) \cdot \left(\frac{1}{\cos(\theta)^2} + 1\right)$ ergeben. Im Hinblick auf Formel 11.19 müssen wir r'' bilden: $r''(\theta) = 2a\left(\cos(\theta)\left(\frac{1}{\cos(\theta)^2} + 1\right) + \sin(\theta)\left(\frac{2\sin(\theta)}{\cos(\theta)^3}\right)\right)$. An der Stelle $\theta = \frac{\pi}{4}$ bleibt $r''(\frac{\pi}{4}) = 2a\left(\frac{1}{\sqrt{2}}(2+1) + \frac{1}{\sqrt{2}}(\frac{2\cdot 2}{1}\right) = 7a\sqrt{2}$. Da $r(\frac{\pi}{4}) = a\sqrt{2}$ und $r'(\frac{\pi}{4}) = 3a\sqrt{2}$ ist, folgt:
$\kappa = \frac{(a\sqrt{2})^2 + 2(3a\sqrt{2})^2 - a\sqrt{2}\cdot 7a\sqrt{2}}{\left((a\sqrt{2})^2 + (3a\sqrt{2})^2\right)^{\frac{3}{2}}} = \frac{2+36-14}{a(2+18)^{\frac{3}{2}}} = \frac{3}{5a\sqrt{5}}$. Der zugehörige Krümmungskreis mit dem Radius $R = |\frac{1}{\kappa}| = \frac{5a\sqrt{5}}{3}$ ist für $a = 2$ mit Mittelpunkt A in Abb. 3.27 a) lilafarben eingetragen.

Bemerkung Bei der Königin der Spiralen in Abschnitt 8.1.2.3 fallen A und N zusammen, hier aber nicht. Daher lässt sich der Krümmungskreis bei der Cissoide nicht einfach konstruieren. ■

4 Barocke Blüten und Früchte

Übersicht

4.1 Versiera, die Hexenkurve

Bevor ich Ihnen wieder eine allgemeine Definition gebe, möchte ich die erste Mathematik-Professorin Italiens – vermutlich sogar Europas – vorstellen: **Maria Gaëtana Agnesi** aus Mailand (sprich *Anjesi*). Die 1718 geborene Tochter eines vermögenden Seidenfabrikanten fiel schon als Kind durch ihre Begabung auf und der Vater verschaffte ihr die besten Privatlehrer für Mathematik. Mit dreißig Jahren veröffentlichte sie 1748 ein Buch mit dem Titel „Einführung in die Analysis für den Gebrauch der italienischen Jugend". Es enthält nicht so sehr eigene mathematische Ergebnisse als vielmehr sorgfältig ausgewählte Beispiele, die mathematische Ideen veranschaulichen. Dieses Buch und der ein Jahr später folgende zweite Teil fanden viel Beachtung und Anerkennung, z.B. auch bei der französischen Akademie der Wissenschaften. Dieses zitiere ich nach O'Connor und Robinson [MacTutor 1999]. Die Autoren erzählen auch, dass der Name **Hexenkurve** auf einem Übersetzungsfehler beruht. Schon zu Anfang des 18. Jahrhunderts hatte Fermat die Kurve vorgestellt und sie lateinisch „versoria" genannt, Grandi italienisierte dieses zu „versiera". Man weiß nicht, ob es von *sich hinwenden* (die Gerade wendet sich zur x-Achse hin – was ich vermute –) kommt, oder von einem Seil, mit dem man Segel in eine andere Richtung *wendet*. Maria Agnesi hat die Bezeichnung Versiera verwendet. Jedenfalls ist vom Übersetzer ihres Werkes ins Englische das Wort „l'avversiera" gelesen worden, das eine „witch", eine „Hexe", bezeichnet. Dadurch wird im englischen Sprachraum gesprochen von „the Witch of Agnesi", das wort *curve* wird fortgelassen. Dieser Sprachregelung folgen – nach Wikipedia in diversen Sprachen – die Franzosen mit *sorcière*, die Spanier mit *bruja* und die Schweden mit *häxa*. Lediglich die Italiener selbst sagen einfach *versiera*, erläutern dann allerdings den Übersetzungsfehler, der zu *witch* geführt hat, im heutigen Italienisch *strega*.

Die **Hexenkurve**, also die **Versiera der Maria Agnesi**, ergibt sich nicht durch Hexerei sondern auf einfache Weise geometrisch.

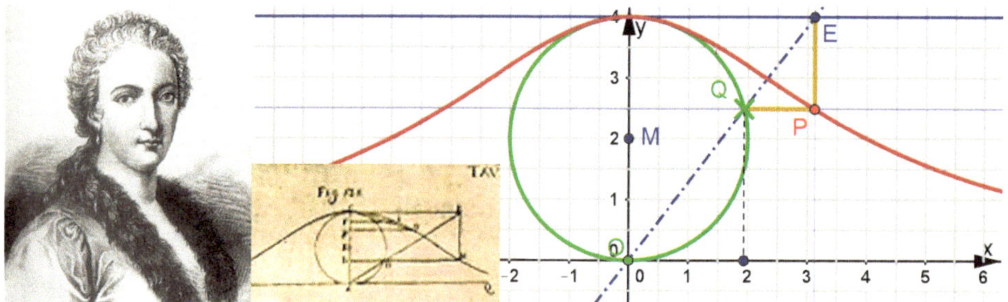

Abb. 4.1 Maria Agnesi (1718-1799) und die Konstruktion der Versiera (Quelle für das Portait: Wikipedia Commons, gemeinfrei, für die alte Zeichnung, [Agnesi 1748])

4.1.1 Die (weite) Versiera

Auf der Website der California State Univercity [Agnesi 1748] kann man viel über die Geschichte der Versiera lesen, es deckt sich mit obigem. In Abb. 4.1 ist die Zeichnung aus dem Buch von M. Agnesi zu sehen, die die Versiera in der weiten Form zeigt. In Wikipedia vieler Länder habe ich nur diese gefunden.

Ältere Literatur wie [Schmidt 1949] und das Bild im schottischen Famous Curve Index [Famous Curves Index] zeigen die *enge* Versiera, der wir die Aufgabe 4.1 widmen. Beides und Weiterführungen zeigt `www.2dcurves.com`, [2dcurves Website].

Konstruktion der Versiera Bezug: Abb. 4.1
Gegeben ist ein Kreis um $M = (0, a)$ mit dem Radius a. Auf ihm wandert zugfest Q. Weiter ist die Gerade g mit $y = 2a$ gegeben, also eine Parallele zur x-Achse durch den „Nordpol“. Die Gerade OQ schneidet g in E. Der Punkt $P = (x, y)$ hat die Abszisse von E und die Ordinate von Q. P ist demnach die rechtwinklige Ecke eines Steigungsdreiecks QPE für die Gerade OQ. Die Ortslinie von P bezüglich Q ist die **Versiera** in der üblichen Form.

Rasterkonstruktion Es handelt sich durch das unterlegte Karopapier um eine „Rasterkonstruktion“. Solche eignen sich für Klausuren, wie es bei den Rasterkonstruktionen von Strophoide in Abb. 3.12 d) und Cissoide in Abb. 3.20 d) schon erklärt wurde. Q soll also von einer waagerechten Kästchenlinie zur nächsten gerückt werden und P lässt sich dann besonders einfach – auch in beschränkter Klausurzeit – finden.

4.1.1.1 Kartesische Gleichungen der Versiera

Es gilt $Q = (u, v)$, und wir bezeichnen $E = (s, t)$. Durch die koordinatenfreundliche Konstruktion gilt $x = s$ und $y = v$. Der Wanderkreis von Q hat nach sofortigem Einsetzen von u und $v = y$ die Gleichung 1: $u^2 + (y - a)^2 = a^2$. Weiter gilt 2: $t = 2a$, da E auf g liegt und der Strahlensatz bringt (in Produktform) dann 3: $2a\,u = x\,y$. Setzen wir 3 in 1 ein, so folgt $\frac{x^2y^2}{4a^2} + y^2 - 2a\,y = 0$. Damit haben wir, ohne Bruch und nach Division durch y, das sinnvoll als von null verschieden angesehen wird:

Die **Versiera** aus Abb. 4.1 ist eine **Kubik**, d.h. *Gleichung dritten Grades.* Hat der Erzeugungskreis den Radius a, dann gilt:

implizite kartesische Gleichung	$(x^2+4a^2)\,y = 8a^3$	
explizite kartesische Gleichung	$y = \dfrac{8a^3}{x^2+4a^2}$	(4.1)
Parameterdarstellung	$x = 2at \qquad y = \dfrac{2a}{t^2+1}$	

Die Parameterdarstellung, siehe Abschnitt 2.4, erfolgt fast nach dem Standard: $x = 2at$. Damit ergibt sich aus der expliziten Gleichung $y = \frac{8a^3}{(2at)^2+4a^2} = \frac{2a}{t^2+1}$.

Anmerkung Bisher habe ich Ihnen stets eine Polardarstellung der Kurven vorgestellt. Das erweist sich bei der Versiera als schwierig, weil der Polarwinkel in der geometrischen Konstruktion nicht relevant ist. Beschreibt man ihn dennoch und wendet Additionstheoreme an, so gelangt man zu einer Gleichung dritten Grades für den Polarradius r, deren Auflösung nach r Mathematica durchaus schafft. Allerdings nimmt das Ergebnis mehrere Zeilen ein und ist somit nicht nützlich.

4.1.1.2 Krümmungsradius der Versiera im Scheitel

Da wir für die Versiera eine explizite Gleichung in 4.1 (mitte) haben, können wir die Krümmungsformel aus Gleichung 11.18 nehmen. Sinnvoll ist ein CAS, denn es ergeben sich von Hand übertrieben aufwändige Terme. Es bietet sich an, die beiden Ableitungen mit GeoGebra-CAS zu erzeugen und die Funktion $\kappa(x) := \cdots$ zu definieren. Es ist dann $\kappa(0) = -1/a$. Das hat zur Folge:

Der erzeugende Kreis ist der **Krümmungskreis** der weiten Versiera in ihrem Scheitel.

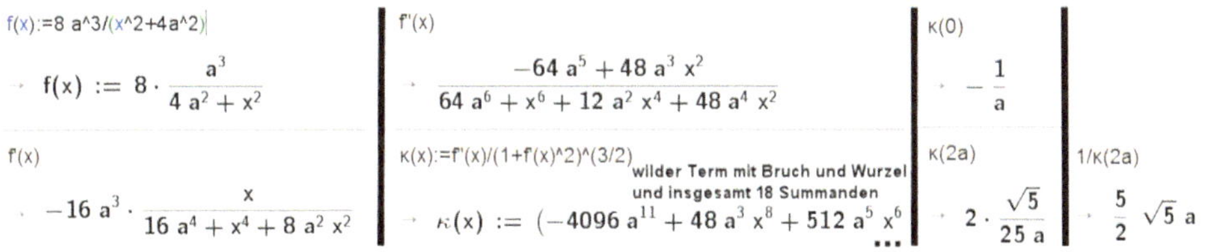

f(x):=8 a^3/(x^2+4a^2) $f(x) := 8 \cdot \dfrac{a^3}{4a^2+x^2}$	f'(x) $\dfrac{-64a^5+48a^3x^2}{64a^6+x^6+12a^2x^4+48a^4x^2}$	κ(0) $-\dfrac{1}{a}$	
f'(x) $-16a^3 \cdot \dfrac{x}{16a^4+x^4+8a^2x^2}$	κ(x):=f''(x)/(1+f'(x)^2)^(3/2) wilder Term mit Bruch und Wurzel und insgesamt 18 Summanden $\kappa(x) := (-4096a^{11}+48a^3x^8+512a^5x^6$ ...	κ(2a) $2 \cdot \dfrac{\sqrt{5}}{25\,a}$	1/κ(2a) $\dfrac{5}{2}\sqrt{5}\,a$

Abb. 4.2 Vollständige Berechnung der Krümmung mit GeoGebra-CAS

Abb. 4.2 zeigt, wie einfach sich mit GeoGebra-CAS solche Fragestellungen meistern lassen. Es kann niemand ernsthaft behaupten, in der Erzeugung dieses Terms für die

Krümmung **von Hand** läge ein vernünftiges Lernziel. Zur Anzeige werden fast drei Bildschirmbreiten gebraucht, der höchste Koeffizient ist 311296. Wichtiger ist, dass hier auch gezeigt wird, dass mathematisch sauberes Arbeiten mit dem Funktionsbegriff elegante, knappe und „lesbare“ Lösungen hervorbringt. Deren Vorteil ist außerdem noch, dass man nur *eine* solche Datei braucht, denn nach dem Eintragen eines anderen Terms bei f wird *sofort* die ganze Seite neu berechnet. Diese Eigenschaft kommt dem Erkunden und Experimentieren sehr zugute.

4.1.1.3 Die Fläche unter der Versiera

Hier ist es wieder von Nutzen, dass wir eine explizite Gleichung haben. Dadurch wird die Fläche zwischen der Versiera und der x-Achse auf übliche Weise durch das uneigentliche Integral bestimmt:

$$A(-\infty,+\infty) = 2\lim_{b\to\infty}\int_0^b \frac{8a^3}{x^2+4a^2}\,dx = 2\lim_{b\to\infty} 8a^2\arctan\left(\frac{b}{2a}\right) = 4\pi a^2 \qquad (4.2)$$

Die **Fläche von vier Erzeugungskreisen** passt also zwischen die Versiera und die x-Achse. Bei der engen Versiera (s. u.) sind es wegen der waagerechten Stauchung auf die Hälfte nur zwei.

4.1.2 Die enge und die weite Versiera

Ich stelle Ihnen beide Versiera-Versionen vor, in der Fachliteratur wird zuweilen die eine gezeichnet und die andere als Gleichung genannt. Solche Vergleiche erhöhen Ihre mathematischen Kompetenzen im Thema Kurven. Wenn Sie den Anregungen in diesem Buch folgen und selbst experimentieren, kann es sein, dass Sie Kurven finden, die Sie so ähnlich an anderer Stelle schon gesehen haben. Dann ist es zu wünschen, dass Sie zeigen können: „Ja, meine Kurve stimmt mit dieser i. W. überein“ oder „Nein, meine Kurve ist wirklich eine ganz andere Kurve“. Zudem sind die Wirkungen auf die Krümmung, auf das Rotationsvolumen und den volumengleichen Torus bei beiden Versiera-Typen durchaus überlegenswert. Zu eigenen Bildern verhilft Ihnen Abschnitt 5.3.2.

4.1.2.1 Die kartesische Gleichung der engen Versiera

Die Herleitung gelingt genau wie bei der weiten Versiera, aber wir haben nun $t = a$ und als Gleichung 3 lediglich: $a\,u = x\,y$. Analog folgt:

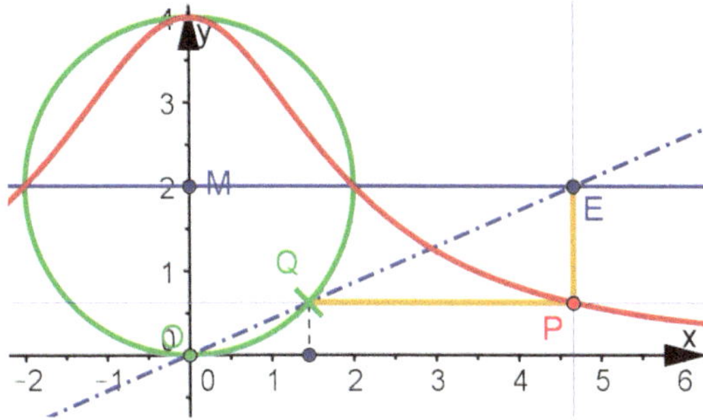

Abb. 4.3 Enge Versiera
Auf einem Kreis um $M = (0, a)$ mit dem Radius a wandert zugfest Q. Die Parallele zur x-Achse durch M schneidet Gerade OQ in E. Der Punkt $P = (x, y)$ hat die Abszisse von E und die Ordinate von Q. P ist demnach die rechtwinklige Ecke eines Steigungsdreiecks QPE für die Gerade OQ. Die Ortslinie von P bezüglich Q ist die **enge Versiera**.

Die **enge Versiera** aus Abb. 4.3 ist eine **Kubik**, eine *Gleichung dritten Grades*, mit den Gleichungen

$$(x^2 + a^2)\, y = 2a^3 \qquad \Longleftrightarrow \qquad y = \frac{2a^3}{x^2 + a^2} \tag{4.3}$$

Die **weite Versiera** entsteht aus ihr durch waagerechte Streckung auf das Doppelte.

Diese waagerechte Streckung wird erreicht, wenn man x durch $\frac{x}{2}$ ersetzt: $(\frac{x}{2})^2 + a^2)\, y = 2a^3 \iff (x^2 + 4a^2)y = 8a^3$ und dieses ist die linke Gleichung im blauen Kasten der weiten Versiera.

Aufgabe 4.1 Weitere Eigenschaften der engen Versiera
Verwenden Sie im Folgenden ein CAS wenigstens für Integrale, höhere Ableitungen und Krümmung (siehe Hinweis).

1. Bestimmen Sie die rechts und links nicht begrenzte Fläche unter der engen Versiera.
2. Zeigen Sie, dass die enge Versiera in ihren Schnittpunkten mit dem erzeugenden Kreis besondere Tangenten hat.
3. Bestimmen Sie den Krümmungskreis für den Scheitel der engen Versiera.
4. Berechnen Sie den Krümmungsradius für die Punkte $(\pm a, a)$ und überlegen Sie eine Konstruktion für die beiden Krümmungskreise.

Hinweis
Zu GeoGebra-CAS und TI-Nspire-CAS finden Sie Hilfen auf der Website zum Buch.
Auf `http://www.wolfram-alpha.com` können Sie z. B. folgende Einzelbefehle nutzen:
`Integrate[TermVonx,x]` ist der Befehl für das unbestimmte Integral.
`Integrate[TermVonx,{x,a,b}]` ist das bestimmte Integral.
`D[TermVonx,x]` die erste und `D[TermVonx,{x,2}]` die zweite Ableitung. ◀

4.1.3 Versiera und ihre Rotation um die x-Achse

Es lohnt sich, die Versiera um die x-Achse rotieren zu lassen und das entstehende Volumen zu berechnen. Geometrisch eindrucksvoller ist das Volumen bei der engen Versiera:

4.1.3.1 Rotation der engen Versiera um die x-Achse

Da die Gleichung 4.3 der engen Versiera rechts in expiziter Form geschrieben werden konnte, lassen sich die in den üblichen Analysiskursen gelernten Verfahren anwenden.

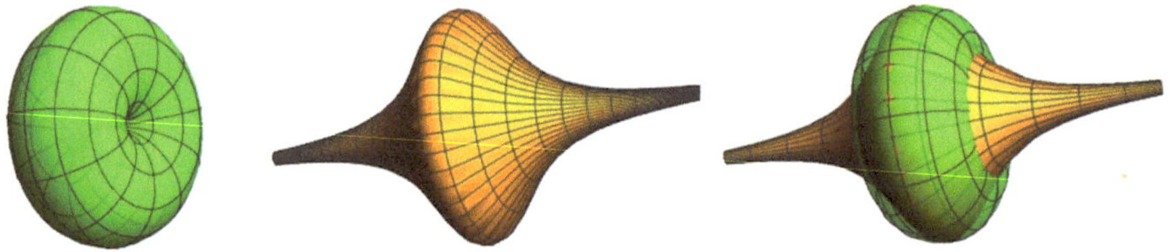

Abb. 4.4 Rotation der engen Versiera und volumengleicher Torus aus dem Erzeugungskreis

Rotationsvolumen

Rotiert der Funktionsgraph von f um die x-Achse, so hat der Rotationskörper das Volumen (siehe auch Formel 11.11):

$$V(a,b) = \pi \int_a^b f(x)^2\,dx \qquad V(a,\infty) = \lim_{b\to\infty} \pi \int_a^b f(x)^2\,dx \tag{4.4}$$

Entsteht ein **Torus** durch Rotation eines Kreises mit dem Mittelpunkt M und dem Radius R um eine in seiner Ebene gelegene Achse, die den Abstand d von M hat, dann hat er das

$$\textbf{Torus-Volumen} \qquad V_{\text{Torus}} = 2\pi^2 R^2 \cdot d \tag{4.5}$$

Der Grenzwert in der rechten Volumen-Formel 4.4 muss natürlich existieren.
In unserem Fall ist $V(-\infty,\infty) = 2 \lim_{b\to\infty} \pi \int_0^b \left(\frac{2a^3}{x^2+a^2}\right)^2 dx$ zu bestimmen. Hier ergeben sich typische Bespiele für den sinnvollem Einsatz von CAS. Es kommt heraus:

Das **Rotationsvolumen (um die x-Achse) der engen Versiera** ist

$$V(-\infty,\infty) = 2\pi^2 a^3 = 2\pi^2 a^2 \cdot a = \text{Volumen des Konstruktionskreis-Torus'} \tag{4.6}$$

Abb 4.4 zeigt links den Torus, den der erzeugende Kreis bei Rotation um die x-Achse bildet. In der Mitte ist die volumengleiche Rotationsversiera zu sehen. Man kann sich vorstellen, dass man die ganze Rotationsversiera in den grünen Torus „hineinstopfen" kann. Sieht man auf den halben Querschnitt in Abb. 4.3, so ist die unbegrenzte Fläche unterhalb der Versiera außerhalb des grünen Kreises viel größer als die kleine Fläche zwischen der Versiera und dem Kreis oberhalb der blauen Geraden. Dennoch erzeugen sie gleiche Volumina bei der Rotation. Bedenken Sie aber, dass der außen rotierte Platz durch seinen Abstand von der Drehachse viel Volumen bereitstellt, so dass die eng an der x-Achse befindlichen Flächen ein geringeres Volumen erzeugen, als man zunächst glaubt. Diese beiden Volumina sind gleich, ein schönes Beispiel für die Unabhängigkeit von Flächengröße und Volumengröße.

4.1.3.2 Rotation der (weiten) Versiera um die x-Achse

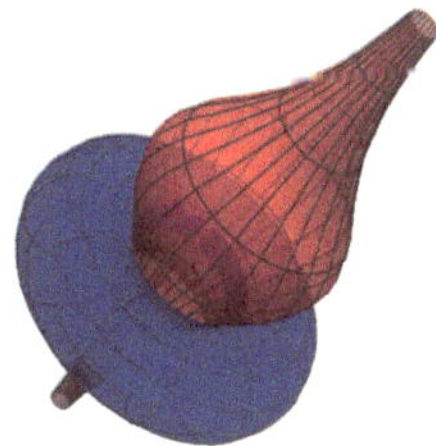

Abb. 4.5 **Rotation der weiten Versiera**
Wegen der Achsenstreckung ist das Volumen doppelt so groß wie bei der engen Versiera. Bei gleichem Drehkreisradius ist nun ein Loch in dem volumengleichen Torus. Der Mittelpunkt des Drehkreises hat die doppelte Entfernung von der Drehachse. $V = 4\pi^2 a^3 = 2\pi^2 a^2 \cdot 2a$. Die Stellung des Drehkreises im Querschnitt, die im Wimmelbild Abb. 4.6 gezeigt ist, wurde in GeoGebra „nach Sicht" gefunden.

Aufgabe 4.2 Der gemeinsame Schwimmgürtel-Torus

Wenn ich mir wünsche, dass *Sie* Kurven kreativ erkunden, bleibt es nicht aus, dass *ich* dieses auch getan habe. Die dabei entdeckte Besonderheit formuliere ich als Aufgabe. Dabei beziehe ich mich auf Abb. 4.6. Das Bild rechts neben den Körpern ist ein „Wimmelbild" – Sie kennen diesen Ausdruck vielleicht für die reichhaltigen Bilder für kleine Kinder vor dem Lesealter. Es sind dort der gemeinsame Erzeugungskreis (grün) und die Konstruktionen beider Versierae zu sehen. Der Kreis für den Torus in Abb. 4.5 ist dunkelblau. Neu ist der hellblaue Kreis, der zu den hellblauen Tori in Abb. 4.6 links gehört.

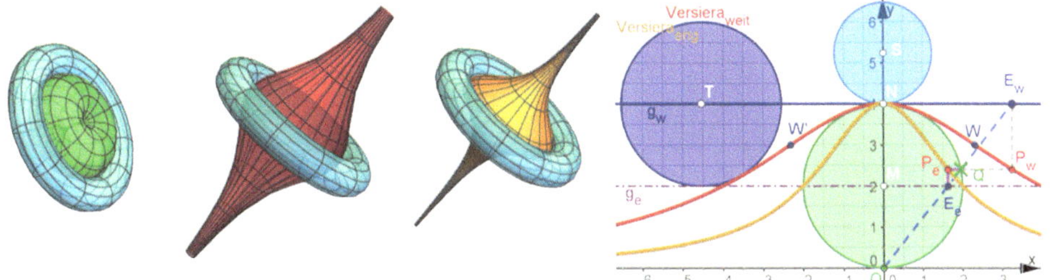

Abb. 4.6 Beide Versierae und ihre Tori, Wimmelbild zu Aufgabe 4.2

1. Welchen Radius muss der hellblaue Kreis haben, damit der zugehörige Torus das Volumen $2\pi^2 a^3$ hat?
2. Deuten Sie dieses Volumen in Bezug auf die weite bzw. die enge Rotations-Versiera.
3. Beziehen Sie den grünen Torus, der aus dem Erzeugungskreis entsteht, in Ihre Vergleiche mit ein.
4. Weisen Sie nach, dass N die Strecke $\overline{MS}$ im **goldenen Schnitt** teilt, dass also die Durchmesser des Schwimmringkreises und des Erzeugungskreises im **goldenen Verhältnis** stehen.

Hinweis

Für 1. muss gelten $2\pi^2 a^3 = 2\pi^2(2a + r)r^2$. Diese Gleichung 3. Grades können Sie elementar nur dann lösen, wenn Sie bedenken, dass Sie eine Lösung, nämlich $r = -a$, schon kennen (aus der Gleichung 4.6). Ein CAS führt auch direkt zum Ziel. Zur Sicherheit: die gesuchte Lösung ist $r = \frac{\sqrt{5}-1}{2}a$. Dieses Ergebnis löst auch gleich Aufgabenteil 4. ◀

4.1.4 Allgemeine Versiera

Wir verallgemeinern sowohl die Formel der Versiera als auch ihre Konstruktion.

4.1.4.1 Verallgemeinerung der Gleichung der Versiera

Ein Blick auf die explizite kartesische Gleichung der Versiera zeigt, dass es sich um die Kehrwert-Funktion einer Parabel handelt, die die x-Achse nicht schneidet. Alle solche Parabeln werden durch $g(x) = \frac{1}{c}\left((x-a)^2 + b^2\right)$ beschrieben. Dabei soll $c \neq 0$, $b \neq 0$ sein und b^2 ist geschrieben, damit Schnitte mit der x-Achse ausgeschlossen sind.

Breit-Wigner-Kurve als Verallgemeinerung der Versiera-Gleichung

$$y = \frac{c}{(x-a)^2 + b^2} \tag{4.7}$$

Damit ist die Versiera ein Spezialfall dieser Kurve. Im Analysisunterricht ist sie bekannt, um zu zeigen, dass nicht alle „Glockenkurven“ zur Gauß'schen Normalverteilungskurve passen. Sie taucht aber auch bei den Fourier-Transformationen gedämpfter Schwingungen auf. [Bronstein 1999, S. 93, 729]. Da beides typische Analysisanwendungen sind, wollen wir dies hier nicht vertiefen.

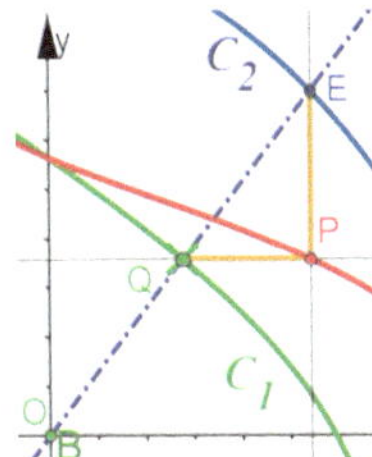

Abb. 4.7 Allgemeine Versiera mit ihrer geometrischen Konstruktion aus zwei Kurven.
Charakterisch für die Versiera-Konstruktion ist das kleine Steigungsdreieck mit der Hypotenuse $\overline{QE}$ und seiner rechtwinkligen Ecke als definierendem Punkt P, wie es in Abb. 4.1 und Abb. 4.3 und hier allgemein zu sehen ist.

4.1.4.2 Verallgemeinerung der geometrischen Konstruktion der Versiera

Definition 4.1 (Allgemeine Versiera)
Gegeben sind zwei Kurven C_1 und C_2 und ein beliebiger Punkt B, Pol geheißen. Ein Punkt Q wandert auf der Kurve C_1.
Die Gerade $g = BQ$ schneidet die Kurve C_2 in Punkt E. Der Punkt $P = (x, y)$ hat die Abszisse von E und die Ordinate von Q.
Die Ortslinie von P heißt **allgemeine Versiera der Kurven C_1 und C_2 bezüglich Punkt B.**

Anmerkung Will man P koordinatenfrei festlegen, ist noch eine Gerade h vorauszusetzen. P ist dann der Schnittpunkt von einer Senkrechten zu h durch Q und einer Parallelen zu h durch E. Im Folgenden sei ein kartesisches Koordinatensystem vorausgesetzt, h sei die y-Achse und B der Ursprung.

Begründung der Definition Diese allgemeine Definition werden Sie vermutlich in den Büchern nicht finden, ich habe Sie mir analog zu den von [Lockwood 1961] gegebenen Verallgemeinerungen für Konchoide, Strophoide und Cissoide ausgedacht. Darauf bin ich gekommen, weil es eine bekannte **Ellipsenkonstruktion** gibt, bei der sich die Ellipse als in diesem Sinne allgemeine Versiera herausstellt (Abschnitt 4.1.4.4).

Viele Möglichkeiten zum Variieren und Erkunden Das Konzept der allgemeinen Versiera führt recht weit. Man könnte zwei ganz beliebige Kurven wählen, die Ursprungsgerade setzt zwei Punkte Q und E in Beziehung, die Waagerechte durch Q und die Senkrechte durch E schneiden sich in P, dessen Ortskurve eine solche allgemeine Versiera ist. Um Übersicht zu gewinnen, wählen wir erst einmal Parabel, Gerade und Kreis in y-achsensymmetrischer Lage. In Abb. 4.8 ist stets die Kurve C_1 grün gezeichnet und die Kurve C_2 blau. Die zur Konstruktion gehörige Ursprungsgerade $g = OQ$ ist blau gestrichelt. Die Ortskurve, also die allgemeine Versiera von C_1 und C_2 bezogen auf den Ursprung, ist rot gezeichnet, ein zweiter Ast ggf. braun. Bei Abb. 4.8 d) ist zusätzlich die „Bruderkurve" dargestellt. So habe ich die Ortskurve bezeichnet, bei der C_1 und C_2 vertauscht sind. Die wie eine Kneifzange aussehende Kurve ist demnach eine Parabel-Kreis-Versiera.

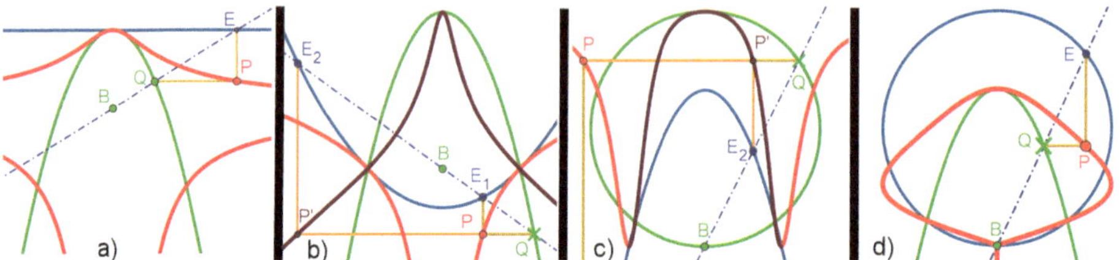

Abb. 4.8 Beispiel zur allgemeinen Versiera: a)Parabel–Gerade, b) Parabel–Parabel, c) Kreis–Parabel, d) Tausch von C_1 und C_2 bei c), also Parabel–Kreis.

Tausch der Bezugskurven der Versiera

Vertauscht man bei der allgemeinen Versiera C_1 und C_2, erhält man i. A. eine völlig andere Kurve.

4.1.4.3 Übergreifende Gleichungen der allgemeinen Versiera

In der allgemeinsten Form schreiben wir C_1 als $F(x,y) = 0$ und C_2 als $K(x,y) = 0$. Nun bewirken $Q = (u,v)$ und $v = y$ Gleichung 1: $F(u,y) = 0$. Für $E = (s,t)$ auf C_2 gilt $s = x$ und daher $K(x,t) = 0$ als Gleichung 2. Der Strahlensatz bringt in Produktform die Gleichung 3: $x\,y = u\,t$. Aus diesen drei Gleichungen sind u und t zu elimieren. Dieses ist schon recht übersichtlich und in der letzten Zeile des folgenden Satzes aufgeführt. Aber wir kommen noch einen Schritt weiter, wenn die Kurve C_2 der Graph einer Funktion k mit $y = k(x)$ ist.

Satz 4.1 (Gleichungen für die allgemeine Versiera)
Implizite Gleichungen (möglichst ohne Bruchterme) für einige wichtige Fälle

C_1	C_2	*allgemeine Versiera*
$y = f(x)$	$y = k(x)$	$y = f\left(\frac{x\,y}{k(x)}\right)$
Parabel $y = m\,x^2 - a$	$y = k(x)$	$(y+a)k(x)^2 = mx^2y^2$
$F(x,y) = 0$	$y = k(x)$	$F\left(\frac{x\,y}{k(x)}, y\right) = 0$
Kreis $x^2 + (y-a)^2 = a^2$	$y = k(x)$	$x^2y = k(x)^2(2a - y)$
$F(x,y) = 0$	$K(x,y) = 0$	*Aus* $F(u,y) = 0,\ K(x,t) = 0,\ x\,y = u\,t$ *u und t eliminieren*

Beweis Das Vorgehen ist im Absatz vor dem blauen Kasten erklärt und in den ersten vier Fällen schon so ausgeführt, dass keine zu eliminierenden Parameter übrig bleiben. □

Aufgabe 4.3 Erkundungen mit der allgemeinen Versiera
Versuchen Sie zunächst „auf eigene Faust" für eine der Kurven in der Abb. 4.8 eine Gleichung direkt herzuleiten und Eigenschaften zu begründen. Dabei erschließt sich Ihnen der Beweis des vorigen Satzes. Am besten ist, Sie stellen **sich selbst** Fragen und Variationsaufgaben. Anregungen:

1. Leiten Sie unter Verwendung von Satz 4.1 für 4.8 a) bis c) Gleichungen her. Stellen Sie dazu entweder die Gleichungen der Parabeln konkret auf oder lassen Sie Lageparameter in Ihrer Rechnung.
2. Bauen sie die Konstruktionen in GeoGebra nach und prüfen Sie Ihre Ergebnisse durch Eintragen der impliziten Gleichungen.
3. Versuchen Sie einige Eigenschaften der Ergebniskurven mit Hilfe der Gleichungen oder der Konstruktion zu begründen.
4. Der Fall d), bei dem C_1 die Parabel ist und C_2 der Kreis, ist ebenso leicht nachzubauen aber deutlich schwieriger zu rechnen.
5. Experimentieren Sie mit Parabeln in anderer Lage.
6. Experimentieren Sie mit zwei Kreisen, die Sie in Lage und Größe frei variieren können. Die Ortslinien der beiden sich ergebenden Schnittpunkte sind meist verschieden geformte geschlossene Kurven. In welchen Fällen sind diese Kurven kongruent?

Hinweis
Als Muster für die Vorgehensweise diene das Folgende: Für die Kreis-Parabel-Versiera in Abb. 4.8 c) könnte der Kreismittelpunkt $M = (0, a)$ sein, als Parabel kommt $y = k(x) = mx^2 - n$ infrage. Dann ergibt sich aus der vorletzten Zeile des obigen Satzes: $x^2y = (mx^2 - n)^2(2a - y)$. Man sieht so allerlei: An den Nullstellen der Parabel berührt diese Kurve die x-Achse. Ist $y > 2a$ ist die Gleichung nicht erfüllbar. Die Gerade $y = 2a$ ist Asymptote, denn wenn Q an den „Nordpol" des Kreises wandert, geht P nach außen und von unten immer dichter an diese Gerade heran. Da x nur quadratisch vorkommt, ist die Kurve symmetrisch zur y-Achse. ◀

4.1.4.4 Ellipse in Scheitelkreiskonstruktion als (allgemeine) Versiera

Wie oben schon erwähnt treffen sich in dieser einfachen und allgemein bekannten Konstruktion die Ellipse und die allgemeine Versiera.

Reine Konstruktion aus Abb. 4.9 a). Sie ist schon für junge Schüler geeignet. Ein Punkt Q ist also zugfest auf den kleineren von zwei konzentrischen Kreisen zu setzen. Der Strahl OQ schneidet den anderen Kreis in E. Mit Q und E wird in der gezeichneten Weise ein Steigungsdreieck gebildet, dessen rechte Ecke P die gesuchte Ortslinie erzeugt. In einer Lehrsituation nimmt man erst den Spurmodus und später das Ortslinienwerkzeug.

Benennungen für die Ellipse In Abb. 4.9 b) ist als Ergebnis die Ellipse eingetragen. Der Punkt A heißt **Hauptscheitel(punkt)**, $a = \overline{OA}$ ist die **große Halbachse** und der

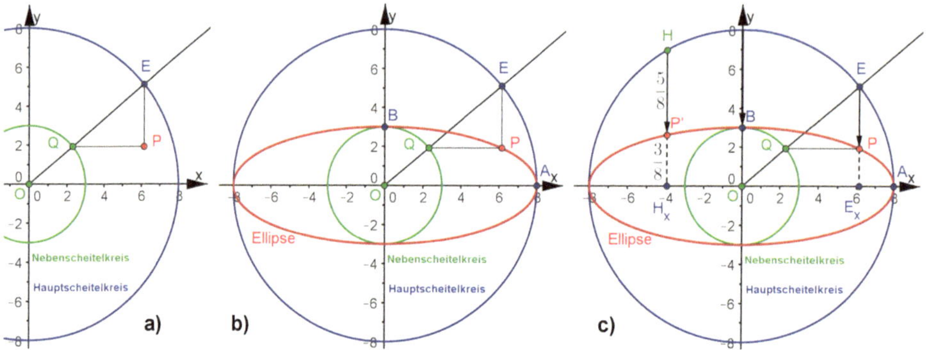

Abb. 4.9 Ellipse in Scheitelkreiskonstruktion als (allgemeine) Versiera: a) Konstruktion, b)Ellipse als Versiera, c) Ellipse als gestauchter Kreis. Es ist $\varphi = \angle AOE$.

große Kreis ist der **Hauptscheitelkeis**. Entsprechend ist B der **Nebenscheitel**, $b = \overline{OB}$ ist die **kleine Halbachse** und der kleine Kreis ist der **Nebenscheitelkeis**.

Aufstellen von Gleichungen der Ellipse auf vier Wegen Beweisen hat einen schlechten Ruf bei Lernenden, das ist schade. Darum möchte ich an diesem Beispiel zeigen, dass es viele Beweisstrategien geben kann. Jede wirklich zu Ende gedachte Idee führt zum Ziel. Es sei a der Radius des großen und b der Radius des kleinen Kreises.

Ellipsengleichungen

Parameterdarstellung der Ellipse $\quad x = a\,\cos(\varphi), \quad y = b\,\sin(\varphi) \quad (4.8)$

Kartesische Darstellung der Ellipse in Mittelpunktsform $\quad \frac{x^2}{a^2} + \frac{y^2}{b^2} = 1 \quad (4.9)$

1. **Direkter Beweis** Da $\cos(\varphi)^2 + \sin(\varphi)^2 = 1$ gilt, führen die Kosinus- und Sinusbeziehung für das Dreieck OE_xE und das ähnliche kleinere mit Q sofort zur Parameterdarstellung 4.8. Beachten Sie, dass dies keine Polardarstellung für die Ellipse ist, denn P liegt nicht auf dem Schenkel von φ.
2. **Strahlensatz mit Kreisgleichung** Für $Q = (u, y)$ und $P = (x, y)$ gilt $\frac{u}{x} = \frac{b}{a}$. Q wandert auf dem Kreis $u^2 + y^2 = b^2$. Daraus folgt Gleichung 4.9, die **Mittelpunktsform der Ellipsengleichung**.
3. **Versiera-Strategie** aus Satz 4.1, letzte Zeile: Kleiner Kreis $u^2 + y^2 = b^2$, großer Kreis $x^2 + t^2 = a^2$ und der Strahlensatz $x\ y = u\ t$ ergeben $x^2y^2 = u^2t^2 = (b^2 - y^2)(a^2 - x^2)$. Nach dem Auflösen der Klammern und dem Zusammenfassen folgt wieder Gleichung 4.9.
4. **Stauchung des Hauptkreises** Der Stauchfaktor muss $k = \frac{b}{a}$ sein, damit der obere Punkt des großen Kreises auf B abgebildet wird. Also sind die Abbildungsgleichungen

$\bar{y} = \frac{b}{a}y$ und $\bar{x} = x$. Das führt von $x^2 + y^2 = a^2$ zu $\bar{x}^2 + \left(\frac{a}{b}\bar{y}\right)^2 = a^2$. Division durch a^2 und Fortlassen der Querstriche ergibt wieder die Mittelpunktsgleichung der Ellipse.

4.2 Neil'sche Parabel und andere Kubiken

Das Wort „Parabel“ wurde früher auch für Polynome höheren Grades verwendet, z. B. sagte man zu der Kurve $y = x^3$ „kubische Parabel“, heute sagt man eher **Polynom dritten Grades**.

Die **Neil'sche Parabel** heißt auch **semi-kubische Parabel** und hat folgende Gleichung bzw. Parameterdarstellung:

$$y^2 = a^2 x^3 \qquad \text{Parameterdarstellung:} \qquad x = t^2, \quad y = at^3 \tag{4.10}$$

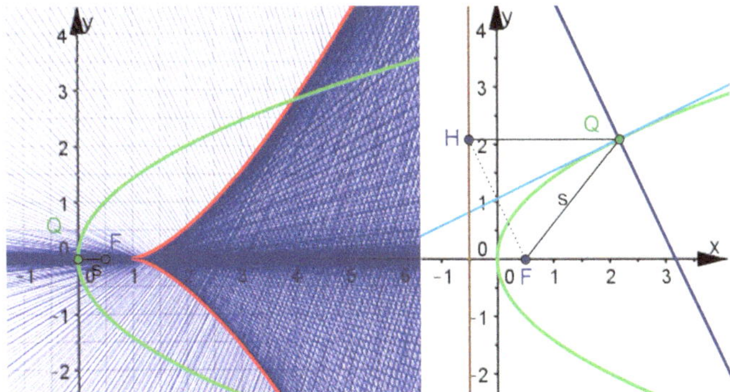

Abb. 4.10 **Tangenten** und **Normalen** für die Parabel: Fälle von Q das Lot auf die Leitgerade. Der Fußpunkt sei H. Die Mittelsenkrechte von $\overline{FH}$ ist die **Tangente** in Q. Die Senkrechte auf der Tangente in Q ist die **Normale**. Ziehe Q und lasse die Normale ihre Spur zeichnen. Es entsteht die **Neil'sche Parabel** als Hüllkurve.

William Neile fand schon 1656 mit 19 Jahren die Berechnung der Bogenlänge für diese Kurve, im englischen Sprachraum sagt man korrekt **Neile's cubic**. Es war die erste „Rektifizierung“ – Bogenlängenberechnung – einer höheren algebraischen Kurve. Der Holländer Christian Huygens wies die Neil'sche Parabel als Hüllkurve der Normalenschar der üblichen Parabel nach. Damit ist sie **Evolute** der Parabel, hierzu folgt mehr in Abschnitt 9.3. Huygens verwendete die Form für die Aufhängung von Uhrpendeln. Eine weiche Pendelschnur sollte sich an die Form, deren Spitze nach oben zeigte, anschmiegen. Methoden zur Bestimmung von Hüllkurven werden in Abschnitt 9.2 vorgestellt. Mit einer solchen können wir in Abschnitt 9.3.1 die Gleichung 4.10 der Neil'schen Parabel herleiten. Übrigens ist die Gleichung der obigen Parabel $y^2 = 2px$ und die Neil'sche Parabel hat die Gleichung $y^2 = \frac{8}{27p}(x-1)^3$ mit $p = 1$.
In Abb. 4.10 ist beschrieben, wie man Parabeltangenten konstruieren kann. Bei Abb. 3.26 ist schon etwas dazu gesagt. Umfassendes finden Sie in Abschnitt 7.5.1.

4.2.1 Klassifikation der Kubiken

Bildet man zu den kartesischen Kurvengleichungen die Standardform $f(x,y) = 0$, so kann man die Gleichungen einteilen nach dem „Bautyp" der Funktion f, die von x und y abhängt.

Definition 4.2
Eine Kurve heißt **Kubik** oder **algebraische Kurve dritten Grades**, wenn ihre kartesische Gleichung in Standardform ein **Polynom dritten Grades in x und y** ist.

$$f(x,y) = \sum_{i=0,j=0}^{3} a_{ij}x^i y^j = 0 \quad \text{mit} \quad i+j \leq 3$$

$$\text{also} \quad f(x,y) = a_{30}x^3 + a_{21}x^2y + a_{12}x\,y^2 + a_{03}y^3 + a_{20}x^2 + a_{11}x\,y + \cdots + a_{00} \tag{4.11}$$

Die **Koeffizienten** a_{ij} seien in diesem Buch reelle Zahlen. Für eine **echte Kubik** muss mindestens eine der hier notierten ersten vier Koeffizienten ungleich null sein. Übrigens können Sie sich das Wort „Ko-effizient" als „zusammen (mit dem folgenden xy-Term) wirksam" erklären. In deutsch kann man evtl. „Vor-Faktoren" sagen.
In theoretischen Zusammenhängen lässt man auch gelegentlich statt der reellen Zahlen lediglich rationale Zahlen zu. Oder man nimmt sogar komplexe Zahlen. Solche Aspekte sind Themen der **Algebraischen Geometrie**.

4.2.1.1 Bändigung der Vielfalt der Kubiken

Man hat in der kubischen Gleichung zehn Terme, deren Koeffizienten alle reellen Zahlen annehmen können. Mit „Herumprobieren" kann man also nicht zu einer Übersicht gelangen.

Reduzierung auf vier Gleichungstypen der Kubiken [Brieskorn und Knörrer 1981] gehen ausführlich auf die Untersuchungen von Isaac Newton ein, die er 1710 (er war über 60 Jahre alt) veröffentlicht hat. Er reduzierte die Gleichungen durch Verschiebungen und andere Transformationen auf vier Typen.

Übersicht über die Kubiken
Jede Kubikgleichung kann auf eine der folgenden Formen gebracht werden:

I. Typ $x\,y^2$	$x\,y^2 + e\,y = p_3(x)$		(4.12)
II. Typ $x\,y$	$x\,y = p_3(x)$	Abb. 4.11	
III. Typ y^2	$y^2 = p_3(x)$	Abb. 4.13 b), c) und 4.14	
IV. Typ y	$y = p_3(x)$	Abb. 4.13 a)	

Dabei ist $p_3(x)$ ein allgemeiner Polynomterm dritten Grades (aus Gleichung 4.13 oder 4.15), bei dem x^3 nicht den Faktor null haben darf.

4.2.2 Graphen der Kubiken vom Typ II. , IV. , III. und I

Durch die Gleichungen 4.12 können für die Graphen der Kubiken die gut bekannten Polynome dritten Grades herangezogen werden. Wir haben es damit wesentlich einfacher als Newton vor 300 Jahren. Nicht nur haben wir mächtige Zeichenwerkzeuge, sondern vor allem ist für uns seit dem Schulalter der Funktionsberiff „eingewurzelt“ und wir können damit schlüssig argumentieren.

4.2.2.1 Kubiken vom II. Typ $x\,y$

Sie sind in Abb. 4.11 dargestellt, nur Teil b) (unten) gehört zum Typ III. Division durch x macht aus der Gleichung von Typ II. in 4.12 die Gleichung $y = a_3x^2 + a_2x + a_1 + \frac{a_0}{x}$. Der letzte Summand ist eine Hyperbel, davor steht eine Parabel, es ist ja $a_3 \neq 0$ vorausgesetzt, beide werden addiert. Die Parabel ist dann asymptotische Kurve. Ein Ast der Kubik liegt im ihrem Inneren, einer außen. Die Parabel kann nicht geschnitten werden.
Der Fall $a_0 = 0$ kann nicht eintreten, da dann die Ausgangsgleichung gar keine echte Kubik beschrieben hätte.
Folgerichtig sieht auch Newton hier nur **eine** wesentliche Form, die in Abb. 4.11 b) (oben) dargestellt ist. Durch Lage und Öffnung der Parabel kommen allenfalls kleine „Verbiegungen“ zustande, wie sie in Abb 4.11 d) zu sehen sind.

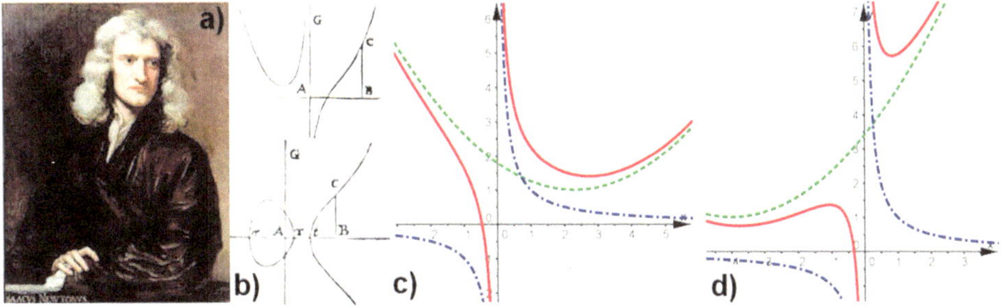

Abb. 4.11 Newton und die Kubiken Gruppe II: a) Newton-Portrait von G.Kneller 1669, b) Kubiken von Newton selbst, c) und d) Parabel + Hyberbel = Kubik

4.2.2.2 Kubiken vom IV. Typ y

Ersichtlich ist dieser Typ der Schlüssel zum Verständnis des III. Typs. Zwei weitere Gründe ermuntern mich, diesen IV. Typ zunächst zu behandeln. Zum einen ist er aus jeder Ausbildung, die überhaupt Analysis anspricht, vertraut aus den beliebten „Kurvendiskussionen“. Zum anderen kann ich hier deutlich machen, wie auf recht einfache Weise eine sehr übersichtliche Gleichung erzeugt werden kann, die das Verständnis erheblich befördert. Dieses verhilft Ihnen auch zu einer Ahnung, wie Newton auf die in den Gleichungen 4.12 genannten Typen gekommen ist.

Polynomfunktionen dritten Grades in nur einer Variablen

Allgemeine Gleichung in Standardform:

$$y = p_3(x) = a_3\,x^3 + a_2\,x^2 + a_1\,x + a_0 \tag{4.13}$$

Durch Verschiebung des Wendepunktes in den Ursprung und Streckung ist stets die Form

$$y = p_3(x) = x^3 + k\,x \tag{4.14}$$

erreichbar. Für $k < 0$ hat p_3 zwei Extrema, für $k = 0$ einen Sattel, für $k > 0$ keine waagerechte Tangente. So zeigt es Abb. 4.13 a).

Allgemeine Gleichung nach Streckung mit Faktor t und Wendepunkt in (a, b)

$$y = p_3(x) = t\left((x-a)^3 + k(x-a)\right) + b \tag{4.15}$$

Dabei soll für ein Polynom 3. Grades der x^3-Term auch wirklich vorhanden sein.

Begründungselemente Die erste Ableitung der allgemeinen Form ist eine Parabel, die mit Sicherheit einen Scheitel hat. Die Scheitelstelle x_w ist damit Wendestelle von p_3. Die Parabel ist symmetrisch zur Parabelachse $x = x_w$. Daher ist p_3 punktsymmetrisch zum Wendepunkt. Verschiebt man diesen in den Ursprung und dividiert noch durch a_3 – es gilt $a_3 \neq 0$ –, so erhält man $y = x^3 + k\,x$ mit passendem k, denn punktsymmetrische Polynome haben ausschließlich ungerade Exponenten von x.

Man braucht also, um alle möglichen **Formen der Graphen** kennenzulernen, in Gleichung 4.14 nur k zu variieren. Wegen $y' = 3x^2 + k$ kommen nur $x = \pm\sqrt{\frac{-k}{3}}$ als Extremstellen von p_3 infrage. Diese sind für $k < 0$ verschieden und reell. Für $k = 0$ liegt der Scheitel der Ableitungs-Parabel im Ursprung, p_3 ist damit eine Sattelfunktion. Für $k > 0$ kann die Gleichung $0 = 3x^2 + k$ im Reellen nicht erfüllt werden. Die zugehörigen Graphen haben also nirgends eine waagerechte Tangente.

Durch **Achsenstreckung von Funktionen** parallel zur y-Achse mit dem Faktor t kann man die Ordinaten verändern, aber weder Nullstellen noch Extrem- oder Wendestellen. Also wird die „Form“ von Funktionsgraphen – im Sinne von gegenseitiger Lage von Extrem- Wende- und Nullstellen bei keiner Streckung verändert. Man sagt: **Streckungen** sind für die Form **nicht wesentlich**.

Fazit Sowohl in Gleichung 4.13 als auch 4.15 haben wir **vier Parameter**. Man kann auch sagen „Der Polynomraum der Polynome 3. Grades in x ist **vierdimensional**“. Die zweite Gleichung, nämlich 4.15, ist aber erheblich übersichtlicher, man erkennt sofort die

Lage des Wendepunktes und das Vorzeichen von k, bzw. $k = 0$, verrät **die wesentliche Form des Graphen**.

Wenn man von der Lage im Koordinatensystem und von Streckungen absieht, gibt es also nur **drei Formen für die Polynome dritten Grades von einer Variablen**. Damit haben wir die Kubiken vom IV. Typ vollständig betrachtet.

4.2.2.3 Polynome im Affenkasten

Nach obigen Überlegungen steuert nur noch ein einziger Parameter k die Form sämtlicher Polynome dritten Grades. Für die S-Form mit zwei Extrema haben wir also, wie oben

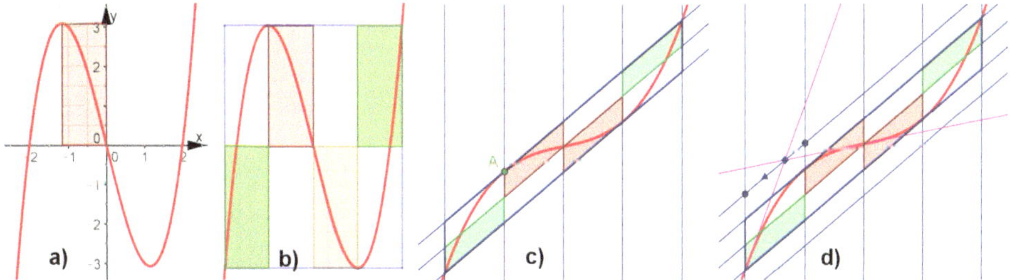

Abb. 4.12 Polynome im Affenkasten: a) Ein Extrempunkt und der Wendepunkt definieren ein Rechteck. b) In den Affenkasten aus acht solchen Rechtecken passt stets das Polynom in gezeigter Weise. c) Dieses gilt entsprechend für jeden Punkt A und seine Tangente. d) Die Wendetangente und die Tangente in der äußeren Kastenecke treffen sich auf dem Doppelkasten an einem Drittelpunkt einer Kastenzelle.

gezeigt, die Nullstellen $\pm\sqrt{(-k)}$ stets die $\sqrt{3}$-fache Entfernung von der Wendestelle wie die Extremstellen. Abb. 4.12 zeigt noch mehr Besonderheiten, die ich nun kurz erläutern möchte.

Die Existenz des geraden Kastens Das durch einen Extrempunkt und den Wendepunkt definierte Rechteck aus Abb. 4.12 a) ist wegen der Punktsymmetrie auch mit dem anderen Extrempunkt zu haben. Eine Besonderheit zeigt sich aber an der **doppelten Extremstellen**-Entfernung: Sei $c = \sqrt{(\frac{-k}{3})}$ eine Extremstelle, dann ist der Extremwert $f(-c) = -c(c^2 + k) = -c\left(-\frac{k}{3} + k\right) = -c \cdot \frac{2}{3}k$ und die Ordinate an der rechten oberen Kastenecke ebenfalls $f(2c) = 8c^3 + 2k\,c = c(8c^2 + 2k) = c\left(-\frac{8}{3}k + 2k\right) = -c \cdot \frac{2}{3}k$. Zusammen mit der Punktsymmetrie ist damit die Existenz des ganzen in Abb. 4.12 b) gezeigten Kastens für jedes Polynom dritten Grades bewiesen.

Die Existenz beliebiger Tangentenkästen Man kann sich die Funktion f mit $f(x) = x^3 + k\,x$ auch entstanden denken durch Addition der Geraden $y = k\,x$ zur Sattelfunktion. Dieses bedeutet geometrisch eine **Scherung** mit der y-Achse als Scherachse und dem Steigungswinkel α, mit $\tan(\alpha) = k$, als Scherwinkel.

Bei einer Scherung wird das Lot eines Urbildpunktes auf die Scherachse um den Scherwinkel gekippt. Der Punkt wandert parallel zur Scherachse zu seinem Bildpunkt. Sche-

rungen sind als affine Abbildungen parallelentreu und teilverhältnistreu, darüber hinaus aber auch flächentreu. Da hier die Scherung durch Addition von $y = k\,x$ vermittelt wird, bleibt beim Scheren die Wendestelle erhalten. (Auf die zweite Ableitung hat dieser Term keinen Einfluss.) Siehe auch Definition 7.4 in Abschnitt 7.5.1.2.
Bei unseren Polynomen dritten Grades wird also der gerade Kasten durch Scherung zu einem „schrägen“ wie ihn Abb. 4.12 c) zeigt. Ein Extrempunkt wird zum Berührpunkt einer Tangente. In dynamischer Sicht kann man an A ziehen und der Kasten wandert immer passend mit.

Weitere Eigenschaften Auch die in Abb. 4.12 d) gezeigte Eigenschaft, dass die Wendetangente die Tangente in der äußeren Kastenecke genau auf dem Rand des Doppelkastens an einem Drittelpunkt einer Kastenzelle trifft, gilt für sämtliche Polynome dritten Grades.
Ein weites Feld für eigene Erkundungen sind Flächenberechnungen und deren Vergleich mit dem Inhalt von Kastenzellen.
Diese – und viele weitere Erkenntnisse – habe ich Anfang der 1990-iger Jahre in Vorträgen und auf der Website [Haftendorn 5] unter dem Titel **Polynome im Affenkasten** veröffentlicht.

4.2.2.4 Kubiken vom III. Typ y^2

Wir untersuchen diesen Fall dadurch, dass wir Polynome dritten Grades von x in ihren drei Hauptformen betrachten, wie sie im vorigen Abschnitt besprochen und in Abb 4.13 a) gezeigt sind. Anschließend ziehen wir die **Quadratwurzel** aus den Funktionswerten und erhalten die Kubiken.
Strecken betrifft bloß den Maßstab und waagerechtes Verschieben hat auf den Wert der Wurzel keine Wirkung. Wir können uns also darauf beschränken, aus der Ursprungslage senkrecht zu verschieben. Nur die nicht-negativen Kurventeile tragen zur Kubik bei. Uns kommt noch zugute, das die **Wurzelfunktion monoton wächst**, dass also höhere Werte des Radikanden auch höhere Wurzelwerte zur Folge haben. Dadurch werden z. B. Schwankungen von p_3 auf die Kubik übertragen.
Stets wird für die Kubik der positive Ast noch **an der x-Achse gespiegelt**.
Übrigens kann **keine** der Kubiken des III. Typs eine **Asymptote** haben, da die Polynome p_3 keine haben und auch nirgends dividiert wird.
Alle diese Kubiken streben letztlich in einer Linkskrümmung wie $y = \sqrt{x^3} = x^{1.5}$ gegen unendlich, der untere Ast mit Rechtskrümmung gegen minus-Unendlich. Daher nennt Newton die Kubiken dieses III. Typs auch **divergierende Parabeln.**

Der Fall $k = 0$, p_3 ist die Sattelfunktion Er ist in Abb 4.13 b) gezeigt.
Liegt der Sattelpunkt unter der x-Achse, entsteht nur ein leichter Bogen, der die x-Achse senkrecht schneidet.
Liegt der Sattelpunkt im Ursprung, erhalten wir die **Neil'sche Parabel**. Sie heißt auch **semi-kubische Parabel**, da in der Auffassung $y = \sqrt{x^3} = x^{\frac{3}{2}}$ der Exponent der kubi-

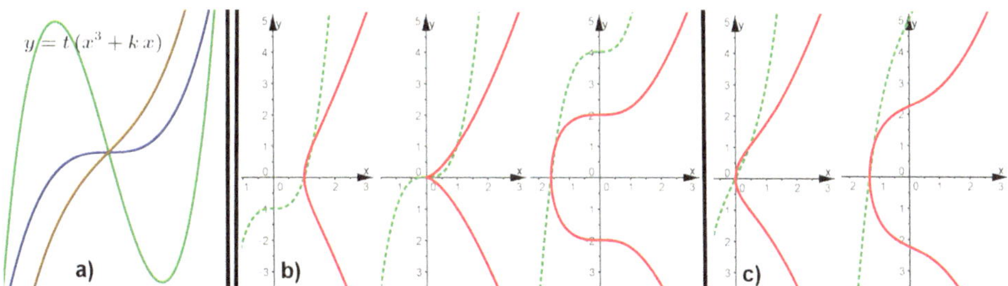

Abb. 4.13 Kubiken: a) vom IV. Typ, b), c) vom III. Typ mit $k \geq 0$: b) Kubik zu $p_3(x) = x^3$, $k = 0$ Sattelfunktion verschoben, c) Kubik zu p_3 mit $k > 0$

schen Parabel **halbiert** wird, *semi* heißt zu deutsch *halb*.
Liegt der Sattelpunkt über der x-Achse, dann hat auch die **Kubik einen Sattelpunkt** an derselben Stelle der x-Achse. Ich verwende das Wort *Stelle* im Sinne von *Abszisse*.

Der Fall $k > 0$, p_3 hat keine waagerechte Tangente Er ist in Abb 4.13 c) gezeigt. Dieser Fall ist unspektakular, es ergibt sich eine „ausgebeulte Kubik".

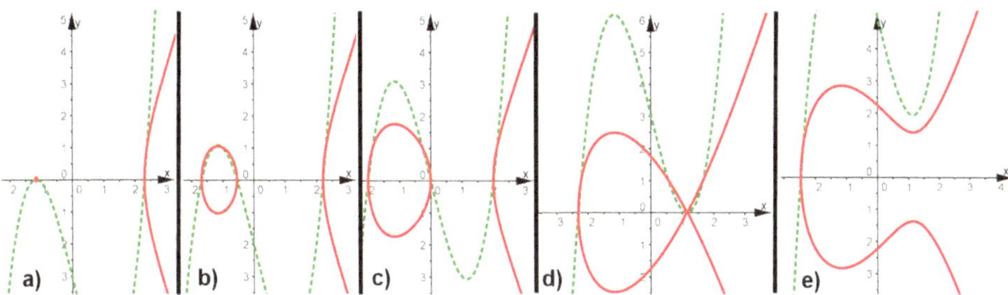

Abb. 4.14 Kubiken vom III. Typ mit $k < 0$, also hat p_3 zwei Extrema: a) isolierter Punkt b) und c) Oval und Bogen d) Newton'scher Knoten e) „Knauf"

Der Fall $k < 0$, p_3 hat zwei Extrema Er ist in Abb 4.14 gezeigt und hat vier wesentliche Formen, denn b) und c) unterscheiden sich nicht *wesentlich*.
Sie sehen ein Polynom (grün gestrichelt) mit Maximum und Minimum von unten nach oben wandern. Wenn das Maximum die x-Achse erreicht (doppelte Nullstelle von p_3, hat die Kubik (rot) einen **isolierten Punkt, eine Singularität**. Bei der weiteren Nullstelle beginnt ein „einfacher Bogen".
Wenn das Maximum aus dem x-Achsen-Niveau „auftaucht", entsteht ein annähernd ovaler Kurventeil, der immer größer wird. Sein rechter Rand bewegt sich auf den linken Rand des Bogens zu.
Wenn die beiden rechten Nullstellen zusammenfallen, also eine doppelte Nullstelle bilden, verschmilzt das Oval mit dem Bogen, es bildet sich wieder eine **Singularität**, ein **Doppelpunkt**. Er erscheint als Kreuzungspunkt einer Schlaufe, die den Namen **Newtonscher Knoten** trägt.
Wandert auch das Minimum nach oben von der x-Achse fort, so bildet die Kubik *einen*

„*Knauf*“. Dieser Knauf wird bestehen bleiben, er wird stets dieselben Extremstellen wie p_3 haben.

4.2.2.5 Kubiken vom I. Typ $x\,y^2$

Hier ist es nicht so leicht, sich einen Überblick zu verschaffen. Plücker betrachtete nach [Brieskorn und Knörrer 1981] über 200 Fälle. Darum begnügen wir uns zunächst damit, die bisher in diesem Buch betrachteten Kubiken hier einzuordnen. Die Konchoide ist keine Kubik, sondern eine **Quartik**, eine Kurve vierten Grades. Bei allen Kurven nehmen wir nur die jeweilige Hauptform.

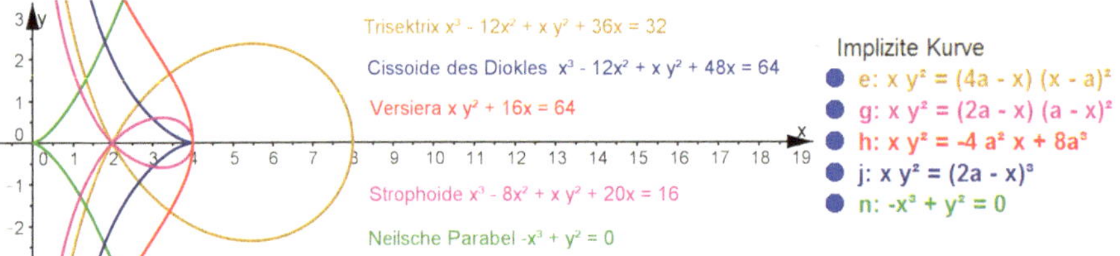

Abb. 4.15 Vier Kubiken vom I. Typ: Trisektrix, Cissoide, Versiera, Strophoide. Kubik vom III. Typ: Neil'sche Parabel

Strophoide Um den Term $x\,y^2$ zu erhalten, muss in der Gleichung 3.9 $a-x$ zu x werden. Setzen wir zunächst $x \to -x$, so spiegeln wir an der y-Achse, die Schlaufe liegt nun rechts, der Doppelpunkt ist weiterhin im Ursprung. Die Gleichung ist $(x+a)y^2 = (a-x)x^2$. Diese Kurve verschieben wir mit $x \to x-a$ nach rechts und erhalten die in Abb. 4.15 sichtbare Lage und die Gleichung $x\,y^2 = (2a-x)(x-a)^2$. In dieser Art konnten Sie die Bewegung verstehen.

Cissoide des Diokles Wir gehen hier zur Abwechslung formaler vor. Wir setzen in Gleichung 3.18 $x' = 2a - x$ also $x = 2a - x'$, und erhalten $x'\,y^2 = (2a-x')^3$. Nun wird der Strich weggelassen und es entsteht die in Abb. 4.15 rechts stehende Gleichung der Zeile j.

Trisektrix Die Ersetzung von $x' = a + x$ in Gleichung 3.13 ergibt $x'\,y^2 = (4a-x')(x'-a)^2$, ohne den Strich ist das die Gleichung aus Abb. 4.15 rechts in Zeile e.

Versiera der Maria Agnesi (weite Form) Da in Gleichung 4.1 gar kein y^2 vorkommt, tauschen wir x und y, also spiegeln wir die Kurve an der Hauptwinkelhalbierenden $y = x$. Wir erhalten $(y^2 + 4a^2)x = 8a^3$, umgeformt zu $x\,y^2 = -4a^2x + 8a^3$ entlarvt dieses die Versiera als Kubik vom I. Typ.

Neil'sche Parabel Sie ist, wie oben schon erwähnt, eine Kubik vom III. Typ.

4.2.2.6 Betrachtung der Klassifizierung

Es ist unbestritten, dass es zu den genuin mathematischen Tätigkeiten gehört, eine zunächst unübersichtliche Vielfalt durch eine Klassifizierung zu bändigen. Ich erwähnte dieses schon zu Anfang bei der Einführung mit der Hundekurve. Bei den Kubiken haben wir uns – in edelster Gesellschaft mit Newton – ausführlich Mühe gegeben. Der Abschnitt zu den Polynomen im Affenkasten zeigt aber, dass noch weitere Untersuchungen innerhalb der so gefundenen Kurvenklassen lohnend sein können. Bei den schulisch auftretenden Polynomen dient ein solcher Überblick auch dem „Angstabbau" vor Mathematikklausuren nach dem Motto: „Was kann uns schon passieren? Die Polynomtypen kennen wir ja."

4.3 Cassini'sche Kurven und andere bipolare Kurven

In der Barockzeit war die Beschäftigung mit Kurven beliebt. In der Architektur wird die antike Strenge der Renaissance in Bögen, geschwungenen Formen und elliptischen Fenstern aufgelöst. Das ganze Kapitel Abschnitt 4 habe ich den barocken Kurven gewidmet. Jedesmal aber führen uns naheliegend erweiterte Definitionen zu unseren heutigen Möglichkeiten und Freiheiten. So geht es auch bei den bipolaren Kurven. Als Einstimmung dienen die Ovale von Descartes:

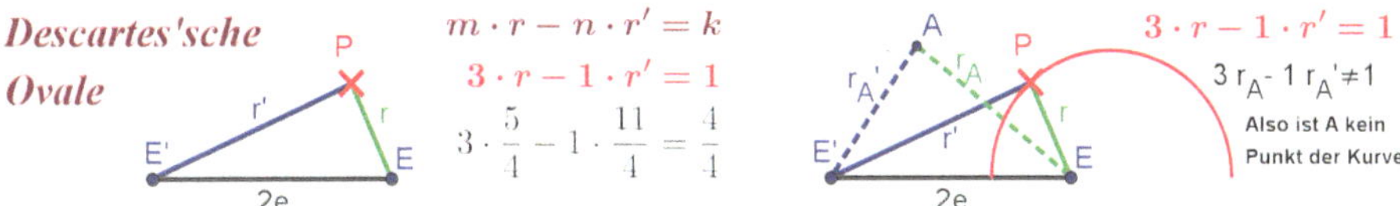

Abb. 4.16 Bei **bipolaren Kurven** müssen die Abstände eines Punktes von zwei festen Punkten eine vorgegebene Gleichung erfüllen. Bei den **Descartes'schen Ovalen** ist es eine lineare Gleichung. Für das Bild ist $m = 3$, $n = 1$, $k = 1$ gewählt. a) P erfüllt mit $r = \frac{5}{4}$ und $r' = \frac{11}{4}$ die Gleichung. b) Die rote Kurve besteht aus genau den Punkten, deren Abstände die rot geschriebene Gleichung erfüllen. Sie ist das durch diese Gleichung beschriebene Descartes'sche Oval.

Definition 4.3 (Bipolare Kurven)
Gegeben seien **zwei Pole**, oft auch **Brennpunkte** genannt, E und E' im Abstand $\overline{EE'} = 2e$. Jeder Punkt der Ebene hat von E einen Abstand r und von E' einen Abstand r'. Jede Gleichung mit r und r' definiert ei-

ne **bipolare Kurve** als Menge aller Punkte, die die Gleichung erfüllen.

Gleichung	Name der Kurven	Bedingung, Anmerkung
$r + r' = 2a$	Ellipsen	$0 \leq e \leq a$, es gilt $e^2 + b^2 = a^2$
$r - r' = \pm 2a$	Hyperbeln	$0 \leq a \leq e$, es gilt $a^2 + b^2 = e^2$
$m\,r \pm n\,r' = k$	Descartes'sche Ovale	
$r \cdot r' = k^2$	Cassini'sche Kurven	
$r \cdot r' = e^2$	Bernoulli'sche Lemniskaten	$e = \frac{1}{2}\overline{EE'}$

Diese allgemeine Definition bietet nicht nur einigen bekannten Kurven ein gemeinsames Dach, sondern ermöglicht auch eigene Erfindungen. Auch sie wird – ebenso wie die allgemeinen Definitionen von Strophoide und Cissoide – von [Lockwood 1961] gegeben. Mit GeoGebra und anderen Computerwerkzeugen für Mathematik können wir in erheblich einfacherer Weise, als es Lockwood möglich war, ausprobieren, was sich für selbst gewählte Gleichungen für r und r' ergibt.

Nicht alle Paare (r, r'), die die Gleichung erfüllen, ergeben einen Punkt der bipolaren Kurve. Es müssen nämlich $\boldsymbol{r}$**,** $\boldsymbol{r'}$ und **$\boldsymbol{2e}$ alle positiv** sein und ein Dreieck bilden, d. h. die Summe zweier Seiten muss größer sein als die dritte Seite.

Dreiecksbedingung, Grenzfälle eingeschlossen:

$$2e \leq r + r' \qquad -2e \leq r - r' \qquad r - r' \leq 2e \tag{4.16}$$

Die Wirkung dieser Bedingungen ist in Abb. 4.19 a) visualisiert und in Abschnitt 4.3.2.1 ausführlich erklärt. Probiert man mit GeoGebra, so *sieht man beim Handeln*, wenn sich die Kreise um E und E' nicht schneiden, man braucht also nur darauf zu achten, dass r und r' positiv sind, denn Kreise müssen positive Radien haben.

Zunächst aber widmen wir uns den „berühmten" unter den bipolaren Kurven. Den Kegelschnitten ist eigens das Kapitel 7 gewidmet. Dort, aber auch schon in Abschnitt 4.4.4, wird der bipolare Aspekt unter dem Namen „Fadenkonstruktion" von Ellipse, Parabel und Hyperbel aufgegriffen. In einer Lehrsituation mit jungen Lernenden kann im Anschluss an letztere sofort die Konstruktion der Cassini'schen Kurven erfolgen. Eine dafür erstellte GeoGebra-Datei kann gleich weiterverwendet werden.

4.3.1 Cassini'sche Kurven konkret

Definition 4.4 (Cassini'sche Kurven)
Eine **Cassini'sche Kurve** ist die Ortslinie aller Punkte P, die von zwei festen Punkten E und E' ein konstantes **Abstandsprodukt** haben. Es gilt also für die Abstände r und r' von E bzw. E': $\quad r \cdot r' = k^2$ mit einer reellen Zahl k.

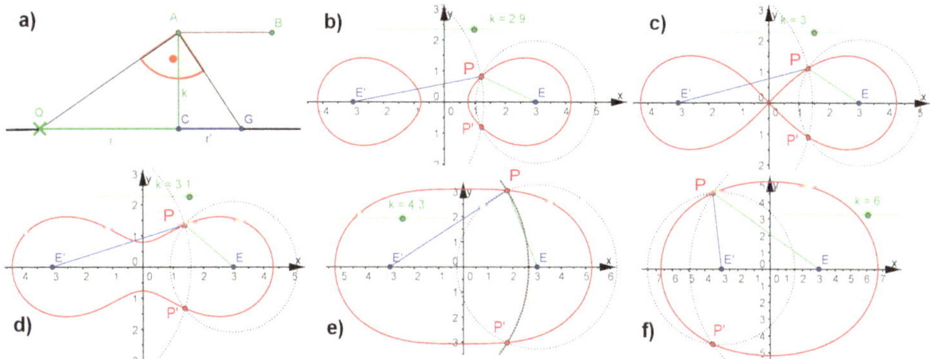

Abb. 4.17 Cassini'sche Kurven: a) Geometrische Realisierung der Definitionsgleichung mit dem Höhensatz, b) bis f) Kurven für verschiedene k, c) ist speziell die Bernoulli'sche Lemniskate

Giovanni Domenico Cassini (1625-1712) war als Nachfolger von Cavalieri Professor für Astronomie und Mathematik in Bologna. Hier lehrte er – gemäß kirchlicher Doktrin – das ptolemäische, geozentrische Weltbild. Im Jahre 1543 hatte Kopernikus schon sein heliozentrisches Weltbild bekanntgegeben und 1609 hatte Kepler seine ersten beiden Gesetze über die Planetenbahnen veröffentlicht: es sind Ellipsen, in deren einem Brennpunkt die Sonne steht. Cassini fand sich schließlich damit ab, dass die Planeten sich um die Sonne bewegen, lehnte aber Keplers Ellipsenbahnen und das Newton'sche Gravitationsgesetz ab. Stattdessen veröffentlichte er 1693, dass die **Planetenbahnen Cassini'sche Kurven** vom Typ wie in Abb. 4.17 f) seien. Heutzutage müssen schon Studierende der ersten Semester in Physik die **Ellipsenbahnen der Planeten** aus den Newton'schen Gesetzen herleiten können. Trotz seiner sehr konservativen Haltung hat Cassini als Astronom durch genaue Beobachtung vieles entdeckt. Wir betrachten ohne astronomische Spekulation die Cassini'schen Kurven.

Konstruktion Bei Vorgabe von e und eines Schiebereglers k setzt man die Brennpunkte $E(e, 0)$ und $E' = (-e, 0)$ auf die x-Achse und konstruiert P und P' als Schnittpunkte von zwei Kreisen um E bzw. E'. Für die Radien hat man die einfache Möglichkeit, r als Schieberegler zu realisieren und mit dem Werkzeug „Kreis mit Mittelpunkt und Radius" zunächst mit r selbst und dann mit r' als $\frac{k^2}{r}$ zu konstruieren.
In Abb. 4.17 a) ist als „Luxus" die Möglichkeit gezeigt, die Gleichung $r \cdot r' = k^2$ mit dem

Höhensatz von Euklid geometrisch zu verwirklichen. Die Streckenlängen r und r' werden nun direkt als Radien genommen.
In beiden Fällen ergibt sich eine Cassini'sche Kurve als Gesamt-Ortslinie beider Kreisschnittpunkte.

Typische Formen der Cassini'schen Kurven Sie sind in Abb 4.17 b) bis f) dargestellt. Machen Sie sich selbst eine Übersicht, k und e können Sie den Zeichnungen entnehmen, auf ihr Verhältnis kommt es an. Als Sonderfall erhält man für $k = e$ die **Bernoulli'sche Lemniskate**, der wir den Abschnitt 4.4 widmen.
Durch Variation von k gehen diese Formen ineinander über. Wird k sehr groß gegenüber e nähern sie sich der Kreisform (siehe unten).

Cassinis falsche Marsbahn Man kann schon nachvollziehen, dass Cassini seine Kurven als Planetenbahnen ansehen wollte. Für Kepler waren – durch seine Kenntnis der antiken Mathematik – Ellipsen näher liegend. Eine Herleitung aus physikalischen Prinzipien war Kepler noch nicht möglich gewesen, aber die Daten passten sehr gut zu Ellipsen. Diejenige Cassini'sche Kurve, die mit der Marsbahn in großer und kleiner Halbachse übereinstimmt, hat ein um 0,0424 AE=6,347 Mill. km längeres Perihel. Es ist e_c um diese Länge kürzer als e für die Ellipsenbahn (Rechnung unten). Einem solchen Abstand entsprechen in der mittleren Entfernung Erde-Mars einige Winkelgrade. Dieses lässt den Schluss zu, dass Cassini seine Behauptung gar nicht an den Daten geprüft hat, obwohl er Direktor der Sternwarte in Paris war. Seine Nachfolger waren sein Sohn, Enkel und Urenkel. Es hat bis 1738 gedauert, bis auch in Frankreich die Newton'schen Gravitationsgesetze in ihren Folgerungen auf die Astronomie anerkannt wurden. Eine Expedition unter der Leitung von Pierre de Maupertius brachte den Durchbruch.

4.3.1.1 Gleichungen der Cassini'schen Kurven

In Abb. 4.17 sind grün und blau die beiden Radien eingetragen, deren Produkt wir betrachten müssen. Die ersten beiden Gleichungen liefert der Satz des Pythagoras:

$$r \geq 0, \quad r' \geq 0 \quad \text{bipolar:} \qquad r^2 = (e-x)^2 + y^2, \qquad (r')^2 = (e+x)^2 + y^2. \tag{4.17}$$

Die definierende Gleichung $r \cdot r' = k^2$ hat unmittelbar eine brauchbare implizite kartesische Gleichung zur Folge, deren Umformung noch etwas hübscher aussieht und eine Umsetzung in Polarkoordinaten erlaubt:

Gleichungen für die Cassini'schen Kurven

$$\text{Direkt aus der Definition:} \quad \left((e-x)^2+y^2)\right)\left((e+x)^2+y^2\right)=k^4 \tag{4.18}$$

$$\text{Implizite kartesische Gleichung:} \quad \left(x^2+y^2\right)^2-2e^2(x^2-y^2)=k^4-e^4 \tag{4.19}$$

$$\text{Implizite Polargleichung:} \quad r^4-2e^2r^2\cos(2\theta)=k^4-e^4 \tag{4.20}$$

Die Polargleichung folgt aus der kartesischen Gleichung sofort durch das Additionstheorem $\cos(2\theta)=\cos(\theta)^2-\sin(\theta)^2$ bei Verwendung der Grundgleichungen 2.6.

4.3.1.2 Eigenschaften der Cassini'schen Kurven

Wir betrachten die in Abb 4.17 gezeigte Lage der Brennpunkte. Sie erzwingt geometrisch die **doppelte Achsensymmetrie**. Die ausschließlich quadratischen Terme in Gleichung 4.19 sagen dasselbe.

y-Achsenschnittpunkte und Nullstellen Die Schnittpunkte mit der y-Achse erfolgen mit Gleichung 4.18 aus $(e^2+y^2)^2=k^4$, also $e^2+y^2=\pm k^2$, aber das negative Zeichen erlaubt keine reelle Lösung. Damit ergeben sich mit $y=\pm\sqrt{k^2-e^2}$ genau zwei y-Achsenschnittpunkte für $k>e$, für $k=e$ ist der Ursprung einziger Schnittpunkt mit der y-Achse, für $k<e$ gibt es keine gemeinsamen Punkte mit der y-Achse.
Die Schnittpunkte mit der x-Achse ergeben sich mit Gleichung 4.18 aus $k^4=(e-x)^2(e+x)^2=(e^2-x^2)^2$, also $x^2=e^2\pm k^2$ und damit $x=\pm\sqrt{e^2\pm k^2}$. Für $k>e$ sind es genau die zwei Nullstellen $x=\pm\sqrt{e^2+k^2}$. Für $k=e$ kommen drei Nullstellen, nämlich $x=\pm\sqrt{2}\,e$ und $x=0$ zustande, wir haben die Lemniskate. Sonst sind es, wie für die Cassini'schen Kurven aus zwei Teilen erwartet, vier Nullstellen.

Rechnungen zum Vergleich von Cassini'schen Kurven und Ellipsen Bei Ellipsen mit großer Halbachse a und kleiner Halbachse b erfüllt e, die halbe Entfernung der Brennpunkte, die Gleichung $e^2=a^2-b^2$. Für die große und kleine Halbachse der Cassini'schen Kurven gilt nach dem vorigen Abschnitt $a_c^2=e_c^2+k^2$ und $b_c^2=k^2-e_c^2$. Der Index c steht für „Cassini".
Wenn man nun $a=a_c$ und $b=b_c$ fordert, liefert das Gleichungssystem $a^2=e_c^2+k^2$ und $b^2=k^2-e_c^2$ die Formeln $k=\sqrt{\frac{1}{2}(a^2+b^2)}$ und $e_c=\sqrt{\frac{1}{2}(a^2-b^2)}$. Also hat eine Cassini'sche Kurve mit den gleichen äußeren Abmessungen wie eine Ellipse den Brennpunktabstand $2\,e_c=\sqrt{2}\,e$, das ist kürzer als $2e$.
Fordert man stattdessen die Übereinstimmung von kleiner Halbachse $b=b_c$ und Brennpunktabstand $2e=2e_c$, so folgt $a_c^2=e^2+k^2=e^2+b^2+e^2=a^2+e^2$. Nun ist die große Halbachse also länger als die von der Ellipse.

Fazit: Keine Cassini'sche Kurve ist eine Ellipse und die Planetenbahnen sind niemals Cassini'sche Kurven.

Annäherung der Cassini'schen Kurven an einen Kreis Für $e = 0$ zeigt die Polargleichung 4.20 $r^4 = k^4$, also $r = k$, das ist ein Kreis mit dem Radius k. Auch die kartesische Gleichung 4.18 zeigt dasselbe: $(x^2 + y^2)^2 = k^4$. Der Kreis ist damit der Grenzfall einer Cassini'schen Kurve für $e \to 0$, aber auch für $k \gg e$ wird *fast* die Kreisform erreicht.

4.3.2 Bipolare Kurven mit beliebigen Gleichungen für r und r'

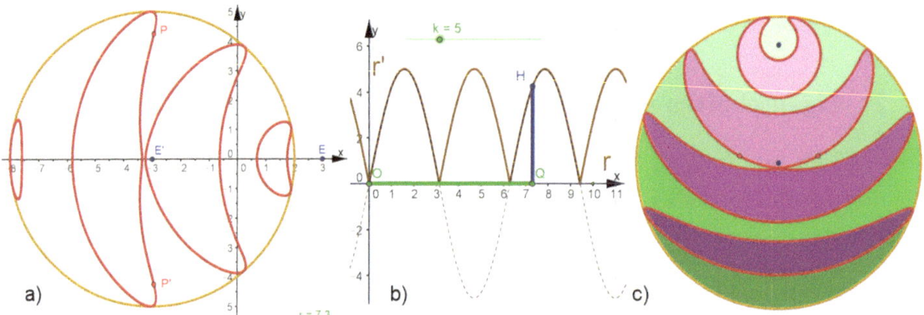

Abb. 4.18 a) Bipolare Kurve mit Sinus-Gleichung, b) mit $r = x$ (grüne Strecke) und $r' = y$ (blaue Strecke) ist die Gleichung $r' = |k\ \sin(r)|$ gezeigt, c) wie a), aber mit k=7 und um 90° gedreht (siehe auch Abb. 4.19).

In Abb. 4.18 greife ich die Idee auf, die ich schon bei den Polardarstellungen gezeigt habe. Man kann auf der zweiten Grafikseite von GeoGebra jede beliebige Gleichung zwischen r und r' –wie es Definition 4.3 erlaubt – als Gleichung von x und y eintragen. Mit einem Schieberegler r und $Q = (r, 0)$ markiert man die Ordinate r' an der Stelle r als blaue Strecke in Abb. 4.18 b) und greift dann im ersten Grafikfenster Abb. 4.18 a) auf r und r' als Radien zu. Die Kreise um E und E' sind hier nicht gezeichnet, um die „Optik" nicht zu stören. Der Zusammenhang ist aus Abb. 4.17 schon klar.

Die Ortslinien für die Schnittpunkte P und P' verblüffen zunächst. Wie kommen die vier „Blätter" zustande? Bewegt man Q im 2. Grafikfenster, so wandert P im 1. Grafikfenster. Durch die Kopplung beider Darstellungen versteht man die Merkwürdigkeiten besser.

Der Radius r' des Kreises um E' kann höchstens den Amplitudenwert k erreichen. Damit liegt die gesamte Ortslinie *innerhalb* (incl. Rand) dieses Kreises um E' mit Radius k. In Abb. 4.18 a) und b) ist $e = 3$ und $k = 5$, darum ist links von $x = -8$ nichts mehr zu sehen. Für die Punkte, in denen die anderen Blätter diesen Kreis berühren gilt dann also $k = |k \sin(r)|$ und damit $\pm 1 = \sin(r)$, schließlich $r = \frac{\pi}{2} + n\pi$, das sind die Extremstellen der Sinus-Betrags-Kurve in Abb. 4.18 b).

4.3.2.1 Übersicht sichtbar machen

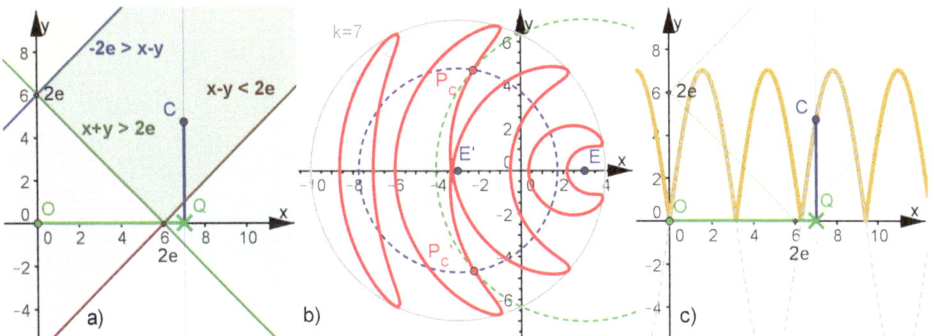

Abb. 4.19 a) Bereich für bipolare Kurven im 2. Grafikfenster, b) bipolare Kurve im 1. Grafikfenster. Sie ist auch in Abb. 4.18 c) gefärbt und gedreht zu sehen, c) zugehörige Gleichung $r' = |k\ \sin(r)|$ für k=7 im 2. Grafikfenster mit gültigem Bereich.

Einige Phänomene in Abb. 4.18 haben wir schon erklärt, aber so ganz können wir noch nicht zufrieden sein. Bei Hantieren mit der GeoGebra-Datei sehen wir, dass sich in den Lücken zwischen den Blättern die Kreise um E und E' nicht schneiden.

Schöner wäre es, wir würden das *vorhersagen* können. Dazu zeichnen wir die **Dreiecksbedingungen** 4.16 im 2. Grafikfenster ein. Dieses zeigt Abb. 4.19 a). GeoGebra nimmt eine Eingabe wie $x + y \geq 2e$ direkt an und stellt die fallende Gerade mit der oberen Halbebene dar, hier ist Grün als Farbe gewählt. Alle drei Bedingungen müssen gleichzeitig gelten, das tun sie im dunklen Bereich. Wir sehen übrigens, das dieser Bereich „von alleine" im ersten Quadranten liegt, $r \geq 0$ und $r' \geq 0$ schränken den Bereich nicht zusätzlich ein.

Abb 4.19 c) **sehen** Sie nun die gewünschte **Übersicht**: Genau die im grünen Bereich liegenden Bogenstücke der Kurve $y = |k \sin(x)|$ erzeugen die in b) sichtbare bipolare Kurve. Da $r = x(Q)$ der Radius des grün gestrichelten Kreises in b) ist, entsprechen die Blätter in b) von rechts nach links den Bögen in c) von links nach rechts. Man kann nun alles sehen und beurteilen. Z. B haben die beiden mittleren Blätter keinen gemeinsamen Punkt auf der x-Achse, denn die Nullstelle der Sinuskurve liegt bei 2π und das ist bekanntlich neben der $6 = 2e$. Das ist ein mathematisch exaktes Ergebnis, das man „nach Sicht" auf Abb. 4.19 b) nicht hätte herausbekommen können.

4.3.2.2 Start in eigene Untersuchungen mit bipolaren Kurven

Nach den obigen Überlegungen kann man für bipolare Kurven im 2. Grafikfenster jede Funktion und auch jede implizite Gleichung von x und y eintragen. Wirksam für die bipolare Kurve werden aber nur die Graphenteile im hervorgehobenen, zulässigen Bereich, dem Gültigkeitsbereich. Die Punkte, in denen der Graph der Gleichung im 2. Grafikfenster den Bereich schneidet, werden in der bipolaren Kurve zu Schnittpunkten

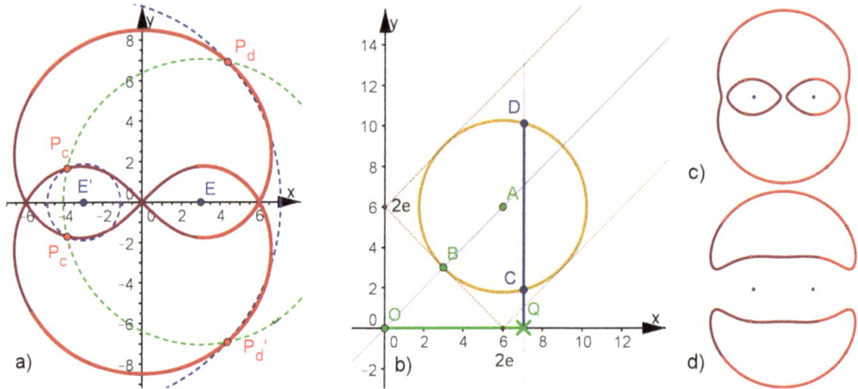

Abb. 4.20 a) Bipolare Kurve aus Kreisgleichung im 1. Grafikfenster, b) Gültigkeitsbereich mit dem definierenden Kreis im 2. Grafikfenster, c) bipolare Kurve, wenn der definierende Kreis über den Gültigkeitsbereich hinaus ragt, d) wenn er ganz im Gültigkeitsbereich liegt.

mit der x-Achse. Es sind genau die Fälle, in denen sich die Konstruktionskreise nicht mehr schneiden sondern nur berühren.

Abb. 4.20 zeigt ein **grundlegendes Beispiel**. Rechts ist ockerfarben der Kreis $(x - 2e)^2 + (y - 2e) = 2e^2$ genau eingepasst, er berührt die drei Bereichsbegrenzungen. Die bipolare Kurve zu der Gleichung $(r - 2e)^2 + (r' - 2e) = 2e^2$ hat daher drei gemeinsame Punkte mit der x-Achse, wie es Abb 4.20 a) zeigt. Die Senkrechte in Q schneidet den Kreis zweimal, also gibt es zu *einem* Kreis um E *zwei* Kreise um E', das ergibt vier Punkte, die je für ein Stück der Ortslinie „zuständig" sind. Sie tragen als Index den Punkt von dem sie „abstammen". So sieht man schon in Bild a), dass nicht der obere Kreispunkt D die obere Hälfte der Ortslinie erzeugt und C die untere. In Bild a) ist durch ein helleres Rot und einen dickeren Strich hervorgehoben, was von P_d und P_d' erzeugt wird. Die Enden dieser Stücke entsprechen im 2. Grafikfenster den Kreispunkten mit senkrechten Tangenten, also $r = 2e \pm \sqrt{2}\,e$ und $r' = 2e$. Mit den Gleichungen 4.17 kann man die „Nahtpunkte" berechnen.

In Abb 4.20 c) ist der Radius des ockerfarbenen Kreises größer, er ragt etwas über den Gültigkeitsbereich hinaus. Das erzeugt sechs Schnittpunkte mit den Bereichsgrenzen und sorgt für das Auftreten der drei Kurventeile. In Bild d) liegt dagegen der ockerfarbene Kreis ganz im Gültigkeitsbereich, Schnittpunkte mit der x-Achse können nicht auftreten. Aber auch hier wird *nicht* der obere Kurventeil von D erzeugt und der untere von C, es gibt wieder Nahtstellen.

4.3.2.3 Cassini'sche Kurven in gekoppelter Darstellung

Nun haben wir die Möglichkeit, die Cassini'schen Kurven nach Abschnitt 4.3.1 nochmals mit der gekoppelten Darstellung mit dem 2. Grafikfenster zu betrachten. Bauen Sie sich selbst eine entsprechende Zeichnung in GeoGebra oder nehmen Sie diese von der Website zum Buch. Es ist im 2. Grafikfenster die Hyperbel $y = \frac{k^2}{x}$ einzutragen. Für

$k = e$ berührt die Hyperbel die Begrenzungsgerade im Punkt (e, e). Wir erkennen als bipolare Kurve die Lemniskate, denn diesem Punkt entspricht der Ursprung und zwei weitere Nullstellen korrespondieren mit den beiden anderen Schnittpunkten der – zur Winkelhalbierenden symmetrischen – Hyperbel.
Für $k < e$ ergeben sich stets genau vier Schnitte mit den Bereichsgrenzen, dies steht für die zerfallenden Cassini'schen Kurven.
Für $k > e$ ergeben sich genau zwei Schnittpunkte mit den langen Bereichsgrenzen, dies führt zu den einteiligen Cassini'schen Kurven.

4.3.2.4 Übergang zu Ellipsen

Die Hyperbel im 2. Grafikfenster im vorigen Abschnitt ist symmetrisch zu $y = x$. Je größer k wird, desto weniger gekrümmt ist sie im Gültigkeitsbereich.
Man kann dies rechnerisch bestätigen, denn im Schnittpunkt mit $y = x$ ist die Steigung -1, die Abszisse $x = k$ und die Krümmung $\kappa = \frac{\sqrt{2}}{k}$. Letzteres gilt nach Formel 11.18. Mit $k \to \infty$ strebt κ also gegen null.

Dies wirft die Frage nach den bipolaren Kurven auf, deren Gleichung im 2. Grafikfenster eine Senkrechte auf $y = x$ ist, die also $r + r' = \text{const}$ erfüllen. Die zugehörigen bipolaren Kurven sind Ellipsen, wie in Definition 4.3 erwähnt und unter der Bezeichnung „Fadenkonstruktion" in den Abschnitten 4.4.4.1 und 7.2.1 aufgegriffen wird. Diese Ellipsen nun nähern sich für $\text{const} = 2a \gg 2e$ einem Kreis und so geschieht es auch mit den Cassini'schen Kurven für $k \gg 2e$.

Aufgabe 4.4 Weitere bipolare Kurven
Am besten denken Sie sich selbst Gleichungen aus oder variieren das Bisherige. Einige Anregungen:

1. Sehen Sie sich wirklich die Bewegungen von P und P' bei Variation von Q in den Dateien zu den gezeigten bipolaren Kurven in gekoppelter Darstellung an.
2. Untersuchen Sie die **Descartes'schen Ovale** aus der Definition 4.3 in der gekoppelten Darstellung. Welche Typen gibt es?
3. Was wird aus $r' = 0.2\tan(r) + r$? Der **Tangens** schneidet den fraglichen Bereich ja unendlich oft. Der Summand r bewirkt, dass die typische S-Welle des Tangens im Gültigkeitsbereich bleibt.
4. Was wird aus $r' = 5.5\sin(r) + r$?
5. Experimentieren Sie mit **Parabeln**.

Hinweis
Sie brauchen nur in den GeoGebra-Dateien den Eintrag für die Kurvengleichung zu ändern. Geben Sie Funktionen mit $y = term(x)$ ein oder nehmen Sie für Funktionen eine andere Datei als für Gleichungen. Achten Sie darauf, dass Ihre Kurve im erlaubten Bereich auch wirklich Punkte hat. ◀

4.4 Lemniskaten und andere Gelenkkonstruktionen

Es gibt verschiedene Lemniskaten. Die Booth'schen Lemniskaten sind in Aufgabe 4.7 definiert und erscheinen auch in Abschnitt 9.5. Die **Gerono'sche Lemniskate** ist in Abschnitt 4.4.2.1 Thema. Weitere gibt es bei den Lissajoux-Figuren in Abschnitt 8.2.

Zunächst betrachten wir die berühmteste unter ihnen, die **Bernoulli'sche Lemniskate**, die wir in der Mathematik auch als Zeichen für „unendlich= ∞" verwenden. Als Jakob Bernoulli sie 1694 veröffentlichte und nach dem lateinischen *lemniscus*, zu deutsch *Schleife*, benannte, hat er sie nicht als spezielle Cassini'sche Kurve erkannt und auch nicht ihre geometrischen Eigenschaften untersucht, sondern hat sich ihren analytischen Eigenschaften wie Steigungen, Krümmung, Fläche und Bogenlänge gewidmet. Das tun wir ihm nach und wenden uns dann den Gelenkkonstruktionen der Lemniskate und anderer Kurven zu.

4.4.1 Bernoulli'sche Lemniskate

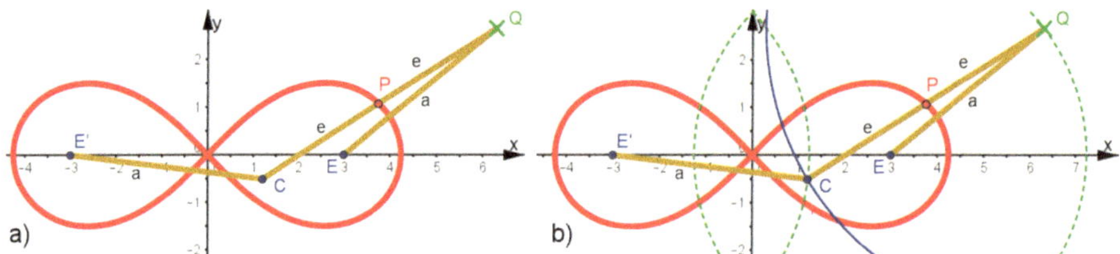

Abb. 4.21 Bernoulli'sche Lemniskate aus einer Gelenk-Konstruktion, siehe Abschnitt 4.4.3.1

Die Bernoulli'sche Lemniskate ist als Spezialfall der Cassini'schen Kurven aus Abschnitt 4.3.1 dadurch charakterisiert, dass das Produkt der beiden Abstände zu den Brennpunkten $r \cdot r' = e^2$ erfüllt, wobei e der halbe Abstand der Brennpunkte ist. So ist die Lemniskate in Abb. 4.17 c) dargestellt. Stellen wir zusammen, was wir daher aus den Abschnitten 4.3.1.1 und 4.3.1.2 übernehmen können.

Gleichungen und Eigenschaften der Bernoulli'schen Lemniskate

Sie ist eine **bipolare Kurve** mit den Brennpunkten $E = (e, 0)$ und $E' = (-e, 0)$.

Definition als bipolare Kurve:	$r \cdot r' = e^2$	(4.21)
Implizite kartesische Gleichung:	$\left(x^2 + y^2\right)^2 = 2e^2(x^2 - y^2)$	(4.22)
Polargleichung:	$r(\theta)^2 = 2e^2 \cos(2\theta)$	(4.23)
Nullstellen:	$x = 0 \quad \text{und} \quad x = \pm\sqrt{2}\, e$	(4.24)
Polarwinkel im Ursprung:	$\cos(2\theta) = 0 \quad \leftarrow \quad \theta = \pm\dfrac{\pi}{4}$	(4.25)

Mit der Gleichung 4.24 ist schon gezeigt, dass ein Quadrat der Kantenlänge e mit seiner Diagonale genau in die Lemniskate passt, wie es Abb. 4.22 a) zeigt.

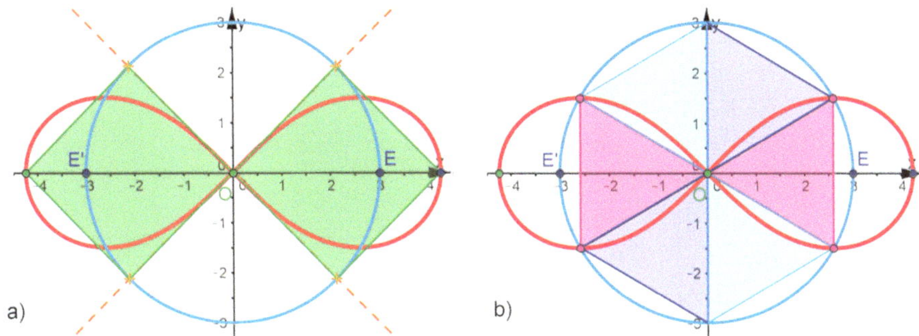

Abb. 4.22 Lemniskate: a) Tangenten im Ursprung und Flächeninhalt der Lemniskate, er ist gleich dem der beiden Quadrate mit Kantenlänge e, b) Extrema in den Sechseckspunkten

Flächeninhalt der Lemniskate Er lässt sich wegen der handlichen Polargleichung besonders einfach bestimmen. Wir wenden Satz 11.1 aus Abschnitt 11.3.3 für das Viertel der Lemniskate im 1. Quadranten an.
$A_{gesamt} = 4 \cdot \frac{1}{2} \int_0^{\frac{\pi}{4}} (+2e^2 \cos(2\theta))\, d\theta = 4e^2 \left[+\frac{1}{2}\sin(2\theta)\right]_0^{\frac{\pi}{4}} = 2e^2.$
Das ist gerade die Fläche der beiden grünen Quadrate in Abb. 4.22 a).

Der **Flächeninhalt der Lemniskate** mit Brennpunktabstand $2e$ ist $2e^2$.

4.4.1.1 Ableitung und Extrema der Lemniskate

Waagerechte Tangenten Überspringen Sie diese kleine Herleitung, wenn Kompetenzgewinn in Analysis jetzt nicht Ihr Ziel ist.
Hier bewährt sich das **implizite Ableiten**. Es beruht auf der Kettenregel, denn man muss $y = f(x)$ im Blick haben. Dann ist – mit dem üblichen Ableitungsstrich – $(y^4)' = 4y^3 \cdot y'$ oder $(x^2 \cdot y^2)' = 2x\,y^2 + x^2\,2y \cdot y'$. Hier ist zusätzlich die Produktregel angewandt. Nach dem Auflösen von Gleichung 4.22 folgt $0 = \left(x^4 + 4x^2\,y^2 + y^4 - 2e^2x^2 + 2e^2y^2\right)' = 4x^3 + 4x\,y^2 + 2x^2 2y\,y' + 4y^3y' - 4e^2x + 2e^2 2y\,y'$. Für waagerechte Tangenten setzen wir $y' = 0$ und erhalten die Gleichung $0 = 4x^3 + 4x\,y^2 - 4e^2x$. Wir dürfen durch $4x$ dividieren, denn bei $x = 0$ ist keine waagerechte Tangente. Es bleibt die Kreisgleichung $x^2 + y^2 = e^2$ übrig.

Die **Extrema der Lemniskate liegen also auf dem Kreis um den Ursprung durch die Brennpunkte.** Das ist ein besonderes Ergebnis! Einsetzen von $x^2 = e^2 - y^2$ in die Lemniskatengleichung ergibt zunächst $y = \frac{e}{2}$ und damit die vier Extrempunkte $(\pm\frac{\sqrt{3}}{2}e, \pm\frac{1}{2}e)$. So zeigt es Abb. 4.22 b).
Mit ein wenig mathematischer Erfahrung deuten wir die Abszisse als Höhe in einem gleichseitigen Dreieck mit Kantenlänge e. Dieses Dreieck ist violett in Abb. 4.22 b) eben-

falls eingetragen. Die vier Extrempunkte gehören also zu einem **regelmäßigen Sechseck**, das man (mit Spitze auf der y-Achse) auf dem blauen Kreis ganz einfach konstruieren kann. *Das ist wirklich schön!*

Halbachsen und Extrema der Bernoulli'schen Lemniskate

Liegen die Brennpunkte bei $(\pm e, 0)$, dann sind die Halbachsen $a = \sqrt{2}\,e$ und die Extrema liegen bei $(\pm\frac{\sqrt{3}}{2}e, \pm\frac{e}{2})$.

4.4.1.2 Steigungen, Tangenten, Normalen

An der Polargleichung 4.23 sehen wir, dass für $\theta = 0$ der rechte Scheitelpunkt erreicht wird. Wächst θ, wandert der durch die Polarkoordinaten bestimmte Punkt durch den 1. Quadranten auf den Ursprung zu. Wie oben in Gleichung 4.25 schon vermerkt wird für $\theta = \frac{\pi}{4}$ der Kosinusterm null, also haben die Ursprungstangenten die Steigungen ± 1.

Tangenten und Normalen in kartesischer Sicht

Bei der durch $F(x, y) = 0$ gegebenen Kurve ersetzt man y durch $f(x)$, auch wenn man nicht nach y auflöst. Es wird $F'(x, f(x)) = 0$ durch **implizites Ableiten** gebildet. Für einen Punkt $A = (x_a, y_a)$ ersetzt man in dieser Ableitungsgleichung $f(x_a)$ durch y_a und versucht nach $f'(x_a)$ aufzulösen. Dann gilt in dem Punkt A:

$$\text{Tangentengleichung:} \qquad y = f'(x_a)\,(x - x_a) + y_a \tag{4.26}$$

$$\text{Normalengleichung:} \qquad y = -\frac{1}{f'(x_a)}\,(x - x_a) + y_a \tag{4.27}$$

Diese Gleichungen gelten natürlich auch für explizit gegebene Funktionen. Für **Kurven** ist dieser Zusammenhang sehr nützlich, da man einen Punkt A auf der Kurve interaktiv als „Punkt auf Objekt" erzeugen und dann $x_a = x(A)$ und $y_a = y(A)$ verwenden kann. Im vorigen Absatz wurde für die Lemniskate schon $F'(x, y) = 4x^3 + 4x\,y^2 + 2x^2 2y\,y' + 4y^3 y' - 4e^2 x + 2e^2 2y\,y' = 0$ gebildet. Für A auf der Lemniskate ist die Tangentensteigung dann $y' = f'(x_a) = -\dfrac{x_a \cdot (x_a^2 + y_a^2 - e^2)}{y_a \cdot (x_a^2 + y_a^2 + e^2)}$. Weil wir sie in Abb. 4.24 für die Krümmung brauchen, schreibe ich hier die **Normalengleichung im Punkt A der Lemniskate** auf: $y = \dfrac{y_a \cdot (x_a^2 + y_a^2 + e^2)}{x_a \cdot (x_a^2 + y_a^2 - e^2)} \cdot (x - x_a) + y_a$

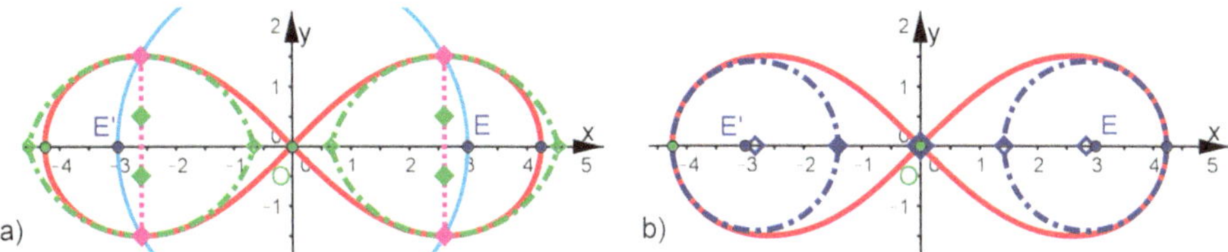

Abb. 4.23 Lemniskate: a) Krümmungskreise in den Extrema, b) Krümmungskreise in den Scheiteln

4.4.1.3 Krümmung der Lemniskate in den Extrema

Die kartesische Krümmungsformel kennen wir aus Gleichung 11.18. In den Extrema verschwindet die erste Ableitung und wir haben die einfache Formel $\kappa = y''$. Diese zweite Ableitung erhalten wir durch nochmaliges implizites Ableiten von $F'(x, f(x)) = 0$, also $F''(x, f(x)) = 0$. Man erhält die Gleichung in GeoGebra-CAS durch den Befehl: `Ableitung[(x^2+f(x)^2)^2=2 e^2 (x^2-f(x)^2),2]` oder durch doppelte Anwendung des „f'-Buttons". Weder f noch der Parameter e dürfen dabei belegt sein, man nehme also besser eine neue Datei. Die Bandwurm-Gleichung, die sich ergibt, vereinfacht man erheblich durch die Ersetzungen: $x = \frac{\sqrt{3}}{2}e$, $f(x) = \frac{e}{2}$ und $f'(x) = 0$. Dazu verwendet man das Hilfsfenster, das mit dem „Ersetze-Button" aufgeht. Die Zeichen $f(x)$ und $f'(x)$ muss man links eintragen und die Werte rechts. Es bleibt (nach kleiner Umformung) übrig: $f''(\frac{\sqrt{3}}{2}e) = -\frac{3}{2e}$. Das ist die Krümmung κ im rechten Maximum der Lemniskate. Der zugehörige Krümmungsradius ist $\varrho = \frac{2e}{3}$. Der Mittelpunkt des Krümmungskreises ist somit $M = (\frac{\sqrt{3}}{2}e, -\frac{1}{6}e)$. Unter Ausnutzung der doppelten Symmetrie ist dies in Abb. 4.23 a) zu sehen. Man braucht also nur die **Strecke zwischen Minimum und Maximum zu dritteln** und erhält sofort die Krümmungskreise für die Extrema.

4.4.1.4 Krümmung der Lemniskate in ihren Scheitelpunkten

Die Scheitelpunkte liegen nach Gleichung 4.24 bei $x_s = \pm\sqrt{2} \cdot e$. In ihnen sind die Tangenten senkrecht, wir können also kein $f'(x_s)$ in die Krümmungsformel einsetzen. Wir betrachten **drei Lösungen** des Problems:

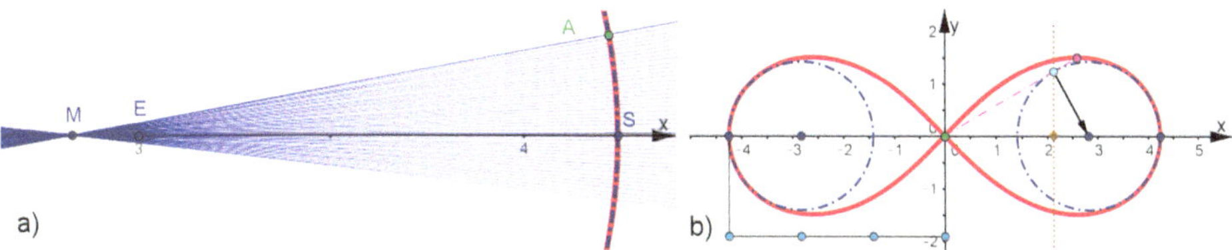

Abb. 4.24 Krümmung am Scheitel der Lemniskate: a) experimentelle Erkundung b) exakter Krümmungskreis und Bezüge zu anderen Eigenschaften

1. Experimentelles Vorgehen nach Abb. 4.24 a)

Der Krümmungskreismittelpunkt zum Kurvenpunkt A muss auf der Normalen zu A liegen. Wir setzen also einen zugfesten Punkt A auf die Kurve. Die Tangente haben wir nicht, aber wir können die oben hergeleitete Normalengleichung für den Punkt A der Lemniskate in GeoGebra eingeben. Es erscheint die oberste blaue Gerade in Abb. 4.24. Wir schalten für sie den Spurmodus ein und ziehen A an den Scheitel heran. Die Normalen schneiden sich annähernd in einem Punkt. Er ist der experimentell ermittelte Krümmungskreismittelpunkt.

2. Grenzlage der Nullstelle der Normale durch A bestimmen
Es ist $x = -\frac{y_a}{n_a} + x_a$ die Nullstelle der Normale in A, wobei n_a ihre Steigung ist. Wir bestimmen $x_m = \lim_{y_a \to 0, x_a \to \sqrt{2}e}(-\frac{y_a}{n_a} + x_a) = -\frac{2e^2+0-e^2}{2e^2+0+e^2}\sqrt{2}e + \sqrt{2}e = \frac{2}{3}\sqrt{2}e$. Wir haben wieder ein besonderes Ergebnis: Dies sind die äußeren Drittelstellen der Halbachsen. Damit ist der Krümmungsradius $\varrho_s = \frac{1}{3}\sqrt{2}e$. Abb. 4.23 b) und Abb. 4.24 zeigen, dass der Krümmungskreis gut passt. Zusätzlich sind in Abb. 4.24 b) ein Pfeil und Strecken eingezeichnet, auf die Aufgabe 4.5 eingeht.

3. Wir drehen die Lemniskate aufrecht. Dies erreichen wir durch Tausch von x und y in Gleichung 4.22. Nun können wir genauso vorgehen wie oben für die Krümmung in den Extrema beschrieben.

Besondere Krümmungen der Bernoulli'schen Lemniskate

Die Krümmmungskreismittelpunkte für die Krümmung in den Extrema liegen an den Drittelpunkten der Strecke zwischen den Extrema. Für das rechte Maximum ist $M_m = (\frac{\sqrt{3}}{2}e, -\frac{1}{6}e)$ und $\varrho_m = \frac{2}{3}e$. Die Krümmmungskreismittelpunkte für die Krümmung in den Scheitelpunkten liegen an den äußeren Drittelpunkten der Halbachsen. Für den rechten Scheitel ist $M_s = (\frac{2}{3}\sqrt{2}e, 0)$ und $\varrho_s = \frac{\sqrt{2}}{3}e$.

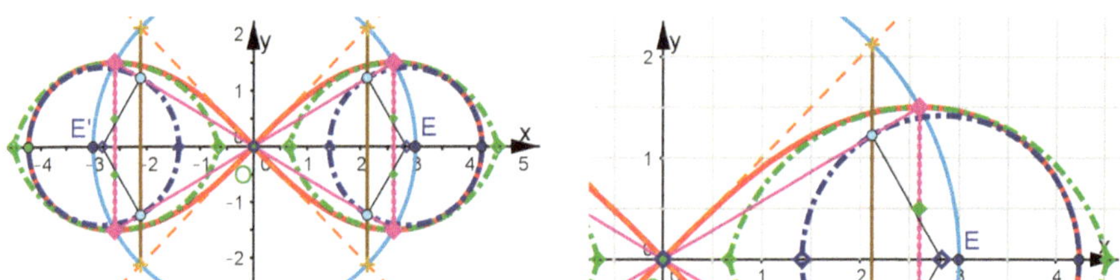

Abb. 4.25 Lemniskate: Wimmelbild zu den Eigenschaften und ihren Bezügen, siehe Aufgabe 4.5

Aufgabe 4.5 Lemniskaten-Eigenschaften

Diese Aufgabe bezieht sich auf das Wimmelbild Abb. 4.25 und die vorigen Bilder zur Lemniskate.

1. Die Urspungstangenten der Lemniskate schneiden den Kreis durch die Brennpunkte. Welche Koordinaten haben die Schnittpunkte?
2. Im Wimmelbild sind diese Punkte verbunden. Welcher Bezug besteht zu Abb. 4.22 a)?

3. Im Wimmelbild schneidet diese Verbindungsstrecke den Krümmungskreis. In Abb. 4.24 b) ist alles größer zu sehen. Ist dieser Schnittpunkt wirklich Berührpunkt für die Seite des gleichseitigen Dreiecks aus dem Ursprung und den Extrema?
4. Was bedeutet der Pfeil in Abb. 4.24 b)?
5. Kann man diese Zusammenhänge zur Konstruktion des Krümmungskreises verwenden?
6. Die Krümmungskreise der Extrema schneiden im Wimmelbild die x-Achse. Haben diese Schnittpunkte eine besondere Lage?
7. Rechts von den Extrema in der rechten Schlaufe stimmt der Krümmungskreis ziemlich gut mit der Lemniskate überein. Wie groß ist der Ordinatenunterschied von Extrempunkt und Kreispunkt?
8. Wie groß ist der Flächenunterschied rechts von der Gerade durch die Extrema?
9. Auch die Lemniskate lässt sich nach [Lockwood 1961, S. 116] als Cissoide auffassen. Die Kurve C_1 ist der Kreis um E mit dem Radius $\frac{e}{\sqrt{2}}$ und C_2 ist derselbe Kreis. D. h. der Fahrstrahl schneidet den Kreis in Q und D. (E ist hier als Name vergeben.) Bauen Sie in GeoGebra eine entsprechende Konstruktion für die Lemniskate.

Hinweis
Verwenden Sie die in den vorigen Absätzen hergeleiteten Ergebnisse und setzen Sie auch GeoGebra und CAS ein. Die Grunddateien sowie Ergebnisse finden Sie wie immer auf der Website zum Buch. ◀

4.4.1.5 Andere Darstellungen der Lemniskate

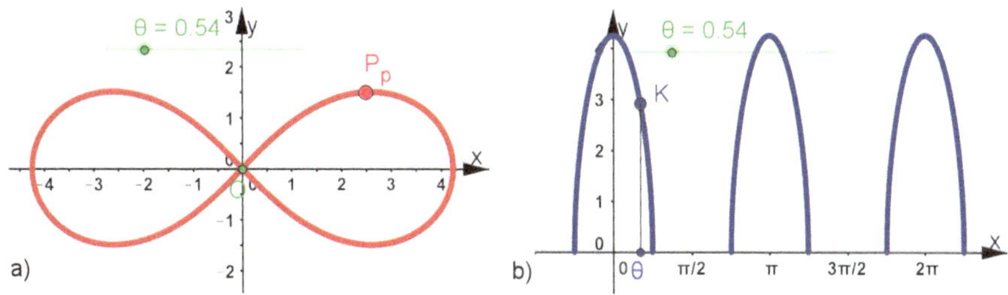

Abb. 4.26 Lemniskate: a) Polardarstellung, mit b), der gekoppelten kartesischen Sicht

Polardarstellung der Lemniskate Die Polardarstellung in Gleichung 4.23 der Lemniskate ergibt sich also, wie oben für Cassini'sche Kurven allgemein erwähnt, direkt aus den polaren Grundgleichungen 2.6 und dem Additionstheorem für $\cos(2\theta)$. In Abb. 4.26 a) und b) zeigt die gekoppelte kartesische Darstellung, dass es für Polarwinkel mit $\frac{\pi}{4} \leq \theta \leq \frac{3\pi}{4}$ keine reellen Punkte der Lemniskate gibt. Erhöht man mit dem Schieberegler θ kontinuierlich, so halten rechts K und links P an, bis für $\frac{3\pi}{4} \leq \theta$ das K im nächsten blauen Bogen und P im zweiten Quadranten weiterlaufen. Das ist *durchaus verblüffend*, da andere Schlaufen, z.B. bei der Trisektrix in Abb. 3.18, „glatt" und ohne Stocken durchlaufen werden.

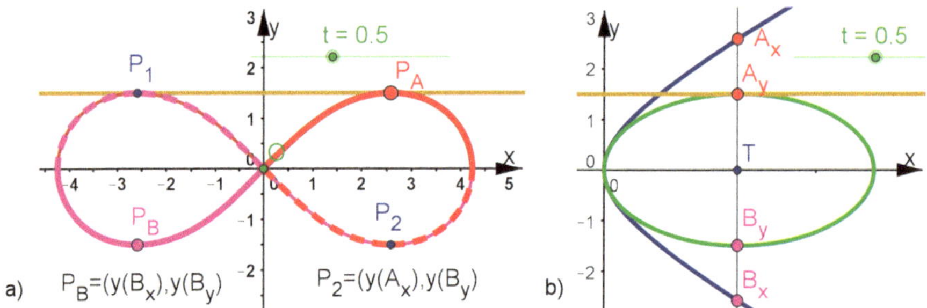

Abb. 4.27 Lemniskate: a) erste Parameterdarstellung aus Gl. 4.28, mit b), der gekoppelten Sicht auf beide Parameterkurven

Parameterdarstellungen der Lemniskate Durch die Setzung $t := \cos(2\theta)$ erreichen wir die einfache Gleichung $r^2 = 2e^2t$. Mit den Grundgleichungen 2.6 folgt $x^2 = 2e^2t\cos(\theta)^2$ und $\left(y^2\right)^2 = e^2\sin(\theta)^2$. Wenn wir mit dem Additionstheorem schreiben: $t = \cos(\theta)^2 - \sin(\theta)^2 = \cos(\theta)^2 - 1 + \cos(\theta)^2 = 2\cos(\theta)^2 - 1$ und ebenso $t = 1 - 2\sin(\theta)^2$, nach dem Kosinus- bzw. dem Sinusterm auflösen und in den x- bzw. y-Term einsetzen erhalten wir die erste Darstellung:

Parameterdarstellung der Lemniskate

Eine erste Parameterdarstellung, Brennpunktabstand $2e$:

$$x^2 = e^2(t + t^2), \quad y^2 = e^2(t - t^2) \tag{4.28}$$

Eine zweite Parameterdarstellung mit Halbachse $a = \sqrt{2} \cdot e$:

$$x = \frac{(1 - s^4)}{1 + 6s^2 + s^4}a, \quad y = \frac{2s(1 - s^2)}{1 + 6s^2 + s^4}a \tag{4.29}$$

Die zweite Darstellung nennt man eine **rationale Parametrisierung**, im Gegensatz zur ersten ist ohne Wurzeln nach x und y aufgelöst. Man kann sie aus einer bei Wikipedia gegebenen trigonometrischen Parametrisierung gewinnen. Das Herleiten ist knifflig, aber verwenden kann man sie auch einfach so (siehe Aufgabe 4.6).

Die erste Parameterdarstellung der Lemniskate in gekoppelter Sicht An dieser Stelle kann ich Ihnen zeigen, dass man auch mit **impliziten Parametergleichungen** in GeoGebra viel anfangen kann. In Abb. 4.27 a) und b) ist dieses gezeigt. Im 2. Grafikfenster, also in b), sind die beiden Gleichungen $y^2 = e^2(x - x^2)$ in Grün und $y^2 = e^2(x + x^2)$ in Blau gezeichnet. Die x-Achse ist also eine t-Achse, die Ordinaten der grünen Kurve sind als Ordinaten von P und die Ordinaten der blauen Kurve sind als Abszissen von P zu

deuten. Damit ist $P = (y(A_x), y(A_y))$. Mit den roten Punkten A_x und A_y erreicht man aber nur den Lemniskatenbogen im 1. Quadranten. Die violetten Punkte B_x und B_y sind für den 3. Quadranten zuständig. Für die anderen beiden Quadranten kombiniert man rote und violette Punkte passend.
Dass $0 \leq t \leq 1$ sein wird, konnten wir schon bei der Definition von t sehen. Hier zeigt sich dieses Intervall an der Breite der Ellipse. Aus dem Zusammenhang der beiden Grafikfenster wird sofort klar – es ist durch die ockerfarbene Waagerechte hervorgehoben –, dass die Lemniskate in der Höhe maximal die kleine Halbachse der Ellipse erreichen kann und dass sie dieses für $t = \frac{1}{2}$ tut. Die Einsetzung in die Parameterdarstellung ergibt $x^2 = e^2\frac{3}{4}$ also $x = \frac{\sqrt{3}}{2}e$ und $y = \frac{1}{2}e$. Damit haben wir den **exakten Extrempunkt ganz ohne abzuleiten** bestimmt.

Aufgabe 4.6 Parameterdarstellungen der Lemniskate
Es kann sehr verschiedene Parameterdarstellungen derselben Kurve geben. Zumeist sind sie in der Form $x = x(t), \quad y = y(t)$ gegeben. Verwenden Sie im Folgenden die Standardrealisierung in GeoGebra aus dem Werkzeugkasten Abschnitt 2.4.

1. Bauen Sie eine GeoGebra-Datei zu der zweiten Parameterdarstellung aus Gleichung 4.29. Beachten Sie, dass hier die Lemniskate „in eins“ durchlaufen wird. Die Stückelung, die bei Gleichung 4.28 nötig wird, entfällt.
2. Ist auch $x = x(t) = a\frac{\cos(t)}{1+\sin(t)^2}, \quad y = y(t) = a\frac{\cos(t)}{1+\sin(t)^2} sin(t)$ eine Parameterdarstellung der Bernoulli'schen Lemniskate?
3. Ist auch $x = x(t) = \sqrt{2}e\sin(t), \quad y = y(t) = \frac{e}{2}sin(2t)$ eine Parameterdarstellung der Bernoulli'schen Lemniskate?

4.4.1.6 Weiteres zur Bernoulli'schen Lemniskate

Die Bestimmung der **Bogenlänge der Bernoulli'schen Lemniskate** führt auf Integrale, die nicht elementar lösbar sind. Euler begründete mit seinen Untersuchungen die Theorie der **elliptischen Integrale**.

Alternative Erzeugungsweisen Die Bernoulli'sche Lemniskate erscheint

1. als **Hüllkurve** von Kreisen, siehe Abschnitt 9.2.
2. als **Fußpunktkurve** einer gewissen Hyperbel, siehe Abschnitt 9.1.
3. bei **Inversion** einer gleichseitigen Hyperbel an einem passenden Kreis, siehe Abschnitt 9.5.
4. bei weiteren **geometrischen Konstruktionen**, siehe [Lockwood 1961, S. 115].
5. als **Cissoide**, siehe Aufgabe 4.5.
6. als spezielle **Booth'sche Lemniskate**, siehe Aufgabe 4.7.
7. als spezielle **Watt'sche Kurve**, siehe Abschnitt 4.4.6.2.

4.4.2 Noch mehr Lemniskaten

Es gibt noch weitere Kurvenfamilien, die schöne 8-Kurven als Mitglieder vorweisen können. Die Watt'schen Kurven entstehen durch Gelenke, sie haben eigens den Abschnitt 4.4.6.2. Vorher stelle ich Ihnen noch zwei weitere Familien vor.

Aufgabe 4.7 Booth'sche Ovale und Booth'sche Lemniskaten
Nach [Schupp und Dabrock 1995, S. 43] können sie aus der Inversion von Kegelschnitten in Ursprungslage entstehen. Darauf geht Abschnitt 9.5 noch ein. In dieser Aufgabe schlage ich vor, sich mit den Gleichungen vertraut zu machen. Die Kurven sind nach James Booth (1810-1878) benannt, wurden aber schon von Eudoxus und von Proclus (75 v. Chr.) unter dem Namen **Hippopeden**, zu deutsch etwa *Pferdefuß-Kurven*, untersucht.

Booth'sche Kurven
Man unterscheidet zwischen den Kurven, die den Ursprung nicht enthalten, und denen, die einen Doppelpunkt im Ursprung haben.

Ω	**Booth'sche Ovale**	Λ	**Booth'sche Lemniskaten**	(4.30)
Ω	$(x^2+y^2)^2 = c^2x^2 + s^2y^2$	Λ	$(x^2+y^2)^2 = c^2x^2 - s^2y^2$	(4.31)
Ω	$r^2 = c^2\cos(\theta)^2 + s^2\sin(\theta)^2$	Λ	$r^2 = c^2\cos(\theta)^2 - s^2\sin(\theta)^2$	(4.32)

1. Sehen Sie sich die Booth'schen Ovale und Lemniskaten in GeoGebra an. Für welche Verhältnisse von c und s ergeben sich welche Formen?
2. Wann und bei welchem Typ kommen Doppelkreise zustande?
3. Zeigen Sie, dass für $c^2 > 2s^2$ das Oval eine Delle hat und für $c^2 \leq 2s^2$ nicht. Legen Sie dazu eine waagerechte Gerade durch den Scheitel.
4. Welche der Booth'schen Lemniskaten ist eine Bernoulli'sche Lemniskate?
5. Bestimmen Sie die Halbachsen der Booth'schen Ovale.
6. Bestimmen Sie k und e für Cassini'sche Kurven (Gleichung 4.19 und Abschnitt 4.3.1.2) so, dass die Halbachsen mit den eben berechneten übereinstimmen. Sehen Sie sich in GeoGebra die Cassini'schen Kurven und die Booth'schen Ovale mit den so berechneten gleichen Halbachsen an.
7. Setzen Sie einen zugfesten Punkt auf das Booth'sche Oval, und testen Sie, ob die für die Cassini'schen Kurven geltende Produktgleichheit für die Abstände von den Brennpunkten erfüllt ist. $E = (e, 0)$ haben Sie aus der vorigen Nummer, beachten Sie auch den Hinweis.

Hinweis
Für gleiche Abmessungen gilt: $k^2 = \frac{1}{2}(c^2 + s^2)$ und $e^2 = \frac{1}{2}(c^2 - s^2)$. ◄

4.4.2.1 Lemniskate von Gerono

Schon im 17. Jahrhundert hat Grégoire de St Vincent eine Lemniskate untersucht, die seit 1895 **Gerono'sche Lemniskate** genannt wird, da sich der französische Mathematiker Camille-Christophe Gerono (1799-1891) ausführlich mit ihr befasst hat. Sie hat viele Erzeugungsweisen, auf drei davon geht Aufgabe 4.8 ein. Hier möchte ich sie in das umfassende Konzept der Mittelpunktskurven einbinden.

Definition 4.5 (Mittenkurve, Mediankurve)
Gegeben sind zwei Kurven und eine Richtung. Durch einen zugfesten Punkt auf der einen Kurve verläuft eine Gerade in der gegebenen Richtung. Sie schneidet die andere Kurve in einem Punkt E und evtl. weiteren Punkten. Gesucht ist die **Ortskurve des Mittelpunktes** P der Strecke $\overline{QE}$ und ggf. der entsprechenden anderen Mittelpunkte.

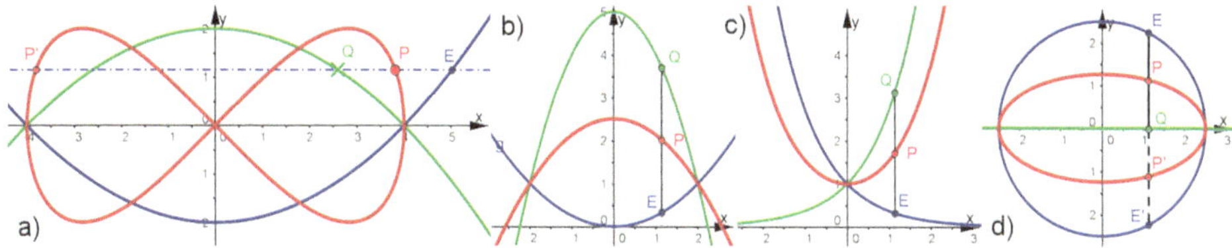

Abb. 4.28 Mittenkurve zweier Kurven: a) Gerono'sche Lemniskate als Mittenkurve zweier Parabeln, Richtung senkrecht zur Parabelachse, b) Parabel als Mittenkurve zwischen Parabeln, Richtung parallel zur Parabelachse, c) Kettenlinie $k(x) = \cosh(x)$ als Mittenkurve zu $f(x) = e^x$ und $g(x) = e^{-x}$, d) Ellipse als Mittenkurve von Kreis und Durchmesser

In Abb. 4.28 a) sind gemäß der Definition eine grüne Parabel mit Punkt Q und als „Richtung" eine x-Achsen-parallele Gerade zu sehen. Sie ist nicht parallel zur Achse der Parabeln. Es gibt links auch noch Schnittpunkte, aber P und sein Spiegelpunkt erzeugen schon die ganze Ortskurve, die **Lemniskate von Gerono**. Im nächsten Absatz leiten wir die Gleichungen her.

Rechts von der Lemniskate sind vertraute Anwendungen des Konzeptes **Mittenkurve bei Funktionen** vorgestellt. Ist nämlich die gegebene Richtung die der y-Achse, so ergibt sich die Mittenkurve an jeder Stelle x aus dem Mittelwert der Ordinaten. Bei b) ist die „Mittenfunktion" sicher wieder eine Parabel (oder Gerade). In Fall c) ist das berühmte Beispiel der **Kettenlinie** $\cosh(x) = \frac{1}{2}(e^x + e^{-x})$ aufgegriffen, siehe ausführlich Abschnitt 9.6.4. Als Kreisstauchung auf die Hälfte bekommen wir eine Ellipse, sehen Sie dazu auch Abschnitt 4.1.4.4.

Herleitung der Gleichung der Lemniskate von Gerono Wenn die Parabeln die Gleichungen $2a\,y = -x^2 + a^2$ und $2a\,y = x^2 - a^2$ haben und wir $Q = (u, v)$ und $E = (s, t)$ setzen, so folgt mit $y = v = t$ sofort $u^2 = a^2 - 2a\,y$ und $s^2 = a^2 + 2a\,y$. Aus der Mittelwert-

gleichung $x = \frac{1}{2}(u+s)$ folgt $4x^2 = u^2 + 2u\,s + s^2 = a^2 - 2a\,y \pm 2\sqrt{a^2 + 2a\,y}\,\sqrt{a^2 - 2a\,y} + a^2 + 2a\,y$ und dann nach Isolierung der Wurzel und der dritten binomischen Formel $a^4 - 4a^2y^2 = (2x^2 - a^2)^2$. Nun ist noch aufzulösen.
Die Polargleichung ist eine unmittelbare Folge der Grundgleichungen 2.6 und des Additionstheorems für $\cos(2\theta)$.

Gleichungen der Gerono'schen Lemniskate

kartesisch $x^4 = a^2(x^2 - y^2)$ polar $r^2 = a^2\dfrac{\cos(2\theta)}{\cos(\theta)^4}$ (4.33)

Aufgabe 4.8 Andere Konstruktionen für die Gerono'sche Lemniskate
Zu den drei Erzeugungsweisen in Abb. 4.29 gesellt sich noch die Darstellung als Lissajous-Kurve, siehe Abschnitt 8.2.

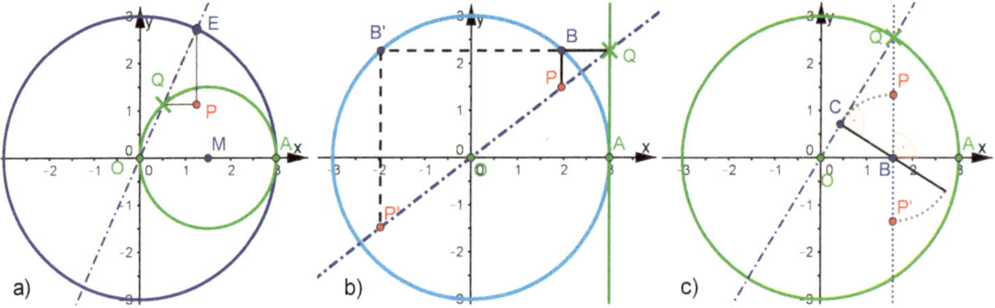

Abb. 4.29 Gerono'sche Lemniskate in drei Konstruktionen: a) Gerono'sche Lemniskate als allgemeine Versiera nach Definition 4.1, b) eine etwas andere Konstruktion, c) Konstruktion mit zwei Loten und einer Längenübertragung

1. Woran kann man sehen, dass alle Gerono'schen Lemniskaten mathematisch ähnlich sind?
2. Bauen Sie die Konstruktionen nach und tragen Sie zum Vergleich die kartesische Gleichung 4.33 ein.
3. Die Herleitung der kartesischen Gleichung ist bei Konstruktion b) besonders einfach, für a) lesen Sie den Hinweis.

Hinweis
Zu 3.: Für den Beweis von a) hilft die unterste Zeile von Satz 4.1 in Abschnitt 4.1.4.3. Sie führt auf $(u - \frac{a}{2})^2 + y^2 = \frac{a^2}{4}$, $x^2 + t^2 = a^2$, $x\,y = u\,t$. Denken Sie an den Eliminate-Befehl von `http://www.wolfram-alpha.com`. Eine Erklärung finden Sie in Abschnitt 3.1.1.5. ◀

4.4.3 Gelenke und Stangenkonstruktionen

Die bisher behandelten Kurven und viele andere lassen sich mit Zirkel und Lineal **punktweise** erzeugen. Mit angespritzen Stiften und Geduld hatte ich vor mehr als einem halben Jahrhundert eine so entstandene Ellipse in mein Mathematik-Merkheft gezeichnet. Mein damaliger Stolz hat mich angespornt, auch später meinen Schülern – besonders den Schülerinnen unter ihnen – entsprechende Anregungen zu geben. Im Laufe der Jahrhunderte haben die Mathematiker versucht, anstelle der punktweisen Konstruktion eine „durchgehende" Kurve mechanisch mit einem **Spezialzirkel** oder einem **Stangengelenk** (englisch: *linkage*) zu erzeugen.

Ein Motiv dafür war der Nutzen für die Lösung der **antiken Probleme** aus Kapitel 6. Akzeptiert man nämlich den durch solch ein mechanisches Werkzeug erstellten Kurvenstrich in der Weise, wie man einen mit dem üblichen Zirkel geschlagenen Bogen akzeptiert, dann sind die „mit Zirkel und Lineal unlösbaren Probleme" sehr wohl lösbar. Dem widmet sich Kapitel 6 ausführlich.

Ein weiteres Motiv waren die **mechanischen Herausforderungen**, die sich bei der Konstruktion von Maschinen stellten. Stellvertretend möchte ich Ihnen das Problem der Umwandlungen von Kreisbewegungen in eine „Geradführung" in Abschnitt 4.4.6.1 vorstellen.

4.4.3.1 Gelenkkonstruktion der Bernoulli'schen Lemniskate

Alteingesessene Institute der Mathematik besitzen in ihren Sammlungen solche alten Instrumente aus Holz oder Metall. Die Universität in Modena in Italien präsentiert eine Sammlung im Internet `http://www.macchinematematiche.org/`. Drei Gelenke habe ich für Abb. 4.30 herausgegriffen.

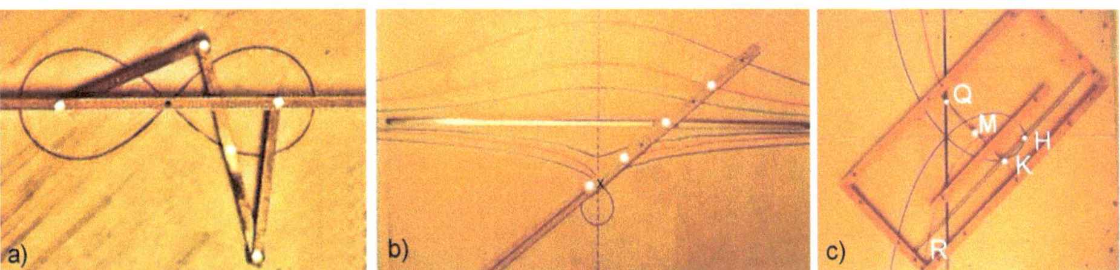

Abb. 4.30 Gelenke für höhere Kurven: a) Bernoulli'sche Lemniskate, b) Konchoide des Nikomedes, c) Strophoide und Cissoide (Quelle: `http://www.macchinematematiche.org/`)

Der **Lemniskaten-Zirkel** ist recht einfach herzustellen. Man nennt Stangengelenke für Kurven oft auch **Zirkel**, nicht nur das Gerät für den Kreis. Abb. 4.30 a) zeigt zwei Stangen der Halbachsenlänge $a = \sqrt{2}\,e$, die sich um E und E' drehen können. Damit sie in ihren Drehpunkten gehalten werden können, ist ein langes Holz angebracht. Die anderen beiden Enden sind mit einer Stange der Länge $2e$ verbunden, in deren Mitte ein Loch für einen Stift vorgesehen ist. Bewegt man den Stift, so zeichnet er die Lemniskate.

Nachbau des Lemniskaten-Zirkels in GeoGebra Grün gestrichelt sind in Abb. 4.21 b) (Abschnitt 4.4.1) die beiden Kreise mit dem Radius a. Auf einen dieser Kreise ist zugfest ein Punkt Q gesetzt, der auf einem „Objekt“ wandern muss. Dieses Objekt muss man dem System GeoGebra mitteilen können. Dadurch ist der „Antrieb“ in Q und nicht wie bei Zirkeln mit einer Holzkonstruktion in P selbst. Man fasst nämlich bei solchen Gelenken immer den Stift in P an.
Der Kreis um Q mit dem Radius $2e$ schneidet den anderen grünen Kreis in C. Schaltet man für P, die Mitte von $\overline{CQ}$, den Spurmodus ein, so zeichnet P beim Ziehen an Q die Lemniskate. Das e und das daraus berechnete a sind *vorher* als Zahlen per Schieberegler festgelegt worden.

Beweis, dass die Bernoulli'sche Lemniskate gezeichnet wird Der Wanderkreis für $Q = (u, v)$ ist $(u - e)^2 + v^2 = 2e^2$. Der Kreis für $C = (s, t)$ ist $(s + e)^2 + t^2 = 2e^2$. Für den Abstand von C und Q liefert der Pythagorassatz $(s - u)^2 + (t - v)^2 = 4e^2$. Als Mitte hat $P = (x, y)$ die Koordinaten $x = \frac{1}{2}(u + s)$ und $y = \frac{1}{2}(v + t)$. Die beiden letzten Gleichungen kann man erst einmal verwenden, um s und t zu eliminieren. Die drei anderen reichen dann, um u und v zu eliminieren. Das Vorgehen von Hand wird aber durch die quadratischen Terme recht „ungemütlich“. Der Eliminate-Befehl von `http://www.wolframalpha.com` bringt Ihnen $4e^4(x^2 - y^2) - 4e^2x^2(x^2 + y^2) + (x^2 + y^2)^3 = 0$. Wenn Sie dies von GeoGebra zeichnen lassen, dann ist um die Lemniskate herum noch ein Kreis mit dem Radius $\sqrt{2}e$ zu sehen. Dieser entsteht durch den zweiten Schnittpunkt des Kreises um Q mit dem Kreis um E'. Daher müssen Sie diese Gleichung noch durch $(x^2 + y^2 - 2e^2)$ dividieren und Sie erhalten $(x^2 + y^2)^2 - 2e^2(x^2 - y^2) = 0$, die Gleichung der Bernoulli'schen Lemniskate.

4.4.3.2 Zirkel für weitere höhere Kurven

Grundsätzlich muss **bewiesen** werden, dass so ein Gelenk das Behauptete auch wirklich tut. Dabei gibt es **zwei Typen von Gelenken.** Die einen sind so dicht an der Definition der gemeinten Kurve, dass man die Richtigkeit schnell **sieht**, die anderen haben ein mehr oder weniger undurchschaubares Gewirr von Stangen, so dass man sich mit dem Beweisen Mühe geben muss. Eine **Bestätigung** kann man mit dem Nachbau in GeoGebra und dem Eintrag der Kurvengleichung dort erhalten. Falsches kann man so i. d. R. entlarven. Lesen Sie den blauen Kasten nach Gleichung 3.1.

Der **Konchoidenzirkel** in Abb. 4.30 b) gehört zum ersten Typ. Den zweitobersten der weißen Punkte deuten wir als Q, er wird in der hell waagerecht zu sehenden Rille geführt. Die schräge Stange muss eine Rille haben, in der der unterste weiße Punkt (eher das kleine schwarze Kreuz) geführt wird. Die schräge Stange hat noch Löcher für die Stifte, die in gleicher Entfernung zum Punkt Q dann die Konchoidenäste zeichnen. Damit ist die Definition der Konchoide des Nikomedes **direkt** umgesetzt.

Die Funktion des **Strophoiden- und Cissoiden-Zirkels** hat sich mir weder in der italienischen noch der englischen Version der Beschreibung erschlossen. Er ist also eher vom zweiten Typ. Es wird aber klar, dass man sich damals viel Mühe gegeben hat, mit

Gelenkmechanismen **Kurven durchgehend zu zeichnen**. Siehe dazu den Satz 4.2 von Kempe in Abschnitt 4.4.6.5.

4.4.4 Konstruktion der Kegelschnitte mit einem Faden

Das Kapitel 7 widmet sich ausführlich den Kegelschnitten. Dort achte ich auf einen logischen Aufbau, bei dem aus **einer** Definition, z. B. der Ellipse, die Eigenschaften, z. B. die Fadenkonstruktion, folgen und bewiesen werden. Als eine solche Definition, die sofort auf die wichtige Mittelpunktsgleichung 4.9 führt, eignet sich die in Abb. 4.9 gezeigte Stauchung aus dem Hauptkreis, die *Scheitelkreiskonstruktion*. Wie nun die *Fadenkonstruktion* bewiesen werden kann, zeigt Satz 7.1.

Da dieser Abschnitt 4.4 aber die **handwerkliche Erzeugung** von Kurven als Schwerpunkt haben soll, nehme ich hier die Fadenkonstruktionen der Kegelschnitte in den Fokus und formuliere die Faden-Eigenschaften so wie Definitionen. Das wäre logisch auch möglich, in Kapitel 7 ist der logische Aufbau anders. Das Vorgehen hängt von der Lehrsituation und den Lehrzielen ab.

4.4.4.1 Fadenkonstruktion der Parabel, der Hyperbel und der Ellipse

FRANCISCUS van SCHOOTEN,
Profeſſor Matheſeos in de Univerſiteyt tot *Leyden*.
By de S^t. Pieters Kerck, in de Wereldt vol Drucks, 1660.

Abb. 4.31 Frans van Schooten (jr.) 1615-1660, „Mathematische oeffeningen", Bibliothek Utrecht, 544 Seiten, enthält ein großes Kapitel über Kegelschnitte (Quellen s. u.)

(Quellen, auch für die nachfolgenden Bilder von Frans van Schooten: Bibliothek der Universität Utrecht, Volltext: `http://hdl.handle.net/1874/20606`, Portrait von 1656 (P. Koninck) `home.planet.nl/~hietb071/fvs_frans.htm`)

Die **Fadenkonstruktionen** für die Kegelschnitte sind schon seit Appollonius von Perge um 200 v. Chr. (s. Abschnitt 7.1) bekannt. Die Zeichnungen des niederländischen Mathematikers Frans van Schooten [van Schooten 1659, S. 299ff] sind besonders schön. Den Link nach Utrecht habe ich dem Aufsatz von [van Randenborgh 2012] zu verdanken.

Fadenkonstruktionen

Die **Parabel** ist der geometrische Ort aller Punkte, die von einem festen Punkt, dem **Brennpunkt**, dieselbe Entfernung haben wie von einer Geraden, der **Leitgeraden**. Die **Hyperbel** ist der geometrische Ort aller Punkte, die von zwei festen Punkten,

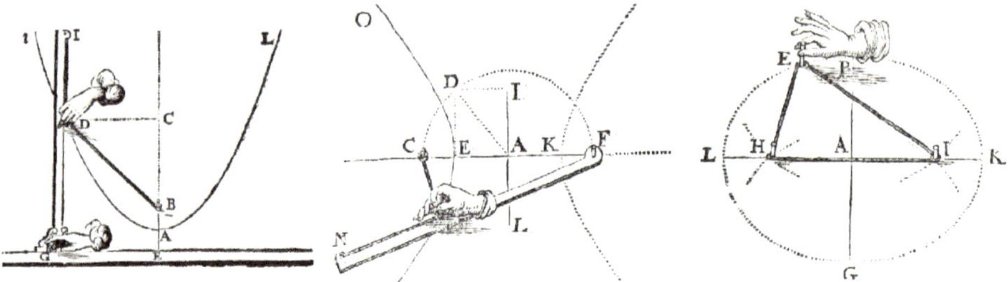

Abb. 4.32 Echte Fadenkonstruktionen der Kegelschnitte: a) Parabel, b) Hyperbel, c) Ellipse (Frans van Schooten)

den **Brennpunkten**, stets dieselbe **Entfernungsdifferenz $\pm 2a$** haben. Dabei ist $2a$ der Abstand der Scheitelpunkte.
Die **Ellipse** ist der geometrische Ort aller Punkte, die von zwei festen Punkten, den **Brennpunkten**, stets dieselbe **Entfernungssumme $2a$** haben. Dabei ist $2a$ der Abstand der Scheitelpunkte auf einer Geraden durch die Brennpunkte.

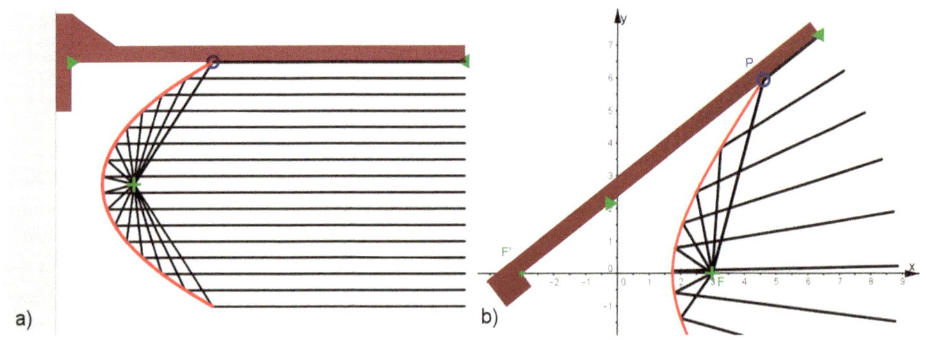

Abb. 4.33 Realisierungen in Holz: a) Parabellineal mit Faden b) Hyperbellineal mit Faden

Fadenkonstruktion der Parabel Die Abbildungen 4.32 a) und 4.33 a) zeigen dasselbe, nur um 90° gedreht. Ich beziehe mich beim Beschreiben auf das Bild aus GeoGebra und seine handwerkliche Realisierung. Das braune Gerät hatte ich aus Holz etwa einen Meter lang gebaut, man konnte es an der linken Tafelkante auf- und abschieben. Ein Faden, der genau so lang war wie das Brett, wurde von der Mittelstellung aus von einem Helfer auf dem Brennpunkt festgehalten, während die Hand mit der Kreide für den stets straffen Faden in der gezeigten Weise sorgte. Dadurch ist der Abstand von der Kreide zum Brennpunkt stets derselbe wie von der Kreide zu der linken grünen Ecke des Gerätes. Eine Parallele zur Tafelkante durch diese grüne Ecke ist also die Leitgerade der Definition.

Fadenkonstruktion der Hyperbel Die Abbildungen 4.32 b) und 4.33 b) zeigen dasselbe, nur gespiegelt. Ich beziehe mich wieder beim Beschreiben auf das Bild aus GeoGebra und seine handwerkliche Realisierung. Das Brett kann um F' gedreht werden. Der Faden hat als Länge nur den Abstand der grünen Punkte an dem Brett. Der Abstand von P zu F' ist gerade um die Entfernung des linken grünen Punktes von F' länger als der Abstand von P zu F. Die Entfernungsdifferenz ist also konstant, wie es die Definition fordert.

Fadenkonstruktion der Ellipse Abb. 4.32 c) ist doch richtig schön und selbsterklärend. Diese Konstruktion nennt man auch die **Gärtnerkonstruktion**, denn mit zwei Pflöcken im Beet und einem Faden lassen sich ovale Blumenbeete leicht anlegen. Wie in Definition 4.3 erwähnt, ist die Ellipse als bipolare Kurve sogar noch einfacher zu zeichnen als die Cassini'schen Kurven. Man kann den „Faden" in GeoGebra als Strecke mit einem zugfesten Punkt Q realisieren, und links und rechts von Q die Streckenstücke als Radien nehmen. Das können bestimmt schon die jüngsten Lernenden (ab Klasse 7).

4.4.4.2 Rautengelenke für das Zeichnen der Kegelschnitte

Während die handwerklichen Fadenkonstruktionen ganz unmittelbar die Definitionen umsetzen, scheinen die Rautenkonstruktionen in Abb. 4.34 komplizierter zu sein. Sehen

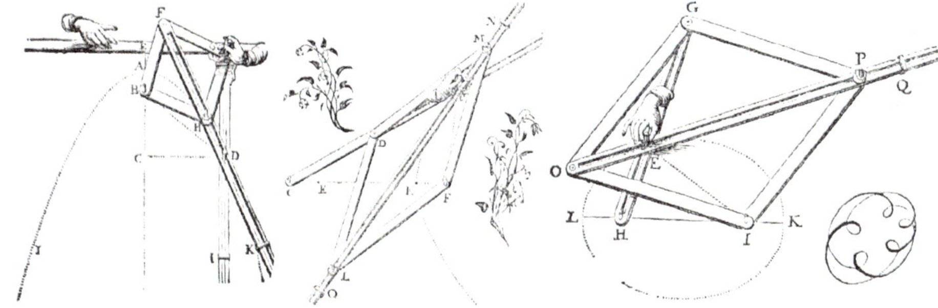

Abb. 4.34 Rautengelenke für die Kegelschnitte: Parabel, Hyperbel und Ellipse (Frans van Schooten)

Sie noch einmal auf Abb. 4.33 und denken Sie sich eine Mittelsenkrechte zu der Strecke, die der Brennpunkt und der linke grüne Punkt miteinander bilden. Diese Mittelsenkrechte können sie in Abb. 4.10 auch sehen. Dann erkennen Sie, dass genau diese Mittelsenkrechte von den Rautenkonstruktionen in Abb. 4.34 als lange Stange mit Führungsrille zu sehen ist. Der Zeichenstift muss weiterhin so geführt werden wie bei der Fadenkonstruktion, die bewegliche Raute gibt Stabilität und dient zur Vermeidung des „wackeligen" Fadens.

4.4.5 Spezielle Ellipsen-Zirkel und Stangenkonstruktion der Ellipse

Die nun folgenden Geräte zum Zeichnen von Ellipsen gehören dem zweiten Typ der Kurvengelenke an, man sieht nicht unmittelbar, dass sie tun, was sie sollen. Das Ellipsen-Schrägbild möchte ich nicht weiter erläutern, mich fasziniert der Erfindungsreichtum der Mathematiker im 17. Jahrhundert.

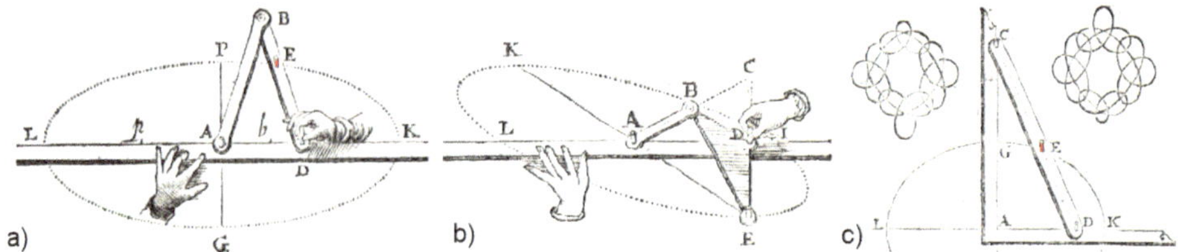

Abb. 4.35 a) Ellipsen-Zirkel für die gerade Ellipse, b) Zirkel für schräge Ellipsen, c) Stangenkonstruktion der Ellipse (Frans van Schooten)

4.4.5.1 Ellipsenzirkel

Heute kann man solche Zeichenwerkzeuge in GeoGebra nachbauen. Für junge Lernende ist aber sicher als erste Phase die wirkliche Hantierung mit Pappstreifen und Briefklammern sehr sinnvoll. Das Bild von Frans van Schooten, Abb. 4.35 a) zeigt eindrucksvoll die Hantierung, die GeoGebra-Bilder in Abb. 4.36 versuchen, den Übergang zur fertigen Ellipse zu veranschaulichen. Viel besser wäre, die Kurve entstünde beweglich vor Ihren Augen. Der Ellipsenzirkel bildet also ein gleichschenkliges Dreieck ohne Basis. Ein

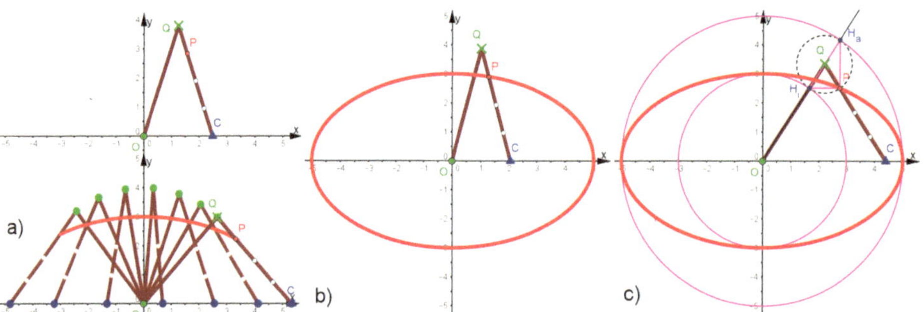

Abb. 4.36 a) Der Ellipsenzirkel aus zwei gleichlangen Stangen, b) Der Stift in einem der Löcher zeichnet eine Ellipse, c) Beweis durch Bezug zur Ellipsenkonstruktion als allgemeine Versiera mit Haupt- und Nebenscheitelkreis

Schenkel hat Löcher, durch die ein Stift gesteckt wird. So können engere und rundlichere Ellipsenformen gezeichnet werden. In Abb. 4.36 sind es drei Möglichkeiten.

Beweis, dass wirklich eine Ellipse gezeichnet wird In Abb. 4.36 c) gelingt der Beweis durch Zurückführung auf die Scheitelkreiskonstruktion der Ellipse, die Sie bei der allgemeinen Versiera in Abschnitt 4.1.4.4 kennengelernt haben. Abb. 4.9 b) zeigt dort das Dreieck QPE, das Sie in Abb. 4.36 c) als Dreieck H_iPH_a wiederfinden: Dass $\overline{H_iP}$ tatsächlich parallel zu x-Achse ist, sichert der Strahlensatz, denn H_i teilt seinen Schenkel in demselben Verhältnis wie P den seinen. Q ist die Mitte von $\overline{H_iH_a}$, das sieht man, wenn der Zirkel auf die x-Achse gestreckt wird. Darum ist der kleine Kreis um Q ein Thaleskreis und bei P ist ein rechter Winkel. Damit sorgt der Ellipsenzirkel tatsächlich für eine handwerkliche Scheitelkreiskonstruktion der Ellipse.

4.4.5.2 Stangenkonstruktion der Ellipse

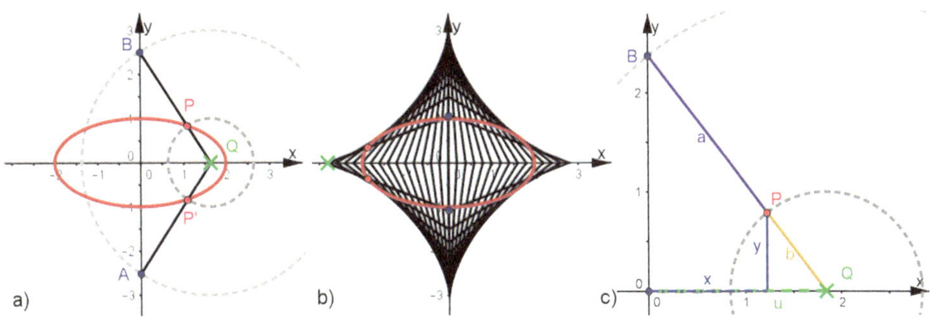

Abb. 4.37 Stangenkonstruktion der Ellipse oder „rutschende Leiter“ a) Gesamtbild b) Astroide als Hüllkurve der Stangen c) Beweisfigur

In Abb. 4.35 c) von Frans van Schooten rutscht das schräge Holz mit seinem unteren Ende nach rechts und sein oberer Punkt rutscht nach unten. Es hat (im Bild nicht zu erkennen) mehrere Löcher für Stifte, die bei dieser Bewegung dann Ellipsen zeichnen. Im Bild ist ein Punkt mit Namen E hervorgehoben. Diese Aufgabe hat sich unter der Bezeichnung **rutschende Leiter** im heutigen Unterricht allgemein etabliert, zumindest wenn überhaupt GeoGebra oder andere Dynamische Geometriewerkzeuge eingesetzt werden. Abb. 4.37 zeigt den Nachbau in GeoGebra.

Beweis, dass tatsächlich eine Ellipse gezeichnet wird Mit $Q = (u, v)$ und $P = (x, y)$ liefert der Strahlensatz in Abb. 4.37 $\frac{u}{a+b} = \frac{x}{a}$, P liegt auf dem Kreis $(x-u)^2+y^2 = b^2$. Dies in die Kreisgleichung eingesetzt ergibt $\left(x - (a+b)\frac{x}{a}\right)^2 + y^2 = b^2$. Nach kurzer Sortierung und Division durch b^2 folgt $\frac{x^2}{a^2} + \frac{y^2}{b^2} = 1$. Das ist die Ellipsengleichung 4.9. Ein Punkt der „rutschenden Leiter“ beschreibt also ein Viertelellipse, die Stangenkonstruktion zeichnet wirklich Ellipsen.

Die Astroide als Hüllkurve Setzt man den Spurmodus auf die Stange, so erscheint die Astroide als **Hüllkurve** der Stangen. Wenn wir in Abschnitt 9.2 die mathematischen Werkzeuge für Hüllkurven entwickelt haben werden, können wir die Astroidengleichung finden.

4.4.6 Dampfmaschine und andere technische Gelenke

Wir leben nicht mehr im „Maschinenzeitalter“, sagt man. Dennoch sind wir in unserem Alltag stets umgeben von Maschinen, die mechanisch arbeiten. Sie haben elektronische Steuerungen, eine elektronische Überwachung und Ähnliches, aber letztlich muss sich etwas **mechanisch bewegen**. Das Fachgebiet **Technische Dynamik** hat seit (mindestens) zweihundert Jahren Erfahrungen gesammelt und Methoden entwickelt, die immer mehr verfeinert werden. Dabei werden **in der Lehre auch neue Wege** beschritten. Zum Beispiel gibt es am Lehrstuhl für Mikrotechnik und Medizingerätetechnik der

TU München `http://www.mimed.de` zu einer Vorlesung Bewegungstechnik ein elektronisches „GeoGebraBook“ mit vielen Übungsdateien auf GeoGebra-Tube `http://tube.geogebra.org/mimed`. Für dieses Buch wird so etwas zu speziell, aber es bestärkt mich in dem Bemühen, mathematische Kompetenzen für solche Betätigungsfelder zu fundieren.

4.4.6.1 James Watt und die „Geradführung“

Schon Ende des 18. Jahrhunderts entwickelte James Watt seine Dampfmaschine. Sein Bemühen war darauf gerichtet, die gradlinige Bewegung des Kolbens in der Dampfmaschine in eine Bewegung auf einem Kreis zu übertragen. Abb. 4.38 a) zeigt seine Lösung: das **Watt'sche Parallelogramm**.

Als Zeichenvereinbarung gilt nach [Rademacher und Toeplitz 1933, S. 96]: ortsfeste Drehpunkte sind durch (grüne oder blaue) ausgefüllte Kreise, bewegliche Drehpunkte durch offene Kreise gekennzeichnet. In diesem Buch ist weiterhin der bewegliche Punkt Q durch ein grünes Kreuz hervorgehoben, P ist stets rot.

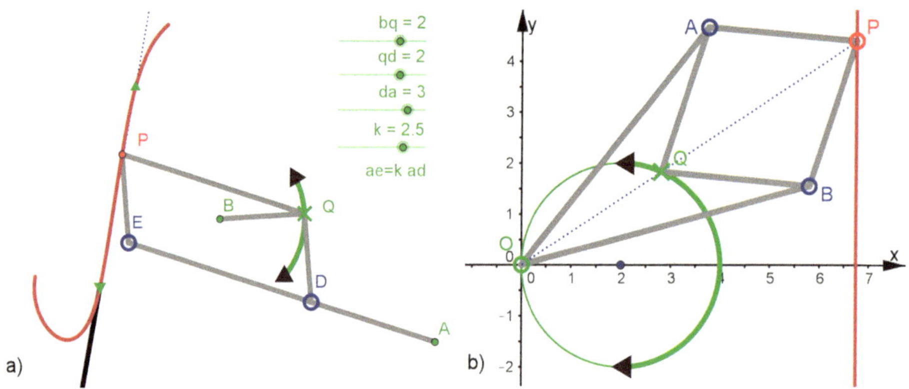

Abb. 4.38 a) Geradführung an der Dampfmaschine von James Watt, Watt-Parallelogramm, b) Inversor von Peaucellier, siehe Abschnitt 4.4.6.3

Konstruktion des Watt-Parallelogramms und seine Aufgabe Vier Zahlen und eine Beziehung werden wie in Abb. 4.38 a) festgelegt, A und B als feste Punkte gewählt. Auf einen Kreis um B wird Q zugfest gesetzt, Kreise um Q und A bestimmen D. E entsteht durch die k-fache Verlängerung von $\overline{AD}$. Das Dreieck QED wird zum Parallelogramm mit Diagonale QE ergänzt. Die neu gewonnene Ecke ist dann der Punkt P. Seine Ortslinie bezüglich Q ist gezeichnet.

Wenn P von der Kolbenstange des Dampfkessels auf und ab bewegt wird, wandert Q auf einem Bogen des Kreises um B. Wenn man umgekehrt Q auf dem Bogenstück bewegt, läuft P auf der annähernd geraden Linie der gezeigten Ortskurve. Diese ist keine wirkliche Gerade, sondern ein Stück aus einer Lemniskate, die viel schmaler ist als die Bernoulli'sche Lemniskate. Siehe Abschnitt 4.4.6.2.

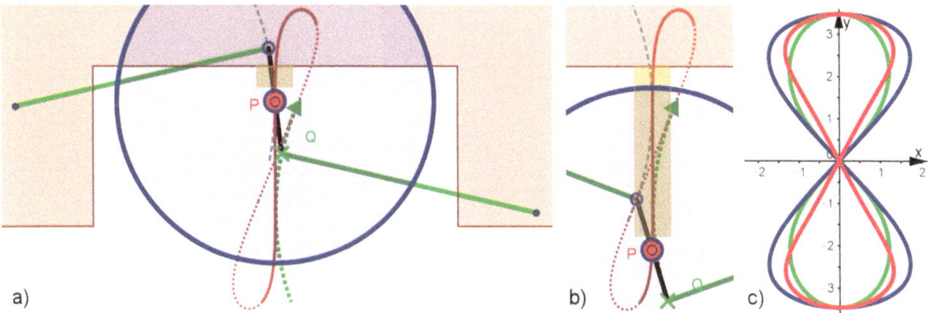

Abb. 4.39 a) und b) Watt-Mechanismus oder Lemniskaten-Anlenkung: Die Stöße auf das Rad werden **nicht** auf den Wagen übertragen. In Bild c) sind – mit gleichen Halbachsen – in Rot die Watt'sche, in Grün die Bernoulli'sche und in Blau die Gerono'sche Lemniskate zu sehen.

Watt-Mechanismus oder Lemniskaten-Anlenkung Siehe Abb. 4.39 a) und b). Der Begriff „Anlenkung" ist in der Schienenfahrzeugtechnik üblich. Das Rad erfährt Stöße von unten, die von einer Feder an der Radachse gedämpft werden, im Bild von dem ockerfarbenen Rechteck dargestellt. Die senkrechte Bewegung der Achse wird durch das Gestänge **nicht** auf den Wagen übertragen, er fährt „ruhiger". Auf der deutschen Wikipedia finden Sie mit dem Suchwort „Watt Mechanismus" auch Fotos von Fahrzeugen mit diesem Gestänge.

4.4.6.2 Allgemeine Watt'sche Kurven

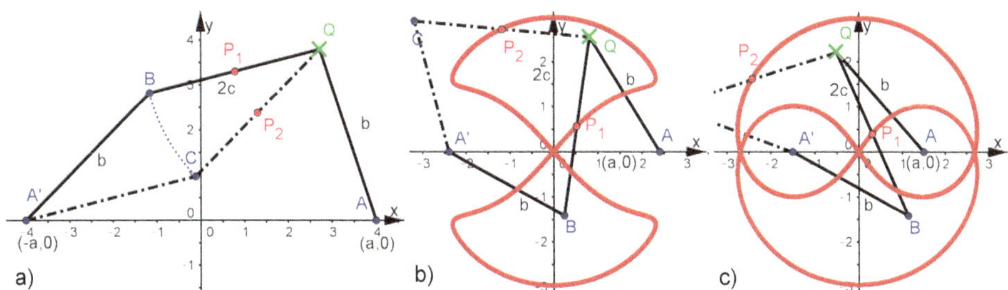

Abb. 4.40 Watt'sche Kurven: $A = (a, 0)$, a) Gelenkkonstruktion für die rote Kurve in Abb. 4.39 c): a=b=4, c=2, Bild b) Gelenk mit a=2.4, b=3, c=2, Bild c) Gelenk mit a=1.5, b=3, c=2.

Die **allgemeinen Watt'schen Kurven** werden durch ein Stangengelenk erzeugt, wie es in Abb. 4.40 a) vorgestellt ist. Gemeint ist also, dass sich zwei gleichlange Stangen der Länge b, man kann sich auch Räder mit dem Radius b denken, um zwei Punkte A und A' drehen, die den Abstand $2a$ haben. Die anderen Enden der Stangen sind mit einer Stange der Länge $2c$ verbunden. Die Ortslinie des Mittelpunktes P dieser Stange heißt allgemeine **Watt'sche Kurve**.

Gleichungen der allgemeinen Watt'schen Kurve

kartesisch $$(x^2+y^2)(x^2+y^2+c^2-a^2-b^2)^2-4a^2y^2(b^2-x^2-y^2)=0 \quad (4.34)$$

polar $$r^2=b^2-\left(a\sin(\theta)\pm\sqrt{c^2-a^2\cos(\theta)^2}\right)^2 \quad (4.35)$$

Wenn Sie das Gefühl haben, dieses Gelenk schon in diesem Buch gesehen zu haben, so ist das völlig richtig. Für $c=e$, $b=\sqrt{2}e$ und $a=e$ ist es nämlich das Gelenk für die Bernoulli'sche Lemniskate in Abb. 4.30 und Abb. 4.21. In Abschnitt 4.4.3.1 ist auch beschrieben, wie man dieses Gelenk in GeoGebra nachbaut.

Zur Herleitung der Gleichungen Im soeben genannten Abschnitt steht auch der Beweis, bei dem lediglich anstelle des e die genannten Beziehungen sinngemäß einzusetzen sind. Man erhält vom Eliminate-Befehl dann die „wilde" Gleichung: $a^4(x^2+y^2)+(x^2+y^2)(-b^2+c^2+x^2+y^2)^2+2a^2(b^2(x^2-y^2)-(c^2+x^2-y^2)(x^2+y^2))=0$, eingesetzt in GeoGebra stimmt die zugehörige Kurve mit der geometrisch erzeugten überein. Mit geschicktem Umformen kommt man auf Gleichung 4.34. In der englischen Wikipedia ist diese Gleichung aus der Polargleichung ausführlich hergeleitet. Letztere wird dort mit einem komplexen Ansatz elegant aufgestellt.

Vergleich der Lemniskaten in Abb. 4.39 c) Gezeichnet sind eine Watt'sche Kurve in Rot, die Bernoulli'sche Lemniskate in Grün in aufrechter Darstellung und in Blau die Gerono'sche Lemniskate. Mit $s=\sqrt{b^2-(a-c)^2}$ sind ihre Gleichungen $(x^2+y^2)^2=s^2(y^2-x^2)$ und $y^4=s^2(y^2-x^2)$. Als *Form* sind sie Spezialfälle der Watt'schen Kurven, aber nicht in dieser Lage. Auf der genannten englischen Wikipediaseite ist auch der Zusammenhang mit den Booth'schen Ovalen und Booth'schen Lemniskaten erläutert. Jedenfalls lohnt es sich, in GeoGebra mit den Watt'schen Kurven zu experimentieren.

4.4.6.3 Der Inversor von Peaucellier

Erst im Jahre 1864 wurde das Problem der „Geradführung", also der Wandel der Kreisbewegung in eine Geradenbewegung, durch den Inversor von Peaucellier, siehe Abb. 4.38 b), **exakt** gelöst. Man hatte schon geglaubt, es sei unmöglich. Inzwischen sind mehrere Lösungen gefunden worden, von denen ich noch drei in den folgenden Abschnitten vorstellen möchte. Hier nun geht es um einen „Inversor", er führt die mathematische Abbildung, die man **Inversion am Kreis** oder **Kreisspiegelung** nennt, mit einer Gelenkkonstruktion durch. GeoGebra hat im Abbildungsmenu einen Button dafür und man kann damit sehr verblüffende Mathematik treiben. Daher gibt es in diesem Buch noch den Abschnitt 9.5 zu Inversion. Die **Konstruktion** in Abb. 4.38 b) ist wohl klar, mit einem Kreis, zwei Stangen der Länge a und vier kürzeren der Länge b kommt man aus. Die blaue gepunktete Linie ist natürlich keine Stange. Die rote Ortslinie von P ist eine exakte Gerade.

Beweis, dass der Inversor eine Gerade zeichnet Nach Abschnitt 9.5 gehen die Punkte P und Q durch Inversion an einem Ursprungskreis mit Radius k auseinander hervor, genau wenn das Produkt ihrer Abstände vom Ursprung k^2 ist. Wir führen einige Bezeichnungen ein, damit wir dieses bestätigen können. $r = \overline{OP}$ und $s = \overline{OQ}$. Sei H der Mittelpunkt der Raute mit $d = \overline{QH}$ und $h = \overline{HA}$. Dann gilt mit Pythagoras $(s+d)^2 = a^2 - h^2$ und $d^2 = b^2 - h^2$. Weiter ist $r = s + 2d$. Nun starten wir mit dem Produkt:
$r \cdot s = (s+2d)s = s^2 + 2ds + d^2 - d^2 = (s+d)^2 - d^2 = a^2 - h^2 - b^2 + h^2 = a^2 - b^2 =: k^2$
Die letzte Differenz ist sicher positiv, da a die größere Länge ist. Darum dürfen wir sie k^2 taufen und die Inversion ist bewiesen. In Abschnitt 9.5.2.1 werden wir beweisen:

Bei der Inversion (Kreisspiegelung) gehen Kreise, auf deren Rand der Mittelpunkt des Inversionskreises liegt, **in Geraden über**, die nicht durch den Ursprung verlaufen, **und umgekehrt**.

Charles-Nicolas Peaucellier (1832-1919) war ein französischer General in einer technischen Eliteeinheit. Er kannte sich mit Sicherheit in der Mathematik aus und musste „nur“ das Gestänge finden, das die Inversion durchführt.

4.4.6.4 Der Inversor von Hart

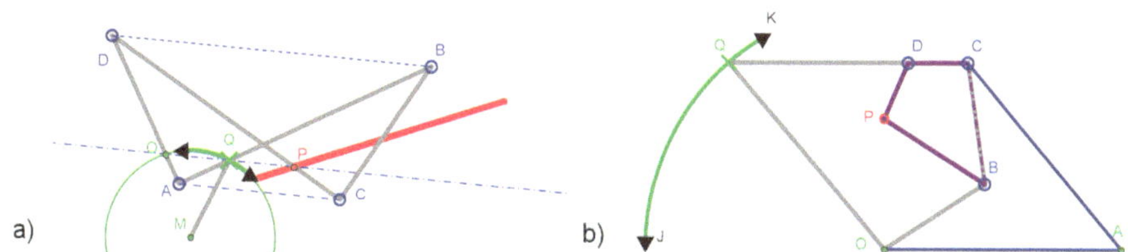

Abb. 4.41 a) Inversor von Hart b) Drachen-Gelenk von Kempe, siehe Aufgabe 4.9

Der englische Mathematiker Harry Hart stellte 1874 einen Inversor vor, der nur vier Stangen braucht. Siehe Abb. 4.41 a). Q läuft dabei wieder auf einem Kreisbogen und ist hier an einer fünften Stange befestigt. Auch O liegt auf diesem Kreis, ist aber ortsfest. Die beiden kürzeren Stangen haben die Länge b, die längeren a. Wenn O und Q ihre Stange in demselben Verhältnis teilen, so tut dies auch P mit seiner Stange, die Strahlensatzfigur „springt ins Auge“. Es sei $\frac{\overline{OA}}{b} = \mu$. Wir werden für Unerschrockene gleich zeigen, dass gilt:

$$\overline{OQ} \cdot \overline{OP} = (1-\mu)\mu \cdot (a^2 - b^2) =: k^2 \tag{4.36}$$

Das Produkt auf der rechten Seite ist positiv, darf also k^2 getauft werden. Wie im vorigen Absatz ist damit die Inversion an einem Kreis, der M enthält und den Radius k hat, bewiesen. Der Wanderkreis von Q hat als Bild eine exakte Gerade durch P. Realisiert wird natürlich nur ein kleiner Bereich.

Beweis für den Inversor von Hart Er wird von [Courant und Robbins 1941, S. 124] und von [Rademacher und Toeplitz 1933, S. 101] gegeben, aber weder in Wikipedia noch bei [Math-World]. Daher will ich ihn nicht auslassen, aber Sie können ihn ohne Schaden überspringen. Die Bezeichnungen beziehen sich auf Abb. 4.41 a), ergänzen Sie das Bild zu einem Rechteck mit der langen Seite $\overline{DB}$, die kurzen Seiten enden in E und F auf der Geraden AC. Um das linke Produkt in Gleichung 4.36 in den Griff zu bekommen, bilden wir das Produkt der parallelen Seiten im Trapez $ACBD$. Dabei nutzen wir $\overline{DB} = \overline{EF}$ und $\overline{CF} = \overline{EA}$.
Also: $\overline{AC} \cdot \overline{DB} = \overline{AC} \cdot \overline{EF} = (\overline{EC} - \overline{EA}) \cdot (\overline{EC} + \overline{EA}) = \overline{EC}^2 - \overline{EA}^2 = a^2 - \overline{ED}^2 - (b^2 - \overline{ED}^2) = a^2 - b^2$. Nun betrachten wir die Verhältnisse der Parallelen in zwei Strahlensatzfiguren: $\frac{\overline{OQ}}{\overline{DB}} = \frac{\overline{AO}}{\overline{AD}} = \mu$ und $\frac{\overline{OP}}{\overline{AC}} = \frac{\overline{OD}}{\overline{AD}} = 1 - \mu$. Es folgt nach passender Auflösung und Einsetzung des vorbereiteten Produktes sofort die Gleichung 4.36.

Aufgabe 4.9 Mit der Inversion spielen
Wie oben gesagt gibt es noch den Abschnitt 9.5, in dem Sie lernen können, wie man die Kreisspiegelung einführen und dann **selbst** konstruieren kann. In dieser Aufgabe aber machen Sie sich mit den Phänomenen vertraut, indem Sie den Button „Kreisspiegelung" in GeoGebra verwenden.

1. Zeichnen Sie einen Kreis mit Radius k um den Ursprung. Es ist der Inversionskreis. Zeichnen Sie außerhalb des Kreises ein beliebiges Dreieck. Markieren Sie es und nehmen Sie den Button „Spiegele an Kreis" und klicken Sie Ihren Kreis an. Vermutlich verblüfft Sie das gebogene Bild des Dreiecks. Ziehen Sie eine Ecke des Dreiecks in der Zeichenebene umher, auch in den Inversionskreis hinein und nähern Sie sich dem Ursprung. Lesen Sie nochmals den letzten blauen Kasten und deuten Sie die Verformung Ihres Dreiecks entsprechend.
2. Bauen Sie das Drachengelenk von Kempe aus Abb. 4.41 b) nach. Achten Sie darauf, dass der kleine Drachen wirklich mathematisch ähnlich dem größeren grauen Drachen links sein *muss*. Welchen Weg nimmt P, wenn Q auf dem Kreisbogen wandert?
3. Probieren Sie in einer leeren GeoGebra-Datei aus, wie Sie zu einem beliebigen Paar aus Kreis und Gerade den Inversionskreis, der Ihren Kreis in Ihre Gerade überführt, experimentell finden
4. Wenden Sie Ihre Strategie an, um den Inversionskreis im Drachengelenk von Kempe zu finden.

4.4.6.5 Verschiebung einer Geraden „in sich selbst"

Als letztes Beispiel für Gelenke mit Geraden zeige ich Ihnen einen Gelenkmechanismus von Kempe, der eine Strecke auf *der* Geraden verschiebt, in der sie *selbst* liegt. Siehe Abb. 4.42.

Alfred Bray Kempe (1849-1922) war ein englischer Mathematiker, der vor allem durch seine Arbeiten zum Vierfarbensatz bekannt ist. 1879 glaubte er ihn bewiesen zu haben und 11 Jahre lang glaubte das auch die Fachwelt. 1890 fand der Student Heawood, der den Beweis hatte verstehen wollen, einen Fehler. Heawood bewies dann immerhin den Fünffarbensatz. Aber die Amerikaner Appel und Haken, die den Vierfarbensatz erst knapp hundert Jahre später beweisen konnten, haben die Ideen von Kempe aufgegriffen. Etwa 1877 hatte sich Kempe sehr ideenreich mit Kurven und Gelenkkonstruktionen befasst. Nach [Brieskorn und Knörrer 1981] zitiere ich:

Satz 4.2 (Satz von Kempe)
Von Gelenken mit Stangen werden stets algebraische Kurven erzeugt. Umgekehrt kann man für jede algebraische Kurve ein Stangengelenk finden, das endliche Stücke von ihr erzeugt.

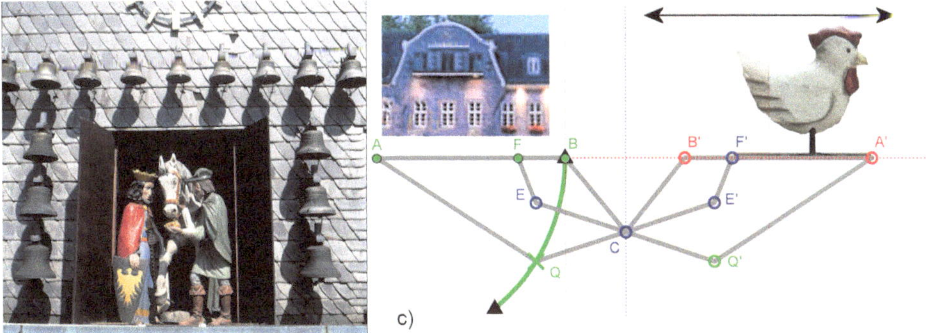

Abb. 4.42 Der Doppeldrachen von Kempe kann Figuren schieben: Beim Glockenspiel an der ehemaligen Kämmerei in Goslar kommt in der Mitte der Ritter Ramm mit seinem Pferd heraus, hier kommt das Huhn. Für das schöne Foto links danke ich der GOSLAR marketing gmbh.

In Abb. 4.42 sind wie schon in Abb. 4.41 b) große und kleine Drachen (Rhomboide), die untereinander mathematisch ähnlich sind, zu sehen. Das Gestänge ist in jeder Stellung zu der gestrichelten Geraden durch C symmetrisch.

Wandert Q auf dem Kreisbogen nach oben, so werden die Drachen schmaler, C rückt nach rechts und **das Huhn kommt** ganz aus dem durch die getönte Fläche angedeuteten „Kasten“ hervor. Umgekehrt **verschwindet das Huhn ganz im Kasten**, wenn Q den tiefsten Punkt des Bogens erreicht. Am ehemaligen Kämmereigebäude am Marktplatz von Goslar ist im Giebel ein Glockenspiel mit Figurenumlauf angebracht. Gegen Ende der Musik geht in der Mitte eine Tür auf und der Ritter Ramm mit seinem Pferd und Kaiser Otto I. werden herausgeschoben. Der Sage nach hat das Pferd am Berg im Boden gescharrt, so dass Silber zum Vorschein kam. Seither hat über tausend Jahre lang das Silber aus dem „Rammelsberg“ der Stadt Goslar Reichtum gebracht. Leider ist die „Silberquelle“ versiegt, aber das Weltkulturerbe bringt nun die Touristen nach Goslar.

In Kirchen stehen manches Mal Haus- oder Kirchenmodelle, bei denen sich nach dem Einwurf einer Münze eine Tür öffnet und eine segnende Engelsfigur hervorgeschoben wird. Ich habe es in Falkenberg in der Oberpfalz und in Kloster Schönau an der Fränkischen Saale gesehen. Es entzieht sich meiner Kenntnis, welcher Mechanismus die Figuren bewegt, aber es *könnte* etwa dieser von Kempe sein.

4.4.7 Ausblick

Zu Beginn des Gelenke-Abschnitts 4.4.3 habe ich schon angesprochen, dass wir heute nicht mehr vor denselben mechanischen Problemen stehen wie sie im 19. Jahrhundert den Ideenreichtum der Mathematiker und Ingenieure herausgefordert haben. Es sind nicht nur viele Lösungen schon gefunden worden, sondern es hat auch einen Wandel in den Anforderungen und den Entwicklungswerkzeugen gegeben. Durch **CAD**, **Computer Aided Design**, und **CAM**, **Computer Aided Manufactoring**, verschränken sich mechanische und elektronische Elemente in der Herstellung und in den Produkten.

Ein besonderes Merkmal der Arbeit mit dem Computer, das sich auch schon bei der Verwendung von GeoGebra zeigt, ist die Möglichkeit, Lösungsideen und Konstellationen ohne die mühevolle Herstellung immer neuer Modelle auszuprobieren. Bei den hier betrachteten Stangengelenken kann man Längen, Angriffspunkte u. Ä. leicht ändern und zu so einer Übersicht gelangen. Die Bewegungsmöglichkeiten von Gelenken aus starren Vielecken und Körpern würden den Rahmen dieses Buches sprengen. GeoGebra stellt schon den Befehl „starres Vieleck“ zur Verfügung und es gibt Vorschläge für eine unterrichtliche Umsetzung. Die Anwendungen müssen wir den Fachgebieten Technische Dynamik, Medizingerätetechnik (wie oben erwähnt) und ähnlichen überlassen.

5 Frei erfunden und hoch hinaus

Übersicht

Dieses Buch heißt „Kurven erkunden und verstehen“. Da geht es nicht nur darum, dass man die „großen Kurvenfamilien“ Konchoide, Strophoide, Cissoide, Versiera, bipolare Kurve und Mittelpunktskurve *kennenlernt* und z. B. die Gelenkkurven versteht. Sondern jede Familie hat ein „offenes Ende“, das zur eigenen Kreation neuer Familienmitglieder einlädt. In diesem Kapitel gehen wir *in Freiheit* noch einige Schritte weiter.

5.1 Frei erfundene geometrisch erzeugte Kurven

Über die in der Mathematikgeschichte bekannten Kurven hinaus kann sich jeder auch **selbst noch Konstruktionen ausdenken**. Wenn man das Prinzip verfolgt, dass ein Punkt Q zugfest auf einem Objekt wandert und ein (oder mehrere) Punkte dabei ihre Spur zeichnen können, so bietet GeoGebra auch eine Ortslinie für P. (Achten Sie auch auf die Tipps im Werkzeugkasten Kapitel 2 im Abschnitt 2.7). **Taufen Sie Ihre Kurve** wie Sie möchten und grämen Sie sich nicht, wenn frühere Mathematiker sie nicht schon benannt haben. Freuen Sie sich daran! Die „Alten“ haben ihre Kurven ebenso „erfunden“ – oder mit ihnen eine Fragestellung gelöst – und benannt. Sie hatten aber nicht die Möglichkeiten der schnellen Konstruktion und vielfältigen Variation wir heute haben.

Eine gute Beschreibung der Konstruktion und eine Klassifizierung der Kurvenformen, die damit möglich sind, ist auch schon **wertvolle Mathematik**. In den vorigen Kapiteln haben Sie gelernt, wie man Kurvengleichungen herleitet. Daran können Sie sich versuchen.Wenn Sie Gleichungen mit Parametern aufstellen können, eröffnet sich noch ein weiteres Untersuchungsfeld. Aber: **Eine gute Konstruktion ist besser als eine unübersichtliche Gleichung.**

Im Folgenden stelle ich Ihnen einige solche „**Exoten**“ vor, die mein Mathematiker-Freund und Kollege Dieter Riebesehl oder ich selbst erfunden haben, oder die ich als „Einzelstücke“ in einem Buch entdeckt habe.

5.1.1 Die D-Kurve aus der Einleitung

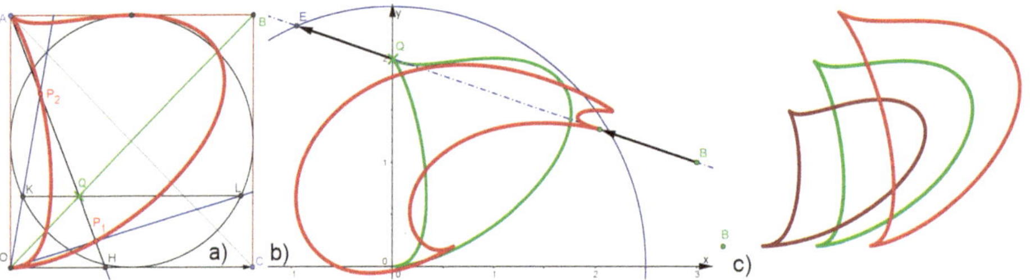

Abb. 5.1 a) Konstruktion der D-Kurve von [Wieleitner 1919], b) D-Kurve und ihre Cissoide bezüglich eines Kreises c) D-Kurve und ihre Konchoide mit dem „Baum“ in B

5.1.1.1 Analyse einer Konstruktion

Bei dem bisher Gelernten wurde eine Konstruktion beschrieben und durchgeführt, nun zeige ich Ihnen, wie man aus einem Bild die Konstruktion „herausliest“. Die Frage: Was bewegt sich nicht? beantwortet man sich mit: das Quadrat, seine Eckpunkte und Diagonalen sind fest. Die Zeichnung bei [Wieleitner 1919] war natürlich einheitlich in schwarzweiß und hatte auch nicht meine Standardbezeichnungen. Dennoch kann man erkennen, dass als Punkte, die das D als Ortslinie erzeugen können, nur P_1 und P_2 infrage kommen. Sie sind Schnittpunkte von Geraden durch die Ecke O, hier blau gezeichnet, und einer Geraden durch die Ecke A. Letztere ist durch Q definiert (auch H wäre möglich) und die blauen Geraden sind durch K und L definiert, die durch eine waagerechte Strecke verbunden sind. Q liegt auf dieser Strecke und bietet sich als „zentraler“ Punkt an, der die Bewegung „in Gang setzen kann“. K, L oder H wären auch möglich gewesen.

Konstruktion aus Quadrat, Diagonalen und Inkreis: Setze Q zugfest auf die Diagonale OB. Die Parallele zu OC schneidet den Kreis in K und L. Die Geraden OK und OL schneiden die Gerade AQ in P_1 und P_2. Die Ortslinien von P_1 und P_2 bezüglich Q bilden das D.

Gleichungsherleitung für das Wieleitner-D Die Kantenlänge des Quadrates sei $2a$. Für $Q = (u, v)$ gilt $u = v$. Für $K = (s, t)$ gilt $v = t$ und $(s-a)^2 + (t-a)^2 = a^2$. Die Gerade OK, auf der $P = (x, y)$ liegt, hat die Gleichung $y = \frac{t}{s}x$. Die Gerade AQ, auf der $P = (x, y)$ auch liegt, hat die Gleichung $y = -\frac{2a-v}{u}x + 2a$. Aus diesen fünf Gleichungen kann man u, v, s, t eliminieren. Wenn $u = v = t$ sofort verwendet wird, bleibt: $(s-a)^2 + (u-a)^2 = a^2$, $y = \frac{u}{s}x$, $y = -\frac{2a-u}{u}x + 2a$. Für die Eingabe in `http://www.wolframalpha.com` heißt das: `Eliminate[{(s-a)^2+(u-a)^2=a^2, y=u/s x, y=-(2a-u)/u x+2a},{s,u}]`. Es ergibt sich eine Gleichung (herausnehmbar mit *copyable plaintext*), die man sofort in GeoGebra einfügen kann.

5.1.2 Die deutsch-d-Kurve

Man könnte meinen, dass man für eine Kurvenkonstruktion stets Kreise oder andere höhere Kurven braucht, oder dass zumindest Senkrechten vonnöten sind. Aber das ist nicht der Fall. Die von mir so getaufte „**deutsch-d-Kurve**“ wird **allein durch Geraden** und ihre Schnittpunkte erzeugt.

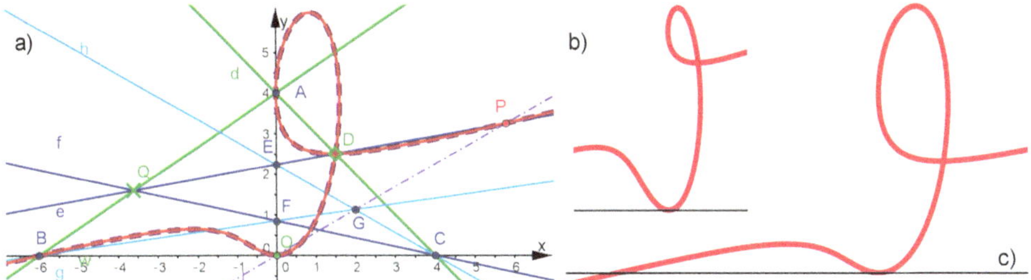

Abb. 5.2 a) Konstruktion der deutsch-d-Kurve b) d Kurve für s=0.7 c) d-Kurve für s=1.5

5.1.2.1 Konstruktion der deutsch-d-Kurve

Bei einem Dreieck ABC in der in Abb. 5.2 a) gezeigten Art, wandert Q zugfest auf der Geraden AB. Mit D auf AC kann die Form am Ende noch variiert werden, als Parameter dient die Abszisse $s = x(D)$. Zwei verschiedene Lagen von D demonstrieren die Bilder b) und c). Die Geraden QD und QC schneiden die y-Achse in E und F. Der Schnittpunkt G von CE und BF definiert eine Ursprungsgerade (gestrichelt gezeichnet). Deren Schnittpunkt mit QD ist der Punkt P, dessen Ortslinie bezüglich Q das **deutsch-d** zeigt.
Würde man B, C und D ganz *frei* setzen, käme natürlich auch eine Kurve zustande. Nur der Wunsch, auch eine Gleichung zu erzeugen, führt zu dieser etwas strengeren Anordnung. Die Kurve zur Gleichung aus dem nächsten Abschnitt unterlegt die Ortskurve gestrichelt.

5.1.2.2 Herleitung der kartesischen Gleichung der deutsch-d-Kurve

Dadurch, dass in der Konstruktion nur Geraden vorkommen, wird das Gleichungssystem zur Berechnung der Kurve natürlich „im Prinzip“ einfach. Aber das täuscht. Nacheinander hat man wegen $Q \in w$, $D \in d$, $F \in f$, $E \in e$: $v = -\frac{a}{b}u + a$, $\quad t = -\frac{a}{c}s + a$, $\quad f = -\frac{v}{c-u}(-c)$, $\quad e = \frac{t-v}{s-u}(-s) + t$. Zwei Gleichungen gelten für G: $y_G = -\frac{f}{b}x_G + f$, $\quad y_G = -\frac{e}{c}x_G + e$. Schließlich legt G die Gerade i als $y = \frac{y_G}{x_G}x$ fest. Ferner liegt P auf der Geraden e mit $y = \frac{t-v}{s-u}(x - s) + t$. Aus diesen acht Gleichungen u, v, t, f, e, x_G, y_G zu eliminieren überfordert sogar Mathematica. Wünschen wir, wenigsten s als Parameter zu behalten und legen a, b, c mit den Werten der Zeichnung fest, so bleibt uns weiterhin der Erfolg versagt. Wenn wir aber aus dem kleinen Gleichungssystem für Punkt G erst einmal x_G und y_G bestimmen und dann sofort $m = \frac{y_G}{x_G} = \frac{(b-c)ef}{(e-f)bc}$ in die Gleichung für die Gerade

i einsetzen, kommen wir mit Eliminierung zur Kurvengleichung. Lässt man a, b, c unbelegt, ist noch mehr Handwerk trotz CAS-Unterstützung zu erledigen. Merke: **Wer das Handwerk nicht beherrscht, kommt auch mit Computer nicht ohne Weiteres zum Ziel.** Die Gleichung ist dann:
$b^2sy(c-s)(a(c-x)-cy)^2 = ax(b-c)(ax(c-s)-csy)(a(b-x)(c-s)+cy(s-b))$. Eingetragen in GeoGebra liegt die Kurve genau auf der geometrisch erzeugten Kurve. Die Dreieckspunkte A, B und C können nun entlang der Achsen noch verschoben werden, die Kurve aus dieser Gleichung „geht mit".

5.1.3 Die Topfblumen-Kurven

Für die Topfblumen sind zwei Konstruktionen verwirklicht. Die rot gezeichnete Topfblume ist ohne Kenntnis der allgemeinen Definitionen aus den Abschnitten 3.1 und 3.2 „einfach so" erfunden worden. Die Konstruktion der violetten Topfblume ist nur geringfügig anders, dennoch lässt sie sich sogar in *zwei* Kurvenfamilien einordnen, nämlich die Konchoiden und die Strophoiden. Diese Familienüberlegungen lassen sich auch noch fortführen.

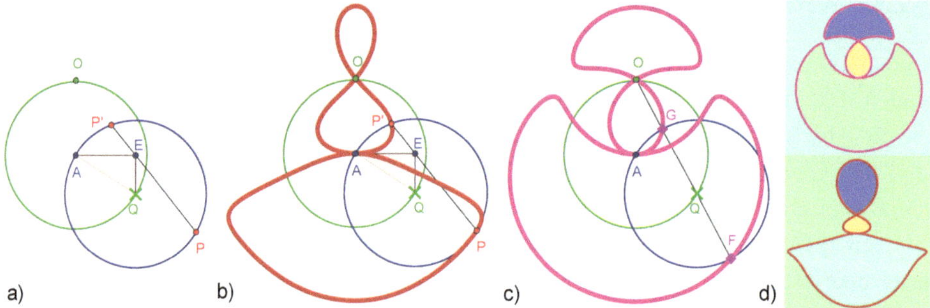

Abb. 5.3 a) Konstruktion der roten Topfblumen-Kurve b) rote Topfblumen-Kurve c) violette Topfblumen-Kurve, die eine Strophoide und eine Konchoide ist d) beide Topfblumen farbig gestaltet

Konstruktion der roten Topfblume Abb. 5.3 a) zeigt den Ursprung O des (nicht gezeichneten) Koordinatensystems, Punkt $A = (0, -a)$ liegt auf der y-Achse. Auf einem Kreis um A mit dem Radius b wandert der Punkt Q, um den auch ein Kreis mit dem Radius b gezeichnet ist. Die Zahlen a und b sollen nachträglich variierbar sein. In der Zeichnung sind $a = 2.01$ und $b = 2$. Auf die Parallele zur x-Achse durch A wird von Q aus ein Lot gefällt, dessen Fußpunkt E die Gerade OE bestimmt. Man kann E auch als rechte Ecke des Steigungsdreiecks der Geraden AQ deuten. Die Schnittpunkte der Geraden OE mit dem Kreis um Q sind die gesuchten Punkte P und P', deren Ortskurve bezüglich Q die rote Topfblume ist.
In Abb 5.3 d) ist unten auch die rote Topfblume zu sehen, dort liegt O innerhalb des grünen Kreises, denn es ist $a = 1$ und $b = 2$.

Aufstellen der Gleichung der roten Topfblume Als Parameter sollen a und b in den Gleichungen stehenbleiben. Auf dem grünen Kreis liegt $Q = (u, v)$, das führt zu Gleichung eins: $u^2+(v+a)^2 = b^2$. Da $E = (u, -a)$ gilt, ist Gleichung zwei: $y = -\frac{a}{u}x$, die Gerade OE, auf der auch $P = (x, y)$ liegt. P liegt außerdem auf einem Kreis und Q mit dem Radius b, also ist Gleichung drei: $(x-u)^2 + (y-v)^2 = b^2$. Wegen der beiden quadratischen Terme ist die Auswertung von Hand mühsam. Unser Werkzeug `http://www.wolfram-alpha.com` liefert mit `Eliminate[{eins, zwei, drei},{u,v}]//Simplify` die Gleichung der Topfblume
$4ay(x^2+y^2)^2+y^2(x^2+y^2)^2+a^4(4x^2+y^2)+4a^3(3x^2y+y^3)+2a^2(2x^4+7x^2y^2+3y^4) = 4b^2y^2(a+y)^2$.

Konstruktion und Gleichung der violetten Topfblume Die Konstruktion beginnt wie die vorige, allerdings wird kein E erzeugt, sondern gleich das Q mit dem Ursprung O verbunden. Die Punkte F und G erzeugen hier die Ortskurve.

Für die Aufstellung der Kurvengleichung können die Gleichung eins und drei unverändert aus dem vorigen Absatz genommen werden, nur Gleichung zwei wird verändert in zwei': $y = -\frac{v}{u}x$. Diese winzige Änderung hat bei Elimination von u und v die Gleichung der violetten Topfblumen-Kurve zur Folge: $a^4(x^2+y^2) + 4a^3y(x^2+y^2)+$
$4ay(x^2+y^2)(-2b^2+x^2+y^2)+2a^2(x^4-2b^2y^2+4x^2y^2+3y^4) = (4b^2-x^2-y^2)(x^2+y^2)^2$.

5.1.3.1 Familien für die violette Topfblume

Gemeinsam ist bei den Kurven des Kapitels 3, dass P und Q beide auf derselben Ursprungsgerade liegen. Bei den *Konchoiden* ist während der Bewegung von Q der Abstand von P und Q konstant, bei den *Strophoiden* ist dieser Abstand stets gleich dem Abstand von Q zu einem festen Punkt A. Bei der violetten Topfblumen-Kurve, bei der Q auf einem Kreis um A läuft, ist nun beides gleichzeitig der Fall. Also ist sie **sowohl eine Konchoide als auch eine Strophoide**.

Satz 5.1 (Cissoiden auf umgekehrtem Weg)
Sei C_p eine Ortskurve von P bezüglich Q, bei der die Punkte P und Q gemeinsam auf einer Geraden durch einen festen Punkt B liegen und Q auf einer Kurve C_1 wandert, gibt es immer eine Kurve C_2 so, dass C_p ***eine Cissoide von** C_1 **und** C_2 **bezüglich dem Pol** B *ist.*

Beweis Nach Definition 3.4 schneidet die Gerade BQ die Kurve C_2 in einem Punkt E. Wir hängen nun den Vektor $\overrightarrow{BP}$ an Q an und erreichen so E. Die Ortskurve von E bezüglich Q ist nun die gesuchte Kurve C_2. □

Zum Nutzen dieses Satzes Die so erzeugte Kurve kann ihrerseits eine schöne Kurve sein, die über diese Konstruktion mit der Kurve C_p „verwandt“ ist. In seltenen Fällen wird es sich um einen Kreis, eine Gerade oder eine andere bekannte Kurve handeln, wenn

C_p schon eine Kurve hohen Grades ist. Abb. 3.26 in Abschnitt 3.4.6 aber zeigt eine Kurve 6. Grades, die Cissoide von Kreis und Parabel ist. Also gibt Satz 5.1 keinen Anlass zu Vorhersagen.

5.1.3.2 Enkel-Kurven

Vielleicht ist es aber interessant, auf die im Beweis gezeigte Art neue Kurven aus einer Kurve C_p zu erzeugen, auch wenn P und Q **nicht** auf einer Geraden durch den Pol B liegen. Aus einer Wanderkurve C_1 für Q und einer daraus irgendwie erzeugten Ortskurve C_p und einem festen „Pol" B entstünde dann durch Anhängen von $\overrightarrow{BP}$ an Q eine neue Ortskurve C_e. Ich habe eine solche Kurve **Enkel-Kurve** getauft, weil zunächst der Wanderkreis C_1 vorhanden sein muss, dann entsteht C_p und daraus dann C_e.
Diese Idee habe ich noch nicht weiter verfolgt, geschweige denn mir Urenkel-Kurven und weitere Nachkommen vorgestellt.

Aufgabe 5.1 Variationen zu Topfblumen
Am meisten Freude am mathematischen Tun hätten Sie, wenn Sie die Dateien nachbauten – oder die von der Website nähmen – und sich die Wandlung der Formen bei Variation von a und b ansähen. Dann kämen die Fragen von allein und Sie hätten Lust, sie sich selbst zu beantworten. Für Begründungen ist die **Betrachtung der Geometrie sinnvoll und auch mathematisch wertvoll**. Wenige Antworten wird man von der Gleichung zu erwarten haben. Verabschieden Sie sich (ggf.) von dem Anspruch: ein Beweis muss immer „errechnet" werden.

1. In Abb. 5.3 liegt der Ursprung O um 0.01 höher als der Kreis, denn $a = 2.01$ und $b = 2$. Sehen Sie sich an, wie empfindlich die violette Topfblume auf winzige Änderungen von a reagiert. Die rote Topfblume ist in diesem Parameterbereich „robuster".
2. Sehen Sie sich die Abb. 3.7 im Vergleich mit der violetten Topfblume an. Es ist eine Parabel-Konchoide. Auch die Parabel liegt nur sehr knapp unter dem Ursprung. Die Parabel-Konchoide hat ebenfalls oben die Pilzform, aber unten biegen sich die Äste nicht zusammen wie sie es bei der violetten Topfblume tun, die – wie oben gezeigt – eine Kreis-Konchoide ist.
3. Warum erhält man für $a = b$ eine Pascal'sche Schnecke nach der Konstruktion in Abb. 3.5.
4. Was macht die Wahl $a = 0$ mit den Topfblumen? Zeigen Sie unter Verwendung der Gleichung, dass aus der roten Topfblume zwei Kreise werden. Nehmen Sie als Erfahrung mit, dass in solchen Grenzfällen das Ortslinien-Werkzeug Schwierigkeiten hat. Für die violette Topfblume ergibt sich eine geometrisch klare Situation.
5. Bestimmen Sie aus der Geometrie die Schnittpunkte der Topfblumen mit der y-Achse. Rechnerisch kommen natürlich mit CAS dieselben Schnittpunkte heraus, von Hand ist eine Gleichung 4. Grades übrig, bei der man nur Chancen hat, wenn man Lösungen weiß. Eben: man weiß sie!

6. Konstruieren Sie gemäß Abschnitt 5.1.3.2 die Enkel-Kurven zu den Topfblumen. Für die rote Topfblume mit $a = b$ kommt eine „Blumenknolle" heraus, die schon ausgetrieben hat.

Hinweis
Die Dateien finden Sie wie immer auf der Website zum Buch. ◂

5.1.4 Das gefangene Zweiblatt

Das Zweiblatt ist gefangen in einem waagerechten Streifen. Seine Form wird von der Lage des Punktes A gesteuert. Das Besondere an der Konstruktion des Zweiblattes ist, dass sie einerseits einen Wanderkreis für Q enthält, dass sie aber auch ganz ohne Kreis, nur mit Geraden und Senkrechten beschrieben werden kann.

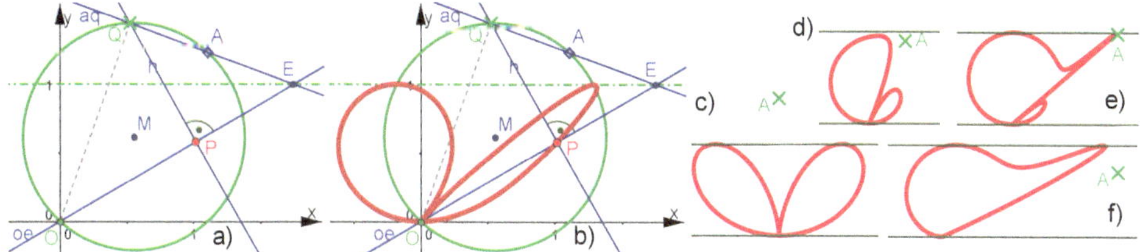

Abb. 5.4 In einem Streifen gefangenes Zweiblatt a) Konstruktion b) Zweiblatt c)-f) Das Zweiblatt mit anderen Lagen von Punkt A: c) (0,1.5) d) (0.4,0.9) e) (1.2,0.98) f) (2,0.5)

Das Zweiblatt in geometriefreundlicher Konstruktion Ein Punkt $A = (p, q)$ wird frei in die Zeichenebene gesetzt. Auf den Kreis, der $\overline{OA}$ als Durchmesser hat, wird Q zugfest gesetzt. Die Gerade QA schneidet die Gerade $y = w$ in E. Es sollen w, p, q Parameter sein. Der Fußpunkt des Lotes von Q auf die Gerade OE ist der Punkt P, dessen Ortslinie bezüglich Q das Zweiblatt ist.
Diese Konstruktion nenne ich „geometriefreundlich", weil man Q auf dem ganzen Kreis herumziehen kann und P dabei – etwa im didaktisch sinnvollen Spurmodus – dann auch das ganze Zweiblatt zeichnet. Sie ist *nicht* gleichungsfreundlich, mit dem Eliminate-Befehl von Mathematica kam nichts heraus. Auch bei trickreichem, schrittweisen Vorgehen konnte der letzte Parameter nicht mehr eliminiert werden, die Terme waren mehrere Zeilen lang und enthielten noch „wilde Wurzeln".

Das Zweiblatt in gleichungsfreundlicher Konstruktion Ein Punkt $A = (p, q)$ wird frei in die Zeichenebene gesetzt. Auf der Geraden $y = w$ wandert ein zugfester Punkt E. Der Fußpunkt des Lotes von O auf die Gerade EA wird Q genannt. (An Q als konstruiertem Punkt kann man jetzt *nicht* ziehen. Meine Bezeichnungskonvention gilt hier ausnahmsweise nicht, weil mit demselben Bild zwei Handlungsweisen beschrieben werden.) Der Fußpunkt des Lotes von Q auf die Gerade OE ist der Punkt P, dessen Ortslinie bezüglich Q das Zweiblatt ist.

Die Konstruktion ist *nicht* geometriefreundlich, da man an E nur im gezeichneten Bereich ziehen kann, obwohl die Gerade $y = w$ in Unendliche reicht. Im Spurmodus geht nur die mittlere Spitze in den Ursprung, die kleinen Zipfel bei Abb. 5.4 d) und e) kann man leicht verpassen. Fordert man allerdings von GeoGebra die Ortslinie an, so wird intern mit der Geraden $y = w$ *weiter außen* noch gerechnet und es erscheint das ganze Zweiblatt.
Die Konstruktion nenne ich „gleichungsfreundlich“, da sich mit den Geraden und Senkrechten ein Gleichungssystem ergibt, das mit dem Eliminate-Befehl in Millisekundenschnelle trotz der drei Parameter gelöst wird.

Die Gleichung des Zweiblattes ist: $\left(x^2+y^2\right)\left(y^2\left(p^2+q^2\right)+w^2\left(x^2+y^2\right)\right) = wy\left(2\left(x^2+y^2\right)(px+qy)+(qx-py)^2\right)$

Aufgabe 5.2 Erkundungen des Zweiblattes

Beide Konstruktionen erzeugen *dasselbe* Zweiblatt, denn in der Konstruktion aus Abb. 5.4 a) ist der rechte Winkel bei Q, der in der zweiten Konstruktion gefordert wird, dadurch gesichert, dass der grüne Kreis als Thaleskreis über $\overline{OA}$ aufgefasst werden kann. $\overline{QP}$ist also in beiden Fällen die Höhe in dem rechtwinkligen Dreieck OEQ.

1. Wann liegt A auf dem Zweiblatt? Argumentieren Sie geometrisch *und* mit der Gleichung.
2. Wo schneidet das Zweiblatt die y-Achse außer in $y = 0$?
3. Die Frage nach gemeinsamen Punkten mit der Geraden $y = w$ führt auf $x = \frac{1}{2}\left(p \pm \sqrt{p^2+4w\,q-4w^2}\right)$ und beide Schnittstellen sind doppelt. Was können Sie daraus schließen? Was haben die Schnittpunkte mit dem Kreis aus der Konstruktion Abb. 5.4 a) zu tun? Beachten Sie ggf. den Hinweis.
4. Wie können Sie mit den Erkenntnissen aus dem vorigen Punkt begründen, dass das Zweiblatt in dem Streifen aus der x-Achse und der Gerade $y = w$ gefangen ist.
5. Wenn man A langsam von oben auf die Gerade $y = w$ zieht, wird das eine Blatt immer schmaler, die Kurve scheint instabil zu sein, das schmale Blatt verschwindet kurz, dann entsteht unten ein neues kleines Blatt. Setzt man für q das w in die Gleichung ein, ergibt sich in `http://www.wolfram-alpha.com` nach Vereinfachung mit `//Simplify` dann $(-w\,x+p\,y)(x^2+y(-w+y)) = 0$. Deuten Sie damit die beschriebenen Phänomene.

Hinweis

Zu 3.: Tragen Sie die Parabel $y = w - \frac{1}{4w}x^2$ in die Zeichnung ein. Bewegen Sie A in den Parabelbogen hinein und wieder heraus. Beobachten Sie, was sich bezüglich des Schnittes mit $y = w$ ändert. Überlegen Sie, wo die Gleichung der Parabel herkommt. Bedenken Sie, dass Sie evtl. mit dünnen Strichdicken und starkem Zoom scheinbare Widersprüche auflösen können.
Die Datei zum Zweiblatt finden Sie auf der Website zum Buch. ◄

Aufgabe 5.3 Zweikeimblatt im Wind

Buchen und viele andere Pflanzen sind „zweikeimblättrig“, als Erstes entfalten sich zwei Blättchen. Lassen Sie sich überraschen, wie sich beim Ziehen von A das mathematische Zweikeimblatt „im Wind“ bewegt.

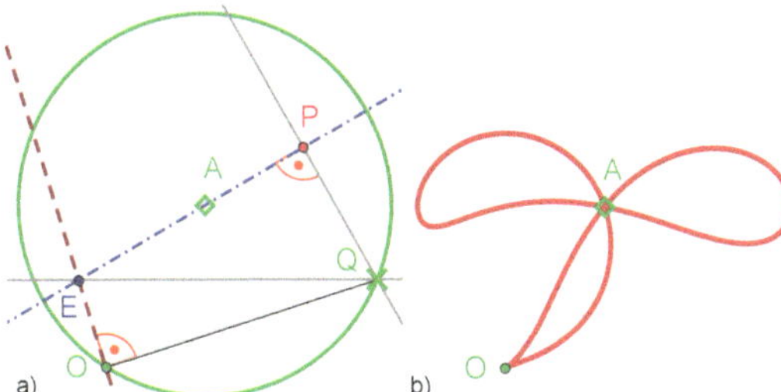

Abb. 5.5 Zweikeimblatt im Wind
Zu einem freien Punkt A wird Q zugfest auf einen Kreis um A durch den Ursprung O gesetzt. Die Senkrechte auf OQ in O schneidet die Parallele zur x-Achse durch Q in E. P ist der Fußpunkt des Lotes von Q auf die Gerade EA. Die Ortskurve von P bezüglich Q ist das Zweikeimblatt.

Bewegen Sie A frei in der Ebene. Überlegen Sie, warum das Zweikeimblatt nie aus seinem Erzeugungskreis herausragt.

Liegt A auf der x-Achse, kommt eine Lemniskate heraus. Ist es die Lemniskate von Bernoulli (siehe Abschnitt 4.4.1)?

Hinweis

Ergänzen Sie evtl. B so, dass $A \in \overline{EB}$ ist. Eine Gleichung für das Zweikeimblatt müsste den Grad sechs haben. Die Suche danach ist nicht vielversprechend. ◀

5.2 Frei erfundene Gleichungen und ihre Kurven

Wir betrachten die reelle kartesische Ebene mit Punkten $P = (x, y)$. Schreibt man irgendeine Gleichung auf, die x und y enthält, so beschreibt sie i. d. R. eine Kurve, einzelne Punkte oder gar nichts Reelles. Im letzten Fall gibt es also keinen Punkt, dessen Koordinaten die Gleichung erfüllen. Ein Beispiel ist $\sin(x) = y^2 + 2$, denn links stehen reelle Zahlen, die 1 nicht überschreiten, rechts solche, die 2 nicht unterschreiten.

Eine Gleichung, die von vier isolierten Punkten erfüllt wird, ist:

$$\text{Vier isolierte Punkte} \qquad \left(x^2 - a^2\right)^2 + \left(y^2 - b^2\right)^2 = 0 \tag{5.1}$$

Die Quadratklammern müssen beide null sein, Lösungen sind also nur die vier Punkte $A = (\pm a, \pm b)$.

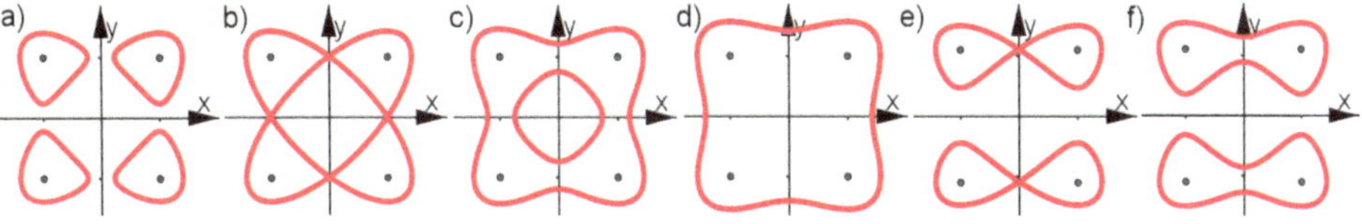

Abb. 5.6 Isolierte Punkte als Sonderfall der Kurvenfamilie mit der Gleichung 5.1, wenn rechts statt der 0 eine Zahl h steht (siehe Aufgabe 5.4).

Aufgabe 5.4 Kurvenfamilie mit isolierten Punkten im Grenzfall
Es geht um die Kurven mit der Gleichung $\left(x^2-a^2\right)^2+\left(y^2-b^2\right)^2=h$. Abb. 5.6 zeigt Bilder für einige Werte von a, b, h.

1. Geben Sie die Gleichung ein und experimentieren Sie mit Schiebereglern a, b, h. Versuchen Sie, die in Abb. 5.6 gezeigten Fälle zu finden.
2. Wann und warum haben die Bilder die x-Achse, die y-Achse oder beide Achsen als Symmetrieachsen.
3. In Abb. 5.6 b) scheinen sich zwei Ellipsen zu schneiden. Denken Sie sich eine Strategie aus, wie Sie dies untermauern, beweisen oder widerlegen.
4. Von Bild c) nach Bild d) ist h verändert. Für welches h verschwindet das innere Oval?
5. Vergleichen Sie die gegebenen Kurven mit $x^2(x-2a)^2+y^2(y-2b)^2=h$.

Hinweis
Sie können die Fragen elementar beantworten. Eine schöne Übersicht aber bietet die 3D-Sicht, die im Abschnitt 5.3 vorgestellt wird. Als Werkzeug ist GeoGebra geeignet, wenn Sie a, b, h zwischen 0 und 2 wählen. Die Datei finden Sie auch auf der Website zum Buch.
◀

5.2.1 Term-Sensibilisierung

In den beiden Kurvenprojekten, die ich um 2000 herum mit 8. Klassen im Mathematikunterricht durchgeführt habe, konnte ich überraschende Erfahrungen sammeln. Gegen Ende der Zeit, in der Kurven sowohl geometrisch als auch mit Betrachtung der Gleichungen erkundet worden waren (siehe 3.1.1.2), habe ich eine Aufgabe entwickelt, in der zwischen einer Liste von Gleichungen und einer Liste von Kurvengraphen Zuordnungen gefunden werden sollten. Ich war verblüfft, wie verschieden die Achtklässler darangingen. Einige, insbesondere Jungen, versuchten die Computer auszureizen, indem sie die Exponenten in den Gleichungen „ganz hoch“ wählten. Das CAS Derive, das die Eingabe impliziter Gleichungen erlaubte, brach mit $x^{1000}+y^{1000}=1$ zusammen, GeoGebra heute schafft das. Man sieht ein (pixelmäßig) perfektes Quadrat durch die Einheiten der beiden Achsen. Exponent 100 ging gerade noch, als die Schüler dann bei x aber Exponent 99 wählten, tauften sie die Figur **Hypellipse**, auch **Fernsehröhre** wurde vorgeschlagen.

Sie hatten vorher Hyperbel und Ellipse gemäß meiner Aufgabenstellung identifiziert, beide waren im vorausgegangenen Unterricht auch vorgekommen. Stolz zeigten Sie sich gegenseitig ihre Kreationen. Gefragt, warum denn trotz des Pluszeichens links die Hyperbelform zu sehen sei, nannten sie als Ursache, dass sich durch den ungeraden Exponenten bei negativem x das Minuszeichen bemerkbar macht. Bei geradem Exponenten wird es unterdrückt.

Unter der Bezeichnung **Term-Sensibilisierung** habe ich die Erfahrungen und das didaktische Ziel zusammengefasst. Es ist schon viel gewonnen, wenn in dieser Altersstufe wahrhaft erfahren wird, dass die Veränderung jeder „Kleinigkeit“ in mathematischen

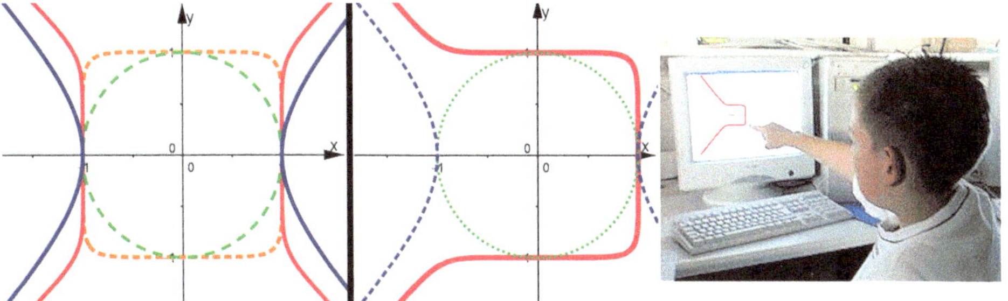

Abb. 5.7 Gleichungen von Kreis (grün) und Hyperbel (blau)variieren a) Exponenten 8 statt 2 ergibt Rundeckenquadrat und Platt-Hyperbel b) Hypellipse $x^9 + y^8 = 1$ c) Achtklässler zeigt seine Kreation

Gleichungen große Wirkungen haben kann. Wesentliches Element ist das eigene Tun anstelle der Belehrung, was man „darf". **Erlaubte** Term- und Gleichungsumformungen ändern mit Sicherheit nichts. Auf der Website [Haftendorn 6] erläutere ich dies noch ausführlicher.

5.2.2 „Konchoiden" von Baron de Sluze

In der Barockzeit befassten sich viele Mathematiker und andere gebildete Menschen mit – insbesondere algebraischen – Kurven. René François Walther de Sluze – in [2dcurves Website] u.a. Baron de Sluze genannt – war wallonischer (belgischer) Mathematiker und Chorherr in Lüttich.Er stellte im Jahre 1662 eine Kurvenfamilie vor, die fast wie die Konchoiden des Nikomedes aussehen. Abb. 5.8 zeigt sie in Rot gemeinsam mit

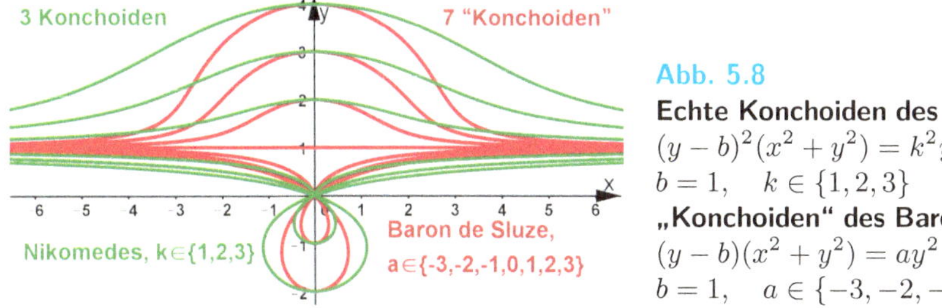

Abb. 5.8
Echte Konchoiden des Nikomedes
$(y-b)^2(x^2+y^2) = k^2y^2$ (grün)
$b = 1, \quad k \in \{1,2,3\}$
„Konchoiden" des Baron de Sluze
$(y-b)(x^2+y^2) = ay^2$ (rot)
$b = 1, \quad a \in \{-3,-2,-1,0,1,2,3\}$

den Konchoiden des Nikomedes (grün), den Hundekurven aus dem ersten Abschnitt 3.1 des dritten Kapitels. Es sind drei Hundekurven gezeichnet, denn jede besteht aus einem oberen Bogen und einem unteren Ast, der eine Schlaufe, eine Spitze oder einen schlichten Bogen haben kann. Die sieben roten Kurven sind keine Konchoiden im Sinne der Definition 3.2, man merkt das auch sofort daran, dass sie nur den Grad 3 haben (siehe Definition 2.4). Sieht man die neben dem Bild stehenden Gleichungen an, so unterscheiden sie sich i.W. durch das Quadrat an der vorderen Klammer. Das k^2 ist durch a ersetzt, denn ohne das Quadrat links sind auch negative Werte dieses Parameters sinnvoll.

Auch die Polargleichungen beider Kurvenfamilien sind sehr ähnlich.

$$\text{Nikomedes} \quad r(\theta) = \frac{b}{\sin(\theta)} \pm k \qquad \text{de Sluze} \quad r(\theta) = \frac{b}{\sin(\theta)} + a\sin(\theta) \tag{5.2}$$

Man erhält sie durch die Grundgleichungen 2.6.
Die Gleichungen der Kurven des Barons de Sluze erweisen sich als Varianten der Gleichungen der wahren Konchoiden, daher habe ich sie in diesen Abschnitt aufgenommen und setze Anführungszeichen: „Konchoiden“.

Als Sonderfall ergibt sich für $a = -1$ und $b = -a$ die **Cissoide des Diokles** aus Gleichung 3.18, gedreht und angepasst $(1-y)x^2 = y^3$. Ebenso ergibt sich für $a = -2$ und $b = 1$ die **Strophoide** aus Gleichung 3.9, gedreht und angepasst $(1-y)x^2 = (1+y)y^3$. Aus Satz 3.3 kann man entnehmen, dass die ganze Familie dieser Kurven, die nach Gleichung 5.2 die Polardarstellung $r(\theta) = \frac{b}{\sin(\theta)} - (-a\sin(\theta))$ als Cissoiden mit C_1, polar dargestellt $\varrho_1(\theta) = -a\sin(\theta)$, und C_2, polar dargestellt $\varrho_2(\theta) = \frac{b}{\sin(\theta)}$, aufgefasst werden können.

Aufgabe 5.5 Baron de Sluzes Familie als Cissoiden-Familie

1. Um welche Kurven handelt es sich bei C_1 undC_2?
2. Entwickeln Sie daraus eine geometrische Konstruktion aller Kurven des Barons de Sluze, probieren Sie diese in GeoGebra aus und zeigen Sie die Übereinstimmung mit der kartesischen Gleichung.
3. Beschreiben Sie diese Konstruktion so, dass sie ohne weitere Kenntnisse durchführbar ist.
4. Zeigen Sie als Fortsetzung zum letzten Absatz vor dieser Aufgabe, dass auch die **Trisektrix** eine spezielle Kurve aus der Familie der Baron-Sluze-Kurven ist.

Hinweis
Es ist gleichgültig, ob Sie in der in Abb. 5.8 gezeigten Koordinatenlage argumentieren oder in der zumeist im Buch gewählten Lage. Das Anpassen der Gleichungen ist eine gute Übung. ◀

5.2.3 Wandelfisch

Aus einem Trifolium, einer Dreiblatt-Rosette wie sie in Abb. 5.9 c) zu sehen ist, wird durch Addition von $s \cdot x^2$ ein interessanter Wandelfisch.

5.2.3.1 Vom Trifolium zur kartesischen Gleichung

Rosetten sind in Abschnitt 8.2 noch ein eigenes Thema, hier brauchen wir die Polargleichung $\boldsymbol{r(\theta) = a\cos(3\theta)}$ für das **Trifolium**. Der Name kommt vom lateinischen

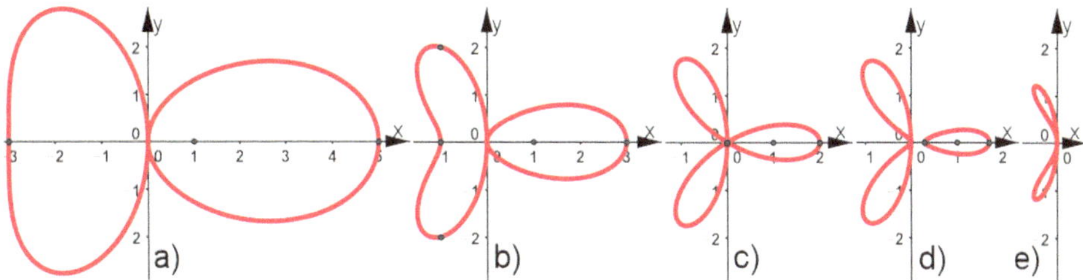

Abb. 5.9 Wandelfisch aus gestörter Rosette: a) - e) Das s wird immer kleiner, bis bald alles verschwindet

folium für *Blatt* und der Vorsilbe *tri* für *drei*, die wir von Trio, Trikolore und vielen anderen Wörtern kennen. Die folgende Umrechnung der Polargleichung können wir auch in Abschnitt 6.2.1.1 verwenden.

Man braucht die **Additionstheoreme** $\cos(\alpha + \beta) = \cos(\alpha)\cos(\beta) - \sin(\alpha)\sin(\beta)$ zweimal und $\sin(2\alpha) = 2\sin(\alpha)\cos(\alpha)$.
Also: $\cos(3\theta) = \cos(2\theta + \theta) = \cos(2\theta)\cos(\theta) - \sin(2\theta)\sin(\theta) = (\cos(\theta)^2 - \sin(\theta)^2)\cos(\theta) - 2\sin(\theta)\cos(\theta)\sin(\theta) = \cos(\theta)^3 - 3\cos(\theta)\sin(\theta)^2$. Nun kommen die Grundgleichungen 2.6 zum Zuge, die $r = a\frac{x^3}{r^3} - 3a\frac{x}{r} \cdot \frac{y^2}{r^2}$ liefern. Es folgt

$$\text{Trifolium} \qquad \left(x^2 + y^2\right)^2 = a\,x\,\left(x^2 - 3y^2\right) \tag{5.3}$$

5.2.3.2 Der Wandelfisch und seine Eigenschaften

Die kartesische Gleichung des Trifoliums wird nun „gestört“ durch Addition von $\boldsymbol{s\,x^2}$:

$$\text{Wandelfisch} \qquad \left(x^2 + y^2\right)^2 = a\,x\,\left(x^2 - 3y^2\right) + s\,x^2 \tag{5.4}$$

Es ist lohnend, es nicht beim bloßen Betrachten der Wandlungen des Wandelfisches zu belassen. Der Titel dieses Buches verspricht: **erkunden und verstehen**. Darum möchte ich an diesem Beispiel zeigen, was hier elementare Methoden im Verein mit Computerwerkzeugen für Mathematik zu leisten vermögen. Dabei gehe ich meist „von Hand“ vor, damit Sie Vertrauen gewinnen, aber es ist auch völlig legitim, sich mehr helfen zu lassen.

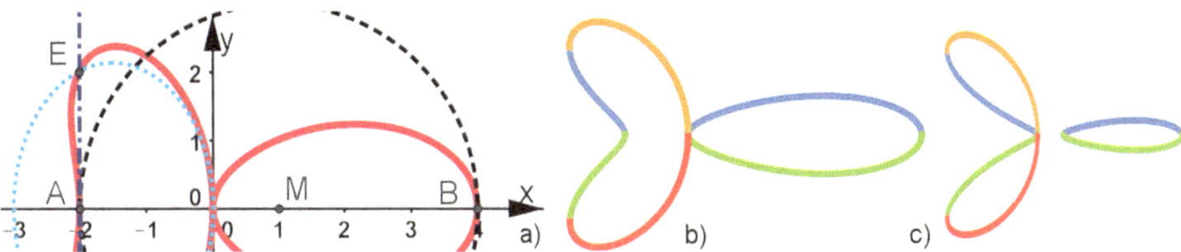

Abb. 5.10 Dem Wandelfisch hinter die „Kiemen“ geschaut: a) Elemente für die Diskussion der Eigenschaften, in b) und c) werden die explizit-kartesischen Bausteine sichtbar

Nullstellen der Wandelfische Wie üblich erhalten wir die Bestimmungsgleichung aus $y = 0$ und der impliziten Gleichung 5.4: $\left(x^2\right)^2 = a\,x\,\left(x^2\right) + s\,x^2$. Hier kann durch x^2 dividiert werden, wenn wir festhalten, dass wir im Ursprung einen doppelt durchlaufenen Punkt haben. Es hat $x = 0$ nämlich wegen $\left(y^2\right)^2 = a \cdot 0$ zur Folge $y = 0$. Es bleibt eine quadratische Gleichung $x^2 = a\,x + s$ mit der Lösung $x = \frac{a}{2} \pm \sqrt{s + \frac{a^2}{4}}$. Symmetrisch zu $M = (\frac{a}{2}, 0)$ in Abb. 5.10 zeigen die Schnittpunkte des schwarz-gestrichelten Kreises diese Nullstellen.
In allen Bildern zum Wandelfisch steuert a die Gesamtgröße des ursprünglichen Trifoliums und es ist $a = 2$ gewählt. Somit ist nun s für die Formenvielfalt verantwortlich.

Ferner sieht man an dem Lösungsterm, dass sich für $s = -\frac{a^2}{4}$ der gestrichelte Kreis auf M zusammenzieht. Dort verschwindet also die in Abb. 5.9 d) und 5.10 c) noch sichtbare „Insel", es gilt dabei $s = -1$. Dass für $s = 0$ das Trifolium herauskommt, war klar. Für positive s gibt es uneingeschränkt zwei Nullstellen außerhalb des Ursprungs. Sie können aus den ganzzahligen Nullstellen der Zeichnungen die verantwortlichen s berechnen.

Die geheimnisvolle Ellipse und die Buchten Eine naheliegende Frage ist, für welches s der linke Kurvenast keine **Einbuchtung** mehr hat. In Abb. 5.10 a) schneidet die Senkrechte in der linken Nullstelle $x = 1 \pm \sqrt{s+1}$ den Wandelfisch in Punkt E=(x,y). Mit diesem x und dem y, das Gleichung 5.4 erfüllt, bekommt man (auch von Hand) mit Elimination von s zunächst $(2x^2 + 6x)y^2 + y^4 = 0$. Division durch y^2 ist erlaubt, denn die Berührung der blau gestrichelten Geraden kennen wir schon. Übrig bleibt die Ellipsengleichung $2x^2 + 6x + y^2 = 0$, umgeformt:

$$\text{Ellipse von Punkt } E \qquad \frac{\left(x + \frac{3}{2}\right)^2}{\frac{9}{4}} + \frac{y^2}{\frac{9}{2}} = 1 \tag{5.5}$$

Man kann diese Ellipse in GeoGebra auch als Ortskurve von E bezüglich s erhalten. Sie schneidet die x-Achse links bei $x = -3$, dazu gehört $s = 15$. Also ist der Wandelfisch mit $s = 15$ der erste, der keine Einbuchtung hat, für alle größeren s ergeben sich Wandelfische in beliebiger Größe mit zwei **konvexen Ovalen**.
Dabei verwendet man den Begriff *konvex* gerade für „ohne Einbuchtungen", bei Kurven heißt das „ohne Wendepunkte".

Die expliziten kartesischen Gleichungen Da in Gleichung 5.4 das y nur quadratisch und in 4. Potenz vorkommt, hat man Chancen, aus einer biquadratischen Gleichung y^2 – und damit y – zu bestimmen. Dazu sind die Klammern aufzulösen und nach y^4-, y^2-Termen und dem Rest zu sortieren. Es ergibt sich $y^4 + (2x^2 + 3ax)y^2 = -x^4 + ax^3 + sx^2$ und dann

$$\text{Wandelfisch:} \quad y^2 = -x^2 - \frac{3}{2}a\,x \pm x\sqrt{4a\,x + s + 9\frac{a^2}{2}} \qquad \text{kurz:} \quad y^2 = f(x) \pm g(x) \tag{5.6}$$

Die Funktionen f und g sowie ihre Summe und Differenz kann man sich in Abhängigkeit vom Schieberegler s bei $a = 2$ in GeoGebra ansehen. Die positive Wurzel aus der Summe ist in Abb. 5.10 b) und c) in Blau dargestellt, die negative Wurzel in Grün. In Bild b) hatte die Summe links vom Ursprung ein Intervall mit negativen Werten, auch rechts der rechten Nullstelle gab es negative Werte. Für diese Bereiche gibt es keine reellen Wurzeln. Bei dem abrupten Ende links oben verschwindet die Diskriminante in $g(x)$ und hier endet auch der ockerfarbene Graph der Wurzel aus der Differenz. Letzterer kann $x = 0$ nicht überschreiten, da für positive x die gesamte Differenz negativ ist. Ockerfarbene Kurvenäste – und ihre Spiegelung in Rot – kann es nur links des Ursprungs geben.

Die blau-grüne Insel rechts gibt es nur bis $s = -1$, wie wir schon bei Betrachtung der Nullstellen gesehen haben. Das Maximum der Summe von f und g ist bei kleiner werdendem s so weit abgesunken, dass es die x-Achse für $s = -1$ von unten berührt.

Der Doppelzipfel, der in Abb. 5.9 e) zu sehen ist, verschwindet schließlich auch noch, da sich letztlich $-x^2$ im Term von Gleichung 5.6 durchsetzt. Das genaue s findet man durch die Diskriminante $8x + s + 9$ von $g(x)$, es ist hier $a = 2$. Sie erlaubt für $s = -9$ keine negativen x mehr.

5.2.4 Mathematik und eigene Erfindungen

Gerade der Wandelfisch zeigt, dass sich jeder an Erfindungen freuen und dabei reichlich mathematisches Handeln und Denken aktivieren kann. Im Kunststudium ist es das Übliche, dass die Studierenden das Gelernte in eigenen Produktionen umsetzen. Man glaubt es ja nicht, aber das ist auch in der Mathematik schön und nützlich.

5.3 Hoch hinaus in den Raum

Die räumlichen Phänomene der Mathematik haben ein ähnliches Schicksal erlitten wie die algebraischen Kurven, die nicht Funktionsgraphen sind. Sie galten als zu aufwändig, zu anspruchsvoll, zu zeitraubend. Das betrifft schon das Zeichnen von Polyedern und erst recht ihrer Durchdringungen. Während Körperberechnungen von Standardformen – wenigstens unter Einsatz einer Formelsammlung – noch gemacht werden, fehlen oft – so habe ich es an meinen Studierenden beobachtet – die einfachsten Verallgemeinerungen für Prisma und Pyramide. Die Erfahrungen mit räumlichen Darstellungen in der Zeichenebene sind auch entsprechend schlecht ausgebildet.

Im Rahmen der Vektorrechnung gibt es Ansätze, Schnitte von Ebenen und Polyedern zum Thema zu machen. Allenfalls kommt eine Kugel vor. Da ja auch die Kegelschnitte aus den Lehrplänen gestrichen sind, gibt es die von ihnen gebildeten Körper, die Quadriken, nicht mehr. Eine Sonderrolle spielen die Volumenberechnungen von Rotationskörpern, die durch Drehung von Funktionsgraphen um die x-Achse entstehen. Gleichungen für diese Körper werden dabei aber nicht betrachtet.

Im Gegensatz dazu sind die Möglichkeiten immens gewachsen, den 3D-Raum mathematisch zu nutzen. Ohne viel Aufwand können in jeder Darstellungsart Raumkurven und Raumflächen gezeichnet werden. Hierzu finden Sie Anleitungen in den Abschnitten 2.6 und 5.3.2. Im Folgenden geht es um die räumlichen Objekte, die eine enge Verwandtschaft zu den Kurven dieses Buches zeigen. Uns interessiert außer der Gestalt aber allenfalls das Volumen, evt. die Mantelfläche. Formeln finden Sie in Abschnitt 11.3.4.

5.3.1 Familien der raumverwandten Kurven

Aus einer Kurvengleichung in der Standardform $0 = F(x, y)$ wird durch $z = F(x, y)$ die Gleichung einer Raumfläche. Siehe Abschnitt 2.6.1.1.

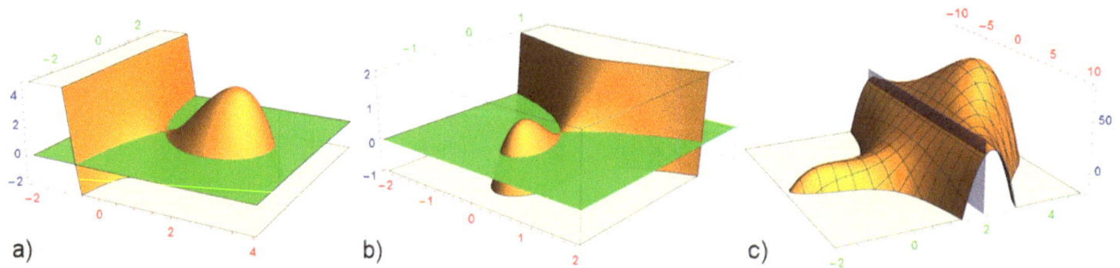

Abb. 5.11 **3D-Familien** a) Trisektrix von Maclaurin, b) Konchoide des Nikomedes für kleine z, c) überraschende Form für große z

Raumverwandte der Trisektrix In Abb. 5.11 a) ist die Funktion $z = z(x, y) = (3a - x)x^2 - (a + x)y^2$ mit $a = 1$ auf der Grundlage von Gleichung 3.13 dargestellt. In der grünen Grundebene kann man die Trisektrix aus Abb. 3.16 als Schnittkurve erkennen.

Wenn wir nun die grüne Grundebene anheben, so zerfällt die Schnittkurve in ein Oval und einen Bogen an der hinteren Wand. Beim weiteren Heben wird das Oval immer kleiner, bis es ganz verschwindet. Beim Senken der Grundebene haben wir einen einzigen Kurvenast ohne Doppelpunkt. Diese Kurven sind mit der geometrischen Konstruktion der Trisektrix *nicht* zu erzeugen. Ich nenne sie die **Raumverwandten** der Trisektrix.

Für uns erscheint diese Betrachtung naheliegend, weil wir alles so schön anschaulich darstellen können. Aber schon [Wieleitner 1919] widmet seinen Abschnitt 7 den Überlegungen zur Addition einer Konstanten zur Standardform der Kurvengleichung. Genau das tun wir hier.

Raumverwandte der Konchoide des Nikomedes In Abb. 5.11 b) ist die Funktion $z = z(x, y) = k^2y^2 - (x^2 + y^2)(y - a)^2$ mit $k = 3$ und $a = 2$ auf der Grundlage von Gleichung 3.1 dargestellt. Im Vergleich zu Bild a) möchte man meinen, dieses Beispiel lohne sich nicht. Aber zunächst ist zu bedenken, dass in Bild b) der zweite Konchoidenast aus Abb. 3.3 c) nicht mit dargestellt ist. Diesen Mangel behebt Abb. 5.11 c). Zudem gibt es noch mehr Besonderheiten. Die Asymptote der Konchoide wird nämlich nicht zu einer „Asymptotenebene", denn für $z(0, 2) = 3^2 \cdot 2^2 = 36$ durchstößt die Ebene, die die Asymptote enthält, die Raumfläche. Die Raumverwandten der Konchoide, die sich als Schnittkurven mit Ebenen $z = h$ für $h > 36$ ergeben, haben *gar keine* Asymptote mehr, sondern sie werden geschlossene Kurven. Diese schmelzen im Punkt $H = \left(0, \frac{1}{2}\left(3 + \sqrt{19}\right), \frac{1}{4}\left(169 + 38\sqrt{19}\right)\right)$ zusammen. Das bekommt man mit elementaren

Analysiskenntnissen heraus (siehe Aufgabe 5.6). Ersetzt man Plus durch Minus in diesen Termen, so erhält man den höchsten Punkt H_v des vorderen Hügels.

Dergleichen Überraschungen kann die Trisektrix in Bild a) nicht bieten, denn sie ist eine Kurve dritten Grades (siehe Def. 2.4). Eine Gerade in der Grundebene kann sie höchstens dreimal schneiden, daher können wir keinen Ast „verpasst“ haben. Dagegen hatte die Konchoide den Grad vier.

Aufgabe 5.6 Raumverwandte der Kurven

Die obigen Darstellungen und Überlegungen lassen sich leicht auf andere Kurven übertragen. In GeoGebra ist es günstiger, die Raumfläche zu verschieben und die Schnitte mit der Grundebene zu betrachten. Dort können auch die Funktionen f mit angezeigt werden. Man sieht dann, ob alles passt.

1. Untersuchen Sie die Raumverwandten der Neil'schen Parabel mit der kartesischen Gleichung $F(x, y) = x^3 - y^2 + c$ sowohl im 3D-Fenster als auch durch Betrachtung von $f(x) = y = \sqrt{x^3 + c}$. Zeigen Sie, dass die Funktion f die y-Achse stets waagerecht schneidet und deuten Sie dieses in der räumlichen Version. (Bezug: Gl. 4.10)
2. Untersuchen Sie entsprechend die Cissoide des Diokles mit der Gleichung $F(x, y) = x^3 - (2 - y)y^2 + c$ und die passende Funktion f (Bezug: Gl. 3.18). Vergleichen Sie mit dem f aus der Neil'schen Parabel.
3. Die gerade Strophoide mit der Gleichung $z = z(x, y) = (a - x)x^2 - (a - x)y^2 + c$ hat als Raumfläche einen Extrahügel ähnlich der Trisektrix in Abb. 5.11. Untersuchen Sie die raumverwandten Kurven der Strophoide (Bezug: Gl. 3.9). Welche Koordinaten hat das Hügelmaximum (für c=0)?
4. Berechnen Sie selbst die Punkte H und H_v aus dem obigen Abschnitt zur Konchoide.

Hinweis

Alle diese Kurven ließen sich nach y auflösen. Daher können Sie für die Untersuchungen Ihre üblichen Analysis-Methoden und Werkzeuge anwenden. ◀

5.3.2 Raumflächen durch Rotation der Kurven

Eine gegebene Kurve kann man leicht um jede der drei Achsen rotieren lassen. Das Vorgehen ist etwas unterschiedlich, je nachdem, ob man eine Parameter- oder Polardarstellung, oder eine explizite oder implizite kartesische Gleichung der Kurve zur Verfügung hat.

5.3.2.1 Rotation mit Hilfe der Polardarstellung

Auf der Grundlage der Polargleichung 4.23 der Bernoulli'schen Lemniskate haben wir mit $r(t) = \sqrt{2e^2 \cos(2t)}$ nach den Grundgleichungen 2.6 die Parameterdarstellung $x(t) = r(t) \cos(t)$ und $y(t) = r(t) \sin(t)$. Wenn eine Polarkurve im 3D-Fenster in der x-y-Ebene eingetragen werden soll, verwendet man nach Abschnitt 2.6.2.1

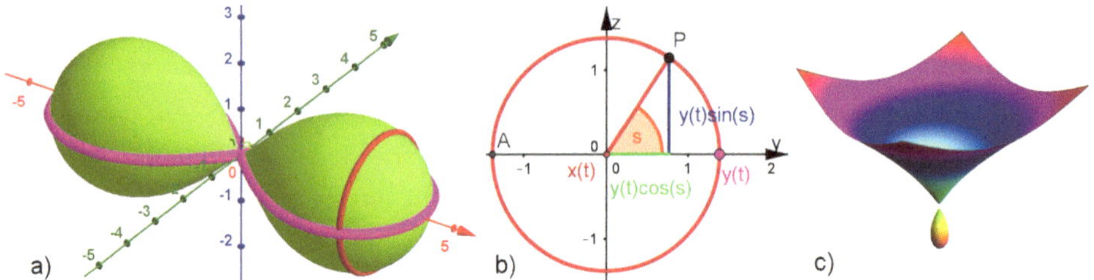

Abb. 5.12 **Rotation von Kurven** a) Die Lemniskate rotiert um die x-Achse (GeoGebra), b) Beweiszeichnung zur Erklärung der Formel, c) eine Variante des Newton'schen Knotens Abb. 4.13 d) rotiert um die z-Achse

`Kurve[r(t)cos(t),r(t)sin(t),0,t,0,2pi]`. In Abb. 5.12 a) ist diese Lemniskate violett eingezeichnet. Wenn sie nun um die x-Achse rotieren soll, erhebt sich für eine feste Stelle $x(t)$ ein Punkt P aus der x-y-Ebene und wandert auf einem Kreis, der im Bild a) rot zu sehen ist. Dieser Kreis mit dem jetzt festen Radius $y(t)$ ist in Bild b) im Aufriss zu sehen. Ersichtlich hat P die z-Koordinate $y(t)\sin(s)$ und die y-Koordinate $y(t)\cos(s)$. Um diesen Kreis im 3D-Fenster einzutragen, ist $t_k = 0.4$ gesetzt und `Kurve[x(t_k),y(t_k) cos(s),y(t_k) sin(s),s,0,2 pi]` definiert.

Formal ganz ähnlich entsteht nun die Rotationsfläche in Abb. 5.12 a), nämlich nach Abschnitt 2.6.2.2 durch Freigabe von t und
`Oberfläche[x(t),y(t)cos(s),y(t)sin(s),t,0,2 pi,s,0,2pi]`.

5.3.2.2 Rotation mit Hilfe einer Parameterdarstellung oder einer expliziten kartesischen Darstellung

Eigentlich steht schon alles im letztgenannten Befehl. Für eine explizite kartesische Darstellung nimmt man die Standard-Parametrisierung $x = t$, $y = y(t)$. Man sieht auch, dass die Achse, um die rotiert wird, *keinen* Faktor mit s bekommt. Sehen Sie, wie man leicht auch um andere Achsen rotieren lassen kann. Zusätzlich hat man die Möglichkeit, sofort Variablen zu tauschen und z. B. die Lemniskate aufrecht hinzustellen.

So ist es für den Newton'schen Knoten gemacht. Gemäß Abb. 4.14 d) kann man die Gleichung $y^2 = (x+2)(x-1)^2$ nehmen (im Bild etwas breiter). Dafür ist nun genommen $y^2 = (z+2)(z-1)^2 - 0.1$. Das Verschieben um 0.1 sorgt für den kleinen Abstand des „Tropfens". In GeoGebra hätte man nun mit $f(t) = \sqrt{(t+2)(t-1)^2 - 0.1}$ und `Oberfläche[f(t) cos(s), f(t) sin(s), t,t,-2.5,5,s,0,2pi]` ein Bild, ähnlich wie Abb. 5.12 c). Das gezeigte Bild ist mit Mathematica erstellt, dort besteht Zugriff auf besondere Einfärbungen und auf dargestellte Zeichenbereiche. Vermutlich entwickelt sich GeoGebra in dieser Richtung noch weiter.

5.3.2.3 Rotation von Kurven mit impliziten kartesischen Gleichungen

Manchmal kann man die Methoden der beiden vorigen Abschnitte nicht anwenden, weil man keine Parameterdarstellung hat. Für einige implizit kartesisch gegebene Kurven $F(x, y) = 0$ kann man aber dennoch Rotationsflächen erzeugen. Beim Erklären von Abb. 5.13 wird die Vorgehensweise erläutert.

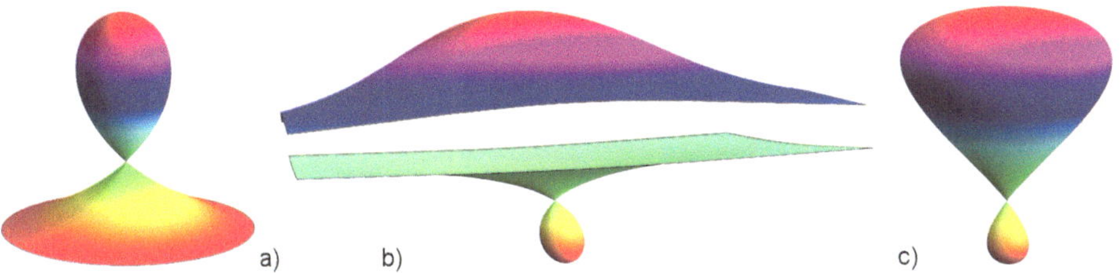

Abb. 5.13 **Rotation implizit gegebener Kurven** a) Strophoide b) Konchoide des Nikomedes c) erfundene Quartik

Rotationsfläche der Strophoide Grundlage für Abb. 5.13 a) ist die Gleichung 3.9 $(a - x)y^2 = (a + x)x^2$. Es kommt x sowohl linear als auch quadratisch vor, y aber nur quadratisch. Wenn wir nun y^2 durch $y^2 + z^2$ ersetzten, hätten wir „Kreise" mit der Gleichung $y^2 + z^2 = k^2$ eingefügt, also Kreise um die x-Achse. Da ich aber die abgebildete Rotation um die z-Achse mit der Schlaufe nach oben herstellen wollte, wurde x durch $-z$ ersetzt. Nun folgte noch die Ersetzung von y^2 durch $y^2 + x^2$. Die Gleichung ist dann $(a + z)(y^2 + x^2) = (a - z)z^2$, sie bringt in Mathematica Bild a) hervor. Sie können das mit `Surfer` ausprobieren (siehe Abschnitt 2.8.3.1).

Rotationsfläche der Konchoide des Nikomedes (Hundekurve) Grundlage für Abb. 5.13 b) ist die Gleichung 3.1 $(x^2 + y^2)(y - a)^2 = k^2y^2$. Es kommt y sowohl linear als auch quadratisch vor, x aber nur quadratisch. Wenn wir, wie im vorigen Absatz vorgeschlagen, nun x^2 durch $x^2 + z^2$ ersetzen, erhalten wir mit $a = 2$ und $k = 4$ die Gleichung $(x^2 + z^2 + y^2)(y - 2)^2 = 16y^2$ und Bild b). Übrigens hätten andere gerade Potenzen von x vorhanden sein können. x^4 müsste man dann durch $(x^2 + z^2)^2$ ersetzen.

Rotationsfläche einer erfundenen Quartik Die Gleichung $y^2 + (z + 1)z^2(z - 3) = 0$ ist dem III. Typ der Kubiken aus Gleichung 4.11 nachgebaut, mit einem Polynom 4. statt 3. Grades. Die Kurve, die man als Randkurve in Bild c) erkennen kann, heißt daher **Quartik** statt Kubik. Nach dem in den beiden vorigen Abschnitten verfolgten Prinzip erzeugt $x^2 + y^2 + (z + 1)z^2(z - 3) = 0$ das Bild c).

So können Sie selbst Quartiken und Kurven noch höheren Grades aus ihren Nullstellen **erfinden**, wie es in [Haftendorn 2016] im Abschnitt 6.1.3 erklärt ist. Sehen Sie sich erst die Kurve als Polynom in GeoGebra an. Wenn Ihnen die Form gefällt und sie auch überschaubare Abmessungen in der Nähe des Ursprungs erreicht haben, sehen Sie sich die zugehörige Rotationsfläche an.

5.3.3 Produkte aus Kurven

Aus der üblichen Analysis der Sekundarstufe II sind uns Produkte von Funktionen vertraut. Wenn man zwei Parabelterme multipliziert, erhält man ein Polynom vierten Grades, das dann auch i. A. vier Nullstellen hat. Der Graph als Ganzes sieht aber völlig anders aus als *zwei* Parabeln. Nun aber **multiplizieren** wir nicht Terme sondern **Gleichungen**.

Satz 5.2 (Produkt von Kurven in Standardform)
Seien $F(y,x) = 0$ und $G(x,y) = 0$ zwei Kurvengleichungen in Standardform. Dann ist das Produkt

$$H(x,y) := F(x,y) \cdot G(x,y) = 0 \tag{5.7}$$

eine Kurvengleichung, deren Graph beide Graphen als Punktmengen vereinigt. Genau alle Punkte, die auf einer der Kurven liegen, gehören zum Graphen des Produktes.

Beweis Sei $P = (x,y)$ ein Punkt, der (o. B. d. A) $F(x,y) = 0$ zu einer wahren Aussage macht, dann gilt $H(x,y) = 0 \cdot G(x,y) = 0$. Sollte G für diese Koordinaten eine komplexe Zahl liefern, also reell nicht definiert sein, so ist das Ergebnis 0 dennoch richtig. Erfüllt umgekehrt ein Punkt keine der beiden Kurvengleichungen, kann das Produkt auch nicht null sein. □

Für die Graphen gibt es also nichts Neues, aber die Raumfläche zu $z = H(x,y)$ hat oft Interessantes zu bieten, wie wir gleich sehen werden.

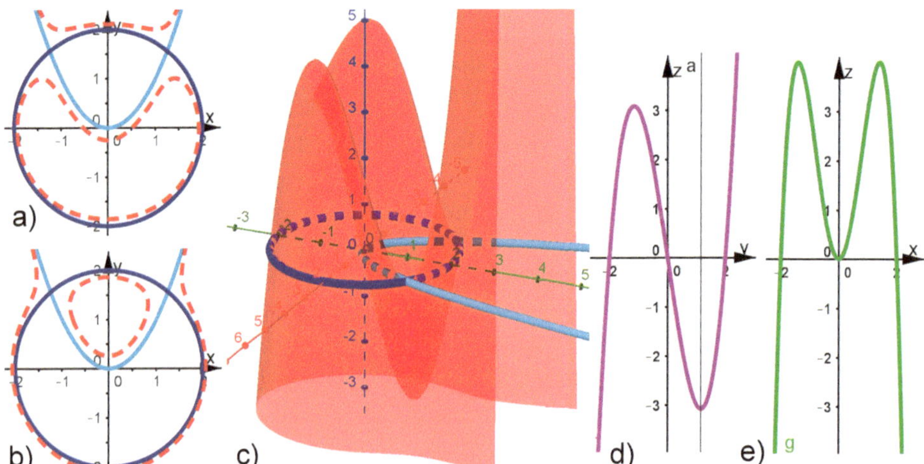

Abb. 5.14 Produkt implizit gegebener Kurven als Raumfläche a) und b) Kurvenprodukt blau, rot gestrichelt raumverwandte Kurve, oben +1, unten -1, c) Raumfläche d) Schnittkurve mit der y-z-Ebene, e) Schnittkurve mit der x-z-Ebene

5.3.3.1 Produkt aus Parabel und Kreis

In Abb. 5.14 ist das Produkt der Parabel $-x^2 + y = 0$ und des Kreises $x^2 + y^2 - r^2 = 0$ ausführlich untersucht. Wie im obigen Satz festgestellt, sieht man in a) und b) als Produkt eben einfach nur die **Parabel** und den **Kreis** in blauer Farbe. Dann überrascht aber die Reichhaltigkeit der Raumfläche. Sie spiegelt sich im auffälligen Verhalten der raumverwandten Kurven, die in den Bildern a) und b) rot gestrichelt zu sehen sind. Sie haben mit $r = 2$ die Gleichung $z(x, y) = (-x^2 + y)(x^2 + y^2 - r^2) = h$, zu deuten als Schnittkurven der Raumfläche mit einer waagerechten Ebene in der Höhe h.

Grundfläche anheben Wird h von 0 aus größer, so wird der bohnenförmige, geschlossene Kurventeil immer kleiner, schnürt sich beim Schnitt mit der y-Achse ein und zerfällt etwa für $h = 3$ in zwei geschlossene Teile. Bei weiter wachsendem h verschwinden bei etwa $h = 4.5$ auch diese. Übrig ist dann nur noch der Kurventeil, der außerhalb des Kreises in der Parabel liegt.

Grundfläche absenken Wird h von 0 aus kleiner, so entsteht ein geschlossenes Kurvenstück innerhalb von Kreis und Parabel, wie es Bild b) zeigt. Aber auch dieses verschwindet, und zwar etwa bei $h = -3$. Deutet man dieses Verhalten an der Raumfläche, so fällt das enge tiefe Tal auf, das zu diesem Gebiet gehört. Es wird also von Ebenen, die tiefer als $h = -3$ liegen nicht mehr erfasst. Wenn wir hier Genaueres wissen wollen, sehen wir uns die Schnittkurve mit der y-z-Ebene an, also ist $x = 0$. Sie hat daher die Gleichung $z(0, y) = y(y^2 - 4)$. In Bild d) ist sie violett gezeichnet, ein ursprungssymmetrisches Polynom dritten Grades. Es hat sein Minimum in $M_u = \left(\frac{2}{3}\sqrt{3}, -\frac{16}{9}\sqrt{3}\right)$.

Die Hörner erforschen Das Maximum, das punktgespiegelt am Ursprung gegenüber liegt, markiert dann die Höhe, in der der bohnenförmige Kurventeil des vorigen Absatzes zerfällt. Nun wird auch verständlich, dass etwas höher als $h = 3.08$ liegende Ebenen zunächst noch die „zwei Hörner“ treffen.

Eine erste Idee, wo dies *genau* sein könnte, führt zu der Schnittkurve mit der x-z-Ebene, nämlich $z = (x, 0) = -x^2(x^2 - 4)$, dem Polynom vierten Grades in Bild e). Es hat die Maxima in der Höhe 4, wir hätten etwa 4.47 erwartet. Dieser Unterschied ist deutlich und die erste Idee führte nicht zum Ziel. Tatsächlich liegt die Kurve, die man mit `Kurve[t,0,-t^2(t^2-4),t,-5,5]` im 3D-Fenster eintragen kann, *rechts* von den Kuppen der „Hörner“. Experimentieren Sie selbst und suchen Sie, ggf. mit der Datei von der Website zum Buch, wo die Hörner ihr Maximum haben.

5.3.4 Klein'sche Quartiken

Man könnte meinen, das Erzeugen von Kurven aus Produkten sei nun „weit hergeholt“ und folge lediglich der Lust, 3D-Möglichkeiten anzuwenden. Dem ist aber bei Weitem nicht so.

Felix Klein hat 1876 die Raumflächen von Ellipsenprodukten untersucht. Nach [Wieleitner 1919] geht die Idee schon auf Plückers Theorie der Algebraischen Kurven von 1839 zurück. Der erste Schritt der verfolgten Methode ist, zu dem Produkt eine kleine Konstante zu addieren. Dann werden die Schnittpunkte „aufgelöst“, indem die kleine Konstante noch mit der Standardform einer Ellipse um einen Schnittpunkt multipliziert wird.

5.3.4.1 Quartiken aus Ellipsenprodukten von Felix Klein

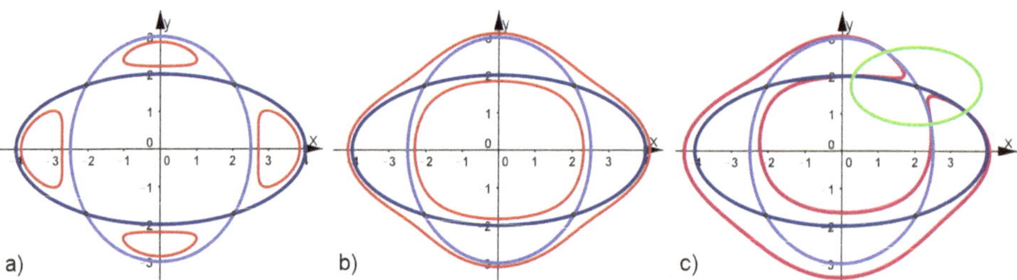

Abb. 5.15 **Produkt von Ellipsen nach Felix Klein und raumverwandte Kurven** a) Ellipsen und Schnittkurve mit Ebene $h = -0.1$, b) entsprechend mit $h = +0.1$. c) Einbau einer Störung nach Klein und Wieleitner, siehe Abschnitt 5.3.4.2.

In Abb. 5.15 ist in blauer Farbe $H(x,y) = \left(\frac{x^2}{4^2} + \frac{y^2}{2^2} - 1\right) \cdot \left(\frac{2^2x^2}{5^2} + \frac{y^2}{3^2} - 1\right) = 0$ dargestellt. Die beiden Ellipsen bilden klare Gebiete, in denen sich die roten raumverwandten Kurven $H(x,y) = h$ befinden. Bild a) zeigt sie für $h = -0.1$, also die Schnittkurve mit einer etwas unter der Grundebene liegenden Ebene. Räumlich können Sie sich das in Abb. 5.16 b) vorstellen. Abb. 5.15 b) zeigt $H(x,y) = 0.1$ in roter Farbe. Auch hier wechselt kein Kurvenbogen das Gebiet.

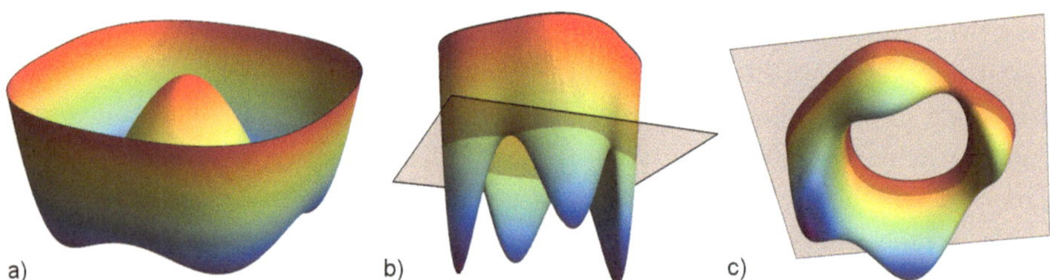

Abb. 5.16 **Raumfläche des Produktes von Ellipsen** a) im z-Intervall von -0.4 bis 1, b) mit der Grundebene als Ausschnitt, c) mit eingebauter Störung passend zu Abb. 5.15 c).

5.3.4.2 Klassifizierung der Quartiken durch Störung des Ellipsenproduktes

Dieser Abschnitt taucht etwas tiefer in die Mathematik ein. Sie können Ihn auch überschlagen. Felix Klein – und vor ihm auch schon Zeuthen im Jahre 1873 – haben mit dem Ellipsenprodukt die Quartiken klassifiziert, indem sie systematisch Störungen angebracht haben. Im Abschnitt 4.2.1 hatte Newton in Gleichung 4.11 einem beliebigen Polynom 3.

Grades allein von x vier verschiedene Terme von y und x gegenübergestellt. Hier nun werden die Schnittpunkte der beiden Ellipsen in dem Ellipsenprodukt aus dem vorigen Abschnitt systematisch verändert durch die Gleichung $H(x,y) = h \cdot E(x,y)$, bei der E ebenfalls eine Ellipse ist. Diese hat entweder *einen* Schnittpunkt als Zentrum oder *zwei* Schnittpunkte liegen in ihr. Das wird **Auflösung von Schnittpunkten** genannt.

Das einfache Absenken oder Anheben der Grundebene behandelt alle Schnittpunkte in gleicher Weise, wie man in Abb. 5.15 a) und b) sieht. Bei dem „Topf mit vier Beinen" in 5.16 b) sind für die genannten Ellipsen die Beine nicht gleichlang. Schon dadurch erhält man die Fälle: Zwei oder vier getrennte Kurvenbögen, zwei sich umfassende Bögen und ein einziger Bogen. Durch Addition der grünen Ellipse in Bild c) mit $h = 0.02$ verbindet man am Schnittpunkt rechts oben die Kurven anders, so dass nur ein einziger zusammenhängender Kurvenbogen entsteht. Räumlich ist das in Abb. 5.16 c) zu sehen. Durch kleines negatives h hätte man bei Abb. 5.15 a) die Bögen rechts und oben vereint und hätte drei Kurvenbögen. Durch eine sehr flache Ellipse kann man auch zwei getrennt liegende Bögen erreichen.

Nach [Wieleitner 1919, S. 35] sind damit alle „5 Typen der reellen singularitätenfreien Quartiken erfasst". Mit einer **Singularität** ist ein Doppelpunkt, eine Spitze, ein einzeln stehender Punkt (oder Ähnliches) gemeint.

Übertragung des Verfahrens auf „Ellipse mal Gerade". Betrachten Sie $H(x,y) = \left(\frac{x^2}{a^2} + \frac{y^2}{b^2} - 1\right) \cdot (cx + dy - e) = h \cdot G(x,y)$ auf dieselbe Weise, wobei $G(x,y)$ eine Gerade sein soll, die mit der Ellipse Schnittpunkte hat, [Wieleitner 1919, S. 33].

5.3.5 Quadriken

Den Kegelschnitten ist in diesem Buch das Kapitel 7 gewidmet. Es wird sich dort zeigen, dass alle ebenen algebraischen Kurven höchstens zweiten Grades **Kegelschnitte** sind: Punkte, Geraden, Parabeln, Kreise, dazu beliebige Ellipsen und Hyperbeln siehe Abschnitt 7.1.2. Die **Raumflächen**, die man aus Kegelschnitten bilden kann, heißen 3D-Quadriken, kurz **Quadriken**.

Definition 5.1 **(Quadrik)**
Sei $F(x,y,z)$ ein **Polynom höchsten zweiten Grades**, dann ist $F(x,y,z) = 0$ die Gleichung einer **Quadrik**

In diesem Abschnitt 5.3, der die räumlichen Aspekte von Kurven beleuchtet, sollen nun die typischen Quadriken vorgestellt werden.

5.3.5.1 Die ganz allgemeine 3D-Quadrik

Werfen wir einen Blick auf die allgemeinste Gleichung einer Quadrik:

$$\begin{aligned} a_{1,1}\,x^2 \; +2a_{1,2}x\,y \; &+2a_{1,3}x\,z \\ +a_{2,2}\,y^2 \; &+2a_{2,3}y\,z \\ &+\; a_{3,3}\,z^2 \quad +2b_1\,x + 2b_2\,y + 2b_3\,z \; +c = 0 \end{aligned} \tag{5.8}$$

Wer mit Matrizen und Vektoren vertraut ist, sieht hier :

$$A \cdot \vec{p} + 2\vec{b}.\vec{p} + c = 0 \tag{5.9}$$

Dabei ist A eine symmetrische Matrix mit $a_{2,1} = a_{1,2}$ u. s. w. Wir vertiefen dieses nicht. Um bei gegebener Gleichung zu erfahren, um welche Quadrik es sich handelt, mussten Generationen von Studierenden das Verfahren „Hauptachsentransformation“ lernen und anwenden. Heute gäbe man so eine Gleichung in GeoGebra oder einem anderen passenden Werkzeug ein (siehe Abschnitt 2.6.1.2), und hätte sofort „optische“ Klarheit. Zugegebenermaßen ist das rechnerische Ergebnis dagegen exakt und das Lernen lohnt sich sehr für das Gebiet „Lineare Algebra“.

5.3.5.2 Quadrikgleichungen in Hauptlage

In der Gleichung 5.8 bedeutet das Vorkommen von **gemischten Termen** $x\,y$, $x\,z$, $y\,z$, dass die Hauptachsen der Quadrik nicht parallel zu den Koordinatenachsen liegen. Lineare Terme können manchmal noch durch Verschieben beseitigt werden. Die nachfolgenden Gleichungen bieten dann die Quadrikgleichungen in Hauptlage. Vertauschungen der Achsen werden nicht aufgeführt.

Abb. 5.17 a)	Ellipsoid	$\frac{x^2}{a^2}+\frac{y^2}{b^2}+\frac{z^2}{c^2}=1$	(5.10)
b)	einschaliges Hyperboloid	$\frac{x^2}{a^2}+\frac{y^2}{b^2}-\frac{z^2}{c^2}=1$	(5.11)
c)	zweischaliges Hyperboloid	$\frac{x^2}{a^2}-\frac{y^2}{b^2}-\frac{z^2}{c^2}=1$	(5.12)
Abb. 5.18 a)	elliptisches Paraboloid	$\frac{x^2}{a^2}+\frac{y^2}{b^2}-\frac{z}{c^2}=1$	(5.13)
b)	hyperbolisches Paraboloid	$\frac{x^2}{a^2}-\frac{y^2}{b^2}-\frac{z}{c^2}=1$	(5.14)
c)	elliptischer Kegel	$\frac{x^2}{a^2}+\frac{y^2}{b^2}-\frac{z^2}{c^2}=0$	(5.15)
Abb. 5.19	Parabelrinne	$\frac{x^2}{a^2}+\frac{y}{b^2}-\frac{z}{c^2}=1$	(5.16)
Abb. 5.20 a)	elliptischer Zylinder	$\frac{x^2}{a^2}+\frac{y^2}{b^2}=1$	(5.17)
b)	hyperbolischer Zylinder	$\frac{x^2}{a^2}-\frac{y^2}{b^2}=1$	(5.18)
c)	parabolischer Zylinder	$\frac{x^2}{a^2}-\frac{y}{b^2}=1$	(5.19)

Ellipsen sind charakterisiert durch das Pluszeichen, Hyperbeln durch das Minuszeichen zwischen Quadrattermen. Parabeln erkennt man am gleichzeitigen Auftreten eines quadratischen und eines linearen Terms. Bei den Zylindern taucht z in den Gleichungen nicht auf, daher haben sie die senkrechten Wände mit beliebigen z-Werten. In allen Bildern zu den Quadriken zeigt die x-Achse nach rechts unten, die y-Achse nach rechts oben und die z-Achse gerade nach oben.

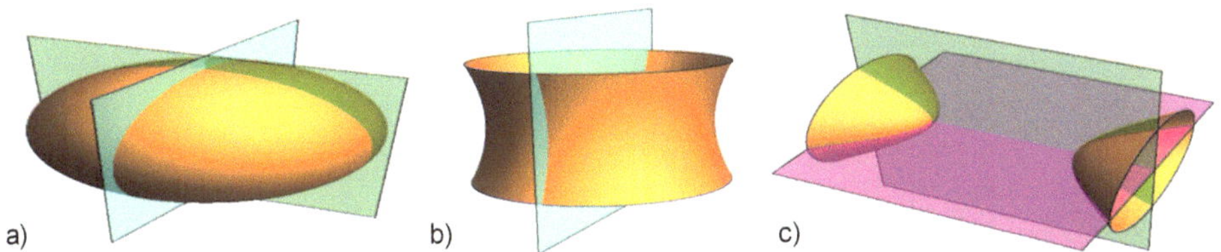

Abb. 5.17 **3D-Quadriken mit drei Quadrattermen** a) Ellipsoid, b) einschaliges Hyperboloid, c) zweischaliges Hyperboloid

Ein **Ellipsoid** kann in den drei Hauptebenen *verschiedene* Ellipsen haben, in der Gleichung 5.10 können a, b und c verschiedene Zahlen sein. Das **einschalige Hyperboloid** ist uns von Kühltürmen und Silos vertraut. Es lässt sich, bei kreisrundem Querschnitt, leicht aus Beton bauen. Das **zweischalige Hyperboloid** kann wegen seiner Reflexionseigenschaften in astronomischen Teleskopen eingesetzt werden. Auf die Reflexion bei Kegelschnitten geht Abschnitt 7.5 genauer ein.

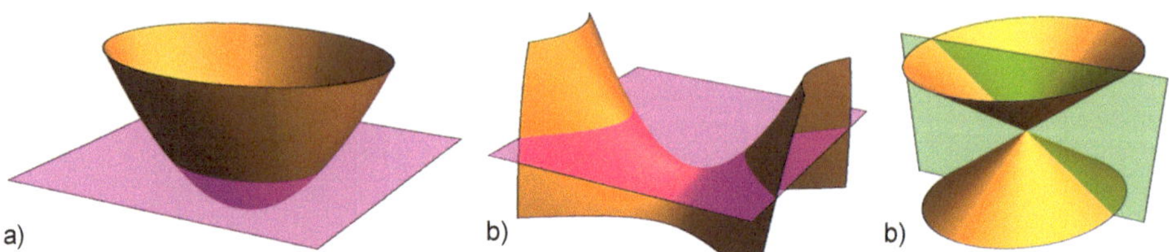

Abb. 5.18 **Weitere Quadriken** a) elliptisches Paraboloid, b) hyperbolisches Paraboloid, c) elliptischer Kegel

Das **elliptische Paraboloid**, speziell das Rotations-Paraboloid, wird in der Funktechnik für Sender und Empfänger eingesetzt. Mehr zu den Reflexionseigenschaften der Parabeln steht in Abschnitt 7.5. Das **hyperbolische Paraboloid** wird in der Bautechnik verwendet. Es heißt dort kurz **HP-Fläche** und lässt sich ebenfalls leicht in Beton bauen. Das ist ausführlicher in meinem Buch [Haftendorn 2016] beschrieben. Beim Kegel ist das Geradenkreuz wichtig, das durch die Gleichung $\frac{x^2}{a^2} = \frac{z^2}{c^2}$ beschrieben wird. Zieht man nämlich die Wurzel $\frac{x}{a} = \pm\frac{z}{c}$, so erkennt man die Geraden. Weitere Schnitte mit einem Kreis-Kegel ergeben die **Kegelschnitte** in Kapitel 7.

Abb. 5.19 **Quadriken, Parabelrinne**, Schnitte a) mit der x-y-Ebene, b) mit der y-z-Ebene, c) mit der x-z-Ebene

Die **Parabelrinne** wird meist beim Aufzählen der Quadriken nicht erwähnt, sie gehört aber in die Systematik der Gleichungen im letzten blauen Kasten. Bei genauerem Hinsehen haben nach einer Umformung wegen $y = b^2\left(-\frac{x^2}{a^2} + 1 + \frac{z_0}{c^2}\right)$ alle Parabeln in den zur x-y-Ebene parallelen Ebenen dieselbe Öffnung, sie sind nur parallel-verschoben. Ebenso kann man für Parallelen zu y-z-Ebene überlegen. Darum kann man die Rinne aus Abb. 5.19 auch als schief gestellten parabolischen Zylinder auffassen. Dessen gerade Form zeigt Abb. 5.20 c).

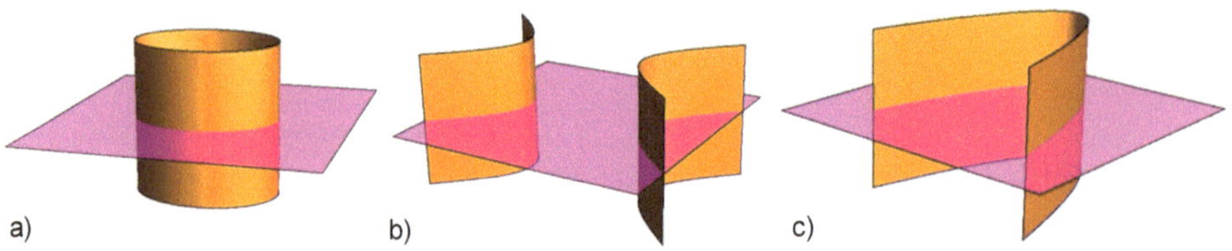

Abb. 5.20 **Zylinder-Quadriken** a) elliptischer Zylinder, b) hyperbolischer Zylinder, c) parabolischer Zylinder

Zylinder-Quadriken Sie sehen in den Zylinder-Gleichungen des letzten blauen Kastens gar kein z. Das bedeutet bei einer impliziten kartesischen 3D-Darstellung, dass zu jedem Punkt der Grundebene, der die angegebene Gleichung $F(x, y) = 0$ erfüllt, jeder Wert z möglich ist. Dieses „hebt" die Kurve aus der Grundebene senkrecht nach oben oder senkt sie ab, so dass die Zylinderwand entsteht.

Auf diese Weise kann man zu jeder ebenen Kurve dieses Buches gerade Zylinder machen. Abb. 5.24 a) zeigt dieses für eine Rosette. Wieder ist dem eigenen Experimentieren Tür und Tor geöffnet.

5.3.6 Harmonie der rotierten Quadriken

Lässt man die Kegelschnitte um die x-Achse rotieren, so kann man eine besondere „Harmonie" entdecken: Bei fest gewählten Halbachsen a und b stehen nämlich die Rotationskörper in „schönen" Volumenverhältnissen. Die entstehenden Rotationsvolumina (Formel 11.11) lassen sich besonders leicht ausrechnen, da der Integrand y^2 bei Ellipse und Hyperbel direkt vorkommt und bei Geraden und Parabeln auch keine Schwierigkeiten macht. Fassen Sie diesen Abschnitt als besonders lohnende Aufgabe auf.

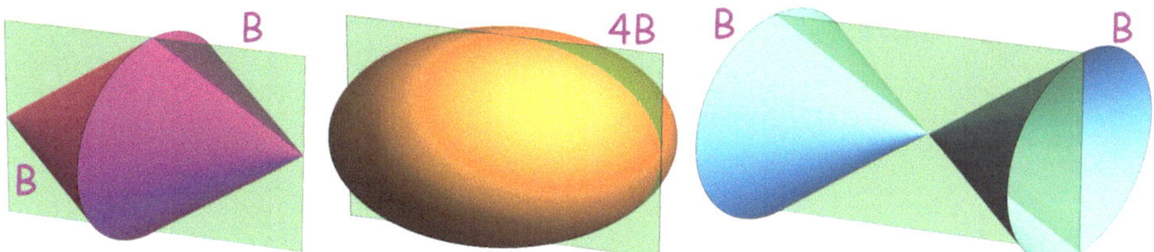

Abb. 5.21 Kegel und Ellipsoid. **B ist der Volumen-Baustein $\frac{1}{3}\pi\, a\, b^2$**, die grüne Fläche hat die Maße $2a \times 2b$.

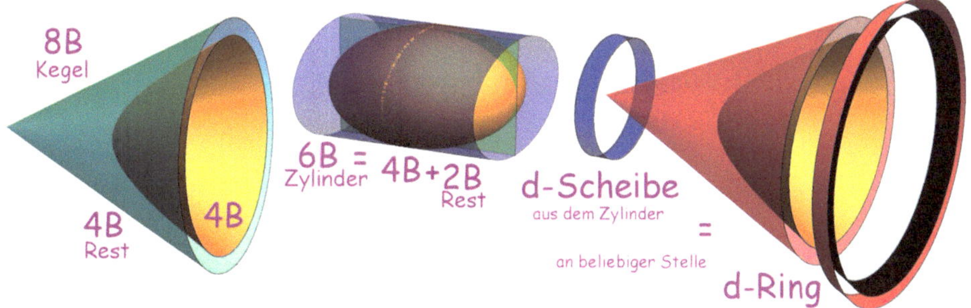

Abb. 5.22 Asymptoten-Kegel und Hyperboloid (bis 2a). B ist der Volumen-Baustein $\frac{1}{3}\pi\, a\, b^2$. Das Ellipsoid nimmt $\frac{2}{3}$ des umfassenden Zylinders ein. Es hat dasselbe Volumen wie das Hyperboloid. Dieses halbiert genau seinen Asymptotenkegel.
Ein Ring der Breite d, irgendwo (ab a) aus dem Zwischenraum zwischen Hyperboloid und Asymptoten-Kegel genommem, ist stets so groß wie eine Scheibe der Dicke d aus dem gezeigten Zylinder.

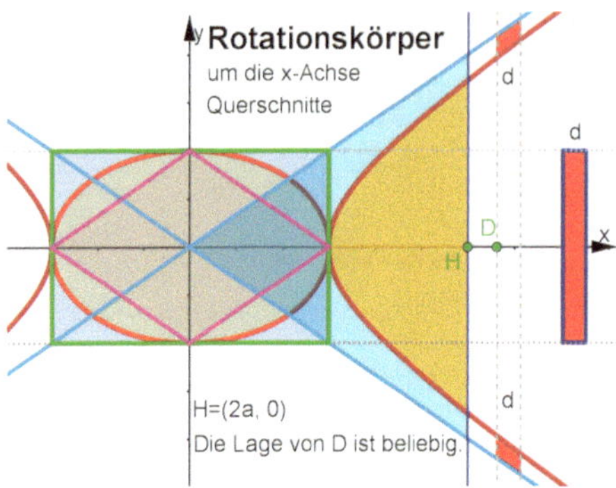

Abb. 5.23 Querschnitte zu den 3D-Abbildungen in diesem Abschnitt. Die verwendeten Gleichungen sind z. B. $\frac{x^2}{a^2} \pm \frac{y^2}{b^2} = 1$ und $y = \pm\frac{b}{a}x$. Für die 3D-Bilder ist der y^2-Term stets durch einen ebensolchen z^2-Term ergänzt. Für den Zylinder z. B. anstelle von $y^2 = b^2$ nun $y^2 + z^2 = b^2$. Achten Sie darauf, dass Sie für „Volumen zwischen" nicht über die Differenz der Ordinaten integrieren dürfen. Parabeln mit dem Scheitel in O sind hier noch nicht dabei, sie „spielen aber auch mit". Lassen sie sich anregen, eigene Ideen zu verfolgen.

5.3.7 Exotische Raumflächen

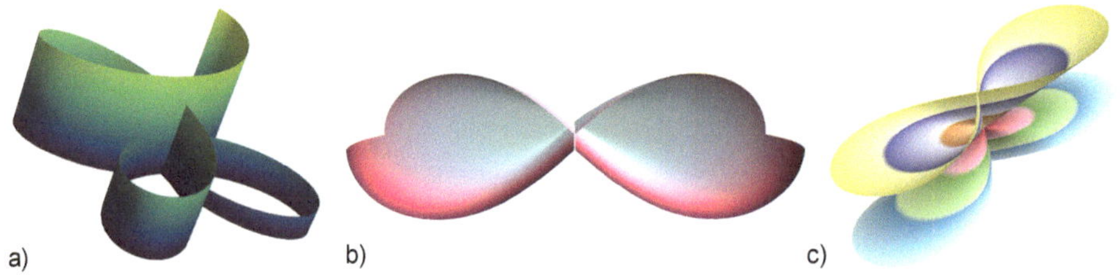

Abb. 5.24 **Exoten** a) Rosette mit Wand, b) Lemniskate parametrisch, c) Variante der Lemniskate, parametrisch

Rosetten-Zylinder Abb. 5.24 a): Mathematica-Befehl: `ParametricPlot3D[ {Cos[2 t]Cos[t],Sin[t] Cos[2 t],t z/8},{t,0,2 Pi},{z,0,1}]`. In Abwandlung des Vorgehens bei der impliziten kartesischen 3D-Darstellung, wie sie bei den Zylinder-Quadriken beschrieben wurde, hat man bei der parametrischen 3D-Darstellung noch die Möglichkeit, die Wandhöhe des Zylinders zu gestalten. Bei der Rosette mit dem Polarwinkel t ist in Abb. 5.24 a) die z Koordinate als $\frac{tz}{8}$ gewählt. Darum wächst die Wand von Höhe 0 auf die Höhe $\frac{\pi}{4}$. Der Startpunkt ist unsichtbar unter der hohen Ecke.

Lemniskaten-Brille Abb. 5.24 b) Der Befehl für Mathematica ist:

```
ParametricPlot3D[Sin[s] Cos[t] Sqrt[2 e^2 Cos[2 t]],
Sin[s] Sin[t] Sqrt[2 e^2 Cos[2 t]], Cos[s] }, {t,0,Pi}, {s,-1,Pi/2}]
```

Optionen für Farben u. s. w. sind fortgelassen.

Lemniskaten-Spiegelschale Abb. 5.24 c) Der Befehl für Mathematica ist:

```
ParametricPlot3D[Sin[s] Cos[t] Sqrt[2 e^2 Cos[2 t]],
Sin[s] Sin[t] Sqrt[2 e^2 Cos[2 t]], Sin[s] }, {t,0,2Pi}, {s,0,3Pi/2}]
```

6 Die unlösbaren Probleme der Antike

Übersicht

Die Griechen haben beim geometrischen Konstruieren nur **Zirkel und Lineal** zugelassen. Über zweieinhalb Jahrtausende hat sich diese *Spielregel* erhalten. Aber man kann natürlich auch anders zu geometrischen Ergebnissen kommen, zum Beispiel mit der Nutzung des Geodreiecks für Senkrechten oder des Werkzeugvorrates eines Geometriesystems. Auch rechnerische Lösungen sind möglich und naheliegend. Nur dann spielt man eben ein *anderes Spiel*. Das tat man ganz bewusst auch schon in der Antike, als man mit Kurven – wie sie vor allem Kapitel 3 bietet – Lösungen für die berühmten Probleme erzeugte. Aber man wusste, dass man *keine Lösung mit Zirkel und Lineal* gefunden hatte.

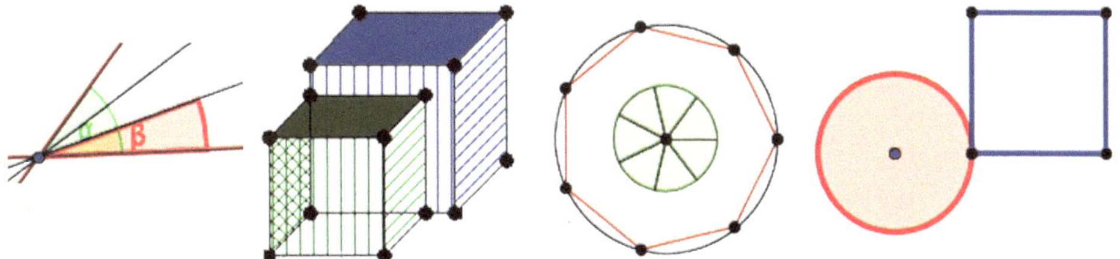

Abb. 6.1 a) Winkel dritteln, b) Würfel verdoppeln, c) 7-Eck konstruieren, d) Kreis quadrieren

6.1 Die Unlösbarkeit

Heute **wissen** wir, dass man für die Probleme der Antike aus Abb. 6.1 mit Zirkel und Lineal keine Lösung **exakt** konstruieren kann. Es geht nicht darum, dass Bleistifte nicht fein genug sind, sondern dass mit mathematischer Durchdringung der Zirkel-und-Lineal-Konstruktionen **bewiesen worden ist**, dass es niemals gehen kann. Dieses gelang aber erst gegen Mitte des 19. Jahrhunderts mit Hilfe der Ideen von Évariste Galois. Er hatte noch in der Nacht vor seinem Tod im Duell mit 20 Jahren seine neuesten algebraischen Untersuchungen zusammengefasst. Aus ihnen ist die später so genannte **Galoistheorie** entstanden. Über diese tiefliegenden algebraischen Ergebnisse sind ganze Bücher geschrieben worden. Emil Artin hat 1948 den Hauptsatz der Galoistheorie auf eine andere Art bewiesen, die für das Verständnis der Unlösbarkeit der antiken Probleme einen einfacheren Zugang schafft, wie [Bewersdorff 2013, S. 162, 175] schreibt. Diesen Weg beschreitet Hans-Wolfgang Henn in seinem sehr gut verständlichen Buch [Henn 2012, Kap. 3]. Wenn Ihnen also meine folgenden Ausführungen nicht reichen, lesen Sie dort.

6.1.1 Winkeldritteler, Würfelverdoppler und Kreisquadrierer

Es gibt mathematische Laien, die jahrelang tüfteln, wie man die Winkeldrittelung, Würfelverdoppelung oder Kreisquadrierung mit Zirkel und Lineal schaffen könnte. Heute hat dieser Drang zu „Höherem“ nachgelassen. Es gibt nun genug leicht zugängliche Stellen im Internet, die die Unlösbarkeit klar benennen. Die mathematischen Institute der Universitäten bekamen die „Werke“ zugesandt und ein junger Mathematiker war dafür zuständig, eine Antwort zu verfassen. Die Universität Göttingen hatte eine Postkarte drucken lassen mit dem Text: „`Sehr geehrter Herr ___, wir haben Ihr ___ erhalten. Ihr erster Fehler befindet sich auf Seite ______. [...]`“ Auch ich selbst habe einen Ordner mit entsprechender Korrespondenz.

6.1.2 Algebra und die Konstruktionen mit Zirkel und Lineal

6.1.2.1 Zirkel und Lineal

Die Beschränkung auf die Werkzeuge Zirkel und Lineal ist eine intellektuelle, „echt“ mathematische Herausforderung. Obwohl man Geometrie auf einem leeren Zeichenblatt treiben kann, ist es für die hier angestrebte Verbindung mit der Algebra sinnvoll, sich ein Koordinatensystem vorzustellen. Zunächst braucht es nur die Punkte (0,0) und (1,0) zu geben.

Definition 6.1 (Konstruktion mit Zirkel und Lineal)
Es gibt ein Lineal ohne irgendwelche Markierungen und einen Zirkel. Neue Punkte dürfen ausschließlich durch die folgenden **Grundhandlungen** entstehen.

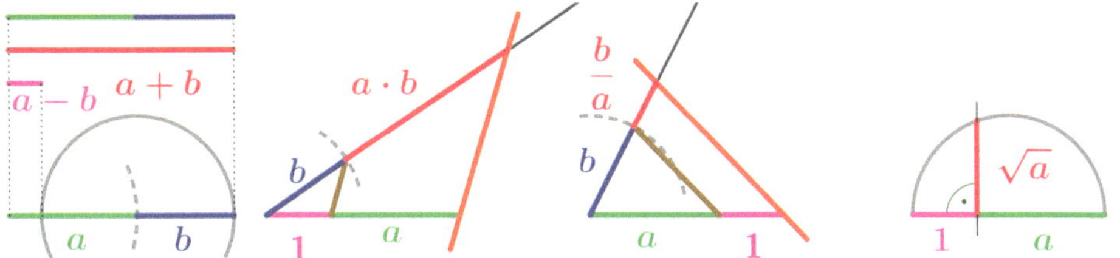

Abb. 6.2 Mit Zirkel und Lineal kann man mit Strecken a und b die arithmetischen Operationen $a+b$, $a-b$, $a \cdot b$, $\frac{b}{a}$, $\sqrt{a}$ durchführen.

1. Durch zwei Punkte darf mit dem Lineal eine Gerade gezeichnet werden.
2. Den Abstand zweier Punkte darf man als Radius für den Zirkel abgreifen.
3. Um einen Punkt darf man einen Kreis mit einem solchen Radius schlagen.
4. Als neue Punkte darf man nur Schnittpunkte nehmen: Schnitte von Gerade mit Gerade, Gerade mit Kreis, Kreis mit Kreis

Alle Koordinaten (und Streckenlängen), die man auf diese Weise erhalten kann, nennt man **konstruierbare Zahlen**.

In Abb. 6.2 ist dargestellt, wie man aus der Grundlänge 1 alle rationalen Koordinaten und alle Quadratwurzeln gewinnen kann. Produkt und Quotient ergeben sich aus dem 1. Strahlensatz: zwei Strecken auf dem einen Strahl verhalten sich wie die entsprechenden Strecken auf dem anderen Strahl. Das rechte Bild in Abb. 6.2 beruht auf dem Höhensatz $h^2 = p \cdot q = 1 \cdot a$ im rechtwinkligen Dreieck. Letzteres ist nicht gezeichnet, aber der Thales-Halbkreis garantiert seine Existenz. Parallelen und Senkrechten können allein mit Zirkel und Lineal konstruiert werden. Ein guter Geometrieunterricht zeigt letzteres etwa in der 7. Klasse.

Die Kreisgleichung ist eine quadratische Gleichung in x und y: Berechnet man den Schnittpunkt zweier Kreise, so ist zu erwarten, das eine Lösung z. B. für eine Schnittstelle x von der Form $x = a + \sqrt{b}$ ist. Dabei können aber auch a und b selbst schon solche Terme mit Quadratwurzeln sein.

Konstruierbare Zahlen sind entweder rational oder verschachtelte Terme mit rationalen Zahlen und Quadratwurzeln.

Jedenfalls kann durch obige Grundhandlungen zunächst nichts Anderes entstehen. Entscheidend ist nun, dass aus solchen „Quadratwurzelschachtelungen“ nicht doch durch irgendeine geheimnisvolle Umformung noch dritte Wurzeln, z. B. $\sqrt[3]{2}$, entstehen können.

6.1.2.2 Konstruierbare Zahlen und ihr Polynom

Man kann zu jeder konstruierbaren Zahl ein Polynom über $\mathbb{Q}$ finden, das diese Zahl als Nullstelle hat. „Über $\mathbb{Q}$", heißt, dass alle Koeffizienten rationale Zahlen sind. Ich möchte das für $x = \sqrt{2} + \sqrt{3 + \sqrt{7}}$ andeuten. Auf der Website zum Buch gibt es dazu eine ausführliche pdf-Datei. Das Prinzip ist: „Wurzel isolieren - Quadrieren". Also $(x - \sqrt{2})^2 = 3 + \sqrt{7}$. Nun $\sqrt{7}$ isolieren, Gleichung quadrieren und so weiter fortfahren. Es ergibt sich das Polynom $f(x) = x^8 - 20x^6 + 88x^4 - 104x^2 + 36$ mit rationalen Koeffizienten, welches das obige x als Nullstelle hat. Die acht verschiedenen Nullstellen sind im Term $x = \pm\sqrt{2} \pm \sqrt{3 \pm \sqrt{7}}$ zusammengefasst.

Ein auf diese Weise erzeugtes Polynom ist i. d. R. **irreduzibel** über $\mathbb{Q}$, man kann es meist nicht in zwei Polynom-Faktoren über $\mathbb{Q}$ zerlegen. In Mathematica, bzw. `http://www.wolfram-alpha.com`, erzeugt man einfach das obige minimale, und damit irreduzible, Polynom mit dem Befehl `MinimalPolynomial[Sqrt[2]+Sqrt[3+Sqrt[7]],x]`.

Zu jeder konstruierbaren Zahl x gibt es ein **minimales Polynom** über $\mathbb{Q}$, das dieses x als Nullstelle hat. Es ist irreduzibel und sein Grad ist eine Zweierpotenz 2^n.

Wenn man in dem Term die 7 durch eine 5 ersetzt, kommt erstaunlicherweise nur ein Polynom 4ten Grades heraus, das hätte man „von Hand" nicht gefunden. Aber letztlich kommt es nur auf den Grad an, der auch in den Sonderfällen eine Zweierpotenz sein muss. Denn der Grad eines Polynoms, also der höchste Exponent von x, wird bei jeder nötigen Quadrierung verdoppelt. Quadrierungen kann man sparen, wenn man Wurzelterme zusammenfassen kann. Ersetzen Sie im obigen Beispiel $\sqrt{2}$ durch $\sqrt{7}$, Sie werden ein Polynom vom Grad $2^2 = 4$ erhalten.

Hieran sehen wir, dass wir zum Beweis der Irreduzibilität noch arbeiten müssten. Da dies kein Algebra-Buch ist, habe ich dafür keinen Raum. Der Kern steckt im nächsten Abschnitt 6.1.2.3, den Sie aber auslassen können, wenn er Ihnen unverständlich erscheint.

6.1.2.3 Kette der Erweiterungskörper

Für diejenigen unter Ihnen, die mit den Begriffen Körper und Vektorraum schon etwas vertraut sind, ist mir die Vernetzung der algebraischen Begriffe mit diesem Thema wichtig. Vielleicht ist es gerade ein Problem des Begreifens von Algebra, dass ihre Strukturen *abstrakt* sind, im Wortsinn *abgezogen von einer Wirklichkeit*, die für Lernende kaum sichtbar wird. Um das Verständnis zu erleichtern, gehe ich in verallgemeinerbaren Beispielen vor.

Die Erweiterungskörper: Die Menge $\mathbb{Q}[\sqrt{7}\,] := \{a + b\sqrt{7} \mid a, b \in \mathbb{Q}\}$ ist ein Körper vom Grad 2 über $\mathbb{Q}$, lies $\mathbb{Q}$ adjungiert $\sqrt{7}$. Addition und Multiplikation haben die in $\mathbb{R}$ übliche Bedeutung. An die Stelle von $\mathbb{Q}$ treten im Folgenden Körper, die selbst schon

Erweiterungskörper sind. Heikel für die Körpereigenschaften ist nur das Inverse. Es ist aber z. B. $\frac{1}{5+2\sqrt{7}} = \frac{5-2\sqrt{7}}{25-4\cdot 7} = -\frac{5}{3} + \frac{2}{3}\sqrt{7} \in \mathbb{Q}[7]$.

Der Grad einer solchen Körpererweiterung $\mathbb{Q}[r]$ **über** $\mathbb{Q}$ ist definiert als der *Grad des oben diskutierten Polynoms* von $x = r$ für $r \notin \mathbb{Q}$. Damit ist der Grad von $\mathbb{Q}[\sqrt{2} + \sqrt{3+\sqrt{7}}\ ]$ über $\mathbb{Q}$ also 8. Gerade hier können wir uns auch Schritte vorstellen: $K_1 := \mathbb{Q}[\sqrt{7}\ ]$, $K_2 := K_1[\sqrt{3+\sqrt{7}}\ ]$, $K_3 := K_2[\sqrt{2}\ ]$ Für diese gilt dann: $\mathbb{Q} \subset K_1 \subset K_2 \subset K_3$. Jede einzelne Körpererweiterung ist vom Grad 2 über dem vorigen Körper. So ist es für alle konstruierbaren Zahlen. K_3 und alle Zwischenkörper haben einen Zweierpotenzgrad über $\mathbb{Q}$.

Körpererweiterung $K[r]$ als Vektorraum über K Eine weitere Möglichkeit, den Grad einer Körpererweiterung zu verstehen, ist die Auffassung von $K[r]$ als Vektorraum.

Sei im Beispiel $K = \mathbb{Q}$. Für $r = \sqrt[3]{2}$ müssen wegen der Körpereigenschaft schon sämtliche Potenzen $\sqrt[3]{2}^k$ in $\mathbb{Q}[\sqrt[3]{2}\ ]$ enthalten sein. Das sind nur die Zahlen $\sqrt[3]{2}$ und $\sqrt[3]{2}^2$, denn $\sqrt[3]{2}^3 = 2 \in \mathbb{Q}$. Zahlen der Bauart $a + b\sqrt[3]{2} + c\sqrt[3]{2}^2$ lassen sich als Vektoren bezüglich der Basis $1, \sqrt[3]{2}, \sqrt[3]{2}^2$ auffassen. Daher hat $\mathbb{Q}[\sqrt[3]{2}\ ]$ als Vektorraum die Dimension 3.

Die Begriffe **Dimension, Grad der Körpererweiterung, Grad des minimalen (und damit irreduziblen) Polynoms** gehen also „Hand in Hand". Das Polynom für $r = \sqrt[3]{2}$ ist $f(x) = x^3 - 2$.

Fazit Entscheidend ist nun der zentrale Satz, den wir zwar ahnen, aber nicht beweisen:

Satz 6.1 (Körpergrad-Beziehung)
Gilt für eine Kette von Erweiterungskörpern $\mathbb{Q} \subset L \subset K$, dann muss der Grad von L über $\mathbb{Q}$ ein Teiler des Grades von K über $\mathbb{Q}$ sein.

Eine Nullstelle $r \notin \mathbb{Q}$ eines über $\mathbb{Q}$ irreduziblen Polynoms ist also ***genau dann konstruierbar****, wenn es eine Kette von Erweiterungskörpern $\mathbb{Q} \subset K_1 \subset \cdots \subset K_n = \mathbb{Q}[r]$ gibt, bei der jede Erweiterung vom Grad 2 ist. $\mathbb{Q}[r]$ muss also vom Grad 2^n über $\mathbb{Q}$ sein.*

Das oben für $\sqrt[3]{2}$ Gesagte gilt für jede Lösung $r \notin \mathbb{Q}$ eines irreduziblen Polynoms dritten Grades über $\mathbb{Q}$. Der Erweiterungskörper $\mathbb{Q}[r]$ hat den Grad 3 über $\mathbb{Q}$. Da aber 3 kein Teiler einer Zweierpotenz ist, liegt $\mathbb{Q}[r]$ nicht in einer Körperkette von konstruierbaren Zahlen, **dritte Wurzeln sind ist also nicht konstruierbar**.

6.2 Beliebige Winkel in n Teile teilen

Die Grundidee der Winkelteilungs-Beweise ist es, mit den trigonometrischen Formeln $c := \cos(n \cdot \theta)$ in ein Polynom f_n von $\cos(\theta)$ aufzulösen und dann $x := \cos(\theta)$ zu setzen.

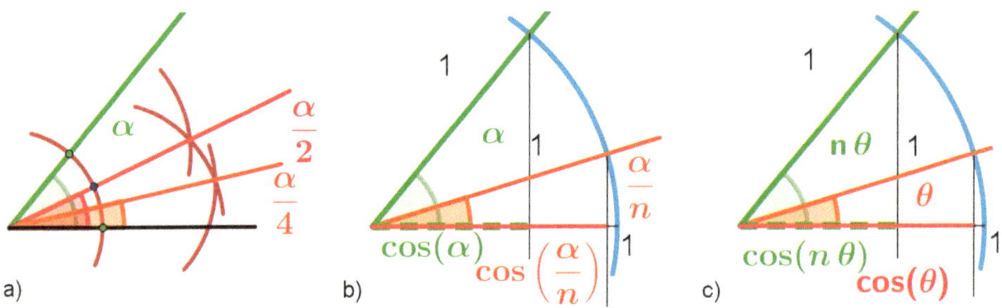

Abb. 6.3 Winkelteilen: a) Halbieren, Vierteln, u. s. w. allein mit Zirkel und Lineal, b) und c): zu jedem Winkel ($< 180^o$) gehört eineindeutig sein Kosinus im Einheitskreis, b) α und damit $\cos(\alpha)$ sind gegeben, $\cos\left(\frac{\alpha}{n}\right)$ und letztlich $\frac{\alpha}{n}$ sind gesucht, c) bequemer ist: $n \cdot \theta$ und damit $\cos(n \cdot \theta)$ sind gegeben, $\cos(\theta)$ und letztlich θ sind gesucht.

Wir nennen $t_n(x) = f_n(x) - c = 0$ das **n-Teilungspolynom** von $\alpha = n\theta$. Es ist ein Polynom über $\mathbb{Q}$ oder $\mathbb{Q}[c]$ und wir betrachten die Fälle, in denen c **algebraisch** ist. Z. B. sind alle Terme aus endlich vielen beliebigen Wurzeln algebraisch. Dann gibt es das minimale Polynom, das c als Nullstelle hat. Ist c dagegen **transzendent** – was leicht vorkommen kann, da der Kosinus eine transzendente Funktion ist –, dann kann $x = \cos(\theta)$ gar nicht konstruierbar sein: mit θ wäre ja auch $n\,\theta$ konstruierbar und das ist ein Widerspruch zur Transzendenz von $c = \cos(n\,\theta)$.

Ist das n-Teilungspolynom irreduzibel und hat sein Grad einen Primfaktor, der nicht 2 ist, kann man die Winkelteilung nicht konstruieren.

6.2.1 Winkel dritteln

Ein elfjähriger Schüler aus München schrieb mir etwa 2010 per Email, sein Lehrer habe im Anschluss an die Konstruktion in Abb. 6.3 a) versprochen: „Wer zeigt, wie man mit Zirkel und Lineal Winkel drittelt, braucht eine Woche lang keine Hausaufgaben zu machen“. Ich konnte ihm nur altersgemäß verdeutlichen, dass das schon für den 60°-Winkel *niemals* gehen kann, und ihm vorschlagen, *das* der Klasse zu vermitteln. *Dafür* könne er dann den Preis einfordern.

6.2.1.1 Das 3-Teilungspolynom t_3 für 60°

Mit trigonometrischer Auflösung von $\cos(n \cdot \theta)$ mit *konkretem* n erhält man Terme, die i. d. R. noch den Term $\sin(\theta)^2$ enthalten, den man man durch $1 - \cos(\theta)^2$ ersetzen muss. In Abschnitt 5.2.3.1 haben wir $c := \cos(3\theta) = \cos(\theta)^3 - 3\cos(\theta)\sin(\theta)^2$ erhalten, daraus folgt also $c = 4\cos(\theta)^3 - 3\cos(\theta)$, das 3-Teilungspolynom ist daher $4x^3 - 3x - c = 0$, eine Gleichung dritten Grade in Cardano-Standardform. Es gilt $\cos(60^o) = \frac{1}{2}$. Daher ist das 3-Teilungspolynom für 60° gegeben durch $t_3(x) = 4x^3 - 3x - \frac{1}{2}$.

6.2.1.2 Das Polynom t_3 für 60° ist irreduzibel über $\mathbb{Q}$

Den folgenden Beweis hat der französische Mathematiker Pierre Laurent Wantzel (1814-1884) gegeben, nach [Henn 2012, S. 50, 65]. Etwas abgewandelt geht er wie folgt vor: Das Polynom hat sicher eine reelle Nullstelle r. Nehmen wir an, diese sei *rational* mit $r = \frac{a}{b}$ mit *teilerfremden* $a \in \mathbb{Z}$ und $b \in \mathbb{N}$. Nun führen wir dies zu einem Widerspruch. Eingesetzt in t_3 ergibt sich $4\left(\frac{a}{b}\right)^3 - 3\frac{a}{b} - \frac{1}{2} = 0$, damit $8a^3 - 6a\,b^2 - b^3 = 0$ und schließlich $8a^3 = b^2(6a + b)$. Nun muss jeder Primfaktor von b auch Primfaktor von a oder gleich 2 sein. Die Teilerfremdheit erzwingt also $b = 1$ oder $b = 2$.

Die erste Wahl bringt $8a^3 = 6a + 1$. Nun muss jeder Primfaktor von a die rechte Seite teilen, da er aber das rechte a schon teilt, muss er 1 teilen. Also muss $a = \pm 1$ sein.

Die zweite Wahl bringt $8a^3 = 4(6a + 2)$, also $a^3 = 3a + 1$. Wie eben erzwingt dieses auch $a = \pm 1$. Ersichtlich ist weder $r = 1$ noch $r = -1$ eine Lösung von t_3. Es lässt sich aus t_3 also kein Linearfaktor $(x - r)$ mit rationalem r herausziehen. Mit der Aussage von Satz 6.1 zum Grad folgt:

Das 3-Teilungspolynom für 60° ist irreduzibel über $\mathbb{Q}$ und hat den Grad 3. Damit ist ein Winkel von 20° nicht mit Zirkel und Lineal konstruierbar.

6.2.2 Konstruierbare Winkel mit natürlichem Winkelgrad

Kehrt man die in Abb. 6.3 a) gezeigte Konstruktion um, kann man sehen, wie **Summen und Differenzen** von Winkeln konstruiert werden können.

Ein 3°-Winkel ist konstruierbar. Es ist der 60°-Winkel mit der bekannten Konstruktion des gleichseitigen Dreiecks und der 72°-Winkel mit dem 5-Eck konstruierbar, siehe [Haftendorn 2016, S. 317]. Halbierung ergibt den 36°-Winkel und die Differenz mit dem 60°-Winkel hat die Konstruierbarkeit des 24°-Winkels zur Folge. Dreimalige Halbierung ergibt den gewünschten 3°-Winkel.

Satz 6.2 (**w^o-Winkel mit $w \in \mathbb{N}$**)
1. Genau die $3\,w^o$-Winkel mit $w \in \mathbb{N}$ sind mit Zirkel und Lineal konstruierbar.
2. Der 1°-Winkel ist nicht mit Zirkel und Lineal konstruierbar.

Beweis (**zu Satz 6.2**) **Aussage 1.** „$\Longrightarrow$“: Nach obigem Absatz ist 3° konstruierbar, damit sind es auch alle Vielfachen von 3°. Der Beweis von **Aussage 2.** erfolgt indirekt. Wäre der 1°-Winkel konstruierbar, dann wäre auch der 20°-Winkel konstruierbar, z. B. wegen $21^o - 1^o = 20^o$. Das ist ein Widerspruch zum blauen Kasten im vorigen Abschnitt. Also gilt Aussage 2. **Aussage 1.** „$\Longleftarrow$“: Jede natürliche Zahl ist Nachbar eines 3er-

Vielfachen. Wäre auch nur *ein* Nachbar eines Winkels $3w^o$ konstruierbar, folgte daraus die Konstruierbarkeit von 1°, es gilt aber Aussage 2. □

Gauß hat schon 1799 im Zusammenhang mit seinen Untersuchungen zu den n-Ecken die Aussage 2. bewiesen, nämlich dass man den 1°-Winkel nicht konstruieren kann, zitiert nach [Hischer 2015, S. 16].

6.2.3 Die Dreiteilung des Winkels mit der Konchoide

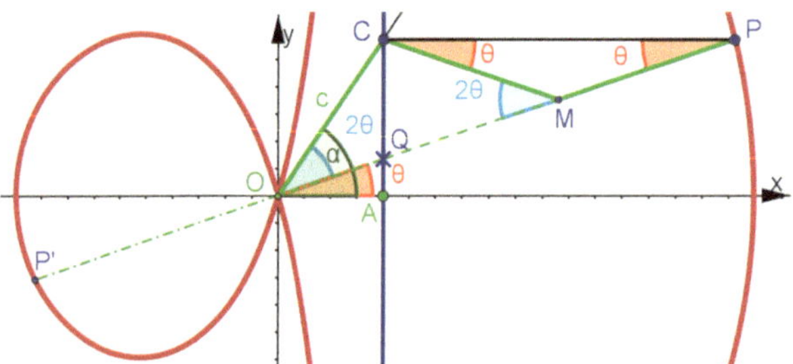

Abb. 6.4 Winkeldritteln mit der Konchoide Mit beliebigem a und $A = (a, 0)$ wird der zu drittelnde Winkel α an OA angetragen. Der freie Schenkel schneidet die blaue Senkrechte s bei A in Punkt C und $c := \overline{OC}$. Mit $k := 2c$ und der „Straße" s wird die Konchoide gezeichnet.

Die Konchoide ist die erste Kurve in diesem Buch, sie leitet Kapitel 3 ein und soll nun hier zeigen, wie man mit ihr eine exakte Winkeldrittelung schafft. Allerdings ist es **keine Konstruktion** im Sinne von Abschnitt 6.1.2.1. Der Text neben Abb. 6.4 zeigt den Anfang des Vorgehens. Aber nun kommt das Entscheidende: wir können zwar die einzelnen Punkte der Konchoide mit den Parametern a und k mit Zirkel und Lineal konstruieren, aber nicht die **Kurve als Ganzes**. Hier soll als nächstes die Parallele zur x-Achse durch C die Konchoide in P schneiden, dieser Punkt entsteht **nicht** auf die in Definition 6.1 einzig erlaubte Weise.

Schon Nikomedes kannte den in Abschnitt 4.4.3.2 vorgestellten und in Abb. 4.30 gezeigten Konchoidenzirkel. Mit ihm kann man mechanisch eine durchgehende Linie für den Konchoidenast zeichnen, den man braucht. Wir sind mathematikgeschichtlich mehr als 2000 Jahre weiter und haben die klassischen Kurven auch mit ihren Gleichungen „im Griff". Wenn wir also so weit sind, dass C entstanden ist, definieren wir $k = 2c$, vertauschen in Gleichung 3.1 x und y und erhalten bei Eingabe der impliziten Gleichung $\left(x^2 + y^2\right)(x - a)^2 = k^2 x^2$ die „ganze" Konchoide. Mit dem Schnittpunktwerkzeug ergibt sich der gewünschte Punkt P. Die Strecke c ist grün hervorgehoben und kommt oft vor: $c = \overline{OC} = \overline{CM} = \overline{MP} = \overline{MQ} = \frac{1}{2}\overline{QP'}$. Durch die Wechselwinkel an Parallelen, die Basiswinkel in gleichschenkligen Dreiecken und den Außenwinkelsatz sind die hervorgehobenen Winkelgleichheiten gesichert. Nun sieht man: $\alpha = 3\theta$ und θ ist das gesuchte Drittel von α. Übrigens ist *dieses c nicht* $\cos(\theta)$ aus Abb. 6.3.

6.2.4 Die n-Teilung des Winkels mit der archimedischen Spirale

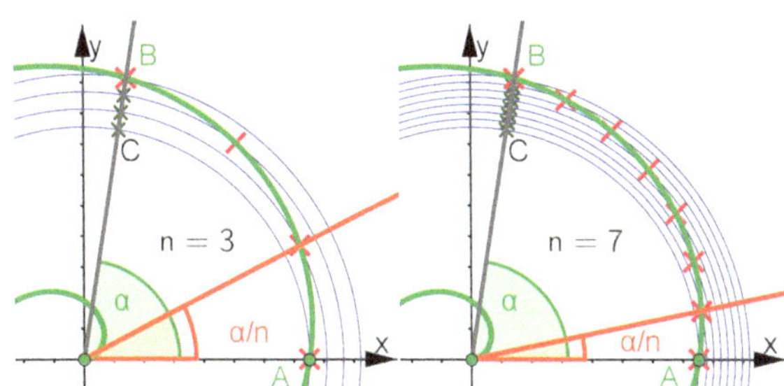

Abb. 6.5 **Winkeldritteln und n-Teilung mit der archimedischen Spirale:** Der zu teilende Winkel α wird an OA angetragen, die Kurve schneidet den freien Schenkel in B, der Kreis um O durch A schneidet ihn in C. Eine n-Teilung von $\overline{BC}$ ermöglicht eine Kreisschar um den Ursprung O, die $\frac{\alpha}{n}$ sichtbar werden lässt.

Sie können sich zu Abb. 6.5 eine **Schablone** vorstellen, deren gerader Rand die x-Achse mit O repräsentiert und deren anderer Rand ein 180°-**Bogen der archimedischen Spirale** ist. Übertragen Sie diese Form auf Papier, dann brauchen Sie nur noch Zirkel und Lineal, um für jeden Winkel $\alpha < 180^o$ den Bruchteil $\frac{m}{n}\alpha$ mit $m < n$ zu erzeugen. Zu der im Text bei Abb. 6.5 beschriebenen Vorgehensweise ist zu ergänzen, dass man die n-Teilung einer Strecke mit dem Strahlensatz konstruieren kann.

Beweis der Konstruktion Die Spirale habe die Polargleichung $r(\theta) = a\,\theta$. Punkte werden in polarer Form angegeben. Bei $A = (2a\pi; 0)$ ist $B = (2a\pi + a\,\alpha;\, \alpha)$ und $C = (2a\pi;\, \alpha)$. Es gilt $\overline{BC} = 2a\pi + a\,\alpha - 2a\pi = a\,\alpha$. Da die archimedische Spirale in der polar-kartesischen Darstellung eine Gerade ist, siehe Abb. 8.3, bewirkt eine lineare Teilung von $\overline{BC}$ auch eine lineare Teilung von α.

Die handwerkliche Bewältigung ist bei **kinematisch** erzeugten Kurven grundsätzlich schwieriger als bei algebraischen Kurven. Man muss für die archimedische Spirale *gleichzeitig* den Zeichenstift *gleichmäßig* nach außen ziehen und dabei *gleichmäßig* drehen. Das entsprechende Problem bietet die Quadratrix im Abschnitt 6.5. Nach dem Satz von Kempe 4.2 im Abschnitt 4.4.6.5 kann es für algebraische Kurven dagegen immer Gelenke geben, die einen Stift auf einer erzwungenen Bahn, nämlich dieser Kurve, führen.

Für uns heute ist diese Unterscheidung nur noch theoretisch interessant. Allerdings haben wir in GeoGebra das Problem, dass die Schnittpunktbestimmung bei Parameterkurven allenfalls ausgeführt wird, wenn eine der Kurven eine Gerade ist. Für die Abb. 6.5 heißt das, dass man für die Schnittpunkte der Kreisschar mit der Spirale den Winkel $\frac{\alpha}{n}$ ausgerechnet hat, um sie geometrisch einzeichnen zu können. Sie finden die GeoGebra-Datei auf der Website zum Buch, die zudem mit dem Befehl `Folge[(a(2 pi+i α/n); i α/n),i,0,n]` und ähnlichen die Variation von n erlaubt.

Am besten geeignet sind implizite kartesische Gleichungen und Funktionen. Hier kann man immer Schnittpunkte bilden.

6.2.5 Winkeldritteln mit der Trisektrix und anderen Kurven

Im Abschnitt 3.3.1.2 haben wir für die Trisektrix den Beweis mit Bezug auf Abb 3.17 schon geführt. Aber es eignen sich auch Pascal'sche Schnecken aus Abschnitt 3.1.4, die Quadratrix (s.u.) und andere Kurven zum Winkeldritteln. Eine **Quasikonstruktion**, siehe Abschnitt 6.6, mit dem Parabellineal als weiterem Werkzeug finden Sie in Abb. 6.10 a) im Abschnitt 6.6.2.

6.2.5.1 Winkeldritteln mit Einschiebe-Lineal und anderen Techniken

In diesem Buch habe ich keinen Platz, auf **Einschiebe-Konstruktionen** einzugehen. Eine solche von Archimedes zeigen [Henn 2012, S. 66] und [Franzke 2012]

[Henn 2012, S. 67f] zeigt eine **Näherungskonstruktion** und eine **Papierfaltungskonstruktion**, die auch in [Haftendorn 8] erklärt ist.

6.3 Würfel verdoppeln, Delisches Problem

Im Jahre 430 v. Chr. wütete auf der griechischen Insel Delos die Pest. Die Delier befragten das Orakel von Delphi, was sie zur Besänftigung der Götter tun könnten. Sie erhielten die Aufgabe, für den würfelförmigen Altar im Tempel einen neuen würfelförmigen Altar mit genau doppeltem Volumen zu bauen. In unserer Schreibweise ist also $2\,a^3 = x^3$ zu lösen, das ergibt $x = \sqrt[3]{2}\,a$. Wir schreiben das so einfach hin, setzen das konkrete a ein und verwenden Taschenrechner. Die Griechen aber hatten dafür nur geometrische Strategien. 2000 Jahre lang wurde immer wieder vergeblich eine Lösung mit Zirkel und Lineal versucht.

Wir wissen seit dem 19. Jahrhundert, dass es keine Lösung mit Zirkel und Lineal geben kann. Das haben wir schon im Abschnitt 6.1.2.3 als Beispiel für die Körpererweiterung $\mathbb{Q}[\sqrt[3]{2}\,]$ und Satz 6.1 bewiesen.

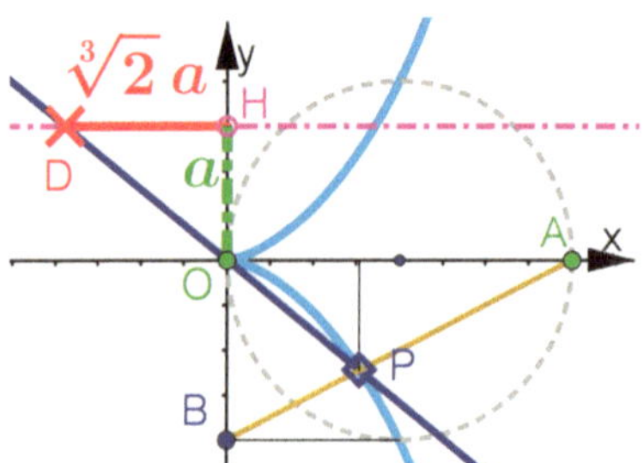

Abb. 6.6 Dritte Wurzel aus 2 mit Cissoide
Bei jeder Cissoide des Diokles mit $A = (c, 0)$ und der Gleichung $(c-x)y^2 = x^3$ hat die blau eingezeichnete Gerade die Steigung $m = -\frac{1}{\sqrt[3]{2}}$ (Beweis unten).
Daher kann man auf die gezeigte Weise von der Kantenlänge a des alten Würfels zur Kantenlänge $\sqrt[3]{2}\,a$ des neuen Würfels mit doppeltem Volumen gelangen.

Den in Abb. 6.6 gezeigten Weg hat Diokles (um 180 v. Chr.) mit *seiner* Cissoide gefunden. In diesem Buch ist die Hauptform der Cissoide in Abschnitt 3.4.1 eingeführt. Die neben obigem Bild genannte kartesische Gleichung 3.18 ist mit c geschrieben.

Beweis der Konstruktion Die Gleichung der ockerfarbenen Geraden ist $y = \frac{1}{2}x - \frac{1}{2}c$, also $2y = x - c$. Verwenden wir dieses für den Schnitt mit der Cissoide, so folgt $x^3 = (x-c)y^2 = 2y \cdot y^2 = 2y^3$, *unabhängig* von c. Damit hat die blaue Gerade OP die Gleichung $y = -\frac{1}{\sqrt[3]{2}}x$. Für $y = a$ erhalten wir die rote Strecke mit der Länge $\sqrt[3]{2}\,a$. Wegen der Unabhängigkeit von c hätten wir auch eine **Cissoidenschablone** verwenden können.

6.3.0.2 Würfelverdoppeln mit anderen Kurven, Einschiebe-Lineal oder Papierfalten

Zwei Parabeln oder Parabel und Hyperbel verwendet Franzke, der auch eine Einschiebe-Lösung zeigt, [Franzke 2012], Henn faltet Papier, [Henn 2012, S. 63]. Eine Lösung mit der Konchoide des Nikomedes finden Sie auf der Website zum Buch. Eine **Quasikonstruktion**, siehe Abschnitt 6.6, mit dem Parabellineal als weiterem Werkzeug finden Sie in Abb. 6.10 b) im Abschnitt 6.6.2.

6.4 Die konstruierbaren n-Ecke

Es geht, obwohl es gemeinhin nicht ausgesprochen wird, um die Konstruierbarkeit der **regelmäßigen Vielecke mit n Ecken** unter alleiniger Verwendung von Zirkel und Lineal. Für das gleichseitige Dreieck, das Quadrat und das „Bienenwaben"-Sechseck sind die Konstruktionen schon im jungen Schulalter bekannt. Die Fünfeckskonstruktion ist weit weniger geläufig. Sie und ihr Zusammenhang mit dem Goldenen Schnitt wird in meinem Buch [Haftendorn 2016, S. 316] und auf der Website zu diesem Buch gezeigt.

6.4.1 Das Siebeneck oder Heptagon

Für $n = 7$ kann die Konstruktion mit Zirkel und Lineal *niemals* gelingen. Das werden wir nachweisen und auch eine Lösung mit der Strophoide zeigen.

Der Mittelpunktswinkel des 7-Ecks ist $\frac{360^o}{7}$. Er wäre konstruierbar, wenn man ein Siebentel des rechten Winkels konstruieren könnte. Gemäß Abb. 6.3 c) betrachten wir $c = \cos(7\theta) = \cos(90^o) = 0$ und finden entsprechend dem Beginn von Abschnitt 6.2 das 7-Teilungspolynom $t_7(x) = 64x^7 - 112x^5 + 56x^3 - 7x - c$, mit c=0 und ausgeklammert $t_7(x) = x\left(64x^6 - 112x^4 + 56x^2 - 7\right)$. Substituieren wir $z = x^2$, so bleibt nachzuweisen, dass $64z^3 - 112z^2 + 56z - 7$ **irreduzibel** über $\mathbb{Q}$ ist. Das gelingt ganz entsprechend Abschnitt 6.2.1.2 und der **Mittelpunktswinkel des Siebenecks ist nicht konstruierbar**.

Eine **Quasikonstruktion**, siehe Abschnitt 6.6, mit dem Parabellineal als weiterem Werkzeug finden Sie auf der Website zum Buch.

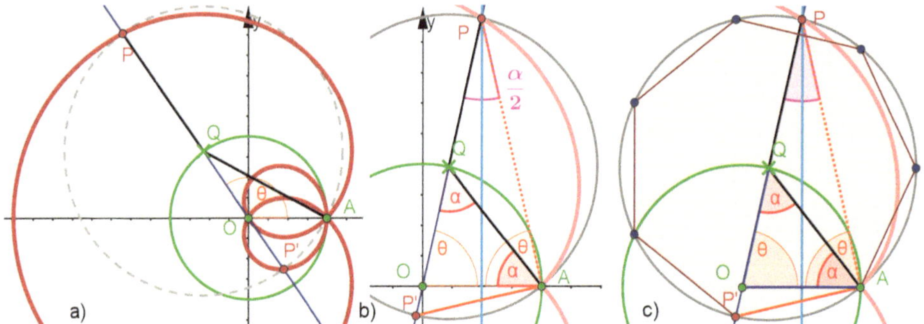

Abb. 6.7 a) **Strophoide von Freeth**: Kurve C ist der Kreis um den Pol O mit dem Radius a durch den festen Punkt $A = (a, 0)$. b) Die **Mittelsenkrechte** von $\overline{OA}$ schneidet die äußere Strophoide in einem Punkt, auf den man P durch Ziehen an Q setzt. Die besonderen Eigenschaften dieser P-Stellung sind gezeigt und werden im Text bewiesen. c) α ist der **Mittelpunktswinkel** eines 7-Ecks, dessen orangefarbene Seite $\overline{P'A}$ im grauen Kreis um Q schon erzeugt ist. GeoGebra bietet einen Button für regelmäßige n-Ecke an. Aus der Seite $\overline{P'A}$ wird damit das **regelmäßige 7-Eck** gebildet. Es hat seine Ecken tatsächlich auf dem grauen Kreis.

6.4.1.1 Das Siebeneck mit einer Strophoide finden

Mit Abb. 6.7 a) erinnere ich an die allgemeine Definition der Strophoide, siehe Definition 3.3 in Abschnitt 3.2.2: Q wandert auf dem Ursprungskreis, A ist fest und der grau gestrichelte Kreis um Q enthält immer A. Die Polgerade durch Q schneidet den grauen Kreis in den Punkten P und P'. Deren Ortskurve ist die **Strophoide von Freeth**. Mit einem gedachten Lot von O auf $\overline{QA}$ begründen wir leicht $\overline{QA} = 2a\sin\left(\frac{\theta}{2}\right)$. Mit $\overline{QA} = \overline{QP}$ folgt:

$$\text{Polargleichung der Strophoide von Freeth:} \qquad r(\theta) = a\left(1 + 2\sin\left(\frac{\theta}{2}\right)\right) \tag{6.1}$$

Die Vorgehensweise in Abb. 6.7 b) geht auf den englischen Mathematiker T. J. Freeth zurück, der seine Idee für das Heptagon 1878/79 in der London Mathematical Society vorstellte. Ich beginne in Abb. 6.7 wie [Lockwood 1961, S. 135] mit der Mittelsenkrechten auf $\overline{OA}$, die die äußere **Strophoide von Freeth**, zuweilen auch *Freeth's nephroid* genannt, in einem Punkt schneidet. Auf diesen Punkt muss man P ziehen. Genau hier liegt der Grund, warum es sich **nicht um eine Konstruktion** nach Definition 6.1 handelt.

α ist der Mittelpunktswinkel für das 7-Eck, dies zeigt Abb. 6.7 b) und wir beweisen es mit dem *Umfangswinkelsatz*: α ist Mittelpunktswinkel über der Sehne $\overline{P'A}$ des grauen Kreises. Dann ist bei P ein zugehöriger Umfangswinkel (violett), der die Größe $\frac{\alpha}{2}$ hat. Das Dreieck OAP ist gleichschenklig und hat die Basiswinkel θ, es gilt also $2\theta + \frac{\alpha}{2} = \pi$. Andererseits sind im Dreieck AQO die Basiswinkel α, was $2\alpha + \theta = \pi$ zur Folge hat. Diese beiden Gleichungen ergeben zusammen $\theta = \frac{3\pi}{7}$ und $\alpha = \frac{2\pi}{7}$.

Damit ist die Sehne $\overline{P'A}$ schon die richtige Seitenlänge für ein 7-Eck im grauen Kreis, wie es in Bild c) eingezeichnet ist.

6.4.1.2 Vorsicht! Holzwege!

An drei sonst eigentlich recht zuverlässigen Stellen im Internet wird die Senkrechte in A errichtet und lakonisch behauptet, damit ergebe sich, wenn wieder P auf den Schnittpunkt gezogen wird, der Winkel $\frac{3\pi}{7}$ für das 7-Eck. Erstens kommt auf die vorgeschlagene Art gar kein $\frac{3\pi}{7}$-Winkel zustande, was Lockwood offenbar gewusst hat. Zweitens muss man noch zwei Drittel dieses Winkels erzeugen. Übrigens: Das Dreieck AQO ist (bis auf Ähnlichkeit) das *einzige* Dreieck, bei dem die Basiswinkel zwei Drittel des Winkels in der Spitze sind. Auf der Website zum Buch finden Sie sowohl die Dateien zu Abb. 6.7 als auch die drei Links zu den Sites mit der falschen Senkrechtenstellung und dem nicht ganz unproblematischen Winkel.

Fazit: Man sollte nicht alles, was im Internet steht, glauben. Es lohnt sich, selbst Konstruktionen mit GeoGebra zu prüfen. Man sollte auch selbst Beweise führen können.

6.4.2 Welche n-Ecke sind konstruierbar?

Ist ein n-Eck konstruierbar, dann kann man mit Halbierungen gemäß Abb. 6.3 a) für jedes k das $(2^k \cdot n)$-Eck konstruieren. Ist ein n-Eck als nicht-konstruierbar nachgewiesen, gilt das auch für jedes $(2^k \cdot n)$-Eck. Mit Kurven haben die entsprechenden Beweise eher nichts zu tun, daher nenne ich nur die von Gauß gegebene Übersicht.

6.4.2.1 Gauß, das 17-Eck und die wenigen konstruierbaren n-Ecke.

Schon mit 19 Jahren hat Gauß (1777-1855) eine Konstruktion des 17-Ecks gefunden. Dies gilt als seine erste große mathematische Leistung. Später hat er das Thema abschließend behandelt. Zunächst gebe ich die

Definition 6.2

Eine natürliche Zahl heißt **Fermat'sche Zahl**, wenn Sie die Gestalt $2^{2^m}+1$ mit einer natürlichen Zahl $m \in \mathbb{N}_o$ hat. Ist sie darüber hinaus selbst Primzahl, heißt sie **Fermat'sche Primzahl**.

Man kennt nur fünf Fermat'sche Primzahlen: $\{3,\ 5,\ 17,\ 257,\ 65\,537\}$.

Satz 6.3 (n-Eck-Satz von Gauß)
Ein n-Eck mit $n > 2$ ist ***genau dann konstruierbar*** *mit Zirkel und Lineal, wenn*

$$n = 2^k \cdot p_1 \cdot p_2 \cdot \dots \cdot p_r \qquad mit \quad k \in \mathbb{N}_o \tag{6.2}$$

mit einer beliebigen Auswahl von 0 bis 5 Fermat'schen Primzahlen p_i ohne Doppelung.

Einen verständlichen Beweis, der erwartungsgemäß Körpererweiterungen ins Spiel bringt, finden Sie in [Henn 2012].

6.5 Kreis quadrieren

Es geht darum, zu einem Kreis ein flächengleiches Quadrat zu konstruieren. Wieder kommen wir mit unseren Rechenmöglichkeiten sofort zu einem Ergebnis: Quadrat mit Kantenlänge a flächengleich dem Kreis mit Radius r ergibt: $a^2 = \pi\, r^2$, also $a = \sqrt{\pi}\, r$. Da man die Quadratwurzel konstruieren kann, s. Abb. 6.2, wird das Problem oft in der Frage formuliert: **Kann man π konstruieren?**

6.5.1 π-Konstruktion als neuer Problemtypus

Die Kreiszahl π ist eine ganz besondere Zahl, das wird schon im Mathematikunterricht der Mittelstufe deutlich. Die Reduzierung auf die Nutzung der π-Taste des Taschenrechners sollte als Verstoß gegen das Recht der jungen Menschen auf gehaltvolle Mathematik „unter Strafe“ gestellt werden. Zum Glück gibt es viele schulisch umsetzbare Vorschläge „Rund um den Kreis“, [Schlottke et al. 2002]. Wesentlich – in tieferem Wortsinn – ist aber, dass es nicht bei experimentellen Wegen wie Dosenabrollen u. Ä. bleibt. Durch fortgesetzte Verdoppelung der Eckenzahl kommt man von einem dem Einheitskreis einbeschriebenen Quadrat zu folgendem Ausdruck:

$$\pi = \lim_{k \to \infty} \left(2^k \underbrace{\sqrt{2 - \sqrt{2 + \sqrt{2 + \sqrt{2 + \sqrt{2 + \cdots \sqrt{2}}}}}}}_{k \quad \text{Wurzeln}} \right) \tag{6.3}$$

Mit k Wurzeln und k als Exponent für die 2 beschreibt man den halben Umfang eines 2^{k+1}-Ecks. Bei Verdoppelung der Eckenzahl kann man ganz allgemein leicht herleiten: $s_{neu}^2 = 2 - \sqrt{4 - s_{alt}^2}$, das führt zu obigem Term. Meiner Erfahrung nach sind die Jugendlichen nicht zu bremsen, mit dieser Idee immer mehr Stellen mit dem Taschenrechner zu bestimmen. Jedenfalls „erleben“ sie einen wesentlichen Aspekt von π.

π im Lichte der Konstruierbarkeit Alle einbeschriebenen 2^{k+1}-Ecke sind konstruierbar, die ersten werden konkret konstruiert mit Zirkel und Lineal. Aber in **endlich vielen** Schritten kann man π auf diesem Weg nicht erreichen. Bei allen bisherigen Beispielen kam es auf den Grad des minimalen Polynoms an. Jede der obigen Näherungen ist Nullstelle eines Polynoms über $\mathbb{Q}$ vom Grad 2^k, dennoch ist π nicht algebraisch sondern **transzendent**, d. h. es gibt **überhaupt kein Polynom** über $\mathbb{Q}$ mit der Nullstelle π. Dies bewies erst 1882 Carl Ferdinand von Lindemann (1852-1939). Damit ist **π wirklich nicht konstruierbar** mit Zirkel und Lineal.

6.5.2 Die Quadratrix

In dieses Buch gehören die Versuche, eine exakte Lösung mit Kurven zu finden. Besonders berühmt ist die Quadratrix, die ihre Aufgabe schon im Namen trägt.

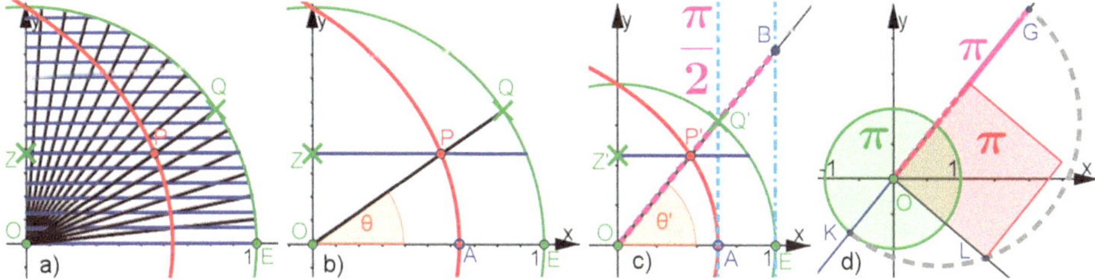

Abb. 6.8 **a) Quadratrix**: Punkt $Z = (0, z)$ und $Q = (1; \theta)$ (polar geschrieben) starten auf der x-Achse. Sie wandern auf der y-Achse bzw. dem Einheitskreis und bewegen sich *gleichmäßig* so, dass sie gemeinsam im Punkt (0,1) ankommen. Mit dem gezeigten Raster findet man Punkte der Quadratrix. **b)** Eine typische Stellung ist hervorgehoben. **c) Das Ziel, π zu finden, ist erreicht.** **d)** Am Ende ist der Kreis quadriert, also ist ein Quadrat mit dem Flächeninhalt π entstanden, wie ihn auch der Einheitskreis hat. Aber es ist **keine zulässige Konstruktion** mit Zirkel und Lineal.

6.5.2.1 Grundeigenschaften der Quadratrix

Die Erzeugung ist in Abb. 6.8 a) gezeigt. In Abschnitt 6.2.4 ist schon erwähnt, dass die Quadratrix zu den **kinematisch erzeugten Kurven** gehört. Die gleichmäßige Bewegung von Punkt $Z = (0, z)$ und Punkt $Q = (1; \theta)$ wird erreicht, wenn in Abb. 6.8 b) gilt: $\frac{\theta}{\frac{\pi}{2}} = \frac{z}{1}$. Der Zeichnung kann man mit $r = \overline{OP}$ unmittelbar entnehmen:

$$\text{Quadratrix in Polarkoordinaten} \quad r(\theta) = \frac{z}{\sin(\theta)} = \frac{2\,\theta}{\pi \sin(\theta)} \tag{6.4}$$

6.5.2.2 Bestimmung der Punkte A und B

Die Konstruktionsvorschrift ergibt für $\theta = 0$ keine Aussage. Dem Punkt A kann man sich offenbar nur von oben nähern. Bei Betrachtung der Polargleichung 6.4 erhalten wir für $\theta = 0$ den unbestimmten Ausdruck „$\frac{0}{0}$". Dies ist ein Fall für die Regel von de L'Hospital.

$$\overline{OA} = \lim_{\theta \to 0} \left(\frac{2\,\theta}{\pi \sin(\theta)} \right) = \lim_{\theta \to 0} \left(\frac{2}{\pi \cos(\theta)} \right) = \frac{2}{\pi} \quad \text{und dann:} \quad \overline{OB} = \frac{\overline{OB}}{1} = \frac{1}{\overline{OA}} = \frac{\pi}{2} \tag{6.5}$$

In Abb. 6.8 c) ist in A die Senkrechte auf der x-Achse errichtet. Sie schneidet den Einheitskreis in Q' und der Strahl OQ' schneidet $x = 1$ in B.

Fazit: Die Strecke $\overline{OB}$ hat die Länge $\frac{\pi}{2}$. Damit ist letztlich π gefunden.

Es ist aber **keine Konstruktion** im Sinne von Definition 6.1 und Abb. 6.2, denn der Punkt A entsteht nicht als Schnitt von Kreis oder Gerade mit der x-Achse. Die Quadratrix selbst ist schon eine transzendente Kurve. Das erkennt man an dem gleichzeitigen Auftreten von θ und $\sin(\theta)$ in der Polargleichung. Wir können sie aber mit dem Werkzeug für Parameterkurven zeichnen. Sehen Sie sich einmal die Quadratrix für einen großen Bereich für θ an.

6.5.2.3 Die eigentliche Kreisquadrierung

In Abb. 6.8 d) ist ausführlich gezeigt, wie man aus der im vorigen Abschnitt gefundenen Strecke der Länge $\frac{\pi}{2}$ das zum grünen Einheitskreis flächengleiche Quadrat konstruiert:

Auf der Geraden OB wird G mit $\overline{OG} = 2\,\overline{OB} = \pi$ abgetragen. G und K mit $\overline{OK} = 1$ bilden den Durchmesser des grau gestichelten Thales-Halbkreises. Dieser wird von der Senkrechten auf KG in O im Punkt L geschnitten. Es ist $\overline{OL} = \sqrt{\pi}$, entsprechend Abb. 6.2. Daher hat das dort aufgesetzte Quadrat den Flächeninhalt π, das ist die Fläche des Einheitskreises.

6.5.3 Archimedes, Leonardo da Vinci und Weiteres

Auch mit der archimedischen Spirale kann eine Kreisquadrierung gelingen. Die Spiralen sind i. d. R. ebenfalls kinematische und transzendente Kurven.

Leonardo da Vincis Idee wird in einer Schrift: „Ich aber quadriere den Kreis" [Schröer und Irle 1998] vorgestellt. Dort geht es um ein iteratives Näherungsverfahren. **Nicolaus von Kues**, genannt Cusanus, gab ein sehr einfaches Näherungsverfahren [Henn 2012, S. 70].

Der Ausdruck **Quadratur** wurde früher ganz allgemein für Flächenberechnungen verwendet. Im englischen Sprachgebrauch hat sich das anstelle von „Integration zur Flächenberechnung" im Wort *quadrature* länger erhalten als im Deutschen. Will man ausdrücken, dass für ein Problem gar keine Lösung in Sicht ist, sagt man: „Da müsste man ja den Kreis quadrieren".

6.6 Zirkel, Lineal und Parabellineal

Mein Kollege Dieter Riebesehl und ich kamen 2006 auf die Idee, einmal auszuloten, was für Konstruktionen exakt möglich sind, wenn man eine **Normalparabel-Schablone** als zusätzliches Werkzeug zulässt. In Abschnitt 6.2.4 habe ich eine Schablone für die archimedische Spirale erwähnt, mit der man die Winkeldrittelung bewältigen kann. In Abschnitt 6.3 war eine Cissoiden-Schablone hilfreich. Auf der Website [Haftendorn 9] haben wir die Erkenntnisse unter dem Namen **Quasikonstruktionen** bekannt gemacht.

6.6.1 Gleichungen dritten Grades und Quasikonstruktionen

Ein ganz beliebige Gleichung dritten Grades $z^3 + b\,z^2 + c\,z + d = 0$ mit rationalen Koeffizienten kann durch die Substitutionen $x := z - a$ und $a := \frac{b}{3}$ auf die quadratterm-freie Form $x^3 + \left(c - \frac{b^2}{3}\right)x - \frac{bc}{3} + \frac{2b^3}{27} + d = 0$ gebracht werden, also kurz $x^3 + p\,x + q = 0$ in der **Cardano-Standardform**.

6.6.1.1 Lösungen der Cardano-Standardform

Sollen sich die Lösungen von $x^3 + p\,x + q = 0$ aus dem Schnitt eines Kreises durch den Ursprung mit der Normalparabel ergeben, so muss mit noch zu bestimmenden a und b gelten:

$$(x-a)^2 + (y-b)^2 = a^2 + b^2 \quad \text{und} \quad y = x^2 \Longrightarrow x^3 + p\,x + q = 0$$

Der Kreis wird durch O geführt, damit *eine* der i. A. vier Lösungen, nämlich $x = 0$, nicht berücksichtigt werden muss. Aus der linken Seite folgt $x\left(x^3 + (1-2b)x - 2a\right) = 0$, also muss $a := \frac{-q}{2}$ und $b := \frac{(-p)+1}{2}$ gewählt werden. Diese beiden Koordinaten des Kreismittelpunktes lassen sich aus $Q = (-q, 0)$ und O=(0,0) bzw. $P = (0, -p)$ und $E = (0, 1)$ als *Mitten* konstruieren. Die weiteren Schnittstellen des Kreises mit der Normalparabel sind dann die Lösungen der gegebenen Gleichung. So zeigt es Abb. 6.9.

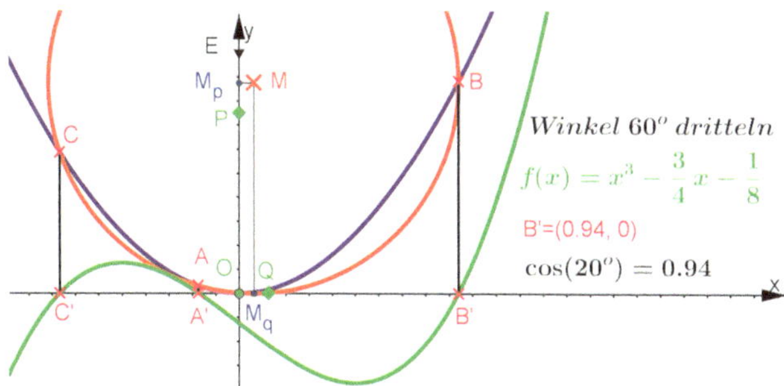

Abb. 6.9 **Polynomlösung mit Zirkel, Lineal und Parabellineal**: M_q ist Mittelpunkt von $\overline{OQ}$ und M_p ist Mittelpunkt von $\overline{EP}$ mit $E = (0, 1)$. So ist M für den Kreis durch O konstruiert. Die ein bis drei anderen Schnittstellen von Parabel und Kreis sind die Lösungen. Diese Quasikonstruktion ist hier gezeigt für das 3-Teilungspolynom von 60°.

Das 3-Teilungspolynom für 60° ist in Abschnitt 6.2.1.1 hergeleitet. Als *Quasikonstruktion* ist $\cos(20^o)$ nun exakt konstruiert. Die mathematische „Qualität" ist dieselbe wie die

Konstruktion mit der Konchoide in Abschnitt 6.2.3 und der Trisektrix in Abschnitt 3.3.1, die letzteren sind rein geometrisch. Nun scheint es, als müsse man für eine Quasikonstruktion zuerst ein Polynom dritten Grades zu dem Problem erzeugen. Dass dieses nicht der Fall ist, zeigt der nächste Abschnitt.

6.6.2 Weitere exakte Konstruktionen mit Parabellineal

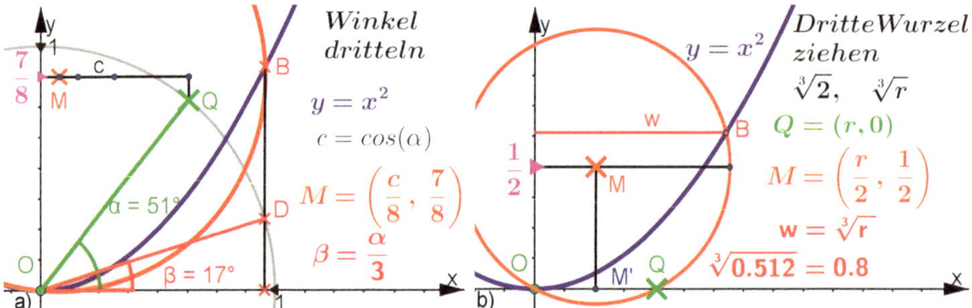

Abb. 6.10 **Quasikonstruktionen**, die von der Fragestellung *allein* mit Zirkel, Lineal und Parabellineal zur Lösung gelangen: **a)** Winkel α ist mit zugfestem Q auf dem Einheitskreis gegeben. Durch Achtelungen zweier Stecken erhält man M für den Kreis, der die Normalparabel schneidet, Schnittpunkt B liefert sofort das Drittel von α. **b)** Der Radikand r wird als Abszisse von Q genommen, durch Mittelung ergibt sich M' und dann M mit der Ordinate $\frac{1}{2}$. Der Schnittpunkt des Kreises um M durch O und der Normalparabel hat als Abszisse den gesuchten Wert $w = \sqrt[3]{r}$.

Zur Begründung dienen die beiden Polynome a) $x^3 - \frac{3}{4}x - \frac{c}{4}$ und b) $x^3 - r$.

Siebeneck als Quasikonstruktion Sowie ein Polynom dritten Grades für eine Problemlösung zuständig ist, kann man es mit einer Quasikonstruktion exakt lösen. Für das Siebeneck ist das so, aber für die Durchführung fehlt hier der Platz. Sie finden Text, Bilder und GeoGebra-Datei auf der Website zum Buch.

Fazit: Natürlich „brauchen" wir diese Konstruktionswege nicht. Das gilt im Grunde für das ganze Kapitel 6 zu den antiken Problemen. Es geht um eine mathematische Herausforderung, um ein geistiges Spiel, um die Frage: Wie weit kommt man mit genau diesem – aus Zirkel, Lineal und Parabellineal oder anders eingeschränkten, bzw. erweiterten – Werkzeugkasten?

Lassen Sie sich anregen, mit dem Werkzeugkasten von Abschnitt 6.6 noch anderes zu schaffen oder stellen Sie fest, dass auch die Quasikonstruktionen nicht alles erledigen. Z. B. sperrt sich das 11-Eck. Auf der Website ist eine Übersicht über die quasikonstruierbaren n-Ecke.

Füllen Sie einen anderen Geometrie-Werkzeugkasten nach eigenen Ideen. Reduzierungen wie „nur Zirkel" oder Kombinationen mit einem „Einschiebelineal" wurden im Laufe der Mathematikgeschichte auch untersucht.

In diesem Buch habe ich vor allem Verfahren berücksichtigt, die **Kurven** verwenden.

6.7 Archimedes und die Quadratur der Parabel

Schon etwa hundert Jahre vor Archimedes wurde Menaechmus (oder Menaichmos) (380 -320 v. Chr.) geboren. Er fand bei der Suche nach einer Lösung des delischen Problems die Kurven, die seit Apollonius von Perge (262-190 v. Chr.) Kegelschnitte genannt werden, siehe am Anfang von Kap. 7. Letzterem schreibt man die Namensgebung *Parabel, Ellipse, Hyperbel* zu, Apollonius war nur 25 Jahre jünger als Archimedes (287-212 v. Chr.) und lehrte an der berühmten Universität in Alexandria. Er definiert schon in seinem ersten Buch [Balsam 1861, Apollonius S. 19] in Lehrsatz 9 die Parabel mit der Eigenschaft, die in diesem Buch in 7.4 gezeigt ist, und stellt auch den Zusammenhang her, dass bei Parabeln die Schnittebene parallel zur Mantellinie ist. In den Lehrsätzen 6 und 7 beweist er, dass bei allen Kegelschnitten zu einer Sehne eine Tangente „gegenüber" der Sehnenmitte gehört. Diese beiden und Parallelen zur Achse, bzw. zum konjugierten Durchmesser, definieren ein Parallelogramm.

Im Buch „Über das Gleichgewicht ebener Flächen ..." beweist [Archimedes 240 v. Chr., S. 194] diesen Zusammenhang von Parabelsehnen und der dazu parallelen Tangente. Siehe dazu Abb. 6.11, Abb. 7.14 und Aufgabe 7.4. In Abschnitt II Paragraph 9, das ist S. 202 im Reprint-Buch, gelingt Archimedes die Quadratur der Parabel. Bei [Bemelmans 2011, A2] können sie seine Einleitung lesen.

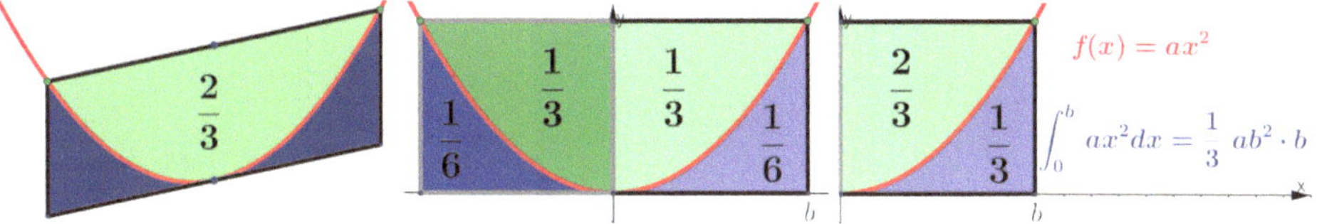

Abb. 6.11 Das Parabelsegment nach Archimedes nimmt $\frac{2}{3}$ des Parallelogramms ein, siehe Satz 6.4. Zwischen dem Beweis von Archimedes und der Schreibweise rechts vergingen 2000 Jahre. Unser Konzept des Integrals leistet allerdings sehr viel mehr.

Satz 6.4 (Archimedes und das Parabelsegment)
Ein Parabelsegment nimmt stets $\frac{2}{3}$ des durch das Segment definierten Parallelogrammes ein.

Beweis Bezug ist Abb. 6.12.
Senkrecht zur Parabelachse gemessen hat die Sehne die Breite k und das Parallelogramm hat daher die Fläche kh. Archimedes geht von dem großen Dreieck in dem Segment aus, das die Fläche $F = \frac{1}{2}kh$ hat. An jeder zur Parabel hin gewandten Seite wird ein grünes Dreieck angesetzt, das man sich aus zwei Teilen denkt: Für das rechte ist in der Mitte eine Grundseite eingezeichnet, sie hat wegen des Strahlensatzes die Länge $\frac{1}{4}h$, und nach rechts und links ist die Dreieckshöhe $\frac{1}{4}k$, damit kommt die Fläche $2 \cdot \frac{1}{2}(\frac{1}{4}k)(\frac{1}{4}h) = \frac{1}{8}F$ zustande. Das gilt auch für das linke grüne Dreieck. Im ersten Schritt kommt also $F_1 = \frac{1}{4}F$ hinzu. An jedes grüne Dreieck werden zwei neue angesetzt und so immer weiter. Die neuen Flächen beim Schritt n bringen $F_n = \frac{1}{4}F_{n-1}$. Alle Schritte zusammen haben mit

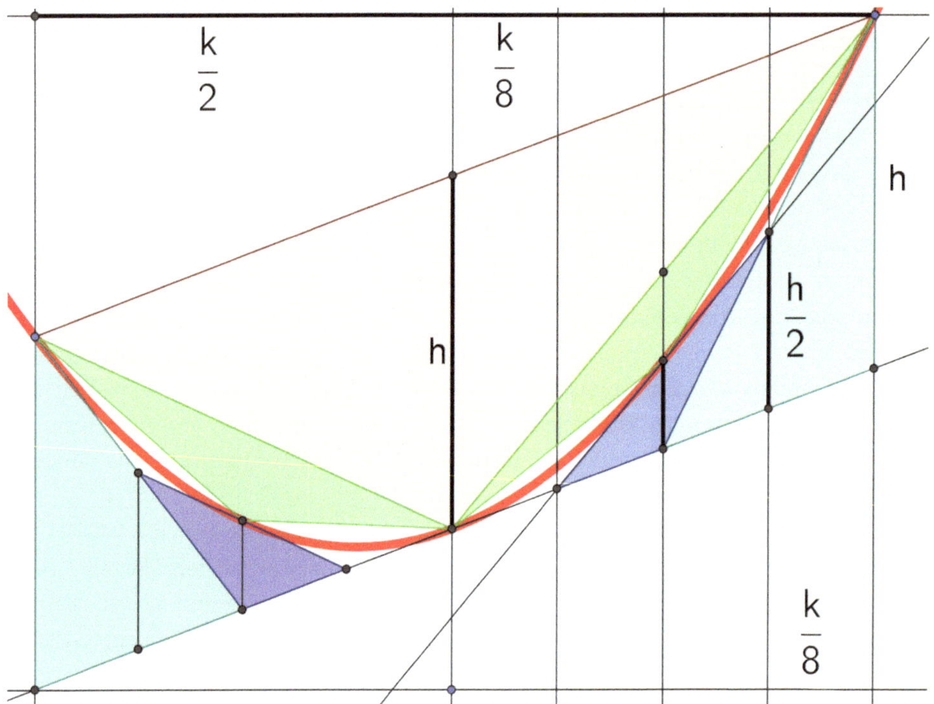

Abb. 6.12 **Archimedes, Quadratur der Parabel** Immer mehr grüne und blaue Dreiecke schließen die Parabel ein. Das Parabelsegment nimmt dann $\frac{2}{3}$ des Parallelogramms ein.

$q = \frac{1}{4}$ die Fläche $F + qF + q^2F + q^3F + \cdots$. Dieses ist eine geometrische Reihe mit dem Grenzwert $G = F\frac{1}{1-q} = \frac{1}{2}kh\frac{4}{3} = \frac{2}{3}kh$. Entsprechend ergibt sich für die beiden hellblauen Dreiecke zusammen $B = \frac{1}{4}kh$, der Faktor ist wieder q und es folgt für die Restfläche im Parallelogramm $B + qB + q^2B + q^3B + \cdots = B \cdot \frac{4}{3} = \frac{1}{3}kh$. Damit ist das Parallelogramm vollständig ausgefüllt, also ist die Fläche des Segmentes $\frac{2}{3}$ der Parallelogrammfläche. □

Archimedes, seine Zeitgenossen und Nachfolger gingen richtig mit der geometrischen Reihe um, allerdings mit anderen Sprechweisen für die Grenzwert-Überlegungen. Hier hat **Archimedes einen genialen Anfang** gesetzt.

7 Kegelschnitte

Übersicht

7.1 Kegelschnitte, die berühmteste Kurvenfamilie

Apollonius von Perge (262 - 190 v. Chr.) gilt wohl mit Recht als **Vater der Kegelschnitte**. Er verfasste acht Bücher mit dem Titel *κωνικά*, die sich zum Teil in Griechisch, vor allem aber in Arabisch erhalten haben. Zu seinen Vorläufern und zu seinem Zeitgenossen Archimedes finden Sie etwas in Abschnitt 6.7. Interessantes zu den Übersetzungen kann man in einer Schrift von [Nix 1889] lesen. Die acht Bücher von Apollonius sind im Internet in deutscher Übersetzung verfügbar [Balsam 1861]. Ich habe ein Reprint aus Indien. In beeindruckender Sorgfalt reihen sich auf über 400 Seiten Definitionen, Konstruktionen, Lehrsätze und Beweise aneinander. Aber diese rein geometrische Sicht kann heute nicht mehr unser Weg sein. Wir verbinden Geometrie gern mit algebraischen und analytischen Sichtweisen. Zudem stehen uns Visualisierungswerkzeuge zur Verfügung, die unser mathematisches Verständnis befördern und uns anregen, Begründungen und Beweise in Vernetzung und Querverbindung aller Sichtweisen zu suchen. Das erste Buch, das diese Möglichkeiten für die Kegelschnitte aufgreift, ist [Schupp 2000].

In Abb. 7.1 sind drei ebene Schnitte eines Kegels dargestellt. Dabei ist ein Kegel, wie wir ihn in diesem Thema brauchen, eigentlich ein „**unendlicher Doppelkegel**“, die Menge aller Punkte, die bei Rotation einer Geraden (Mantellinie) um eine Achse, mit der sie den Schnittpunkt S hat, überstrichen werden. Der in Abbildungen sichtbare Kreisrand ist ein Zugeständnis an die Vorstellung. Der **gerade Kegel** der Körperlehre in der Schule hat dagegen eine kreisförmige Grundfläche, in deren Mittelpunkt die Körperhöhe senkrecht steht. Dabei sind die Mantellinien keine Geraden sondern Strecken.

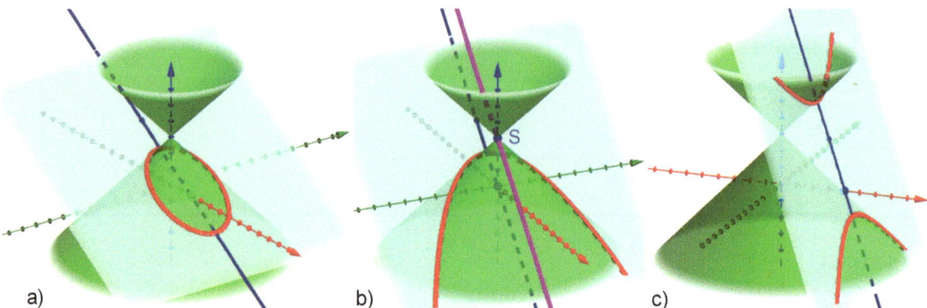

Abb. 7.1 **Ein Kegel wird von einer Ebene geschnitten.** Die drei wichtigsten Schnittkurven sind a) Ellipse, b) Parabel c) Hyperbel. **Sonderfälle** sind: Geradenkreuz, Doppelgerade als Mantellinie, einzelner Punkt.

Als **Definition der Kegelschnitte** ist die Vorgehensweise in Abb. 7.1 nicht gut geeignet, da wir die entstehenden Schnittkurven zwar sehen, sie aber mathematisch vorläufig nicht „greifen" können. Dennoch: letztlich muss alles, was wir zu Kegelschnitten definieren und herleiten zu der gezeigten – oder gedachten – Vielfalt der Ebenenschnitte in Abb. 7.1 passen. Diese Passung werden die **Dandelin'schen Kugeln** im Abschnitt 7.3 liefern.

7.1.1 Allgemeine 2D-Quadrikgleichung

Um dem Titel dieses Buches gerecht zu werden, schlage ich Ihnen hier eine freie Erkundung im Sinne des **Blackbox-Whitebox-Prinzips** vor: Man verwendet in eigener Regie ein hinreichend offenes (Computer-)Werkzeug, beobachtet, systematisiert und stellt Vermutungen an. Dabei erarbeitet man quasi „von hinten" die mathematischen Grundlagen, bis man die Thematik durchdrungen hat und eine Whitebox entstanden ist. Das Vorgehen ist in Abb. 7.2 gezeigt.

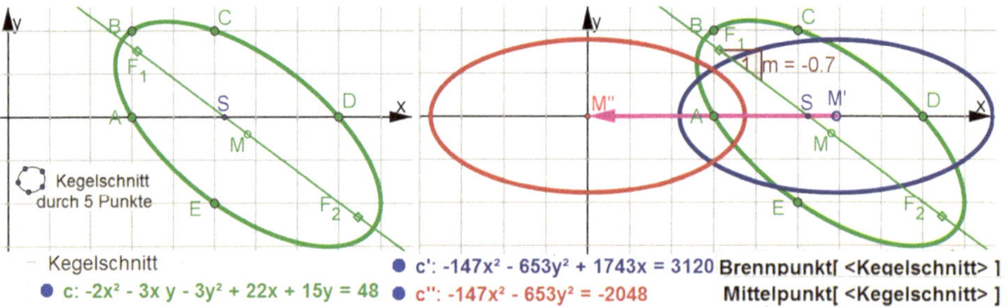

Abb. 7.2 **Ellipse aus 5 Punkten**, sie wird passend gedreht und verschoben, so dass ihre Gleichung als Mittelpunktsgleichung einer Ellipse erkennbar wird.

Das Werkzeug sei der Button „Kegelschnitt aus 5 Punkten", den GeoGebra (auch Cinderella u. a.) zur Verfügung stellt. Setzen Sie also fünf freie Punkte auf die Zeichenfläche und nehmen Sie diesen Button. Sofort ist eine Kurve da. Im Algebrafenster sehen Sie die zugehörige von GeoGebra erzeugte Gleichung. Sie ist von folgendem Typ:

Definition 7.1 (Quadratische Form und 2D-Quadrik)
Die Gleichung einer 2D-Quadrik lautet:

$$a \cdot x^2 + b \cdot x \cdot y + c \cdot y^2 + d \cdot x + e \cdot y + f = 0 \tag{7.1}$$

Die linke Seite heißt auch **quadratische Form**. Sie ist ein Polynom zweiten Grades in x und y, die Koeffizienten nimmt man meist aus $\mathbb{R}$ oder $\mathbb{Q}$.

7.1.1.1 Ellipsen und Hyperbeln erkennen

In diesem Buch ist die Ellipse als spezielle Versiera in Abschnitt 4.1.4.4 vorgekommen. Ihre Gleichung 4.9 ist aus der **Scheitelkreiskonstruktion** in Abb. 4.9 auf vier Arten hergeleitet. Die Ellipse als *gestauchtes Bild des Hauptkreises* aufzufassen, ist die einfachste Art, zur Ellipsengleichung um Mittelpunktslage zu gelangen. Wenn wir die dort gegebene kartesische Gleichung zu leicht zu $b^2x^2 + a^2y^2 - a^2\,b^2 = 0$ umformen, sehen wir, dass sie vom Typ der vorigen Definition ist.

Die bei der obigen Erkundung schief im Koordinatensystem liegenden Ellipsen – vorsichtshalber: Ovale, die sich als Ellipsen herausstellen werden – können wir mit GeoGebra selbst in die **Mittelpunktslage** bewegen: Mit den in Abb. 7.2 genannten Befehlen bekommen wir die Brennpunkte, die wir mit einer Geraden verbinden. Wir drehen die grüne Kurve um den Schnittpunkt dieser Geraden mit der x-Achse. Den Drehwinkel liefert uns der Steigungswinkel $\arctan m$ und zwar „rückwärts“, so dass die beiden Brennpunkte auf die x-Achse wandern. Dabei erhalten wir auch den neuen Mittelpunkt M' der blauen Bildkurve und nach der Verschiebung mit dem Vektor $\overrightarrow{M'O}$ sind wir bei der roten Ellipse in Mittelpunktslage angekommen. Im Algebrafenster konnten wir die Veränderung der Gleichung beobachten. Jede Stufe passt zu der obigen 2D-Quadrikgleichung, zum Schluss haben wir die erwartete Ellipsengleichung.

Führen Sie Entsprechendes für die andere Hauptform, die sie in Abb. 7.3 sehen, durch. Es sind Hyperbeln. Ihre Gleichung wird ein Minus zwischen den quadratischen Termen haben.

Es gibt quadratische Formen, deren 2D-Quadriken **Ellipsen** oder **Hyperbeln** sind. In achsenparalleler Mittelpunktslage (**Hauptlage**) haben diese die Gleichung

$$\text{Ellipsen}\quad b^2x^2 + a^2y^2 - a^2\,b^2 = 0 \quad\Longleftrightarrow\quad \frac{x^2}{a^2} + \frac{y^2}{b^2} = 1, \quad a \cdot b \neq 0 \tag{7.2}$$

$$\text{Hyperbeln}\quad b^2x^2 - a^2y^2 - a^2\,b^2 = 0 \quad\Longleftrightarrow\quad \frac{x^2}{a^2} - \frac{y^2}{b^2} = 1, \quad a \cdot b \neq 0 \tag{7.3}$$

Hauptachsentransformation nennt man den Algorithmus, mit dem man *selbst* eine beliebige Quadrik in Hauptachsenlage bringen kann. Vor der Computerzeit mussten ihn alle Studierenden der Linearen Algebra lernen. Er ist recht aufwändig, aber das Wissen um Eigenwerte, Eigenvektoren, Abbildungen und Diagonalisierung von Matrizen kamen zur Anwendung. Für höhere Dimensionen ist das immer noch nützlich, ich selbst habe das Ende der sechziger Jahre gern gemacht. Nun bin ich aber froh, dass man wenigstens im zweidimensionalen Fall ganz andere Wege gehen kann, die in dieses Buch passen.

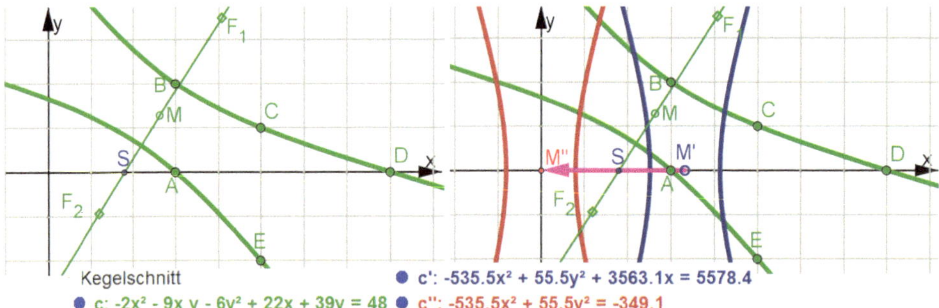

Abb. 7.3 **Hyperbel aus 5 Punkten,** sie wird passend gedreht und verschoben, so dass ihre Gleichung als Mittelpunktsgleichung einer Hyperbel erkennbar wird.

7.1.1.2 Parabel und die Sonderfälle der Kegelschnitte

Durch das Ziehen an den fünf definierenden Punkten wird man wohl kaum zufällig eine Parabel erhalten. Es gibt viele Ellipsen: eher rundliche und ganz schmale. Ebenso gibt es viele Hyperbeln: Äste, die beinahe Geraden sind, und solche, die fast zusammengefaltet aussehen. Dagegen gibt es **nur eine einzige Parabel**, wenn man vom Maßstab absieht. Diese Besonderheit wird uns bei den Konstruktionen der folgenden Abschnitte immer wieder begegnen. Daher müssen wir unsere Erkundung in diesem Fall etwas anders anlegen: Zeichnen Sie mit GeoGebra irgendeine Parabel, z.B. $y = x^2 - 6x + 8$, und drehen Sie diese irgendwie um einen beliebigen Punkt. Es entsteht eine *quadratische Form*, der Sie ehrlicherweise nicht ansehen können, dass es sich um eine Parabel handelt.

Nun setzen Sie auf diese „verkleidete“ Parabel fünf freie Punkte und gehen so vor, wie in Abschnitt 7.1.1.1. Da die Parabel nur einen Brennpunkt hat, finden Sie die erforderliche Gerade mit `Scheitel[<Kegelschnitt>]`. Es wird Ihnen sicher gelingen, daraus wieder eine offensichtliche Parabelgleichung zu gewinnen.

Sonderfälle der quadratischen Form Auch mit fünf Punkten auf einem **Geradenkreuz** erhält man als *Kegelschnitt aus 5 Punkten* wieder dieses Geradenkreuz. Hat es die y-Achse als Symmetrieachse, so gehört zu ihm eine Gleichung des Typs $a^2x^2 = b^2y^2$. Man schreibt hier die Koeffizienten als Quadratterme um zu sichern, dass sie beide positiv sind. Ein ganz beliebiges Geradenkreuz ist also auch eine 2D-Quadrik. Merken Sie, was das Besondere an seiner quadratischen Form ist?

Machen Sie sich klar, dass auch $(x-a)^2+(y-b)^2=0$ sowohl eine 2D-Quadrik ist als auch ein Kegelschnitt ist. Was wird durch diese Gleichung beschrieben?

Nun fehlt noch der Sonderfall, bei dem die Schnittebene den Doppelkegel in genau einer Mantellinie berührt. Auch dieser Fall wird durch eine 2D-Quadrikgleichung erfasst, nämlich $(a\,x+b\,y+c)^2=0$.

7.1.2 Fazit zu den Quadriken

Im vorigen Abschnitt 7.1.1 haben wir für alle Kurven, die wir uns als Schnittkurven eines (Doppel-)Kegels mit einer Ebene *vorstellen* können, eine 2D-Quadrikgleichung nachgewiesen. Mit Hilfe der Dandelin'schen Kugeln werden wir in Abschnitt 7.3 beweisen, dass die Kurven, die wir Ellipse, Hyperbel und Parabel nennen, wirklich *beim Kegelschneiden* vorkommen. Dafür brauchen wir aber noch die in den nächsten Abschnitten erarbeiteten Eigenschaften.

Wenn wir nun das Folgende definieren,

Definition 7.2
Die 2D-Quadriken heißen **Kegelschnitte**.

dann wissen wir noch nicht sicher, dass es keine 2D-Quadriken gibt, die als Schnittkurve an einem Kegel *nicht auftreten können*. Man muss allerdings den Zylinder als entarteten Kegel einbeziehen, denn parallele Geraden sind auch Quadriken, treten beim echten Kegel aber nicht auf. [Henn und Filler 2015] zeigen die Vollständigkeit auf ihrer Website zum Buch [Henn und Filler Website] durch eine sorgfältige Fallunterscheidung bei Deutung der quadratischen Form. Ein strenger Beweis wird auch durch die Theorie zur Hauptachsentransformation gegeben.

Den 3D-Quadriken sind die Abschnitte 5.3.5 f gewidmet. 3D-Quadriken werden meist einfach **Quadriken** genannt, weil man für den 2D-Fall ja das Wort **Kegelschnitte** zur Verfügung hat. In der quadratischen Form kommen nun noch z^2, z, $x\,z$- und $y\,z$-Terme hinzu. Eine Übersicht bieten die Gleichungen 5.10 bis 5.19 und die Abb. 5.17 bis 5.20.

7.2 Gemeinsame Konstruktionen

Am meisten fasziniert haben mich als Schülerin – und später die Adressaten meiner Lehre – gemeinsame Konstruktionen, bei denen Ellipsen „nahtlos" in die Parabel und dann in Hyperbeln übergehen, besonders eindrucksvoll ist dies in Abb. 7.5 und Abb. 7.6. Weitere leicht gewandelte Konstruktionen erzeugen alle diese eigentlich recht unterschiedlich aussehenden drei Kurventypen. Darum habe ich diese Aspekte hier für Sie ausgewählt.

7.2.1 Faden-Konstruktionen

Die Faden-Konstruktionen haben in diesem Buch schon ihren Platz in Abschnitt 4.4.4.1 bei den handwerklichen Erzeugungen von Kurven gefunden. In verbaler Form sind sie dort im blauen Kasten beschrieben. Historische und auch neue Bilder erläutern das Vorgehen.

Inzwischen haben wir Ellipsen, Parabeln und Hyperbeln über ihre Gleichungen definiert aber ein Beweis, dass die Faden-Konstruktionen tatsächlich auf die Kegelschnitte führen, steht noch aus. Am besten knüpfen wir hier an die Auffassung als bipolare Kurven an, wie es in Abschnitt 4.3 in Definition 4.3 für Ellipse und Hyperbel schon erwähnt ist. Für den Namen **Brennpunkte** folgt eine Begründung in Abschnitt 7.5. In *diesem* Zusammenhang ist an ihnen lediglich „ein Faden befestigt", der erst später einen *Lichtweg* repräsentiert. Siehe auch Abschnitt 4.4.4.1 und Abb. 4.32.

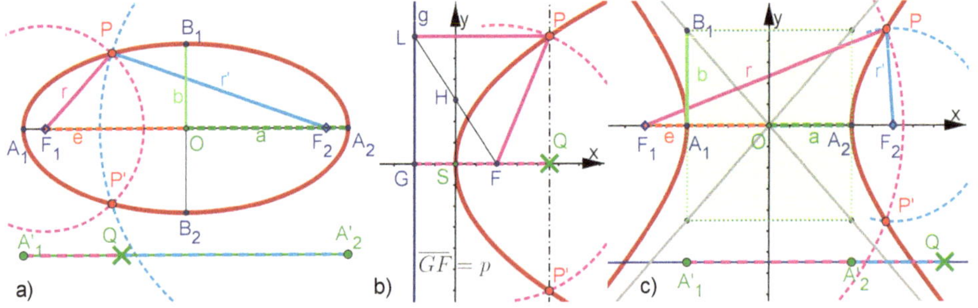

Abb. 7.4 **Faden-Konstruktionen** a) Ellipse: $\boldsymbol{r + r' = 2a}$, b) Parabel: $\boldsymbol{\overline{FP} = \overline{LP}}$, c) Hyperbel: $\boldsymbol{|r - r'| = 2a}$
Vokabeln: Hauptscheitel A_1, A_2, Hauptachse, große Halbachse, Halbmesser a, Nebenscheitel B_1, B_2, Nebenachse, kleine Halbachse, Halbmesser b, Brennpunkte F_1, F_2, F, Brennpunkteabstand $2e$, Asymptoten der Hyperbel: graue Geraden, Steigung $\pm\frac{b}{a}$, **Parabel:** Leitgerade g und $\overline{GF} = p$, Parabel-Parameter p. *Die Zusammenhänge werden im Text gezeigt.*

Satz 7.1 (Die Faden-Konstruktion erzeugt eine Ellipse.)
Der geometrische Ort aller Punkte, die von zwei festen Punkten im Abstand 2e die konstante Abstandssumme $r + r' = 2a$ haben, ***ist eine Ellipse*** *mit den Halbachsen a und b mit $b^2 := a^2 - e^2$. In der Hauptlage hat sie die Gleichung $\frac{x^2}{a^2} + \frac{y^2}{b^2} = 1$.*

Beweis Bezug ist die Abb. 7.4 a). Mit $P = (x, y)$ sichert der Pythagorassatz $r^2 = y^2 + (x + e)^2$ und $r'^2 = y^2 + (x - e)^2$. In der gezeigten Stellung ist eigentlich (e-x) die Kathete, aber durch die Quadrierung fallen Vorzeicheneffekte fort. Man muss sich also keine Gedanken machen, in welcher Stellung P gerade ist. Die Differenz dieser Gleichungen ist $r^2 - r'^2 = 4x\,e$, also $(r + r')(r - r') = 4x\,e$. Nun nutzen wir die Voraussetzung $r + r' = 2a$ und erhalten nach Division durch $2a$ gleich $r - r' = \frac{2x\,e}{a}$. Addieren wir dieses zur Voraussetzung, fällt r' heraus und nach Division durch 2 haben wir $r = a + \frac{x\,e}{a}$. Setzen wir dieses in die zweite der obigen Pythagoras-Gleichungen ein, erhalten wir nach

Sortierung $x^2\left(1-\frac{e^2}{a^2}\right)+y^2=a^2-e^2$. Mit der im Satz 7.1 angekündigten Definition für b^2, die wegen $a \geq e$ zulässig ist, erreichen wir die behauptete Gleichung. □

Satz 7.2 (Die Faden-Konstruktion erzeugt eine Hyperbel.)
Der geometrische Ort aller Punkte, die von zwei festen Punkten im Abstand 2e die konstante Abstandsdifferenz $|r-r'|=2a$ haben, ***ist eine Hyperbel*** *mit den Halbachsen a und b mit $b^2 := e^2-a^2$. In der Hauptlage hat sie die Gleichung $\frac{x^2}{a^2}-\frac{y^2}{b^2}=1$. Die Hyperbel hat Asymptoten mit den Gleichungen $y=\pm\frac{b}{a}$.*

Beweis Bezug ist die Abb. 7.4 c). Auch mit der Voraussetzung $r-r'=2a$ kann man den Beweis wie den vorigen führen. $r \geq r'$ gilt für den rechten Hyperbel-Ast. Das Ergebnis gilt aber für beide Äste, denn das Problem ist symmetrisch zur y-Achse. Der entscheidende Unterschied zum vorigen Beweis ist erst die Definition von b^2. Da bei Hyperbeln $a \leq e$ gilt, müssen wir $b^2 := e^2-a^2$ definieren und kommen so zur behaupteten Gleichung.

Für eine Überlegung zu den **Asymptoten** bilden wir aus der Hyperbelgleichung die Umformung $\frac{y^2}{x^2}=\frac{b^2}{a^2}-\frac{b^2}{x^2}$. Der letzte Term wird für große $|x|$ klein, so dass die Hyperbel sich den Geraden $\frac{y}{x}=\pm\frac{b}{a}$ beliebig nähert. □

Satz 7.3 (Die Faden-Konstruktion erzeugt eine Parabel.)
Der geometrische Ort aller Punkte, die von einem festen Punkt F denselben Abstand haben wie von einer ***Leitgeraden*** *g,* ***ist eine Parabel****. Der Abstand, den F selbst von der Leitgeraden hat, ist der* ***Parabel-Parameter*** *p. In der in Abb. 7.4 b) gezeigten* ***Scheitellage*** *hat die Parabel die Gleichung $y^2=2p\,x$.*

Beweis Bezug ist die Abb. 7.4 b). Auch der Scheitel S muss die Abstandsbedingung erfüllen, daher ist S die Mitte von $\overline{GF}$. Nehmen wir S als Koordinatenursprung, ist $F=(\frac{p}{2},0)$ und für $P=(x,y)$ auf der Parabel muss gelten $y^2+\left(x-\frac{p}{2}\right)^2=\left(x+\frac{p}{2}\right)^2$, nach dem Klammerauflösen steht da $y^2=2p\,x$, wie behauptet. □

7.2.1.1 Andere Achsenrichtungen und weitere Beobachtungen

Selbstverständlich liegen beim Tausch von x und y die Brennpunkte auf der y-Achse. Je nach Größe von $\frac{a}{b}$ zeigen Ellipse und Hyperbel verschiedenes Verhalten.

Ellipsen mit $a > b$ haben die in Abb. 7.4 a) gezeigte liegende Gestalt. Ist $a=b$ ergibt sich ein **Kreis als spezielle Ellipse**. Für $a<b$ wird b die große Halbachse und die Brennpunkte liegen auf der y-Achse, die Ellipse ist „aufrecht“.

Hyperbeln mit $a > b$ haben Asymptotensteigungen mit $|m| < 1$. Ist $a = b$ ergibt sich die **rechtwinklige Hyperbel**. Diese kennt man in gedrehter Lage als $y = c\frac{1}{x}$. Am besten ist, Sie zeichnen beide in GeoGebra und verwenden den Button zum Drehen um 45°. Dann verbinden Sie ihr Vorwissen zu Hyperbeln mit den Kegelschnitten.

Ein formaler Beweis formt zunächst $x^2 - y^2 = a^2b^2$ um in $(x-y)(x+y) = (ab)^2$. Mit Methoden der linearen Algebra wird die Drehung als $\begin{pmatrix} x' \\ y' \end{pmatrix} = \frac{1}{\sqrt{2}} \begin{pmatrix} 1 & -1 \\ 1 & 1 \end{pmatrix} \cdot \begin{pmatrix} x \\ y \end{pmatrix}$ gerechnet, sie substituiert die beiden Klammern passend.

Hyperbeln mit $a < b$ haben Asymptotensteigungen mit $|m| > 1$, wie es in Abb. 7.4 c) zu sehen ist. Es ist hilfreich, ein **Rechteck** mit der Breite $2a$ und der Höhe $2b$ zu betrachten, im Bild ist es grün hervorgehoben. **Eine Ellipse mit denselben Halbachsen ist diesem Rechteck genau einbeschrieben.**

Brennpunkte auf der y-Achse erfordern bei Hyperbeln das Minuszeichen am x^2-Term, also $-\frac{x^2}{a^2} + \frac{y^2}{b^2} = 1$.

Die Berechnung der Brennpunkte bei gegebenen Halbachsen ergibt sich aus der jeweiligen Beziehung für b^2 in den Sätzen 7.1 bzw. 7.2.

Für **Ellipsen** gilt $e^2 = a^2 - b^2$, also findet man die Brennpunkte als x-Achsen-Schnittpunkte eines Kreises um einen Nebenscheitel mit dem Radius a.

Für **Hyperbeln** gilt $e^2 = a^2 + b^2$, also findet man die Brennpunkte als x-Achsen-Schnittpunkte eines Kreises um O durch eine Ecke des im vorigen Absatz genannten Rechtecks.

7.2.2 Leitgeraden-Konstruktion aller Kegelschnitte

Die Fadenkonstruktion der Parabel *ist schon* eine Leitgeraden-Konstruktion. Wir variieren diese, indem wir den Abstand des Kurvenpunktes vom Brennpunkt um den Faktor ε kürzer oder länger machen als seinen Abstand zur Leitgeraden.

Damit erzeugen wir Kurven, für die wir den Nachweis erbringen müssen, dass sie wirklich Ellipsen bzw. Hyperbeln sind. In einer mündlichen Lehrsituation könnte man erfundene Namen verwenden, bis der Beweis erbracht ist. Hier aber möchte ich gleich die richtigen Namen verwenden und der geforderte Beweis wird folgen. Versprochen!

Ebenso verfahre ich mit dem im Folgenden verwendeten Faktor ε. Später wird ε noch weitere Bedeutungen erlangen, siehe Abschnitt 7.2.2.1. Früher habe ich an dieser Stelle den Faktor k genommen. Der „Erfolg“ war, dass meine Studierenden sich dann nicht merken konnten, dass $k = \varepsilon$ gilt.

Der allgemeine Kegelschnitt-Parameter p tritt bei der Leitgeraden-Konstruktion so deutlich hervor, das ich die folgende Definition vorweg schicken möchte:

Definition 7.3 (Sperrung der Kegelschnitte)
Senkrecht zur Hauptachse eines Kegelschnittes wird am Brennpunkt seine **Sperrung $2\,p$** gemessen. In Abb. 7.5 ist es die Strecke $\overline{F_p F_p'}$. Es ist p der **allgemeine Kegelschnitt-Parameter**.

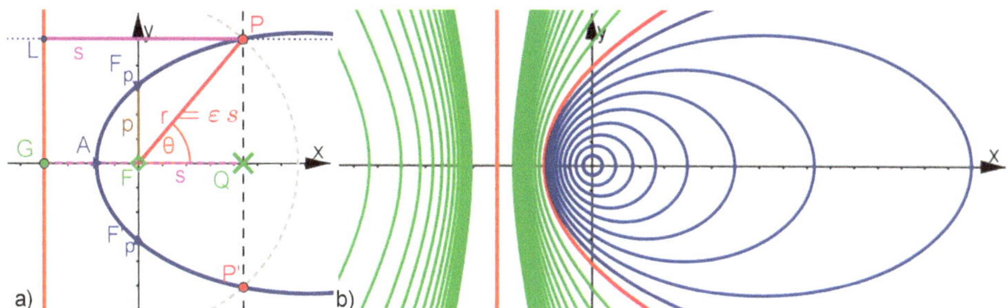

Abb. 7.5 **Leitgeraden-Konstruktion, konfokale Kegelschnitte** a) Für den einzigen gemeinsamen Brennpunkt F wird der Ursprung gewählt. Die gemeinsame Leitgerade habe die Gleichung $x = -g$. Der Punkt Q auf der x-Achse bestimmt den Abstand s, den P von der Leitgeraden haben soll. Ein Kreis um F mit dem Radius $\varepsilon \cdot s$ legt dann P fest. **b)** Es ist $g = 2$ und die Kurven unterscheiden sich nur durch den Parameter ε. In 0.1-Schritten für ε entstehen Ellipsen, deren rechter Scheitel nach außen wandert. Ihr linker Scheitel rückt an $(\frac{-g}{2}, 0)$ heran. Dieser Punkt ist der Parabelscheitel, die Parabel ist für $\varepsilon = 1$ die „Grenzkurve" der Ellipsen. Sowie aber $\varepsilon > 1$ wird, erhalten wir Hyperbeln. Ihre Scheitel bewegen sich (in 0.25-Schritten für ε) vom Parabelscheitel aus und von links auf die Leitgerade zu.

Satz 7.4 (Kegelschnittgleichungen aus der Leitgeraden-Konstruktion)
Der geometrische Ort aller Punkte, die von einem festen Punkt F den ε-fachen Abstand haben wie von einer ***Leitgeraden, ist ein Kegelschnitt****. Hat F den Abstand g von der Leitgeraden, dann ist der allgemeine* ***Kegelschnitt-Parameter*** $p = \varepsilon \cdot g$.

Polargleichung, F im Ursprung:
$$r(\theta) = \frac{p}{1 - \varepsilon\,\cos(\theta)} \tag{7.4}$$

Ellipse und Hyperbel kartesisch, F im Ursprung:
$$x^2 + y^2 = \varepsilon^2\,(x+g)^2 \tag{7.5}$$

Parabel kartesisch, F im Ursprung:
$$y^2 = 2p\left(x + \frac{p}{2}\right) \tag{7.6}$$

Scheitelgleichung, Scheitel im Ursprung
$$y^2 = 2\,p\,x - \left(1 - \varepsilon^2\right)\,x^2 \tag{7.7}$$

Ellipse $0 \le \varepsilon < 1$; ***Parabel*** $\varepsilon = 1$; ***Hyperbel*** $1 < \varepsilon$

Die Halbachsen sind für die Ellipse $a = \frac{p}{1-\varepsilon^2}$ und $b = \frac{p}{\sqrt{1-\varepsilon^2}}$, also $b^2 = p\,a$. Für die Hyperbel sind in den Nennern die Vorzeichen vertauscht.
Der Abstand der Brennpunkte vom Mittelpunkt ist $e = \frac{\varepsilon\,p}{|1-\varepsilon^2|} = \varepsilon\,a$. Für Parabeln ist

der Abstand des Scheitels sowohl von der Leitgeraden als auch vom Brennpunkt $\frac{p}{2}$. *Der Abstand des Brennpunktes F vom Scheitelpunkt ist bei allen Kegelschnitten* $f = \frac{p}{1+\varepsilon}$, *er heißt* ***Brennweite***.

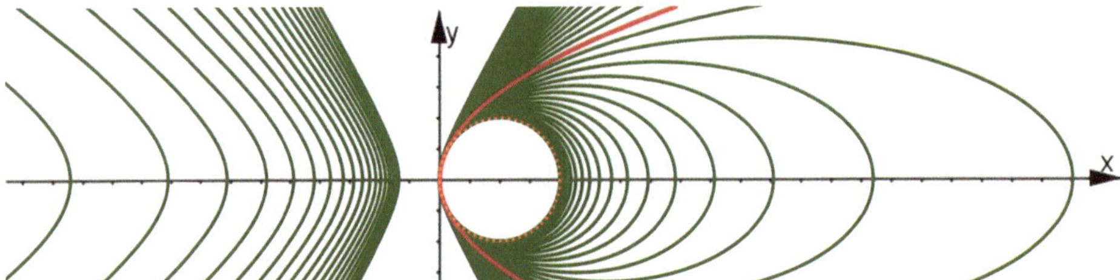

Abb. 7.6 **Kegelschnitte mit gemeinsamem Scheitel** gemäß Formel 7.7 mit $p = 1$ und $0 \leq \varepsilon \leq 2$ in 0.05-Schritten für ε. Es beginnt mit dem Kreis durch O mit dem Radius 1, es folgen Ellipsen, deren zweiter Brennpunkt (prinzipiell) ins Unendliche läuft, ohne zweiten Brennpunkt ist in Rot die Parabel $y^2 = 2px$ hervorgehoben. Es folgen Hyperbeln, deren zweiter Ast „aus dem Unendlichen" von links mit Scheitel und Brennpunkt der y-Achse zustrebt.

Die im Satz 7.4 genannten Terme für Halbachsen, Brennpunkteabstand und Brennweite geben **geometrische Längen** an und gelten für alle drei im Satz genannten Gleichungen und beide Abbildungen 7.5 und 7.6, denn die Konstruktion ist **rein geometrisch**, also nicht vom Koordinatensystem abhängig.

Bevor wir in Abschnitt 7.2.2.2 zum Beweis des Satzes 7.4 kommen, bilden wir im nächsten Abschnitt 7.2.2.1 einen am Ende von Satz 7.4 nun naheliegenden Begriff.

7.2.2.1 Numerische Exzentizität ε

Es ist ein wesentliches Element beim Aufbau einer mathematischen Theorie, dass *tragende Begriffe* gebildet werden, die helfen, das Gebiet zu strukturieren. Wirklich *gute* Begriffe kommen dann in in mehreren Kontexten vor. So ist es im Folgenden:

Numerische Exzentrizität ε

Erster Kontext: ε ist in der Leitgeradenkonstruktion der Streckfaktor, mit dem man $\overline{FP}$ aus dem Abstand von P und g erhält. Mit den positiven ε-Werten lassen sich Ellipse, Parabel und Hyperbel unterscheiden (s. Satz 7.4).
Zweiter Kontext: $\varepsilon = \frac{e}{a} = \frac{2e}{2a}$. Der Bruch zeigt an, wie groß der Brennpunkte-Abstand im Verhältnis zum (großen) Scheitelabstand ist. Daher rührt der Namensbestandteil **Exzentrizität**.
Dritter Kontext: $\varepsilon = \frac{\cos(\beta)}{\cos(\alpha)}$, wenn der Kegel den halben Öffnungswinkel α hat und die Schnittebene mit der Kegelachse den Winkel β bildet, siehe Abb. 7.7.

Der halbe Brennpunkteabstand e wird als **lineare Exzentrizität** bezeichnet. Dies ist *kein guter* Begriff im genannten Sinne, denn er ist ausschließlich im zweiten Kontext sinnvoll.

Im zweiten Kontext zeigt bei Ellipsen ein ε nahe 1 an, dass die Brennpunkte weit aus dem Zentrum in die Nähe der Hauptscheitel gerückt sind. Für solche Ellipsen wird wegen $\left(\frac{b}{a}\right)^2 = \frac{a^2-e^2}{a^2} = 1-\varepsilon^2$ die kleine Halbachse klein im Vergleich zur großen, sie sind flacher. Mit kleinem ε sind die Ellipsen kreisähnlicher. Dies zeigt auch Abb. 7.6. Mit letzterer wird deutlich, dass $\varepsilon = 0$ für *Kreise* gilt.

Im ersten Kontext ist klar, dass sich für $\varepsilon = 1$ Parabeln ergeben. Einen Parameter e können Parabeln nicht haben. Bei ihnen ist die Brennweite, also der Abstand des Brennpunktes vom Scheitel immer $\frac{p}{2}$ und dort haben alle Kegelschnitte, also auch die Parabel, die Sperrung $2p$. Darum heißt p auch **Halbparameter**.

In der Schule unterscheidet man zwar enge und weite Parabeln, aber das ist nur eine Frage des Maßstabs. In der Anfangszeit der schulischen Computerwerkzeuge wurden bei einer Software immer sämtliche y-Werte zum gewählten x-Intervall in einem goldenen Rechteck dargestellt. Ich musste unsichtbare weiße Geraden einfügen, um überhaupt auf Einzelbildern einen Unterschied in der Form von $y = \frac{1}{4}x^2$ und $y = 2x^2$ zeigen zu können. Dieses missliche Verhalten wurde auf Bitten der Lehrerschaft schnell geändert, aber es zeigte die tiefe Wahrheit: es gibt nur **eine einzige Parabelform**.

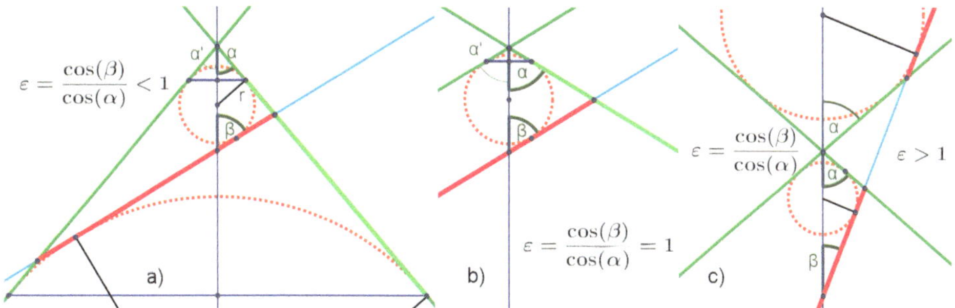

Abb. 7.7 Numerische Exzentrizität, halber Öffnungswinkel des Kegels α und Schnittwinkel β der Ebene mit der Kegelachse, eingetragen sind in diesen Querschnitt auch die Dandelin'schen Kugeln aus Abschnitt 7.3. Für den Kreis ist $\varepsilon = 0$, denn $\beta = 90^o$, a) für andere Ellipsen ist $0 < \varepsilon < 1$, b) für die Parabel ist $\varepsilon = 1$, c) für Hyperbeln ist $\varepsilon > 1$.

Numerische Exzentrizität im dritten Kontext Hier geht es um die Winkel, die für das Zustandekommen der Schnittkurven verantwortlich sind. Sie hängen ebenfalls mit ε zusammen. Das beweisen wir erst nach Abschnitt 7.3. Wenn wir in Abb. 7.7 gedanklich $0 \leq \beta \leq \frac{\pi}{2}$ betrachten, erfassen wir alle Fälle. Kegel sind für $0 < \alpha < \frac{\pi}{2}$ sinnvoll.

Legt man aber die Schnittebene durch die Kegelspitze S, so erhält man für $0 \leq \beta < \alpha$ ein Geradenkreuz, für $\beta = \alpha$ eine Mantellinie als Berührungsgerade und für $\alpha < \beta \leq \frac{\pi}{2}$ nur den Schnittpunkt S.

7.2.2.2 Beweise der behaupteten Eigenschaften in Satz 7.4

Beweis (Satz 7.4, Leitgeraden-Konstruktion) Bezug ist die Abb. 7.5 a).
Die Polargleichung 7.4: Mit $\overline{GF} = g$ ist $s = x + g$ und nach Definition $r = \varepsilon\, s$. Also gilt $r(\theta) = \varepsilon \cdot (x + g) = \varepsilon \cdot (r(\theta)\, \cos(\theta) + g)$, das hat $r(\theta) = \frac{\varepsilon\, g}{1-\varepsilon \cos(\theta)}$ zur Folge. Da nun nach Definition 7.3 der Parameter p als Ordinate eines Kurvenpunktes „über" dem Brennpunkt definiert ist, erhalten wir diese Länge aus der Polargleichung für $\theta = \frac{\pi}{2}$ als $p = r(\frac{\pi}{2}) = \frac{\varepsilon\, g}{1-\varepsilon \cdot 0} = \varepsilon\, g$, wie im Satz behauptet.
Die kartesische Gleichung 7.5: Es beginnt wie eben, nur quadrieren wir, um r^2 zu ersetzen. $x^2 + y^2 = r^2 = \varepsilon^2 s^2 = \varepsilon^2 (x + g)^2$, das war behauptet.
Hier können wir den versprochenen Beweis anschließen, dass es sich um einen Kegelschnitt handelt. Die Terme sind höchstens quadratisch, gehören zu einer quadratischen Form und nach Definition 7.2 sind wir fertig. Allenfalls stellen wir uns die Terme aufgelöst und sortiert vor: da gibt es $\left(1 - \varepsilon^2\right) x^2 + y^2 +$ (linearer Term in x) $+ \cdots = 0$. Für $\varepsilon < 1$ kommt nur die Ellipse infrage, für $\varepsilon = 1$ die Parabel, wie erwartet. Für $\varepsilon > 1$ haben die beiden quadratischen Terme verschiedene Vorzeichen, wie es bei Hyperbeln der Fall ist. Abb. 7.5 b) zeigt, dass die Hyperbeln aufrecht sind und keine weiteren Sonderfälle vorkommen. Unten bestätigen das auch die Berechnungen von a und b.

Bezug ist nun auch Abb. 7.6.
Die allgemeine kartesische Scheitelgleichung: Ein Weg wäre, in Abb. 7.5 a) die y-Achse in Punkt A zu stellen. Dazu müsste A aus der Bedingung $\overline{AF} = \varepsilon\, \overline{GA}$ bestimmt werden. Wir gehen einen anderen Weg, indem wir bei allen Kurven aus Abb. 7.5 b) den Scheitel in den Ursprung schieben. Die Brenweite $f := \overline{AF}$ erhalten wir aus 7.4 für $\theta = \pi$ zu $\overline{AF} = \frac{p}{1+\varepsilon}$. Der verschobene Kurventerm ist dann $-\varepsilon^2 \left(\frac{p}{\varepsilon} - \frac{p}{\varepsilon+1} + x\right)^2 + \left(x - \frac{p}{\varepsilon+1}\right)^2 + y^2$ und der Mathematica-Befehl `//Simplify` fördert $-2px + x^2\left(-\left(\varepsilon^2 - 1\right)\right) + y^2$ zutage. Mit $= 0$ ergänzt und sortiert ist dies die Behauptung von Gleichung 7.7.

Gleichungen mit a, b, e, ε, p
Aus der Scheitelgleichung ergibt sich mit quadratischer Ergänzung für $\varepsilon \neq 1$ die

Scheitelgleichung, Variation
$$\left(x - \frac{p}{1-\varepsilon^2}\right)^2 + \frac{y^2}{1-\varepsilon^2} = \frac{p^2}{\left(1-\varepsilon^2\right)^2}. \qquad (7.8)$$

Hieraus erhält man unmittelbar die behaupteten Formeln für die Halbachsen. Aus $e^2 = a^2 - b^2$ folgt für die Ellipse dann $e = \frac{\varepsilon\, p}{1-\varepsilon^2} = \varepsilon\, a$. Für die Hyperbel gilt $e = \frac{\varepsilon\, p}{\varepsilon^2 - 1} = \varepsilon\, a$.

Die Brennweite ist $f = |a - e| = |\frac{p}{1-\varepsilon^2} - \frac{\varepsilon p}{1-\varepsilon^2}| = \frac{p}{1+\varepsilon}$.

Für $\varepsilon = 1$, also für die Parabel, folgt $y^2 = 2px$. Hier führt die Brennpunkt-Abszisse $x = \frac{p}{2}$ zu $y^2 = p^2$, wie erwartet. Alle Parabeln haben das typische von G, F, F_p und dem passenden Punkt der Leitgeraden aufgespannte Quadrat. □

7.2.3 Leitkreis-Konstruktion

Die Leitkreiskonstruktion, wie sie in Abb. 7.8 gezeigt ist, kann unabhängig vom Koordinatensystem schon in jungem Schulalter durchgeführt werden. Wenn man dann F völlig frei im Kreisinneren umherzieht, ergeben sich immer Ellipsen, zieht man nach außen,

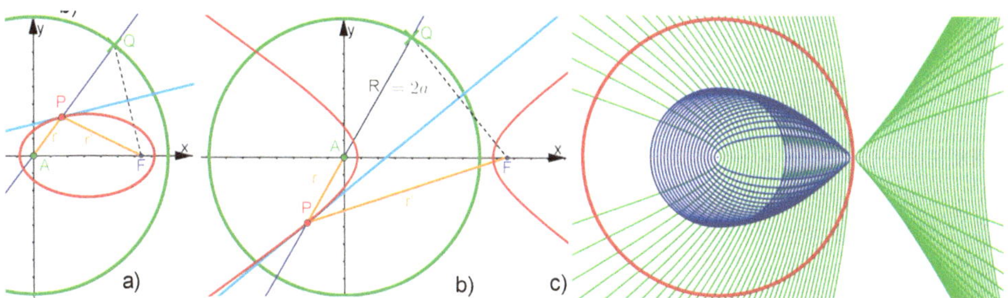

Abb. 7.8 Kegelschnitte aus der **Leitkreis-Konstruktion**: Q ist zugfest auf einem Kreis um A mit dem Radius $2a$. Zu $F = (2e, 0)$ und Q wird die Mittelsenkrechte gezeichnet. Sie schneidet die Radiusgerade AQ in P. Die Ortslinie von P ist ein Kegelschnitt. Die hellblaue Mittelsenkrechte wird Tangente. **a)** Ellipse, man **sieht** die Fadenkonstruktion: $\overline{AP}+\overline{PF} = \overline{AP}+\overline{PQ} = \overline{AQ} = 2a$. **b)** Hyperbel entsprechend: $\overline{FP} - \overline{PA} = \overline{QP} - \overline{PA} = \overline{AQ} = 2a$. **c)** Brennpunkt A und der rote Leitkreis sind fest. F rückt in kleinen Schritten nach rechts. Die blauen Ellipsen werden flacher und „springen", wenn F den Leitkreisrand überschreitet, in die grünen Hyperbeln über.

kommen Hyperbeln zum Vorschein. Bewegt man Q auf dem Kreis, kann P auf dem einen Hyperbel-Ast nach außen wandern und dann auf dem anderen Ast wieder hereinkommen. Dass dieser **Durchgang durch das Unendliche** passiert, wenn AQ senkrecht auf QF steht, kann entdeckt werden. Die hellblaue Tangente wird dann zur Asymptote.

Nehmen Sie wahr, wie leicht gehaltvolle Mathematik und Anlässe zum mathematischen Argumentieren schon in den unteren Klassen der Sek I eingebracht werden können. Wenn die jungen Menschen Mathematik „öde" finden, ist nicht die Mathematik schuld, sondern der Unterricht.

Die Parabel scheint in der Leitkreis-Konstruktion nicht vorzukommen. Sie entsteht *aber gedanklich*, wenn man den Kreismittelpunkt A, der hier eigentlich ein Brennpunkt ist, nach links ins Unendliche gerückt denkt. Dann wird aus dem Kreis die Leitgerade und F ist einziger Brennpunkt. Wir haben dann die in schon in Abb. 4.10 in Abschnitt 4.2 gezeigte Konstruktion der Tangente. Wir könnten auch in Abb. 7.4 b) Gerade HP als Mittelsenkrechte auf $\overline{LF}$ ergänzen.

Die Hüllkurve, die in Abb. 7.8 c links von den blauen Ellipsen und rechts von den grünen Hyperbelästen gebildet wird, besteht aus Doppelparabel und Halbkreis. Die Gleichungen kann man „herauslesen", der Beweis ist auf der Website zum Buch.

Ich bekam etwa 2004 einen eingeschriebenen dicken Brief aus Wien, in dem mir ein pensionierter Kapitän der österreichischen Handelsmarine sorgfältige Handzeichnungen der **Leitkreis-Konstruktion** schickte, in denen er auch alle Kegelschnitt-Sonderfälle aufgeführt hatte, siehe Website [Haftendorn 10], also Geradenkreuz, Doppelgerade und einzelner Punkt, wie in der Unterschrift von Abb. 7.1 erläutert.

Dieser Abschnitt 7.2.3 ist kurz, aber er enthält alle Kegelschnitte wie in einer „Nussschale", *in a nutshell* würde man englisch sagen.

7.3 Beweise mit Dandelin'schen Kugeln

Kaum ein Beweishilfsmittel ist so speziell und dabei so genial wie die **Dandelin'schen Kugeln**. Germinal Pierre Dandelin (1794-1847) war belgischer Mathematiker und Ingenieur, der nach den napoleonischen Kriegen als Professor in Lüttich lehrte.

Als Einführung betrachten Sie die Abb. 7.9. Wenn Ihnen das Gesagte einleuchtet, dann sind Sie bestens gerüstet, den noch ausstehenden Beweis zu verstehen, dass nämlich beim Kegelschneiden *wirklich* Ellipsen, Parabeln und Hyperbeln entstehen.

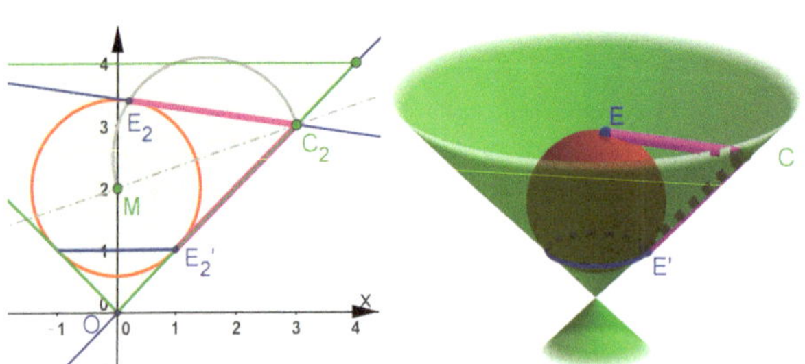

Abb. 7.9 **Grundlage für die Dandelin'schen Kugeln**
Merke: Legt man von einem Punkt aus Tangenten an eine Kugel, sind die Tangentenabschnitte gleich lang. **Merke:** Eine Kugel, die in einem Kegel steckt, berührt ihn längs eines Kreises, dessen Ebene senkrecht auf der Kegelachse steht.

7.3.1 Dandelin'sche Kugeln für die Ellipse

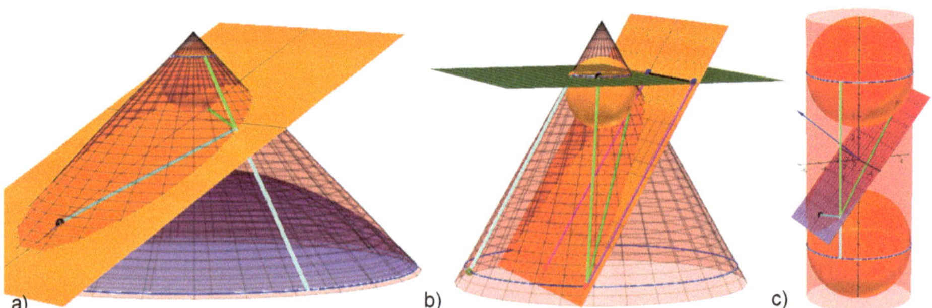

Abb. 7.10 **Dandelin'sche Kugeln** a) Für die Ellipse als Kegelschnitt, b) für die Parabel als Kegelschnitt, c) für die Ellipse als Zylinderschnitt. Alle Bilder sind auf der Website zum Buch animiert.

In Abb. 7.10 a) – im Querschnitt Abb. 7.7 a) – sehen Sie einen Kegel, eine Schnittebene und zwei Kugeln, die in ihm feststecken. Sie sind so gewählt, dass jede von ihnen die Schnittebene berührt. Schauen Sie auf die beiden Kreise in denen die Kugeln den Kegel berühren. Sie haben einen konstanten Abstand, markiert durch eine Strecke auf dem Kegelmantel. Diese Strecke schneidet die Ebene in einem Punkt der Schnittkurve. Nennen wir ihn P. Von diesem Punkt aus gehen auch zwei Strecken zu den beiden Berührpunkten. Nun greift der erste Merksatz neben Abb. 7.9: Von P aus ist die Strecke zum Berührpunkt genauso lang wie die Strecke der Mantellinie zum Berührkreis derselben Kugel. Man kann sich denken, die Mantelstrecke werde in P geknickt und in die Schnittebene gelegt. Daher ist, wenn die Mantelstrecke sich dreht und P auf der Schnittkurve wandert, die Abstandssumme von den Berührpunkten konstant, nämlich gleich der Länge der Mantelstrecke. Darum kann man die beiden Berührpunkte als Brennpunkte der Schnittkurve auffassen und die Schnittkurve ist eine Ellipse nach Satz 7.1.

7.3.2 Dandelin'sche Kugel für die Parabel

In Abb. 7.10 b) – im Querschnitt Abb. 7.7 b) – sehen Sie einen Kegel, eine Schnittebene parallel zur Mantellinie und eine Kugel, die in ihm feststeckt. Sie ist so gewählt, dass sie die Schnittebene berührt. Durch den Berührkreis der Kugel mit dem Kegel ist eine zweite Ebene gelegt, die die erste Schnittebene in einer Geraden schneidet. Diese wird die Rolle der Leitgeraden übernehmen. Wieder betrachten wir einen Punkt P auf der Schnittkurve und die grün hervorgehobenen gleich langen Tangentenabschnitte. Für den im Bild vorderen Tangentenabschnitt finden wir drei gleich lange Stellvertreter: der erste ist die hellblaue Mantelstrecke, die wir dann durch Parallelverschiebung auf die Schnittebene bewegen, der zweite Stellvertreter liegt dann in der Achse der Schnittkurve und verläuft durch den Berührpunkt von Kugel und Schnittebene. Ein Endpunkt (blau) liegt auf der Leitgeraden. Eine weitere Parallelverschiebung nun auf der Schnittebene erzeugt den dritten Stellvertreter, violett, nahe der Vorderkante. Damit haben wir die Voraussetzungen von Satz 7.3 verwirklicht und die Schnittkurve ist eine Parabel.

7.3.3 Dandelin'sche Kugeln für die Hyperbel

Nun ist die Schnittebene so steil, dass sie auch den oberen Teil des Doppelkegels schneidet, wie es Abb. 7.1 c) zeigt. In jedem Kegelteil steckt eine Kugel, die die Schnittebene berührt. So zeigt es Abb. 7.7 c) in Abschnitt 7.2.2.1. Die Berührpunkte werden wieder die Brennpunkte, die Argumentation ist wie bei der Ellipse, nur geht es um die Abstandsdifferenz anstelle der Abstandssumme. Satz 7.2 sichert dann, dass diese Schnittkurven Hyperbeln sind.

7.3.4 Ellipsensalami

Satz 7.5 (Salamischeiben sind Ellipsen)
*Schneidet eine Ebene einen **Zylinder** und ist sie nicht parallel zur Zylinderachse, so ist die Schnittkurve eine **Ellipse**.*

Beweis Bezug ist Abb. 7.10 c). In diesem Fall gibt es zwei gleich große Dandelin'sche Kugeln, die die Schnittebene berühren. Die Argumentation ist identisch mit der Begründung für die Ellipse als Kegelschnitt. □

Die abgewickelte **Wurstpelle hat wirklich einen sinusförmigen Rand**. Das ist auf der [Website zu diesem Buch] und bei [Henn und Filler 2015] bewiesen.

7.4 Namensgeheimnis der Kegelschnitte

Dass das Wort „Kegelschnitte" vom Schneiden eines Kegels kommt, ist *kein* Geheimnis. Es wurde soeben durch die Überlegungen zu den Dandelin'schen Kugeln sogar streng bewiesen. Es geht hier um die Worte **Ellipse, Parabel, Hyperbel**.

Ich habe die wahre Bedeutung zuerst im Buch [Schupp 1988, S. 14], knapper in [Schupp 2000, S. 11], gefunden und werde sie Ihnen ausführlich vorstellen. Es ist insofern ein „Geheimnis", als man darüber allerlei Unsinn lesen kann, den ich Ihnen bei den einzelnen Kurventypen nenne. Mir ist dieses schon bei meinem ersten Buch [Haftendorn 2016] so wichtig gewesen, dass ich eigentlich darauf verweisen könnte. Ich gönne Ihnen aber die *Paraphrasierung* mit etwas ausführlicherem Text.

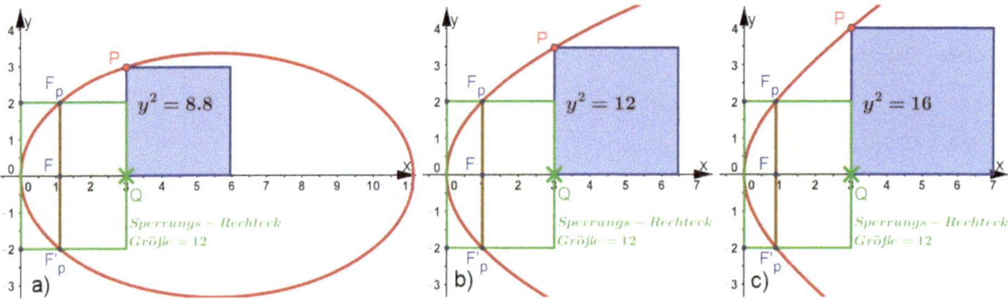

Abb. 7.11 Namensgeheimnis der Kegelschnitte Q ist zugfest auf der Achse, an derselben Abszisse x ist P auf dem Kegelschnitt mit der **Ordinate** y. Das Sperrungs-Rechteck (grün) hat die Breite x und als Höhe die Sperrung $2 \cdot p$ (Def. 7.3). Es wird also vom Scheitel, von Q und der Ordinate von F_p, nämlich p festgelegt. Im Bild ist einheitlich $p = 2$ und $x(Q) = 3$. Das Sperrungs-Rechteck hat dann die Fläche $2 \cdot 2 \cdot 3 = 12$, allgemein $2px$. Es wird mit dem Ordinatenquadrat y^2 (blau) an der Stelle x verglichen: a) Für die Ellipse ist $y^2 < 2px$, b) für die Parabel ist $y^2 = 2px$, c) für die Hyperbel ist $y^2 > 2px$.

In Abb. 7.11 sind die Zusammenhänge visualisiert. Grundlage ist die allgemeine Scheitelgleichung 7.7. Sie beginnt mit $y^2 = \cdots$, also sagt sie etwas aus über die Größe eines Quadrates mit der Kantenlänge y. Es ist in Abb. 7.11 in Blau eingetragen. Rechts vom Gleichheitszeichen steht für alle Kegelschnitte der Term $2px$. Er wird gedeutet als die Größe eines Rechtecks mit der Sperrung $2p$ als Höhe und einer Abszisse x als Breite. Dieses **Sperrungs-Rechteck** ist in Abb. 7.11 grün dargestellt.

In der Scheitelgleichung wird von dem Sperrungs-Rechteck $2px$ nun der Term $\left(1 - \varepsilon^2\right) x^2$ subtrahiert.

Für die Ellipsen ist $0 \leq \varepsilon < 1$, in Abb. 7.11 a) ist $\varepsilon = 0.8$, also wird für jedes $x > 0$ *wirklich* etwas abgezogen, hier $(1 - 0.8^2) \cdot 3^2 = 3.24$, im Bild als $12 - 3.24 = 8.76 \approx 8.8$ gerundet angegeben. Das griechische Wort ἐλλείπειν (elleipein) heißt auf deutsch *ermangeln*. In der Sprachwissenschaft ist eine *Ellipse* eine Einsparung von Satzteilen, z. B. „Mach ich." statt „Das mache ich." Der [Brockhaus 1988] schreibt, die Ellipse hieße so, weil es ihr an der Kreisform mangele. Na! Das ist nur *ausgedacht*, abgesehen davon, dass auch Kreise zu den Ellipsen gehören.

Für die Parabeln ist $\varepsilon = 1$, also entfällt der Subtrahend. Die bekannte Gleichung $y^2 = 2\,p\,x$ sagt ja direkt aus, dass das Ordinatenquadrat **gleich** dem Sperrungs-Rechteck ist. So zeigt es Abb. 7.11 b). Das griechische Wort παραβάλλειν (paraballein) heißt auf deutsch *gleichkommen*. So ist auch in der Literatur eine *Parabel* eine gleichnishafte belehrende Erzählung. *Paraphrasieren* bedeutet, das Gleiche mit anderen Worten sagen.

Für die Hyperbeln ist $\varepsilon > 1$, in Abb. 7.11 c) ist $\varepsilon = 1.2$, also ist die Klammer in der Scheitelgleichung selbst negativ, es wird letztlich ein positiver Term addiert. Hier $-(1 - 1.2^2) \cdot 3^2 = +3.96$, im Bild als $12 + 3.96 = 15.96 \approx 16$ gerundet angegeben. Das griechische Wort ὑπερβάλλειν (hyperballein) heißt auf deutsch *übersteigen, übertreffen*. In der Sprachwissenschaft ist eine *Hyperbel* eine Übertreibung, z. B. „himmelhoch" oder "wie Sand am Meer". Manche [Wikipedia]-Einträge meinen, die Steilheit der Schnittebene sei „übermäßig". Das ist ebenfalls *ausgedacht*. Immerhin passt es einigermaßen. $\varepsilon < 1$: dem ε fehlt noch etwas bis zur 1, $\varepsilon > 1$: ε übersteigt die 1. Lesen Sie aber bitte den nächsten Absatz.

Die Griechen und Apollonius haben natürlich *nicht* unsere aussagekräftige Scheitelgleichung gehabt. Sie haben Mathematik noch völlig ohne Koordinatensystem betrieben. Letzteres ist 2000 Jahre jünger. Es gibt aber auch eine rein geometrische Vorgehensweise, die zu den hier zusammengefassten Flächenaussagen führt. Seit mehr als zehn Jahren habe ich dazu GeoGebra-Dateien auf meiner Site [Haftendorn 11]. Leider habe ich noch nicht wiedergefunden, aus welcher Quelle ich die Anregungen hatte.

Für die Ellipse ist das Ordinatenquadrat **kleiner** als das Sperrungs-Rechteck, ihm „mangelt es an Fläche".
Für die Parabel ist Ordinatenquadrat **gleich dem** Sperrungs-Rechteck.
Für die Hyperbel ist Ordinatenquadrat **größer** als das Sperrungs-Rechteck, die „Fläche ist übermäßig".

7.5 Reflexion und Tangenten an Kegelschnitten

In diesem Abschnitt stellt sich das Problem, dass ich schon in meinem erstem Buch [Haftendorn 2016] die Reflexion als Schwerpunktthema bei den Kegelschnitten gewählt hatte. Es steht dort auf zehn Seiten so Vieles mit Hinführungen, guten Bildern und ausführlichen Anwendungen, dass ich nicht umhinkomme, darauf zu verweisen. Dennoch darf das vorliegende Buch nicht ohne diesen wesentlichen Aspekt bleiben, zumal im anderen Buch, entsprechend dem „Mathematik für alle"-Anspruch, kaum Beweise erfolgt sind. Mein Konzept ist nun, die Tangenteneigenschaften und in der Folge auch die Reflexion vor allem **vergleichend** zu behandeln und die Ähnlichkeit der Argumentationen für Ellipse, Parabel und Hyperbel auszunutzen. Umgekehrt sei insbesondere Lehrenden empfohlen, die Hinführungen in [Haftendorn 2016] zur Kenntnis zu nehmen. Z. B. kann dort die Leitgerade der Parabel als Weiterführung des bekannten Feuerwehr-Fluss-Beispiels *entdeckt* werden. Abb. 7.12 zeigt, dass man die Tangentenfrage von der Reflexion gar nicht trennen kann. Ein Fazit zu Reflexion folgt in Abschnitt 7.5.3 und Abb. 7.15.

7.5.1 Tangenten, Leitkreis und Leitgerade

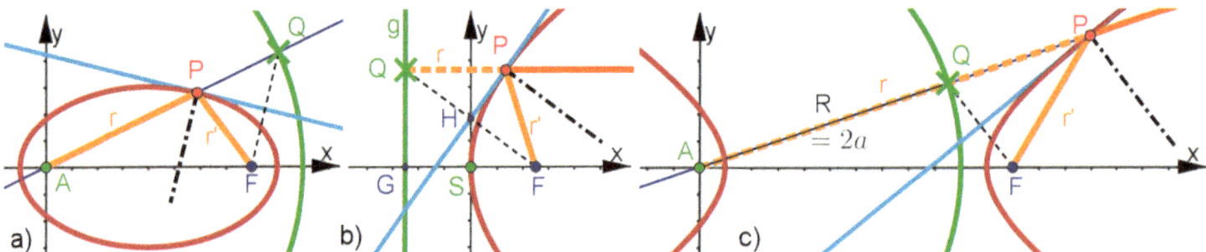

Abb. 7.12 Tangenten und Reflexion an den Kegelschnitten: F ist ein Brennpunkt des Kegelschnittes, Ellipse und Hyperbel haben als zweiten Brennpunkt A. Q ist zugfest auf dem Leitkreis bzw. der Leitgeraden. Die Mittelsenkrechte (hellblau) von $\overline{FQ}$ wird im Text als **Tangente** nachgewiesen. Die Normale als Senkrechte auf der Tangente ist durch Strichpunkte gekennzeichnet. Sie ist parallel zu der anderen gestrichelten Strecke. An diesen Parallelen kommt der Winkel $\angle PQF$ wegen der Mittelsenkrechten auch als Winkel $\angle QFP$ und als Stufenwinkel $\angle(r,\, Lot)$ vor. Als Wechselwinkel von $\angle QFP$ hat auch $\angle(Lot,\, r)$ diese Größe. Damit ist direkt die Reflexion eines Strahles von A an P nach F dargestellt. Bei der Parabel ist der zweite Brennpunkt A ins Unendliche gerückt, wir nehmen ersatzweise $\tilde{A}\epsilon QP$ rechts (s. Abschnitt 7.2.3). Auch bei der Hyperbel hilft uns $\tilde{A}\epsilon QP$ auf der rechten Seite. Die Winkelbetrachtung gilt dann für alle Fälle.

Satz 7.6 (Tangenten an die Kegelschnitte)
Die zur Leitkreis-Konstruktion gehörige Mittelsenkrechte ist Tangente an den Kegelschnitt. Das gilt auch für die Parabel, die anstelle des Leitkreises die Leitgerade hat. Siehe Abb. 7.12.

Beweis (Die Mittelsenkrechte $\overline{FQ}$ ist Tangente.) Denken wir uns einen Punkt T auf der Mittelsenkrechten. Dann gilt in allen drei Fällen $\overline{FT} = \overline{TQ}$. Gemeinsam an den folgenden drei Beweisen ist, dass wir ein Dreieck bilden, in dem $\overline{TQ}$ eine Seite ist, und damit nachweisen, dass T mit $T \neq P$ nicht die „Fadeneigenschaft“ der Sätze 7.1 bis 7.3 erfüllen kann.

Zu Abb. 7.12 a), Ellipse: Es ist $\overline{AT}+\overline{TF}=\overline{AT}+\overline{TQ}>\overline{AP}+\overline{PQ}=\overline{AQ}=2a$. Das >-Zeichen gilt, weil $\overline{AQ}$ im Dreieck ATQ eine Seite ist, als solche ist sie kleiner als die Summe der beiden anderen Seiten. Damit ist T kein Ellipsenpunkt und die Tangenteneigenschaft ist gesichert.

Zu Abb. 7.12 b), Parabel: Es sei R der Fußpunkt des Lotes von T auf die Leitgerade. $\overline{RT}$ ist dann Kathete im rechtwinkligen Dreieck QTR, in dem $\overline{QT}$ Hypotenuse ist. Damit gilt $\overline{RT}<\overline{QT}=\overline{TF}$. Also ist T kein Parabelpunkt und die hellblaue Gerade ist Tangente in P.

Zu Abb. 7.12 c), Hyperbel: Wäre T ein Hyperbelpunkt, müsste $\overline{AT}-\overline{TF}=2a$ gelten, umgeschrieben $\overline{AT}=2a+\overline{TF}$. Betrachten wir aber $2a+\overline{TF}=2a+\overline{TQ}>\overline{AT}$. Das >-Zeichen gilt, weil $\overline{AT}$ im Dreieck AQT eine Seite ist, als solche ist sie kleiner als die Summe der beiden anderen Seiten $2a=\overline{AQ}$ und $\overline{QT}$. Damit ist T kein Hyperbelpunkt und wir haben wieder die Tangenteneigenschaft nachgewiesen. □

7.5.1.1 Tangentenkonstruktion mit dem Brennpunkt

GeoGebra liefert Tangenten für alle Gleichungen, die Kurven erzeugen: explizite, implizite, Funktions- und Parameter-Gleichungen, mit letzteren auch Polargleichungen. Nur für Ortslinien bekommt man keine Tangenten. Dafür, aber natürlich auch aus mathematischer Neugier, wollen wir hier Tangenten *konstruieren*.

Wir verfolgen Abb. 7.12 rückwärts und bilden die beiden Winkelhalbierenden zu $PA = PF_1$ und $PF = PF_1$. Eine ist das Einfallslot, die andere ist die gesuchte Tangente. Bei der Parabel verwenden wir die Winkelhalbierenden von PF und eine Parallele zur Parabelachse durch P. Sollten wir die Brennpunkte nicht kennen, erhalten wir sie mit `Brennpunkt[Kegelschnitt]`. Aber auch sie können wir selbst finden: für die Ellipse können wir e aus $e^2 = a^2 - b^2$, für die Hyperbel aus $e^2 = a^2 + b^2$ und einem gezeichneten rechtwinkligen Dreieck konstruieren.

Für den Brennpunkt der Parabel bemühen wir den Höhensatz: Die Senkrechte in $P = (x, y)$ auf $\overline{SP}$ schneidet die Parabelachse in $x + 2p$, daraus erhalten wir leicht $F = (\frac{p}{2}, 0)$ und auch die Leitgerade $x = -\frac{p}{2}$, wenn wir wollen. Jedenfalls haben wir nun wie oben Einfallslot und Tangente.

7.5.1.2 Tangentenkonstruktionen ohne Brennpunkte

Es gibt viele Möglichkeiten, von denen ich nur einige nennen möchte.

Für die Ellipsentangente aus dem Hauptkreis reicht es, wenn wir a, b und die Abszisse des geplanten Punktes P kennen, an dem wir die Tangente suchen. Die Konstruktion verwendet die Scheitelkreiskonstruktion der Ellipse, die wir als spezielle Versiera-

Konstruktion in Abb. 4.9 in Abschnitt 4.1.4.4 entlarvt haben. Sie sei hier nochmals gezeigt. Diese Konstruktion ist besonders schön in Lerngruppen, die gerade die Strahlensätze als Thema hatten. Scheuen Sie sich nicht, auch im Mathematikunterreicht der unteren Klassen, gehaltvolle Mathematik zu treiben.

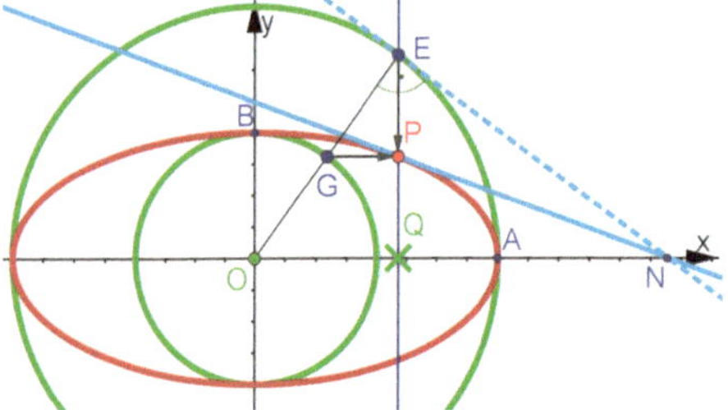

Abb. 7.13 **Scheitelkreis-Konstruktion der Ellipse mit Tangentenkonstruktion** Die grünen Kreise heißen **Hauptscheitelkreis** und **Nebenscheitelkreis**. Die Ortskurve von P ist die Ellipse $\frac{x^2}{a^2}+\frac{y^2}{b^2}=1$. Die **Tangente in** P erhält man, indem man die Senkrechte auf dem Radius OE mit der x-Achse schneidet und mit dem so erhaltenen Punkt N die Gerade NP bildet.

Die Parabeltangente nach Apollonius und Archimedes lässt sich auch ohne Differentialrechnung konstruieren. Physiklehrer verwenden das, wenn sie in der Mechanik Parabeltangenten brauchen, bevor der Mathematikunterricht die Differenzialrechnung weit genug gebracht hat.

Parabelsehne und parallele Tangente

Eine Parallele zur Parabelachse durch den Mittelpunkt einer Parabelsehne schneidet die Parabel in einem Punkt P. Die Tangente in P hat stets die Steigung der Sehne.

Zur Begründung kann man die Ableitung heranziehen: Für $y = a\,x^2$ ist $y' = 2a\,x$. Die beiden Enden der Sehne seien $(x \pm h, a(x \pm h)^2)$. Die Steigung der Sehne ist dann $\frac{4a\,x\,h}{2h} = 2a\,x$ für *jedes* $h \neq 0$.

Eine Begründung ohne Verwendung der Ableitung ergibt sich aus der Erkenntnis, dass jede Parabel achsenparallel so geschert werden kann, dass T, der Berührpunkt, Scheitel wird, dann steht die Sehne ebenso wie die Scheitelgerade senkrecht auf der Achse und die Behauptung ist klar. So zeigen es Abb. 7.14 b) und c).

Da auch die **Scherung** zu den Opfern der Ausdünnung des Curriculums gehört, gebe ich hier die Definition.

Definition 7.4 (Scherung)
Gegeben ist eine **Scherachse** und ein (gerichteter) **Scherwinkel** α. Ein Punkt P habe ein Lot auf die Scherachse mit dem Fußpunkt P_s. Nun wandert P parallel zur Scherachse so weit, dass $\alpha = \angle PP_sP'$ gilt.

So zeigt es Abb. 7.14 a) für die schwarze Scherachse und mehrere Punkte. Die **Scherung** ist eine affine Abbildung, also parallelentreu und teilverhältnistreu, zusätzlich aber ist sie auch flächentreu. Strecken parallel zur Scherachse bleiben gleich lang. Siehe auch Abschnitt 4.2.2.3.

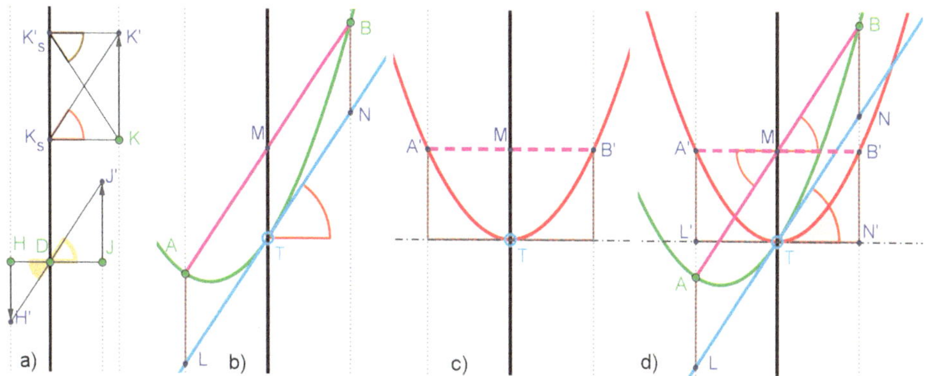

Abb. 7.14 **Tangenten und Sehnen bei der Parabel: a)** Scherung pur, **b)** Eine Parabel mit Sehne $\overline{AB}$ und deren Mitte M. Es ist T der Parabelpunkt mit derselben Abszisse wie M. Die Tangente in T ist parallel zur Sehne $\overline{AB}$. Der Beweis erfolgt durch die Scherung von Bild b) zu Bild **c)**: Das Parallelogramm $LNBA$ ist geschert zum Rechteck $L'N'B'A'$. Bei diesem ist die Parallelität von Sehne und Tangente in T trivial. Wegen der Flächentreue ist auch die Fläche zwischen Parabel und Tangente in b) genauso groß wie in c), also $\frac{1}{3}$ des Vierecks, wie man aus Analysis weiß. **d)** Hier sind b) und c) gemeinsam dargestellt und man kann die Scherung mit den Augen besser nachvollziehen.

Es ist in diesem Buch nicht möglich, die vielfältigen Eigenschaften von Parabeln, ihren Tangenten und Flächen auszubreiten. Ich habe sie unter dem Titel „Bärenkasten der Parabel" – gemeinsam mit dem „Affenkasten" für Polynome dritten Grades und „Pantherkäfig" für solche vierten Grades – auf meiner Website [Haftendorn 5] seit zwanzig Jahren veröffentlicht.

Der gezeigte Zusammenhang von Parabelsehnen und Tangenten ist auch die Grundlage der „Parabelausschöpfung" von **Archimedes** in Abschnitt 6.7. Weiteres finden Sie auf [Haftendorn 12] bei griechischer Mathematik. Auch für Ellipsen und Hyperbeln führt eine Parallele durch eine Sehnenmitte zu einem Kegelschnittpunkt mit einer Tangente parallel zu der Sehne. Das führe ich nicht aus, probieren Sie es aus. Informieren Sie sich ggf. unter dem Stichwort „konjugierte Durchmesser" der Ellipse.

7.5.2 Tangenten- und Normalengleichungen bei Kegelschnitten

In der Struktur dieser Gleichungen manifestiert sich für mich die Schönheit mathematischer Formel-Struktur überhaupt. Mit der impliziten Ableitung von $\frac{x^2}{a^2} + \frac{y^2}{b^2} = 1$ erhalten wir $\frac{2x}{a^2} + \frac{2y\,y'}{b^2} = 0$ also $y' = -\frac{b^2}{a^2}\,\frac{x}{y}$. Im Punkt $P_0 = (x_0, y_0)$ ist also die Tangentengleichung $y - y_0 = -\frac{b^2}{a^2}\,\frac{x_0}{y_0}(x - x_0)$. Da P_0 die Kegelschnittgleichung erfüllt, folgt nach kleiner Rechnung Gleichung 7.9. Die anderen ergeben sich entsprechend.

Tangente in P_0, „+" für Ellipse, „−" für Hyperbel

$$\frac{x_0\,x}{a^2} \pm \frac{y_0\,y}{b^2} = 1 \qquad (7.9)$$

Normale in P_0, „−" für Ellipse, „+" für Hyperbel

$$\frac{x_0\,y}{a^2} \mp \frac{y_0\,x}{b^2} = \frac{x_0\,y_0}{a^2} \mp \frac{y_0\,x_0}{b^2} \tag{7.10}$$

Parabel Tangente $y_0\,y + p\,x = p\,x_0$ Normale $y_0\,x + p\,y = y_0\,x_0 + p\,y_0$ (7.11)

7.5.3 Reflexion an den Kegelschnitten

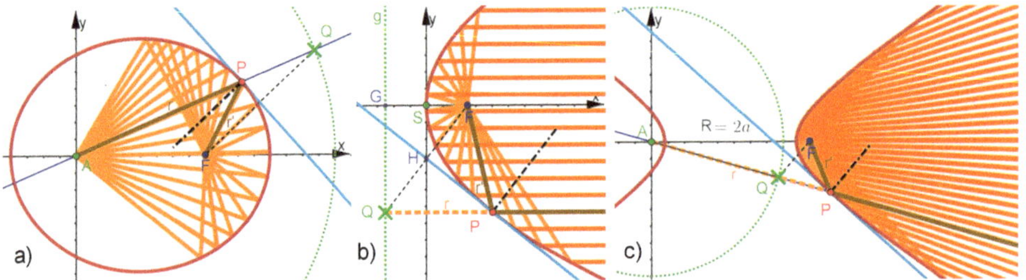

Abb. 7.15 **Reflexion an den Kegelschnitten:** Die Strahlenbüschel sagen im Vergleich zu Abb. 7.12 nichts Neues aus, sie zeigen nur die Reflexion eindrucksvoller.

Reflexion

Ein vom Brennpunkt F ausgehender Strahl wird an dem Kegelschnitt im Punkt P so reflektiert, dass er die Richtung der Geraden AP hat, mit A als zweitem Brennpunkt.
Bei der **Ellipse** verläuft der reflektierte Strahl durch den anderen Brennpunkt.
Bei der **Parabel** verläuft der reflektierte Strahl parallel zur Parabelachse, denn bei ihr ist der zweite Brennpunkt im Unendlichen.
Bei der **Hyperbel** verläuft der reflektierte Strahl so weiter, als käme er von dem anderen Brennpunkt.

Brennpunkte und Reflexion entdecken lassen empfiehlt sich für jüngere Lernende. In [Haftendorn 2016] ist das auch gezeigt. Ohne Aufwand und Vorlauf kann man mit „Kegelschnitt aus 5 Punkten" z. B. eine Ellipse realisieren und einen zugfesten Punkt P auf die Kurve setzen. In ihm fordert man die Tangente an. Einen verschieblichen Punkt A im Inneren denkt man sich als Lichtquelle, verbindet ihn mit P und konstruiert wie in der Physik mit dem Einfallslot den reflektierten Strahl. Setzt man für diesen den Spurmodus, so lässt sich zunächst nicht Besonderes erkennen. Die Lernenden kommen schnell darauf, dass A auf der Kegelschnittachse liegen sollte. Realisiert man dieses, so findet man eine

Stellung für A, bei der die reflektierten Strahlen sich bündeln: damit hat man die **Definition der Brennpunkte**. Mit dem Befehl `Brennpunkt[Kegelschnitt]` kann man nun alles Erkunden. Gleichungen braucht man dazu nicht. Ein Whiteboard mit GeoGebra (oder entsprechende Schülergeräte) garantieren eine spannende Unterrichtsstunde. Zeigen Sie zum Schluss Anwendungen der Reflexion.

Didaktische Anmerkung: Dieses Buch wäre dreimal so dick geworden, wenn ich jedesmal, wenn mir entsprechende Ideen vor Augen stehen, oder ich sie im Unterricht verwirklicht habe, alles so ausführlich dargestellt hätte. Der Kreativität der Lehrpersonen ist keine Grenze gesetzt, am besten sie entwickeln diese Kompetenzen schon im Studium. Übrigens: die Zeit für eine solche Stunde wird eingespart, da man die Lernenden nicht so mühsam durch die üblichen Mathematik-Themen zerren muss.

7.6 Anwendungen der Kegelschnitte

Mit Recht haben sich die Abnehmer schulischer Bildung wie technische Fachbetriebe, Fachhochschulen und Universitäten mit naturwissenschaftlichen und technischen Fächern in den siebziger Jahren des 20sten Jahrhunderts über den Wegfall der Kegelschnitte aus den Lehrplänen beklagt. In Österreich war dieser Umschwung nicht so drastisch, daher hat die österreichische Software GeoGebra viele Möglichkeiten zur Kegelschnittbehandlung. Als es noch Länder ohne Zentralabitur gab, haben etliche Mathematik-Lehrkräfte mit Engagement Unterricht und Aufgaben zu Kegelschnitten verwirklicht. Das ist in Deutschland im Moment nicht mehr möglich und die Generation derer, die noch in der eigenen Schulzeit Kegelschnitte als Thema kannten, ist dem Berufsleben schon entwachsen. Ich schreibe dieses Buch, weil ich die Magersucht des mathematischen Curriculums nicht hinnehmen mag. Heutigen Ansprüchen an die Eigenständigkeit der Lernenden können die Kurven der anderen Kapitel noch mehr gerecht werden, ich hoffe das insgesamt deutlich gemacht zu haben.

Bei den **Anwendungen** stehen aber die Kegelschnitte in der ersten Reihe. Daher kommen sie auch in meinem Buch „Mathematik sehen und verstehen" [Haftendorn 2016], das zuerst 2010 herauskam, mit einigen schönen Bildern vor. Hier könnte ich darauf verweisen, entscheide mich aber dafür, auch *Ihnen* diese Bilder im vorliegenden Buch zugänglich zu machen. Hier kann ich die mathematischen Zusammenhänge auch noch besser herausarbeiten.

7.6.1 Ellipsen, Parabeln und Hyperbeln als Formen in unserer Welt

Connaître par reconnaître (französisch für: Kennenlernen durch Wiedererkennen) oder *Man sieht nur, was man weiß* sind Weisheiten, die in unserem Zusammenhang ausdrücken, dass Sie die vielen Kegelschnitte in unserer Welt erst sehen können, wenn Sie sie kennen.

Das fängt schon damit an, dass Ihnen Kreise fast immer als Ellipsen „vor die Augen" kommen. Darauf gehe ich noch extra in Abschnitt 7.6.3 über Projektionen ein. Nehmen wir erst einmal die Welt, wie sie uns erscheint, und betrachten die Kegelschnitte, die physikalisch oder technisch notwendig oder von Menschen *gewollt* sind.

Die Wurfparabel ist vielleicht das bekannteste physikalische Beispiel. Auch Wasser-

Abb. 7.16 **Parabeln im Kurpark** Man setzt drei Punkte A, B, C auf einen Bogen und wählt dann in GeoGebra `Polynom[A,B,C]`. In der hier sinnvollen Genauigkeit passen die Parabeln.

tropfen, die aus einer Düse „geschossen" werden, bewegen sich auf einer Parabelbahn, wie Abb. 7.16 zeigt. Sie entsteht durch Überlagerung der gleichmäßigen Horizontalbewegung $x(t) = v_x \cdot t$ und der zusammengesetzten Vertikalbewegung $y(t) = v_y \cdot t - \frac{g}{2}t^2$, der zweite Term beschreibt den Einfluss der Schwerkraft mit der Erdbeschleunigung g. Dabei ist der Vektor $\vec{v_o}$ die Anfangsgeschwindigkeit, mit der das Wasser aus der Düse gedrückt wird. Die beiden Gleichungen sind schon die Parameterdarstellung der Parabel. Ableitung nach Gleichung 11.3 bringt $\dot{y} = v_y - g\,t$, woraus folgt, dass nach der Zeit $t = \frac{v_y}{g}$ die Höhe $y_H = \frac{v_y^2}{2g}$ erreicht wird. Eine Parabel gibt es natürlich nur für $v_x \neq 0$ und die explizite Gleichung der Parabel erhält man durch Elimination von t zu $y = \frac{x}{v_x}\left(\frac{g}{2v_x}x - v_y\right)$. Die „Wurfweite" ist damit $x_w = \frac{2v_y\,v_x}{g} = \frac{v_o^2}{g}\sin(2\alpha)$, wobei α der Steigungswinkel von $\vec{v_o}$ ist.

Diese Rechnungen gelten für **alle Wurfparabeln**, bei denen man die Reibung vernachlässigt. An der letzten Gleichung erkennt man, dass bei $\alpha = 45^o$ die Wurfweite am größten ist. Georg Glaeser zeigt ein Foto von einem Weitsprung und diskutiert, dass es wohl weniger auf den Absprungwinkel als auf die größere Absprunggeschwindigkeit ankommt, denn diese geht quadratisch in die Sprungweite ein [Glaeser 2014, S. 110].

Brücken haben häufig Parabelform, obwohl auch andere Formen möglich sind. Der Bogen kann unter oder über der Fahrbahn sein, jedenfalls wird bei Parabeln die Last günstig verteilt und die Enden der Brückenbögen leiten die Kräfte in den Untergrund seitlich ab. Für mittelgroße Brücken ist die Parabel vorteilhaft [Mehlhorn und Curbach 2014]. Bei aufgeständerten langen Brücken ist zuweilen ein Mittelstück parabelförmig (Talbrücke Albrechtsgraben bei Suhl) [Mehlhorn und Curbach 2014, S, 803f].

Abb. 7.17 **Kanalbrücke als Parabel** Zu dem Bild in GeoGebra wird mit Schiebereglern k, a und b die Parabel $y = k\,(x - a)^2 + b$ definiert, an die richtige Stelle geschoben und die Öffnung experimentell bestimmt.

Die Erkundung architektonischer Formen anhand digitaler Bilder ist immer spannend. Im Falle der Kuppel des Berliner Reichstagsgebäudes in Abb. 7.18 a) kann man klar feststellen, dass es sich um ein halbes Ellipsoid handelt. Ein Schulbuchverlag hatte etwa 2013 auf Werbebildern, z. B. auf einem Brillentuch, die Kuppel zusammen mit der Formel $V = \frac{2}{3}\pi\, r^3$ abgebildet. Da die Kuppel aber keine Halbkugel ist, wäre $V = \frac{2}{3}\pi\, a^2\, h$ richtig gewesen. *Schade!* Allgemein tritt beim Ellipsoid abc an die Stelle von r^3, die Ellipsenfläche ist $\pi a\, b$ mit den Halbachsen a und b.

Abb. 7.18 **Berlin:** a) Die Reichstagskuppel ist ein halbes Ellipsoid und keine Halbkugel, das weiße Kreuz ist der Brennpunkt, er liegt weit ab von der Mitte. b) Die Öffnung des Berliner Hauptbahnhofs ist eine halbe Ellipse.

Man setzt fünf Punkte in Abb. 7.18 auf den Umriss und erzeugt mit dem Button „Kegelschnitt aus 5 Punkten“ den Kegelschnitt, siehe Abschnitt 7.1.1. Es folgt der Befehl `Brennpunkte[...]`. Beim Bahnhof ist eine große numerische Exzentrizität zu erwarten, $\varepsilon = 0.9$ überrascht nicht. Beim Reichstag ist die numerische Exzentrizität $\varepsilon = \frac{e}{a} \approx \frac{1}{2}$, das ist schon deutlich kein Kreis mehr. Dabei ist der elliptische Eindruck hier kein Effekt der Perspektive, wie er in Abschnitt 7.6.3 und Abb. 7.22 vorgestellt ist. Zum Einen ist das Foto von der Dachterrasse des Reichtags gemacht und nicht etwa von der Wiese vor dem Gebäude. Zum Anderen sind in den offiziellen Veröffentlichungen zur Reichtagskuppel die Maße angegeben: $a = 23.5\,\text{m}$; $b = 20\,\text{m}$, ergibt $e = \sqrt{a^2 - b^2} = 2.34\,\text{m}$, also $\varepsilon = 0.53$. Das konnten wir durch Ausmessen des Bildes recht gut vorhersagen.

7.6.1.1 Kegelschnitte in astronomischem Maßstab

Der Mathematiker Johannes Kepler (1571-1630) ist m. E. einer der faszinierendsten Menschen der Renaissance. Ihm gelang es, ein eigenständiges Denken zu entwickeln, in dem er in besonderer Weise sein philosophisch-theologisches Denken mit einer naturwissenschaftlichen Arbeits- und Denkweise paaren konnte. Ihm war das heliozentrische System eine Selbstverständlichkeit, das zu seiner Zeit längst noch nicht allgemein anerkannt war. 1600 gelangte er an die von dem Dänen Tycho Brahe sorgfältig beobachteten astronomischen Daten. Er prüfte seine Vorstellungen, dass die Planetenbahnen auf Kugeln lägen, die um ineinander geschachtelte platonische Körper das „Mysterium Cosmographicum" bildeten, a*n den Daten*. Nach jahrelanger Arbeit gab er den Gedanken auf, das Göttliche *müsse* sich in vollkommenen Kreisbahnen äußern. Im Jahre 1609 akzepierte er, dass insbesondere die Marsbahn eine *Ellipse* ist, und er veröffentlichte seine **Astronomia nova**, in der er das erste und zweite der Planetengesetze formulierte. Eine Geisteshaltung, die den Beobachtungen und Daten mehr traut als den Autoritäten und den Ideen, markiert das Ende des Mittelalters und den Beginn der Neuzeit.

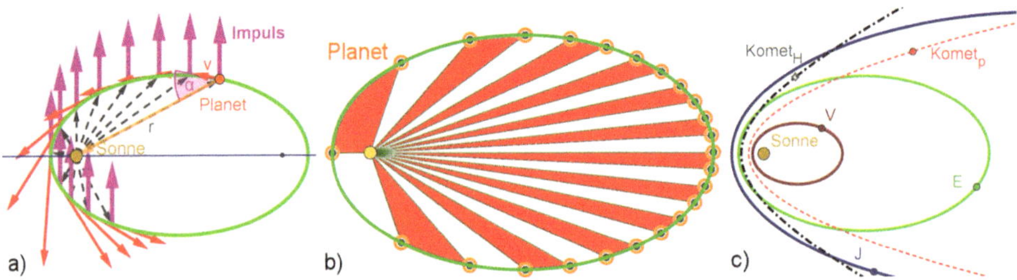

Abb. 7.19 **Kepler'sche Gesetze a)** Nach dem 1. Gesetz ist die Bahn ist elliptisch und der Grund für das 2. Gesetz ist, dass der Drehimpuls (violett) $\vec{i} = m\vec{r} \times \vec{v} =$ konstant ist. Dabei steht $\vec{i}$ senkrecht auf der Bahnebene. **b)** Visualisierung des 2. Gesetzes: Alle roten und weißen Segmente haben dieselbe Fläche und der Planet braucht auf seiner Bahn für jedes Segment dieselbe Zeit. Also ist in Sonnennähe (perihel) die Bahngeschwindigkeit des Planeten größer als in Sonnenferne (aphel). **c)** In einem Planetensystem hängen die elliptischen Bahnen und die Umlaufzeiten über das 3. Kepler'sche Gesetz zusammen. Das gilt auch für manche Kometen. Andere kommen mit so hoher Energie aus dem Weltall, dass sie nicht „eingefangen" werden. Sie werden auf hyperbolischen Bahnen umgelenkt. Eine Parabelbahn ist möglich, aber sehr unwahrscheinlich.

Die Kepler'schen Gesetze

1. Die Planetenbahnen sind Ellipsen, in deren einem Brennpunkt die Sonne steht.
2. Der Fahrstrahl $\overline{Sonne, Planet}$ überstreicht in gleichen Zeiten gleiche Flächen.
3. Die Quadrate der Umlaufzeiten verhalten sich wie die Kuben der großen Halbachsen. $\frac{T_1^2}{T_2^2} = \frac{a_1^3}{a_2^3}$ oder m. a. W. $\frac{T^2}{a^3}$ ist eine Konstante in einem Planetensystem mit Zentralgestirn.

Anmerkungen zu Abb. 7.19: Der Energieerhaltungssatz und der Drehimpulserhaltungssatz sind zentrale Sätze der Physik. Letzterer ist z. B. dafür verantwortlich, dass Sie stabil Fahrrad fahren können. Das Kreuzprodukt (oder Vektorprodukt genannt) $m\,\vec{r} \times \vec{v}$ ist selbst ein raumfester Vektor, der mit $\vec{r}$ und $\vec{v}$ ein Rechte-Hand-System bildet. Sein Betrag $m\,r \cdot v\sin(\alpha)$ ist natürlich auch konstant und hat die Bedeutung der doppelten Fläche des aus $\vec{r}$ und $\vec{v}$ gebildeten Dreiecks. Damit sind die in Abb. 7.19 b) gezeigten Flächen wirklich gleich groß.

Übrigens sind natürlich die Maße in Abb. 7.19 c) alle nur symbolisch. Die wahren Längenverhältnisse lassen sich in einer Zeichnung nicht realisieren. In Göttingen gibt es Stelen auf dem Weg vom Bahnhof in die Stadt, die die Halbachsen der Planetenbahnen maßstabsgerecht wiedergeben. Das sollte man einmal wirklich *erwandern*, um es zu verstehen.

7.6.2 Anwendungen, die die Reflexionseigenschaften nutzen

Inhaltlich ist Reflexion an den Kegelschnitten in Abschnitt 7.5.3 vorgestellt worden. Bei allen drei Typen werden die Brennpunkteigenschaften genutzt, allen voran bei der Parabel.

Die Parabelreflexion ist prädestiniert für den Empfang oder die Aussendung paralleler Strahlen. Das wird beim **Abblendlicht** der Autos genutzt: Die Lampe ist ein Rotationsparaboloid, das Leuchtmittel ist im Brennpunkt und strahlt entgegen der Fahrtrichtung an die Verspiegelung und die parallelen Lichtstrahlen verlassen die Lampe in der vom Fahrer eingestellten Richtung.

Beim Richtfunk der UKW- und Fernsehsender wird mit Parabol-Sendeantennen genau zu den lokalen Funktürmen gesendet, die dann mit Parabol-Empfangsantennen die eintreffenden Strahlen in ihrem Brennpunkt sammeln und das Signal für die Region „rundum“ aussenden, englisch *broad casting* genannt. Das Entspechende gilt auch für die Satelliten. Hier haben die Häuser die typischen Parabolantennen, „Sat-Schüsseln“, mit dem Empfänger im Brennpunkt.

Eine wichtige technische Anwendung ist das Einfangen des parallelen Sonnenlichtes in parabolzylindrischen Rinnen, wie Abb. 7.20 für Andalusien zeigt. In den „Brenngeraden“ wird die Energie gebündelt und weitergeleitet. Offensichtlich kann die Rinne auch entsprechend der Höhe der Sonne über dem Horizont eingestellt werden. Bauen Sie die Reflexion achsenparallelen Lichtes einmal in GeoGebra für $y = \frac{1}{2p}x^2$ nach, realisieren Sie, dass der Brennpunkt $\left(0, \frac{p}{2}\right)$ ist und der Scheitelkrümmungskreis seinen Mittelpunkt in $(0, p)$ hat. Die vom diesem Kreis reflektierten Strahlen bilden als Brennlinie eine Nephroide, siehe Abb. 9.14 a). Die hat ihre Spitze in der Nähe des Brennpunktes, aber die Techniker mussten wirklich die echte Parabelform bauen, um die Sonnenenergie optimal zu nutzen.

Abb. 7.20 **Parabolrinnen** im Solarkraftwerk Anasol in Andalusien, das parallele Sonnenlicht wird zu der Brenngeraden reflektiert, dort wird maximale Energie abgegriffen. (Quelle: `www.solarMillennium.de`)

Für arme Gegenden der Erde mit viel Sonne aber wenig Brennmaterial hat man einen **Solarkochtopf** entwickelt, bei dem mit verspiegelten Lamellen ein Paraboloid gebildet wird, in dessen Brennpunkt der eigentliche Kochtopf befestigt ist.

Mit einem Paar von zwei gegenüber stehenden Paraboloiden,den **Flüsterschalen**, kann man geflüsterte Worte auch in größerer Entfernung hören. In Abb. 7.21 c) ist ein Experiment aus dem Technik-Museum Berlin dargestellt. Man spricht leise am Brennpunkt des einen Paraboloids und trotz eines erheblichen Geräuschpegels in der Ausstellungshalle kann man alles in etwa 20 m Entfernung hören.
In Hannover sind nach einer Idee von W. Laubersheimer an einer Haltestelle der Tramlinie 9 auf jeder Straßenseite zwei mannsgroße Flüsterschalen angebracht, so dass man sich über die Straße hinweg unterhalten kann.

Abb. 7.21 **Flüstern weit entfernt hören:**
a) Flüsterbogen in Görlitz, Untermarkt 12,
b) Flüstergewölbe im Kloster
c) Flüsterschalen im Technik-Museum Berlin

Die Reflexion bei Ellipsen leitet Strahlen von einem Brennpunkt zum anderen. Als segensreiche Anwendung habe ich in [Haftendorn 2016] einen **Nierenstein-Zertrümmerer** abgebildet und [Henn und Filler 2015] zeigt genauer, wie man sich das vorstellen kann: Der Patient liegt in einem passenden Stück eines Ellipsoids so, dass sein Nierenstein in dem einen Brennpunkt ist. Stoßwellen, die von dem anderen Brennpunkt ausgesandt werden, treffen von allen Seiten auf den Nierenstein und zertrümmern ihn, ohne dass weiteres Körpergewebe beeinträchtigt wird.

Historisch belegt sind **Flüstergewölbe** in Burgen oder Klöstern wie es Abb. 7.21 b) andeutet. So konnten geheime Verhandlungen unbemerkt belauscht werden.
An einem Torbogen aus der Renaissance in Görlitz ist eine halboffene Rinne elliptisch gebogen, wie es Abb. 7.21 a) zeigt. Man kann tatsächlich ganz leise gesprochene Wörter verstehen. Sogar die Stadtinformationen weisen darauf hin.

Die Reflexion bei Hyperbeln Mit der Hyperbelreflexion könnte man z.B. den Ort einer Punktlichtquelle vortäuschen, an dem sie sich gar nicht befindet, denn die Strahlen, die von dem einen Brennpunkt ausgehen scheinen von dem anderen Brennpunkt zu kommen. Ein Teleskop könnte so funktionieren: Das von einem großen Parabolspiegel eingefangene parallele Licht wird kurz vor dem Brennpunkt der Parabel auf einer relativ kleinen *von außen* verspiegelten Hyperbel abgefangen, die ebenfalls diesen Brennpunkt hat. Durch ein kleines Loch im Zentrum des Hohlspiegels wird dieses Licht auf die Messapparatur im zweiten Brennpunkt geleitet. Dadurch stört die Messapparatur nicht den Strahlengang. Auf der Website zum Buch finden Sie eine entsprechende GeoGebra-Datei. Ich fand dazu Hinweise unter dem Namen Ritchey-Cretien-Teleskop, allerdings ohne physikalisch oder mathematisch vernünftige Beschreibung. Außerdem wird heute eventuell gleich im Brennpunkt der Parabel das Signal digitalisiert.

Nutzung der Brennpunkte von Hyperbeln Auch ein Ortungssystem für Schiffe oder Flugzeuge hat sich inzwischen durch GPS erübrigt: Von dem Fahrzeug aus wurde die Entfernungsdifferenz d zu zwei auf der Karte eingetragenen Sendern gemessen. Zu d und den Sendern gehört ein Hyperbelast, auf dem sich das Fahrzeug befinden muss. Misst man entsprechend noch mit einem dritten Sender, schneiden sich die zugehörigen Hyperbeläste, der Ort des Fahrzeugs ist bestimmt. Es gab Karten, auf denen die sogenannten Standlinien für ein Sendernetz eingetragen waren. Nun, das ist veraltet. Aber es ist doch interessant, wie die Kenntnis der Kegelschnitteigenschaften Früchte getragen hat.

7.6.3 Projektion der Kegelschnitte

Wir können uns dem perspektivischen Sehen gar nicht entziehen, wenn wir uns im Raum bewegen. Genau genommen sehen wir nur den recht kleinen Bereich unverzerrt, auf den wir unseren Blick richten. Das optisch auf der Netzhaut des Auges entstehende Bild wird nach der Weiterleitung an das Gehirn interpretiert und oft im Sinne der Erwartung gedeutet. Quader haben parallele Kanten, Räder an Fahrzeugen sind rund, da zweifeln wir nicht, die Schienen oder die Autobahn, die wir von der Brücke aus sehen, werden hinten nicht enger, wir wissen das. Hätte aber das Straßenbauamt die Warnmarkierung, die auf einmündende oder querende Fahrräder hinweisen soll, mit kreisrunden Rädern gestaltet, würden wir ein „gequetschtes“ Bild mit (quer-)elliptischen Rädern sehen. Für liegende Räder haben wir keine Seherfahrung. Das schwarze Bild in Abb. 7.22 finden wir „richtig“, obwohl es in Wahrheit genau wie das rote Bild aussieht.

Abb. 7.22 **Projektionen im Verkehr** Wenn Fahrradwege einmünden (schwarz) oder queren (rot) ist manches Mal ein Bild eines Fahrrades als Bodenmarkierung angebracht. Das rote Bild ist senkrecht von oben fotografiert, Boden und Bildebene sind parallel. Da hat das Fahrrad stark elliptische Räder. Aber im schwarzen Bild ist gezeigt, dass diese aus Sicht des Verkehrsteilnehmers ganz „normal" kreisrund erscheinen. Das gelbe untere Bild ist auf einem Umleitungsschild für einen Fahrradweg. Setzt man die Kamera auf das Schild, so sind wieder Urbild- und Bildebene senkrecht aufeinander: aus dem Kreis wird eine Ellipse.

7.6.3.1 Zentralprojektion verstehen

Mathematisch können wir die Situation prinzipiell so verstehen, wie es Abb. 7.23 a) zeigt: Von einem Punkt P des Urbildes wird ein Lichtstrahl ausgewählt, der das Auge Z trifft. Er schneidet eine (hellblaue) Bildebene, die bei unseren Beispielen senkrecht zur (grauen) Urbildebene steht in einem Punkt Q. Diesen nehmen wir wahr, wenn wir, wie beim Autofahren, horizontal blicken. Auch für eine Kamera mit senkrecht gehaltener Rückwand ist Q der Bildpunkt. Für Abb. 7.23 a) ist die Konstruktion anders herum durchgeführt: Läuft Q in der senkrechten Ebene auf einem (grünen) Kreis, dann ist das Bild des Kreises in der waagerechten Ebene eine (rote) Ellipse. Auf der Website zum Buch können Sie die GeoGebra-Datei finden, ebenso die Herleitung der Ellipsengleichung aus der Kreisgleichung. Wesentlicher als die Gleichung ist, dass Sie Ihr Vorstellungsvermögen aktivieren: Die blaue Gerade ZP bildet beim Umlauf von Q, bzw. P, einen **Kegelmantel** und die beiden Ebenen definieren daher zwei **Kegelschnitte**.

7.6.3.2 Experimentelle und zeichnerische Methode

Jüngst hat Anselm Lambert in „alten Büchern" bei [Lietzmann 1933] eine Methode entdeckt, wie man solche zentralperspektivischen Bildpunkte zeichnerisch mit schulischen Mitteln gewinnen kann. Er stellt in [Lambert 2016] einen Weg vor, der mit dem Realisieren der beteiligten Ebenen in *Kartonpapier* und Einschieben eines Blattes mit dem Lichtweg ermöglicht, die tragende Entdeckung selbst zu machen. Diese ist hier in Abb. 7.23 b) dargestellt: Ein Punkt A wird auf der (gelben) Schnittgeraden der blauen Ebene und

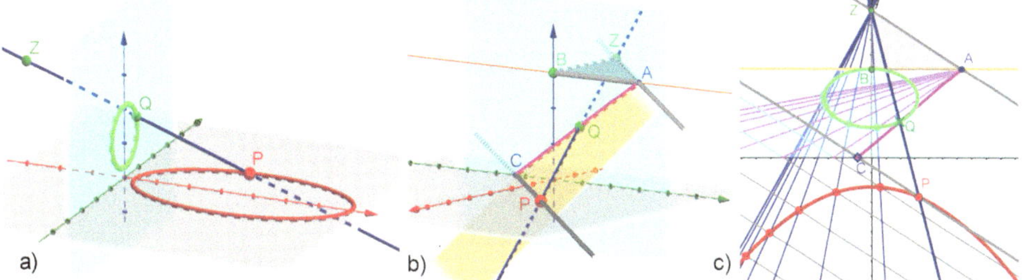

Abb. 7.23 **Projektion von Ellipse und Parabel**
a) Ein Kreis wird i. d. R. auf eine Ellipse projiziert, b) Konstruktiver Zusammenhang von Punkt Q und Bildpunkt P oder umgekehrt im Raum, c) derselbe Zusammenhang, nun konstruierbar in einer **2D-Darstellung**, nach [Lietzmann 1933] und [Lambert 2016]. Gezeigt ist der Zusammenhang zwischen einer Parabel in der x-y-Ebene und einer Ellipse, welche die Horizontgerade BA berührt. Erläuterungen erfolgen im Text.

der zur Grundebene parallelen Ebene durch Z, die hier durch das graue Dreieck gezeigt wird, gewählt. Die Lichtstrahl-Gerade ZP ist Achse eines Ebenenbüschels, aus dem die gelbe Ebene ZAP beliebig herausgegriffen wird. Sie schneidet die blaue Ebene in der (violetten) Geraden AC, die ihrerseits die auch in dieser Ebene ZAP liegende Gerade ZP in Q schneidet, denn Q ist der einzige Punkt, den ZP mit der hellblauen Ebene gemeinsam hat. Die Beobachtung, die zum Ziel führt, ist, dass die Geraden ZA und CP parallel sind. Bei Lambert wird nun das gefaltete Kartonpapier flach gelegt und in der 2D-Darstellung Abb. 7.23 c) wird deutlich, wie nun Q konstruiert wird: In jeder Stellung von P wird C durch eine Parallele zu ZA erzeugt, wie gesagt ist der gesuchte Punkt Q der Schnittpunkt von AC und ZP.

7.6.3.3 Wirklichkeit, Bild und Unendlichkeit bei Zentralprojektionen

Lambert betont, dass damit die Zentralprojektion einer Parabel, hier rot gezeichnet, gar keine Parabel ist, sondern eine Ellipse, die die „Horizontgerade“ BA berührt. Das ist richtig, solange die Parabel nicht in der blauen Ebene, also einer Ebene senkrecht zur Sehachse, liegt. Fotografiert man Parabeln in unserer Welt, so sollte die Kameraebene parallel zur Parabelebene sein. So habe ich es bei der Brücke in Abb.7.17 durch das Stehen auf dem Deich einigermaßen erreicht. Mit einem Fotoprogramm hätte man die leichte Horizontalverzerrung beseitigen können. Aber so ist es eben *wahr*.

Die *ganze* Ellipse als Bild einer Parabel können wir nicht sehen, denn sie schließt sich erst mit Punkten, deren Urbilder „in der Unendlichkeit“ liegen. In diesem Abschnitt 7 über Kegelschnitte habe ich Ihnen auf mannigfache Weise gezeigt, dass die Parabel quasi „auf Messers Schneide“ zwischen den Ellipsen und Hyperbeln liegt. Dennoch nimmt sie im schulgeprägten Mathematikbewusstsein einen sehr breiten Platz ein. Hoffentlich hilft dieses Buch, den Blick zu weiten.

Bei der Zentralprojektion hat der „unendlich ferne Punkt“ jeder Parallelenschar sein Bild auf der Horizontgeraden. Der Berührpunkt B der Bildellipse in Abb. 7.23 c) ist der Horizontpunkt aller Parallelen zur Parabelachse. Umgekehrt definiert eine Parallelenschar eindeutig einen Punkt A der Horizontgeraden dadurch, dass ZA zu der Schar gehören muss. A ist dann der Horizontpunkt dieser Schar.

7.7 Extras und Aufgaben

An dieser Stelle möchte ich noch einmal deutlich die im Jahre 2000 erschienene Neuauflage [Schupp 2000] des Kegelschnitt-Buches empfehlen. Es gibt eine Fülle von Aufgaben, auch solche für den Einsatz von DGS.

7.7.1 Krümmungskreise von Ellipse, Hyperbel und Parabel

Vor der Computerzeit hat man gute Zeichnungen von Ellipsen mit Hilfe der Scheitel-Krümmungskreise ganz einfach herstellen können. Abb. 7.24 zeigt die Konstruktion, Sie sehen, dass es nur einen kleinen Übergangsbereich zwischen dem Krümmungskreis des Nebenscheitels und dem des Hauptscheitels gibt, den man von Hand überbrücken muss.

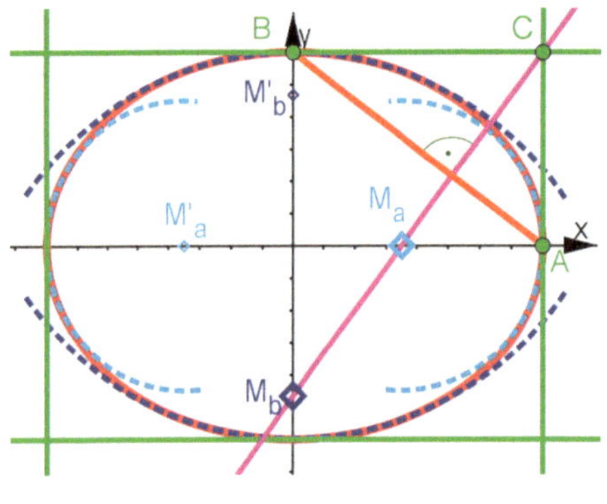

Abb. 7.24 Scheitel-Krümmungskreise der Ellipse: Man verbindet Hauptscheitel A und Nebenscheitel B und fällt vom Punkt $C = (a, b)$ das Lot auf diese Strecke. Es schneidet die x-Achse in M_a und die y-Achse in M_b. Es sind $R = \overline{M_a A}$ und $r = \overline{M_b B}$ schon die Radien der Krümmungskreise in A und B. Der nächste Abschnitt zeigt: $R = \frac{b^2}{a}$ und $r = \frac{a^2}{b}$. Diese Beziehungen werden wirklich konstruiert: Das violette Lot durch C hat als Senkrechte auf $\overline{AB}$ die Steigung $m = \frac{a}{b} = \frac{b}{R}$ und $m = \frac{a}{b} = \frac{r}{a}$.

7.7.1.1 Berechnung und Konstruktion der Scheitelkrümmungen

Zweimaliges implizites Ableiten der ohne Brüche geschriebenen Ellipsengleichung $b^2x^2 + a^2y^2 = a^2b^2$ ergibt zuerst $2b^2x + 2a^2yy' = 0$ und dann $2b^2 + 2a^2(y')^2 + 2a^2yy'' = 0$. Da im Nebenscheitel $y' = 0$, $x = 0$ und $y = b$ gilt, folgt $y'' = -\frac{b}{a^2} = \kappa$, nach Gleichung 11.18, also $r = \frac{a^2}{b}$ gemäß Definition 11.1 als Radius für den Nebenscheitel. Aus Symmetriegründen ist der Krümmungsradius für den Hauptscheitel $R = \frac{b^2}{a}$.

Aufgabe 7.1 Krümmungskreise der Hyperbel und der Parabel
a) Finden Sie entsprechend eine Krümmungskreis-Konstruktion für die Hyperbel. b) Für die Parabel ist es sinnvoll, zwei Fälle zu unterscheiden 1.) Wenn man den Parabelparameter p kennt (oder sich von GeoGebra den Brennpunkt zeigen lässt): p ist der Krüm-

mungsradius im Scheitel. 2.) Für $y = a\,x^2$ ist $\frac{1}{2a}$ dieser Radius. Sehen Sie sich in Abb. 6.2 an, wie man Kehrwerte konstruiert.

Üben Sie sich darin, eine verständliche Konstruktionsbeschreibung zu verfassen. Diese Krümmungskonstruktionen eignen sich auch, um in großem Maßstab, z.B. auf einem Schulhof oder einer Wiese, Ellipsen, Parabeln und Hyperbeln zu realisieren. Dabei wird dann auch deutlich, dass der Krümmungsbegriff *zur Kurve* gehört und nicht vom Koordinatensystem abhängig ist.

Hinweis

Verwenden Sie $-b^2x^2 + a^2y^2 = a^2b^2$ bzw. $y = \frac{1}{2p}x^2$ oder $y = a\,x^2$, damit Sie im Scheitel Steigung 0 haben. ◀

7.7.2 Spannende Weiterführungen und Aufgaben

Mit Rasterbildern können schnell „punktweise" Konstruktionen verwirklicht werden. Das hat den Vorteil, dass man **selbst von Hand** etwas erzeugt und sich dabei in besonderer Weise auf die so entstehende Kurve einlässt. Bei den Kegelschnitten geht das eindrucksvoll und vielfältig. Schon mehrfach habe ich darauf hingewiesen, dass Rasterkonstruktionen **klausurfähig** sind. Weitere Rasterkonstruktionen finden Sie mit Hilfe des Index'.

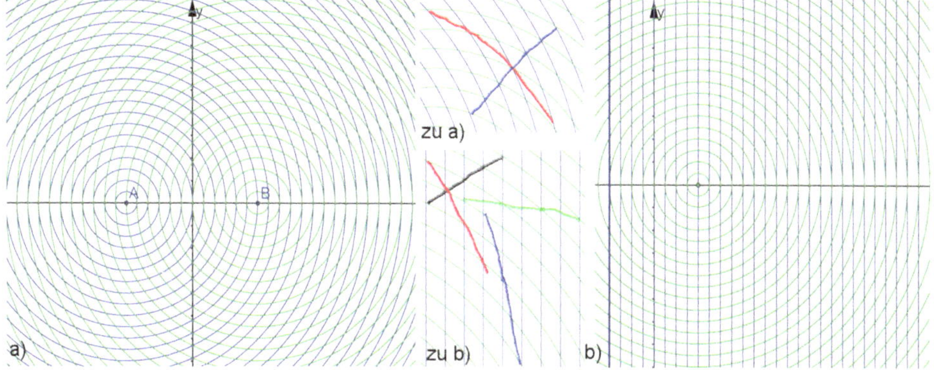

Abb. 7.25 **Die Rastervorlagen für Kegelschnitte** zum Selberzeichnen, Beschaffung siehe Aufgabe 7.2
a) Zwei Scharen konzentrischer Kreise. Zeichnen Sie, wie in der Mitte oben vorgemacht, Diagonalenfolgen durch die kleinen Quasi-Rauten. Zeichnen Sie viele Kurven. b) Eine Schar konzentrischer Kreise um einen Punkt. Dazu ist eine Parallelenschar gezeichnet. Probieren Sie die Zeichenvorschäge in der Mitte unten aus.

Aufgabe 7.2 Raster mit Kreis- und Parallelenscharen

1. Überlegen Sie, dass Sie für Abb. 7.25 a) mit dem roten Strichtyp einen (blauen) Kreis nach außen, aber dafür einen (grünen) Kreis nach innen gehen. Die Summe der Kreisringe nach A und B bleibt also konstant. Überlegen Sie entsprechend für den blauen Strichvorschlag.

2. Überlegen Sie, dass Sie für eine Parabel, für die die blaue Senkrechte Leitgerade sein soll, im Ursprung starten müssen. Erhalten Sie auch Parabeln, wenn Sie andere Diagonalenfamilien verfolgen?
3. Bei dem grünen Zeichenvorschlag geht man immer *zwei* Senkrechten nach außen, aber nur *einen* Kreis. Welche Kurven entstehen?
4. Bei dem blauen Zeichenvorschlag geht man immer *zwei* Kreise weiter, aber nur *eine* Senkrechte. Welche Kurven entstehen?
5. Was passiert, wenn Sie diese beiden Methoden bei dem Doppelkreissystem anwenden?
6. Stellen Sie für jeden Typ eine Gleichung auf. Prüfen Sie sie in GeoGebra.

Hinweis

Der GeoGebra-Befehl für z. B. das Kreissystem ist `Folge[(x - e)^2 + y^2 = k^2, k, 0, 20, 0.5]`. Wenn Sie die Raster selbst erzeugen, können Sie Kurvenvorschläge in GeoGebra direkt prüfen. Bedenken Sie die Abschnitte 7.2.1, 7.2.2 und für den letzten Top auch 4.3.2. Die Rasterbilder zum Ausdrucken und Lösungen sind auf der Website zum Buch. ◄

Aufgabe 7.3 Konfokale Ellipsen und Hyperbeln

1. Setzen Sie zwei Punkte auf die Zeichenebene und erzeugen Sie mit den passenden Buttons eine Ellipse und eine Hyperbel und realisieren Sie eine „eindrucksvolle" Bestätigung des Satzes: **Konfokale Ellipsen und konfokale Hyperbeln mit denselben Brennpunkten schneiden sich stets senkrecht.**
2. Es gilt für Ellipsen $b^2 + e^2 = a^2$ und für Hyperbeln $b^2 - e^2 = a^2$ nach den Sätzen und 7.1 und 7.2. Am Ende von Abschnitt 7.2.1.1 steht schon ein Hinweis, diesen Zusammenhang konstruktiv zu verwerten. Tun Sie das einmal wirklich. Stellen Sie Gleichungen für eine Ellipsenschar und eine Hyperbelschar auf und zeichnen Sie diese mit dem im Hinweis genannten Befehl `Folge`$[\cdots]$. Sind es orthogonale Scharen? Orthogonal heißt: senkrecht aufeinander stehend.
3. Sehen Sie sich die Zeichnungen zur Reflexion 7.12 an und finden Sie eine geometrische Begründung für die Orthogonaltität der Tangenten.
4. Beweisen Sie mit Methoden der Analysis, dass die Tangenten senkrecht stehen.

Hinweis

Im Befehl `Folge[x^2/(e^2-k^2) + y^2/k^2 =1, k, 0,e, 0.5]` müssen Sie unbedingt e als Zahl festlegen, der Befehl verträgt keine weiteren Parameter, auch nicht, wenn sie „außen" bekannt sind.

Der letzte Beweis geht „von Hand", wenn man dasselbe b für Ellipse und Hyperbel wählt. Dann ist der Schnittpunkt $\left(\frac{e^4-b^4}{e^2}, \frac{b^4}{e^2}\right)$. Weiteres finden Sie auf der Website zum Buch. ◄

Aufgabe 7.4 Konjugierte Richtungen

1. Zeichnen Sie eine Ellipse und eine Schar paralleler Geraden, die die Ellipse schneiden. Heben Sie die so entstehenden Sehnen als Strecken hervor, verbergen Sie die Geraden. Welche Eigenschaft hat die besondere Sehne *durch alle Mittelpunkte* dieser Sehnenschar? Die besondere Sehne ist ein **Durchmesser der Ellipse**. Passend zu Ihrer ursprünglichen Sehnenschar gibt es einen weiteren Durchmesser, diese beiden heißen **konjugierte Durchmesser**.
2. Die Tangenten an den Enden der konjugierten Durchmesser sind parallel zu dem jeweils anderen Durchmesser.
3. Sehen Sie sich Abb. 4.9 an, dann *verstehen* Sie, dass die konjugierten Durchmesser, die gemittelten Sehnen und die Tangenten aus einem beliebig gelegenen orthogonalen Durchmesserkreuz des Hauptscheitelkreises durch Stauchung hervorgehen. Dieser Zusammenhang wird übrigens meist als Definition für konjugierte Durchmesser genommen. Obiger Zugang ermöglicht für Sie eine *Erkundung*.
4. Wenn Sie die Handlungen von Top 1 für Hyperbeln durchführen, so finden Sie *einen* Durchmesser, aber *keinen zweiten*. Erkunden Sie, in welchem Bereich für Steigungen es Sehnen gibt. Welche Steigungen haben die zur Sehnenrichtung konjugierten Durchmesser? Wie können Sie Top 2 modifizieren?
5. Bei Parabeln liegen die Mittelpunkte einer Schar paralleler Sehnen auf einer Geraden. Sehen Sie sich das in GeoGebra an. Welche besondere Eigenschaft hat diese Gerade? Gibt es eine Erkenntnis zu Tangenten? Welcher Zusammenhang besteht mit der Abb. 7.14 oder mit der Parabelausschöpfung von Archimedes in Abschnitt 6.7
6. Im genannten Abschnitt wird die Begründung des Apollonius erwähnt, der direkt mit Hilfe der Schnitte mit dem Kegel argumentierte. Können Sie sich das vorstellen?

Hinweis

Diese Aufgabe lässt viel Raum zum Erkunden und ist auch für jüngere oder unerfahrene Lernende geeignet. ◀

Aufgabe 7.5 Parabel als Vorstufe zu Beziérkurven

Ein faszinierendes Gebiet ist das „Design“ von Kurven aus wenigen Vorgaben. In meinem Buch [Haftendorn 2016] sind in Abschnitt 9.2.4 die Bézier-Splines vorgestellt, deren Anwendung bei einem Bogen über Noten hier nochmals in Abb. 7.26 d) gezeigt ist. Für dieses Konzept zeige ich Ihnen nun eine Vorstufe, die zu Parabeln führt.

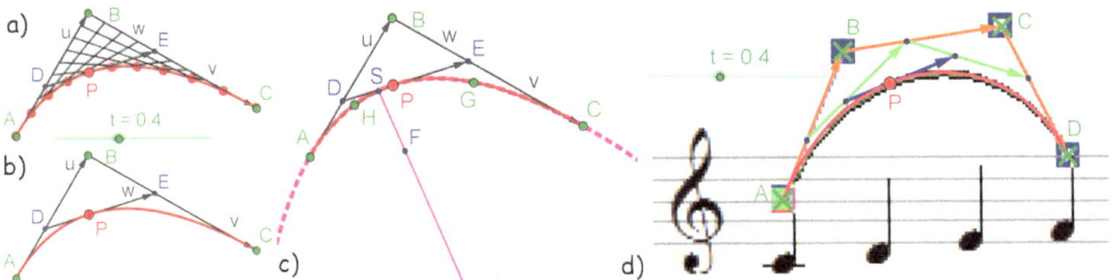

Abb. 7.26 **Das Prinzip der Bézier-Kurven,** a)-c) in einer Vorstufe, d) in der „echten“ Form.

Ziel: Zu beliebigen drei Punkten A, B, C ist eine Parabel gesucht, die sich in der in Abb. 7.26 b) gezeigten Weise in das Dreieck A, B, C einschmiegt.
Vorgehensweise: Definieren Sie einen Parameter t als Schieberegler für den Bereich $[0, 1]$. Zeichnen Sie die Punkte und die Strecken u, v und Kreise mit den Radien $t\,u$ bzw. tv. Wenn Sie dann die Strecke $d = \overline{DE}$ haben, liefert der Kreis um D mit Radius $t\,d$ den gesuchten Punkt P. Die Ortslinie von P ist schon die Lösung.

Weiterführung: Abb. 7.26 a) zeigt mit dem Spurmodus zehn Stellungen von P. Setzen Sie nun zwei zugfeste Punkte H, G auf die Ortslinie und wählen Sie den Button „Kegelschnitt durch 5 Punkte“. GeoGebra zeigt dann die violett gestrichelte Linie. Die Theorie, die Sie weiter unten evt. selbst bewältigen, sagt, dass es eine Parabel ist. An der gezeigten Gleichung können Sie das nicht sehen, da die Parabel i. d. R. nicht achsenparallel liegt. Aber wenn Sie als Befehle `Brennpunkt`$[\cdots]$ und `Scheitel`$[\cdots]$ wählen, können Sie eine Achse einzeichnen. Letzte Sicherheit, dass es wirklich keine Ellipse oder Hyperbel ist, können Sie bekommen, wenn Sie die Achse der Figur in eine zu einer Koordinatenachse parallele Lage bringen und dann die bekannte Parabelgleichung sehen. Bestimmen Sie den Drehwinkel aus der Steigung und lassen Sie GeoGebra die Drehung ausführen. Skeptiker des handwerklichen Vorgehens sollten beachten, dass das Ergebnis „gedanklich“ exakt ist. Rundungsfehler des Systems werden nicht zu beobachten sein.

Rechnerische Bewältigung: Elegant ist eine vektorielle Behandlung, wie ich sie für die eigentlichen Bézier-Splines schon auf meiner Site [Haftendorn 13] vorgeschlagen habe und Ihnen auch auf der Website zu diesem Buch zur Verfügung stelle. Wenn Sie den Weg übertragen, gelangen Sie zu der Parameterdarstellung der **Bézier-Parabel**

$$x(t) = (1-t)^2 A_x + 2t(1-t)B_x + t^2 C_x, \qquad y(t) = (1-t)^2 A_y + 2t(1-t)B_y + t^2 C_y. \quad (7.12)$$

Die Faktoren vor den Koordinaten der Steuerpunkte müsste man **Bernsteinpolynome 2. Grades** nennen. Wie immer sind die Dateien für den 2D- und den 3D-Fall auf der Website zum Buch.

Aufgabe 7.6 Pol und Polare für die Parabel

Von einem **Pol** A aus legt man Tangenten an einen Kegelschnitt c. Die Verbindungsgerade der Berührpunkte heißt **Polare von** A **bezüglich** c. Umgekehrt kann man jede Gerade, die den Kegelschnitt schneidet, **als Polare auffassen** und den zugehörigen **Pol suchen**.

Konstruieren Sie für eine Parabel zu einem Pol die Polare und zu einer Polaren den Pol. Diese Konstruktionsaufgaben können Sie sich auch für die Ellipse und die Hyperbel stellen.

Hinweis

Bei der **Inversion am Kreis**, der Abschnitt 9.5 gewidmet ist, beantwortet Abb. 9.17 b) die erste Aufgabe, Abb. 9.17 a) die zweite. Lassen Sie sich davon anregen. Der rechte Winkel tritt bei der Parabel zwischen Brennpunkt, einem Punkt der Scheiteltangente und dem Berührpunkt auf, siehe Abb. 7.12 b). Auch hier ist der Thaleskreis nützlich. Auf der Website zum Buch finden Sie die GeoGebra-Dateien. Wählen Sie mit der rechten Maustaste „Navigationsleiste“. Dann können Sie genau verfolgen, wie konstruiert wurde. ◀

Aufgabe 7.7 Die orthoptische Kurve zur Parabel
Es sei eine Kurve c gegeben, auf ihr ein Punkt A mit Tangente. Konstruieren Sie einen Punkt B auf derKurve c so, dass die Tangente in B die Tangente in A senkrecht schneidet. Der geometrische Ort des Tangentenschnittpunktes P, wenn A auf der Kurve wandert, heißt die **orthoptische Kurve zur Ausgangskurve**. Von allen Punkten dieser Kurve „sieht“ (*οπτικη optikè*) man die Parabel unter einem rechten Winkel. Griechisch *ορθός*, *orthos*, heißt senkrecht.

Konstruieren Sie die orthoptische Kurve der Parabel.

Hinweis
Bedenken Sie, dass die Sehnen, die auf der Tangente durch A senkrecht stehen, die gesuchte Tangente schon festlegen. Sie können sich das Ergebnis in [Wikipedia, Parabel] ansehen und natürlich auf der Website zum Buch. ◄

Aufgabe 7.8 Elementare Ortsaufgaben
Die Konstruktionen sprechen eigentlich für sich. Bei Abb. 7.27 b) ist A ein *fester* Punkt.

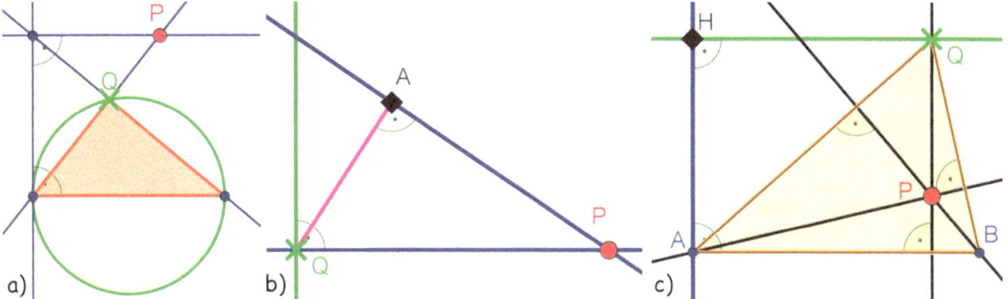

Abb. 7.27 Orte erkunden, stets wandert Punkt Q zugfest auf seinem grünen Weg, auf die gezeigte Weise entsteht Punkt P, dessen Ortslinie gesucht ist.

In Abb. 7.27 c) ist P der Schnittpunkt der Höhen. Sehen Sie sich die Ortskurve von P an, wenn Q auf der waagerechten Geraden wandert. Variieren Sie auch die Höhenlage von H. Experimentieren Sie mit anderen besonderen Punkten im Dreieck, z. B. den Schnittpunkten der Winkelhalbierenden. (Diese Aufgaben-Idee habe ich zuerst bei [Weth 1993], später bei [Weigand und Weth 2002] gefunden.)

Bauen Sie die Konstruktionen nach. Stellen Sie, wenn Sie mögen, Gleichungen der Ortskurven auf. Probieren Sie weitere Varianten aus. **Die Kegelschnitte sind eine unerschöpfliche Quelle.**

Hinweis
Auf der Website zum Buch finden Sie die Dateien und Aufgabenblätter für Schüler dazu. Die Konstruktionen können Sie sich mit der Navigationsleiste (rechte Maustaste) und „Abspielen“ ansehen. ◄

Aufgabe 7.9 Quadrat im Dreieck
Konstruiere in einem beliebigen Dreieck ein Quadrat, das auf einer Dreiecksseite steht und mit den anderen Seiten genau einen Punkt gemeinsam hat, siehe Abb. 7.28 a).

Hinweis

Diese Aufgabe war bis in die 90er Jahre üblich im Geometrieunterricht zum Thema Ähnlichkeit und Strahlensätze. Statt des Quadrates kann es auch ein einbeschriebenes gleichseitiges Dreieck sein. Heute ist es möglich, an Q zu ziehen und das Wachsen des Quadrates zu beobachten. ◀

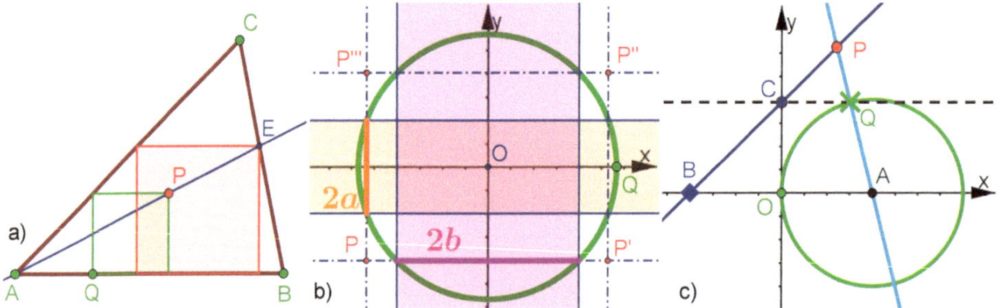

Abb. 7.28 Ortsaufgaben a) Das einbeschriebene Quadrat findet man mit einer Ortslinie. b) Das breite Kreuz wird von einem Kreis mit variablem Radius geschnitten. Gesucht ist der geometrische Ort der vier symmetrisch gelegenen Punkte P, P', P'', P'''.
c) Die drei ??? erscheinen unvermutet als Ortskurven von P bezüglich Q, wenn man drei wesentliche Stellungen von B betrachtet.

Aufgabe 7.10 Das breite Kreuz

Das breite Kreuz wird von einem Kreis mit variablem Radius geschnitten. Gesucht ist der geometrische Ort der vier symmetrisch gelegenen Punkte P, P', P'', P''', siehe Abb. 7.28 b). Versuchen Sie, eine Gleichung für die Ortskurve in Abhängigkeit von a, b, $r = \overline{OQ}$ aufzustellen.

Hinweis

Bei [Schupp 2000, S. 66, Bspl. 2] steht diese Aufgabe „umgekehrt". Die rechte Ecke bei P ist fest und gesucht ist der geometrische Ort der Mittelpunkte aller Kreise, die die orangefarbene und die violette Sehne aus den Schenkeln des rechten Winkels ausschneiden. Schupps Version ist leicht zu rechnen aber schwer zu konstruieren. ◀

Aufgabe 7.11 Die drei ??? tauchen auf

Q wandert auf dem Kreis um A durch O, C hat dieselbe Ordinate wie Q. Die Geraden BC und AQ schneiden sich in P, siehe Abb. 7.28 c). Die drei ??? erscheinen unvermutet als Ortskurven von P bezüglich Q, wenn man drei wesentliche Stellungen von $B = (-b, 0)$ betrachtet. Prüfen Sie mit dem 5-Punkte-Tipp aus Aufgabe 7.5.

Hinweis

Diese Aufgabe steht bei [Schupp 2000, S. 67, Bspl. 4] in anderer Stellung. ◀

8 Kurven mit Drehwurm

Übersicht

8.1 Spiralen

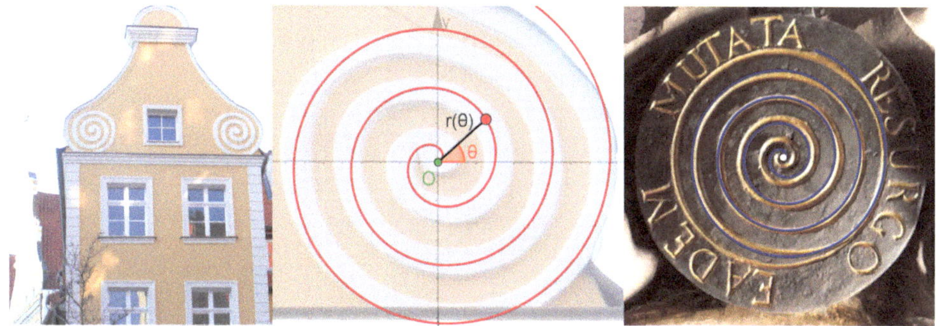

Abb. 8.1 Spiralen des Barock, Abschnitt 8.1.1: a) Haus in Stralsund b) Anpassung mit einer archimedischen Spirale c) Epithaph für Jakob I. Bernoulli in Basel (Quelle: eigene Fotos)

„Spiralen gibt es überall“, so beginnen [Schupp und Dabrock 1995] das entsprechende Kapitel in ihrem Buch, dann nennen sie Natur, Technik, Kunst und Mystik. Spiralen kennt auch jeder, im Gegensatz zu den allermeisten Kurven dieses Buches. Allenfalls kann der Kreis in seinem Bekanntheitsgrad noch mithalten, schon bei Ellipsen gibt es weniger „Kenner“.

Soll man beschreiben, was eine Spirale ist, so nennt man etwa, dass ein Punkt, der auf ihr wandert, vielfach ein Zentrum umrundet und dabei immer mehr nach außen gelangt. Wegen der Drehbewegung sind Polarkoordinaten naheliegend und in der kartesischen Sicht müsste die wachsende Entfernung vom Zentrum durch eine stetig wachsende Funktion realisiert werden. Informationen zu Polarkoordinaten stehen im Werkzeugkasten 2.3, insbesondere in Abschnitt 2.3.4.

Definition 8.1 (Spirale)
Eine Kurve heißt **Spirale**, wenn sie eine Polargleichung $r = r(\theta)$ hat, bei der r mit $y = r(x)$ eine stetige, monoton wachsende Funktion ist.

Vielleicht mag man einschränken, dass es sich um *strenge* Monotonie handeln soll, oder man will erweitern, indem man auch monoton fallende Funktionen zulässt. Im letzteren Fall werden die Spiralen (meist) von außen nach innen durchlaufen. Manche Spiralen haben „auf natürliche Weise" einen zweiten Ast, diesen wollen wir dann auch zu den Spiralen zählen. So kommen wir mit der gegebenen Definition aus. Jedenfalls schneiden Spiralen, wenn man den Definitionsbereich für den Polarwinkel θ nicht einschränkt, unendlich oft die x-Achse. Damit können sie wegen des Fundamentalsatzes 2.2, siehe Abschnitt 2.5.1, keine algebraischen Kurven sein.

Spiralen sind **transzendente** Kurven. (Abschnitt 2.5.2)

Das Thema Spiralen ist so vielfältig, dass Johanna Heitzer beim Klett-Verlag ein „Leseheft" mit 170 Seiten [Heitzer 1998] dazu geschrieben hat. Es ist vergriffen und wird antiquarisch zu astronomischen Preisen angeboten. Obwohl ich hier längst nicht so viel Platz habe, beflügelt mich das offensichtliche Interesse für diese Kurven. Dabei soll, dem Titel meines Buches entsprechend, besonderer Wert auf das eigene Tun und Erkunden gelegt werden. Eine weitere Quelle, ebenfalls didaktisch ausgelotet, ist das hier oft erwähnte Buch [Schupp und Dabrock 1995]. Es ist ebenfalls nur noch in Bibliotheken zu finden.

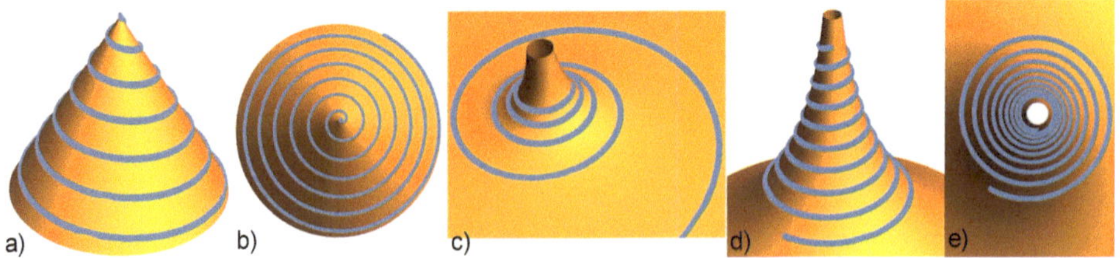

Abb. 8.2 Seile werden um Rotationskörper gewickelt. a) und b) Kegel mit Seil ergibt die archimedische Spirale, c) Hyperboloid mit Seil ergibt die hyperbolische Spirale, siehe Abb. 8.11 in Abschnitt 8.1.3.2, d) und e) Logarithmus-Rotationskörper (gespiegelt) ergibt die logarithmische Spirale, siehe Abschnitt 8.1.2

Im eben genannten Buch fand ich den Hinweis auf einen weniger bekannten Zusammenhang, den ich in Abb. 8.2 visualisiert habe. Die „Seile" kann man sich auch dicker vorstellen, so dass die Windungen sich berühren, bei b) etwa wie Lakritzschnecken. Für die Bilder schrauben sich die blauen Kurven *gleichmäßig* nach oben (die z-Komponente wächst linear mit θ). Diese drei Spiralen sollen mit ihren Verwandten die nächsten größeren Abschnitte bilden.

Durchgehend verwende ich die gekoppelte polar-kartesische Darstellung, die in Abschnitt 2.3.4 ausführlich erklärt ist. Alle Besonderheiten der Spiralenformen bekommen auf diese Weise eine natürliche Erklärung. Die entsprechenden interaktiven Dateien finden Sie auf der Website zum Buch.

8.1.1 Archimedische Spirale

Mit Blick auf die Definition 8.1 lässt sich keine einfachere wachsende Funktion denken als eine Gerade mit positiver Steigung. Die zugehörige Spirale ist schon seit dem Altertum bekannt, [Archimedes 240 v. Chr.] hat sie untersucht.

Definition 8.2 (Archimedische Spirale)
Eine Spirale mit der Polargleichung

$$r(\theta) = a\theta + b \qquad a > 0 \tag{8.1}$$

heißt **archimedische Spirale.** In der Hauptform ist $b = 0$.

Sie gehört zu den **kinematisch erzeugten Kurven**: Man kann sich einen Punkt vorstellen, der auf einem Ursprungsstrahl mit konstanter Geschwindigkeit v nach außen wandert, während sich der Strahl mit konstanter Winkelgeschwindigkeit ω dreht. Wegen $\frac{dr}{dt} = \frac{dr}{d\theta} \cdot \frac{d\theta}{dt}$ ist nämlich $v = a \cdot \omega$.

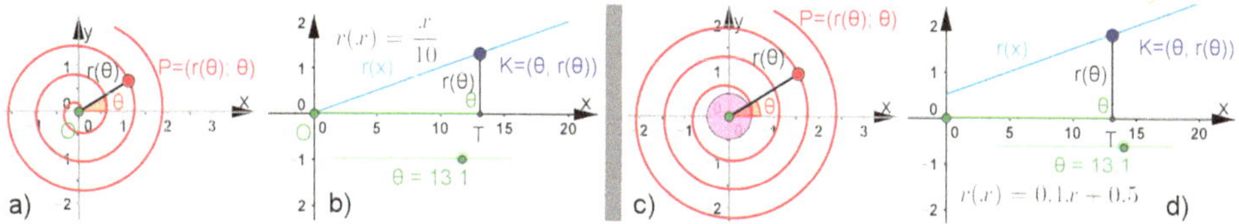

Abb. 8.3 Archimedische Spiralen in polar-kartesischer Darstellung: a) Hauptform polar b) kartesisch als Ursprungsgerade c) archimedische Spirale mit einem Zentralkreis d) kartesisch als nach oben verschobene Gerade.

Ob eine Spirale im Ursprung beginnt, ob ein Zentralkreis frei bleibt, ob man auch negative Werte für r einbezieht oder nach dem Verlassen des Ursprungs zuerst in den 4. Quadranten wandert – alles kann man selbst steuern und in der kartesischen Sicht begründen. Dies zeigen die Abb. 8.3 und 8.4. Letztere geht auch auf Tangenten ein. Der Ursprung erfordert stets $r = 0$. Der zugehörige Polarwinkel θ_0 ist in kartesischer Sicht die Nullstelle der Geraden $r(\theta) = a\theta + b$. Er bestimmt mit $m_0 = \tan(\theta_0)$ die Steigung der Ursprungstangente. In Abb. 8.4 a) ist $m_0 = \tan(-1) = -1.59$ mit grüner Tangente gezeichnet.

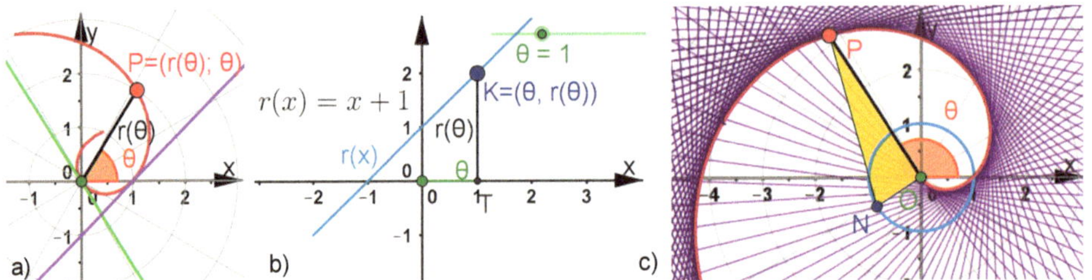

Abb. 8.4 Tangenten an archimedische Spiralen in polar-kartesischer Darstellung: a) polar mit zwei Tangenten b) kartesisch mit der Geraden $r(x) = x + 1$ für $-1 \leq \theta$ c) geometrische Tangentenkonstruktion

8.1.1.1 Tangentenkonstruktion an der archimedischen Spirale

Die Steigung $m = \tan(\alpha)$ der violett eingezeichneten Tangente in P=(1;0)=(1,0) könnte man mit Gleichung 11.5 aus $r'(0) = r(0)\cot(\alpha - 0)$ bestimmen. Wegen $r(\theta) = \theta + 1$ ergibt sich $1 = (0 + 1)\cot(\alpha)$ also $m = \tan(\alpha) = 1$. Dies bringt uns in Zusammenhang mit Abb. 11.1 b) auf die Idee, dass die Strecke $\overline{ON}$ in diesem Bild bei *allen* archimedischen Spiralen mit der Gleichung $r(\theta) = a\theta + b$ konstant den Wert a hat. Dadurch ist die Normale für jeden Punkt P als Hypotenuse eines Dreiecks mit der konstanten Kathete a konstruierbar. So zeigt es Abb. 8.4 c):

P sei ein Punkt der archimedischen Spirale $r(\theta) = a\theta + b$.

Auf dem Polarradius $\overline{OP}$ wird eine Senkrechte errichtet.

Die Strecke $\overline{ON}$ hat die konstante Länge a.

NP ist die Normale in P.

Die Senkrechte auf NP in P ist die gesuchte **Tangente an die archimedische Spirale** in P.

Wenn P auf der Spiralen und N auf einem Kreis um O mit dem Radius a wandert, erhält man die vielen Tangenten in Abb. 8.4 c).

8.1.1.2 Eigenschaften der archimedischen Spirale

Widmen wir uns einigen Besonderheiten.

Der konstante Windungsabstand ist charakteristisch für die archimedische Spirale. Auf dem Fahrstrahl von θ_0 gibt es Punkte mit den Polarradien $r_k(\theta_0 + 2k\pi) = a(\theta_0 + 2k\pi) + b = (a\theta_0 + b) + 2ak\pi = r_0 + k(2a\pi)$. In Abb. 8.5 a) zeigen alle blauen Strecken die Länge $2a\pi$. In der kartesischen Sicht spiegelt sich dies in der gleichen Höhe aller Steigungsdreiecke mit Breite 2π.

Aufgrund dieser Eigenschaft lässt sich eine archimedische Spirale auch einigermaßen leicht handwerklich zeichnen. Sie sehen dies an dem barocken Giebel in Abb. 8.1 a) und b). Auch in Bild c) ist die archimedische Spirale, wenn man von der künstlerischen Umdeutung des „Endes“ absieht, gut gelungen. Nur: es sollte nach dem ausdrücklichen Wunsch von Jakob Bernoulli eine logarithmische Spirale sein (siehe Abschnitt 8.1.2).

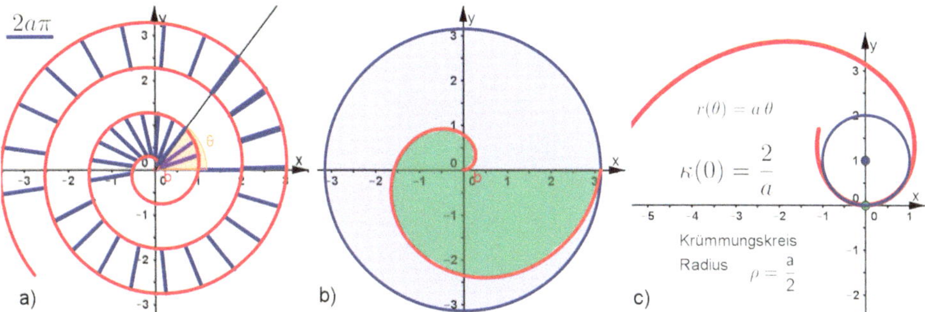

Abb. 8.5 Eigenschaften der archimedischen Spirale: a) Ab $\theta = 2\pi$ haben benachbarte Spiralarme den konstanten Radialabstand $2a\pi$. b) Der Spiralarm für $0 \leq \theta \leq 2\pi$ nimmt in der gezeigten Weise ein Drittel der Fläche des umfassenden Kreises ein. c) Der Krümmungskreis für den Ursprung hat den Radius $\varrho = \frac{a}{2}$. Gezeigt ist $r(\theta) = 2\theta$ für $-1 \leq \theta < 3$.

Der Flächeninhalt des ersten Spiralbogens ist nach Satz 11.1 in Abschnitt 11.3.3 mit einem elementaren Integral bestimmbar: Nach Formel 11.10 gilt für die grüne Fläche in Abb. 8.5 b): $A = \frac{1}{2}\int_0^{2\pi)} r(\theta)^2 d\theta = \frac{1}{2}\int_0^{2\pi)} a^2\theta^2 d\theta = \frac{1}{2}[a^2\frac{1}{3}\theta^3]_0^{2\pi} = \frac{a^2}{2}\left(\frac{8\pi^3}{3} - 0\right) = \frac{4}{3}\pi^3 a^2$. Die Spirale $r(\theta) = a\theta$ schneidet die x-Achse zum ersten Mal wieder in $r(2\pi) = 2a\pi$, der Ursprungskreis mit dem Radius $2a\pi$ hat den Flächeninhalt $A_k = \pi 4a^2\pi^2 = 4\pi^3 a^2$. Also gilt:

Der erste Spiralbogen bildet eine Fläche, die ein Drittel des genau umfassenden Ursprungskreises einnimmt.

Die Krümmung der archimedischen Spirale im Ursprung lässt sich mit Formel 11.19 berechnen. Es ist $r' = a$ und $r'' = 0$, das macht die „wilde" Formel übersichtlich. Setzen wir dann noch $\theta = 0$, bleibt nur noch $\kappa(0) = \frac{2}{a}$, wie es Abb. 8.5 c) zeigt.

8.1.2 Die Königin der Spiralen

Die Königin der Spiralen hat die Polargleichung

$$r(\theta) = c\,e^{a\,\theta} \qquad \text{mit} \quad c > 0. \tag{8.2}$$

Alle in Abb. 8.6 genannten Namen haben ihre Berechtigung. Das wird sich im Folgenden zeigen.

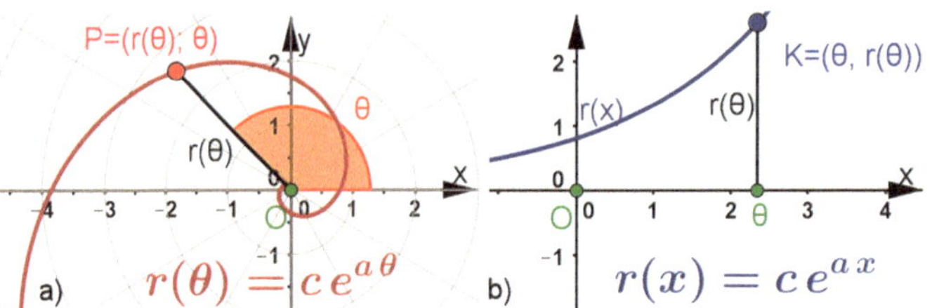

Abb. 8.6 Die Königin der Spiralen hat viele Namen:
Logarithmische Spirale
Exponential-Spirale
Gleichwinklige Spirale
Bernoulli'sche Spirale
spira mirabilis

Der Name logarithmische Spirale ist vielleicht der bekannteste. Er passt zu Abb. 8.2 d) und e), wo die Spirale aus der Umwicklung eines Rotationskörpers der Logarithmusfunktion entsteht. Letztere ist an der x-Achse gespiegelt, damit die Grafik deutlicher wird. Das um den Körper gewickelte „Seil" wird dann als Spirale im Grundriss betrachtet. Als wesentliche Eigenschaften sind erkennbar, dass der Windungsabstand der Spirale immer größer wird und dass ein Zentrum allenfalls als Grenzwert erreicht werden kann.

Die Mathematiker des Barock haben häufig die Gleichungen der Spiralen in der nach dem Polarwinkel θ aufgelösten Form angegeben. Das wäre hier zunächst die Gleichung $\ln(r) = a\theta + \ln(c)$ und dann, mit anderen Konstanten, $\theta = b \ln r + k$. Hier sieht man, dass, bei $k = 0$, der **Polarwinkel θ dem Logarithmus des Polarradius' r proportional** ist. Bei der archimedischen Spirale waren θ und r *direkt* proportional.

Der Name Exponential-Spirale passt zur übergreifenden Definition der Spiralnamen 8.3 in Abschnitt 8.1.3. Die „Taufe" mit dem kartesischen Funktionsnamen von $r = r(x)$ knüpft für Lernende an ihrem Vorwissen an und hat den Vorteil der direkten Realisierbarkeit in den Computerwerkzeugen. Daher habe ich als Leitfaden in der Welt der Spiralen diese Namensgebung gewählt. Um nun keine der bekannten Namen zu bevorzugen, spreche ich in diesem Abschnitt 8.1.2 von der **Königin der Spiralen**.

Der Name gleichwinklige Spirale bezieht sich auf die Tatsache, dass diese Spirale einen konstanten Winkel zwischen dem Polarradius eines Punktes P und der Tangente in P aufweist. Dieses vertiefen und beweisen wir in Abschnitt 8.1.2.1. Die Abb. 8.7 zeigt ein Erklärungsmodell für die Flugbahn von Nachtfaltern und Motten. Beim Geradeaus-Flug orientieren sich die Insekten am Mond und fliegen so, dass sie sein Licht stets unter gleichem Winkel sehen. Die parallelen Strahlen des Mondlichts sind in Abb. 8.7 in hellem Gelb dargestellt, der Winkel zwischen Flugrichtung und Mondlicht ist mit β bezeichnet. Kommt nun aber eine Laterne in den Gesichtskreis des Tieres, so übernimmt sie „die Rolle" des Mondes. Weiterhin hält der Nachtfalter den Winkel β zwischen Flugrichtung und Lichtrichtung (orangefarben dargestellt) ein. Er sieht die Laterne dadurch stets in der gleichen Richtung, so wie er auch den Mond immer in der gleichen Richtung – bezogen auf seinen Körper – gesehen hat. Einzig passendes mathematisches Modell für die Flugbahnkurve ist eine gleichwinklige Spirale mit dem Mittelpunkt in der Lichtquelle. Dass die Königin der Spiralen zwischen Polarradius und Tangente überall den gleichen Winkel hat, macht Abb. 8.7 augenfällig und wird in Abschnitt 8.1.2.1 bewiesen.

Abb. 8.7 **Gleichwinklige Spirale für Nachtfalter und Ammoniten** (Quelle für einzelnen Wollraupenspinner: Wikipedia, für Ammonit: eigenes Foto)

Bei heißen Lampen oder bei Flammen führt diese Flugbahn die Falter ins Verderben. Will man die Tiere schonen, sollte man LED-Lampen oder mindestens solche mit weniger UV-Licht-Anteil nehmen. Auf gelbes Licht sprechen sie weniger an.

Auf der rechten Seite von Abb. 8.7 sehen Sie die aufgeschnittene Versteinerung eines Ammoniten. Man sieht deutlich, dass die Kammern, die das Tier beim Wachsen nacheinander gebildet hat, untereinander ähnlich sind und immer größer werden. So bildet sich die Spirale. Bei der Anpassung in GeoGebra hat – evt. wegen Erosion außen – die Aufteilung in *zwei* Spiralen besser gepasst. Ähnlichkeitsabbildungen der Königin-Spirale betrachten wir in Abschnitt 8.1.2.4.

Die Namen Bernoulli'sche Spirale und spira mirabilis sind erst am Ende des Abschnitts 8.1.2 gut zu begründen. Vielleicht sollte man noch den Namen **Spirale der Natur** hinzufügen, wie sich im vorigen Absatz gezeigt hat.

8.1.2.1 Gleichwinkligkeit der Königin der Spiralen

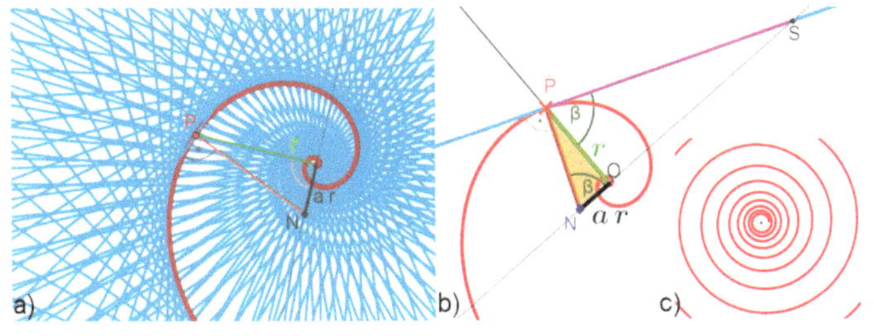

Abb. 8.8 **Tangenten der gleichwinkligen Spirale**
a) Tangentenmuster
b) Tangentendreieck und der Grenzwert der Spiralenlänge von P bis $O = \overline{PS}$
c) Ausschnitt in Ursprungsnähe

In Abb. 8.8 a) und b) – günstig vergrößert in Abb. 8.9 b) – sehen Sie das für alle Polarkurven wichtige Dreieck OPN aus Abb. 11.1 b). Es ist hier $\overline{ON} = r'(\theta) = ace^{a\,\theta} = a\,r$. Also ist in allen diesen rechtwinkligen Dreiecken die eine Kathete stets das a-fache der anderen Kathete, alle „Tangentendreiecke“ für eine Spirale mit Parameter a sind also mathematisch ähnlich.

Der Tangentenwinkel β, den der Polarradius mit der Tangente bildet, erfüllt $\tan(\beta) = \frac{1}{a}$. Er ist für jeden Punkt der Königin der Spiralen gleich groß. Darum ist der Name **gleichwinklige Spirale** passend.

Geometrische Konstruktion einer Tangente an diese Spirale Wir beziehen uns auf Abb. 8.8 oder – größer – Abb. 8.9 b).
P sei ein Punkt der Königin der Spiralen $r(\theta) = c\, e^{a\,\theta}$.
Auf dem Polarradius $r = \overline{OP}$ wird in O eine Senkrechte errichtet.
Die Strecke $\overline{ON}$ hat die Länge $a\, r$.
NP ist die Normale in P.
Die Senkrechte auf NP in P ist die gesuchte Tangente der Königin-Spirale in P.
Wenn P auf der Spirale wandert, ändert das Dreieck OPN seine Winkel nicht. So erhält man die vielen Tangenten in Abb. 8.8 a).

8.1.2.2 Die Länge der Königin

In Abb. 8.6 ist in der kartesischen Version Bild b) die x-Achse als Asymptote der e-Funktion zu sehen. Diese vertraute Tatsache hat bei der Spirale in Bild a) die Wirkung, dass bei ins Negativ-Unendliche laufendem θ der Ursprung, also $r = 0$, nicht erreicht wird. In Abb. 8.8 c), ist die Umgebung des Ursprungs dargestellt. Die unbegrenzte Spirale von einem beliebigen Punkt P nach innen hat aber dennoch endliche Länge, wie wir nun zeigen wollen:
Zuständig ist Formel 11.16 in Abschnitt 11.4.2. Es ist hier der Integrand
$\sqrt{r^2 + (r'^2)} = \sqrt{1+a^2} \cdot r$. Damit folgt $s_p = \sqrt{1+a^2} \int_{-\infty}^{\theta_p} \left(e^{a\theta}\right) d\theta$
$= \sqrt{1+a^2} \lim_{\theta_1 \to -\infty} \left(\frac{1}{a} e^{a\theta_p} - \frac{1}{a} e^{a\theta_1}\right) = \frac{\sqrt{1+a^2}}{a} \cdot r(\theta_p) = \sqrt{\frac{1}{a^2} + 1} \cdot r(\theta_p)$.
Die Hypotenuse $\overline{PN}$ im Tangentendreieck OPN ist nach dem Pythagorassatz
$\sqrt{1+a^2} \cdot r$ und damit gilt in diesem Dreieck $\cos(\beta) = \frac{a\, r}{\sqrt{1+a^2}\, r} = \frac{a}{\sqrt{1+a^2}} = \frac{r}{s_p}$.
Im Dreieck OSP gilt $\cos(\beta) = \frac{r}{\overline{PS}}$. Wenn wir dieses zusammenführen, folgt $s_p = \overline{PS}$.

Länge der Königin der Spiralen
Die Spirale mit der Gleichung

$$r(\theta) = c\, e^{a\,\theta}$$

hat von ihrem Punkt $P = (r(\theta); \theta)$ bis zum Ursprung die endliche Länge:

$$s(\theta) = \frac{\sqrt{1+a^2}}{a} \cdot r(\theta) = \sqrt{\frac{1}{a^2} + 1} \cdot r(\theta) \tag{8.3}$$

Damit ist also der **Weg auf der Spirale proportional zum Polarradius**. Diese Länge ist geometrisch in Abb. 8.8 b) als violette Strecke $\overline{PS}$ visualisiert.

8.1.2.3 Krümmung der Königin der Spiralen

Durch die recht einfachen Ableitungen der Spiralengleichung wird auch die Krümmungsformel übersichtlich. Mit Formel 11.19 ergibt sich:

$$\kappa(\theta) = \frac{1}{\sqrt{1+a^2}} \cdot \frac{1}{r(\theta)} \quad \longleftrightarrow \quad \varrho = \sqrt{1+a^2} \cdot r(\theta) \tag{8.4}$$

Der Krümmungsradius ϱ ist geometrisch in Abb. 8.8 b) und in Abb. 8.9 b) als Strecke $\overline{NP}$ visualisiert.

Die **Evolute** einer Königin-Spirale ist selbst auch Königin-Spirale (Beweis s. u.).

Die Terme der Krümmungsformel waren schon bei der Längenbestimmung aufgetaucht. Nun heißt allgemein der geometrische Ort der Krümmungskreismittelpunkte einer Kurve **Evolute der Kurve**, wie wir in Abschnitt 9.3 weiter verfolgen werden. Hier ist nun N stets der Krümmungskreismittelpunkt, sein geometrischer Ort ist in 8.9 b) orangefarben eingezeichnet. Die Kurve hat einen blauen Rand, weil sie mit der gedrehten Ausgangsspirale zusammenfällt. Drehungen widmen wir uns im nächsten Abschnitt.

8.1.2.4 Abbildungseigenschaften der Königin der Spiralen

In Polarkoordinaten sind **zentrische Streckungen vom Ursprung aus** und **Drehungen um den Ursprung** besonders einfach zu betrachten. Bei allgemeinen Polarkurven erzeugt die Streckung ein größeres oder kleineres Exemplar der Kurve, das aber dieselbe Lage im Hinblick auf das Koordinatensystem hat. Insofern ist das Strecken wenig interessant.

Die Drehung hingegen erzeugt eine kongruente Kurve in anderer Lage im Koordinatensystem. Nur in trivialen Fällen kann man die gedrehte Kurve auch durch eine Streckung erhalten. Hier aber gilt:

Jede gedrehte Königin-Spirale kann man auch durch Streckung erhalten und umgekehrt.

$$\text{Drehung um } \delta \quad r_d(\theta) = e^{a(\theta-\delta)} \qquad \text{Streckung mit Faktor } k \quad r_k(\theta) = k\, e^{a\,\theta} \tag{8.5}$$

$$\text{Umrechnung} \quad k = e^{-a\,\delta} \tag{8.6}$$

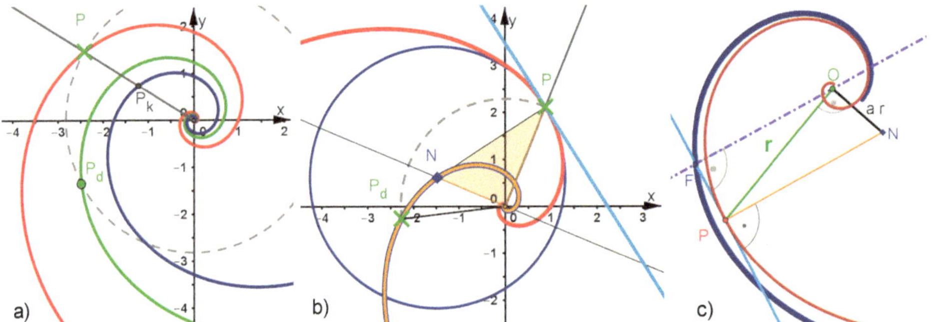

Abb. 8.9 Königin-Spirale: a) Drehen und Strecken sind austauschbar b) Tangentenkonstruktion mit Krümmungskreis um N und Ortskurve von N (Evolute) als gedrehte Ausgangsspirale c) Die Fußpunktkurve einer Königin-Spirale ist wieder eine Königin-Spirale.

In Abb. 8.9 a) entsteht die grüne Spirale durch Drehung um $\delta = 60^o$ aus der roten Spirale $r(\theta) = e^{0.4\,\theta}$. Staucht man die rote mit dem Faktor $k = 0.5$, so erhält man die blaue Spirale. Diese aber schneidet auch den gestrichelten Drehkreis und zwar gilt: $\delta_k = \frac{-\ln(0.5)}{0.4} = \frac{\ln(2)}{0.4} = 1.73 = 99.3^o$. Das passt zur Zeichnung. Umgekehrt berechnen wir die Stauchung von der roten zur grünen Spirale: $k_d = e^{-0.6\cdot 60^o} = e^{-0.6\cdot\frac{\pi}{3}} = 0.66$, auch das passt gut. Übrigens runde ich alle Dezimalzahlen, man *weiß* ja, dass es i. d. R. nichtabbrechende Kommazahlen sind.

8.1.2.5 Bernoullis Name: spira mirabilis, wunderbare Spirale

Jakob I. Bernoulli und sein Bruder Johann sind die ersten bedeutenden Mathematiker der Basler Familie Bernoulli, die viele hervorragende Mathematiker – darunter Jakob II. – hervorgebracht hat. Der ältere Jakob Bernoulli wurde vermutlich 1683 durch einen Brief von Descartes angeregt, die logarithmische Spirale zu untersuchen, siehe [Heitzer 1998]. Er führte die Untersuchungen von englischen Mathematikern wie Wallis und Barrow weiter und verwendete die damals neuen Methoden von Leibniz, die wir heute der Analysis zurechnen. Er kannte Krümmung, Bogenlänge und Sektorflächen dieser Spirale. Wichtig war ihm auch der Bezug zu den **Loxodromen**, das sind Bahnen von Schiffen – heute auch von Flugzeugen und Satelliten – die die Meridiane der Erde stets unter gleichem Winkel schneiden. Er sagte: „die logarithmische Spirale wäre die wahre Loxodrome, wenn die Erde eine Ebene wäre.“ [Heitzer 1998, S. 64].

Besonders fasziniert hat ihn das in diesem Abschnitt schon vorgestellte erstaunliche **Wiedererscheinen** der Königin der Spiralen, wie auch immer er aus ihr durch geometrische Abbildung oder analytische Prinzipien eine neue Kurve gewinnen wollte. Dadurch, dass Streckungen als Drehungen geschrieben werden können, ist eine gestreckte Königin-Spirale **kongruent** zur nicht gestreckten Form. Sie erscheint wieder als ihre eigene Evolute und als ihre eigene Fußpunktkurve (Abb. 8.8 b) und c)). Sogar im Moiré-Muster aus den Tangenten in Abb. 8.8 a) zeigt sich wieder die Königin.

Für Jakob Bernoulli wurde dies zum Sinnbild für seine eigene christliche Auffassung von der Wandlung des Menschen beim Übergang ins Jenseits. Er wünschte, dass eine

spira mirabilis, eine **wunderbare Spirale** auf seinem Grabstein zu sehen sein sollte. Dieses barocke Epitaph im Münster zu Basel enthält tatsächlich das in Abb. 8.1 c) gezeigte Emblem mit einer Spirale. Es ist – wie schon oben erläutert – eine archimedische Spirale, die gar nicht zu Bernoullis Wunsch und dem umlaufenden lateinischen Text passt. Dort steht **MUTATA RESURGO EADEM**, was (dicht am Text) übersetzt heißt: verwandelt auferstehe ich als dieselbe.

8.1.3 Spiralen, systematisch betrachtet und frei erfunden

Durch die Kopplung mit der kartesischen Sicht, die ich Ihnen schon oft in diesem Buch gezeigt habe – für Spiralen in Abb. 8.3 und Abb. 8.6 – können Erfahrungen mit Funktionen im üblichen kartesischen Koordinatensystem ausgenutzt werden, um Polarkurven zu betrachten und zu erklären. Bei den Spiralen braucht man, gemäß der Definition 8.1 vor allem monotone Funktionen. Da Polarkurven von GeoGebra, grafikfähigen Taschenrechnern und anderen leicht verfügbaren elektronischen Werkzeugen auf so einfache Weise erzeugt werden können, ist es möglich, dass Sie, sowie Lernende allgemein, in eigener Regie auf Entdeckungsreise gehen mit der Leitfrage: „*Wie sehen die Spiralen für meine monotonen Funktionen aus?*".

In einer Lehrsituation würde ich jetzt dem freien Erkunden Zeit und Raum geben. In diesem Buch werde ich nun aber nicht sofort aufhören, sondern Systematisierungsvorschläge machen und dabei auf einige historisch bekannte Spiralen zu sprechen kommen.

8.1.3.1 Systematisierung nach Art des Wachstums

Lineares Wachstum der kartesischen Funktion $r = r(x)$ führt zur archimedischen Spirale (siehe Abschnitt 8.1.1) mit gleichabständigen Spiralarmen. Bei exponentiellem Wachstum wird der Abstand der Spiralarme immer größer. Dieses Verhalten werden auch andere links-gekrümmt wachsende kartesische Funktionen erzeugen. Dagegen ist bei rechtsgekrümmten monoton wachsenden Funktionen ein Zusammenrücken der Spiralarme – von innen nach außen gesehen – zu erwarten.

Betrachtet man auch monoton fallende kartesische Funktionen wie bei der hyperbolische Spirale, so wird bei wachsendem θ die Spirale von außen nach innen durchlaufen und obige Krümmungsaussagen gelten umgekehrt.

Bezieht man zudem negative Werte von r mit ein, wie es in diesem Buch grundsätzlich geschieht, so kann man einige Überraschungen erleben, die sich aber in der polarkartesisch gekoppelten Darstellung gut erklären lassen. Gerade darin ist begründet, dass die Beschäftigung mit Spiralen mathematisch ergiebig ist und in vielfältiger Weise eigenes Erkunden lohnt.

8.1.3.2 Systematisierung der Spiralen nach Funktionstyp

Definition 8.3 (Namensgebung für Spiralen)
Als eine (heute) handlungsorientierte Möglichkeit, Spiralen zu benennen, bietet sich der Typ der kartesischen Funktion $r = r(x)$ an:

1. Potenzfunktions-Spirale $r(\theta) = c\,\theta^k$
   a) Kubik-Spirale $r(\theta) = c\,\theta^3$
   b) Parabel-Spirale $r(\theta) = c\,\theta^2$, Galilei'sche Spirale
   c) Linear-Spirale $r(\theta) = c\,\theta$, archimedische Spirale
   d) Wurzel-Spirale $r(\theta) = c\,\sqrt{\theta}$, Fermat'sche Spirale
   e) Kehrwert-Wurzel-Spirale $r(\theta) = c\,\frac{1}{\sqrt{\theta}}$, Lituus, Krummstab
   f) Hyperbel-Spirale $r(\theta) = c\,\frac{1}{\theta}$, auch hyperbolische Spirale
   g) Kehrwert-Parabel-Spirale $r(\theta) = c\,\frac{1}{\theta^2}$
   h) ⋯ (eigene Ideen) ⋯
2. Exponential-Spirale $r(\theta) = c\,e^{a\,\theta}$, logarithmische Spirale, gleichwinklige Spirale, Bernoulli'sche Spirale, spira mirabilis, Königin der Spiralen
3. Logarithmus-Spirale $r(\theta) = c\,\ln(\theta)$
4. Arkus-Tangens-Spirale $r(\theta) = c\,\arctan(\theta)$
5. ⋯ (eigene Ideen) ⋯

Einbeziehen kann man stets Verschiebungen und weitere Streckungen der kartesischen Grundfunktion wie $r_v = r(x - a) + b$ und $r_s = r(s\,x)$.
Über den Definitionsbereich von θ oder Einschränkungen der Parameter denkt man in der üblichen Weise nach.

Im Folgenden stelle ich einige von den genannten Spiralen mit wenigen Worten vor.

Bei der Parabel-Spirale in Abb. 8.10 a) ist $c = 0.01$. Der grüne Spiralarm bezieht sich auf den fallenden Kurventeil, er läuft in enger werdender Spirale zum Ursprung, der rote Spiralarm läuft gegengleich wieder aus dem Ursprung heraus. Auf der x-Achse schneiden sich stets die beiden Arme, da die Polarwinkel $+k\pi$ und $-k\pi$ nicht unterscheidbar sind und denselben Wert $r = c\,k^2\pi^2$ liefern. Galilei untersuchte die Parabel-Spirale Anfang des 17. Jahrhunderts im Zusammenhang mit der Bahn eines frei fallenden Körpers unter dem sich die Erde dreht.

Die verschobene Kubik, bekannt als „Sattelfunktion", hat in Abb. 8.10 c) die Gleichung $r(x) = 0.001x^3{+}2$. Für positive Polarwinkel beginnt der rote Spiralarm unspektakulär bei im Punkt (2;0)=(2,0) – erst polar, dann kartesisch angegeben – und geht nach außen mit wachsendem Spiralabstand. Der grüne Spiralarm beginnt in demselben Punkt und wird mit negativen Winkeln zunächst nach unten und dann nach innen geführt. Die Wirkung des Sattels könnte man an einem Kreis um O und dem Radius 2 sehen, auf dem oben der

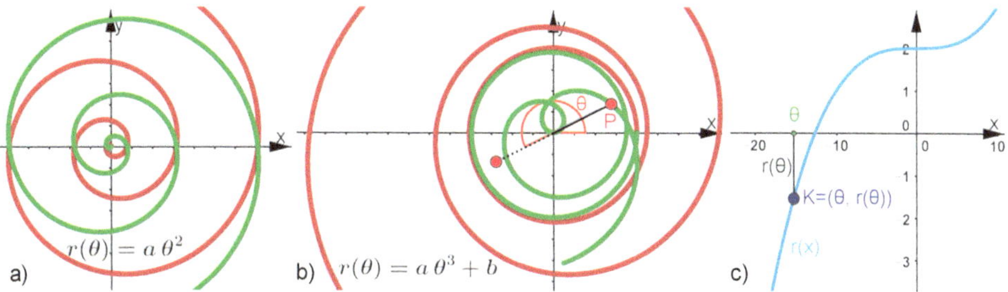

Abb. 8.10 a) Parabel-Spirale (Galilei'sche Spirale) b) und c): Die nach oben verschobene „Sattelfunktion" $r(x) = 0.001x^3 + 2$ erzeugt für negative Winkel eine interessante Extraschleife

rote Bogen und unten der grüne lägen. Der Übersicht halber ist er fortgelassen. Aber in der Nähe von $\theta = -\pi$ sieht man deutlich, wie die beiden Äste noch fast übereinstimmen.

Wenn dann der kartesische Punkt K nach links zur Nullstelle wandert, geht der grüne Ast zum Ursprung. Vorher aber hat sich der entsprechende Punkt P schon zweimal um den Ursprung gedreht. Das kann man mit den Augen oder in GeoGebra sehen, aber auch nachrechnen: Die Nullstelle bestimmt man aus $0.001x^3 + 2 = 0$ zu $x_0 = \theta_0 = -2000^{1/3} = -12.5992 = -4\pi - 0.03284$. Damit taucht die kleine grüne Schlaufe bei $\theta = -4\pi$ kurz in den IV. Quadranten ein und und erreicht dann mit dem Steigungswinkel $-0.03284 = -1.88^o$ den Ursprung. Mit der Zoomfunktion von Grafikzeichnern wie GeoGebra kann man sich dies ansehen. Für weiter fallende θ wickelt sich die grüne Spirale mit immer größeren Abständen der Arme aus.

Man kann sich nicht nur alle Besonderheiten der Spiralenform erklären, sondern auch Vorhersagen treffen: Mit höheren ungeraden Exponenten werden die Sättel breiter, ein fast übereinstimmender Bereich der beiden Äste also größer. Die Nullstelle, die es bei ungeradem Grad immer gibt, führt den entsprechenden Ast jedenfalls in den Ursprung. Der Steigungswinkel im Ursprung ist das als Nullstelle errechnete θ. Für eine Nullstelle *vor* der Sattelstelle endet im Ursprung dann auch das „Einwickeln". Es folgt wegen der Rechtskrümmung – zusammen mit dem negativen Radius – das vergrößernde Auswickeln.

Didaktische Anmerkung In den Richtlinien und Kompetenzbeschreibungen wird **mathematisches Argumentieren und Kommunizieren** eingefordert. In diesem Feld der Spiralen – und der Kurven überhaupt – können die Fähigkeiten an spannenden und lohnenden Fragestellungen gefördert werden. Wenn man möchte, dass der grobe Blick auf eine Computerausgabe nicht alles ist, muss man Fragen stellen und Vorhersagen anregen. Wenn diese dann auch eintreffen, ist der Stolz bei den Lernenden groß, ebenso der positive Effekt für die mathematische Ausbildung.

Die Wurzelspirale hat Fermat schon Mitte des 17. Jahrhunderts untersucht. In Abb. 8.11 a) sieht sie unspektakulär aus. Aber Fermat und seine Zeitgenossen betrachteten sie in der Schreibweise $r^2 = a^2\theta$ und hatten damit auch den in Abb. 8.12 a) gezeigten grünen Ast. Sie haben sich ausführlich über Tangenten, Flächen und Bogenlängen dieser *Spiralen mit algebraischen Gleichungen in r und θ* ausgetauscht.

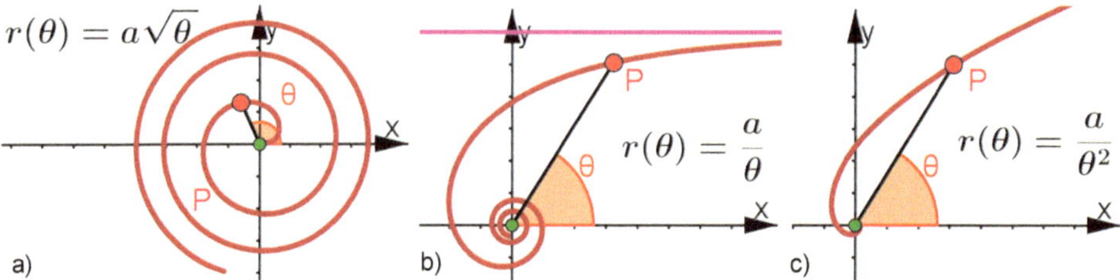

Abb. 8.11 a) Wurzel-Spirale von Fermat b) Hyperbel-Spirale oder hyperbolische Spirale mit ihrer Asymptote c) Kehrwert-Parabel-Spirale, die keine Asymptote hat, Beweis im Absatz: Hyperbelspirale.

Die verschobene Wurzel-Spirale von Lockwood hat der Autor [Lockwood 1961] als Einleitung zu seinem Spiralen-Kapitel verwendet. Ihm war es offenbar so wichtig wie mir, seine Leser zu Erfindungen anzuregen. Von ihm waren auch viele der allgemeinen und offenen Definition der Kurven in den Kapiteln 3 und 4. Mit Abb. 8.12 b) würdige ich seine Anregung. Die nach rechts geöffnete kartesische Parabel mit der Gleichung $r(x) = \pm\sqrt{x}+1$ können Sie sich – mit ihrem Scheitel in (1,0) – vorstellen. Ihr unterer Ast verläuft zunächst im I. Quadranten. Wenn er aber dann die x-Achse schneidet, haben wir Effekte, die denen entsprechen, die oben bei der *verschobenen Kubik* (siehe Abb. 8.10) ausführlich erklärt sind. Sehen Sie sich das im Zoom an, die Datei ist auf der Website zum Buch.

Ein von uns noch nicht betrachtetes Phänomen aber ist, dass die beiden Äste sich schneiden. Nach Sicht ist das zum ersten Mal für θ grob 100° der Fall. Wir wollen das berechnen: Für den roten Ast sei $S = (\sqrt{\theta}+1;\, \theta)$. Für den grünen Ast ist der Schnittpunkt S die Punktspiegelung (am Ursprung) des Punktes $S' = (-(-\sqrt{3\pi+\theta}+1); 3\pi+\theta)$. Der Ansatz ist also: $\sqrt{\theta}+1 = -(-\sqrt{3\pi+\theta}+1)$ und damit $\sqrt{\theta}+2 = \sqrt{3\pi+\theta}$. Quadrieren und Auflösen bringt $\theta = \left(\frac{3}{4}\pi - 1\right)^2 = 1.84 = 105.4^o$, das passt zur Zeichnung. Auf die 3π kommt man, wenn man in Gedanken einen Punkt auf der grünen Spirale laufen lässt. Er dreht sich dann um $4\pi + 100^o$ etwa. Da rechnerisch aber wegen des negativen Radius' der Punkt S' wirkt, muss man noch π subtrahieren und in den Ansatz $3\pi+\theta$ schreiben.

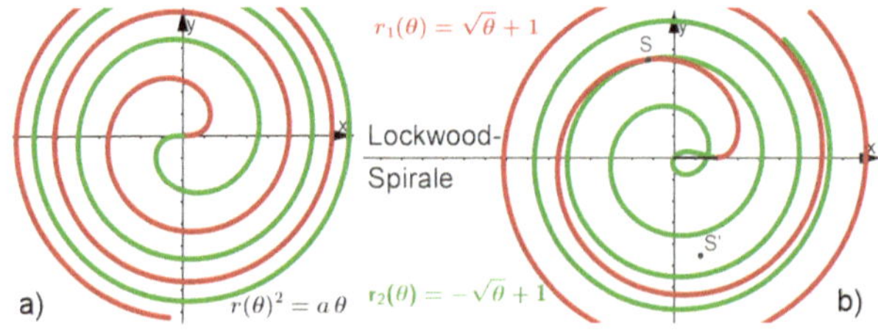

Abb. 8.12 a) Wurzelspirale mit beiden Ästen
b) Lockwood-Spirale aus verschobener Wurzelfunktion mit beiden Ästen, vorgestellt von [Lockwood 1961]. Dort hat die Wurzel noch den Faktor 2.

Einen Lituus oder Krummstab sieht man in Kirchen, in denen auf einem Bild oder Grabmal ein Bischof gewürdigt wird (sprich Litu-us). Die Spirale in Abb. 8.13 ist dann in Kopfhöhe des Bischofs und der Stab reicht bis zum Boden. Auch ein **ionisches Kapitell**, ein Säulenabschluss an antiken Tempeln oder Toren, hat diese Form. Die kartesische Funktion $r(\theta) = c\frac{1}{\sqrt{\theta}}$ gehört zu den Potenzfunktionen $r(\theta) = c\,\theta^{-k}$ mit $0 < k < 1$,

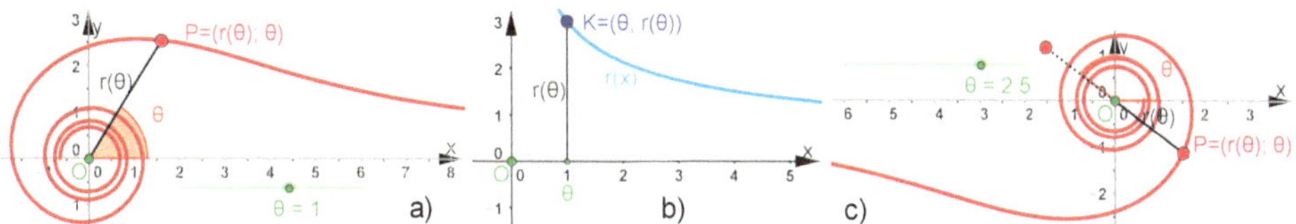

Abb. 8.13 Lituus, Krummstab, Bischofsstab, ionisches Kapitell mit der Polargleichung $r(\theta) = c\frac{1}{\sqrt{\theta}}$.

man kann sie Kehrwert-Wurzel-Funktionen nennen. Kartesisch sehen sie grob wie die üblichen Hyperbeln aus. Für $\theta \longrightarrow 0$ wird der Polarradius beliebig groß. Der Lituus wird also von außen nach innen durchlaufen. Die x-Achse ist in der Polardarstellung Asymptote für $\theta \longrightarrow 0$. Für den „echten" Lituus gilt nach den Grundgleichungen 2.6: $\lim\limits_{\theta \to 0} y = \lim\limits_{\theta \to 0} \frac{\sin(\theta)}{\sqrt{\theta}} = \lim\limits_{\theta \to 0} \frac{\cos(\theta)}{\frac{1}{2\sqrt{\theta}}} = \lim\limits_{\theta \to 0} \cos(\theta) \cdot 2\sqrt{\theta} = 0$. Das drittletzte Gleichheitszeichen hat seine Begründung in der aus der Analysis bekannten Regel von de L'Hospital.

Diese Rechnung kann man für alle Kehrwert-Wurzel-Funktionen machen. In ihrer Gesamtform haben sie alle – wie der Lituus auch – einen Wendepunkt, was bei Spiralen selten vorkommt. Damit haben wir einen Überblick gewonnen.

Die Hyperbel-Spirale, auch hyperbolische Spirale ist in Abb. 8.11 b) gezeigt. Die kartesische Funktion $r(x) = c\frac{1}{x}$ ist gut bekannt, sie hat die y-Achse und die x-Achse als Asymptoten. Betrachten wir aber die zugehörige Spirale, so fehlt die Hinwendung zur x-Achse, die wir beim Lituus hatten. Das liegt daran, dass die soeben durchgeführte Grenzwertbetrachtung auf $\cos(\theta) \cdot 1 \overset{\theta \to 0}{\longrightarrow} 1$ führt. Also ist hier die Gerade $y = 1$ Asymptote der Polarkurve.

Die Funktion $r(x) = \frac{1}{x^k}$ mit $k = 1$ spielt bekanntlich in der Analysis einige Sonderrollen. Zum einen ist ihr unbestimmtes Integral die Logarithmusfunktion und nicht wie für $k \neq 1$ wieder eine Potenzfunktion. Zum anderen existiert das uneigentliche Integral $\int_1^\infty \frac{1}{x^k} dx$ genau für $k > 1$ und nicht mehr für $k \leq 1$.

Hier nun haben wir für $k = 1$ die soeben bewiesene waagerechte Asymptote der zugehörigen Spirale. Aber für $k > 1$ gibt es den oben anvisierten Grenzwert nicht mehr, die Ordinaten der Spiralarme verlaufen mit einer Rechtskrümmung ins Unendliche. So zeigt es für $k = 2$ die Abb. 8.11 c). Für $0 < k < 1$ hatten wir den Lituus-Formtyp begründet.

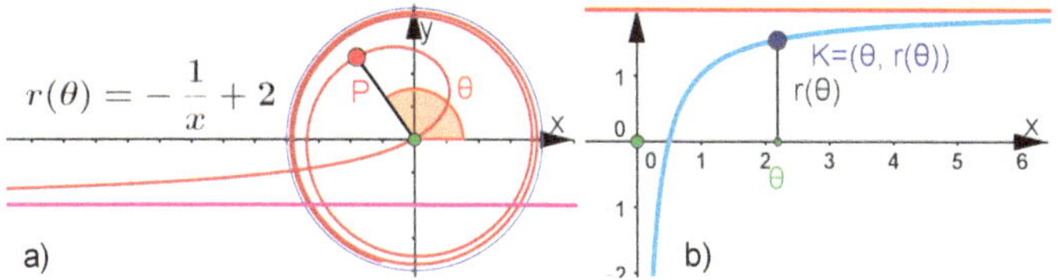

Abb. 8.14 Kreis und Gerade als Spiral-Asymptoten. Durch Verschieben der gespiegelten Hyperbel ergeben sich einige Überraschungen.

Eine kreative Variante mit zwei Asymptoten erreicht man mit der kartesischen Gleichung $r(x) = 2 - \frac{1}{x}$, gezeigt in Abb. 8.14. Zum Beweis betrachten wir die Ordinate der

Spirale $y = (2 - \frac{1}{\theta})\sin(\theta) = 2\sin(\theta) - \frac{\sin(\theta)}{\theta} \overset{\theta\to 0}{\longrightarrow} = 0 - 1 = -1$. Den asymptotischen Kreis kann man unmittelbar mit der polar-kartesischen Sicht begründen.

Die Logarithmus-Spirale hat als zugehörige kartesische Funktion also die Logarithmusfunktion. Abb. 8.15 zeigt, dass sie völlig anders aussieht als die *logarithmische Spirale* in Abschnitt 8.1.2, mit der man sie nicht verwechseln darf. Letztere hat zum Glück noch viele weniger heikle Namen. Da die negative y-Achse Asymptote der kartesischen

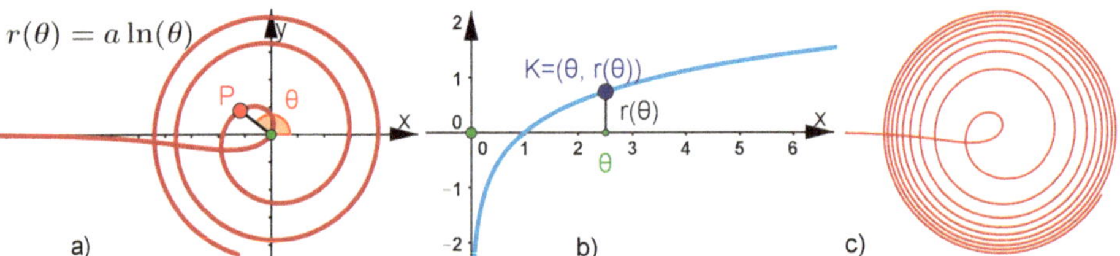

Abb. 8.15 Logarithmus-Spirale: a) Polarkurve zu $r(\theta) = \ln(\theta)$, b) kartesische Funktion dazu, c) ohne Achsen mit vielen Windungen, die sich prinzipiell nicht in einem Kreis „einfangen" lassen.

Logarithmusfunktion ist, kommt die Logarithmus-Spirale von links nahe der x-Achse, θ wächst mit negativen Polarradien nur von 0 bis $1 = 57.3^o$ und erreicht unter diesem Winkel den Ursprung. Bei weiter wachsendem Winkel entstehen die Spiralarme, die immer näher zusammenrücken. Das tun sie ja bei allen rechtsgekrümmt monoton wachsenden Funktionen. Aber da der Logarithmus eine besonders langsam wachsende Funktion ist, die dennoch gegen Unendlich strebt, sieht Abb. 8.15 c) so aus, als schaue man auf eine Kugel. Ausprobieren im Graphenzeichner wird niemals die Entscheidung bringen können, ob es nicht doch einen Randkreis des Bildes gibt. Aber die Logarithmusfunktion kann keine waagerechte Tangente habe, weil dann ihre Umkehrfunktion, die e-Funktion, eine rechte Definitionsgrenze mit senkrechter Asymptote haben müsste.

8.1.3.3 Fazit zum Abschnitt über Spiralen

Die archimedische Spirale hat viele technische, künstlerische und architektonische Anwendungen – von der Schallplatte bis zum Mandala –, für die hier der Platz nicht reicht. Gehen Sie mit offenen Augen durch die Welt. An dem stets gleichen Abstand der Spiralarme erkennt man die archimedische Spirale.

Die anderen auseinander laufenden Spiralen sind, wie die Bilder zeigen, nicht so eindeutig zu erkennen. Die Königin der Spiralen ist eng mit exponentiellen Wachstumsgesetzen verknüpft und kann daher, neben ihren vielen anderen Namen auch „Spirale der Natur" heißen. Auch Spiral-Galaxien wie unsere heimatliche Milchstraße haben ihre Form aufgrund der Naturgesetze.

Innermathematisch kommt diese Spirale im Zusammenhang mit dem Goldenen Schnitt, der Goldenen Spirale und den Fibonaccizahlen vor. Diese aber finden ihren natürlichen

Ausdruck in der spiralförmigen Anordnung der Samen von Sonnenblume und Kiefernzapfen, wie es in meinem Buch [Haftendorn 2016] ausgeführt ist.

Abb. 8.16 **Juliamengen**, wie sie in Korrespondenz zu Punkten c in der komplexen Ebene des „Apfelmännchens" auftreten, enthalten oft näherungsweise die Königin-Spiralen: Links für $c = 0.764 - 0.125\,i$, rechts für $c = 0.819 - 0.194\,i$

Seit Visualisierungen mit dem Computer möglich sind, ist die mathematische Welt der Mandelbrot- und Julia-Mengen zugänglich und zeigt Spiralen in wahrhaft unendlicher Vielfalt. In Abb. 8.16 sind zu zwei komplexen Punkten die Julia-Mengen dargestellt. Auch hierzu finden Sie Erklärungen in [Haftendorn 2016]. In den kleinen Ausschnitten in Abb. 8.16 wird visuell gezeigt, dass es näherungsweise logarithmische Spiralen sind, die aber durch ihre Verflechtung die reine Form nicht lange beibehalten. Gemeinsam mit der logarithmischen Spirale bieten Sie aber die Möglichkeit, in die unendliche Tiefe ihres Zentrums „abzutauchen". Das gilt theoretisch, hat visuell aber seine Grenzen in der Genauigkeit der Computer. In diesem mathematischen Thema geht es um das Verhalten von Folgen, die mit der einfachen Formel $z_{n+1} = z_n^2 + c$ in der komplexen Zahlenebene erzeugt werden. Die französischen Mathematiker Gaston Maurice Julia und Pierre Fatou, die zu Anfang des 20. Jahrhunderts diese Folgen für verschiedene Anfangswerte untersuchten, konnten sich noch nicht die in Abb. 8.16 gezeigten Bilder vorstellen, denn für die Entscheidung, ob ein einzelnes Pixel schwarz oder weiß dargestellt wird, müssen einige tausend Rechnungen durchgeführt werden. Der französisch-amerikanische Mathematiker Benoît Mandelbrot hat etwa 1980 in seiner als „Apfelmännchen" visualisierten Menge die Punkte c zusammengefasst, für die die genannte Folge mit Start im Ursprung konvergiert. Auch die Mandelbrot-Mengen, von denen es zu anderen Formeln viele gibt, haben einen „fraktalen" Rand, der eindrucksvolle Spiralen aufweist, die in unendliche Tiefe wieder an ihren Rändern Spiralen haben.

In vielerlei Hinsicht ist also die Spirale eine **Urform**. In der Bildungsbiografie eines Menschen sollte sie schon ganz früh vorkommen und im Sinne eines **Spiralcurriculums** *sic!* immer wieder aufgegriffen und tiefer verstanden werden.

8.2 Rosetten

Rosetten sprechen unmittelbar unser Empfinden für die Vollkommenheit der Kreisform, für Symmetrien und Muster an. Sie sind mathematisch besonders einfach und mit GeoGebra, bzw. entsprechenden Graphenzeichnern, zu realisieren. Insofern sind sie auch als

Einstiegsthema für Kurven oder eine eigene kleine Lerneinheit geeignet. Dies ist der

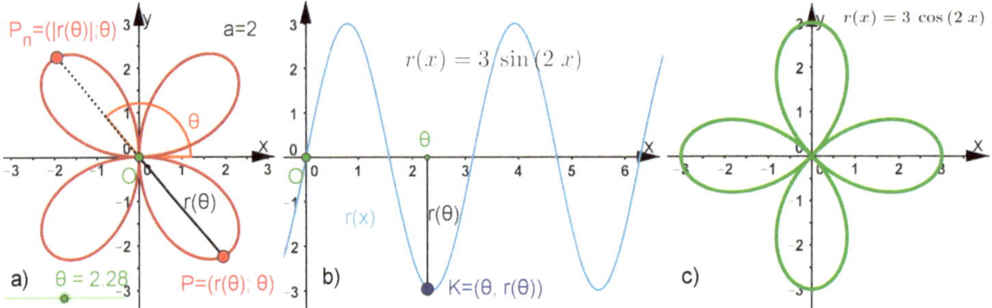

Abb. 8.17 Grundlage für Rosetten: a) Polarkurve zu $r(\theta) = 3\sin(2\theta)$, b) kartesische Funktion dazu, c) nimmt man den Kosinus statt des Sinus, dreht man lediglich um 45°.

Grund dafür, dass ich diesem „kleinen Thema" einen eigenen Abschnitt vom Range des Spiralen-Abschnitts gönne. Widmen wir uns also den **Rosenkurven**, wie die Rosetten auch genannt werden.

8.2.1 Grundlage für die Rosetten

Abb. 8.17 geht nochmals ausführlich auf die gekoppelte polar-kartesische Darstellung ein, denn sie ist hier besonders einfach zu verstehen. Vorgestellt wurde sie im Werkzeugkasten 2.3.4. Man definiert für das zweite Grafikfenster in GeoGebra z. B. eine kartesische Funktion r mit $r(x) = c\sin(ax)$, sinnvollerweise nimmt man für a einen Schieberegler. Im ersten Grafikfenster hat man mit `Kurve[r(t) cos(t), r(t) sin(t),t,0,ende]` sofort die Rosette, wenn „ende" einen hinreichend großen Wert hat. Vergrößert man „ende" allmählich von 0 aus, so wird die Rosette langsam durchlaufen.

Durch Variation von a im Polar-Fenster können schon viele Erfahrungen gesammelt werden. Einige sind in Abb. 8.18 zusammengestellt. Will man nun aber die Erscheinungen wirklich *verstehen*, wie es der Buchtitel verspricht, so ist es sinnvoll, den Durchlauf eines Punktes P durch die Rosette im ersten Grafikfenster mit dem Durchlauf eines Punktes K im zweiten Grafikfenster zu koppeln. Dazu erzeugt man einen Schieberegler θ und definiert $P = (r(\theta); \theta)$ links und $K = (\theta, r(\theta))$ rechts. Übrigens kann man bei den erweiterten Eigenschaften eines Objektes auch nachträglich noch bestimmen, in welchem der Fenster das Objekt zu sehen sein soll.

Nun kann die Vertrautheit mit dem kartesischen Sinus-Graphen für die Deutung der Rosette herangezogen werden. Insbesondere wird in der in Abb. 8.17 gegebenen Stellung von P das Blatt im IV. Quadranten gezeichnet, obwohl der zugehörige Polarwinkel in den II. Quadranten weist. Zum Umgang mit negativen Radien können Sie sich bei Abb. 2.4 informieren. Die Blätter der Rosette in Abb. 8.17 werden also in der Reihenfolge I. ,IV. ,III. ,II. Quadrant durchlaufen. Damit wir besser über die Phänomene reden können, wollen wir ein Blatt, das mit positivem Radius gezeichnet wird, **Plus-Blatt** nennen, bei negativem Radius **Minus-Blatt**. Also werden abwechselnd Plus- und Minus-Blätter gezeichnet, so entspricht es dem Durchlauf von K durch den kartesischen Sinus.

Obwohl K abwechselnd auf Links- und Rechtskurven wandert, werden alle Blätter in Linkskurven durchlaufen. Das gilt sogar für alle Parameter a. Wenn man sich nämlich die Mühe macht, die Krümmung nach Formel 11.19 zu berechnen, sieht man ausschließlich addierte Quadratterme. Nach Abb. 11.6 gehört $\kappa > 0$ zu Linkskurven.

Die grüne Kosinus-Rosette in Abb. 8.17 c) wird in Linkskurven von ihrem rechten Scheitel aus durchlaufen. Das rechte Blatt wird also erst zum Schluss vollendet. Sonst hat man dieselben Phänomene. Daher betrachten wir nur Sinus-Rosetten, bei ihnen werden die Blätter stets *in einem Zug* durchlaufen.

8.2.1.1 Erste Erfahrungen mit Rosetten

Im Folgenden sind zunächst Rosetten in ihrer Urform betrachtet.

$$\text{Urform der Rosettengleichung} \qquad r(\theta) = c\,\sin(a\,\theta) \tag{8.7}$$

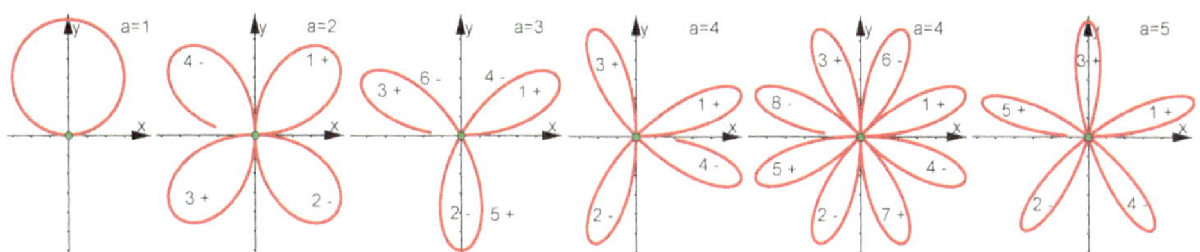

Abb. 8.18 Rosetten mit Umkreisradius c und ganzzahligem Faktor a, wie er am Bild notiert ist. Es sind Plus- und Minus-Blätter in der Zeichenreihenfolge beschriftet.

Betrachten wir in Abb. 8.18 die Rosetten, bei denen a die natürlichen Zahlen durchläuft, so sind wir zunächst etwas verblüfft: Für $a = 2$ hatten wir in Abb. 8.17 die vier Blätter verstanden, da konnte man vermuten, dass es immer $2a$ Blätter sind. Aber für $a = 1$ ist es gar keine eigentliche Rosette, sondern ein Kreis. Für $a = 3$ sind es nur drei Blätter und nicht sechs. Sehen wir uns aber an, wie das Dreiblatt für $a = 3$ entsteht, so ist mit $\theta = \pi$ schon das dritte Blatt fertig. Das ist hier dadurch sichtbar, dass eine kleine Lücke vor dem Ursprung gelassen ist, da θ nur bis 3 läuft und nicht bis π. Wenn $\theta > \pi$ wird, entsteht aber ein Minus-Blatt, das liegt nicht im III. Quadranten sondern im I., genau auf dem 1. Blatt. Für $a = 3$ werden 3 Perioden der Sinuskurve bis 2π durchlaufen, also muss die kartesische Kurve bei π in Negative gehen. Dieses Argument gilt für alle ungeraden natürlichen Werte von a, hier auch bestätigt für $a = 5$.

Bei den geraden natürlichen Werten von a dagegen ist für $\theta = \pi$ die Rosette noch gar nicht fertig, wie im vierten Bild von Abb. 8.18 zu sehen ist. Es geht hinter π mit einen Plus-Blatt weiter, das liegt dann *wirklich* im III. Quadranten und nicht auf dem ersten

Blatt. Die nachfolgenden Blätter kommen an neue Stellen, so dass das Blatt mit der Nummer $2a$ als Minus-Blatt die Rosette vollendet. Auch das passt zu den a Perioden, die die kartesische Funktion bis 2π hat.

Rosetten, bei denen a eine natürliche Zahl ist

Ist a **ungerade**, so hat die Rosette a Blätter, die doppelt durchlaufen werden.
Ist a **gerade**, so hat die Rosette $2\,a$ Blätter.
Es entstehen beim Durchlaufen **keine Spitzen im Ursprung**.

Rosetten, bei denen a eine Kommazahl ist. Gemeint sind nicht ganzzahlige Dezimalzahlen oder Brüche. Computerzahlen in Grafikfenstern sind immer rational. Ein Blick

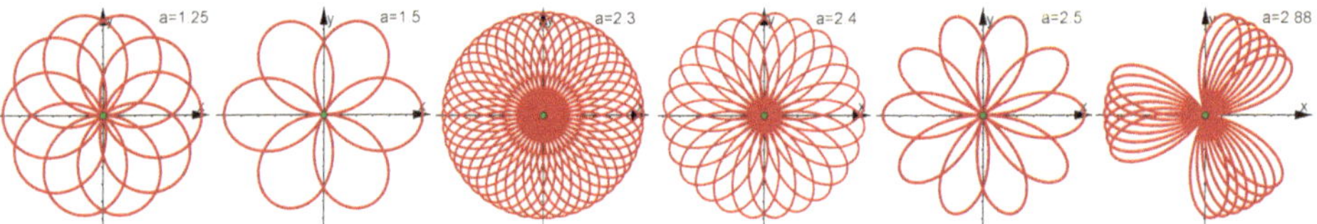

Abb. 8.19 Rosetten mit gebrochenem Parameter:

auf Abb. 8.19 lässt nicht ohne weiteres erkennen, bei welchen Zahlen es viele Blätter gibt und bei welchen wenige. Wenn man mag, kann man z.B. bei $a = 2.4$ Folgendes überlegen: Bei der kartesischen Funktion werden im Intervall der Breite 2π genau 2.4 Perioden untergebracht, also bei 20π sind es 24 Perioden, damit sind es bei 10π genau 12 Perioden. Die 10π entsprechen nun den 2π des vorigen Absatzes und es werden 24 Blätter. Dagegen haben wir bei $a = 2.3$ für 20π nun 23 Perioden, das kann man nicht mehr teilen und es werden 46 Blätter.

Im letzten Bild von Abb. 8.19 ist die Rosette nicht ganz gezeichnet. Es entstünde sonst wegen der Pixelbreite ein völlig ausgemalter Kreis. Bei irrationalem a würde „theoretisch" niemals ein Blatt genau auf einem vorigen liegen. Aber auch das kann man visuell nicht beobachten.

8.2.1.2 Andere Rosettenkonstruktionen

Man kann auf mehrere Arten versuchen, Minus-Blätter zu vermeiden. Wir betrachten das bei natürlichzahligen Werten für a.

Die Betragsbildung wird Plus-Blätter erzwingen, das ist sofort einleuchtend. In der kartesischen Sicht werden alle Sinustäler nach oben geklappt. Dadurch zeigen im Intervall $[0, 2\pi]$ nun $2a$ symmetrische Bögen nach oben, die dann auch $2a$ Plus-Blätter erzeugen. Diese reihen sich im mathematisch positiven Sinn (gegen die Uhr) ohne Lücken mit einem Blattöffnungswinkel von $\frac{\pi}{a}$ aneinander. In Abb. 8.20 e) ist für $a = 4$ auch demonstriert, dass die zugehörigen blauen Blätter exakt auf die (hier) grün gestrichelten aus Abb. 8.18

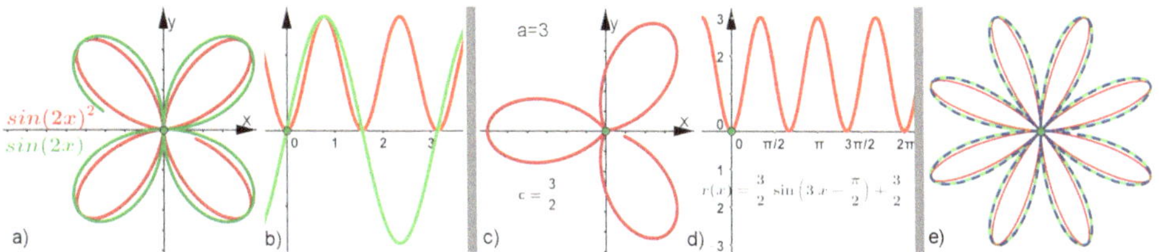

Abb. 8.20 Rosetten variiert: a) und b) in Grün die Urform des **Quadrifolium**, der Vierblattrosette, polar und kartesisch gezeigt. Die **roten Blätter** gehören zur quadrierten Sinusfunktion. Sie haben gleiche Öffnungswinkel und längste Erstreckung, sind aber schmaler. Am kartesischen Graphen sieht man, dass sie vom 1. Quadranten aus in mathematisch positivem Sinn gezeichnet werden.
c) und d) zeigen ein Trifolium, das zu einer verschobenen Sinusfunktion gehört (siehe Gleichung 8.9).
d) zeigt blau-grün-gestrichelt die Blätter der Urform für $a = 4$ und die zum Betrag der Sinusfunktion gehörigen Blätter genau aufeinander. Innen aber sind in Rot schmaler die Blätter der Quadratform der Gleichung.

passen. Letztere entstehen aber in anderer Reihenfolge. Ungerade Anzahlen nicht überschneidender Blätter sind unmöglich. Darüber hinaus finde ich die Betragsbildung nicht so ergiebig.

Plus-Blätter durch Quadrieren der Sinusfunktionen zu erreichen, ist eine naheliegende Idee. Sie ist in Abb. 8.20 a) und b) verfolgt. Es entstehen *immer* $2a$ Plus-Blätter, die etwas schmaler sind als die der vorigen Arten. Aber auch hier haben die Polarkurven Spitzen, obwohl die kartesische Funktion keine Spitzen hat, also „glatt" ist. Ungerade Blattzahlen sind für natürlichzahlige a unmöglich. Es gibt aber einen Zusammenhang mit der nächsten Erzeugungsart.

Die Konstruktion von Rosetten mit n Plus-Blättern für jedes natürliche n kann auch gelingen, wenn man eine Sinusfunktion so nach oben schiebt, dass die Minima die x-Achse berühren. Will man, um gut vergleichen zu können, den Start im Ursprung haben, muss man um eine Viertelperiode, also um $\frac{\pi}{2a}$, nach links schieben. Mit der Stauchung auf die Hälfte hat man dann auch noch die Größe angepasst. In Abb. 8.20 c) und d) ist dies gezeigt.

$$\text{Plus-Blätter Rosette} \qquad r(\theta) = \frac{c}{2}\sin(n(\theta - \frac{\pi}{2n})) + \frac{c}{2} = \frac{c}{2}\sin(n\,\theta - \frac{\pi}{2}) + \frac{c}{2} \tag{8.8}$$

Sofort fällt auf, dass die kartesische Funktion in Abb. 8.20 d) der quadrierten Variante in b) sehr ähnlich sieht. Übereinanderzeichnen von Rosetten passender Blätterzahl in GeoGebra führt zu der Vermutung, dass man für gerade $n = 2a$ ganz **genau** die quadrierte Version für a erhält. Das kann man mit den Additionstheoremen wie folgt beweisen (geschieben mit x statt θ): $\sin(2ax - \frac{\pi}{2}) + 1 = \sin(2ax)\cos(\frac{\pi}{2}) - \cos(2ax)\sin(\frac{\pi}{2}) + 1 = 0 - \cos(2ax) + 1 = -\cos^2(ax) + \sin^2(ax) + 1 = 2\sin^2(ax)$. Mit dem Faktor $\frac{c}{2}$ wird die 2 kompensiert.

Rosetten mit n Plus-Blättern

$$\text{Für jedes } a \text{ gilt:} \qquad r(\theta) = \frac{c}{2}\,\sin\left(a\,\theta - \frac{\pi}{2}\right) + \frac{c}{2} = c\,\sin^2\left(\frac{a}{2}\theta\right) \tag{8.9}$$

Ist $a = n$ eine natürliche Zahl, so überschneiden sich die n Blätter nicht und haben einen Öffnungswinkel von $\frac{2\pi}{n}$. So ist es in Abb. 8.21 gezeigt.

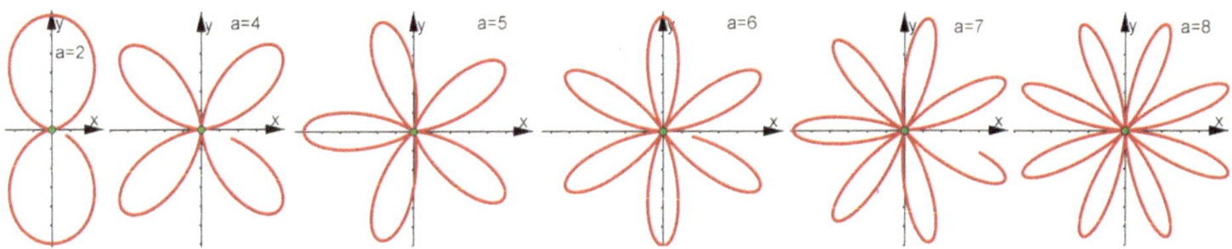

Abb. 8.21 Rosetten mit Plus-Blättern nach der Gleichung 8.9 $r(\theta) = c\,\sin^2\left(\frac{a}{2}\theta\right)$ mit $c = 3$. Die Rosette für $a = 3$ ist in Abb. 8.20 c) zu sehen.

8.2.2 Rosette als Fußpunktkurve der Astroide

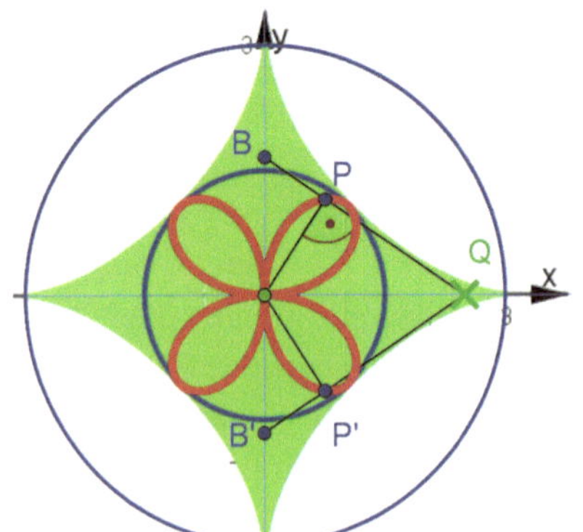

Abb. 8.22 **Rosette als Fußpunktkurve der Astroide** Im Abschnitt 4.4.5.2 und Abb. 4.37 b) ist die Astroide als Hüllkurve einer Stange fester Länge zu sehen, deren Enden auf den Achsen wandern. Im genannten Bild wird eine Ellipse erzeugt, links aber wird vom Ursprung aus ein Lot auf die Stange gefällt. Der Fußpunkt dieses Lotes sei P, an der x-Achse gespiegelt liegt P'. Die **Ortskurve von P ist das Quadrifolium,** die übliche Vierblatt-Rosette aus Abb. 8.17, wie im Folgenden bewiesen wird.
Hier ist die **Astroide** der Rand der grünen Fläche. Ihre Gleichung wird nicht benötigt, denn mit der Stange *hat* man ja schon die benötigten Tangenten.

Beweis (Die Konstruktion in Abb. 8.22 führt zum Quadrifolium) Wenn gilt: $P = (x, y)$ und $Q = (u, 0)$, dann ist y die Höhe in dem rechtwinkligen Dreieck OQP. Nach dem Höhensatz von Euklid folgt $y^2 = x(u - x)$. Es ist $\theta = \angle QOP$, aber auch $\theta = \angle OBQ$ und c sei die Länge der Stange. Dann gilt im Dreieck OQB die Beziehung $u = c\,\sin(\theta)$. Zusammen folgt mit den Grundgleichungen 2.6 $r^2\sin^2(\theta) = r\cos(\theta)(c\sin(\theta) - r\cos(\theta))$. Division durch r und ein Additionstheorem ergibt $r = \frac{c}{2}\,\sin(2\,\theta)$, was zur Definitionsgleichung 8.7 passt. □

Im Abschnitt 9.2 werden wir die Gleichung der Astroide als Hüllkurve herleiten. Auf Fußpunktkurven kommen wir allgemein in Abschnitt 9.1 zu sprechen. Dort gibt es auch eine Aufgabe zur Astroide und zur Steiner-Kurve.
Hier aber möchte ich noch auf die die Flächeninhalte eingehen, die in Abb. 8.22 zu sehen sind.

Astroide und Rosette
Die Vierblatt-Rosette, das Quadrifolium, ist Fußpunktkurve der Astroide.
Die Astroide ist durch den Inkreis und die Rosette in drei gleich große Flächen aufgeteilt (Beweis in Abschnitt 9.2.4.1).
Der Umkreis hat den doppelten Radius des Inkreises.

8.2.3 Rosetten mit variabler Blattgröße

So wie wir Spiralen aus beliebigen i. W. monotonen Funktionen gestalten konnten, so können wir nun eben diese mit dem Rosettenprinzip kombinieren. Die folgenden Vorschläge habe ich zu der Aufgabensammlung [Steinberg 1998, S. 76f]beigesteuert. Der Nachdruck wurde leider 2015 eingestellt.

8.2.3.1 Propeller-Blüte

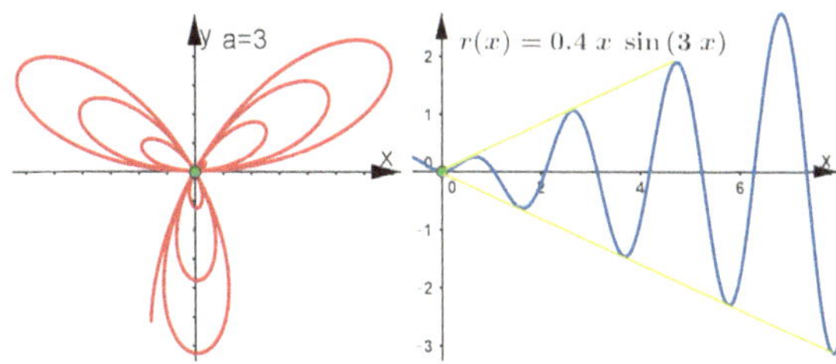

Abb. 8.23 Die **Propeller-Blüte** verknüpft die archimedische Spirale mit der Rosette. Zwischen zwei kartesischen Geraden „pendelt" ein Sinusgraph mit immer größer werdender Amplitude. Die Blätter „erben" von der archimedischen Spirale, dass ihre Scheitel stets um das gleiche Stück nach außen rücken.

In der polaren Sicht von Abb. 8.23 ist Blatt 1+ im I. Quadranten ein ganz winziger Zipfel, Blatt 2- weist nach unten, Blatt 3+ zeigt in den II. Quadranten. Alle weiteren Blätter umfassen diese mit demselben Öffnungswinkel von 60°.

8.2.3.2 Logarithmus-Blume mit Extrazipfel

Koppeln wir die Logarithmus-Spirale mit der Fünfblatt-Rosette, so werden wir von einem zusätzlichen Blatt überrascht, wie es Abb. 8.24 a) im III. Quadranten nahe der x-Achse zeigt. Darum ist in Abb. 8.24 c) und d) dieser Anfang vergrößert herausgestellt.

Zunächst ist erstaunlich, dass die in Bild d) blau gezeichnete Funktion $r(x) = c\ln(x)\sin(5x)$ überhaupt für $x \to 0$ offensichtlich den Grenzwert 0 hat. Für einen Be-

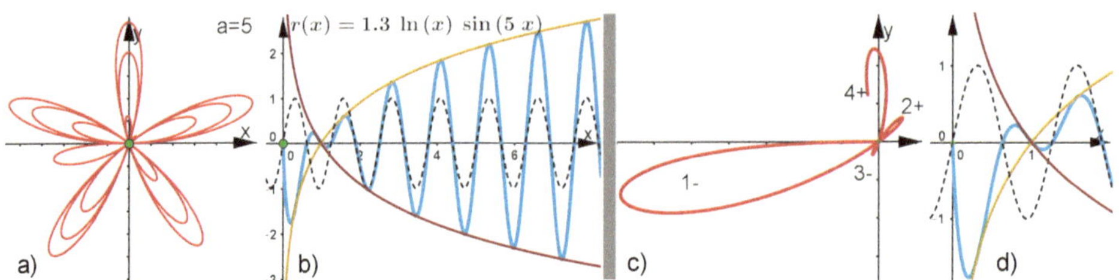

Abb. 8.24 Logarithmus-Blume $r(\theta) = c\ \ln(\theta)\ \sin(a\theta)$ mit $a = 5$ und $c = 3$

weis bräuchte man zweimal die Regel von de L'Hospital. Bis zur ersten Nullstelle bei $x = \frac{\pi}{5}$ wird als erstes das auffällige Blatt 1− gegenüber von Blatt 1+ im letzten Bild von Abb. 8.18 erzeugt.

Die Nullstelle $x = 1$ der kartesischen Logarithmusfunktion fällt nicht zusammen mit den anderen, aus dem $\sin(5x)$-Term stammenden Nullstellen. Daher gibt es die zwei winzigen Blättchen 2+ und 3− in Abb. 8.24 c). Ab dem Blatt 4+ wird nun die Grundform der Fünfblatt-Rosette mit immer größer werdenden Blättern eingehalten. Im Gegensatz zur Propeller-Blüte aus Abb. 8.23 rücken die Scheitel der Blätter nun immer dichter aneinander. Man wird sie am Bildschirm nicht mehr unterscheiden können, dennoch wachsen sie ins Unendliche, weil eben dies der Logarithmus tut.

8.2.3.3 Weitere blumige Überraschung

Eigentlich könnte es ja jetzt reichen mit den Anregungen zu eigenen Blumenerfindungen. Aber mit der Hyperbel-Blume treten sowohl Symmetrie als auch Asymmetrie auf, eine Nullstelle „fällt aus" und ein Pol „wird endlich" (siehe Abb. 8.25). In solcher Art habe ich Aufgaben für Leistungskurs- und Staatexamensklausuren erfunden, die einerseits an den Unterricht angebunden waren und andererseits durchaus anspruchsvoll sind. Zudem erlauben sie das Vorhandensein von CAS-Taschenrechnern, ohne dass diese das Niveau reduzieren. Natürlich ist eine verbal gehaltvolle Darstellung verlangt.

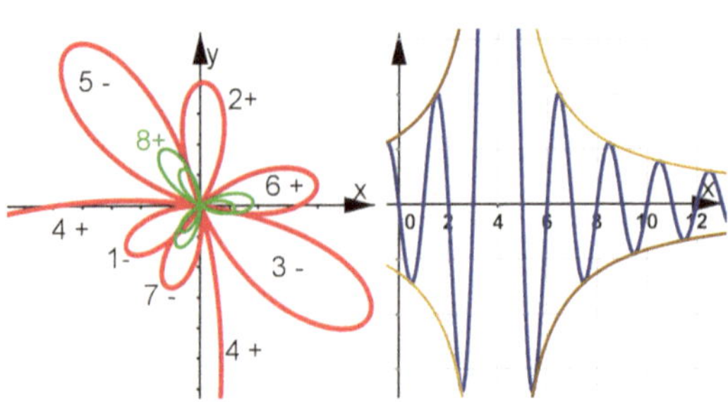

Abb. 8.25 **Hyperbel-Blume** $\boldsymbol{r(\theta) = \frac{1}{\theta-4}\ \sin(\pi\theta)}$
Wenn θ eine natürliche Zahl ist, wird der Sinusterm Null, außer für $\theta = 4$, denn dann ist auch der Nenner Null. Als Grenzwert ergibt sich für $x \to 4$ der Wert π. Also hat das Blatt 4+, das sich im III. Quadranten erstreckt, in der Richtung $\theta = 4 = 229,2^o$ den Polarradius π. Das sieht man nicht, da das Bild links nur bis $x = -1$ reicht.

Von den mit Plus und Minus bezeichneten sieben Blättern, die in Abb. 8.25 rot gezeichnet sind, ist Blatt 4+ in sich exakt symmetrisch zur Geraden $y = \tan(4)x = 1.16x$. Die anderen sind paarweise symmetrisch zu dieser Geraden, denn die vier begrenzenden

Hyperbelbögen sind untereinander symmetrisch zur Geraden $x = 4$ und zur x-Achse. Ab Blatt 8+ entstehen in Grün stets kleiner werdende Blätter. Sie bilden wegen $\pi \approx 3$ *etwa* ein Trifolium, das sich aber *langsam* rechtsherum drehen wird.

8.3 Rollkurven

Rollkurven entstehen, wenn eine Kurve auf einer anderen **abrollt ohne zu gleiten**. Das bedeutet, dass die beiden Kurvenstücke, die sich beim Rollen berührt haben, genau gleich lang sind. Mathematisch kommt man also mit Rollkurven am besten zurecht, wenn man die Kurvenlängen gut beschreiben kann. Dies gilt vornehmlich für Kreise und Geraden, deren Zusammenspiel wir uns jetzt widmen wollen.

Grundbegriffe für Rollkurven sind zum einen das feste **Rastsystem**, das Koordinatensystem, in dem die Kurve, auf der ein Objekt rollt, beschrieben wird. Zum anderen ist es das **Gangsystem**, ein an das rollende Objekt gebundenes Koordinatensystem, das sich bewegt. Ein Punkt des Gangsystems beschreibt dann eine **Bahnkurve im Rastsystem**, die man **Rollkurve** nennt. Man kann sagen: Das Rastsystem bietet den *Blick von außen*, das Gangsystem bietet die *Innensicht*.

8.3.1 Zykloiden

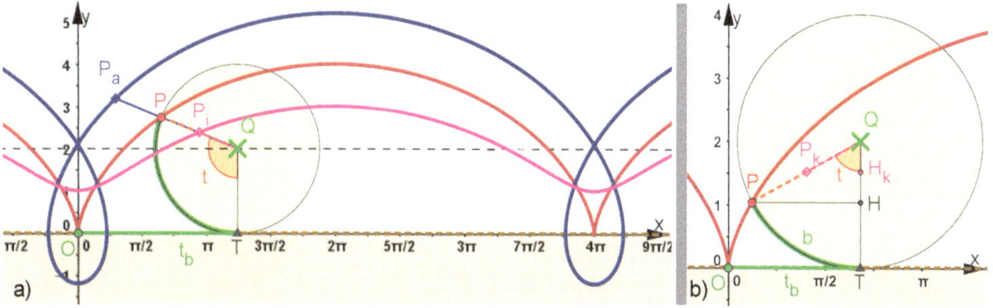

Abb. 8.26 **Zykloide, k ist der Streckfaktor, der P_k auf dem Radiusstrahl des Rollkreises festlegt:** a)in Rot: **gespitzte** Zykloide mit $k = 1$, in Blau: **verlängerte** Zykloide für außerhalb des Rollkreises gelegene Punkte P_k für $k > 1$, in Violett: **verkürzte** Zykloide für innerhalb des Rollkreises gelegene Punkte P_k mit $k < 1$, hier als P_a und P_i bezeichnet.
b) Beweiszeichnung für die Parameterdarstellung mit dem Parameter t.

Bei den **Zykloiden** rollt auf einer festen Geraden im Rastsystem ein Kreis des Gangsystems ab. Er heißt auch **Rollkreis.** [Steinberg 1998, S. 81] fragt nach der Bahnkurve des Ventilstöpsels eines Rades, das auf einer geraden Straße rollt. Die Antwort ist: Die Rollkurve des Stöpsels ist eine **verkürzte Zykloide**, wie sie in Abb. 8.26 in Violett gezeigt ist.

8.3.1.1 Konstruktion der Zykloiden

Eine Konstruktion mit Zirkel und Lineal kann es für Zykloiden nicht geben, denn es sind transzendente Kurven, wie wir unten noch vertiefen werden. Dennoch ist eine interaktive Konstruktion mit GeoGebra möglich, wie sie Abb. 8.26 zeigt. Wenn ϱ (*sprich rho*) der Kreisradius des Rollkreises sein soll, setzt man den Punkt Q zugfest auf eine zur x-Achse parallele Gerade im Abstand ϱ und zeichnet den Rollkreis. Die abgerollte Strecke wird durch $T = (x(Q), 0)$ beschrieben und mit t_b bezeichnet. Entscheidend ist nun, dass der Winkel $\angle TQP$ im Gradmaß in der Größe $\frac{t_b}{\varrho} \cdot \frac{180^o}{\pi}$ gezeichnet wird. In Abb. 8.26 a) und b) ist der Bogen auf dem Rollkreis dick grün hervorgehoben, der nun die Länge der abgerollten Strecke $\overline{OT}$ hat. Genau **diesen Schritt** kann man nicht elementargeometrisch gewinnen, anderenfalls wäre die **Quadratur des Kreises** möglich (siehe Abschnitt 6.5).

Beim Ziehen von Q entsteht für jeden Punkt auf dem Strahl PQ als Bahnkurve eine Zykloide. Die **gewöhnliche** oder **gespitzte** Zykloide ist in Abb. 8.26 a) rot eingezeichnet, die blaue Kurve heißt **verschlungene oder verlängerte** Zykloide. Für die violette, **verkürzte** Zykloide sollte man besser nicht "gestreckte" Zykloide sagen, wie einige Autoren tun, da hier keine Streckung als mathematische Abbildung gemeint ist. Ein vergleichbares Problem hat man mit dem Adjektiv „ähnlich".

8.3.1.2 Eigenschaften der Zykloide

Es gibt einen uneinheitlichen Sprachgebrauch der Wörter Zykloide und Trochoide. Darauf gehe ich im ersten Absatz von Abschnitt 8.3.2 ein. Im nächsten blauen Kasten ist die oben betrachtete und in Abb. 8.26 gezeigte Zykloide gemeint.

Eigentliche Zykloide

Rollt ein Kreis mit dem Mittelpunkt $Q = (0, \varrho)$ und $\overline{QP} = k\,\varrho$ vom Ursprung aus auf der x-Achse nach rechts, dann ist die Bahnkurve

1. eines Punktes P auf dem Kreisrand, der beim Start im Ursprung lag, eine **gespitze Zykloide**, oder **(gemeine) Zykloide**. Es ist $k = 1$ in Gleichung 8.10.
2. eines Punktes P_a, der beim Start auf der negativen y-Achse lag, eine **verlängerte Zykloide**. Es ist $k > 1$ in Gleichung 8.10.
3. eines Punktes P_i, der beim Start zwischen dem Ursprung und dem Mittelpunkt lag, eine **verkürzte Zykloide**. Es ist $0 < k < 1$. in Gleichung 8.10.

$$\text{Parameterdarstellung} \quad \begin{cases} x = \varrho\,(t - k\,\sin(t)) \\ y = \varrho\,(1 - k\,\cos(t)) \end{cases} \tag{8.10}$$

Beweis (Zykloidengleichung) Bezug ist die Abb. 8.26 b). Im rechtwinkligen Dreieck PHQ mit dem Winkel $t = \angle PQH$ im Bogenmaß gilt $\varrho - y = \varrho\cos(t)$ und mit dem

Bogen $b = \varrho\, t$, der auch $b = t_b$ erfüllt, gilt $b - x = \varrho\, \sin(t)$. Auflösen nach x und y ergibt sofort die Gleichungen 8.10. □

Steigung der Zykloide in den Spitzen Für die kartesische Steigung sind nach Abschnitt11.2.3 und Gleichung 11.3 $\dot{x} = \varrho(1 - k\,\cos(t))$ und $\dot{y} = \varrho\, k\,\sin(t)$ zu bilden und damit ist $\frac{dy}{dx} = \frac{k\,\sin(t)}{1-k\,\cos(t)}$. An den Spitzen ist $y = 0$ bei k=1, also $t = 2n\pi$. Da ist der Differenzialquotient zunächst ein unerklärter Ausdruck. Nach Anwendung der L'Hospital'schen Regel ist $\frac{\cos(t)}{sin(t)}$ zu untersuchen. Dieser Term gehört zum Kotangens, der bekanntlich $2n\pi$ zu seinen Polstellen zählt. Damit steht die Tangente der Zykloide an ihren Spitzen senkrecht auf der x-Achse.

Die Zykloide ist eine transzendente Kurve. In den Abschnitten 2.5.1 und 2.5.2 sind algebraische und transzendente Kurven gegenüber gestellt. Schon durch die unendlich vielen Nullstellen können die Zykloiden nicht algebraisch sein. In der Parametergleichung für x kommt sowohl t allein, als auch $\cos(t)$ vor. Das spricht nach Abschnitt 2.5.2.3 auch für die Transzendenz. Bei der Fragestellung des nächsten Absatzes stoßen wir wieder darauf.

Die Knoten der verlängerten Zykloide sind nicht so leicht zu untersuchen. Ihre tiefste Ordinate entspricht dem Start, also $y_{min} = \varrho(1 - k)$, ein negativer Wert, da $k > 1$ ist. Durch Beobachten der Entstehung der Zykloide sieht man, dass sie vom Minimum aus nach links startet, Wenn dann wieder $x = 0$ wird, entsteht der Knoten, das ist bei $t = k\,\sin(t)$ der Fall. Dies ist leider eine **transzendente Gleichung**, die keine formelmäßige Lösungsangabe erlaubt. Hat man in GeoGebra die verlängerte Zykloide als Parameterkurve definiert, also durch `zyk=Kurve[\varrho(t-k\,\sin(t)),\varrho(1-k\,\cos(t)),t,-3,3}]` mit k als Schieberegler, so kann man sowohl den Schnittpunkt S von Kurve und y-Achse anfordern, als auch die Tangente dort durch den Befehl `Tangente[S,zyk]`. GeoGebra arbeitet im Grafikfenster *numerisch* und etwas Besseres kann man bei dieser Problemlage sowieso nicht erwarten.

Beobachtet man nun die Schlaufe bei Verkleinerung von k, so sieht man, dass der „Tropfen" erwartungsgemäß für k gegen 1 kleiner wird, der Knoten absinkt und der Winkel *im* Knoten sich Null nähert.

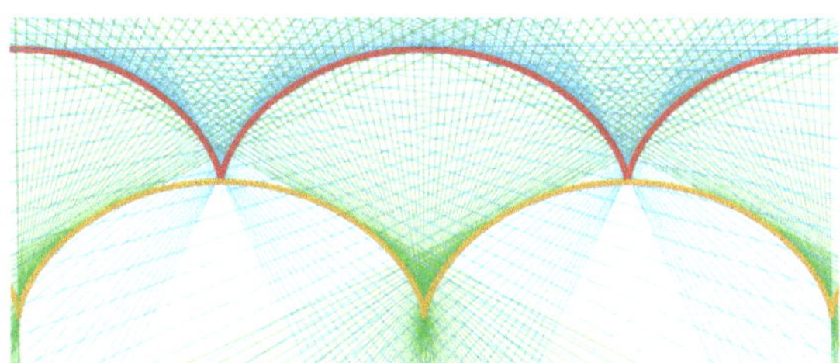

Abb. 8.27 **Zykloide und ihre Evolute** Zu der roten Zykloide ist in Blau die Tangentenschar und in Grün die Normalenschar gezeichnet. Die Hüllkurve der Normalen (Abschnitt 9.3) ist die **Evolute der Zykloide**. Sie ist erstaunlicherweise wieder eine Zykloide, hier ockerfarben eingezeichnet.

Mit ihrer Evolute hat die gespitzte Zykloide etwas Besonderes zu bieten. Wie gerade erklärt kann man für einen auf der Zykloide zugfesten Punkt A die Tangente anfordern und auf dieser die Normale als Senkrechte in A konstruieren. In Abb. 8.27 ist für die blauen Tangenten und die grünen Normalen der Spurmodus gewählt. Bewegung von A erzeugt das Bild.

Evolute der gespitzten Zykloide

Für die Zykloiden mit der Gleichung 8.10 bei $k = 1$ hat die **Evolute** die

$$\text{Parameterdarstellung} \quad \begin{cases} x = \varrho\,(t + \sin(t)) \\ y = \varrho\,(-1 + \cos(t)) \end{cases} \tag{8.11}$$

Sie ist **ebenfalls** eine gespitzte Zykloide und kongruent zu ihrer Ausgangskurve.

Um die orangefarbene Evolute in Abb. 8.27 einzutragen, benötigt man die Gleichung 8.11 nicht unbedingt, man kann auch durch das Verschieben der roten Zykloide zum Ergebnis kommen, um $\varrho\,\pi$ nach rechts und um 2ϱ nach unten.

Beweis (Evolute der gespitzen Zykloide) Grundlage sind für die Krümmung Formel 11.18 und für die Krümmungskreis-Mittelpunkte Gleichung 11.20. Zunächst sind zu $\dot{x}$ und $\dot{y}$, die oben schon stehen, und $\ddot{x} = \varrho\sin(t)$ und $\ddot{y} = \varrho\cos(t)$ zu bestimmen. Es ist dann $\dot{x}^2 + \dot{y}^2 = 2\varrho^2(1 - \cos(t))$ und damit mit einiger Sorgfalt

$$\text{Krümmung der gespitzten Zykloide} \quad \kappa(t) = \frac{-1}{2\sqrt{2}\varrho\sqrt{1 - cos(t)}} \tag{8.12}$$

Die Koordinaten des Krümmungskreis-Mittelpunktes sind
$m = x - \frac{\varrho\sin(t)}{\sqrt{2}\varrho\sqrt{1-\cos(t)}} \cdot \left(-2\sqrt{2}\varrho\sqrt{1 - \cos(t)}\right) = x + 2\varrho\sin(t)$ und
$n = y - \frac{\varrho(1-\cos(t))}{\sqrt{2}\varrho\sqrt{1-\cos(t)}} \cdot \left(-2\sqrt{2}\varrho\sqrt{1 - \cos(t)}\right) = y - 2\varrho(1 - \cos(t))$.
Mit Einsetzen von x und y aus Gleichung 8.10 für k=1 folgt die Behauptung. □

8.3.2 Trochoiden

Bei den **Trochoiden** rollt auf einem festen Kreis im Rastsystem ein Kreis des Gangsystems ab. Liegt der Rollkreis *außerhalb* des Rastkreises, erhält man **Epitrochoiden**, die in Abb. 8.28 gezeigt sind, anderenfalls sind es die **Hypotrochoiden** aus Abb. 8.29.

Der uneinheitliche Sprachgebrauch bei diesem Thema kann Verwirrung stiften. Das griechische Wort τϱόχος (trochos) heißt *Rad*, sodass die Trochoide eine *Radlinie* wäre. Das griechische κύκλος (kyklos), das *Kreis* heißt, ist uns aus vielen Fremdwörtern geläufig. Sowohl *Zykloide* als auch *Trochoide* werden zuweilen für *sämtliche* Rollkurven verwendet. Die Kurven aus obigem Abschnitt 8.3.1 werden fast immer Zykloiden genannt, in diesem Abschnitt halte ich mich an [Schupp und Dabrock 1995] und sage **Trochoiden** zu den Kurven, bei denen ein Rad in oder auf einem anderen läuft.

Unstrittig ist, dass die griechischen Vorsilbe $\varepsilon\pi\iota-$ (epi) stets *über, auf* und $\upsilon\pi o-$ (hypo) stets *unter, darunter* bedeuten. Hat man eine Stellung Q auf der positiven y-Achse im Sinn, bei der der Rollkreis *oben auf* dem Rand des Rastkreises ist, entstehen **Epitrochoiden**, ist er unter dem Rand des Rastkreises, ergeben sich **Hypotrochoiden**.

[Fladt 1962] schlägt noch eine Verfeinerung vor. Ist der feste Punkt P des Rollkreises auf dessen Kreisrand, nennt er die Kurven „Zykloidale", als Oberbegriff zu Epizykloiden und Hypozykloiden. Die allgemeineren Fälle sind bei ihm Trochoiden – und nur diese –, mit Epi- und Hypo- passend ergänzt.

Da aber die Gleichung 8.13 sämtliche Fälle umfasst, ist es sinnvoll **Trochoide** für alle Rollkurven zu nehmen, bei denen ein Kreis auf oder in einem anderen rollt.

Der Vollständigkeit halber seien noch die **Peritrochoiden** genannt. Sie entstehen, wenn $m = \frac{R}{\varrho} < 1$ ist, wenn also der Rollkreis den Rastkreis umfasst. Experimentieren Sie selbst damit.

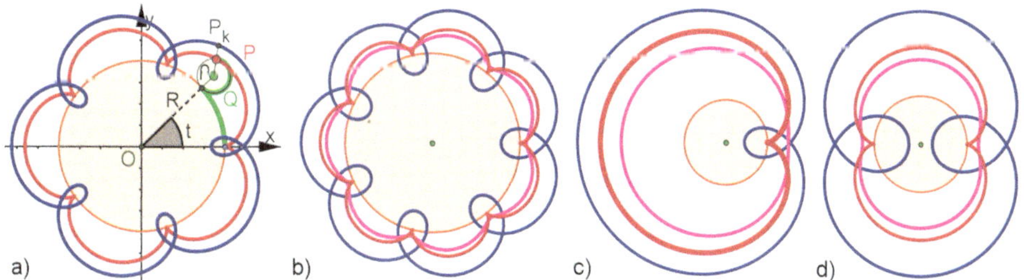

Abb. 8.28 In Rot sind gespitzte ($k = 1$), in Blau verlängerte ($k > 1$) und in Violett verkürzte ($k < 1$) **Epitrochoiden** dargestellt. Mit $m = \frac{R}{\varrho}$ gilt für a) $m = 5$, b) $m = 7$, c) $m = 1$, die Kardioide für $k = 1$, d) $m = 2$, die Nephroide für $k = 1$. Zu c) und d) siehe Abschnitt 9.4.

Gemeinsame Gleichung für alle Trochoiden

Der Parameter t ist der Winkel, den die x-Achse mit dem Strahl OQ bildet. Der Rastkreis habe den Radius R, der Rollkreis habe den Radius ϱ, es sei $m := \frac{R}{\varrho} > 1$ als Abkürzung eingeführt. Der Punkt P_k liege auf dem Radiusstrahl des Rollkreises in der Entfernung $k \cdot \varrho$ zu dessen Mittelpunkt. Dann ist die Parameterdarstellung der von P_k beschriebenen Trochoiden:

$$\begin{cases} x = \varrho\left((m \pm 1)\cos(t) \mp k\,\cos((m \pm 1)t)\right) \\ y = \varrho\left((m \pm 1)\sin(t) - k\,\sin((m \pm 1)t)\right) \end{cases} \tag{8.13}$$

Die oberen Rechenzeichen gelten für die **Epitrochoiden**.
Die unteren Rechenzeichen gelten für die **Hypotrochoiden**.
Für $k = 1$ sind sie **gespitzt** und heißen zuweilen speziell **Epi- bzw. Hypozykloiden.**
Für $k > 1$ kann das Adjektiv **verlängerte (verschlungene) ...**, für $k < 1$ kann **verkürzte ...** verwendet werden.

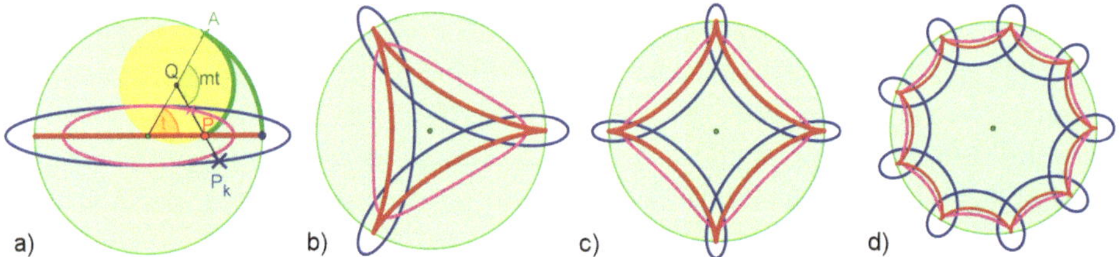

Abb. 8.29 In Rot sind gespitzte, in Blau verlängerte und in Violett verkürzte **Hypotrochoiden** dargestellt. Mit $m = \frac{R}{\varrho}$ gilt für a) $m = 1$, eine Strecke für $k = 1$, sonst Ellipsen, b) $m = 3$ und **Steiner'sche Kurve** für $k = 1$ (Aufgabe 9.4), c) $m = 4$ und **Astroide** für $k = 1$ (Abschnitt 9.2.4), d) $m = 9$.

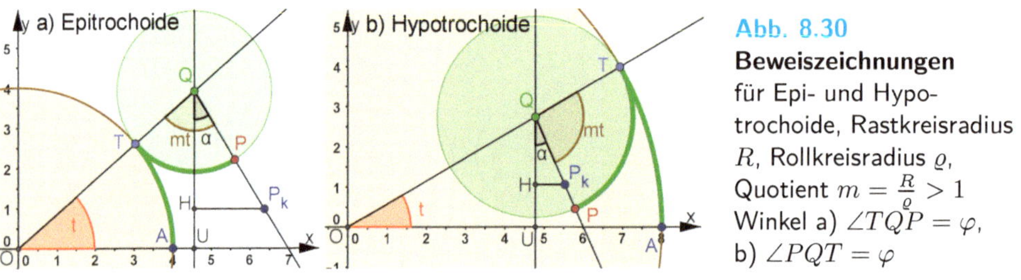

Abb. 8.30 **Beweiszeichnungen** für Epi- und Hypotrochoide, Rastkreisradius R, Rollkreisradius ϱ, Quotient $m = \frac{R}{\varrho} > 1$ Winkel a) $\angle TQP = \varphi$, b) $\angle PQT = \varphi$

Beweis (Gleichungen für die Trochoiden) Der Beweis bezieht sich auf Abb. 8.30. Dort sind die Bezeichnungen genannt. Für die Herleitung gibt es gemeinsame Beziehungen. Die grünen Bögen von Rastkreis und Rollkreis sind gleich lang: $Rt = \varrho\varphi$, also $\varphi = mt$. Wie bei allen Konstruktionen in diesem Buch ist $Q = (u, v)$ und $P_k = (x, y)$. Das Dreieck HP_kQ liefert $\overline{HP_k} = k\varrho \sin(\alpha)$, $\overline{HQ} = k\varrho\cos(\alpha)$.

Nun gibt es kleine Unterschiede, widmen wir uns zuerst der **Epitrochoide** in Abb. 8.30 a). Im Dreieck OUQ gilt für die Winkel $m\,t-\alpha+t = \frac{\pi}{2}$, also $\alpha = (m+1)t-\frac{\pi}{2}$ und damit (nach etwas Überlegung oder den Additionstheoremen) $\sin(\alpha) = -\cos((m+1)t)$ und $\cos(\alpha) = \sin((m+1)t)$. Weiter gilt $x = u + \overline{HP_k} = (R+\varrho)\cos(t) + k\varrho\sin(\alpha) = \varrho\,((m+1)\cos(t) - k\,\cos((m+1)t))$. Diese Parameterdarstellung von x war in Gleichung 8.13 behauptet. Ebenso erhalten wir $y = v - \overline{HQ} = (R+\varrho)\sin(t) - k\varrho\cos(\alpha) = \varrho\,((m+1)\sin(t) - k\,\sin((m+1)t))$.

Für die **Hypotrochoide** in Abb. 8.30 b) gilt für den gestreckten Winkel bei Q die Summe $\frac{\pi}{2} - t + \alpha + m\,t = \pi$ und so $\alpha = \frac{\pi}{2} - (m-1)t$. Wieder eliminieren wir α durch $\sin(\alpha) = \cos((m-1)t)$ und $\cos(\alpha) = \sin((m-1)t)$. Wie oben haben wir nun $x = u+\overline{HP_k} = (R-\varrho)\cos(t) + k\varrho\sin(\alpha) = \varrho\,((m-1)\cos(t) + k\,\cos((m-1)t))$, wie behauptet. Für y folgt $y = v - \overline{HQ} = (R-\varrho)\sin(t) - k\varrho\cos(\alpha) = \varrho\,((m-1)\sin(t) - k\,\sin((m-1)t))$ □

In Abschnitt 9.4.1.2 wird der Sonderfall der Kardioide als Epitrochoide mit der Kardioide als Katakaustik verglichen. Dieses gilt auch für die Nephroide in Abschnitt 9.4.2.2.

8.3.3 Rollende Parabel und die Kettenlinie

Ich möchte Ihnen nun eine Idee vorstellen, wie man zu Rollkurven gelangen kann, wenn das sich bewegende Gangsystem *kein Kreis* ist. Im folgenden Beispiel soll eine Parabel auf einer festen Geraden abrollen.

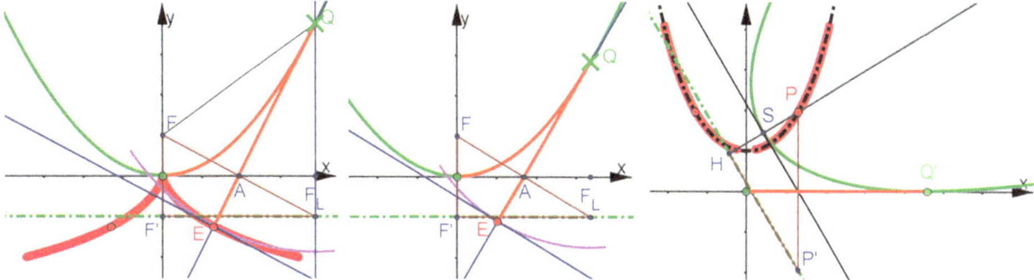

Abb. 8.31 **Eine Parabel soll auf der x-Achse abrollen. a) Vorarbeit:** Punkt Q wandert auf einer festen Parabel mit Brennpunkt F und Parameter p. Die Leitgerade ist $F'F_L$. Auf der Tangente in Q wird die durch Integration berechnete Bogenlänge vom Scheitel bis Q als $Q\bar{E}$ abgetragen. Als Nebeneffekt ist in Rot eine **Evolvente der Parabel** markiert.
Bild b) Die Konstruktion aus a) wird zum „Lieferanten" für gewisse Abstände, die in Bild c) gebraucht werden. Dabei soll E der Koordinatenursprung werden, EQ wird x-Achse.
Bild c) In diesem 2. Grafikfenster soll die rollende Parabel entstehen. $\overline{EQ}$ definiert den Berührpunkt Q' und der Brennpunkt $P = (\overline{EA}, \overline{AF})$ wird eingetragen. Da das Dreieck F_LFF' mit rechtem Winkel bei F' kongruent als Dreieck $P'PH$ übertragen werden soll, konstruieren wir H mit dem Thaleskreis über PP' und dem Parabelparameter $\overline{HP} = p = \overline{F'F}$. Parabelachse ist dann HP und HP' ist Leitgerade. Mit dem Befehl „Parabel aus Brennpunkt und Leitgerade„, erhält man die grüne Parabel.
Wird nun im linken Grafikfenster, also in Bild b), Punkt Q auf der (festen) Parabel bewegt, so rollt im rechten Grafikfenster, Bild c), die kongruente grüne Parabel auf der x-Achse ab und hat dabei den Berührpunkt Q'. Die Ortslinie des Brennpunktes ist als Spur rot markiert, schwarz gestrichelt ist die Kettenlinie (Kosinus hyperbolicus Funktion) eingetragen. Sie passt dazu.

Rollt eine Parabel aus der Normalstellung auf der x-Achse ab, dann beschreibt der **Brennpunkt eine Kettenlinie.**

Die Anregung zu diesem Beispiel verdanke ich einem Vortrag von Stephan Berendonk (2015, Koblenz). Allerdings gehe ich mit der interaktiven Art anders vor.

8.3.3.1 Anmerkung zur Kettenlinie

Die Kosinus hyperbolicus Funktion ist in diesem Buch schon als Mittenkurve in Abb. 4.28 vorgekommen, und sie wird in Abschnitt 9.6.4 noch ausführlich behandelt. Hier enthält sie den Parabelparameter p. Die Herleitung bei der Rollparabel, wie sie [Schmidt 1949, S. 238] angibt, führt hier zu weit. Wenn man nicht sehr vertraut ist mit Umformungen und Integrationen im trigonometrischen Umfeld, ist so etwas eine „Zauberküche". Da ist es besser, Sie verstehen das unter Abb. 8.31 dargestellte Vorgehen, es ist durch die interaktive Übertragung der passenden Längen auch zeitgemäß. Es gilt:

$$\text{Kettenlinie}\quad k(x) = \frac{p}{2}\cosh\left(\frac{2x}{p}\right) = \frac{p}{4}\left(e^{\frac{2x}{p}} + e^{-\frac{2x}{p}}\right) \tag{8.14}$$

Wegen der e-Funktionen ist die Kettenlinie eine transzendente Kurve (s. Abschnitt 2.5.2). Bezogen auf das Roll-Parabel-Problem ist dadurch klar, dass man es nicht **allein durch elementargeometrische Konstruktion** lösen kann.

8.3.3.2 Bogenlänge der Parabel

Bei $y = \frac{1}{2p}x^2$ ist wegen Gleichung 11.15
$s(u) := \int_0^u \sqrt{1 + \frac{x^2}{p^2}}dx = \frac{1}{4}\; u\,\sqrt{u^2+4} + \ln(2) - \ln\left(-u + \sqrt{u^2+4}\right)$,
eine von GeoGebra-CAS erzeugte „wilde Formel“, die man nicht vereinfachen kann. Auch sie ist transzendent. Es ist u die Abszisse von Q und man kann, da die *GeoGebra-Fenster untereinander kommunizieren*, $|s(u)|$ als Radius für einen Kreis um Q verwenden.

Es ist so der Punkt E entstanden. Die Ortskurve von E, wie sie in Abb. 8.31 a) gezeigt ist, ist die Neil'sche Parabel, hier konstruiert als **Evolvente** der Parabel. Diese ist dann **Evolute** der Neil'schen Parabel. In Abschnitt 9.3.1 werden wir es anders herum haben, da wird sich die Neil'sche Parabel (in anderer Lage) als Evolute der Parabel zeigen und die Parabel wird eine Evolvente sein.

8.3.3.3 Zentrale Idee dieses Vorgehens bei Rollkurven

Bewegt man sich bei den Rollkurven über Kreise und Geraden hinaus, kommt man um eine Integration zur Längenbestimmung nicht herum. Hier ist bemerkenswert, dass zunächst bequem die Tangente auf der Parabel abrollt und die entstehenden Längen dann im 2. Grafikfenster helfen, die umgekehrte Situation zu meistern, nämlich die Parabel auf einer festen Geraden abrollen zu lassen.

Fazit zu den Rollkurven Obwohl man wohl zu Recht in einem Kurvenbuch die Zykloiden und Trochoiden erwartet, bieten sie leider vergleichsweise wenig Raum für eigene Kreativität. Lässt man aber die Beschränkung auf Kreise und Geraden fallen, kann man mit dem hier beschriebenen Vorgehen noch viele Ideen verfolgen.

Offenbar faszinieren Rollkuven – und Kurven überhaupt – auch etliche Internetautoren. Den [Famous Curves Index] konnte man schon 1998 nutzen, neuer sind [2dcurves Website] und [Xah Lee Website]. Letztere Site zeigt schön gestaltete Animationen zu den Kurven dieses Kapitels unter den Überschriften *cyclodal curves* und *roulettes.*

8.4 Schwingungen

8.4.1 Sinus- und Kosinusschwingung

Die Sinusschwingung könnte man als die **Urmutter aller Schwingungen** auffassen. Jede mathematische Beschreibung eines Schwingungsvorganges enthält, mindestens implizit, die Sinusfunktion. Zum Glück ist die Einführung der Sinusfunktion aus der Kreisbewegung heute üblich geworden.

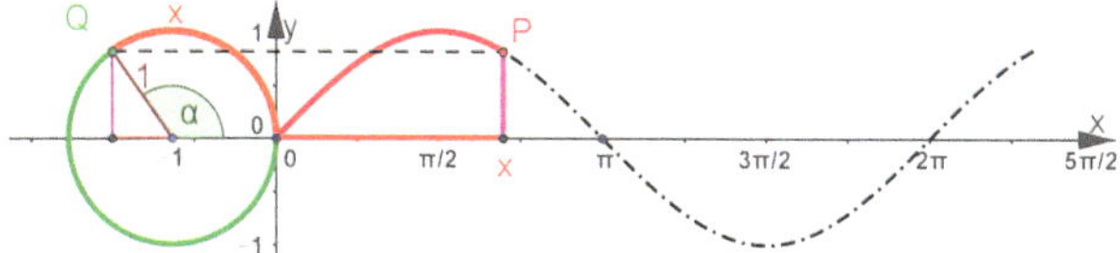

Abb. 8.32 Sinusfunktion aus dem Einheitskreis gewinnen Die Ordinate von Q wird $\sin(x)$ genannt: also $P = (x, \sin(x))$.

Die Einführung mit Abb. 8.32 verankert das Wichtige sofort im Gehirn der Lernenden. Sie verträgt sich logischerweise mit dem **Sinus als Verhältnis** von Gegenkathete zu Hypotenuse. Wenn man mit dem Verhältnis im Dreieck aber *anfängt*, schaffen es viele Lernende nur mit bemühter Hilfe, die Angst vor dem Sinus als Funktion und dem Bogenmaß zu verlieren. Grundsätzlich sollte die erste Berührung mit einem wesentlichen Begriff schon *im Keim* die spätere Entfaltung in sich tragen. Das ist bei den Namen für die Verhältnisse im rechtwinkligen Dreieck wirklich nicht der Fall.

Dies ist kein Analysisbuch, aber dennoch möchte ich erwähnen, dass man die Kosinusfunktion mit derselben Konstruktion erzeugen kann: man drehe lediglich die andere Kathete des gezeichneten Steigungsdreiecks um 90° nach rechts und übertrage nun die Ordinate. Entsprechende Dateien, auch für den Tangens, finden Sie auf der Website zum Buch.

8.4.2 Lissajous-Kurven

In der älteren Literatur werden sie auch **Lissajous'sche Figuren** genannt. Der Name würdigt den französischen Physiker *Jules Antoine Lissajous* (1822-1880), der über Schwingungen geforscht hat. Physikalisch entstehen Sie durch ein Pendel, das in zwei verschiedenen Richtungen eine Sinus-Schwingung ausführt. Es gibt ausführliche Internetseiten und auch Buchkapitel über Lissajous-Figuren. Sie begnügen sich aber zumeist mit der Darstellung der verschieden Formen und Betrachtungen zum Frequenzverhältnis q und zur Phasendifferenz δ (siehe unten). Damit treffen sie durchaus den Kern.

Wenn ich nun dennoch auf Lissajous-Kurven eingehe, so lohnt sich das nur, weil ich Ihnen Ideen zum *Verstehen* vorstellen möchte, die anderen Orts nicht aufgegriffen sind, zumindest habe ich nichts Entsprechendes gefunden. Das ist auch nicht so erstaunlich, denn erst seit wenigen Jahren ist es möglich, in gekoppelten Grafikfenstern mathematische Phänomene interaktiv zu erkunden. Wie immer finden Sie die GeoGebra-Dateien auf der Website zum Buch.

8.4.2.1 Konkrete Lissajous-Kurven mit dem Frequenzverhältnis $1:5$

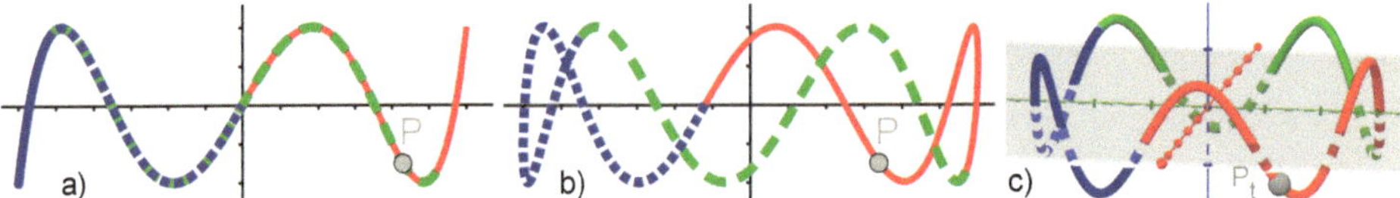

Abb. 8.33 **Lissajous-Kurven für $x(t) = 3\sin(t - \varphi)$ und $y(t) = \sin(5t)$.**
Der graue Punkt gehört zu $t = 0.8$ a) für $\varphi = 0$, b) und c) für $\varphi = 0.2$, c) 3D-Darstellung der „$1:5$–Krone".
Für $0 \le t \le \frac{2\pi}{3}$ ist die Kurve in Rot gezeichnet, für $\frac{2\pi}{3} \le t \le \frac{4\pi}{3}$ in Grün und für $\frac{4\pi}{3} \le t \le 2\pi$ in Blau.

Lässt man in Abb. 8.33 die Phasenverschiebung φ kontinuierlich wachsen, so wandert der Startpunkt, es ist der Anschlusspunkt Blau-Rot, immer mehr nach links bis $x = -3$, dann nach rechts bis $x = 3$ u. s. w. Es entsteht der optische Eindruck einer Drehung. Diese Drehung wird in Abb. 8.33 c) wirklich dargestellt durch die Raumkurve `Kurve[3 cos(t-φ),3 sin(t-φ),sin(5 t),t,0,2pi]`. Die Farbaufteilung habe ich jetzt fortgelassen. Diese Kurve nenne ich **$1:5$–Lissajous-Krone**, die vielen 2D-Lissajous-Kurven – wie a) und b) u, s. w. – sind die senkrechten Projektionen der $1:5$–Lissajous-Krone auf die y-z-Ebene. Daher erhält man die möglichen 2D-Lissajous-Kurven durch Betrachtung im 3D-Fenster, auch ohne dass man φ variiert, einfach durch Drehen der Ansicht mit der Maus.

Das Auftreten von **Rückkehrpunkten**, wie die in Abb. 8.33 a) mit $(-3,\ -1)$ und $(3,\ 1)$ zu sehen sind, wird durch die dynamische Betrachtung – auch schon in 2D – verständlich. Durch die Strichelung des grünen und blauen Kurvendrittels ist das Übereinanderliegen je zweier Kurvenbögen deutlich.

8.4.2.2 Gekoppelte kartesische Darstellung

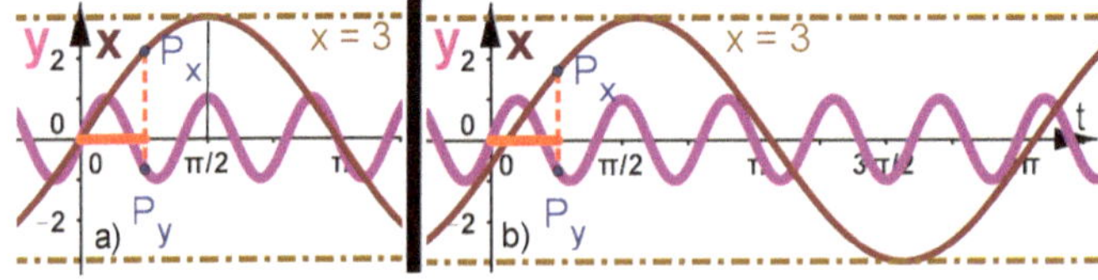

Abb. 8.34 Definierende Funktionen zu Abb. 8.33 kartesisch dargestellt.
x braun, y violett
a) $\varphi = 0$ und b) $\varphi = 0.2$

Wie schon oft in diesem Buch stehen die kartesischen Darstellungen in Abb. 8.34 mit $f(x) = 3\sin(x - \varphi)$ in Braun und $g(x) = \sin(5x)$ in Violett im zweiten Grafikfenster in GeoGebra *neben* den 2D-Lissajouskurven von Abb. 8.33 a) und b). Die Rechtsachse ist eigentlich die t-Achse und es gilt: $x(t) = f(t)$ und $y(t) = g(t)$. Der Punkt $P = (x(t), y(t))$ auf der Lissajous-Kurve hat seine Abszisse aus der Ordinate von $P_x = (t, f(t))$ und seine Ordinate von $P_y = (t, g(t))$. Gezeichnet ist er für $t = 0.8$. Wächst t, wandert er zunächst nach rechts.

Das erste Maximum von f liegt bei $t = \frac{\pi}{2}$. Genau dort ist auch eine Maximumstelle von g in Abb. 8.34 a). Rechts von dem schwarzen Strich bei $\frac{\pi}{2}$ kommen also stets dieselben Werte zustande wie links. Darum zeigt Abb. 8.33 a) die Rückkehrpunkte und die übereinander liegenden Bögen.

Lässt man nun φ wachsen, verschiebt man die braune Sinuskurve nach rechts. Man überlegt leicht, dass es zehn symmetrische Lagen des braunen Sinusbogens gegenüber der violetten Sinuskurve gibt, da sie bis 2π zehn Nullstellen hat. Die Formen mit Rückkehrpunkten kann man interaktiv sehen, wenn man die Schrittweite für φ auf $\frac{\pi}{30}$ o.ä. setzt. Die nächste besondere Stelle ist $\varphi = \frac{\pi}{10}$, die Lissajous-Kurve wird zum ersten Mal doppelt-achsensymmetrisch. Sie sehen, mit dieser Darstellung kann man sich *alle Phänomene der Lissajous-Kurven erklären oder vorhersagen.*

8.4.2.3 Allgemeine Lissajous-Kurven

Lissajous-Kurven

In x- und y-Richtung finden voneinander unabhängige Sinus-Schwingungen statt, die sich überlagern. Die **Amplituden** sind a_1 und a_2, die **Kreisfrequenzen** sind ω_1 und ω_2 und die **Phasenverschiebungen** sind φ_1 und φ_2.

$$\begin{aligned} x(t) &= a_1 \sin(\omega_1 t - \varphi_1) \\ y(t) &= a_2 \sin(\omega_2 t - \varphi_2) \end{aligned} \tag{8.15}$$

Jede Lissajous-Kurve wird umbeschrieben von einem Rechteck, das durch die Punkte $(\pm a_1, \pm a_2)$ aus den Amplituden gebildet wird.

Hauptmerkmal ist das Frequenzverhältnis $q := \frac{\omega_1}{\omega_2}$, zu dem *eine* **3D-Lissajous-Krone** gehört. Allein schon durch interaktives Drehen kann man *prinzipiell* alle zugehörigen Lissajous-Kurven sehen. In 2D erreicht man diese durch Variation von $\delta := \varphi_1 - \varphi_2$.

Berechnungen und Vorhersagen werden von der kartesischen Darstellung der definierenden Funktionen unterstützt.

8.4.2.4 Lissajous-Kurven mit dem Frequenzverhältnis $\omega_1 : \omega_2$

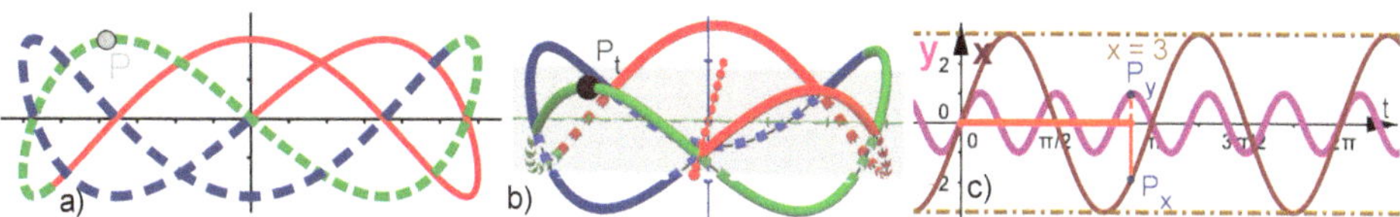

Abb. 8.35 **Lissajous-Kurven für $x(t) = 3\sin(2t)$ und $y(t) = \sin(5t)$**, also für $\varphi = 0$. Der graue Punkt gehört zu $t = 2.8$. a) 2D-Lissajous-Kurve, b) $2 : 5$–3D-Lissajous-Krone, c) kartesische Darstellung der definierenden Funktionen

Die Abb. 8.35 zum Frequenzverhältnis 2 : 5 dient zum Nachdenken über allgemeine Eigenschaften.

Wir betrachten zunächst die Fälle, in denen ω_1 und ω_2 natürliche Zahlen sind. Dann gibt es 2D-Lissajous-Kurven mit je ω_1 nach rechts gerichteten Extrema oder Scheiteln bei $x = a_1$ und nach links gerichteten bei $x = -a_1$. Das passt zu den ω_1 vollen Schwingungen von $x(t) = a_1 \sin(\omega_1 t)$ für $0 \leq t \leq 2\pi$. Ebenso gibt es je ω_2 Maxima mit $y = a_2$ und Minima mit $y = -a_2$. Das passt zu den ω_2 vollen Schwingungen von $y(t) = a_2 \sin(\omega_2 t)$ für $0 \leq t \leq 2\pi$.

In Abb. 8.35 ist für den grauen Punkt $t = 2.8$. Wenn t bis π wächst und P nach rechts wandert, wird in 2D der Ursprung erreicht, in der 3D-Krone geht der Punkt P_t nach $(3, 0, 0)$. Dann hat P_t in der Krone schon eine ganze Drehung vollführt. Allgemein gilt dies, weil die Einsetzung $t = k\frac{2\pi}{\omega_1}$ im 3D-Fall $x(k\frac{2\pi}{\omega_1}) = a_1 \cos(\omega_1 k\frac{2\pi}{\omega_1}) = a_1$ und $y(k\frac{2\pi}{\omega_1}) = a_1 \sin(\omega_1 k\frac{2\pi}{\omega_1}) = 0$ zur Folge hat. Das führt uns zu einer allgemeinen Aussage:

$\omega_1 : \omega_2$–Lissajous-Kurven mit natürlichen Zahlen ω_1, ω_2:

Die **$\omega_1 : \omega_2$–Krone hat immer ω_2 Maxima** und für $0 \leq t \leq 2\pi$ vollführt ein 3D-Punkt auf der Krone **ω_1 Drehungen um die z-Achse**. Die zugehörigen 2D-Lissajous-Kurven berühren das umfassende Rechteck je ω_2–mal oben und unten und je ω_1–mal rechts und links, jeweils mit „Vielfachheit“ gezählt.

Die 3D-Krone ist immer eine **geschlossene Kurve** und alle zugehörigen Lissajous-Kurven sind algebraische Kurven (siehe Abschnitt 2.5).

Sind ω_1, ω_2 **rationale Zahlen**, für die n ein Hauptnenner ist, dann führt die Transformation $t' = \frac{t}{n}$ diesen Fall auf den vorigen zurück. Negative Vorzeichen bringen keine neuen Erkenntnisse.

Ist $q = \frac{\omega_1}{\omega_2}$ **irrationale Zahl**, so schließt sich die Lissajous-Kurve nicht. Eigentlich es dann eine **flächenfüllende Kurve**, wie z. B. die Peano-Kurve. Sie erreicht – im Grenzfall – jeden Punkt des Rechtecks aus den Amplituden.

Damit muss es nun genug zu den Lissajous-Kurven sein. Sehen Sie sich mit Entdeckerfreude die GeoGebra Dateien auf der Website zum Buch an. *Verschenken Sie eine Lissajous-Kurve* zu einem bestimmten Datum, z.B. die aus Abb. 8.35 zum 2. Mai.

9 Besondere Erzeugungsweisen für Kurven

Übersicht

9.1 Fußpunktkurven

Viele der berühmten Kurven aus den Kapiteln 3 und 4 lassen sich auch als **Fußpunktkurven** erzeugen.

Definition 9.1 **(Fußpunktkurve einer Kurve C mit Punkt A als Pol)**
Zu jeder Kurve C und jedem festen Punkt A, Pol genannt, lässt sich eine Fußpunktkurve C_F erzeugen. Auf die Tangente in einem beliebigen Punkt Q von Kurve C wird von A aus das Lot gefällt. Der geometrische Ort aller Fußpunkte P dieser Lote ist die **Fußpunktkurve von C mit dem Pol A**. Die englische Bezeichnung der Fußpunktkurven ist **pedal curves** oder kurz **pedals**.

In Abb. 9.1 b) ist die Kurve C eine nach links geöffnete Parabel, der Pol A ist rechts auf der x-Achse. Die rote Fußpunktkurve C_F ist vom Schnittpunkt P der Parabeltangente mit dem Lot auf sie von A aus erzeugt.

Mehrfach sind in diesem Buch schon Fußpunktkurven vorgekommen. In Abb. 8.22 haben wir schon die Vierblatt-Rosette als **Fußpunktkurve der Astroide** mit dem Mittelpunkt als Pol kennengelernt. In Abb. 8.9 c) ist in Blau die Fußpunktkurve der roten **Königin-Spirale, der logarithmischen Spirale,** mit dem Zentrum als Pol gezeichnet. Sie ist *kongruent* zur roten Spirale. Für Bernoulli war dies eine „wunderbaren“ Eigenschaften seiner „spira mirablis“, wie es Abschnitt 8.1.2.5 erläutert.

Im Folgenden betrachten wir ausführlich als Kurve C eine **Parabel**. Dabei kommen exemplarisch sowohl geometrische als auch analytische Möglichkeiten zum Tragen. Es folgen dann Anregungen für besondere Fußpunktkurven und weitere Erkundungen in Aufgaben.

9.1.1 Fußpunktkurve einer Parabel

Parabeln haben sowohl eine simple Gleichung als auch eine einfache geometrische Tangentenkonstruktion. Daher eignen sie sich besonders als Einführung.

9.1.1.1 Parabelgleichung und Tangentenkonstruktion

Es ist hier sinnvoll, die Parabelachse parallel zur x-Achse zu wählen, da dann die Fußpunktkurven in der Lage entstehen, die wir aus Kapitel 3 kennen. Im Kegelschnitt-Kapitel 7 gibt es gemeinsame Gleichungen und Erzeugungsweisen, die ebenfalls eine waagerechte Parabelachse bevorzugen.

Im Sinne von Abschnitt 7.2.1, Satz 7.3 hat also eine Parabel mit dem Scheitel im Ursprung und der Öffnung nach links, wie es Abb. 9.1 a) zeigt, die Gleichung $\boldsymbol{y^2 = -2p\,x}$. Diese Lage ist für das Folgende günstig. Dabei ist der **Brennpunkt** $F = (-\frac{p}{2}, 0)$ und die Parabel ist an dieser Stelle $2p$ breit, man sagt auch: die **Sperrung** der Parabel ist $2p$. Im Punkt $G = (+\frac{p}{2}, 0)$, dem Spiegelpunkt des Brennpunktes am Scheitelpunkt $O = (0, 0)$, ist eine Senkrechte auf die Parabelachse errichtet. Sie heißt **Leitgerade** der Parabel.

Für die Tangentenkonstruktion der Parabel in Punkt Q fällt man das Lot von Q auf die Leitgerade, der Fußpunkt sei H. Die Mittelsenkrechte von $\overline{HF}$ ist die gesuchte Tangente.

Wie auch bei beliebigen Kurven und Funktionen bringt in GeoGebra der Befehl `Tangente[Q,ku]` oder `Tangente[Q,f]` sofort die Tangente, wobei ku, bzw. f, die Bezeichnung der Kurve, bzw. Funktion, ist.

In Abb. 9.1 a) sind in Grün die Parabel und die Leitgerade eingetragen und in Blau sieht man die mit Q bewegliche Tangente.

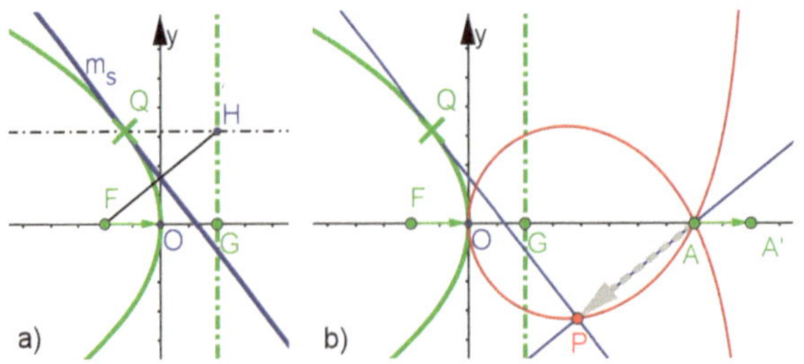

Abb. 9.1 a) Parabel $y^2 = -2p\,x$ mit Brennpunkt und Leitgerade in Grün. Lot und Tangente als Mittelsenkrechte (blau), b) dazu der Pol $A = (a, 0)$ und die Fußpunktkurve als Ortskurve von P bezüglich Q. Die Asymptote steht bei A'. Der graue Pfeil kommt erst später zum Einsatz.

Stets sind geometrische Beweise stark auf die wirklich vorliegende Situation bezogen. Die Kraft analytischen Vorgehens liegt gerade darin, dass es im Ansatz und der grundsätzlichen Handlung vom konkreten Beispiel unabhängig ist. Darum stelle ich jetzt die Geometrie – so interessant sie auch ist – ans Ende der Überlegungen zur Parabel und ihren Fußpunktkurven.

9.1.1.2 Gleichung der Fußpunktkurven der Parabel, Lernbeispiel

Wie immer in diesem Buch sei $Q = (u, v)$ ein auf die Ausgangskurve C zugfest gesetzter Punkt. Sein „Weg" ist die Parabel $y^2 = -2p\,x$, also erfüllt Q die Gleichung *weg:* $v^2 = -2p\,u$.

Für die Tangentengleichung brauchen wir die Steigung in Q. Dazu leiten wir die Parabelgleichung implizit ab: $2y\,y' = -2p$, im Punkt Q also $y'_Q = \frac{-p}{v}$. Direkt überlegt oder nach Gleichung 11.7 ist die Tangentengleichung *tang:* $y = \frac{-p}{v}(x-u) + v$.

Das Lot vom Pol $A = (a, b)$ auf die Tangente kann man geometrisch mit dem Senkrechten-Werkzeug zeichnen. Als Gleichung erhalten wir wegen $m_s \cdot m = -1$ für das Lot: *lot:* $y = \frac{-v}{p}(x-a) + b$. Im Folgenden wollen wir stets den Pol A auf die x-Achse setzen, daher sei $b = 0$. Hier öffnet sich ein Fenster zu Variationen, die geometrisch leicht, rechnerisch schwerer realisierbar sind. Also gilt nun: *lot:* $y = \frac{-v}{p}(x-a)$.

Nun haben wir schon die *drei Gleichungen* beisammen, aus denen wir durch Elimination von u und v die kartesische Gleichung der Fußpunktkurve bestimmen können. In `http://wolfram-alpha.com` liefert `Eliminate[{weg, tang, lot},{u,v}]` eine Gleichung. Sie wird übersichtlicher, wenn man die Bedingungen ohne Brüche schreibt. Etwas händische Termumformungen sind auch oft nützlich.

Die **Fußpunktkurven der Parabeln** in der Lage von Abb. 9.1 haben die Gleichung:

$$(a + \frac{p}{2} - x)\,y^2 = (a-x)^2\,x \qquad (9.1)$$

9.1.1.3 Vergleich mit den „Kleinen Variationen der Cissoiden" aus Abb. 3.23 im Abschnitt 3.4.3.2

Bewegt man in der GeoGebra-Datei, die Sie – wie immer – auf der Website zum Buch finden, den Pol A auf der x-Achse von rechts nach links, so ändert sich die Form der Schlaufe von einer sehr bauchigen Gestalt zu immer schlankeren Ausprägungen. Der Pol A ist stets der Doppelpunkt, solange es einen solchen gibt. Fällt A in den Ursprung, entsteht nämlich eine Spitze. Für links gelegene A, also für $a < 0$, entfällt der Doppelpunkt, es entstehen im I. und IV. Quadranten sehr schlanke Kurven mit Ausbuchtung, die für $A = F$ in die y-Achse übergehen. Dann scheint es Formen zu geben, die etwa den braunen Kurven in Abb. 3.23 entsprechen. Es stellt sich also **die Frage**, ob die in der eben genannten Abb. 3.23 Cissoiden, die die Gleichung 3.17 haben, wirklich als Fußpunktkurven der Parabel auffassbar sind.

Die Autoren der Kurvenbücher, die mir zugänglich sind, nennen die Cissoide des Diokles, die Trisektrix und die Strophoide als Fußpunktkurven der Parabel. Sie sind in Abb. 3.17 in Rot, Blau und Orange zu sehen. Also ist die eben genannte Frage wohl zu bejahen.

Wollen wir das über die kartesische Gleichung zeigen, können wir für die Cissoiden den Ursprung in den Pol A legen oder bei den Fußpunktkurven den Pol A im Ursprung festhalten. Für Letzteres habe ich mich entschieden, aber Sie können ja die andere Version probieren.

Jedenfalls muss man einen Konflikt der Bezeichnungen vermeiden: Da in 3.17 der Parameter a in anderer Bedeutung vorkommt als in Gleichung 9.1, bezeichnen wir den Radius des definierenden Cissoidenkreises nun mit k.

Die **Cissoiden** bezüglich des Kreises um $M = (k, 0)$ mit dem Radius k und der Parallelen zur y-Achse $x = c$ haben die kartesische Gleichung

$$(c - x)\, y^2 = (2k - c + x)\, x^2 \tag{9.2}$$

Die Verschiebung der Fußpunktkurve, bei der der Pol A im Ursprung liegen soll, erfordert, dass der Parabelscheitel aus dem Ursprung nach (-a,0) geht. Dazu muss $x \longrightarrow x + a$ gesetzt werden, die **Parabel** ist nun $y^2 = -2p\,(x + a)$ und die Gleichung 9.1 der **Fußpunktkurve mit dem Pol im Ursprung** wird zu

$$(\frac{p}{2} - x)\, y^2 = (a + x)\, x^2 \tag{9.3}$$

Nun liegt es auf der Hand:

Parabel-Fußpunktkurven und Cissoiden

Alle Kreis-Gerade-Cissoiden, o. B. d. A. aus Gleichung 9.2, werden mit den Setzungen

$$p = 2c \qquad \text{und} \qquad a = 2k - c \tag{9.4}$$

zu **Fußpunktkurven der Parabel** $y^2 = -2p\,(x + a)$ **mit dem Pol im Ursprung**. Umgekehrt sind die Fußpunktkurven von Parabeln Cissoiden (bezüglich Kreis und Gerade), **falls** der Pol A auf der Parabelachse liegt. Drei spezielle Lagen von A führen zu berühmten Kurven:

Liegt der Pol A im Scheitel der Parabel erhält man die **Cissoide des Diokles**.

Ist der Pol A der Spiegelpunkt von F am Scheitel, erhält man die (gerade) **Strophoide**.

Ist der Pol A der Spiegelpunkt von F an der Leitgeraden, erhält man die **Trisektrix des Maclaurin**.

Unter Berücksichtigung der obigen Setzungen ist die **Polargleichung der Fußpunktkurven der Parabel** $y^2 = -2p(x+a)$, bei $A = O$ gemäß Gleichung 3.16

$$r(\theta) = \frac{p}{2\cos(\theta)} - (a + \frac{p}{2})\cos(\theta) \tag{9.5}$$

Eigenschaften der Fußpunktkurven der Parabeln Da sich die Parabeln, wie auch die Cissoiden, geometrisch fassen lassen, sind ihre gegenseitigen Bezüge unabhängig vom Koordinatensystem. Entsprechend sind die Sätze zu den berühmten Kurven im vorigen Kasten formuliert. So lassen sich Eigenschaften geometrisch formulieren, auch wenn man sie an den Gleichungen am schnellsten nachweisen kann. Die Fußpunktkurven haben außer dem Parabelparameter p (siehe Beginn von Abschnitt 9.1.1) noch den Abstand a des Pols A vom Scheitel als Parameter. Dabei betrachten wir nur die Fälle mit A auf der Parabelachse.

Der Doppelpunkt ist bei Gleichung 9.3 im Ursprung, eine weitere Nullstelle liegt bei $x = -a$, also hat die Schlaufe die Breite a und sie berührt die Parabel in deren Scheitel. Für $a < 0$ gibt es keine Doppelpunkte mehr.

Die Asymptote ist eine Senkrechte auf der Parabelachse, von der der Doppelpunkt den Abstand $\frac{p}{2}$ hat, unabhängig von a. Sie ist also eine Parallele zur Leitgeraden im Abstand a. Man sieht die Asymptote an der kartesischen Gleichung, wenn man den Faktor vor y^2 zu Null machen kann, ohne dass die andere Seite Null wird. In Gleichung 9.3 wird für $x = \frac{p}{2}$ die rechte Seite ungleich Null, die Gleichung ist nicht erfüllbar. Genau betrachtet ist die Gleichung für $x = \frac{p}{2} - \varepsilon$ mit $\varepsilon > 0$ stets erfüllbar und für $\varepsilon < 0$ nicht.

Die Polarkurve hat für $\theta = \frac{\pi}{2}$ einen Pol an der Stelle $\frac{p}{2}$.

9.1.1.4 Geometrisch versus analytisch beweisen

Wie immer in der Mathematik reicht ein einziger Beweis für einen mathematischen Satz. Da die analytische Betrachtung in Abschnitt 9.1.1.3 recht umfassend ist, könnte ich hier aufhören mit den Fußpunktkurven der Parabeln. Aber da bei Erscheinen dieses Buches die Geometrie schon seit einem halben Jahrhundert immer mehr aus dem Mathematik-Curriculum der Schulen und auch der Hochschulen – zumindest in der gymnasialen Lehrerausbildung – gedrängt worden ist, sind die Kompetenzen auf diesem Gebiet bescheiden und die Berührungsängste groß. Bedauerlicherweise hat die Verfügbarkeit der DGS (Dynamischen Geometrie-Systeme) seit den 90er Jahren keine durchgreifende Renaissance der Geometrie bewirken können. Es wäre mein sehnlicher Wunsch, mit diesem Buch daran etwas zu ändern. Also führe ich nun einen rein geometrischen Beweis:

Geometrischer Zusammenhang: Fußpunktkurve $\longleftrightarrow$ Cissoide

Aus einer Konstruktion der Fußpunktkurve einer Parabel können Kreis und Gerade derjenigen Cissoide gefunden werden, die mit der Fußpunktkurve identisch ist.

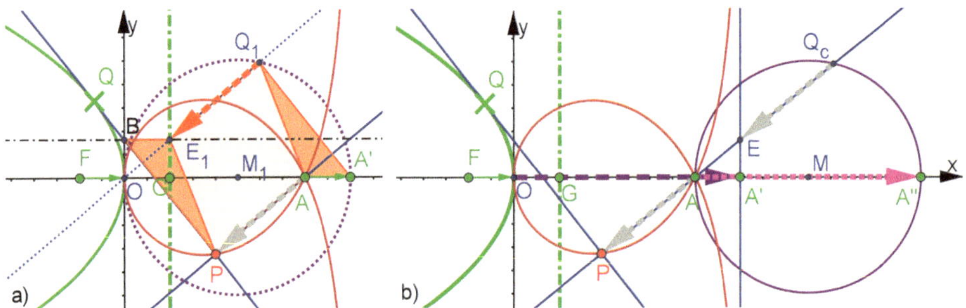

Abb. 9.2 a) Beweisfigur, b) Cissoidenkonstruktion

Beweis Der Beweis bezieht sich auf Abb. 9.2, aber in Abb. 9.1 b) ist schon der Vektor vom Doppelpunkt zu P grau gestrichelt eingetragen. Er wäre bei einer Cissoidenkonstruktion der *letzte Schritt*. Sehen Sie sich noch einmal Abb. 3.19 und Abb. 3.22 an. Es geht um zwei Kurven und eine Radiusgerade (von einem Pol aus). Der Vektor, der auf der Geraden von der ersten Kurve zur zweiten zeigt, wird an den Pol angehängt. Der geometrische Ort seines Endpunktes ist die Cissoide.

Das Lot von A auf die Tangente aus der Fußpunktkonstruktion kann als eine solche Gerade genommen werden. Abb. 9.2 b) zeigt schon, dass die Idee funktionieren kann. Maße und Lage des Kreises habe ich den oben dargestellten Zusammenhängen entnommen. Das ist zulässig, wenn ich weiter unten zeigen kann, dass man auch „vorwärts" den entscheidenden Kreis und die Gerade konstruieren kann. Vielleicht sind geometrische Beweise vor allem deshalb schwierig, weil sich das Vorgehen oft erst durch das Ergebnis rechtfertigt. Genau das ist bei Analysis-Beweisen meist anders, es gibt in vielen Fällen einen verlässlichen Plan im „Vorwärtsgang".

Nun also nochmals zurück zum Vektor $\vec{r} = \overline{AP}$. Außer diesem ist in Abb. 9.2 a) noch der Vektor $\vec{s} = \overline{FS}$ vom Brennpunkt zum Scheitel zu sehen, der auch an A angehängt ist. Er hat die Länge $\frac{p}{2}$ und damit hat die Strecke $\overline{OA'}$ die Länge $a + \frac{p}{2}$. Der Kreis um den Mittelpunkt M_1 dieser Strecke ist violett gestrichelt gezeichnet. Er dient als *Stellvertreter* für den gesuchten Cissoiden-Kreis. Letztlich werden wir ihn in die Lage gemäß Bild b) verschieben.

Eine Parallele zu PA durch O schneidet diesen Kreis in Q_1 und die Leitgerade in E_1. Das Viereck PAQ_1E_1 ist nun als Trapez gesichert. Wir müssen noch zeigen, dass der orangefarbene Vektor $\vec{u} = \overline{Q_1E_1}$ dieselbe Länge wie $\vec{r}$ hat.

Dazu dienen die orangefarbenen Dreiecke. Es steht Q_1A' wegen des Thalesdreiecks $OA'Q_1$ senkrecht auf OQ_1 und PQ steht wegen der Fußpunktkonstruktion senkrecht auf

PA. Damit entsteht ein Rechteck, dessen eine Diagonale $\overline{PQ_1}$ ist. Die Strichpunkt-Gerade ist parallel zur x-Achse konstruiert. Die kleinen über das Rechteck hinausstehenden Dreiecke sind wegen des Kongruenzsatzes wsw mit $s = \overline{BE'} = \overline{AA'}$ kongruent. Das hat, wegen des Kongruenzsatzes sws, die Kongruenz der orangefarbenen Dreiecke zur Folge. Damit ist Viereck PAQ_1E_1 ein Parallelogramm und letztlich $\vec{u} = \vec{r}$.

Nun brauchen wir nur noch den eben betrachteten Kreis, die Leitgerade und den Vektor $\vec{u}$ um a nach rechts zu verschieben und erhalten die korrekte Kreis-Geraden-Cissoidenkonstruktion, wie sie Abb. 9.2 b) zeigt. □

9.1.2 Weitere Fußpunktkurven und Aufgaben

Zu jeder Kurve C, zu der Sie eine Funktionsgleichung, eine implizite kartesische Gleichung, eine Polargleichung oder eine Parametergleichung haben, können Sie mit GeoGebra ganz einfach eine Fußpunktkurve zu beliebigem Bezugspunkt A herstellen. Schlüssel dazu ist, dass Sie für alle genannten Gleichungstypen einen zugfesten Punkt Q auf die Kurve legen können und – vor allem – das Werkzeug `Tangente[Q,...]` die Tangente in Q liefert. Das Lot vom Pol A auf diese Tangente hat schon den gesuchten Punkt P als Fußpunkt. Probieren Sie mit den vielen Kurven dieses Buches einfach aus, wie die Ortskurven von P, die **Fußpunktkurven** zu Kurve C bei Variation des Pols A, aussehen. Wenn bei Parameterkurven die Ortskurve nicht als Ganzes angezeigt wird, können Sie stets die Form als Spur von P erhalten.

Wenn die erzeugte Ortskurve so aussieht wie eine Kurve, die Sie schon gesehen haben, formulieren Sie eine Vermutung und tragen die bekannte Kurve mit in die Zeichnung ein. Wenn es Ihnen gelingt, die Parameter anzupassen, so dass die fraglichen Kurven übereinander liegen, ist schon viel geleistet. Vielleicht gelingt Ihnen dann sogar ein analytischer oder ein geometrischer Beweis.

Wenn die Ortskurve ganz anders aussieht, freuen Sie sich über Ihre Entdeckung, loten noch Variationen der Lage des Pols A und der Parameter von C aus und gestalten eine schöne Seite mit Ihren Ergebnissen.

Aufgabe 9.1 Sluze-Konchoiden als Fußpunktkurven der Parabel?
Den Konchoiden des Baron de Sluze ist der Abschnitt 5.2.2 gewidmet. Hat Kuno Fladt in [Fladt 1962, S. 385] recht, wenn er behauptet, die Sluze-Konchoiden seien Fußpunktkurven der Parabel?

Hinweis
Schreiben Sie die in Abb. 5.8 angegeben kartesische Gleichung so um, dass die Schlaufen nach links zeigen. Beachten Sie als Hilfe die einleitend vorgeschlagene Vorgehensweise. ◂

Aufgabe 9.2 Fußpunktkurven der Ellipsen
Konstruieren Sie die Fußpunktkurven zu Ellipsen mit der Gleichung $\frac{x^2}{a^2} + \frac{y^2}{b^2} = 1$ für beliebige Lage des Pols $A = (c, d)$.

1. Warum liegen alle Fußpunktkurven außerhalb der Ellipse?
2. Sind sie Booth'sche Lemniskaten, wenn A im Ursprung liegt?
3. Sind sie – bei beliebiger Lage von A – Pascal'sche Schnecken, wenn die Ellipse speziell ein Kreis ist?
4. In welchem Sonderfall ergibt sich eine Kardioide?

Hinweis

Legen Sie für die Halbachsen a und b der Ellipse Schieberegler an. Verschaffen Sie sich durch Ziehen an A zunächst einen Überblick. Beachten Sie als Hilfe die einleitend vorgeschlagene Vorgehensweise. ◄

Aufgabe 9.3 Fußpunktkurven der Hyperbeln

Konstruieren Sie die Fußpunktkurven zu Hyperbeln mit der Gleichung $\frac{x^2}{a^2} - \frac{y^2}{b^2} = 1$ für beliebige Lage des Bezugspunktes $A = (c, d)$.

1. Warum liegen alle Fußpunktkurven zwischen den Hyperbelästen?
2. Sind sie Booth'sche Lemniskaten, wenn A im Ursprung liegt?
3. Wie unterscheiden sich die Fußpunktkurven je nachdem ob der Pol A zwischen den Ästen oder auf der konkaven Seite der Äste liegt?
4. In welchem Sonderfall ergibt sich eine Bernoulli'sche Lemniskate?

Hinweis

Ersetzen Sie in der Datei für die vorige Aufgabe in der Kegelschnittgleichung das Plus durch ein Minus. Verschaffen Sie sich durch Ziehen an A zunächst einen Überblick. Beachten Sie als Hilfe die einleitend vorgeschlagene Vorgehensweise. ◄

Aufgabe 9.4 Fußpunktkurven der Steiner-Kurve

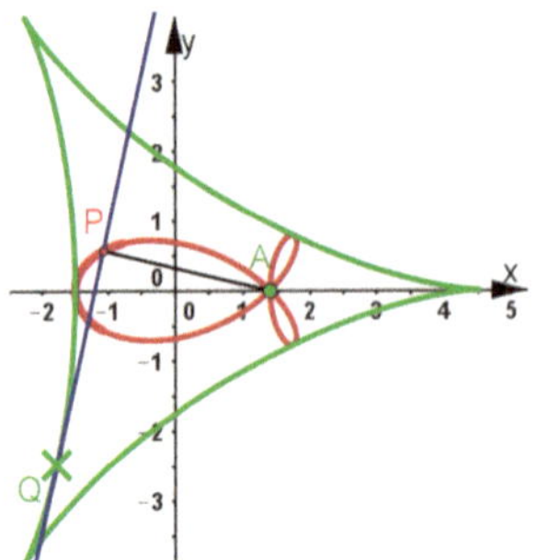

Abb. 9.3 Steiner-Kurve oder Deltoid mit einer ihrer Fußpunktkurven. Parameterdarstellung der Steiner-Kurve

$$\begin{aligned} x(t) &= \varrho\,(2\cos(t) + cos(2t)) \\ y(t) &= \varrho\,(2\sin(t) - sin(2t)) \end{aligned} \tag{9.6}$$

Die kartesische Gleichung der Steiner-Kurve ist:
$(x - 3\varrho)^3(x + \varrho) + y^2(2x^2 + y^2 + 24x\varrho + 18\varrho^2) = 0$
Jakob Steiner (1796-1863) war Schweizer Mathematiker, der später in Berlin arbeitete und Bedeutendes in der Geometrie geleistet hat.

Die **Steiner-Kurve** ist eine Hypotrochoide mit drei Spitzen. Sie ist in Abb. 9.3 zu sehen, aber auch schon in Abb. 8.29 b). Aus Gleichung 8.13 folgt die neben dem Bild angegebene Parametergleichung mit $m = 3$, $k = 1$ und beliebigem Radius ϱ des Rollkreises.

Es gilt für den Umkreisradius $R = 3\varrho$

Erzeugen Sie – als Spur von P – die Fußpunktkurven zu mehreren Stellungen des Pols A. Es gibt das Trifolium, andere Dreiblatt-, Zweiblatt- und Einblattkurven. Auf die gleiche Weise können Sie auch selbst mit der **Astroide** experimentieren, bei der als Fußpunktkurve das Quadrifolium in Abb. 8.22 gezeigt ist. Welche Varianten ergeben sich hier?

Hinweis

Ausführliche Lösungen finden Sie auf der Website zum Buch. Die kartesische Gleichung der Fußpunktkurven der Steiner-Kurve ist: $((x-a)^2+y^2)^2+(x-a)^3(\varrho+a)-(3\varrho-a)(x-a)y^2=0$ ◀

9.1.3 Negative Fußpunktkurven

Das Wort **negativ** wird hier wie in der Algebra gebraucht: zu der Zahl 3 erreicht man am Zahlenstrahl die −3 durch Spiegelung am Ursprung. Mit erneuter Spiegelung kommt man zur 3 zurück. Hier ist es so: bildet man die *negative Fußpunktkurve* zu einer Fußpunktkurve, so kann man die Ausgangskurve (letzterer) zurück erhalten, wenn man den Pol passend wählt.

Definition 9.2 (Negative Fußpunktkurve)
Zu jeder Kurve C und jedem festen Punkt A, Pol genannt, lässt sich eine negative Fußpunktkurve C_N erzeugen. In einem beliebigen Punkt Q der Kurve C wird auf der Strecke $\overline{AQ}$ im Q die Senkrechte errichtet. Die **Hüllkurve aller dieser Senkrechten** ist die **negative Fußpunktkurve von C mit dem Pol A**. Die englische Bezeichnung der negativen Fußpunktkurven ist **negative pedal curves** oder **contra pedals**.

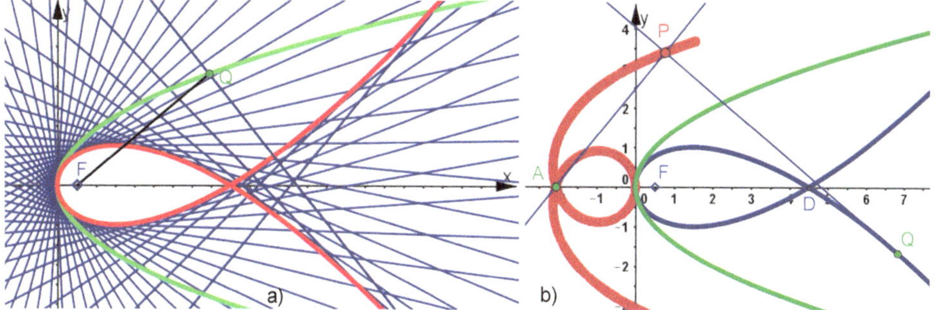

Abb. 9.4 a)Tschirnhaus-Kubik als negative Fußpunktkurve der Parabel, Pol A ist der Brennpunkt F. b) In Rot ist *eine* Fußpunktkurve der Tschirnhaus-Kubik gezeigt. Wo muss A stehen, damit die Parabel wieder herauskommt?

In Abb. 9.4 a) ist der Spurmodus für die Senkrechte in Q eingeschaltet. Q ist ein Punkt der Parabel $y^2 = 2p\,x$ und der Pol ist der Brennpunkt der Parabel (siehe Beginn von Abschnitt 9.1.1.1). Solche Bilder von Geradenscharen lassen sich noch einfacher herstellen als die (positiven) Fußpunktkurven. Darum stelle ich Ihnen diese Möglichkeit der Kurvenerzeugung vor. Allerdings will ich nicht verschweigen, dass man die Hüllkurve, die hier rot hervorgehoben ist, ausrechnen muss. Das wird in Abschnitt 9.2 erklärt und in Abschnitt 9.2.3 für die Parabel durchgeführt. In diesem Fall ergibt sich die

$$\text{Tschirnhaus-Kubik} \qquad 54p\,y^2 = (9p - 2x)^2\,x \tag{9.7}$$

Sie ist benannt nach E. W. Graf von Tschirnhaus (1651-1709), der sie als Katakaustik der Parabel für senkrecht zur Parabelachse einfallendes Licht beschrieben hat. Zu den Kaustiken gibt es den Abschnitt 9.4.

Aufgabe 9.5 Fußpunktkurve der Tschirnhaus-Kubik
Bauen Sie die Konstruktion von Abb. 9.4 b) nach – oder nehmen Sie sie von der Website zum Buch – und erkunden Sie, für welche Stellung des Pols A sich anstelle der roten Schlaufenkurve die grüne Parabel als Fußpunktkurve ergibt.
Überlegen Sie, warum man auf diese Weise **immer** von der negativen Fußpunktkurve zu der Ausgangskurve zurückkehren kann. Dies rechtfertigt den Namen **negative Fußpunktkurve**.
Sehen Sie im Abschnitt 4.2.1.1 nach, zu welchem Typ die Tschirnhaus-Kubik gehört. Vergleichen Sie mit den Abb. 4.13 und 4.14.
Machen Sie sich klar, dass die Kurve rechts *keine* Asysmptote hat.

Hinweis
Verwenden Sie die implizite Gleichung 9.7 der Tschirnhaus-Kubik. ◀

9.2 Enveloppen, Evoluten, Involuten, Evolventen

Diese Begriffe stammen aus einer Zeit, als Latein noch *die* Wissenschaftssprache war und auch (Alt-)Griechisch einen bedeutenden Platz im Gymnasium hatte. Ihre Verwendung ist gerade heute wieder sinnvoll, da sie in allen Sprachen verstanden werden. Prägnante deutsche Ausdrücke gibt es nicht für alle. Eine kurze Übersicht nennt vorweg das Wesentliche, Ausführungen folgen:

1. **Enveloppen sind die Hüllkurven** oder **Einhüllende** von Kurvenscharen, sie durchziehen die Abschnitte 9.1 bis 9.4.
2. **Evoluten sind die Hüllkurven von Normalenscharen**, sie sind auch der Ort der Krümmungskreis-Mittelpunkte, siehe Abschnitt 9.3.

3. **Involuten** sind die Kurven, zu denen man eine Evolute konstruiert hat. Der Begriff steht also in einem Prozesszusammenhang, er „konstruiert“ keine neue Kurve, sondern benennt die Ausgangskurve.
4. **Evolventen sind Abwickelkurven** einer Kurve, auf die man sich einen Faden aufgewickelt vorstellt, den man dann tangential wegzieht, siehe Abschnitt 9.3.3. Je nach Fadenlänge beim Start erhält man viele Evolventen, die untereinander **Parallelkurven** sind.

9.2.1 Hüllkurven allgemein

Wir betrachten ebene Kurvenscharen, die *einen* Parameter enthalten. Zu jedem Parameterwert gehört eine Kurve. Unter gewissen Bedingungen, denen wir uns ausführlich widmen werden, erscheint bei Betrachtung aller oder wenigstens sehr vieler Scharkurven als „verdichteter Rand“ eine andere Kurve, die von den Scharkurven berührt wird. Sie heißt **Hüllkurve der Schar**. Man sagt auch **Einhüllende oder Enveloppe** der Scharkurven (englisch: *envelope*). Hüllkurven treten auch in physikalischen Zusammenhängen auf, eindrucksvoll bei Reflexionen von Licht an gekrümmten Spiegeln oder bei Brechung an gekrümmten Gläsern. Diese **Kaustiken** zeigt Abschnitt 9.4. Auch Wellenfronten sind als räumliche **Hüllflächen** aufzufassen. **Brennpunkte**, wie sie besonders bei Kegelschnitten auftreten, lassen sich als „zusammengezogene“ Hüllkurven auffassen, siehe Abschnitt 7.5.

In der Bildenden Kunst sind durch Spannen von Fäden oder Drähten vielfach interessante **Hüllkurven-Effekte** erzeugt worden. Im nächsten Abschnitt 9.2.2 wird ein solches Beispiel als Einstieg in die Methoden verwendet werden.

Jede Kurve ist Hüllkurve ihrer eigenen **Tangentenschar**, eine Erkenntnis, die schon schöne Bilder hervorbringt. Interessanter sind die **Evoluten**, die man als Hüllkurven der **Normalenschar** einer Kurve erhält.Sie haben noch weitere wichtige Eigenschaften, die wir in Abschnitt 9.3 erkunden wollen. Viele der klassischen Kurven aus Kapitel 3 können auch als Hüllkurven entstehen. Eine Übersicht wird in Abschnitt 9.3.2 als **Aufgabensammlung** formuliert.

9.2.2 Naum-Gabo-Kurven und grundlegendes Vorgehen

Der russisch-amerikanische Künstler Naum Gabo wurde 1890 in Russland geboren, studierte in Deutschland und ist weltweit in Museen mit seinen „konstruktivistischen“ Werken zu sehen. Seine Skulpturen, räumlichen Installationen und Zeichnungen sind oft geometrisch aus vielen einfacheren Elementen aufgebaut, Köpfe aus ebenen Flächen, Figuren aus Stangen oder Gebilde aus Fäden. Er starb 1977 in den USA.

Die Naum-Gabo-Kurve aus Abb. 9.5 ist keine Astroide. Ein Gegenbeispiel ist die Mittelstellung, der Faden von (0,5) zu (5,0). Er hat die Länge $\sqrt{50}$ und nicht 10, wie der erste und letzte Faden. Die rutschende Stange der Astroide in Abb. 9.7 hat *feste* Länge.

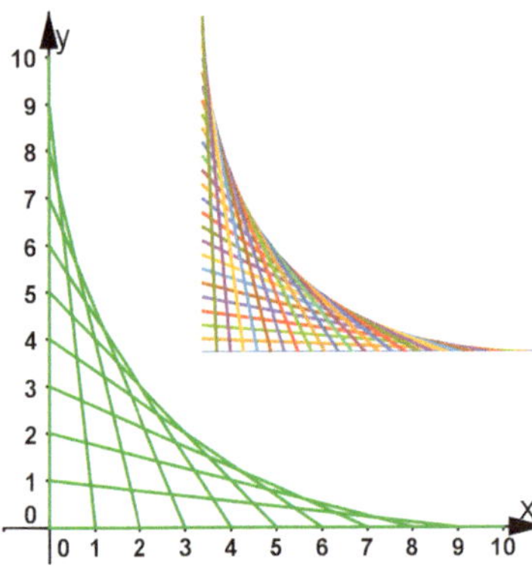

Abb. 9.5 Naum-Gabo-Kurven In diesem Bild sind die Achsen gleichmäßig eingeteilt und entsprechende Punkte verbunden. Wenn wir den y-Achsenabschnitt t nennen, dann ist die Steigung der grünen Geraden $m = -\frac{t}{a-t}$. Dabei ist hier $a = 10$, die Länge des ersten und des letzten Fadens. Die Gleichung der grünen Geraden ist damit $y = -\frac{t}{a-t}\,x + t$ oder in anderer Schreibweise:

$$F(x, y, t) = t\,x + (a-t)(y-t) = 0 \qquad (9.8)$$

Die Kurvenschar mit einer solchen Standardform der Kurvengleichung (siehe Satz 2.1) zu beschreiben, bewährt sich beim Umgang mit Hüllkurven.

Für die Bestimmung der Hüllkurve gibt es mehrere handwerkliche Vorgehensweisen, die ich vorstellen möchte.

9.2.2.1 Hüllkurve mit Hilfe der Schnittpunktmethode

Zwischen zwei Scharkurven, in Abb. 9.5 sind es Geraden, gibt es unendlich viele weitere. Zeichnete man zu viele davon, würde man keine mehr erkennen, es wäre eine Fläche gefüllt. Man kann also zu der Scharkurve mit dem Parameter t keine bestimmte „Nachbarkurve“ mit einem Parameter s angeben. Aber man kann den Schnittpunkt von $F(x, y, t) = 0$ und $F(x, y, s) = 0$ berechnen und dann versuchen, einen „Grenzpunkt“ für $s \longrightarrow t$ zu bestimmen. Wenn es gelingt, hat man damit eine Parameterdarstellung der Hüllkurve und nach Elimination des Parameters ggf. ihre kartesische Gleichung.
Wird die Grenzwertbestimmung schwierig, kann man $s = t + \varepsilon$ setzen und mit Vernachlässigung höherer Potenzen von ε den Grenzwert für $\varepsilon \longrightarrow 0$ suchen.
Zwei Scharkurven sind nun also nach Gleichung 9.8 durch
$F(x, y, t) = t\,x + (a-t)(y-t) = 0$ und $F(x, y, s) = s\,x + (a-s)(y-s) = 0$
gegeben. Um deren Schnittpunkt zu berechnen, werden die Gleichungen subtrahiert. Es ergibt sich nach Auflösung der Klammern und wieder gruppiert: $(s-t)\,a\,y - s\,t(s-t) = 0$. Für $s \neq t$ kann man kürzen und dann den Grenzübergang vollziehen: $0 = \lim_{s\to t}(a\,y - s\,t) = a\,y - t^2$, also $\boldsymbol{y = \frac{t^2}{a}}$.

Mit diesem y erhält man aus $F(x, y, t) = 0$ nun $\boldsymbol{x = a - 2t + \frac{t^2}{a}}$. Mit dem GeoGebra-Befehl `Kurve[a-2t+t^2/a, t^2/a, t,0,a]` können Sie sich nun gleich überzeugen, dass dieses passt. Zu Elimination von t schreibt man die Gleichung für x um in $(x-y) - a = -2t$, quadriert, setzt $t^2 = a\,y$ und erhält:

Naum-Gabo-Kurve zu Abb. 9.5 $$(x-y)^2 + a^2 = 2a(x+y) \qquad (9.9)$$

Diese Naum-Gabo-Kurve ist eine gedrehte Parabel Mit dem Button für Drehungen können Sie die durch Gleichung 9.9 gegebene Kurve interaktiv um 45° drehen. Das Ergebnis sieht wie eine Parabel aus und wegen der angezeigten Gleichung $2x^2 - 28.28y = -100$, können Sie fast sicher sein.

Für eine gerechnete Drehung um 45° nach links sind folgende Ersetzungen vorzunehmen: $x - y \longrightarrow \sqrt{2}\,\bar{x}, \quad x + y \longrightarrow \sqrt{2}\,\bar{y}$. Das hat zur Folge $\mathbf{2\,\bar{x}^2 + 100 = 20\sqrt{2}\,\bar{y}}$, eine Parabelgleichung. Falls Sie mit Drehmatrizen vertraut sind, nutzen Sie die Abbildungsgleichung $\binom{\bar{x}}{\bar{y}} = \frac{1}{\sqrt{2}}\begin{pmatrix}1 & -1\\ 1 & 1\end{pmatrix}\binom{x}{y}$.

Die Parabel hört nicht auf. In der Konstruktion in Abb.9.5 sind die grünen Strecken so gebildet worden, dass die Summe der Markierungen immer 10 ist. Das könnte man weiterführen mit 11 und -1, mit 12 und -2 u. s. w. Die zugehörigen Geraden hätten dann eine positive Steigung. Die beiden Achsen erkennt man so als Tangenten an die schräge Parabel. Für die gedrehte Parabel kann man leicht nachrechnen, dass sie die Tangenten $y = \pm x$ mit den Berührpunkten $\left(10\sqrt{2}, 10\sqrt{2}\right)$ hat.

9.2.2.2 Hüllkurve mit Hilfe der Ableitung nach dem Parameter

Dieser Weg nutzt lediglich den Differenzenquotienten $\frac{F(x,y,t+\Delta t)-F(x,y,t)}{\Delta t}$, der in dem Vorschlag mit ε zu Beginn von Abschnitt 9.2.2.1 schon unausgesprochen vorhanden ist. Dessen Grenzwert, wenn es ihn gibt, wird durch die partielle Ableitung $\frac{\partial F(x,y,t)}{\partial t}$ beschrieben. Vielfach steht in Büchern dennoch $F'(x, y, t)$ und es wird erwähnt, dass die partielle Ableitung nach t gemeint ist. Damit gilt:

Bestimmung der Hüllkurve

Ist $F(x, y, t) = 0$ die Gleichung einer Kurvenschar, die eine Hüllkurve hat. Dann kann man diese durch Lösung des Gleichungssystems nach x und y

$$F(x, y, t) = 0 \qquad \frac{\partial F(x, y, t)}{\partial t} = 0 \tag{9.10}$$

bestimmen. Man erhält eine Parameterdarstellung $x = x(t),\ y = y(t)$ für die Hüllkurve oder, nach Elimination von t, eine kartesische Gleichung.

Im Fall der Naum-Gabo-Kurve aus Abb. 9.5 führt das mit Gleichung 9.8 zum Gleichungssystem

$$F(x, y, t) = t\,x + (a-t)(y-t) = 0 \qquad \frac{\partial F(x, y, t)}{\partial t} = x - (y-t) - (a-t) = 0 \tag{9.11}$$

Rechts folgt $x = a - 2t + y$, mit t multipliziert und links verwendet folgt $a\,y = t^2$ und damit sind wir bei der Parameterdarstellung des Abschnitts 9.2.2.1 und der kartesischen Gleichung 9.9.

9.2.3 Parabel als Hüllkurve mit der Extremum-Methode

Wenn es für die Scharkurven eine Funktion f mit $y = f(x,t)$ gibt, hat man noch eine weitere Möglichkeit, die Hüllkurve zu bestimmen.

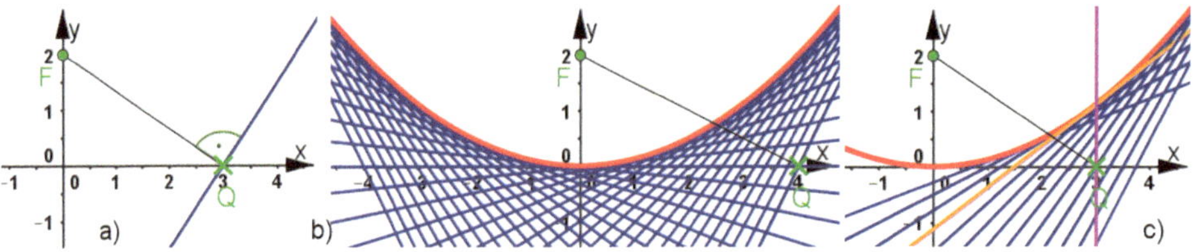

Abb. 9.6 a) Q ist zugfest auf der x-Achse. Auf Strecke $\overline{FQ}$ steht in Q eine Gerade senkrecht. b) Die Spur der Geraden bei Bewegung von Q zeigt eine Hüllkurve c) Zur Berechnung mit der Extremum-Methode sucht man bei festem x die „höchste" Gerade.

Abb. 9.6 c) zeigt die Idee. Die violette Senkrechte an einer Stelle x wird von vielen Scharkurven geschnitten. Wir suchen diejenige, deren Schnittpunkt mit der violetten Geraden am höchsten, bzw. am niedrigsten, liegt. Im Bild ist diese orange hervorgehoben. Jede Scharkurve ist durch einen Wert von t gekennzeichnet und daher finden wir das zugehörige t als Extremstelle, wenn wir uns $y = f(x,t)$ bei festem x in einem t-y-Koordinatensystem denken. Wir suchen unter den Nullstellen von $\dot{y}$, also Lösung(en) von $\frac{\partial f(x,t)}{\partial t} = 0$. Das so erhaltene t setzen wir in $y = f(x,t)$ ein und prüfen, durch Eintragen in der Zeichnung, ob die Hüllkurve passt. Es ist durchaus denkbar, dass es keine Hüllkurve gibt.

In Abb. 9.6 a) sei $F = (0,a)$ und $Q = (t,0)$. Dann ist FQ gegeben durch $y = -\frac{a}{t}(x-t)$ und die blaue Senkrechte durch $y = \frac{t}{a}(x-t) = \frac{t\,x-t^2}{a}$. Es folgt der Ansatz $\dot{y} = \frac{x-2t}{a} = 0$, was $t = \frac{x}{2}$ als (gesicherte) Extremstelle ergibt. Wir haben damit $y = \frac{x}{2a}(x - \frac{x}{2}) = \frac{1}{4a}x^2$, also ist die **Hüllkurve eine Parabel**, wie sie in Bild b) rot eingetragen ist.

Anmerkung: Dieses Verfahren greift auch bei den Naum-Gabo-Kurven des vorigen Abschnitts, probieren Sie es aus. Es war mir in diesem Abschnitt 9.2.3 wichtig, ein elementares Beispiel vorzuführen, wie es in jedem Schulunterricht möglich ist. Da hier die Schar eine Parabel in t ist, braucht man keine Differenzialrechnung.

Die Parabel ist als negative Fußpunktkurve einer Geraden auffassbar. Bei genauerem Hinsehen passt mit der x-Achse als Gerade C und F als Pol die Konstruktion in Abb. 9.6 a) zur Definition 9.2 in Abschnitt 9.1.3.

Rutschendes Geodreieck ist ebenfalls ein Name für diese Konstruktion, sie kommt sogar in Schulbüchern vor. Aber auch [Lockwood 1961, S. 3] hält diese Konstellation für so zentral, dass er mit ihr sein Buch beginnt. Es ist „Geodreieck" in englisch *set square*. Die linke Kathete des Geodreiecks ist an den festen Punkt F, einem Nagel, angelehnt, während die rechtwinklige Ecke auf der x-Achse entlangrutscht. In mehreren Stellungen markiert man mit Strichen die rechte Kathete. Die Hypotenuse ist hier weggelassen.

Eine Papierfaltungs-Konstruktion beruht auf den Abb. 9.1 a) und 9.6 a). Die Tangente im erstgenannten Bild schneidet die y-Achse im Punkt Q des letztgenannten Bildes. Faltungskonstruktion: Markieren Sie auf einem quer gelegten Blatt in der Mitte 2 cm vom unteren Rand einen Punkt F. Falten Sie nun die untere Blattkante ganz oft so, dass sie F trifft. Die Faltlinien hüllen dann eine Parabel ein. Sie finden auf der Website zum Buch eine Anleitungsseite. Die Adressaten meiner Lehre bezeichneten diese *Erfahrung* der Parabel als „unvergesslich".

9.2.4 Astroide und die rutschende Leiter

In Abschnitt 4.4.5.2 haben Sie die Stangenkonstruktion der Ellipse kennengelernt. In Abb. 4.37 b) ist die Astroide als Hüllkurve zu sehen. Deren Gleichung wollen wir nun herleiten. In Abb. 9.7 ist die Leiter links in den II. Quadranten gestellt, damit wir als Parameter einen spitzen Steigungswinkel α haben. Vom Astroidenproblem her ist es unerheblich, welches Viertel wir berechnen.

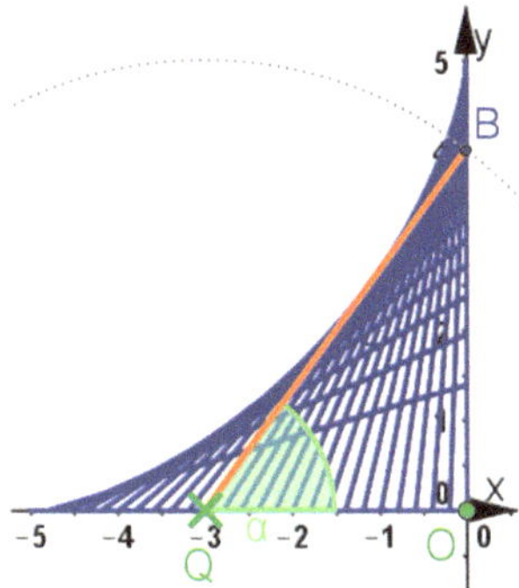

Abb. 9.7 **Astroide und rutschende Leiter** Die Geraden haben die Gleichung $y = f(x, \alpha) = \tan(\alpha)\, x + a\, \sin(\alpha)$, wobei a die Länge der orangefarbenen Leiter ist.
Die partielle Ableitung dieser Gleichung nach α ist:
$0 = \frac{x}{\cos(\alpha)^2} + a\cos(\alpha)$.
Daraus folgt $\boldsymbol{x = -a\cos(\alpha)^3}$ und damit in der oberen Gleichung $y = -a\cos(\alpha)^3 \cdot \frac{\sin(\alpha)}{\cos(\alpha)} + a\sin(\alpha) =$
$a\sin(\alpha) \cdot \left(-\cos(\alpha)^2 + 1\right)$, also $\boldsymbol{y = a\sin(\alpha)^3}$. Soll der Parameter α, wie im Bild, die Bedeutung als Tangentenwinkel haben, muss man das Minuszeichen bei x beibehalten. Mit dem Parameter $\varphi = \pi - \alpha$ tritt kein Minuszeichen auf.

$$\text{Astroide, Parameterdarstellung} \quad x = -a\cos(\alpha)^3, \quad y = a\sin(\alpha)^3 \tag{9.12}$$

$$\text{Astroide, implizit kartesisch} \quad x^{\frac{2}{3}} + y^{\frac{2}{3}} = a^{\frac{2}{3}} \tag{9.13}$$

In Abb. 8.29 c) ist die Astroide als Hypotrochoide zu sehen. Aus der Gleichung 8.13 folgt mit $4\varrho = R = a$ zunächst $x = \frac{a}{4}(3\cos(t) + \cos(3t)$ und $x = \frac{a}{4}(3\sin(t) - \sin(3t)$ und nach trigonometrischen Umformungen $x = a\cos(t)^3$ und $y = a\sin(t)^3$. Da hier das Minuszeichen beim x fehlt, ist $t = \pi - \alpha$.

9.2.4.1 Eigenschaften der Astroide

In Abb. 8.22 sind besondere Flächenverhältnisse zu sehen. Die Berechnungen dazu sollen nun erfolgen.

Die Fläche der Astroide ergibt sich aus der Parameterdarstellung 9.12 mit der Flächenformel 11.9 und $\dot{x} = 3a\cos(\alpha)^2\ \sin(\alpha)$. Dieses bringt

$$A = 4 \cdot \int_0^{\frac{\pi}{2}} 3a^2 \sin(\alpha)^4 \cos(\alpha)^2 d\alpha = \frac{3}{8}a^2\pi. \tag{9.14}$$

Dabei ist für die Integration ein CAS nützlich, z. B. GeoGebra. Übrigens ist $A_U = a^2\pi$ die Fläche des Umkreises.

Der Inkreis berührt die Astroide in den gemeinsamen Punkten mit den Winkelhalbierenden der Quadranten. Dort ist die Stange der Länge a halbiert, daher hat er den Radius $\varrho = \frac{a}{2}$. Damit hat der Inkreis den Flächeninhalt $A_i = \frac{a^2}{4}\pi = \frac{2}{3}A$.

Das Quadrifolium hat die Polargleichung $r(\theta) = \frac{a}{2}\sin(2\theta)$. Mit Formel 11.10 ist die Fläche $A_q = 4 \cdot \frac{1}{2}\int_0^{\frac{\pi}{2}} \left(\frac{a}{2}\sin(2\theta)\right)^2 d\theta = \frac{a^2}{8}\pi = \frac{1}{3}A$.

Astroide, Inkreis, Quadrifolium, Vergleich gemäß Abschnitt 8.2.2. Nach obigen Berechnungen haben das Quadrifolium, sein Äußeres bis zum Inkreis und die Astroidenspitzen außerhalb des Inkreises jeweils den Flächeninhalt $\frac{a^2}{8}\pi$.

Die Länge der Astroide lässt sich mit Formel 11.15 einfach von Hand berechnen, da man $\cos(\alpha)\sin(\alpha)$ aus der unangenehmen Wurzel herausziehen kann und nur $\sqrt{1}$ übrig bleibt. Die Weglänge auf der Astroide in Abb. 9.7 von 0 bis α ist $L(\alpha) = \frac{3}{2}a\sin(\alpha)^2$. Die Gesamtlänge der Astroide ist damit $L = 6a$.

9.3 Evoluten als Hüllkurven von Normalenscharen

Die wichtigsten Hüllkurven sind die **Evoluten**. Sie sind Einhüllende, **Enveloppen**, der Normalenschar einer Kurve C_1. Wir überlegen gleich, dass sie dadurch auch der **Ort der Krümmungskreis-Mittelpunkte** sind. So zeigt es Abb. 9.8 a). Wenn man nämlich an die Bestimmung der Hüllkurve mit der Schnittpunktmethode denkt, sieht man das leicht ein: So ein Mittelpunkt muss naturgemäß auf der Normalen in P liegen. Rückt eine „Nachbar“-Normale an diese Normale immer dichter heran, so ist deren „Grenz“-Schnittpunkt eben auch *der* Krümmungskreis-Mittelpunkt. In Abb. 9.8 b) ist in Grün so ein Mittelpunkt M mit orangefarbenem Krümmungskreis zu sehen. Wir werden in Abschnitt 9.3.1 hierzu ein Beispiel rechnen. Außerdem erkennt man, dass die Geradenschar, die die Hüllkurve erzeugt, zugleich **Tangentenschar der Hüllkurve** ist.

Betrachtet man zwei Punkte M_1 und M_2 der Hüllkurve, so ist der Krümmungsradius gerade um das Bogenstück(M_1, M_2) gewachsen, dabei sind die Punkt Q_1 und Q_2 als Fußpunkte der Normalen auf der Ausgangskurve gewandert. Darum kann man sich einen Faden denken, der sich bis zu einem Punkt M an die Kurve schmiegt und dann tangential weggezogen wird, siehe Abb. 9.9 c). Die Tangente ist die Normale der Ausgangskurve in Q, von M bis Q ist der Faden straff gespannt und schon entfernt von der Hüllkurve,

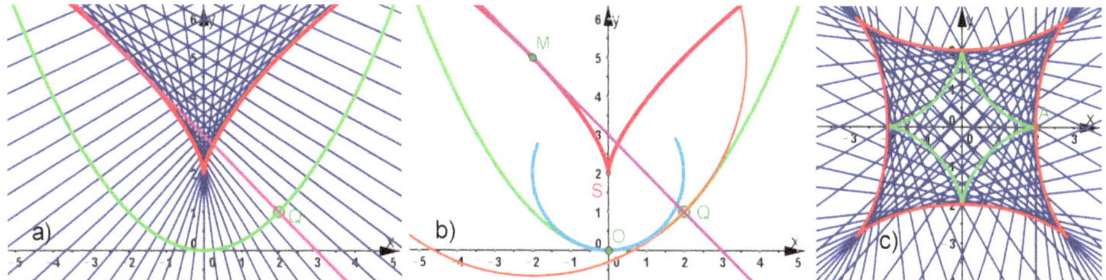

Abb. 9.8 a) Normalenschar und Evolute der Parabel, b) Die Evolute ist nicht nur Hüllkurve der Normalenschar, sondern auch Kurve der Krümmungskreis-Mittelpunkte, c) Normalenschar und Evolute der Astroide

von der er **abgewickelt** wird. Daher ist die Ausgangskurve eine **Abwickelkurve** oder **Evolvente** der Evolute.

Zu einer Kurve C_1 gibt es i. d. R. die **Enveloppe** (Hüllkurve) C_2 ihrer Normalen. C_2 heißt auch **Evolute** und ist zugleich Ortskurve der Krümmungskreis-Mittelpunkte von C_1. Die Ausgangskurve, die Involute C_1, ist *eine* **Evolvente** (Abwickelkurve) der Evolute. Weitere Evolventen entstehen durch andere Startlängen des abzuwickelnden Fadens. Sie sind untereinander **Parallelkurven** von C_1 (siehe Abschnitt 9.3.3, Abb. 9.9). Sie alle haben als ihre Evolute gemeinsam die Kurve C_2.

Man kann in Abb. 9.8 c) sehen, dass die Evolute und Involute einer Astroide um 45° gegeneinander gedreht sind und sich in der Größe um den Faktor 2 unterscheiden. Einen Beweis finden Sie auf der Website zum Buch.

9.3.1 Evolute einer Parabel

Die Evolute kann man als Hüllkurve der Normalenschar bestimmen und dabei nach einer der in Abschnitt 9.2 vorgeschlagenen Methoden vorgehen. Alternativ verwendet man die Parameterdarstellung der Krümmungskreis-Mittelpunkte 11.20. Um die Vertrautheit mit der Parabel zu nutzen, möchte ich hier beide Wege im konkreten Fall zeigen. Ausgangskurve C_1 ist die Parabel $y = ax^2$ mit $a = \frac{1}{4}$ aus Abb. 9.8 a) und b).

Normalenschar und Evolute: Wegen $y' = 2a\,x$ ist im Punkt $Q = (t, v)$ die Steigung $m_q = 2at$ der Tangente und $m_s = -\frac{1}{2a\,t}$ die Steigung der Normalen. $y = -\frac{1}{2a\,t}(x - t) + at^2 = -\frac{x}{2a\,t} + \frac{1}{2a} + a\,t^2$ ist die Normalenschar mit dem Parameter t. Nun nehmen wir die Methode aus Abschnitt 9.2.3 und bilden die partielle Ableitung nach t: $0 = \dot{y} = \frac{x}{2a\,t^2} + 2a\,t$. Wir streben nun eine Parameterdarstellung für die gesuchte Kurve an und bilden daher $\boldsymbol{x = x(t) = -4a^2t^3}$, setzen dieses in die Normalenschargleichung ein und erhalten zusammengefasst $\boldsymbol{y = y(t) = 3a\,t^2 + \frac{1}{2a}}$. Dieses ist eine **Parameterdarstellung der Evolute der Parabel**.

Für eine explizite Darstellung lassen wir jeweils t^6 erscheinen mit $x^2 = 16a^4t^6$ und $(y - \frac{1}{2a})^3 = 27a^3t^6$. Es folgt $\boldsymbol{(y - \frac{1}{2a})^3 = \frac{27}{16a}x^2}$. Das ist eine waagerecht gelegte **Neil'sche Parabel**, die um $\frac{1}{2a}$ nach oben verschoben ist. Dieser Zusammenhang ist das bekannteste Vorkommen der Neil'schen Parabel, daher leitet sie den Abschnitt 4.2 über die Kubiken ein. Dort zeigt auch Abb. 4.10 die **semi-kubische Parabel**, wie sie auch heißt, als Evolute der Parabel.

Krümmung und Evolute: In Abb. 9.8 b) ist, bei $a = \frac{1}{4}$ für den Parameter $t = 2$ der Punkt $Q = (t, v) = (2, \frac{1}{4}2^2) = (2, 1)$ zu sehen. Als erstes suchen wir für diesen Punkt Q den Krümmungskreis-Mittelpunkt. Es ist also $x = 2$ und $y = 1$, für $y' = 2ax$ folgt $y' = 1$, für $y'' = 2a$ folgt $y'' = \frac{1}{2}$. Anwendung der Formeln 11.20 bringt $m = 2 - \frac{1}{\frac{1}{2}}(1 + 1^2) = 2 - 4 = -2$ und $n = 1 + \frac{1}{\frac{1}{2}}(1 + 1^2) = 5$. Es ist $M = (-2, 5)$ eingezeichnet. Mit Pythagoras ist $\overline{MQ} = 4\sqrt{2}$. Damit ist die Krümmung $\kappa = \frac{1}{4\sqrt{2}}$. Letzteres folgt auch aus der Krümmungsformel 11.18. Der in Abb. 9.8 b) orangefarben sichtbare Krümmungskreis durchsetzt, wie erwartet, in Q die Parabel.

Am Scheitel O ist das nicht der Fall, ein **Kurvenscheitel** ist gerade dadurch definiert, dass in ihm ein **Krümmungsextremum** vorliegt. Der Krümmungsradius des Scheitel-Krümmungskreises ist hier $\frac{1}{2a} = 2$.

Dieses konkrete Beispiel sollte Ihnen helfen, das Zusammenspiel der Begriffe zu erleben. Hätten wir in den Rechnungen a und t beibehalten, hätten wir mit $x(t) := m = -4a^2t^3$ und $y(t) := n = 3a\,t^2 + \frac{1}{2a}$ auch über diesen Weg die Parameterdarstellung der Neil'schen Parabel erhalten.

9.3.2 Kurvenpaare vom Typ: Involute und Evolute

Da die Vorgehensweise prinzipiell geklärt ist, können Sie diesen Abschnitt auch als **Aufgabensammlung** auffassen. Realisieren Sie die Involuten, also die Ausgangskurven, in GeoGebra und bauen Sie die Normale in einem zugfesten Punkt Q. Setzen Sie für die Normale den Spurmodus und betrachten Sie die schönen Bilder. Schauen Sie sich die Evolute (Hüllkurve der Normalen) an und realisieren Sie, dass es die hier behauptete Kurve ist. Dann haben Sie schon viel geschafft.

Die Gleichungen können Sie anpassen und durch Eintragen der Kurve in Ihr Bild prüfen. Den mathematischen Gipfel in diesem Thema besteigen Sie durch Herleitung der Evolutengleichung und den Beweis, dass es stets die behauptete Kurve ist. Die folgende Zusammenstellung gibt i. W. [Lockwood 1961, S. 171].

1. Involute: Kreis, Evolute: ein Punkt
2. Involute: Gerade, Evolute: gibt es nicht
3. Involute: Königin-Spirale, Evolute: eine Königin-Spirale (s. Abb. 8.9)
4. Involute: gespitzte Zykloide, Evolute: eine kongruente Zykloide (s. Abb. 8.27)
5. Involute: Kardioide, Evolute: eine verkleinerte Kardioide (s. Aufgabe 9.7)
6. Involute: Nephroide, Evolute: eine verkleinerte Nephroide (s. Abb. 9.15)
7. Involute: Cayley's Sextic $r = a\cos(\frac{1}{3}\theta)^3$, Evolute: Nephroide (s. Abschnitt 9.4.2)

8. Involute: Ellipse, Evolute: Lamé Kurve $\left(\frac{x}{A}\right)^{\frac{2}{3}} + \left(\frac{y}{B}\right)^{\frac{2}{3}} = 1$

9. Involute: Hyperbel, Evolute: Lamé Kurve $\left(\frac{x}{A}\right)^{\frac{2}{3}} - \left(\frac{y}{B}\right)^{\frac{2}{3}} = 1$

10. Involute: eine Traktrix, Evolute: Kettenlinie, (s. Abschnitte 9.6.3) und 9.6.4

9.3.3 Evolventen und Parallelkurven

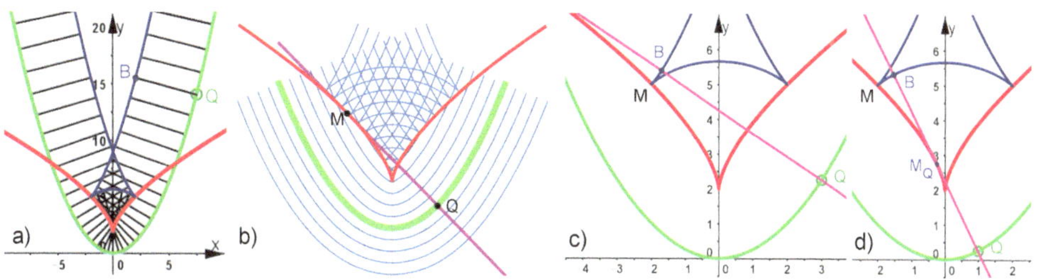

Abb. 9.9 a) Eine Parallelkurve der Parabel im festen Abstand $\overline{BQ}$ und ihr Zusammenhang mit der Evolute der Parabel (rot), b) Parabel (grün) mit ihrer Evolute und deren Evolventen, die auch Parallelkurven der Parabel sind, c) und d) Konstellation aus Abb. 9.8 b) zum Verstehen der gespitzten Abwickelkurven (Evolventen) in Bild b) links

In der Einleitung zu Abschnitt 9.3 sind die Evolventen als Abwickelkurven einer Evolute C_2 begründet worden. Eine der Evolventen von C_2 ist die Ausgangskurve C_1, weitere Evolventen dieser Evolute sind Parallelkurven von C_1. **Parallelkurven** C_p entstehen, wenn man auf der Normalen des zugfesten Punktes Q in **festem Abstand** einen Punkt B markiert, wie es in Abb. 9.9 a) gezeigt ist. In diesem Bild ist der Abstand so groß, dass sich zwei Spitzen bilden, die man in c) und d) vergrößert sieht. Ist der Abstand klein, dann hat man einen stärkeren „Paralleleneindruck", aber keine der Parallelkurven aus Abb. 9.9 b) einer Parabel ist selbst Parabel.

Ist $k = \overline{BQ}$, dann zeigt ein achsenparalleles Dreieck mit der Hypotenuse k, dass mit dem Tangentenwinkel α in Q sich für Punkt B die Koordinaten $x = x(t) = (t - k\sin(\alpha))$, $\quad y = y(t) = at^2 + k\cos(\alpha)$ ergeben, womit man eine **Parameterdarstellung der Parallelkurven der Parabel** gewonnen hat. Das Begründungsdreieck können Sie in ähnlicher Art in Abb. 9.10 sehen. Mit Variation von k sind etliche Parallelkurven in Abb. 9.9 b) zu sehen. Sie alle sind Evolventen der Neil'schen Parabel. In Abb. 9.9 c) ist B gerade auf einem Evolventenstück, bei dem der Faden nur bis M und nicht bis zur Spitze gereicht hat. Q liegt höher auf der grünen Parabel als Punkt (2,1) aus Abb. 9.8 b), bei dem sich der Faden bei M von der Parabel gelöst hat. Liegt Q aber tiefer als dieser Punkt, so beschreibt B den nach unten konkaven Bogen. Von dem Berührpunkt M_Q wird in diesem Bereich gleichzeitig nach oben und nach unten abgewickelt, wie es Abb. 9.9 d) zeigt.

9.3.3.1 Die Evolvente eines Kreises

Es gibt auch Evolventen von Kurven, die *nicht* Evoluten anderweitig bekannter Kurven sind. Für sie muss man wirklich mit der Bogenlänge der Kurve arbeiten. Es liegt aber in der Natur der Konstruktionen, dass sie „rückwärts" doch *Evoluten ihrer eigenen Evolventen* sind.

Wir beschränken uns auf die **Kreisevolvente** als die wichtigste unter ihnen. Sie ist in Abb. 9.10 zu sehen.

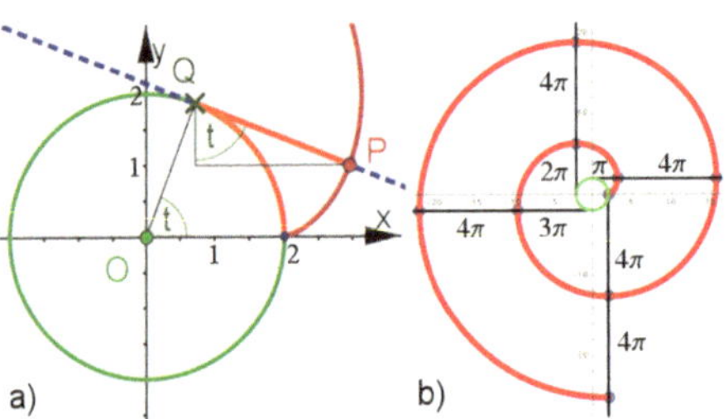

Abb. 9.10 Kreis-Evolvente
a) Zeichnung zur Begründung der Parameterdarstellung (Erklärung im Text):

$$\begin{aligned} x(t) &= a\cos(t) + a\,t\sin(t) \\ y(t) &= a\sin(t) - a\,t\cos(t) \end{aligned} \tag{9.15}$$

b) Der vom Kreis mit $a = 2$ abgewickelte Faden ist markiert für $t = n\frac{\pi}{2}$.

Begründung der Parameterdarstellung 9.15 Auf dem Kreis mit dem Radius $a = 2$ muss man sich einen lagen Faden aufgewickelt vorstellen. In Abb. 9.10 a) ist das kleine Stück $\overline{QP}$ seines Endes abgewickelt. Es ist orangefarben hervorgehoben und genauso lang wie der gleichfarbige Bogen zum Winkel t auf dem Kreis, die Länge ist $a\,t$. Der Winkel t ist auch in dem kleinen Dreieck mit achsenparallelen Katheten und der Hypotenuse $a\,t$. Diese beiden Katheten haben damit die Längen $a\,t\sin(t)$ waagerecht und $a\,t\cos(t)$ senkrecht. Mit der Parameterdarstellung des Kreises (s. Gleichung 4.8 in Abschnitt 4.1.4.4) gilt also für P Gleichung 9.15.

Fadenstellungen in $\frac{\pi}{2}$-Takt werden in Abb.9.10 b) gezeigt. Ein Viertelkreis hat bei $a = 2$ die Länge π. Für $t = \frac{\pi}{2}$ gilt $P_1 = (\pi, 2)$. Wächst t weiter, entsteht die Kreis-Evolvente. Hervorgehoben sind die Punkte im $\frac{\pi}{2}$-Takt. Wenn ein ganzer Kreisumfang abgewickelt ist, haben wir $P_4 = (2, -4\pi)$. Von nun an kommt in jeder Stellung tangential 4π als abgewickelte Länge hinzu.

9.3.3.2 Die Kreis-Evolvente nähert sich der archimedischen Spirale.

Die soeben erwähnten stets gleichen Spiralabstände müssen *tangential* zum Grundkreis gemessen werden. *Radial* stets gleiche Abstände sind charakteristisch für die **Archimedische Spirale**. Das ist also eine etwas andere Eigenschaft. Den Zusammenhang wollen wir nun klären.

In Abb. 9.11 a) wird das Dreieck OQP zu einem Rechteck $OQPP_A$ ergänzt. Der Polarwinkel θ von P_A ist um $\frac{\pi}{2}$ kleiner als t und der Polarradius ist $r(\theta) = a\,t = a\,(\theta + \frac{\pi}{2})$. Dies ist die Gleichung einer um $\frac{\pi}{2}$ zurück gedrehten archimedischen Spirale.

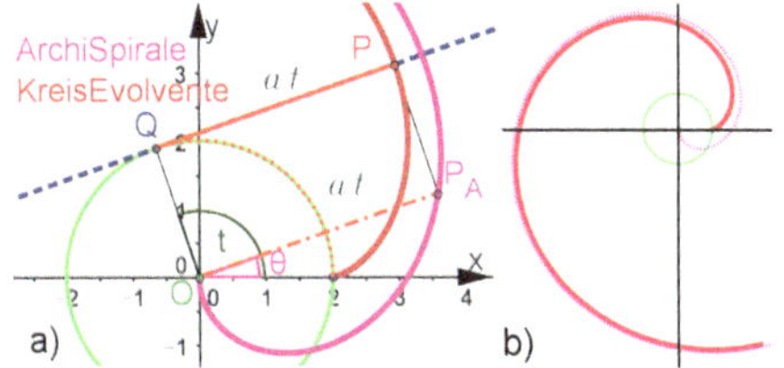

Abb. 9.11 **Die Kreis-Evolvente nähert sich einer um $\frac{\pi}{2}$ zurück gedrehten archimedischen Spirale.** a) Das Rechteck $OQPP_A$ führt auf $\overline{OP_A} = r(\theta) = a\,t = a\,(\theta + \frac{\pi}{2})$. Diese archimedische Spirale ist violett eingezeichnet. b) Die Annäherung ist schon nach der Abwicklung von *einem* Kreisumfang recht gut.

9.4 Reflexion und Kaustiken

Reflexionen werden im Physikunterricht der Sekundarstufe I zunächst an ebenen Spiegeln betrachtet. Bei der Verfolgung enger Strahlenbündel lernen die Jugendlichen das Reflexionsgesetz kennen: Man denkt sich eine Senkrechte auf der Spiegelfläche errichtet, **Einfallslot** genannt, und betrachtet die Winkel, die das Strahlenbündel vor und nach der Reflexion mit dem Einfallslot bilden. Das Reflexionsgesetz lautet dann: **Einfallswinkel=Ausfallswinkel**, verballhornt zu *Einfallspinsel = Ausfallspinsel*.

Brechung dagegen erfolgt beim Übergang des Lichtbündels, meist **Lichtstrahl** genannt, in ein anderes optisches Medium, z. B. von Luft in Wasser oder Glas. Der Winkel, den der im anderen Medium weiterverlaufende Strahl mit dem Einfallslot bildet, heißt **Brechungswinkel**. In das **Snellius'sche Brechungsgesetz** gehen als Stoffkonstanten die Brechungsindizes der beteiligten Medien ein, es handelt sich also nicht um einen *rein geometrischen* Zusammenhang. Allerdings tauchen hier bei den optischen Linsen Begriffe wie **Brennpunkt** oder **Brennline** auf. In diesem Buch vertiefen wir die Brechungsphänomene nicht.

Definition 9.3 (Kaustik)
Die Hüllkurve einer Schar von Geraden, die man als Lichtstrahlen auffassen kann, heißt **Kaustik** oder **Brennlinie**. Entsteht die Schar durch **Reflexion**, so heißt die Hüllkurve **Katakaustik**, entsteht sie durch **Brechung**, heißt sie **Diakaustik**.

Manche Autoren unterscheiden diese beiden Begriffe stattdessen danach, ob die Lichtquelle punktförmig ist, oder ob es sich um paralleles Licht handelt. Das ist mathematisch nicht so sinnvoll, da man paralleles Licht als Grenzfall bei ins Unendliche gerückter Lichtquelle auffassen kann. Die Brechung hingegen ist ein *anderes* physikalisches Phänomen. Außerdem bedeutet die Vorsilbe $\delta\iota\alpha$ (dia) *durch, hindurch*, das passt nur zur Brechung.

9.4.1 Kardioide, die Herzkurve

Für die Kardioide werden in Abb. 9.12 drei Erzeugungsweisen vereint.

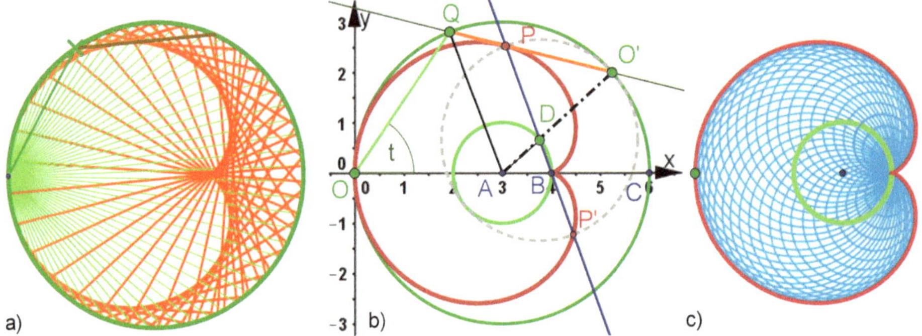

Abb. 9.12 a) Kardioide als Katakaustik, b) Kardioide als passende Pascal'sche Schnecke (Limaçon) mit $A = (a, 0)$, c) Kardioide als Hüllkurve von Kreisen um Punkte des grünen Kreises.

Die Kardioide als Katakaustik ist in Abb. 9.12 a) zu sehen. Der Deutlichkeit halber sind die von der punktförmigen Lichtquelle auf dem Rand ausgehenden Strahlen grün gezeichnet, die am Kreis reflektierten Strahlen aber orangefarben. Der Reflexionspunkt Q und das Einfallslot, das stets ein Radius ist, sind in Bild b) eingetragen. O' entsteht durch Achsenspiegelung an dem Radius. Die zweite Reflexion an O' ist hier unterdrückt.

Brennlinien an spiegelnden gebogenen Flächen sind oft deutlich zu sehen. Für einen goldenen Ring und eine Kaffeetasse finden Sie Bilder im Buch [Haftendorn 2016, Abschnitt 11.5]. Aber auch in der Badewanne erzeugt ein Spotlicht eine deutliche Katakaustik.

Die Kardioide als Pascal'sche Schnecke, auch Limaçon genannt, haben wir schon in Abschnitt 3.1.4 und Abb. 3.6 b) kennengelernt. Mit den Bezeichnungen von Abb. 9.12 b) läuft „Herrchen" D auf dem kleinen grünen Kreis und zieht die Gerade DB mit. Auf dieser sind an einer „Leine" mit fester Länge, nämlich dem Durchmesser des Wanderkreises, zwei „Hunde" P und P', die vom „Baum" B fortstreben oder zu ihm hin. Deren Ortslinie ist die Kardioide.

Satz 9.1

Die ***Katakaustik*** *in Abb. 9.12 a)* ***ist wirklich die Kardioide*** *als Pascal'sche Schnecke.*

Beweis (von Satz 9.1) Wir führen den Beweis geometrisch, indem wir zeigen, dass aus der Reflexion alle Elemente und Eigenschaften des vorigen Absatzes zur Pascal'schen Schnecke folgen. Bezug ist als Beweiszeichnung Abb. 9.12 b). Didaktisch sinnvoll wäre, wenn zuerst nur die Reflexion zu sehen wäre und nach und nach die anderen geometrischen Objekte hinzukämen. Mit der GeoGebra-Datei auf der Website kann man das machen, hier müssen Sie diesen Aufbau im Text verfolgen.

Hat der Reflexionskreis den Radius a, kommt als Wanderkreis für die Kardioide nur der Kreis mit demselben Mittelpunkt A und dem Durchmesser $\frac{2a}{3}$ infrage. D wird zunächst zugfest auf den Kreis gesetzt. Als *Baum* ist lediglich $B = (a + \frac{a}{3}, 0)$ möglich. Die Leinenlänge ist bei der Kardioide dann $\frac{2a}{3}$. Damit kann man die Gerade DB, die Punkte P und P' sowie die Kardioide als deren Ortslinie erzeugen.

Da diese Konstruktion in derselben interaktiven Datei wie die Reflexion erstellt ist, kann man die Spur der Strecke $\overline{QO'}$ ansehen und beobachten, dass sie die Kardioide stets berührt. Bewegt man nun D so, dass P (nach Sicht) ein solcher Berührpunkt ist, *so fällt ins Auge*, dass in dieser Stellung PD parallel zu QA ist und auch D eine besondere Lage hat.

Nun legen wir D als Schnittpunkt mit der Geraden AO' fest, wie es in Abb. 9.12 b) zu sehen ist. Eine Parallele zu QA schneidet QO' in (einem neuen) P, von dem wir noch *zeigen* müssen, dass es das Kardioiden-P ist. Es ist das Dreieck QAO' gleichschenklig mit Basis $\overline{QO'}$, damit ist auch Dreieck PDO' gleichschenklig mit Basis $\overline{PO'}$. Damit gilt $\overline{PD} = \overline{O'D} = a - \frac{a}{3} = \frac{2a}{3}$.

Es bleibt zu zeigen, dass die genannte Parallele durch D auch wirklich B trifft. Mit der Bezeichnung $\omega = \angle QAO$ ist, wegen der Spiegelung an QA, bei A ein gestreckter Winkel $2\omega + \angle BAD$ gesichert. Das erzwingt, da Dreieck ABD gleichschenklig ist, $\angle DBA = \omega$. Damit ist B auf der Geraden DP und alle Kardioiden-Eigenschaften lassen sich aus der Reflexion herleiten. □

9.4.1.1 Die Stärke der Dynamischen Geometrie-Systeme

Sie wird durch diesen Beweis eindrucksvoll belegt. Denn die interaktive Zusammenschau von Reflexion und Pascal'scher Schnecke hat erst die passende Konstellation zur Erscheinung gebracht, die dann auf elementare Weise den Beweis ermöglichte. Mir ist keine Quelle für diesen geometrischen Beweis bekannt. Vermutlich haben frühere geniale Geometer das aber auch schon gesehen. Entscheidend ist dagegen, dass man durch das **gleichzeitige und interaktive Betrachten** verschiedener Aspekte eines geometrischen Objektes Zusammenhänge verstehen kann, auf Beweisideen kommt und damit auch klassische Beweise führen kann. Hinzu tritt bei einem DMS wie GeoGebra noch die Möglichkeit, auch Gleichungen – seien sie parametrisch, polar oder implizit – aus derselben Datei herzuleiten und in ihr zu prüfen.

9.4.1.2 Gleichung der Kardioide

Betrachten wir die Kardioide als spezielle Epitrochoide aus Abb. 8.28 c) in Abschnitt 8.3.2, so können wir auf die Gleichung 8.13 zurückgreifen und erhalten eine übersichtliche Gleichung, wenn wir die Lage und die Parameter anpassen. Im folgenden blauen Kasten ist eine zweite Gleichung, auf die ich unten noch eingehen werde.

Gleichungen für die Kardioide in der Lage von Abb. 9.12 b)

als Epitrochoide, Gl. 8.13
$$\begin{cases} x = \frac{a}{3}\left(2\cos(t) - \cos(2t)\right) + a \\ y = \frac{a}{3}\left(2\sin(t) - \sin(2t)\right) \end{cases} \tag{9.16}$$

als Katakaustik, Abb. 9.12 a)
$$\begin{cases} x = \frac{4a}{3}\cos(t)^2(2 - \cos(2t)) \\ y = \frac{8a}{3}\cos(t)\cdot\sin(t)^2 \end{cases} \tag{9.17}$$

Beweis (Beweis von 9.17) Die Polargleichung des Wanderkreises von Q ist $r(t) = 2a\cos(t)$. Machen Sie sich eine Skizze mit Q im I. Quadranten. Zeichnen Sie das Einfallslot ein, so hat es den Steigungswinkel $2t$ und für den reflektierten Strahl ergibt sich der Steigungswinkel $3t$, beides nach dem Außenwinkelsatz, weil sowohl der Einfalls- als auch der Ausfallswinkel die Größe t haben. Setzen wir $Q = (u, v)$, dann hat der reflektierte Strahl die Gleichung $y = \tan(3t)(x - u) + v$ mit dem Parameter t. Dabei muss man nach den Grundgleichungen 2.6 noch u und v ersetzen, zusammengefasst: $u = 2a\cos(t)^2$ und $v = a\sin(2t)$. Mit der Hüllkurven-Methode aus Abschnitt 9.2.3 kommt man mit einem hilfreichen CAS zu den genannten Gleichungen. □

9.4.1.3 Die beiden Gleichungen der Kardioide

Beide Gleichungen passen zur Geometrie. In einem ersten Anlauf würde man vielleicht versuchen, durch trigonometrische Umformungen von dem einen Paar zum anderen zu kommen. Das ist nicht von Erfolg gekrönt. Dann ist es sinnvoll, sich die Terme einzeln als kartesische Funktionen anzusehen. Das heißt, man gibt $f(x) = \frac{a}{3}\left(2\sin(x) - \sin(2x)\right)$ und $g(x) = \frac{8a}{3}\cos(x)\cdot\sin(x)^2$ in einem kartesischen Koordinatensystem ein. Jetzt merkt man: beide haben die gleiche Form des Graphen, aber der von f ist um den Faktor 2 waagerecht gedehnt.Die beiden Kardioiden werden also verschieden schnell durchlaufen. Also wird man mit $\bar{f}(x) = \frac{a}{3}\left(2\sin(2x) - \sin(4x)\right)$ mehr Umformungserfolg haben. Tatsächlich wird dieser Funktionsterm von Mathematica (bzw. von `http://www.wolfram-alpha.com`) mit dem Befehl `TrigReduce[...]` aus $g(x)$ hergestellt.

9.4.1.4 Kardioide als Hüllkurve von Kreisen

Der Einfachheit halber setzen wir den Ursprung in den in Abb. 9.12 c) hervorgehobenen Mittelpunkt des grünen Kreises. Diese Lage entspricht auch der Epitrochoide in Abb. 8.28 c). Tatsächlich erhalten wir mit dem Ansatz $(x-u)^2 + (y-v)^2 = (\varrho - u)^2 + v^2$ und $u = \varrho\cos(t)$ und $v = \varrho\sin(t)$ die Gleichung der Kreisschar mit dem Parameter t: $(x - \varrho\cos(t))^2 + (y - \varrho\sin(t))^2 = \varrho(1 - \cos(t))^2 + \varrho^2\sin^2(t)$. Mit der Methode aus Abschnitt 9.2.2.2 folgt Gleichung 9.16 ohne das $+a$ am Ende, wie wir es erwartet haben.

9.4.1.5 Aufdröseln der logischen Situation bezüglich der Kardioide

Wir haben die Kardioide geometrisch definiert als spezielle Pascal'sche Schnecke. Die definierende Eigenschaft haben wir geometrisch mit der Reflexion zusammengeführt und eine Gleichung für die Reflexions-Kardoide hergeleitet. Diese hat die Epitrochoiden-Kardioiden-Gleichung bestätigt, sodass die Kardioide tatsächlich als Epitrochoide auffassbar ist. Das hatten wir nämlich dort nur erwähnt, aber nicht bewiesen. Auf diese Gleichung konnten wir auch aus der Hüllkonstruktion kommen, nun ist gezeigt, dass auch sie eine echte Kardioide liefert. Damit ist alles bewiesen, was wir zur Kardioide gesagt haben.

9.4.1.6 Kardioide, Weiterführung und Aufgaben

Die Fläche der Kardioide haben wir bei den Analysis-Anwendungen für die klassischen Kurven in Abschnitt 3.5 mit Beispiel 3.4 schon als das Sechsfache der Wanderkreisfläche bestimmt. Mit den Bezeichnungen aus Abb. 9.12 b) ist die Kardioidenfläche: $A_K = \frac{2}{3}a^2\pi$, also passen noch drei Wanderkreise zwischen die Kardioide und den minimal-umfassenden Kreis um Punkt A.

Für die Bogenlänge haben wir in Beispiel 3.5 die 16-fache Länge des Wanderkreisradius' erhalten. Hier heißt das: $L = \frac{16}{3}a$. Wenn Sie sich etwas vorstellen möchten, dann nehmen Sie die Strecke vom linken Scheitel bis zur Spitze doppelt und formen aus dem Stück den oberen Bogen der Kardioide.

Aufgabe 9.6 Die drei Tangenten
Betrachten Sie einen Punkt P_1 der Kardioide und die Tangente in P_1. Zeigen Sie, dass es zwei weitere zu ihr parallele Tangenten der Kardioide gibt. Werden ihre Berührpunkte mit P_2 und P_3 bezeichnet, so bilden die Geraden AP_1, AP_2 und AP_3 Winkel von 120° miteinander. In der Polardarstellung 3.5 gibt es also einen drehenden „Mercedes"-Stern, an dessen Schnittpunkten mit der Kardioide alle drei Tangenten parallel sind. Bauen Sie eine Datei, die das zeigt, beweisen Sie es, wenn Sie mögen.

Aufgabe 9.7 Evolute der Kardioide
Konstruieren Sie die Evolute der Kardioide. Vergleichen Sie mit der Evolute der Nephroide in Abb. 9.15.

Hinweis
Lassen Sie sich von dem Vorgehen bei der Nephroide leiten. Übrigens ist dort in Aufgabe 9.10 und Abb. 9.16 auch die **Katakaustik der Kardioide** mit der Lichtquelle in der Spitze gezeigt. ◀

9.4.2 Nephroide, die Nierenkurve

Die Nephroide hat ihren Namen nach der nierenähnlichen Form, das griechische νεφρός heißt *Niere*, die Nephrologen sind die Nierenärzte. Am **deutlichsten** tritt die Nephroide

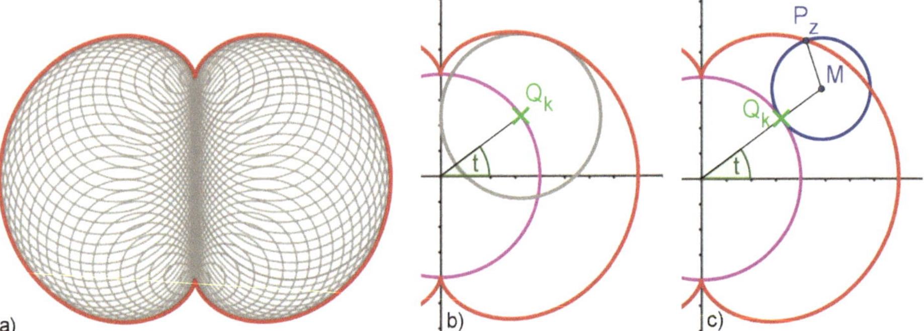

Abb. 9.13 a) Nephroide als Hüllkurve aus Kreisen, b) Nephroide als Hüllkurve von Kreisen, die alle die y-Achse berühren, Mittelpunkt Q_k auf einem Ursprungskreis mit Radius a, c) Nephroide als gespitzte Epitrochoide (Epizykloide) mit Rastkreisradius a, Rollkreisradius $\frac{a}{2}$

als Hüllkurve von Kreisen auf, wie es Abb. 9.13 a) zeigt. Diese Konstruktion, in Bild b) ist sie deutlich, werden wir als Definition betrachten und eine Gleichung herleiten. Aber die Nephroide ist uns schon als spezielle Epitrochoide in Abb. 8.28 d) begegnet. Da wir dort eine für Trochoiden bewiesene Gleichung haben, werden wir zeigen, dass diese mit der Gleichung 9.18 in Übereinstimmung gebracht werden kann.

Das häufigste **Vorkommen der Nephroide** beobachten wir an kreisrunden Spiegelflächen im Sonnenlicht, nachgebaut in Abb. 9.14 a) als Katakaustik. Hier werden wir mit Bild c) die Nephroiden-Eigenschaft geometrisch absichern.

9.4.2.1 Nephroide als Hüllkurve von Kreisen

Als Cover seines berühmten „Book of Curves“ hat Lockwood die Kreisschar, die von der Nephroide eingehüllt wird, gewählt, [Lockwood 1961]. Die Konstruktion ist elementar: In Abb. 9.13 b) läuft ein zugfester Punkt Q_k auf einem Kreis mit dem Radius a. Es ist mit dem Polarwinkel t für $Q_k = (u, v)$ direkt zu sehen: $u = a\ \cos(t)$ und $v = a\ \sin(t)$. Die Kreise um Q_k, die die y-Achse berühren, haben die Gleichung $(x-u)^2+(y-v)^2 = u^2$. Daraus folgt schon die Gleichung der Kreisschar $F(x, y, t) = x^2 - 2a\cos(t)x + (y - a\sin(t))^2 = 0$. Mit der Methode aus Abschnitt 9.2.2.2 bilden wir die partielle Ableitung nach t und erhalten, nach Kürzung von $2a$, Gleichung 2: $y - a\sin(t) = \frac{\sin(t)}{\cos(t)}x$. Verwenden wir dies direkt in $F(x, y, t) = 0$, erhalten wir $x = 2a\cos(t)^3$ als wesentliche Lösung. Dann liefert Gleichung 2 schließlich $y = a\sin(t)\left(1 + 2\cos(t)^2\right)$. Wenn Sie die Konstruktion durchgeführt und den Spurmodus für die Kreise um Q_k gesetzt haben, dann können Sie sich mit dem Befehl für Parameterkurven sofort überzeugen, dass dies stimmt. Nimmt man aber noch den mächtigen Befehl `TrigReduce[...]` in Mathematica oder `http://www.wolfram-alpha.com` für diese Terme, dann werden sie noch viel einfacher.

Nephroide in der Lage von Abb 9.13

$$\begin{cases} x = 2a\cos(t)^3 & = \frac{a}{2}\left(3\cos(t) + \cos(3t)\right) \\ y = a\sin(t)\left(1 + 2\cos(t)^2\right) & = \frac{a}{2}\left(3\sin(t) + \sin(3t)\right) \end{cases} \tag{9.18}$$

Die aufrechte Nephroide hat in den rechten Termen ein „−“ anstelle des „+“.

9.4.2.2 Nephroide als Epitrochoide

In Abb. 8.28 d) ist für $m = 2$ und $k = 1$ die Nephroide zu sehen, die nach Gleichung 8.13 mit $\varrho = \frac{a}{2}$ die Parameterdarstellung $x = \frac{a}{2}\left(3\cos(t) - \cos(3t)\right)$ und $y = \frac{a}{2}\left(3\sin(t) - \sin(3t)\right)$ hat. Nun brauchen wir sie aber um 90° gedreht und müssen daher $x \to -y$ und $y \to x$ setzen. Zusätzlich müssen wir den Parameter anpassen durch $t \to t - \frac{\pi}{2}$. Damit folgt $x = -\frac{a}{2}\left(3\sin(t - \frac{\pi}{2}) - \sin(3(t - \frac{\pi}{2}))\right) = \frac{a}{2}\left(3\cos(t) + \cos(3t)\right)$ und $y = \frac{a}{2}\left(3\cos(t - \frac{\pi}{2}) - \cos(3(t - \frac{\pi}{2}))\right) = \frac{a}{2}\left(3\sin(t) + \sin(3t)\right)$.

Trigonometrische Terme sind die *Verwandlungskünstler* auf der Bühne der Mathematik. Man kann sich oft nur wundern, in welcher Gestalt sie auftreten. Eine Möglichkeit, um z. B. auf die Verschiebung $t \to t - \frac{\pi}{2}$ zu kommen, ist, die Terme als Funktionsterme kartesisch darzustellen. Dann *sieht* man, dass die Funktionsgraphen, die man noch anpassen will, genau um $\frac{\pi}{2}$ zu weit links liegen. Ebenso kann man die Terme aus 9.18 jeweils beide darstellen und sehen, dass sie aufeinander liegen. *Von Hand* zu zeigen, dass man so umformen kann, ist eigentlich heute nicht mehr sinnvoll, zumindest ist es nur von rechts nach links erfolgversprechend.

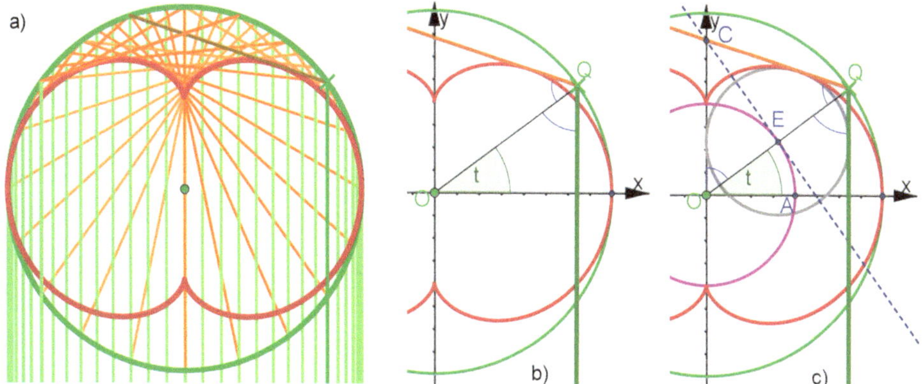

Abb. 9.14 a) Nephroide als Katakaustik, Reflexion an einem Kreis mit Radius $2a$, b) Konstruktion der Reflexion parallelen Lichtes, c) Beweisfigur: die Reflexion passt zur Hüllkurven-Konstruktion aus Abb. 9.13 b)

9.4.2.3 Die Nephroide als Katakaustik

In Abb. 9.14 a) sind die parallel einfallenden Lichtstrahlen grün und die an einem Kreis mit dem Radius $2a$ reflektierten Strahlen orangefarben gezeichnet. Bild b) zeigt die Konstruktion. Weitere Reflexionen sind unterdrückt, dennoch ergibt sich sehr deutlich die Brennlinie, die Katakaustik. Mit Hilfe von Bild c) können wir geometrisch zeigen, dass sie eine halbe Nephroide ist.

Aus der Hüllkreiskonstruktion folgt die Reflexion. Es ist Abb. 9.14 c) mit dem Mittelpunkt E ein Kreis der Schar aus Abb. 9.13 a) und b) eingetragen. Dort war der Mittelpunkt Q_k. Die Gerade OE, die dessen Durchmesser enthält, schneidet den gegebenen Kreis mit dem Radius $2a$ in Q. Die Mittelsenkrechte auf $\overline{OQ}$ schneidet die y-Achse in C. Die Parallele zur y-Achse durch Q ist ebenso Tangente an den grauen Kreis wie die y-Achse selbst, sie ist als der **einfallende Strahl** anzusehen. Die andere von Q ausgehende Tangente ergibt sich als Spiegelung an OQ und ist damit als der **reflektierte Strahl** interpretierbar. Der Berührpunkt der Tangente ist ein Punkt der Nephroide, denn wenn der Punkt E auf dem Kreis wandert, bleibt die Konstellation stets so. E rückt *momentan* auf C zu und die Tangente CQ dreht sich *momentan* um den Berührpunkt.

9.4.2.4 Nephroide, Weiterführung und Aufgaben

Die Nephroide ist eine erstaunlich „ergiebige“ Kurve. [Lockwood 1961] hat mehr als ein Dutzend Aspekte. Hier ist gar nicht der Platz, alle Eigenschaften auszubreiten. Daher bringe ich einiges in Aufgaben unter.

Aufgabe 9.8 Evolute der Nephroide ist auch eine Nephroide
Die Aufgabe ich neben Abb. 9.15 formuliert.

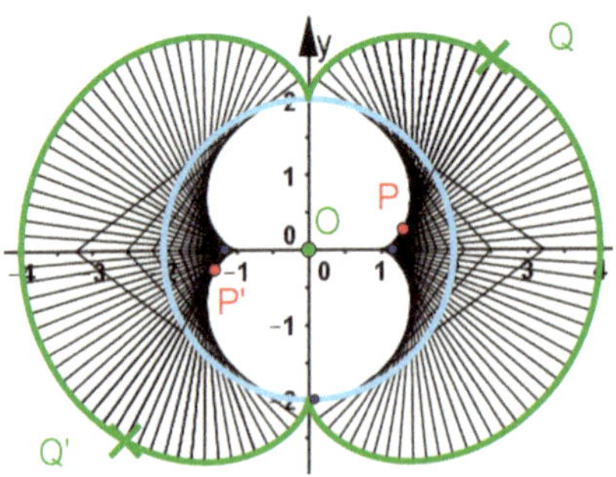

Abb. 9.15 Evolute der Nephroide
Aufgabe: Konstruieren Sie die Normalenschar (siehe 9.3.2). Die Evolute ist eine um 90° gedrehte, auf die Hälfte verkleinerte Nephroide. Realisieren Sie handwerklich, dass der Berührpunkt P die Mitte zwischen Q und dem einen Schnittpunkt der Normalen mit dem (hellblauen) Grundkreis ist. Im Bild sind die Normalen nur bis zur x-Achse gezeichnet und die untere Hälfte ist durch Punktspiegelung am Ursprung erzeugt.

Aufgabe 9.9 Fußpunktkurve der Nephroide mit dem Pol Z
Konstruieren Sie die Fußpunktkurve zur Nephroide bezüglich eines beliebigen Punktes Z. Verwenden Sie nicht nur die Spur, sondern auch die Ortslinie. Ziehen Sie nun an Z. Wenn Z im Ursprung liegt, erhalten Sie eine Kurve mit zwei nach innen gerichteten Schlaufen. So ähnlich ist die bipolare Kurve in Abb. 4.20 a). Vergleichen Sie.

Aufgabe 9.10 Kaustik der Kardioide ist die Nephroide
Es gibt eine überraschende Verwandtschaft zwischen Kardioide und Nephroide. Die Aufgabe ich neben Abb. 9.16 formuliert.

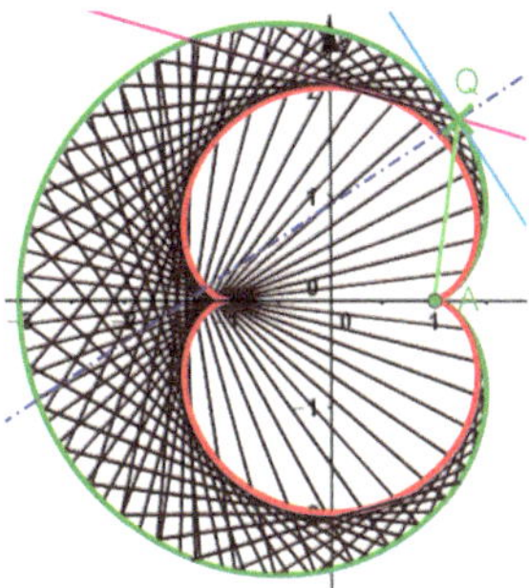

Abb. 9.16 Eine Kaustik der Kardioide ist die Nephroide
Aufgabe: Zeichnen Sie eine Kardioide als Parameterkurve nach Gleichung 9.16 ohne das $+a$. Konstruieren Sie zu einem zugfesten Punkt Q Tangente und Normale. Das Bild der Geraden AQ bei Spiegelung an der Normalen ist der reflektierte Strahl. Auf ihm definieren Sie eine Strecke, deren Spur die Nephroide zum Vorschein bringt. Raten Sie die Nephroidengleichung und prüfen Sie durch Einzeichnen. Wenn Sie mögen, leiten Sie die Gleichung her. Die unteren Strecken erhält man durch Spiegeln der oberen an der x-Achse.

Aufgabe 9.11 Analysisfragen bei der Nephroide
Wie schon bei Astroide und Kardioide lassen sich auch bei der Nephroide Flächen und Bogenlänge berechnen. Weisen Sie für die Nephroide mit dem Grundkreisradius a das Folgende nach:

1. Die Fläche der Nephroide ist $A = 3\pi a^2$. Die „Möndchen“ außerhalb des hellblauen Grundkreises in Abb. 9.15 sind so groß wie der Grundkreis.
2. Die Bogenlänge der Nephroide ist $L = 12a$, das sind *drei* Grundkreis-Durchmesser auf jeder Seite.
3. Die Strecke $\overline{PQ}$ ist aufgrund der definierenden Zusammenhänge der Krümmungsradius $\varrho(t)$. Weisen Sie $\varrho(t) = |\frac{3a}{2}\sin(t)|$ nach.

9.4.3 Reflexionen an beliebigen Kurven

Wenn Sie ein wenig in diesem Kapitel geschmökert haben, ist Ihnen klar geworden, dass Sie zu jeder Kurve, für die Sie irgendeine Gleichung haben, ganz einfach Tangenten „geliefert“ bekommen, dazu können Sie die Normalen als Senkrechten errichten. An diesen *Einfallsloten* lässt sich jeder *einfallende Lichstrahl* spiegeln und die reflektierten Strahlen können beobachtet werden. Und wieder ist ein weites Feld für eigenes Erkunden eröffnet. Sie können schließlich jede Kurve dieses Buches nehmen – sofern sie nicht lediglich Ortskurve ist. Auf Ortskurven kann man zwar zugfeste Punkte setzen aber man bekommt keine Tangenten, es sei denn man hat eine geometrische Idee.

9.4.3.1 Reflexionen sind für junge Lernende sehr geeignet

Scheuen Sie sich nicht, den Tangentenbefehl zu nutzen. Tangenten machen begrifflich keine Schwierigkeiten. Senkrechten und Spiegelungen gehören sogar zum Lehrplan – sofern nicht einfallslose Curriculum-Entwickler noch die letzten Reste der Geometrie verbannt haben. Es ist nicht zeitgemäß, den Kindern, die seit Jahren mit letztlich „völlig unverstandenen“ Smartphones selbstverständlich und ohne Unbehagen umgehen, den Tangenten-Button vorzuenthalten, nur weil sie noch keine Tangenten selbst bestimmen können. Im Gegenteil, nutzen Sie den *Impuls der Vorfreude*: „Das lerne ich in der 11. Klasse“. Vielleicht gehört die *Perspektivlosigkeit* mit zu den Ursachen von Mathematikverdrossenheit.

9.4.3.2 Reflexionen an Kegelschnitten

Die drei wesentlichen Kegelschnitttypen haben **Brennpunkte**. Es gibt bei ihnen eine Lichtführung, bei der keine wirkliche Brennlinie auftritt, sondern alle reflektierten Strahlen treffen den Brenn**punkt**. Da dieser auch für andere geometrische Zusammenhänge der Kegelschnitte wesentlich ist, gibt es die entsprechenden Aussagen im Kapitel 7, vor allem im Abschnitt 7.5. Die Betrachtung von Kaustiken kann auch die Begriffsbildung unterstützen. So ergibt sich die Leitgerade einer Parabel als Ortslinie aus der Reflexion. Auf der Website zum Buch finden Sie hierzu ausgearbeitete Lernseiten mit Anregungen zum entdeckenden Lernen.

9.5 Inversion am Kreis

Die Inversion am Kreis, auch **Kreisspiegelung** genannt, ist eine geometrische Abbildung, die leider in unseren Lehrplänen vernachlässigt worden ist. Dabei bieten viele DGS, natürlich auch GeoGebra, dafür sogar einen „Button“ an, gleich hinter Geradenspiegelung und Punktspiegelung.

9.5.1 Erste Erfahrungen mit der Kreisspiegelung

Es bietet sich an, im **Blackbox-Whitebox**-Verfahren die Lernenden wie in Abb. 9.17 c) erkunden zu lassen, was die Kreisspiegelung tut, und einige bemerkenswerte Eigenschaften zusammenzutragen. Dann erst sollte man die „Whitebox“öffnen und die Konstruktion zeigen. In diesem Licht können die Eigenschaften nun adressatengerecht begründet werden.

9.5.1.1 Blackbox: Offensichtliche Eigenschaften der Kreisspiegelung

Man kann Vieles schon in Abb. 9.17 c) sehen. Es ist spannend, welche „krummen“ Bildfiguren *frei* auf die Ebene gesetzte Polygone bei der Kreisspiegelung haben. GeoGebra bildet ein ganzes Polygon mit *einem* Klick ab. Wenn man nachträglich an den Eckpunkten zieht, die hier verborgen sind, reagiert auch sofort das Bild.

1. Punkte auf dem Inversionskreis sind Fixpunkte.

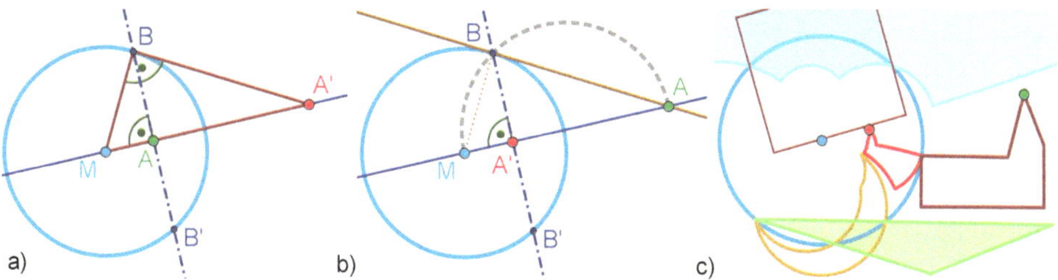

Abb. 9.17 **Kreisspiegelung = Inversion am Kreis** mit dem Mittelpunkt M und dem Radius k. **Bild a)** Abbildung eines Punktes A im Innern des Inversionskreises: Senkrechte auf MA, in einem Schnittpunkt mit dem Kreis Tangente als Senkrechte auf dem Radius, Schnittpunkt von Tangente und MA ist der Bildpunkt A'. **Bild b)** Umgekehrt: Abbildung eines Punktes A außerhalb des Inversionskreises: Thaleskreis auf $\overline{MA}$, im Schnittpunkt Lot auf MA fällen, der Lotfußpunkt ist der Bildpunkt A'. **Bild c)** Mit dem Button „Kreisspiegelung" werden Polygone (Kirche, Quadrat, Dreieck) am blauen Kreis gespiegelt.

2. Je dichter ein Punkt am Kreisrand ist, desto dichter ist auch sein Bild am Kreisrand.
3. Punkte aus dem Kreisinneren haben ihr Bild außen und umgekehrt.
4. Die Quadratkante durch M liegt (evt. ?) mit ihrem Bild auf einer Geraden.
5. Aus Strecken werden Bögen. Immer?
6. Aus Parallelen werden nicht-parallele Bögen. Ausnahmen?
7. Frage: Welches Bild haben Geraden? Sonderfälle?
8. Frage: Welches Bild haben Kreise? Sonderfälle?

9.5.1.2 Whitebox: Erste Begründungen aus der Definition

Definition 9.4 (Kreisspiegelung, Inversion am Kreis)
Gegeben ist ein Kreis um M mit dem Radius k. Durch die in Abb. 9.17 a) und b) gegebenen Konstruktionen wird jeder Punkt A der euklidischen Ebene außer M eineindeutig auf einen Punkt A' der Ebene abgebildet. Rechnerisch gilt

$$\overline{MA} \cdot \overline{MA'} = k^2 \tag{9.19}$$

Der Bildpunkt A' liegt stets auf der Geraden MA. Senkrecht auf ihr steht die Gerade BB' gemäß Abb. 9.17 a) und b), sie heißt **Polare** von **Pol** A bzw. von A'.

Die Eindeutigkeit in beiden Richtungen ist offensichtlich. Die Gleichung ist eine unmittelbare Folge des Kathetensatzes des Euklid: Das Quadrat über dem Radius k als Kathete des Dreiecks $MA'B$ in Abb. 9.17 a) ist gleich dem Produkt aus Hypotenuse $\overline{MA'}$ und dem von der Höhe $\overline{BA}$ gebildeten Hypotenusenabschnitt $\overline{MA}$. Das Entsprechende gilt beim Tausch von A und A'.

Begründungen für die obigen Eigenschaften Die ersten vier Beobachtungen ergeben sich elementar:

Zu 1. und 2. Die Polare in dieser Konstellation ist ebenfalls auf oder dicht am Kreisrand. Wenn A auf der Geraden MA bis zum Kreisrand rückt, tut dieses auch A'. Rechnerisch gilt dann $\overline{MA'} = \frac{k^2}{k} = k$, also liegt auch A' auf dem Kreisrand.

Zu 3. und 4. Die Konstruktionen in Abb. 9.17 a) und b) sind nur in der Handlungsrichtung verschieden, sie erzeugen dieselbe Konstellation, in der nur A und A' ihre Rollen tauschen. Die beiden Punkte liegen auf der Geraden durch M auf derselben Seite von M. Wenn die Quadratkante in Abb. 9.17 c) M enthält, ist sie Teil dieser Geraden.

Zu 5. bis 8. müssen wir etwas tiefer einsteigen.

9.5.1.3 Die Inversion in Polarkoordinaten

Polarkoordinaten sind am besten geeignet, die zunächst rein geometrische Kreisspiegelung in der „Koordinatenwelt" zu beschreiben. Am einfachsten wird es, wenn der Pol im Ursprung O liegt und man an einem Kreis um O, einem Ursprungskreis, spiegelt. Dann ist $O{=}M$ und mit $r{=}\overline{OA}$ und $r'{=}\overline{OA'}$ wird der Polarwinkel θ beibehalten und aus Gleichung 9.19 folgt:

$$\text{Radius } \boldsymbol{k}: \quad \boldsymbol{r \cdot r' = k^2} \qquad \text{und für den Einheitskreis k=1:} \quad \boldsymbol{r \cdot r' = 1} \tag{9.20}$$

Mit der letzten Gleichung wird klar, warum man die Kreisspiegelung **Inversion** nennt. Lateinisch *invertere* heißt *umwenden, umdrehen* und wir kennen den Begriff vor allem aus der Algebra. Dort heißen Elemente, deren Produkt Eins ist, **invers zueinander**. Z. B. ist $\frac{3}{4}$ das Inverse zu $\frac{4}{3}$, man sagt auch *Kehrbruch*. Es gibt die Begriffe inverse Funktion, inverse Abbildung, inverse Matrix, stets aber bezogen auf eine Funktion, Abbildung, Matrix, die *invertiert* wird.

Es ist geradezu ein Verdienst der **Algebra**, solche umfassenden Begriffe gebildet zu haben. Alle Spiegelungen nennt man **selbstinvers**, denn nochmalige Anwendung führt auf den Ausgangspunkt zurück. Speziell in der Geometrie sagt man auch *involutorisch*.

9.5.1.4 Die geometrische Kreisspiegelung in der umfassenden Theorie der Komplexen Zahlen.

Es ist zuweilen so, dass sich Phänomene von einer höheren Warte aus besser beurteilen und einordnen lassen. In der Mathematik ist gerade die Entwicklung solcher umfassenden Theorien der Motor zur Weiterentwicklung. In der Theorie der Komplexen Zahlen und Funktionen ist die Kreisspiegelung an einem Einheitskreis im Ursprung beschrieben durch $f(z) = \frac{1}{\bar{z}}$. Wenn Sie das Bedürfnis haben, ihr Vorwissen zu komplexen Zahlen hier anzubinden, lesen Sie weiter, sonst gehen Sie zum blauen Kasten und dann zum nächsten Abschnitt.

In Polardarstellung ist eine komplexe Zahl $z = re^{i\theta}$, die zu ihr konjugiert komplexe Zahl ist $\bar{z} = re^{-i\theta}$. Sie ist in der Gauß'schen Zahlenebene die Spiegelung von z an der

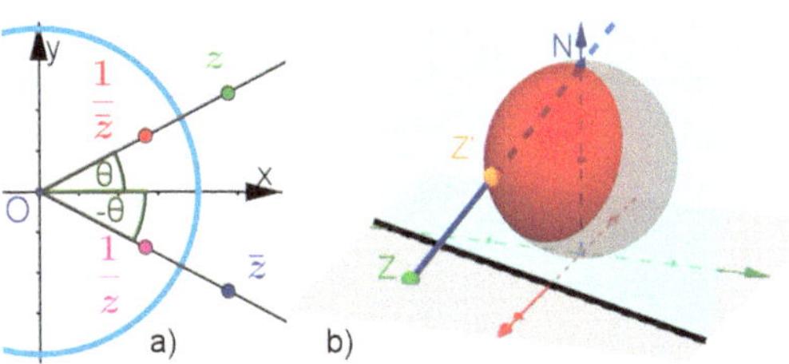

Abb. 9.18 a) **Inversion komplex:** die komplexe Zahl z, ihre konjugiert komplexe Zahl $\bar{z}$ und beide **algebraisch Inversen**, ihre Kehrwerte. Die Punkte auf *einem* Strahl sind **geometrisch invers**.
b) Die **Gauß'sche Zahlenebene** wird eineindeutig auf die **Riemann'sche Zahlenkugel** abgebildet.

x-Achse, wie Abb.9.18 a) zeigt. Das algebraisch Inverse von $\bar{z}$ ist $\frac{1}{\bar{z}} = \frac{1}{r}e^{i\theta}$. Diese Zahl ist andererseits das Kreis-Spiegelbild $f(z)$, das geometrisch inverse Bild von z, denn die beiden Zahlen z und $\frac{1}{\bar{z}}$ haben denselben Polarwinkel θ und ihre Polarradien erfüllen $r \cdot \frac{1}{r} = 1$. Abb. 9.18 a) zeigt dies und auch das entsprechende geometrisch inverse Punktepaar $\bar{z}$ und $\frac{1}{z}$.

Diese komplexe Zahlenebene wird in der in Abb.9.18 b) sichtbaren Weise eineindeutig auf die **Riemann'sche Zahlenkugel** abgebildet. Die Bilder von Geraden werden Kreise durch den Nordpol N, die sich als Schnitte von Ebenen durch die Geraden und N ergeben. Jeder Punkt Z hat sein Bild Z' als Schnittpunkt der Geraden ZN mit der Kugel. Das zeigt uns, wie wir vernünftig mit dem Punkt O, bzw.M, als dem Zentrum unserer geometrischen Inversion umgehen müssen. Die Konstruktion in Abb. 9.17 a) liefert für M kein Bild, da die Polare durch M zu parallelen Tangenten führt. Durch den Nordpol der Riemann'schen Zahlenkugel verlaufen alle Geradenbilder und alle Kurven, die in der Gauß'sche Zahlenebene ins Unendliche laufen. Wir nehmen diesen Punkt als Bild eines *so definierten Punktes* ∞.

Die Inversion (Kreisspiegelung) an einem Kreis um O mit Radius k bildet die ganze Ebene eineindeutig ab. Im Komplexen gilt $f(z) = \frac{k^2}{\bar{z}}$. Das Bild des Ursprungs ist der „Punkt“ ∞, dessen Entsprechung auf der Riemann'schen Zahlenkugel der Nordpol ist.

9.5.2 Inversion von Kurven

Auch Kurven sind in GeoGebra Objekte, die sich mit dem Button „Kreisspiegelung an jedem beliebigen Kreis spiegeln lassen. Daher ergeben sich die Paare **Urkurve - Bildkurve** in Abb. 9.19 ganz ohne Gleichungen und ohne zu rechnen. Geraden und Parabeln sind geometrisch definiert worden. Dennoch werden im Algebrafenster die kartesischen Gleichungen aller Objekte angezeigt, auch die der Bildkurven. Geraden und Kreise kann man in jeder Lage an den Gleichungen erkennen, bei der Kardioide sieht man nur ein Polynom vierten Grades mit Zahlen als Koeffizienten. Aber wie oben schon erklärt, Polarkoordinaten sind günstiger.

Bei Polarkoordinaten ist in diesem Buch der Pol stets im Ursprung und die positive x-Achse ist die Polarachse. Wenn wir nun den Mittelpunkt des Inversionskreises auch in den Ursprung legen, können wir alle Polargleichungen verwenden. Daher gilt wegen Gleichung 9.20:

Für eine Polarkurve r und ihre Bildkurve r' bei Inversion am Kreis um O mit Radius k gilt $\theta{=}\theta'$ und:

$$r = r(\theta) \longrightarrow r' = r'(\theta) = \frac{k^2}{r(\theta)} \tag{9.21}$$

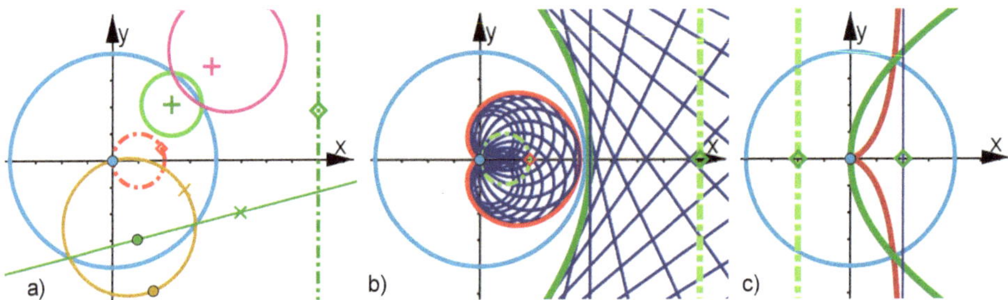

Abb. 9.19 **Inversion von Kurven** an einem Kreis vom Radius k um den Ursprung O. Die Beweise folgen im Text, für b) und c) in Abschnitt 9.5.2.3.
Bild a) Eine Parallele zur y-Achse (grün strichpunkt) durch $A = (a, 0)$ wird abgebildet auf einen zu OA symmetrischen Kreis (rot strichpunkt) durch O und $(\frac{k^2}{a}, 0)$. Eine beliebige Gerade (grün) wird auf einen Kreis (ockerfarben) durch O abgebildet. Ein beliebiger Kreis (hellgrün) wird auf einen Kreis (violett) abgebildet, wobei das Bild (+ violett) seines Mittelpunkts (+ grün) *nicht* Mittelpunkt des Bildkreises wird.
Bild b) Durch eine Leitgerade (hellgrün gestrichelt) und einen Brennpunkt im Ursprung wird die grüne Parabel definiert. Ihr Inversionsbild ist eine Kardioide mit ihrer Spitze im Ursprung. Die blauen Tangenten an die Parabel haben als Bilder Kreise durch den Ursprung, die die Kardioide von innen berühren.
Bild c) Durch die Leitgerade und den Ursprung wird zunächst der Brennpunkt durch Punktspiegelung und dann die grüne Parabel definiert. Ihr Bild (rot) ist die Cissoide des Diokles mit der Asymptote (blau). Unten zeigt sich, dass diese *nicht* immer durch den Brennpunkt der Parabel verläuft.

9.5.2.1 Bilder von Geraden bei der Inversion

Ursprungsgeraden gehen „als Ganzes“ in sich über, d.h. sie sind Fixgeraden, aber keine Fixpunktgeraden. Das haben wir schon in Abschnitt 9.5.1.2 überlegt. Es folgt auch mit Gleichung 9.21: Ursprungsgerade mit Steigungswinkel $\theta = c = \theta'$ mit konstantem c und $r' = \frac{k^2}{r}$. Das Bild ist auch eine Ursprungsgerade mit zwei Fixpunkten $(\pm k; c)$, in Polarkoordinaten geschrieben.

Es ist $r(\theta) = \frac{a}{\cos(\theta)}$ für die Gerade mit grünen Strichpunkten in Abb. 9.19 a). Damit ist nach Gleichung 9.21 die Bildkurve $r'(\theta) = \frac{k^2}{a}\cos(\theta)$ und das ist die Gleichung eines Kreises mit dem Durchmesser $\frac{k^2}{a}$, gezeichnet mit roten Strichpunkten.

Geraden und Kreise durch den Ursprung

Bei der Inversion an einem Ursprungskreis sind Ursprungsgeraden **Fixgeraden** mit genau zwei Fixpunkten, nämlich ihren Schnittpunkten mit dem Inversionskreis. Alle anderen **Geraden werden auf Kreise durch den Ursprung abgebildet**. Dabei ist die **Tangente** an den Bildkreis im Ursprung parallel zur Urbild-Geraden. **Andersherum gelesen:** Kreise durch den Ursprung werden auf Geraden abgebildet, die parallel zu ihrer Tangente im Ursprung sind. Ist 2ϱ der Kreisdurchmesser, hat die Bildgerade den Abstand $\frac{k^2}{2\varrho}$ vom Ursprung.

Der Beweis vor dem blauen Kasten gilt **o. B. d. A**, also **ohne Beschränkung der Allgemeinheit** für alle Geraden, die nicht Ursprungsgeraden sind, denn die Kreisspiegelung ist rotationssymmetrisch. Im obigen Beweis ist die Urbild-Gerade senkrecht zur x-Achse und die y-Achse ist Tangente im Ursprung. Im allgemeinen Fall spielt das Lot vom Ursprung auf die Gerade die Rolle der x-Achse, die Parallelität gilt also allgemein.

Inversion, technisch genutzt Der Inversor von Peaucellier ist eine Gelenkkonstruktion, die eine Kreisbewegung in eine exakt geradlinige Bewegung überführt. Er ist in Abb. 4.38 b) gezeigt und in Abschnitt 4.4.6.3 erklärt und bewiesen.

Zu den Beobachtungen 5. bis 8. der Liste in Abschnitt 9.5.1.1 folgen Überlegungen.
Zu 5. Die Bilder von Strecken sind – als Teile von Geraden – genau dann Bögen, wenn ihre Trägergerade den Mittelpunkt M des Inversionskreises **nicht** trifft.
Zu 6. Die Bildkreise paralleler Geraden berühren sich in M, ein Kreis ist kleiner als der andere. Enthält eine der Parallelen M, ist sie Fixgerade, die die Bildkreise der anderen Geraden berührt. In beiden Fällen kann man nicht von Parallelität der Bilder sprechen.
Zu 7. und 8. Lesen Sie den obigen blauen Kasten und den nächsten Abschnitt.

9.5.2.2 Abbildungseigenschaften der Inversion

Abb. 9.19 a) zeigt einen hellgrünen Kreis, dessen Bild der violette Kreis ist. Bei der Inversion gehen die den Ursprung nicht enthaltenden Kreise in ebensolche Kreise über. Der Beweis wird eine Folgerung aus Gleichung 9.23 sein.

Durch die Hinzunahme des Punktes ∞, wie es in Abschnitt 9.5.1.4 vorgeschlagen und in Abb. 9.18 b) dargestellt ist, kann man auch die Geraden als Kreise auffassen und kurz feststellen, dass Kreise in Kreise übergehen. Diese Abbildungseigenschaft nennt man **Kreistreue**. Die üblichen Abbildungen der elementaren Geometrie sind **geradentreu und parallelentreu**, nämlich Achsenspiegelungen, Punktspiegelungen, Drehungen, Verschiebungen, Ähnlichkeitsabbildungen, Scherungen, Parallelprojektionen (u. a. allgemeine affine Abbildungen). Die Zentralprojektion ist wenigstens noch geradentreu. Die Kreisspiegelung ist aber **nicht geradentreu**. Nur die ersten vier genannten Abbildungen sind kreistreu, und zwar im strengen Sinne. Sie sind auch **winkeltreu** und erstaunlicherweise gilt das auch für die Kreisspiegelung, der Beweis folgt.

Abbildungseigenschaften der Inversion

Die Inversion oder Kreisspiegelung ist nicht geradentreu, aber **kreistreu und winkeltreu**. Letzteres heißt: Schneiden sich zwei Kurven unter einem Winkel β, dann schneiden sich auch die Bildkurven unter dem Winkel β.

Beweis (Winkeltreue) Der Schnittwinkel zwischen Kurven wird als Schnittwinkel ihrer Tangenten definiert. Die Tangenten haben Bildkreise, die im Ursprung parallele Tangenten ebenfalls mit dem Schnittwinkel β haben. Der zweite Schnittpunkt der Bildkreise ist der Bildpunkt des Schnittpunktes. Aus Symmetriegründen für die Bildkreise haben dort die Tangenten **auch** den Schnittwinkel β. □

9.5.2.3 Kreis-Spiegelbilder der Parabel

In Abb 9.19 b) ist die **Parabel in Brennpunktlage** konstruiert, d.h. der Brennpunkt ist der Ursprung, die Leitgerade hat den Abstand p, der Scheitel ist bei $(\frac{p}{2}, 0)$. Hierfür gilt die Polargleichung $r(\theta) = \frac{p}{\cos(\theta)-1}$. Damit ist nach Gleichung 9.21 $r'(\theta) = \frac{k^2}{r(\theta)} = \frac{k^2}{p}\cos(\theta) - \frac{k^2}{p}$. Nach Gleichung 3.5 mit der Leinenlänge gleich dem Durchmesser des Wanderkreises $2a$ ist dieses eine **Kardioide** mit $2a = \frac{k^2}{p}$.

Für die **Parabel in Scheitellage**, wie sie Abb. 9.19 c) zeigt, gilt die kartesische Gleichung $y^2 = 2px$. Mit den Grundgleichungen 2.6 folgt als Polardarstellung für diese Lage $r(\theta) = 2p\frac{\cos(\theta)}{\sin(\theta)^2}$. Mit Gleichung 9.20 hat die Bildkurve die Polargleichung $r'(\theta) = \frac{k^2}{2p}\frac{\sin(\theta)^2}{\cos(\theta)} = \frac{k^2}{2p}\left(\frac{1}{\cos(\theta)} - \cos(\theta)\right)$. Das ist nach Gleichung 3.15 die **Polargleichung der Cissoide des Diokles** mit der Asymptote $x = 2a = \frac{k^2}{2p}$.

Damit ist gezeigt, dass die Asymptote nicht immer durch den Brennpunkt $F = (\frac{p}{2}, 0)$ verläuft. In Abb. 9.19 c) ist $k = 2$, $p = 2$, also $\frac{k^2}{2p} = \frac{4}{4} = 1$, und das stimmt hier *zufällig* mit $\frac{p}{2} = 1$ überein.

9.5.3 Kartesische Abbildungsgleichungen

Die Inversionsgleichung 9.20 ist mit $r \cdot r' = k^2$ und $\theta = \theta'$ symmetrisch in Bezug auf Bild- und Urbildelemente. Wir schreiben daher der Bequemlichkeit halber im Folgenden die Gleichung, von der wir ausgehen, mit dem Strich. Die Rechnungen und das Ergebnis haben dann keinen Strich.

Es gilt $x' = r' \cos(\theta) = \frac{k^2}{r}\frac{x}{r} = \frac{k^2 x}{x^2+y^2}$. Ebenso für y, also:

$$\text{Kartesische Inversionsgleichungen} \qquad x' = \frac{k^2 x}{x^2+y^2} \qquad y' = \frac{k^2 y}{x^2+y^2} \tag{9.22}$$

9.5.3.1 Inversion der allgemeinen Kegelschnitte

In die ganz allgemeine Kegelschnittgleichung, die **quadratische Form**, wie Sie Gleichung 9.23 in der oberen Zeile zeigt, sind die Umrechnungen 9.22 einzusetzen. Multiplikation mit dem Hauptnenner $\left(x^2+y^2\right)^2$ bringt dann sofort

Allgemeiner Kegelschnitt und sein Bild

$$\begin{array}{llllllll} a(x')^2 & +b\,x'\,y' & +c(y')^2 & +d\,x' & +e\,y' & +f & =0 \\ a\,k^4x^2 & +b\,k^4x\,y & +c\,k^4y^2 & +d\,k^2\,x(x^2+y^2) & +c\,k^2\,y(x^2+y^2) & +f\cdot\left(x^2+y^2\right)^2 & =0 \end{array} \tag{9.23}$$

Hiermit können wir den Beweis für die Kreistreue in Abschnitt 9.5.2.2 nachliefern: Kreise erfüllen $a = c$ und $b = 0$. Dann beginnt die untere Zeile von Gleichung 9.23 mit $a\,k^4\left(x^2+y^2\right)$. Division durch $\left(x^2+y^2\right)$ und durch f ergibt für $f \neq 0$, etwas umsortiert: $x^2+y^2+\frac{dk^2}{f}x+\frac{ek^2}{f}y+\frac{a\,k^4}{f} = 0$. Dieses ist i. d. R. eine Kreisgleichung. Für $f = 0$ verlief der Urbildkreis durch den Ursprung und das Bild ist eine Gerade, es tritt kein quadratischer Term mehr auf. Mit der impliziten Ableitung könnten wir auch rechnerisch die Parallelität der Ursprungstangente und der Bildgerade bestätigen.

Aufgaben zur Inversion der Kegelschnitte folgen in Abschnitt: 9.5.5.

9.5.4 Anallagmatische Kurven

Eigentlich müsste man „an-allagmatisch“ sagen, das entsprechende griechische Grundwort heißt *αλλάσσω verändern, verwandeln*, also sind **an-allagmatische** Kurven **unwandelbar**, hier: unveränderlich durch die Inversion.

Kurven heißen **anallagmatisch**, wenn sie **Fixkurven** einer Inversion sind, also *als Ganzes* in sich übergehen. Sie sind keine **Fixpunktkurven**, denn ausschließlich beim Inversionskreis selbst ist jeder Punkt ein Fixpunkt.

Eine Kurve heißt **anallagmatisch i. w. S.** (in weiterem Sinne), wenn das Inversionsbild durch eine **Kongruenzabbildung** schließlich mit dem Urbild zur Deckung gebracht werden kann.

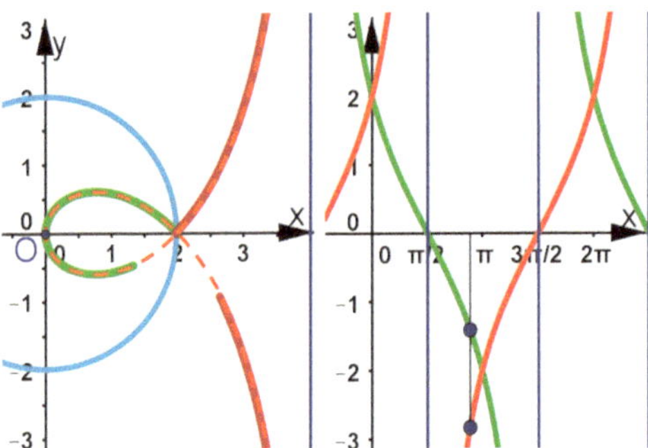

Abb. 9.20 Inversion der Strophoide ergibt dieselbe Strophoide, wenn ihr Scheitel im Ursprung und ihr Doppelpunkt auf dem Inversionskreis liegt. Man sagt, die Strophoide ist **anallagmatisch**. Das Bildpaar links zeigt, wie schon oft in diesem Buch, die gekoppelte polar-kartesische Darstellung. Die grüne Urbild-Strophoide ist nur bis $\theta = 2.8$ gezeichnet, das gilt dann auch für ihr rotes Bild. Orangefarben gestrichelt ist die gesamte Bild-Strophoide.

9.5.4.1 Die Strophoide als anallagmatische Kurve

Die Polargleichung 3.10 der Strophoide ist $r(\theta) = a\,\frac{1-\sin(\theta)}{\cos(\theta)}$. Die Abbildungsgleichung 9.21 bringt nach kurzer Umformung mit der 3. binomischen Formel $r'(\theta) = \frac{k^2}{a}\,\frac{1+\sin(\theta)}{\cos(\theta)}$. Diese Gleichung beschreibt für jedes a eine Strophoide, aber genau für $a = k$ ist es **dieselbe** Strophoide.

Abb. 9.20 zeigt, dass die beiden kartesischen Funktionen Spiegelungen voneinander an der y-Achse sind. Das hat einen anderen Durchlauf durch die Kurve zur Folge. Verwunderlich ist dies nicht, denn in jedem Moment, also für jedes θ, sind beide Kurvenpunkte Kreisspiegelungen voneinander. Dies betonen auch die blauen Punkte rechts an der Stelle $\theta = 2.8$, die zu den „Enden" der Kurvenstücke links gehören. In Abschnitt 3.2.1.5 und 3.4.4.2 haben wir noch zwei andere Durchläufe durch die Strophoide.

Aufgaben zu anallagmatischen Kurven finden Sie eingestreut im Abschnitt 9.5.6.

9.5.5 Inversion der Kegelschnitte als Aufgaben

Nach einem Vorspann zur „Gleitstrecke" (siehe in diesem Buch Abschnitt 9.2.4) leiten Hans Schupp und Heinz Darbock ihr Buch [Schupp und Dabrock 1995] mit der Inversion der Kegelschnitte ein. Sie schließen damit an das Buch [Schupp 1988] über Kegelschnitte an. Es ist faszinierend, dass sie mit diesem Ansatz zu fast allen Grundformen der klassischen Kurven kommen, die hier in Kapitel 3 vorgestellt werden. Gliederndes Element ist das Inversionszentrum, das im Scheitel, im Brennpunkt oder im Mittelpunkt der Kegelschnitte liegen kann. So sind auch die folgenden drei Aufgaben unterschieden. Dabei wird entsprechend auf Gleichungen über Kegelschnitte zurückgegriffen, die in diesem Buch in Kapitel 7 entwickelt wurden.

Durch die Beschäftigung mit den Aufgaben erfahren Sie weitere Aspekte zu den schon in Kapitel 3 vielfältigen Verflechtungen der Kurven. Die Aufgaben konzentrieren sich direkt auf Ellipse und Hyperbel, denn die Parabel ist in Abb. 9.19 und Abschnitt 9.5.2.3 mit den Inversionszentren Brennpunkt und Scheitel bereits vollständig betrachtet. Die Ergebnisse kann man sich aber auch hier eingeordnet vorstellen. Einen Mittelpunkt hat die Parabel nicht, Aufgabe 9.14 beschränkt sich natürlicherweise auf Ellipse und Hyperbel.

Da die Ellipse stets eine im Endlichen geschlossene Kurve ist, können ihre Inversionsbilder den Ursprung *nicht* enthalten, währen die Hyperbelbilder ihn *sicher* enthalten.

In den Gleichungen ist der **Kegelschnittparameter** p die Ordinate im Brennpunkt und ε die **numerische Exzentrizität**. Es ist $0 \leq \varepsilon$. Für Ellipsen gilt $\varepsilon < 1$, speziell für Kreise $\varepsilon = 0$, für Parabeln $\varepsilon = 1$, für Hyperbeln $\varepsilon > 1$.

Aufgabe 9.12 Inversion an einem Scheitel von Ellipse und Hyperbel
Die allgemeine Scheitelgleichung der Kegelschnitte in einer x-Achsen-symmetrischen Lage und dem Scheitel in $M = (m, 0)$, bzw. im Ursprung ist gemäß Gleichung 7.7:

$$y^2 = 2p(x-m) - (1-\varepsilon^2)(x-m)^2 \quad \text{bzw.} \quad y^2 = 2px - (1-\varepsilon^2)x^2 \tag{9.24}$$

Bauen Sie mit Schiebereglern für p und ε Urbilder gemäß der rechten obigen Gleichung 9.24 und invertieren Sie mit dem Button für die Kreisspiegelung. Stellen Sie eine Vermutung an, um welche Kurvenfamilie es sich handelt. Ist es die in Abb. 3.23 oder die aus Abb. 5.8? Leiten Sie eine Gleichung der Inversionsbilder her. Denken Sie über die Asymptoten und den Definitionsbereich für x bei der Bildkurve nach.

Hinweis
Gleichung der Inversionsbilder ist $(c-x)y^2 = x^2(x + c(\varepsilon^2 - 1)$ mit $c = \frac{k^2}{2p}$. ◄

Aufgabe 9.13 Inversion am Brennpunkt von Ellipse und Hyperbel
Wenn der Brennpunkt im Ursprung liegt, gibt es für die Kegelschnitte die allgemeine

$$\text{Polargleichung in Brennpunktlage} \qquad r(\theta) = \frac{p}{1 - \varepsilon\cos(\theta)} \tag{9.25}$$

Bauen Sie mit Schiebereglern für p und ε Urbilder und invertieren Sie mit dem Button für die Kreisspiegelung. Stellen Sie eine Vermutung an, um welche Kurvenfamilie es sich handelt. Leiten Sie eine Gleichung der Inversionsbilder her. Beobachten Sie die Veränderung der Urbilder und Bilder bei Variation von ε.

Hinweis
Eine kartesische Gleichung ist $\left(x^2 + y^2 - 2c\,\varepsilon\, x\right)^2 = 4c^2\left(x^2 + y^2\right)$ ◄

Aufgabe 9.14 Inversion am Mittelpunkt von Ellipse und Hyperbel
Mit den Halbachsen a und b von Ellipse und Hyperbel gilt:

$$\text{Mittelpunktsgleichung} \qquad \frac{x^2}{a^2} \pm \frac{y^2}{b^2} = 1 \tag{9.26}$$

Bauen Sie mit Schiebereglern für a und b Urbilder und invertieren Sie mit dem Button für die Kreisspiegelung. Stellen Sie eine Vermutung an, um welche Kurvenfamilie es sich handelt. Leiten Sie eine Gleichung der Inversionsbilder her. Vergleichen Sie mit Aufgabe 4.7.

Hinweis
Eine kartesische Gleichung der Inversionsbilder ist $\left(x^2 + y^2\right)^2 = \frac{k^4}{a^2}\,x^2 \pm \frac{k^4}{b^2}\,y^2$. ◄

9.5.6 Inversion von Kurven als Aufgaben

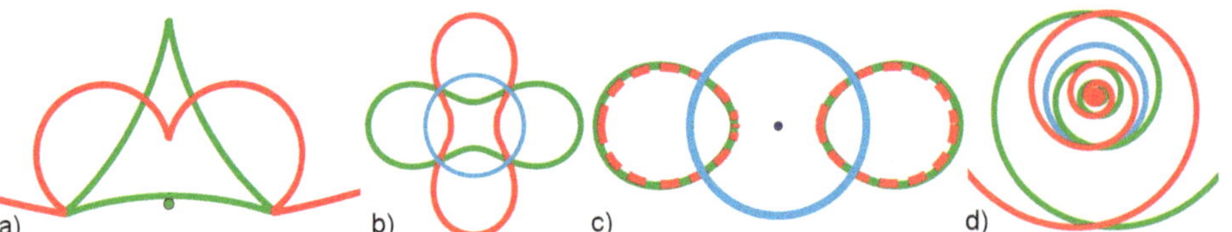

Abb. 9.21 **Inversion von evt. anallagmatischen Kurven** a) Die Steiner-Kurve und eines ihrer Inversionsbilder, s. Aufgabe 9.15, b) und c) Cassini'sche Kurven invertiert, s. Aufgabe 9.16, d) Königin der Spiralen invertiert, s. Aufgabe 9.17

9.5.6.1 Allgemeiner Vorschlag für Inversions-Aufgaben

Je mehr Sie eigenständig tun, desto mehr Freude werden Sie haben und desto größer wird Ihr Kompetenzzuwachs sein. Gerade in diesem Thema wird das Ergebnis unmittelbar erzeugt durch den Button zur Kreisspiegelung. Darum müssen in den Aufgaben kaum Vorgaben gemacht werden, Sie können eigenständig das Inversionszentrum und den Radius des Inversionskreises variieren. Zudem hat die betrachtete Kurvenschar oft auch noch Parameter. Die Aufgabenstellung ist daher eher ein Vorschlag für naheliegende Fragen.

Als Erstes realisieren Sie die geforderte Kurvenschar mit veränderlichen Parametern, in Abb. 9.21 stets grün. Dann konstruieren Sie um einen verschieblichen Punkt M einen (hellblauen) Kreis mit Radius k. Wenn Sie nun die Kurve an dem Kreis spiegeln, erhalten Sie die invertierte Kurve, in Abb. 9.21 stets rot. Experimentieren Sie durch Ziehen an M und Variation anderer Parameter. Machen Sie sich letztlich auch stets klar, welcher Teil der Urbildkurve zu welchem Teil der Bildkurve gehört. Antwort gibt auch ein auf erstere gesetzter zugfester Punkt, den Sie einzeln invertieren. Halten Sie besondere Konstellationen ähnlich wie in Abb. 9.21 fest und formulieren Sie Ihre Beobachtung in Worten. Packen Sie auch Kurven an, die irgendwo im Buch genannt sind. Vielleicht haben sie entsprechend Kapitel 5 eine eigene Kurve erfunden, die Sie nun als Urbild nehmen.

Wenn Sie Ihre Kompetenzen im Umgang mit Kurvengleichungen „polieren“ wollen, leiten Sie Bild-Gleichungen her. Prüfen können sie Ihr Ergebnis durch Eintragen in der GeoGebra-Datei, mit Recht können Sie stolz sein, wenn alles stimmt.

9.5.6.2 Aufgaben zu Abb. 9.21

Aufgabe 9.15 Steiner-Kurve und ihre Inversion

Die Steiner-Kurve wird auch **Deltoid** genannt. In der aufrechten Form wie in Abb. 9.21 a) ist die Ähnlichkeit mit dem griechischen Δ überzeugend. Bei Abb. 9.3 steht die Parameterdarstellung 9.6 als Hypotrochoide und die explizite kartesische Gleichung, die hier günstig ist. Allerdings zeigt dann die obere Spitze nach rechts. Obiges Bild ist lediglich als „Image“ gedreht.

Anregungen: Versuchen Sie das gezeigte Bild nachzubauen, sehen Sie sich aber unbedingt auch die inversen Kurven der Steiner-Kurve an, die bei anderen Stellungen von M und anderen Werten von k entstehen. Es ist eindrucksvoll, wie diese dynamisch ineinander übergehen.

Hinweis

In Abb. 9.21 a) ist $\varrho = 0.85$ der Rollkreisradius, der Umkreis hat $R = 3\varrho$, $M = (-1,0)$ und $k = 2$. Die GeoGebra-Datei finden Sie auf der Website zum Buch. ◀

Aufgabe 9.16 Cassini'sche Kurven und ihre Inversion

Den bipolaren Kurven ist der große Abschnitt 4.3 gewidmet. Die beiden Abstände r und r' eines Kurvenpunktes von den beiden **Brennpunkten** erfüllen stets eine bestimmte Gleichung. Definition 4.3 zeigt die reichhaltigen Möglichkeiten. In dieser Aufgabe soll r' die dort erklärte Bedeutung behalten und wir nennen den Polarradius der invertierten Kurve jetzt r_i und den Radius des Inversionskreises k_i. Es gilt also $r \cdot r_i = k_i^2$. In den Polargleichungen dieser Aufgabe ist dann r durch $\frac{k_i^2}{r_i^2}$ zu ersetzen, und **alle** in der Definition 4.3 genannten Kurven sind bezüglich der *Inversion ergiebig.* Wir nehmen uns hier die **Cassini'schen Kurven** vor.

Zum Zeichnen eignet sich Gleichung 4.19, aber für rechnerische Überlegungen ist die implizite Polargleichung 4.20 günstiger. Experimentieren Sie mit der Inversion der Cassini'schen Kurven.

Abb. 9.21 b) zeigt anscheinend das Inversionsbild um 90° gedreht gegenüber dem Urbild. Berechnen Sie für festes e und k_i, ob es ein k gibt, für das diese Konstellation auftritt. Dann wäre diese spezielle Cassini'sche Kurve anallagmatisch i. w. S. Überlegen und prüfen Sie, welche grünen Kurvenstücke in welche roten übergehen.

Abb. 9.21 c) zeigt die Inversion einer Cassini'schen Kurve, die **fast** auf dem Urbild liegt. Gibt es eine oder mehrere anallagmatische Cassini'sche Kurven? Nennen Sie eine (möglichst umfassende) Beziehung zwischen den Kurvenparametern k und e, für die es garantiert *keine* anallagmatischen Kurven gibt.

Variieren Sie, z.B. bei festem k_i und auch festem e, die Form der Cassini'schen Kurven, beobachten Sie das inverse Bild und achten Sie auf $k = e$. Beweisen Sie möglichst Ihre besondere Beobachtung auf irgendeine Weise.

Hinweis

Auf der Website zum Buch finden Sie die GeoGebra-Dateien und die Beweise. ◀

Aufgabe 9.17 Königin der Spiralen und ihre Inversion

Von der von Bernoulli wegen ihrer vielfältigen Reproduzierbarkeit so geschätzten logarithmischen Spirale $r(\theta) = c\,e^{a\,\theta}$ wird gesagt, sie sei *anallagmatisch*, reproduziere sich auch bei der Inversion selbst. Untersuchen Sie dies, siehe Abb. 9.21 d), und beachten Sie die Erweiterung des Begriffs, durch die nachfolgende Kongruenzabbildungen zugelassen werden. Lesen Sie dazu auch die Abschnitte 8.1.2 und 8.1.2.5 zur *spira mirabilis.*

9.6 Exoten-Kurven

Naturgemäß muss auch dieses umfangreiche Buch Kurven fortlassen. Also habe ich mich entschlossen, in diesem Abschnitt 9.6 nur noch „Berühmtheiten“ vorzustellen, die in Mathematik, Physik, Technik oder im allgemeinen Bewusstsein einen Namen haben. Drei davon haben im Sinne des folgenden Abschnitts eine **natürliche Gleichung**.

9.6.1 Kurven mit natürlicher Gleichung

Ihre Gleichung – oder Erzeugungsvorschrift – ist bezogen auf den schon zurückgelegten Weg. Das drückt sich in einer Parametrisierung nach der Bogenlänge s als Parameter aus. Dies erinnert an die Möglichkeiten von Programmen mit **Turtle-Graphik**: dort heißt es z. B.: gehe 100 Schritte, biege um 30° nach rechts ab, gehe nun 90 Schritte,... So eine diskrete Beschreibung geht nun über in eine kontinuierliche Angabe, bei der die Krümmung κ als Funktion des zurückgelegten Weges auf der Kurve angegeben wird.

- Gerade: $\kappa = 0$, Kreis: $\kappa = \frac{1}{R}$, jeweils für alle s
- Klothoide: $\kappa(s) = c\,s$, lineare Krümmungsfunktion, mit einer Konstanten c
- Königin der Spiralen: $\kappa(s) = \frac{c}{s}$
- Kettenlinie, Kathenoide: $\kappa(s) = \frac{c}{s^2+c^2}$
- Traktrix: $R(s) = \frac{1}{\kappa(s)} = c\sqrt{e^{\frac{2s}{c}} - 1}$, mit $c > 0$

9.6.1.1 Herleitung der Parameterdarstellung

Ziel ist es, Formeln für $x(s)$ und $y(s)$ allgemein herzuleiten. Sie können aber ohne Schaden für das Verständnis zum nächsten blauen Kasten springen.

Wir denken uns, dass $x(s)$ und $y(s)$ schon beschafft seien und bezeichnen mit den Punkten die Ableitungen nach dem Parameter s anstelle von t. Nach Gleichung 11.15 ist dann $1 = \dot{s} = \sqrt{\dot{x}^2 + \dot{y}^2}$. Hierfür kann man sich ein rechtwinkliges Dreieck vorstellen, dessen Hypotenuse die Tangente mit dem Steigungswinkel α ist, etwa Abb. 11.4 a). Also gilt $\dot{x} = \cos(\alpha)$ und $\dot{y} = \sin(\alpha)$.

Für die Krümmung nach Formel 11.18 fällt der Nenner weg und es gilt $\kappa = \ddot{y}\,\dot{x} - \ddot{x}\,\dot{y}$. Nach Definition der Krümmung in Formel 11.17 haben wir $d\,\alpha = \kappa(s)\;d\,s$ und daher $\alpha(s)$ als Integralformel im blauen Kasten.

Parametrisierung nach s aus der Krümmung $\kappa(s)$

Es sind die drei Integrale relevant:

$$\alpha(s) = \alpha_0 + \int_{s_0}^{s} \kappa(s)\,d\,s \qquad (9.27)$$

$$x(s) = x_0 + \int_{s_0}^{s} \cos(\alpha(s))\, d\, s \qquad y(s) = y_0 + \int_{s_0}^{s} \sin(\alpha(s))\, d\, s \tag{9.28}$$

Die Anfangswerte s_0, α_0, x_0 und y_0 kann man oft geschickt wählen. Es lässt sich zeigen, dass mit einer anderen Wahl eine kongruente Kurve herauskommt. [Schupp und Dabrock 1995, S. 188] formulieren an dieser Stelle:

Satz 9.2 (Fundamentalsatz der Kurvenlehre)
Mit einer stetig differenzierbaren Funktion $\kappa = \kappa(s)$ in Abhängigheit von der Bogenlänge s ist eindeutig eine Kurve als Form – also bis auf Kongruenzen – festgelegt.

Speziell folgt aus $\kappa(s) = 0$ natürlich $\alpha(s) = \alpha_0$ und damit $x(s) = x_0 + \cos(\alpha_0) \cdot (s - s_0)$ und $y(s) = y_0 + \sin(\alpha_0) \cdot (s - s_0)$. Quotientenbildung bringt schließlich $y - y_0 = \tan(\alpha_0)(x - x_0)$, wie es zu erwarten war.

Zeigen Sie das Entsprechende für den Kreis: Aus $\kappa = \frac{1}{R}$ folgt $x - x_0)^2 + (y - y_0 - R)^2 = R^2$, ein allgemeiner Kreis mit dem Radius R, auf dessen Rand P_0 liegt.

9.6.2 Klothoide

Sei nun $\kappa(s) = c\, s$ mit $c > 0$. Setzen wir alle Anfangswerte auf null, wie es in Abb. 9.22 a) und beim Punkt Start gezeigt ist, dann erhalten wir nach den Gleichungen 9.27 und 9.28 die Parameterdarstellung nach der Bogenlänge

$$x(s) = \int_{0}^{s} \cos\left(\frac{1}{2} c\, s^2\right) d\, s \qquad y(s) = \int_{0}^{s} \sin\left(\frac{1}{2} c\, s^2\right) d\, s \tag{9.29}$$

Diese Integrale sind leider *nicht geschlossen lösbar*, d. h. es gibt keinen Term für eine Stammfunktion.

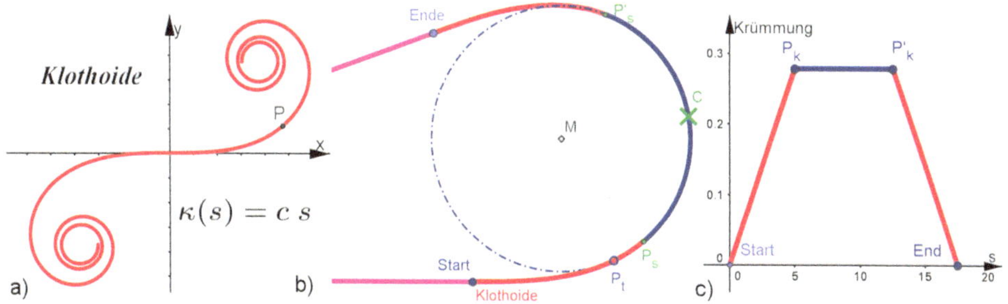

Abb. 9.22 Keine Straße ohne Klothoide a) „ganze" Kurve, b) Fahrbahn: Gerade, Klothoide, Kreis, Klothoide, Gerade, c) Krümmungsverlauf

Die Klothoide in Abb. 9.22 a) rollt sich in zwei Punkten zusammen, dazwischen ändert sich die Krümmung linear mit der Weglänge. In einem Diagramm, bei dem die waagerechte Achse der durchlaufene Weg ist und die senkrechte Achse die Krümmung, ist jede Klothoide eine Gerade, in Bild c) ist in Rot zweimal ein Stück daraus dargestellt.

9.6.2.1 Fahrbahnen mit Klothoiden bauen

Es ist einleuchtend, dass man bei festgehaltenem Lenkrad und eingeschlagen Rädern auf einem Kreis fährt. Das hat man schon als Kind ausprobiert. Zu einem Kreis gehört ein Kreisradius R und damit eine konstante Krümmung $\kappa = \frac{1}{R}$. Würde bei einer Straße, die eine Biegung machen soll, das gerade Stück direkt in eine Kreisbahn übergehen, so gäbe es einen **Krümmungssprung**. Das Lenkrad müsste von der Geradeausstellung *plötzlich* in die Krümmung des angesetzten Kreises wechseln. Im Krümmungsdiagramm wäre der Verlauf von der Nulllinie direkt zu der einer waagerechten Linie. Es ist naheliegend, im Krümmungsdiagramm Abb. 9.22 c) die rot gezeichneten *Flanken* zu realisieren, die einen gleichmäßigen Zuwachs der Krümmung auf den erforderlichen Wert garantieren. Genau das macht das kleine, rote Stück aus der Klothoide von ihrem Mittelpunkt aus (bei Start) bis zu eben der geforderten Krümmung, das in Abb. 9.22 b) zwischen Gerade (violett) und Kreis (blau) eingefügt ist. [Riemer und Schmidt 2015] haben mit Bildern aus **google-maps und realen Daten Klothoiden modelliert**, es lohnt sehr, auf der Website `www.riemer-koeln.de` zum GPS-Thema zu stöbern.

Kleine „historische" Anekdote: 1980 fragt mich mein Schwager, ein Bauingenieur in einem Straßenbaubüro, ob ich seinem Team helfen könne, ihrem „Olivetti-Tischrechner", einem heutigen Bankautomaten äußerlich ähnlich, das **Berechnen der Klothoiden** beizubringen. Sie übertrügen immer noch die tabellierten Werte, die sie früher verwendet hatten, von Hand in die Maschine. Als tüchtiger Ingenieur hatte er die Definition der Klothoide nachgeschlagen und mitgebracht. Von ihm stammt der Ausspruch: „Es gibt gar keine Straße ohne Klothoide".

9.6.3 Traktrix oder Schleppkurve

Ob diese Kurve, wie [Schupp und Dabrock 1995, S. 191] schreiben, von Gottfried Wilhelm Leibniz (1646-1716) zuerst untersucht wurde oder von Perrault (1613-1688) und Huygens 1693, wie es ausführlich in [Wikipedia] heißt, kann ich nicht entscheiden. Der Name jedenfalls ist abgeleitet von lateinisch *trahere, tractum*, zu deutsch *ziehen, gezogen*, das wir im Wort Traktor, auch im plattdeutschen trekken und im englischen *to trek* haben. Die ursprüngliche Idee ist in Abb. 9.23 beschrieben. Manchmal sagt man auch hier „Hundekurve", aber das wäre dann ein störrischer Hund, der sich ohne eigenen Richtungswillen über den Asphalt zerren lässt. Der Hund in Abschnitt 3.1.1 strebt dagegen stets zum Baum. Die Gerade mit seiner Leine schneidet *immer* die Kurve, das ist hier *nie* der Fall. Der [Wikipedia]-Artikel geht zudem ausführlich darauf ein, dass

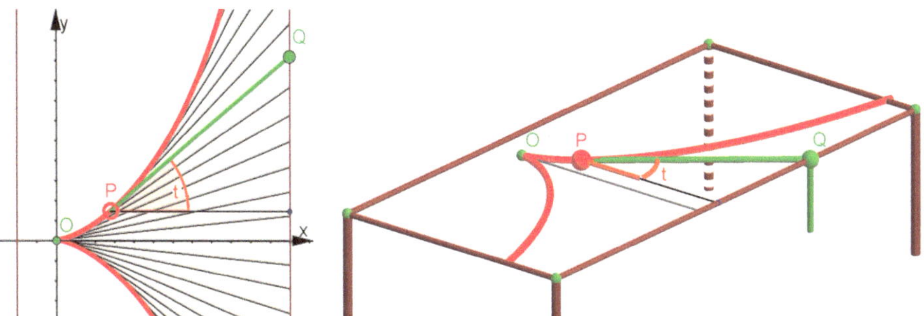

Abb. 9.23 Traktrix, der Weg der Uhr an der Kette Man stelle sich vor, eine Taschenuhr P werde mit einer Kette der Länge k an einer Tischkante entlang gezogen. Beim Start ist die Kette senkrecht zur Tischkante. Die Uhr P bewegt sich dann auf einer Kurve, die in jedem Moment die Richtung der Uhrkette als Tangente hat.

solche **Schleppkurven** auch beim Autofahren, beim Rückwärtsfahren, beim Fahren mit Anhänger, beim Abschleppen eines Wagens u. s. w. auftreten und dass eine vernünftige Verkehrswegeplanung darauf Rücksicht zu nehmen hat.

Es gibt Besonderheiten der Traktrix, die sie von fast allen Kurven dieses Buches unterscheidet. In Abb. 9.23 kann man nämlich **nicht**, wie sonst meistens, Q auf eine Gerade setzen und dann P in der Entfernung k konstruieren. Die Traktrix entzieht sich allen Konstruktionsversuchen, denn sie ist nicht nur eine **transzendente Kurve**, sondern die Bedingung, dass PQ in jedem Moment Tangente ist, lässt sich konstruktiv auch mit Polarkoordinaten nicht fassen. Es bleibt nichts anderes übrig, als zuerst das Problem zu lösen (wenigstens näherungsweise) und mit dieser Kenntnis die Zeichnung zu erstellen.

9.6.3.1 Gleichungen der Traktrix

Dieser Ausflug in die Analysis lohnt sich für Sie nur, wenn Sie dort Ihre Kompetenzen schulen wollen. Sonst werfen Sie nur einen Blick auf die Formeln mit dem Logarithmus, die die Transzendenz beweisen.

Wir entwickeln eine Parameterdarstellung. In dem rechtwinkligen Dreieck mit der Hypotenuse $\overline{PQ}$ gilt $k - x = k\ \cos(t)$ also $x(t) = k(1 - \cos(t))$ und damit $\dot{x} = k\ \sin(t)$. Mit $y' = \tan(t)$ und $y' = \frac{\dot{y}}{\dot{x}}$ folgt $dy = \dot{x}y'\,dt = k\sin(t)\tan(t)\,dt$ und Integration dieser Gleichung führt mit GeoGebra-CAS zu $y(t) = k\left(-\sin(t) + \frac{1}{2}\ln(1+\sin(t)) - \frac{1}{2}\ln(1-\sin(t))\right)$. Damit ist die Parameterdarstellung fertig, die man mit `Kurve[x(t),y(t),t,0,2 pi]` eingeben kann. Mit einem Schieberegler t ist entsprechend P zu definieren und die Zeichnung fertigzustellen. Im 3D-Fenster ist nur noch der Tisch hinzugefügt.

Eine explizite Gleichung ist durchaus möglich (man muss nicht jedem Satz im Internet trauen). Mit der in diesem Buch üblichen Methode $Q = (k, v)$ und $y' = f'(x) = \frac{v-y}{k-x}$ nutzen wir die Abstandseigenschaft $(k - x)^2 + (v - y)^2 = k^2$. Wir erhalten die Differenzialgleichung (DGL) $k - x)^2\left(1 + (y')^2\right) = k^2$. Trennung der Variablen ergibt die

Lösung $f(x) = -\sqrt{2kx - x^2} + k \ln \dfrac{\sqrt{2kx - x^2} + k}{k - x}$. Wegen des **Logarithmus'** hat also die Traktrix eine *transzendente* Gleichung.

Herleitung mit Hilfe ihrer natürlichen Gleichung gemäß Abschnitt 9.6.1.1 Da kann man von „Hilfe“ nicht reden, schon $\alpha(s)$ enthält den Arkustangens des in $\kappa(s)$ vorkommenden Wurzelausdrucks. Die Terme für $x(s)$ und $y(s)$ sind – mit Mathematica erzeugt – viel „wilder“ als die Gleichungen der vorigen beiden Absätze.

9.6.4 Kettenlinie, Kosinus- und Sinus hyperbolicus

Die Kettenlinie heißt auch Katenoide nach dem lateinischen Wort *catena* für *Kette.* Im Englischen sagt man *catenary.* Der Begriff *Katenoid* bezeichnet die zugehörige Rotationsfläche, siehe Abb. 9.27 c). Die Kettenlinie wurde schon in der Barockzeit von Leibniz, Huygens, den Brüdern Bernoulli u. A. untersucht, es herrschte ein großes Interesse an Kurven aller Art, darum gibt es hier Kapitel 4: Barocke Blüten und Früchte. Darin sind viele algebraische Kurven vorgestellt, die Kettenlinie aber ist eine transzendente Kurve (s. Abschnitt 2.5.2). Zuerst widmen wir uns den dafür wesentlichen Funktionen.

9.6.4.1 Kosinus- und Sinus hyperbolicus

Die Funktionen heißen auch **Hyperbelkosinus** und **Hyperbelsinus** oder kurz **Hyperbelfunktionen**. Für mathematische Novizen ist das verwirrend, weil *Hyperbeln als Kegelschnitte* gar nicht gemeint sind und weder die Funktionsgraphen noch die Gleichungen miteinander etwas zu tun zu haben scheinen. Dennoch gibt es tiefsinnige Bezüge, die ich erst in Abschnitt 9.6.4.4 erklären kann. Ich verwende der Deutlichkeit halber auch den Terminus „Hyperbolicus-Funktionen“.

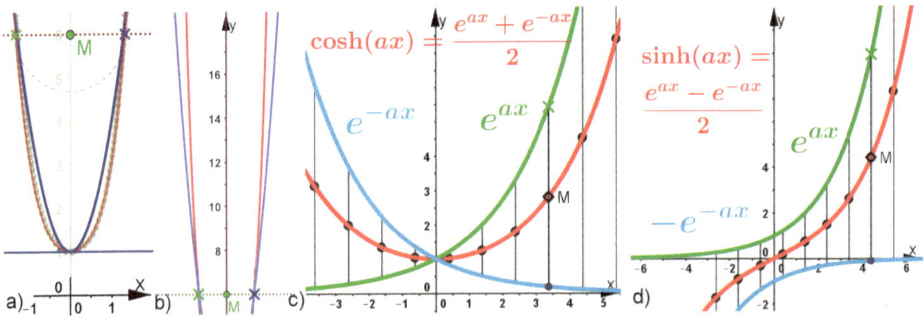

Abb. 9.24 **a) und b) Kettenlinie:** Über das Foto einer hängenden Kette ist in Rot die Kettenlinie gelegt und in Blau zum Vergleich eine Parabel angezeigt, **c) und d) Kosinus- und Sinus hyperbolicus** Funktionen sind als Mittenkurven elementarer e-Funktionen dargestellt.

Definition 9.5 (Hyperbolicus-Funktionen)

$$\cosh(x) = \frac{e^x + e^{-x}}{2} \qquad \sinh(x) = \frac{e^x - e^{-x}}{2} \tag{9.30}$$

Wie Abb. 9.24 c) zeigt, kann man die Ordinaten der Kosinus hyperbolicus Funktion als Mittelwerte der Ordinaten der beiden elementaren e-Funktionen gewinnen. Damit ist die Achsensymmetrie und der grundsätzliche Verlauf klar. Insbesondere „erbt“ die Funktion das exponentielle Wachstum. Abb. 9.24 b) zeigt schon, dass die blaue Parabel weniger schnell wächst, der Unterschied wird drastisch steigen.

Für den Sinus hyperbolicus ist es sinnvoll, sich die Differenz als Summe mit der gespiegelten fallenden e-Funktion zu denken, wie es Abb. 9.24 d) zeigt. Ihr Graph sieht fast so aus wie der von $f(x) = x^3 + x$. Wenn Sie sich die Graphen ansehen, scheint das Polynom schneller zu steigen. Aber Vorsicht, auch hier liegt wegen der e-Funktionen exponentielles Wachstum vor. Das übertrifft das Wachstum *jedes* Polynoms.

9.6.4.2 Eigenschaften der Hyperbolicus-Funktionen

Einige Formeln erinnern sehr an die bekannten Formeln für Sinus und Kosinus. Die ersten beiden Zeilen können Sie leicht selbst bestätigen:

Formeln für Sinus- und Kosinus hyperbolicus

$$1 + \sinh(x)^2 = \cosh(x)^2 \qquad (\sinh(x))' = \cosh(x) \qquad (\cosh(x))' = \sinh(x) \tag{9.31}$$

$$\text{Funktion ist gerade:} \quad \cosh(x) = cosh(-x) \quad \text{ungerade:} \quad \sinh(x) = -\sinh(-x) \tag{9.32}$$

Zusammenhang der Hyperbelfunktionen mit den Kreisfunktionen im Komplexen

$$\cosh(ix) = \cos(x); \quad \cosh(x) = \cos(ix); \quad \sinh(ix) = i\,\sin(x); \quad \sinh(x) = -i\,\sin(ix); \tag{9.33}$$

Um die dritte Zeile zu beweisen, braucht man die Euler'sche Formel $e^{ix} = \cos(x) + i\,\sin(x)$ und die Definition von i mit $i^2 = -1$. Es ist dann nämlich $2\cosh(ix) = e^{ix} + e^{-ix} = \cos(x) + i\sin(x) + \cos(x) - i\,\sin(x) = 2\cos(x)$ und mit Einsetzung des Arguments ix für x folgt $\cos(ix) = \cosh(i \cdot ix) = \cosh(-x) = \cosh(x)$, wegen Gleichung 9.32. Versuchen Sie die entsprechende Rechnung für den Sinus hyperbolicus selbst.

Dieser Zusammenhang ist schon ein starkes Argument für die Ähnlichkeit der Funktionsnamen. Der Bezug zur Hyperbel erfolgt in Abschnitt 9.6.4.4.

Steigung, Bogenlänge und Krümmung kann man wie üblich in der Analysis berechnen. Die Formeln versprechen wegen der Gleichungen 9.31 recht überschaubar zu werden. Die Ergebnisse lohnen sich besonders für die Kettenlinie. Damit befasst sich Aufgabe 9.18.

9.6.4.3 Die durchhängende Kette: Kettenlinie, Katenoide

Die Form der Kettenlinie wird von frei hängenden Ketten oder Seilen mit gleichmäßiger Massenverteilung eingenommen. In Abb. 9.24 a) ist eine einfache Modekette mit Plastikkugeln fotografiert. Galilei glaubte, die entstehende Form sei eine Parabel, eine solche ist im Bild in Blau zu sehen. Sie passt nicht gut.

Die Herleitung einer Differenzialgleichung kann auf verschiedene Arten erfolgen. Thomas Peters stellt auf seiner Site [Peters 2009] eine pdf-Datei zur Verfügung, auf der er Herleitungen durchführt. Wenn Ihnen nicht reicht, was ich hier schreibe, lesen Sie dort. An einem kleinen Seilstück der Länge Δs greifen die Zugkräfte in Seilrichtung und die Gewichtskraft dieses Seilstückchens an. Sie müssen sich aufheben, also muss gelten: $\vec{F}(s)-\vec{F}(s+\Delta s)=\vec{G}$. Dabei ist $G=\lambda\Delta s\cdot g$, mit λ=Masse des Seiles pro Längeneinheit, der Term $\lambda\cdot\Delta s$ die Masse des Seilstückchens. Mit der Erdbeschleunigung g gilt, wenn wir gleich durch Δs dividieren, $\frac{\vec{F}(s)-\vec{F}(s+\Delta s)}{\Delta s}=\binom{0}{\lambda g}$. Links steht der Differenzenquotient des Kraftvektors und mit dem Grenzübergang $\Delta s\to 0$ erhalten wir $\frac{d\vec{F}}{ds}=\binom{0}{\lambda g}$. Integration ergibt: $\vec{F}(s)=\binom{A}{\lambda g\, s+B}$ mit zwei Integrationskonstanten A und B. Wenn wir die Seillänge s vom Minimum aus messen, ist $B=0$. Stellen wir uns die gesuchte Kurve y nach s parametrisiert vor und beachten, dass die Kraft an der Stelle s tangential wirkt, so folgt $y'=\frac{dy}{dx}=\frac{\dot{y}}{\dot{x}}=\frac{\lambda g\, s}{A}$. Andererseits ist die Bogenlänge nach Formel 11.15 $s=\int_0^x\sqrt{1+(y')^2}\,dx$. Oben eingesetzt und nochmals abgeleitet, damit man das Integral los wird, folgt die

$$\text{Differenzialgleichung der Kettenlinie, DGL:}\qquad y''=\frac{\lambda g}{A}\sqrt{1+(y')^2}\,. \tag{9.34}$$

Die erste der Gleichungen in 9.31 könnte genutzt werden, um den Wurzelterm in den Griff zu bekommen. Mit dem Ansatz $y=a\cosh(b\,x)+c$ erhalten wir $y'=a\,b\sinh(b\,x)$. Die Wurzel verschwindet, wenn wir $b=\frac{1}{a}$ wählen. Es folgt $y''=\frac{1}{a}\cosh\left(\frac{x}{a}\right)$. Das passt zu der DGL 9.34, wenn wir $a=\frac{A}{\lambda g}$ setzen.

Gleichung der Kettenlinie

$$\begin{array}{ll} \text{Scheitel } (0,\text{a+c}): & f(x)=a\,\cosh(\frac{x}{a})+c \\ \text{Scheitelkrümmung:} & \kappa_0=\frac{1}{a},\quad \text{also}\quad R_0=a \end{array} \tag{9.35}$$

Eine Verschiebung in x-Achsenrichtung kann natürlich auch noch erfolgen. Die Verschiebung in y-Achsenrichtung habe ich explizit aufgeführt, damit man einen weiteren

Parameter hat, um die Form z. B. an das Foto in Abb. 9.24 a) anzupassen: Den Scheitel in (0,1) zu legen, erfordert $f(0) = a + c = 1$. Die Ordinate $y = 6$ wird für $x = 1.32$ erreicht. Das bringt dann die Gleichung $a \cosh\left(\frac{1.32}{a}\right) + 1 - a = 6$. Diese *transzendente Gleichung* kann man lediglich numerisch lösen. Das tut GeoGebra-CAS, wenn man x anstelle von a schreibt und `NLöse` anfordert. Den Parabelkoeffizienten kann man ausrechnen oder ebenso bestimmen. Auch eine interaktive Anpassung der Parameter ist möglich und bei Anzeige von drei Dezimalen auch nicht ungenauer. In der Aufgabe 9.18 können Sie sich mit der Kettenlinie befassen.

Beachten Sie: *Nicht jede* Kosinus hyperbolicus Funktion ist eine Kettenlinie, bei der letzteren sind die Koeffizienten vor dem cosh und beim Argument x *Kehrwerte* voneinander. Also findet man $a \cosh\left(\frac{x}{a}\right)$ und auch $\frac{1}{k}\cosh(k\,x)$ für die Kettenlinie. Ohne diese Kopplung ist die Kurve *keine Kettenlinie* sondern eine allgemeine Kosinus hyperbolicus Funktion.

9.6.4.4 Area-Funktionen kehren die Hyperbelfunktionen um

Die Umkehrfunktion des Kosinus hyperbolicus heißt **Areakosinus hyperbolicus**, kurz: Areakosinus. Entsprechend gibt es den **Areasinus**. Zunächst einmal: lateinisch oder englisch *area* als *Fläche* ist tatsächlich gemeint. Zur Kreisfunktion Kosinus gehört als Umkehrfunktion der Arkus-Kosinus. Hier steht das lateinische Wort *arcus* Pate, das *Bogen* heißt. Hat man nämlich einen Sinuswert, z. B. $\sin(x) = 0.8$, so beantwortet man die Frage nach dem zugehörigen x mit Hilfe von $x = \arcsin(0.8)$ und erhält $x = 0.9273$, den Hauptwert. x ist zu deuten als Winkel im Bogenmaß, also ist x die Länge eines **Bogens** im Einheitskreis. Die Funktion, die x liefert, heißt zu recht **Arkusfunktion**.

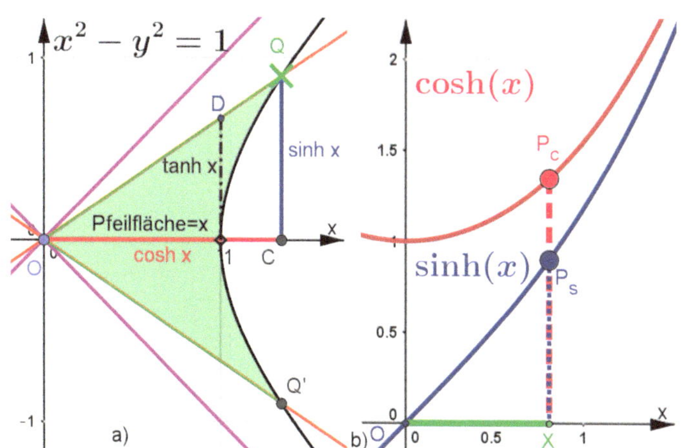

Abb. 9.25 **Die Areafunktionen** liefern tatsächlich Flächen. Aus $\sinh(x) = 0.85$ folgt mit dem Areasinus $x = \operatorname{arsinh}(0.85) = 0.77$ und das ist die Größe der pfeilförmigen (grünen) Fläche, ein **Areal**. Ebenso folgt aus $\cosh(x) = 1.3$ nun mit dem Areakosinus $x = \operatorname{arcosh}(1.3) = 0.77$. Die gekoppelten Grafikfenster zeigen die Zusammenhänge.

Dagegen werden entsprechende Umkehrfragen bei den Hyperbelfunktionen mit den **Areafunktionen** beantwortet. Auch sie tun, was ihr Name verspricht: sie antworten mit einer Fläche, einem **Areal**. In Abb. 9.25 sind die Zusammenhänge dargestellt, die nun näher erläutert und bewiesen werden sollen.

Eine Parameterdarstellung der Hyperbel $x^2 - y^2 = 1$ können wir „erfinden“ mit $x(t) = \cosh(t)$, zunächst ohne an eine Bedeutung von t zu denken. Das geht für den rechten Ast, da beide Seiten nicht kleiner als 1 sind. Es ist dann $\cosh(t)^2 - y(t)^2 = 1$, also $y(t) = \cosh(t)^2 - 1 = \sinh(t)$, nach Gleichung 9.31. Bevor wir im Beweis weitergehen, sei bemerkt:

Eine Parameterdarstellung der Hyperbel

$$\text{Für } \frac{x^2}{a^2} - \frac{y^2}{b^2} = 1 \text{ gilt } x(t) = \pm a\cosh(t) \text{ und } y(t) = b\sinh(t). \tag{9.36}$$

Mit den Gleichungen 9.33 können Sie selbst leicht zeigen, dass die Mittelpunktsgleichung erfüllt wird.

Die Polardarstellung der Hyperbel $x^2 - y^2 = 1$ springt in Abb. 9.25 a) ins Auge. Wenn man den Polarwinkel θ von Q verwendet, gilt $1 = r^2\cos(\theta)^2 - r^2\sin(\theta)^2 = r^2\left(\cos(\theta)^2 - \sin(\theta)^2\right) = r^2\cos(2\theta)$, also:

$$\text{Polargleichung der Hyperbel } x^2 - y^2 = 1 \text{ ist } r = \pm\sqrt{\frac{1}{\cos(2\theta)}} \tag{9.37}$$

Beweis (Zur Pfeilfläche A) Bezug Abb. 9.25
A bekommen wir nun mit der Polargleichung und Gleichung 11.10 in den Griff. Es ist $A = 2 \cdot \frac{1}{2}\int_0^\theta r(th)^2 d\,th = \int_0^\theta \frac{1}{\cos(2th)} d\,th = \frac{1}{2}\ln\frac{\cos(\theta)+\sin(\theta)}{\cos(\theta)-\sin(\theta)}$. Ich will nicht verhehlen, dass man für das Integral ein kräftiges CAS braucht oder Integral Nr. 325 im [Bronstein 1999]. In beiden Fällen sind noch eigene Umformungen nötig, besonders in der folgenden Weiterverarbeitung. Es ist nämlich nun $e^A + e^{-A}$ zu bilden. Dazu muss sich der Faktor $\frac{1}{2}$ in eine Wurzel im Argument des Logarithmus verwandeln und das Minuszeichen von A muss das Argument in seinen Kehrwert drehen. Nach diesen Taten hat man $\frac{\sqrt{\cos(\theta)+\sin(\theta)}}{\sqrt{\cos(\theta)-\sin(\theta)}} + \frac{\sqrt{\cos(\theta)-\sin(\theta)}}{\sqrt{\cos(\theta)+\sin(\theta)}}$, einen Term von beeindruckender Symmetrie. So etwas macht kein CAS von alleine. Es geht weiter mit dem Hauptnenner und Zusammenfassungen, bis da steht $e^A + e^{-A} = \frac{2\cos(\theta)}{\sqrt{\cos(2\theta)}} = 2r(\theta)\cos(\theta)$. Damit haben wir bewiesen: $\cosh(A) = x = \cosh(t)$, mit dem $x(Q)$, der roten Strecke in Abb. 9.25 a), und es gilt $A = t$. In Abb. 9.25 b) ist diese Strecke Ordinate, Abszisse ist hier $x = A$, als rote Kurve ist $y = \cosh(x) = \cosh(A)$ dargestellt. Entsprechendes kann man auch für den Sinus hyperbolicus zeigen. □

Nun ist klar, warum diese Umkehrfunktionen **Area**-Funktionen heißen. Offenbar in Unkenntnis dieser Tatsache heißen leider in GeoGebra und Mathematica diese Funktionsnamen arcsinh, arccosh, bzw. ArcSinh, ArcCosh.

Nun ist auch deutlich geworden, dass das Adjektiv **hyperbolicus** zu recht besteht, und der Name **Hyperbelfunktionen** klingt nicht mehr so fremd.

Aufgabe 9.18 Kettenlinie

1. Berechnen Sie für die Kettenlinie Ableitung, Krümmung $\kappa(x)$ und Krümmungsradius $R(x)$. Verwenden Sie alle drei Aussagen von Gleichung 9.31.
2. In der Form $a \cdot R(x) = f(x)^2$, die Sie aus dem vorigen Top erhalten, sehen Sie, dass Sie mit dem Höhensatz eine Konstruktion des Krümmungskreis-Mittelpunktes erfinden können. Tangente und Normale seien dabei für einen zugfesten Punkt P von GeoGebra beschafft. Sichern Sie Ihr Ergebnis durch die Evolute als Hüllkurve ab. Siehe dazu Abschnitt 9.3.
3. Bei Kettenlinien und Parabeln, die sich schneiden und denselben Scheitel haben, ist immer die Parabel im Scheitel „schlanker". Sehen Sie sich das an weiteren Beispielen an und beweisen Sie diese Behauptung. Welche Folgen hat ein gleicher Scheitelkrümmungsradius?
4. Zeigen Sie, dass die Bogenlänge der Kettenlinie vom Scheitel bis zur Stelle x durch $s(x) = a \sinh(\frac{x}{a})$ gegeben ist. In Abb. 9.24 a) handelt es sich um die Kettenlinie mit $a = 0.4$ und $c = 1 - a$. Die Parabel ist $y = 2.87x^2 + 1$, der Eckpunkt hat die Ordinate 6. Vergleichen Sie die abgebildeten Längen.
5. Zeichnen Sie mit GeoGebra zu einer Kettenlinie die Evolvente, deren Spitze der Scheitel ist. Sie erhalten eine Traktrix. Realisieren Sie auch umgekehrt eine Traktrix und bilden Sie als Hüllkurve ihrer Normalen eine Kettenlinie. Also gilt: **Die Evolute einer Traktrix ist eine Kettenlinie**. Zur Traktrix lesen Sie Abschnitt 9.6.3, zu Evoluten und Evolventen die Abschnitte 9.2 und 9.3.3.
6. Blättern Sie jetzt einmal zurück zu Abschnitt 8.3.3, in dem der Brennpunkt einer abrollenden Parabel eine Kettenlinie erzeugt. Auch dieses ist ein Baustein für die Beobachtung: **In der Mathematik ist alles mit allem verwoben.**

9.6.4.5 Hängebrücken und andere Ketten mit einer Last

Eigentlich ist es nicht erstaunlich, dass eine an die Kette gehängte Last die Form der hängenden Kette beeinflusst. Mit einer schweren Last in der Mitte würde sie V-förmig hängen. Mit einer über die ganze Breite verteilten Last ist ein anderer Ansatz als in Abschnitt 9.6.4.3 nötig. [Peters 2009] führt einen solchen durch. Aber auch von der Quelle zur Abb. 9.26, der [DMV Website 2000], gelangt man zu Ausführungen von Markus Koecher [Koecher 2005a, b], der eine auf schulischem Niveau verständliche Herleitung beider Fälle bietet. Wie zu erwarten, wird die Kettenform durch die Last etwas „schlanker", wie es zur Parabel passt. Versuchen Sie in Abb. 9.26 eine Kettenlinie einzupassen. Sie werden erleben: sie passt nicht.

Abb. 9.26 **Die Storebælt-Brücke** auf einem Plakat zum „Word Mathematical Year 2000", die in GeoGebra erzeugte gelbe Parabel ist von mir hinzugefügt. Wie die Beschriftung deutlich macht, haben nämlich Seile, die (Linien-)Lasten tragen, nicht die Form einer Kettenlinie, sondern die Parabelform ist angemessen. Quelle: s. Text,
Bild: © Vagn Lundsgaard Hansen

Aufgabe 9.19 **Katenoid als Minimalfläche**

Minimalflächen bilden sich z. B. als Seifenhäute zwischen Drähten. Im [Mathematikum] kann man dazu Experimente machen. Drahtwürfel und andere Körper kann man in Seifenlauge tauchen und nach dem Herausziehen über die entstandenen Flächen staunen. Mathematisch sind die Minimalflächen im Allgemeinen nicht leicht zu bestimmen, zudem gehört das nötige Rüstzeug nicht in dieses Buch. Wenn sich die Seifenhaut zwischen zwei räumlich parallelen Kreisen spannt, entsteht ein Katenoid, also eine Rotationsfläche aus der Kettenlinie. In Abb. 9.27 c) ist es zu sehen. Die Aufgabe geht von der Gleichung der Kettenlinie $f(x) = a \cosh\left(\frac{x}{a}\right)$ im Intervall $[-2, 2]$ aus.

Bestimmen Sie für eine Hyperbel $-a^2x^2 + b^2y^2 = a^2b^2$ mit a von der Kettenlinie den Parameter b so, dass sie am Rand mit der Kettenlinie übereinstimmt. Bestimmen Sie entsprechend auch eine Parabel mit dem Scheitel $(0, a)$ und ein Polynom $y = c\,x^4 + a$ und prüfen Sie Ihre Ergebnisse in einem 2D-Koordinatensystem.

Abb. 9.27 Rotationskörper, die x-Achse weist nach oben. **a) Hyperboloid, b) Paraboloid, c) Katenoid, die Minimalfläche**, sie wird von einer Seifenhaut zwischen den zwei Kreisen gebildet.

Wenn Sie unbändige Lust darauf haben, Ihre Analysis- und CAS-Fähigkeiten zu erproben, können Sie sich mit den Formeln 11.11 und 11.14 dem Volumen und der Mantelfläche dieser Körper widmen. Letzteres ist aber wirklich knifflig.

Hinweis

Auf der Website zum Buch ist alles durchgeführt. Zu den Volumina der Rotationskörper von Kegelschnitten lesen Sie evt. Abschnitt 5.3.6. Da bei diesen immer y^2 vorkommt, sind die betrachteten Integrale leicht zu lösen. ◄

10 Didaktische Übersicht

Übersicht

10.1 Grundlegendes zur Didaktik der Kurven

10.1.1 Das Thema Kurven heute

Zu Beginn gebe ich dem Schüler Johannes H. aus der 8. Klasse das Wort, mit der ich 1998 mein erstes Kurvenprojekt im Rahmen des Mathematik-Unterrichts durchgeführt habe. „··· nach einiger Zeit und einigen Stunden im Computerraum waren wir alle ganz eifrig bei der Sache, nun freuten wir uns richtig auf jede neue Mathestunde. Wir konnten es kaum noch erwarten, dass wir eine neue Kurve behandelten. Oft kam es bei uns zu großen Erfolgserlebnissen.
Als wir dann am Ende der 8. Klasse doch noch zu den Geraden kamen, war es sehr einfach, denn eine Gerade ist ja der simpelste Fall einer Kurve.
Alles in allem hat uns der Mathematikunterricht noch nie solch einen Spaß gemacht. Wir hätten auch gern noch weiter gemacht, doch sind Schuljahre oft kürzer, als man denkt."

Rückblick desselben Schülers (mit Begabungsschwerpunkt im gesellschaftswissenschaftlichen Umfeld) im Jg. 12 auf das Kurven-Projekt in Klasse 8: „··· Für mich waren das in den folgenden Jahren nicht nur Formeln und irgendwelche Punkte auf dem Papier. Ich denke immer: da steht wohl eine Bewegung dahinter, die die Kurve entstehen lässt. Naja, ich kenne die Bewegung dann nicht, aber mir fällt nicht schwer zu verstehen, dass es Kurven gibt. Vielen fallen in Mathe die Funktionen schwer, dabei sind die doch eigentlich ganz einfach. **Überhaupt haben viele aus unserer alten Klasse einen ganz anderen Blick auf Mathe als die meisten im Jahrgang.**"

Meine eigenen Erfahrungen haben mich ermutigt, dieses Thema auszubauen, in der fachgymnasialen Ausbildung Mathematik an der Leuphana Universität Lüneburg als Vorlesung zu verankern und in diesem Buch weiterzuführen und kulminieren zu lassen.

10.1.2 Blick zurück und nach vorn

Es ist faszinierend, welch hoch entwickeltes Verständnis von Kurven Apollonius und Archimedes schon vor mehr als 2000 Jahren hatten. Generationen von Gelehrten und Studenten haben daran ihr Denken geschult. Die barocken Mathematiker haben die kartesische und analytische Betrachtung hinzugefügt und die nächsten 300 Jahre der Mathematik damit befruchtet. Nun ist dieser Schatz schon fast begraben.

Zur Unterrichtsgeschichte der Kegelschnitte nennt [Schupp 2000, Kap. 10] sein Kapitel mit ausführlichen, lesenswerten Betrachtungen, die entsprechend erweitert auch in dem vergriffenen Buch [Schupp und Dabrock 1995] zu finden sind. Er konstatiert: „Kegelschnitte als Unterrichtsobjekte werden vernachlässigt in Zeiten, in denen die axiomatischen, formalen, deduktiven, systematischen Züge der Geometrie (Mathematik) im Mathematikunterricht betont werden." Das gilt in noch stärkerem Maße für die **„Höheren Kurven"**, die das vorliegende Buch prägen. Für diese gibt es die ergiebige und für die Mathematik als Wissenschaft auch wichtige Theorie der **Algebraischen Geometrie**. Ihre Methoden mit homogenen Koordinaten und höheren Dimensionen sind schon in [Burau I 1962] und [Burau II 1962] prägend. Aber auch die Einbettung in umfassende algebraische Konzepte und die formal anspruchsvollen Schreibweisen bei [Fladt 1962], [Brieskorn und Knörrer 1981], [Fischer 1994] u. A. sind ungeeignet, schulisch Brauchbares – in vertretbarem Aufwand und Zeiteinsatz – herauszufiltern. Umso notwendiger erschien es mir, bei [Lockwood 1961] und [Schupp und Dabrock 1995] anzuknüpfen und das Thema Kurven mit heutigen Methoden zugänglich zu machen. Ich möchte mich dem Wunsch von [Schupp 2000] im Anschluss an sein obiges Zitat anschließen und das Thema **Kurven** „als einen Bereich ansehen, der charakterisiert ist durch seinen Reichtum an naheliegenden Phänomenen, Problemen, Methoden und Anwendungen sowie durch seine kulturelle Bedeutung."

Sein Kegelschnittbuch [Schupp 1988] hat [Schupp 2000] neu herausgegeben und schon die damaligen Möglichkeiten der DGS einbezogen. Diese gehen heute noch viel weiter, wie ich unten erläutere. Er sah die Anfänge einer „Regeometrisierung" der Curricula. Leider hat sich das kleine Pflänzchen Geometrie, das einst ein starker, 2000 Jahre alter Baum gewesen war, noch immer nicht so recht entwickelt. Das gilt vor allem für die Curricula der deutschen Bundesländer. Einige Lehrpersonen an Schulen und Hochschulen aber versuchen eine Etablierung geometrischer Themen in ihrer Lehre. Diesen sei das vorliegende Buch eine verlässliche Quelle. Vor allem aber, wie der Titel verspricht, sei es eine Anregung, Erkundungen seitens der Lernenden zu initiieren und dadurch dem Verstehen eine Grundlage und Nachhaltigkeit zu verleihen.

10.1.3 Didaktische Gründe für den Softwareeinsatz

Oberstes Gebot von Software sollte die **Freiheit** des Benutzers sein. Es geht dagegen keinesfalls um Filmchen, die irgendetwas demonstrieren, noch um gesteuertes Lernen, das nur eine elektronische Version des zu recht überwundenen programmierten Lernens ist. Die **Anforderungen**, die von GeoGebra, allenfalls noch von Cinderella erfüllt werden sind:

1. Ein vollständiges DGS muss **jegliche geometrische Konstruktion** ermöglichen,
2. diese muss durch *Ziehen* an Punkten und Variation von Parametern bewegt werden können,
3. sie muss durch *Konstruktionsbeschreibung* und „Abspielen“ schrittweise nachvollziehbar sein,
4. sie muss durch *Farben, Stichdicken* u. s. w. didaktisch zu gliedern sein.
5. **Die Software** muss *Schaltelemente* haben, damit sie nicht gleich alles auf einmal zeigt, und auf diese Weise didaktisch ausgewählte Stufen zulässt,
6. sie muss von heutigen Lernenden und Lehrenden *intuitiv* bedienbar sein,
7. sie muss *Parameter* sowohl mit Schiebereglern als auch durch Entnahme von Größen aus Konstruktionen erlauben,
8. sie muss mehrere untereinander *gekoppelte Fenster* ermöglichen, zwei für 2D-Grafik, 3D-Grafik, Algebra, CAS, für Anderes auch Tabellenkalkulation und Statistik,
9. sie muss *Funktionen darstellen* können und die üblichen *Analysisbefehle* enthalten,
10. sie muss Kurven in *allen Darstellungsarten* zeichnen können: explizit- und implizit-kartesische, polare und parametrische Formen, auf alle diese Kurven müssen *zugfeste Punkte* gesetzt werden können, zu denen auch i. A. Tangenten und andere *Analysis-Elemente* existieren sollen,
11. sie muss zu allen Objekten *Schnittpunkte* erlauben und mit diesen **Ortslinien** erzeugen können. Diese sollen sowohl punktweise im Spurmodus entstehen können, als auch als eine Kurve, die nachträglich noch auf Änderungen der Konstellation reagiert. Auf Ortslinien muss man *zugfeste Punkte* setzen dürfen.

Alle genannten Anforderungen greifen in intuitiver Weise ineinander und werden in diesem Buch an den passenden Stellen ausführlich eingeführt und verwendet. Grundlegendes zu GeoGebra in der Hinsicht auf Kurven finden Sie im Werkzeugkasten Abschnitt 2.7. Gerade die Vielfalt ermöglicht das **freie Erkunden**. Die **Mathematik geht nicht verloren** durch stumpfes Hinsehen, sondern mathematisches Handeln wird in früher ungeahnter Weise gefördert.

Durch die **Schnelligkeit der Darstellung** kann man sich auf Variationen wirklich einlassen, den auftauchenden mathematischen Fragestellungen kann man sich öffnen, Lösungsvorschläge verfolgen und prüfen.

Auch das Finden von Beweisideen kann unterstützt werden, wenn man in derselben Zeichnung zwei Konstruktionskonzepte verwirklicht. Das wird im Buch an mehreren Stellen herausgearbeitet, am eindrucksvollsten wohl in Abb. 9.12 b), dem nachfolgenden Satz 9.1 mit Beweis und Text 9.4.1.1.

10.1.4 Wie kann man das freie Erkunden anregen?

Will jemand sich im Instrumentalspiel weiter ausbilden, sei es im Studium oder als Laie, so sucht er sich einen fähigen Lehrer, der ihm dann zeigt, wie man die Schwierigkeiten meistern kann. Es ist verfehlt zu glauben, Mathematik könne gelernt werden, indem man immer nur Aufgaben gibt. Ich vertrete in diesem Buch die Auffassung, dass man kreatives mathematisches Tun auch **vormachen** muss. Erst wenn die Lernenden sehen, wie viel Interessantes das mathematische Erkunden zutage fördert, mit welchen Strategien man auftretende Fragen angehen kann, wächst das Zutrauen, auch eigenständig zu variieren, Fragen sich selbst – oder der Gruppe – zu stellen und Antworten zu suchen.

Auch [Ableitinger und Herrmann 2011] betonen den Wert und die Funktion von Musterlösungen. Dieses Buch geht noch einen Schritt weiter und und bezieht den Leser sofort ein in die Entwicklung der Thematik, der Vermutungen, der Begründungen aus mehreren Perspektiven und der Beweise.

Anregungen zum Erkunden sind im Buch zuhauf. Größere Aufgaben helfen, Fragen aufzuwerfen, und geben Tipps zur Lösung. Letztlich sind Lösungen oder Lösungsvorschläge auf der Website zum Buch.

10.1.5 Was heißt eigentlich „Verstehen"?

In dieser Frage möchte ich weder in eine philosophische noch etwa in eine neurophysiologische Debatte eintreten. Unter Mathematik-Didaktikern ist heute wohl unbestritten, dass „Verstehen" ein ganz individueller Vorgang ist, den man schwer fassen und noch schwerer prüfen kann. Lehrende können sich schulen, Verstehen wahrzunehmen und umgekehrt Unverständnis zu sehen und ernst zu nehmen.

Ganz sicher unterstützt das langsame Entstehen der Kurven im Spurmodus und die Kurvenvariation mit Parametern das Verstehen der Zusammenhänge.

Letztlich gehören außer den geometrischen auch vielfältige algebraische und analytische Betrachtungen und Beweise zum kompetenten Umgang mit Kurven. Es wird gezeigt, wie man die Gleichheit oder Unterschiedlichkeit von Kurven beweist, wenn sie entweder durch verschiedene Konstruktionen oder Gleichungen in verschiedenen Darstellungsformen gegeben sind. Dabei schreitet das Buch nicht vom Einfachen zum Schweren fort, sondern jede Kurvenfamilie wird in ihrer Vielfalt ausgelotet. Lediglich wird am Anfang von Kapitel 3 am *behutsamsten* in die Arbeitsweisen eingeführt. Im Projekt „Mathematik besser verstehen" haben [Ableitinger et al. 2013, Kap. 2] ebenfalls Demonstrationsaufgaben eingesetzt.

„Mit GeoGebra mehr Mathematik verstehen" ist der treffende Titel des Sammelwerkes von [Kaenders 2014], das elf Einzelthemen präsentiert. Dagegen versuche ich im vorliegenden Buch das Thema „Kurven" mit heutigen Mathematikwerkzeugen, vor allem GeoGebra, einigermaßen umfassend zu darzustellen. Dabei sollen ausdrücklich aber auch die mathematischen Kompetenzen des „plausiblen und demonstrativen Schließens" im Sinne von [Pólya 1949] und [Pólya 1969] entwickelt werden. Mit dem zweiten Begriff ist das Beweisen gemeint, das leider unter Lernenden in Schule und Hochschule (in den ersten Semestern) einen schlechten Ruf hat. Zumeist sind auch die Beweiskompetenzen äußerst bescheiden. Bei der Suche nach den Ursachen sehe ich Folgendes:

1. In zu jungem Alter werden einfache Aussagen „bewiesen", die Kinder ganzheitlich wahrnehmen.
2. In manchen Schulen wird überhaupt selten bewiesen.

3. Es wird fast nie irgendetwas eigenständig bewiesen, alles wird „vorgesetzt“.
4. Es ist unklar, auf was man sich beim Beweisen beziehen kann.
5. Vorgeführte Beweise bleiben unfruchtbar, wenn die Lernenden nicht vorher schon den Sachverhalt verstanden haben.

Daher ist in diesem Buch besondere Mühe darauf verwandt, die logische Situation, in der argumentiert wird, klar herauszustellen und die Beweise vollständig zu führen, nachdem eigentlich schon die Aussage entwickelt und verstanden ist.

In der Einleitung zur Neuauflage von [Pólya 1949, S. 2] schreibt P. Roquette: „Jeder, der Mathematik betreibt, weiß, dass Mathematik eine lebendige Wissenschaft ist, in welcher Analogie, Heuristik, Plausibilität und experimentelle Erfahrung eine bedeutende Rolle spielen – wie natürlich in den anderen Wissenschaften auch.“

Genau diese Tätigkeiten sollen in vorliegenden Buch die **Bereitschaft wecken, „mathematisches Handwerk“ zu lernen**: schlüssig zu argumentieren, mit Gleichungen umzugehen, Vermutungen zu prüfen, zu verwerfen oder zu beweisen. Dabei wächst das Verständnis für Mathematik im Gleichklang mit der Befriedigung, die Herausforderung bewältigt zu haben.

10.2 Was passt zu welchem Vorwissen?

In diesem Abschnitt 10.2 werde ich das Verständnis von Kurven und die mathematischen Kompetenzen, die man an ihnen erwerben kann, altersbezogen bis in die Studienzeit aufbauen. Aber bedenken Sie, auch bei älteren Lernenden – oder interessierten Laien – ist wenigstens ein Beispiel aus jeder „Epoche“ angebracht. Mit den Studierenden des Lehramts (und auch in Vorträgen zum Thema) habe ich stets mit der Hundekurve und dem Seil angefangen. Schlagen Sie bei den im Folgenden genannten Kurven und Begriffen im Index nach.

10.2.1 Der Start, geeignet für die Jüngsten

Es beginnt möglichst mit Hantierung mit Seilen, Stangen oder Pappen, wie in dem Kurvenprojekt Abschnitt 3.1.1 beschrieben. Möglich Beispiele finden Sie im Index unter *Hantierung...*. Bei fast allen Kurven in diesem Buch ist die Grundkonstruktion so einfach, dass sie ab Klasse 7 oder 8 auch von Hand durchführbar ist. Die Arbeit mit einem Smartboard ist hier zu empfehlen, da die Lerngruppe bei der Planung des Handelns beteiligt und der Einzelne nicht allein gelassen wird. Für die selbstständige Arbeit können dann schon Variationen dadurch kommen, dass man keine Maße vorgibt oder gleich den Einsatz von Schiebereglern anregt.

Durch das **bewegliche geometrische Bild** einer Kurvenfamilie kommt das Bedürfnis zur Systematisierung von ganz allein, gefolgt von der beruhigenden Vorstellung: „Nun kennen wir diese Kurvenfamilie“. Dieser Denkschritt trägt erheblich zum Verstehen bei.

Ab Klasse 7 nach den geometrischen Grundkonstruktionen, aber vor dem Termbegriff, arbeitet man am besten **koordinatenfrei**, z. B. Abb. 3.10 c). Es eignen sich die Strophoide, Trisektrix, Cissoide, Leitkreiskonstruktion der Kegelschnitte, rutschende Leiter, rutschendes Geodreieck als *„reine“ Konstruktionen.* Mit *Schieberegler* sind Konchoide, Pascalsche Schnecke, Ellipse Fadenkonstruktion zu erreichen. Mit dem Höhenschnittpunkt sind Aufgabe 3.4 und Aufgabe 7.8 verbunden.

Ein spannendes Thema, das sich insbesondere auch für die Zusammenarbeit mit dem Physikunterricht (*Optik*) eignet, ist die **Reflexion**. Man scheue sich nicht, die Kurven mit dem Werkzeug:*Kegelschnitte aus 5 Punkten* zu erzeugen. Ausführlich können Sie einen didaktischen Vorschlag in Abschnitt 7.5.3 lesen. Anwendungen sind in den Abschnitten 7.6.2, Reflexion 9.4.3, insbesondere für junge Lernende 9.4.3.1. Der Schulunterricht darf nicht so perspektivlos von einem kleinen Thema zum nächsten „dümpeln“. Fernere Ziele bringen den Elan, auch die Durststrecken durchzuhalten.

Ab Kasse 8 zur Festigung des Termbegriffes, aber vor den geometrischen Beweismöglichkeiten. Wie oben gesagt, ist die Hundekurve gut geeignet und das Vorgehen ist in 3.1.1 beschrieben. Dabei lässt man in Klasse 8 die Abschnitte 3.1.1.4 und 3.1.1.5 aus. In Abschnitt 3.1.1.6 Aufgabe 3.1 ist gezeigt, dass in Klasse 8 das Umformen von Termen, das dort Standardthema ist, geprüft werden kann. Auf der Website zum Buch finden Sie einen Vortrag und Ausführungen zu „Terme und Gleichungen mit Leben füllen“. Für die zu Klasse 7 genannten und jetzt aber im Koordinatensystem konstruierten Kurven schlägt man richtige und falsche Terme vor, oder lässt die Schüler im Internet suchen. Diese werden mit der Methode: „Erfüllen gesicherte Punkte der Kurve die Gleichung?“ ausgeschieden oder als Möglichkeit angenommen. Wenn man die Ellipse mit dem Faden konstruieren ließ, sind auch die Cassini’schen Kurven naheliegend. Zur **Term-Sensibilisierung** können Sie etwas in Abschnitt 5.2.1 lesen.

Für **Klassenarbeiten eignen sich die Rasterkonstruktionen**, z.B. Abb. 3.12 d). Sie finden viele solche über den Index, Erklärungen stehen dann im Text.

Ein spannender Weltbezug des Mathematikunterrichts ist es, geometrische Formen in digitalen Fotos zu finden. Architektonische und natürliche Formen können die Lernenden selbst fotografieren oder im Internet suchen und so verwenden, wie es Abschnitt 7.6.1 anregt.

10.2.2 Der zweite Schritt, geeignet für die Jugendlichen

Ab Klasse 9 nach den Strahlensätzen kann man gut die Spiralen betrachten. Das Übergehen in die „andere Welt“ der Polarkoordinaten hat seinen besonderen Reiz in dieser Altersstufe. Durch die polar-kartesische Darstellung übt man gleichzeitig die gängigen kartesischen Funktionen und kann den Lernenden viele Freiheiten lassen. Hinweise finden Sie auch im Abschnitt 8.1.3. Zentrische Streckungen passen gut zu Polarkoordinaten.

Ab Klasse 9 nach der Satzgruppe des Pythagoras werden nun Begründungen möglich. Dabei kommen die Kreisgleichung, Strahlensatzbeziehungen und Elimination zum Zuge. Der Anspruch ist nicht sehr groß, meist sind nur wenige Zeilen erforderlich. Dafür ist der Stolz groß, mit dem Gelernten etwas geschafft zu haben.

Die **Kegelschnitte** ober auch die **Fußpunktkurven**, sind konstruktiv einfach und können mit einzelnen Aspekten den Unterricht bereichern. Das gilt auch für **Parallelkurven und Hüllkurven**, die mit dem Spurmodus für Geraden faszinierende Bilder liefern. Insbesondere kann die **Naum-Gabo-Kurve** zudem mit Fäden auf einem genagelten Brett entstehen. Dazu passen Abschnitt 9.2.2 und Abb 7.26.

In Klasse 10 hat man das Arsenal der **trigonometrischen Funktionen** bereitzustellen und man tut es am besten mit dem Abschnitt 8.4, z. B. dem Sinus im Einheitskreis. Nun können auch die Rosetten erfreuen und zu Diskussionen der möglichen Formen anregen. Mathematisches Argumentieren gehört bekanntlich zu den Kernkompetenzen, im Kurventhema hat man reichlich Gelegenheit dazu, siehe im Index unter *argumentieren*.

10.2.3 Letzter Schritt in die Freiheit

Nun ist alles möglich, was dieses Buch bietet. Die Anforderungen der Sekundarstufe I werden nun vor allem durch die Perspektivwechsel zwischen kartesischer, parametrischer und polarer Darstellung aufgestockt. Einige Tangentensteigungen kann man ohne Analysis aus der Polardarstellung herleiten. Da die Analysis bezogen auf die drei Darstellungsarten nicht zum allgemeinen Schulstoff gehört, finden Sie im Anhang 11 eine Zusammenstellung mit verständlichen Herleitungen der wichtigen Formeln.

Besonders schön und auch schulisch verankert sind die Rotationskörper aus Kurven und ihre Volumina, Abschnitte 5.3.6 und 11.3.4. Spannendes kann man mit der Krümmung, Abschnitt 11.5.1 erkunden.

10.2.4 Blackbox-Whitebox-Prinzip

Nachdem Anfang der 90er Jahre DGS und CAS für Schulen erreichbar waren, spätestens seit 1995 die CAS-Handheld Computer von Texas Instruments auf den Markt kamen, haben einige Mathematiklehrer und -Didaktiker Konzepte zur Wandlung des Mathematikunterrichts entworfen. Meines Wissens haben die Österreicher H. Heugl, J. Böhm und B. Kutzler und die Deutschen W. Herget und E. Lehmann als erste das Whitebox-Blackbox-Prinzip und sein Gegenstück, das Blackbox-Whitebox-Prinzip propagiert. Es geht um ein mathematisches Verfahren, das vom Computer mit passender Software in Millisekunden erledigt wird.

Whitebox-Blackbox Einerseits hat man die Möglichkeit, auf konventionelle Art das Verfahren zu erarbeiten (Whitebox) und später, wenn es auf etwas Anderes ankommt, den Computer als schnellen Rechner (Blackbox) einzusetzen. In diesem Buch ist es vor allem bei der Elimination von Variablen aus drei oder mehr Gleichungen, die nicht alle linear sind, eingesetzt.
Die Blackbox steht im Internet frei verfügbar unter `http://www.wolfram-alpha.com`.

Blackbox-Whitebox Didaktisch interessanter – und m. E. auch lernpsychologisch fruchtbarer – ist es, zunächst den Computerbefehl als Blackbox zu nutzen, auszuloten und zu analysieren, was er eigentlich in welchem Falle tut, und daraus den Impuls zu gewinnen, das Vorgehen wirklich zu verstehen. Diese Version habe ich am Anfang des Kegelschnittkapitels 7.1 und bei der Inversion 9.5 verfolgt und ausführlich beschrieben. Das Blackbox-Whitebox-Prinzip lebt von der Interaktion und eignet sich weniger für ein Buch. In der realen Lehre ist es in den Themen dieses Buches viel öfter einsetzbar.

10.2.5 Begabtenförderung

Als Lehrerin war ich stets glücklich, wenn ich es in einer Unterrichtsepoche einigermaßen geschafft hatte, dass jeder meiner Adressaten – und dabei auch jeder Lerntyp – zu seinem Recht gekommen ist. Das heißt aber, dass man auch für die mathematisch Begabten „Futter“ bereithalten muss. Nicht vergessen darf man dann die Würdigung ihrer Bemühungen und Ergebnisse. Beides ist mit den Kurven dieses Buches sehr gut möglich. Durch den Verzicht auf Formalisierung können die Einzelnen oder kleine Gruppen eine Kurvenfamilie allein erkunden. Man sollte Ihnen lediglich helfen, Passagen mit ihnen unverständlichen Worten getrost wegzulassen. Es gibt vielerlei Anregungen im Buch, mit Plakaten, in einem kleinen Vortrag, als Aktion auf dem Schulhof oder in anderer Weise ihre Bemühungen zu würdigen.

10.3 Lehramt Mathematik, Mathematik BA u.s.w

Das Buch [Ableitinger et al. 2013] bezieht sich auch insgesamt auf die Probleme der Lehrerbildung, wie sie aus der fehlenden Passung zwischen Schule und Hochschule entstehen, **doppelte Diskontinuität** hat schon Felix Klein dieses Phänomen genannt. Meines Erachtens muss die **Hochschule auch Verantwortung übernehmen** für eine *umfassende* mathematisch-handwerkliche Ausbildung und die Beweiskompetenzen der Studierenden, da gerade dies die Schulen nicht mehr leisten können. Das ist nicht die „Schuld“ der Lehrenden, Sie müssen es dem Zeitgeist, der Gesellschaft – wie Sie wollen – zuschreiben. Diese Bemühungen täten allen gut, die die Mathematik als Fach gewählt haben, besonders aber den Lehramt-Studierenden. Das Thema Kurven kann einen Beitrag leisten, da gerade zukünftige Lehrkräfte sich dem Lernen leichter öffnen können, weil sie einen Bezug zu ihrem Berufsziel zu sehen vermögen.

In den Richtlinien und Kompetenzbeschreibungen wird **mathematisches Argumentieren und Kommunizieren** eingefordert. In diesem Feld der Kurven können die Fähigkeiten an spannenden und lohnenden Fragestellungen gefördert werden. Wenn man möchte, dass der grobe Blick auf eine Computerausgabe nicht alles ist, muss man **Fragen stellen und Vorhersagen anregen**. Wenn diese dann auch eintreffen, ist der Stolz bei den Lernenden groß, ebenso der positive Effekt für die mathematische Ausbildung.

11 Anhang: Elemente der Analysis für Kurven

Übersicht

Die Analysis ist ein so mächtiges und in Schule und Hochschule auch so wesentliches Werkzeug, dass es auch in diesem Buch zum Tragen kommen soll. Dabei verwende ich eine pragmatische Schreibweise, bei der mit dem großen griechischen Delta Δ stets kleine Differenzen der darauf folgenden Größe bezeichnet werden, Δr ist eine kleine Änderung des Polarradius', $\Delta\theta$ eine kleine Winkeldifferenz u. s. w. Das Konzept der Analysis, genauer der „Infinitesimalrechnung", ist es, diese kleinen Differenzen durch einen **Grenzprozess** ad infinitum, zum unendlich Kleinen, zu **Differenzialen** werden zu lassen. Aus Δr wird dann $d\,r$, aus $\Delta\theta$ wird $d\,\theta$ u. s. w. Die hilfreiche und übersichtliche Darstellungsweise wird an anderen Stellen eines Analysislehrganges adressatengemäß abgesichert durch Betrachtung „ordentlicher" Grenzwerte.

Die umgekehrte Stoßrichtung, differenzielle Größen zu einer Gesamtheit zusammenzufassen, führt zum Integral – das lateinische *integer* heißt *ganz* –. So wird z. B. aus $\Delta A = f(x)\Delta x$, den kleinen rechteckigen Balken beim Riemann'schen Integral, in differenzieller Schreibweise $d\,A = f(x)\,d\,x$, das **infinitesimale Flächenelement**. Mit $A = \int_a^b f(x)\,d\,x$ erhält man die Gesamtheit aller infinitesimalen Balken zwischen a und b, die *ganze* Fläche A. Mit dieser Grundidee sollen im Folgenden das Arsenal der für Kurven wichtigen Analysiswerkzeuge für die lokalen Begriffe Steigung und Krümmung und die globalen Begriffe Fläche und Bogenlänge vorgestellt und hergeleitet werden.

Entsprechende Formeln stehen natürlich im [Bronstein 1999] und anderen gängigen Formelsammlungen. Ich habe mich aber zu einer zwar knappen, aber schlüssigen und verständlichen Darstellung entschlossen, da es mir – wie im Titel versprochen – um *verstehen* geht.

11.1 Kurven im Blick der Analysis

Schon im Werkzeugkasten-Kapitel 2 haben wir vier Möglichkeiten kennengelernt, Gleichungen für Kurven in der Ebene anzugeben.

Um Kurven mit den Methoden der Analysis untersuchen zu können, wird gefordert, dass die beteiligten Funktionen **stetig und differenzierbar** (s.u.) sind.

explizite kartesische Darstellung	$y = f(x)$
implizite kartesische Darstellung	$F(x, y) = 0$
Parameterdarstellung	$x = x(t)$, $y = y(t)$
explizite **Polardarstellung**	$r = r(\theta)$

Es reicht, wenn die Funktionen *stetig ergänzbar* sind, und die Differenzierbarkeit kann an „einigen“ Stellen verletzt sein. („Einige“ heißt genauer: höchstens abzählbar viele.) Zwischen ihnen sind *Intervalle („Stücke“)*, in denen die Funktion stetig ist. Der Definitionsbereich darf „einige“ Lücken aufweisen, z. B. sind *Polstellen* möglich. Alle Kurvengleichungen lassen sich in GeoGebra, Abschnitt 2.7, TI-Nspire Cas und vielen anderen Mathematikprogrammen direkt zeichnen. (Hinweise stehen im Werkzeugkasten im Abschnitt 2.8.)

11.2 Steigung und Ableitung

11.2.1 Steigung und Ableitung, explizit kartesisch

Vermutlich ist dieser „Acker“ von der Schule schon gut vorbereitet. Dort wird die Tangentensteigung einer durch $y = f(x)$ gegeben Funktion als Grenzwert der Sekantensteigung (siehe Abb. 11.1 a)) an der Stelle x eingeführt: $\frac{\Delta y}{\Delta x} \stackrel{\Delta x \to 0}{\longrightarrow} \frac{dy}{dx} = f'(x)$. Man liest „d y nach d x“ und meint nicht wirklich einen Bruch, sondern ein „Symbol“, das man aber in einer Kurzschreibweise, wie sie dieses Buch verfolgt, ähnlich wie ein Bruch verwendet. Diese Methode wird z. B. auch von Physikern breit und dabei verständlich eingesetzt.

Überall, wo der betrachtete Grenzprozess konvergiert, hat der Term $f'(x)$ einen eindeutigen Wert und f' ist damit selbst eine Funktion, sie heißt **Ableitung** von f. Zwei besondere Fälle für die Bildung einer Ableitung werden in diesem Buch wichtig:

Wird $y = f(x)$ in zwei Schritten durch $y = f_1(z)$ und $z = f_2(x)$ bestimmt, so gilt die

$$\textbf{Kettenregel} \quad \frac{dy}{dx} = \frac{dy}{dz} \cdot \frac{dz}{dx} \tag{11.1}$$

Ist $y = f(x) \cdot g(x)$ ein Produkt, dann gilt die

$$\textbf{Produktregel} \qquad \frac{dy}{dx} = \frac{d\,f(x)}{dx} \cdot g(x) + f(x) \cdot \frac{d\,g(x)}{dx} \tag{11.2}$$

Beispiel für die Kettenregel Bei den Polarkoordinaten kann man den Polarradius $r(\theta)$ *nicht direkt* nach x ableiten. Es gilt nun aber $\frac{d\,r}{d\,x} = \frac{d\,r}{d\,\theta} \cdot \frac{d\,\theta}{d\,x} = r'(\theta) \cdot \frac{1}{\frac{d\,x}{d\,\theta}}$. Der Strich wird für Ableitungen geschrieben, wenn nach der in den Klammern genannten Variablen abgeleitet wird. Weiter kommen wir erst, wenn wir x nach θ ableiten können.

Beispiel für die Produktregel Nach den Grundgleichungen 2.6 für Polarkoordinaten gilt $x = r(\theta) \cdot \cos(\theta)$. Daher können wir nun bilden: $\frac{d\,x}{d\,\theta} = r'(\theta) \cdot \cos(\theta) + r(\theta) \cdot (-\sin(\theta))$. Die Erkenntnisse dieser beiden Absätze werden wir in Abschnitt 11.2.4 verwenden.

11.2.2 Implizite kartesische Ableitung

Die Kurven in diesem Buch lassen sich selten in expliziter kartesischer Gleichung angeben. Mit der Standardform $F(x, y) = 0$, oder einer Umformung davon, müssen wir auch ohne Auflösung nach y zurechtkommen. (Siehe Gleichung 2.3 und Abschnitt 2.5.1.) Wir leiten die gesamte Gleichung nach x ab, *denken* uns dabei aber das y abhängig von x, also $y = f(x)$.
Kommt ein Term $g(y)$ vor, in dem kein x steht, so gilt nach der Kettenregel $\frac{d\,g(y)}{d\,x} = \frac{d\,g(y)}{d\,y} \cdot \frac{d\,y}{d\,x} = \frac{d\,g(y)}{d\,y} \cdot y'$.
Kommt ein Term $h(x) \cdot g(y)$ vor, so ist auch noch die Produktregel zu beachten. Dies wird am Beispiel deutlich: Die Ableitung der Gleichung $x^2 y^3 = y^2 + x$ ist $2x \cdot y^3 + x^2 \cdot 3y^2 y' = 2y \cdot y' + 1$. Mit der Auflösung der entstandenen Gleichung nach y' wird die Suche nach waagerechten Tangenten u. s. w. möglich. Hier folgt $y' = \frac{1-2x\,y^3}{3x^2 y^2 - 2y}$.
Einen GeoGebra-Tipp hierzu finden Sie in Abschnitt 2.7.2.2, beachten Sie auch Abschnitt 4.4.1.2.

11.2.3 Steigung und Ableitung in Parameterdarstellung

Es ist $x = x(t)$ und $y = y(t)$. Mit der Kettenregel bildet man $\frac{d\,y}{d\,x} = \frac{d\,y}{d\,t} \cdot \frac{d\,t}{d\,x}$. Mit der Konvention, dass man die Ableitungen nach dem Parameter t als $\dot{x}$ und $\dot{y}$ schreibt folgt:

$$\text{Ableitung in Parameterdarstellung} \qquad \frac{d\,y}{d\,x} = \frac{\dot{y}}{\dot{x}} \tag{11.3}$$

Beispiel: Parameterdarstellung der Versiera Im Abschnitt 4.1.1.1 haben wir in Gleichung 4.1 $x = 2a\,t$ und $y = \frac{2a}{t^2+1}$ kennengelernt. Es ist daher $\dot{x} = 2a$ und $\dot{y} = \frac{-2a}{(t^2+1)^2} \cdot (2t)$, letzteres nach der Kettenregel. Die kartesische Ableitung der Versiera ist in einem durch t gegebenen Punkt daher $y' = \frac{d\,y}{d\,x} = \frac{-2t}{(t^2+1)^2}$. Auf der Website zum Buch finden Sie eine Datei, die visualisiert, was es heißt, dass die Ableitung nicht von a abhängt.

11.2.4 Steigung bei Polarkurven

Bei den Kurven dieses Buches sind immer, wenn es sich lohnt, die Polargleichungen betrachtet. Da Polarkoordinaten einem *geometrischen* Konzept folgen, ist es nicht verwunderlich, dass es einen geometrischen Zugang zu Tangenten und den andern Begriffen der Analysis gibt. Durch die Grundgleichungen 2.6 können Polarkurven aber auch als spezielle Parameterkurven aufgefasst werden.

11.2.4.1 Steigung von Polarkurven aus der Parameterdarstellung

Hier haben wir in den Beispielen zu den Ableitungsregeln 11.1 und 11.2 schon Vorarbeit geleistet. Entsprechend zu $\dot{x} = \frac{d\,x}{d\,\theta} = r'(\theta) \cdot \cos(\theta) - r(\theta) \cdot \sin(\theta)$ leitet man aus der Grundgleichung $\dot{y} = \frac{d\,y}{d\,\theta} = r'(\theta) \cdot \sin(\theta) + r(\theta) \cdot \cos(\theta)$ her. In den Grundgleichungen 2.6 ist θ der Parameter, der oft t heißt. Aus Gleichung 11.3 folgt:

Im Punkt $P = (r(\theta); \theta)$ gilt:

$$\text{Ableitung einer Polarkurve} \quad \frac{dy}{dx} = \frac{\dot{y}}{\dot{x}} = \frac{r'(\theta) \cdot \sin(\theta) + r(\theta) \cdot \cos(\theta)}{r'(\theta) \cdot \cos(\theta) - r(\theta) \cdot \sin(\theta)} \tag{11.4}$$

11.2.4.2 Steigung von Polarkurven in geometrischer Sicht

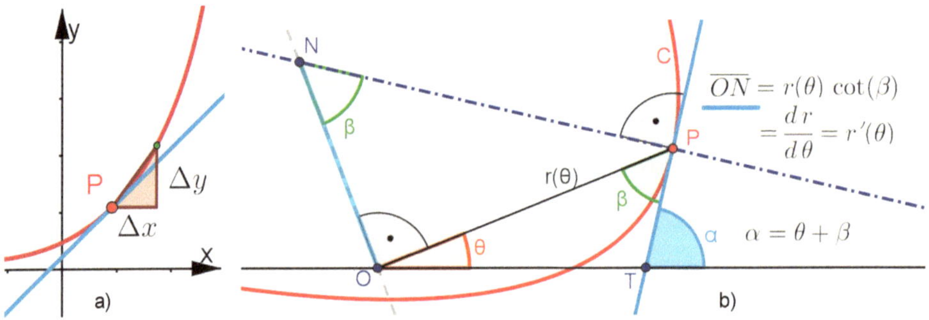

Abb. 11.1 a) Sekantensteigung und Tangente für die explizite kartesische Darstellung, b) **Tangente und Normale** für Polarkurven

Die Gleichung 11.4 kann man durch Einsetzten von θ auswerten, wenn man $r'(\theta)$ bestimmt hat. Letzteres ist meist einfach, führt aber auch zu einer **geometrischen Konstruktion** der Tangente. Kern ist die Deutung von $r'(\theta)$ als Abstand $\overline{ON}$ in Abb. 11.1 b), wie wir im Folgenden beweisen werden.

Polarwinkel θ und Tangentensteigungswinkel α

$$\text{Für Polarkurven gilt:} \quad r'(\theta) = r(\theta) \cdot \cot(\alpha - \theta) \quad \longleftrightarrow \quad \tan(\beta) = \frac{r(\theta)}{r'(\theta)} \tag{11.5}$$

Beweis Mit $\frac{dy}{dx} = \tan(\alpha)$ folgt aus Gleichung 11.4 $(r'(\theta) \cdot \cos(\theta) - r(\theta) \cdot \sin(\theta)) \cdot \tan(\alpha) = (r'(\theta) \cdot \sin(\theta) + r(\theta) \cdot \cos(\theta))$. Sortierung nach r'-Termen und r-Termen führt unter Verwendung der Additionstheoreme für Sinus und Kosinus zu $r'(\theta) \sin(\theta - \alpha) = -r(\theta) \cos(\theta - \alpha)$. Wenn man das Minuszeichen in den Sinus zieht und die Differenz im Kosinus umdreht (gerade Funktion!), erhält man $r'(\theta) \cdot \tan(\alpha - \theta) = r(\theta)$ und daraus folgt die Behauptung. In Abb. 11.1 b) gilt $\beta = \alpha - \theta$. Andererseits ist im Dreieck OPN $\tan(\beta) = \frac{r(\theta)}{\overline{ON}}$, also gilt $\overline{ON} = r'(\theta)$. □

11.2.4.3 Konstruktion der Tangente im Punkt $P = (r(\theta); \theta)$ einer Polarkurve

Die Beschreibung bezieht sich auf Abb. 11.1 b). Gegeben ist die Polargleichung $r = r(\theta)$ der Kurve.

1. Zeichne den Polarradius $\overline{OP}$ und errichte auf ihm in O die Senkrechte.
2. Bilde $r'(\theta)$ und setze N im Abstand $r'(\theta)$ auf die Senkrechte auf der konkaven Seite der Kurve.
3. Die Gerade NP ist die Normale in P und die Senkrechte darauf in P ist die Tangente der Kurve in P.

Rechnerisch ergibt sich aus Gleichung 11.5 der

$$\text{Tangentensteigungswinkel} \qquad \alpha = \theta + \arctan\left(\frac{r(\theta)}{r'(\theta)}\right). \tag{11.6}$$

Das Beispiel 3.1 in Abschnitt 3.5 zeigt ausführlich die Anwendung dieses Abschnittes 11.2

11.2.5 Gleichungen von Tangente und Normale

Auch Tangenten an implizite kartesische Kurven und Polar- und Parameterkurven lassen sich in GeoGebra direkt zeichnen. Dennoch seien hier die üblichen Gleichungen angegeben mit der Punktsteigungsform Gleichung 2.5.

$$\begin{array}{lll} \text{Tangente} & y = f'(x_0)\cdot(x-x_0)+y_0 & \text{oder } x = x_0 \\ \text{Normale} & y = -\frac{1}{f'(x_0)}\cdot(x-x_0)+y_0 & \text{oder } x = x_0 \end{array} \tag{11.7}$$

Die Alternative rechts bezieht sich auf die Fälle, in denen Tangente oder Normale parallel zur y-Achse sind.

Bei der Lemniskate in Abschnitt 4.4.1.2 sind die implizite Ableitung durchgeführt und allgemein Tangenten- und Normalengleichung angegeben.

11.3 Flächen und Volumina der Rotationskörper

11.3.1 Fläche bei Funktionen und expliziten Gleichungen

Bei Funktionen $y = f(x)$ geht es zunächst um ein Intervall der x-Achse, das mit zwei zur y-Achse parallelen Strecken und einem Stück der Kurve ein Quasi-Trapez bildet. So ist es in Abb. 11.2 a) gezeigt.

Beim Riemann'schen Integral werden Flächenelemente ΔA betrachtet, wie es Abb. 11.2 a) zeigt. Hinreichend kleine Flächenelemente sind fast Rechtecke mit der Fläche $f(x)\cdot\Delta x$. Die Fläche **„unter" der Kurve** im Intervall $[a,b]$ ergibt sich als **Grenzwert der Summe dieser Flächenelemente**, wenn deren Breite Δx gegen null und deren Anzahl gegen unendlich strebt. Falls dieser Grenzwert bei beliebiger Zerlegung des Intervalls existiert, schreibt man:

Flächenbilanz zwischen Graph und x-Achse

$$\text{Flächenelement} \quad dA = f(x)\,dx \quad \text{Flächenbilanz,} \quad A = \int_a^b f(x)dx. \tag{11.8}$$

In einem Analysisbuch wäre nun ausführlich zu erläutern, dass für negative Funktionswerte das „Flächenelement" einen negativen Wert hat. Daher ist die Summe als „Flächenbilanz" bezeichnet, positive und negative Summanden werden gegeneinander „aufgerechnet".

11.3.2 Kurven in Parameterdarstellung

Das Flächenelement $dA = ydx$ schreibt man um in $dA = y(t)\frac{dx}{dt}dt$ und erhält mit $\dot{x}(t) = \frac{dx}{dt}$ dann:

Flächenbilanz zwischen Graph und x-Achse bei Parameterkurven

$$\text{Flächenelement} \quad dA = y(t)\dot{x}(t)\,dt \quad \text{Flächenbilanz} \quad A = \int_{t_a}^{t_b} y(t)\dot{x}(t)dt \qquad (11.9)$$

11.3.3 Flächen bei Polarkurven

Bei Polarkurven betrachtet man nicht Flächen, die die Kurve mit der x-Achse bildet, sondern Sektoren, die zwei Polarradien in einem Intervall des Polarwinkels miteinander bilden. Gleichung 11.10 heißt daher auch **Leibniz'sche Sektorenformel**. Der Sektor ist in Abb. 11.2 c) gezeigt.

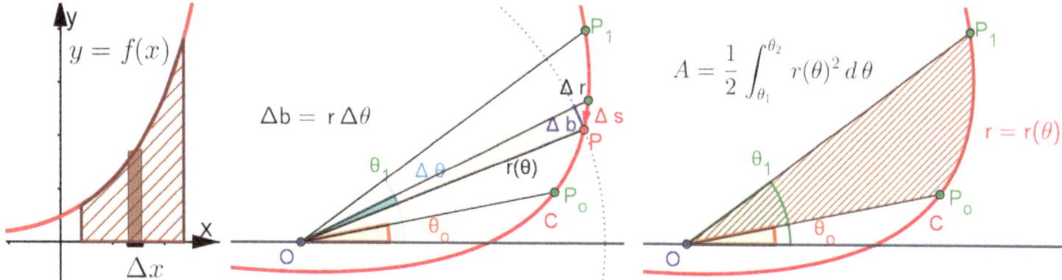

Abb. 11.2 Flächen und Kurven: a) Fläche kartesisch, b) Ansatz für Polarkurven: keilförmiges Flächenstück ΔA, das bei einer Winkeländerung $\Delta\theta$ entsteht. c) Die Fläche bei Polarkurven ist ein Kurvensektor.

In Abb. 11.2 b) geht es um ein Flächenelement ΔA, das mit der Winkeländerung $\Delta\theta$, dem zugehörigen Kreisbogenstückchen Δb, der Änderung des Polarradius' Δr und dem Polarradius selbst in Beziehung gesetzt werden muss. Die Bogenänderung Δs spielt erst im nächsten Abschnitt eine Rolle. Die Kreissektorfläche eines Winkels verhält sich zur ganzen Kreisfläche wie der Winkel zum Vollwinkel: $\frac{\text{Kreissektor bei } P}{\pi r^2} = \frac{\Delta\theta}{2\pi}$. Man muss eine solche Formel nicht lernen oder nachschlagen, man muss seinem Denken nur trauen! Eine Winkelangabe im *Bogenmaß* bezieht sich auf den Einheitskreis. Ist der Kreis r-mal so groß, ist auch der Bogen r-mal so groß: $\Delta b = r\Delta\theta$. Das sage ich so klar, weil ich bei Studierenden sehr oft Unbehagen und sogar Angst in dieser Richtung beobachtet habe. Das Flächenstück ΔA setzt sich zusammen aus dem Kreissektor bei P und dem kleinen rechtwinkligen Quasi-Dreieck mit den Katheten Δb und Δr. Also gilt: $\Delta A = \frac{1}{2}r^2\Delta\theta + \frac{1}{2}\Delta r \cdot \Delta b = \frac{1}{2}r^2\Delta\theta + \frac{1}{2}r \cdot \Delta r\Delta\theta$.

Geht man zu den Differenzialen über, so kann man den Term mit $\Delta r \cdot \Delta\theta$ fortlassen, da er sehr klein gegenüber dem anderen Term wird. Das infinitesimale Flächenelement ist daher $dA = \frac{1}{2}r^2\,d\theta$. Die Summe dieser infinitesimalen Flächenstücke erhält man – wie immer – durch Integration.

Satz 11.1 (Flächenberechnung in Polarkoordinaten)
Eine Kurve sei durch eine Polargleichung $r = r(\theta)$ gegeben. Dann wird die Fläche A, die vom Fahrstrahl zu θ_0, der Kurve und dem Fahrstrahl zu θ_1 eingeschlossen wird, berechnet durch

$$A(\theta_0, \theta_1) = \frac{1}{2}\int_{\theta_0}^{\theta_1} r(\theta)^2 d\theta \tag{11.10}$$

Dies wird in Beispiel 3.2 in Abschnitt 3.5 betrachtet. Dort gibt es auch das Beispiel 3.3, in dem Stolpersteine bei der Flächenbestimmung mit Polarkurven gezeigt werden. In Beispiel 3.4 in Abschnitt 3.5 wird die Fläche der Kardioide berechnet. Archimedes berechnete schon die Fläche von Parabelsegmenten und eine besondere Fläche an seiner Spirale, siehe Abschnitte 6.7 und 8.1.1.

11.3.4 Volumen von Rotationskörpern

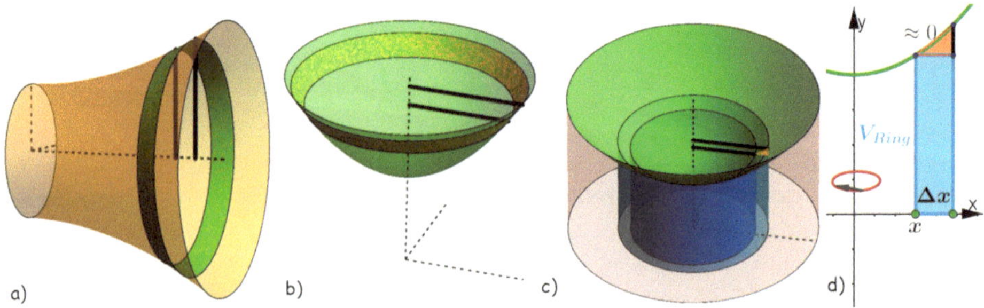

Abb. 11.3 Volumina bei Rotation einer Parabel: a) Summation von senkrechten Zylinderscheibchen, b) Summation von waagerechten Zylinderscheibchen, c) Summation von aufrechten Zylinderringen, d) halber Querschnitt des Zylinderringes.

Bei der Rotation einer 2D-Kurve um die x- oder die y-Achse ergeben sich i.A. verschiedene Körper. Anstelle der y-Achse nimmt man für die bessere Vorstellung gern die z-Achse.

Es gibt mehrere Berechnungsmöglichkeiten, die ich Ihnen in Abb. 11.3 vorstellen möchte. Für die Kurven dieses Buches kann man ein Rotationsvolumen leicht berechnen, wenn man nach y, y^2, x, x^2 oder $x \cdot y$ auflösen kann. Bei explizit gegebenen kartesischen Funktionen f ist natürlich $y = f(x)$.

Rotation um die x-Achse Entsprechend Abb. 11.3 a) ist das infinitesimale Volumenelement ein „Zylinderscheibchen“ mit dem Radius y und der Breite dx, also $dV = \pi y^2\,dx$.

Rotation um die y-Achse, in Abb. 11.3 b) aufrecht als z-Achse dargestellt. Das Volumenelement ist ein waagerechtes „Zylinderscheibchen“ mit dem Radius x und der Höhe dy, also $dV = \pi x^2\,dy$. Es muss dabei eine Gleichung der Gestalt $x^2 = Term(y)$ vorliegen, bei einer Funktion $y = f(x)$ muss man die Umkehrfunktion (ohne den Variablentausch) bilden können.

Rotation um die y-Achse, in Abb. 11.3 c) aufrecht als z-Achse dargestellt. Das Volumenelement ist ein aufrechter, dünner „Zylinderring“ mit dem inneren Radius x, der inneren Höhe y und der Dicke Δx. Wir nehmen y auch als äußere Höhe und vernachlässigen das in Abb. 11.3 d) kleine orangefarbene Dreieck. Der Zylinderring entsteht als aus der Rotation des blauen Rechtecks in Bild d) um die senkrechte Achse. Er hat das Volumen $V_{Ring} = \pi(x+\Delta x)^2 \cdot y - \pi x^2 \cdot y = \pi\left(2x\Delta x \cdot y + (\Delta x)^2 \cdot y\right)$. Der zweite Term ist sehr klein und wir erhalten das infinitesimale Volumenelement $dV = 2\pi x \cdot y\,dx$, das zu Formel 11.13 führt. Da hier nicht quadriert wird, muss man für $y = f(x) \geq 0$ sorgen. Beim Gebrauch Formel ist zu beachten, dass der berechnete Körper ein „ausgebohrter“ Zylinder ist, bei dem genau das in 11.3 b) gezeigte und mit Formel 11.12 berechnete Stück fehlt. Bei dieser Methode braucht man die Umkehrfunktion nicht zu bilden.

Satz 11.2 (Volumenberechnung bei Rotationskörpern)
Durch $y = f(x)$ sei eine Kurve explizit gegeben oder eine Kurvengleichung sei nach y, y^2, x, x^2 oder $x \cdot y$ aufgelöst. Die Kurve rotiere in einem Intervall um die angegebene Achse. Dann gilt für den Rotationskörper in Abb. 11.3:

Volumen a), um x-Achse:
$$V = \pi \int_{x_1}^{x_2} f(x)^2\,dx = \pi \int_{x_1}^{x_2} y^2\,dx \tag{11.11}$$

Volumen b), um senkrechte Achse:
$$V = \pi \int_{y_1}^{y_2} x^2\,dy \tag{11.12}$$

Volumen c), um senkrechte Achse:
$$V = 2\pi \int_{x_1}^{x_2} x \cdot y\,dx \tag{11.13}$$

Mantelfläche, um x-Achse
$$M = 2\pi \int_{x_1}^{x_2} f(x)\sqrt{1+(f'(x))^2}\,dx \quad \text{bei} \quad f(x) \geq 0 \tag{11.14}$$

Die erste und vierte Formel sind in [Arens et al. 2014, S. 365f] hergeleitet. In diesem Buch sind Volumina in den Abschnitten 4.1.3.1 und 4.1.3.2 zur Versiera und Abschnitt 5.3.6 gezeigt.

11.4 Bogenlänge

11.4.1 Bogenlänge bei Funktionen und Parameterkurven

Das Prinzip des Vorgehens ist Ihnen von den vorigen Berechnungen nun schon bekannt. Hier betrachten wir vor allem das kleine rechtwinklige Quasi-Dreieck mit der kleinen Wegdifferenz Δs als Hypotenuse, wie es Abb. 11.4 a) zeigt. Der Satz des Pythagoras

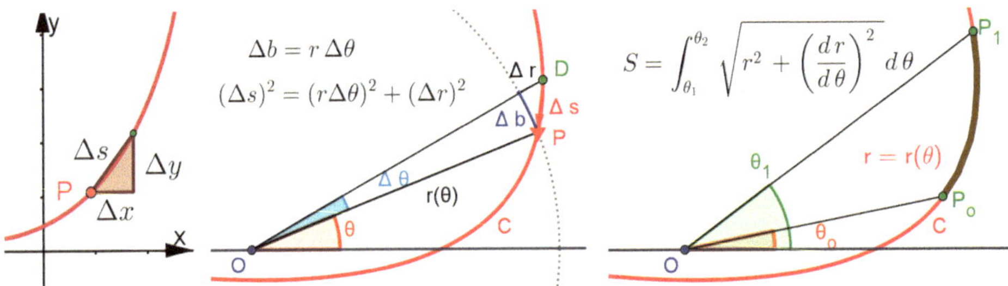

Abb. 11.4 **Bogenlänge** a) für kartesische Funktionen, b) und c) für Polarkurven, Ansatz und Ausführung

führt auf $(\Delta s)^2 = (\Delta x)^2 + (\Delta y)^2$. Wir klammern $(\Delta x)^2$ aus und ziehen die Wurzel. Es ergibt sich $\Delta s = \sqrt{1 + \left(\frac{\Delta y}{\Delta x}\right)^2}\,\Delta x$. Das infinitesimale Bogenelement ist damit $ds = \sqrt{1 + \left(\frac{dy}{dx}\right)^2}\,dx$.

Für Parameterkurven bringen wir durch Erweitern mit $(\Delta t)^2$ in diesem Ansatz den Parameter t ins Spiel: $(\Delta s)^2 = \left(\frac{(\Delta x)^2}{(\Delta t)^2} + \frac{(\Delta y)^2}{(\Delta t)^2}\right)(\Delta t)^2$. In der Parameterdarstellung ist also das infinitesimale Bogenelement $ds = \sqrt{\dot{x}^2 + \dot{y}^2}\,dt$.

Satz 11.3 (Bogenlänge für Funktionen und Parameterkurven)

$$s = \int_a^b \sqrt{1 + f'(x)^2}\,dx \qquad s = \int_{t_a}^{t_b} \sqrt{\dot{x}(t)^2 + \dot{y}(t)^2}\,dt \tag{11.15}$$

11.4.2 Bogenlänge bei Polarkurven

In Abb. 11.4 b) führt der Satz des Pythagoras für das kleine Quasi-Dreieck bei P mit $\Delta b = r\Delta\theta$ auf $(\Delta s)^2 = (r\Delta\theta)^2 + (\Delta r)^2$. Den letzten Summanden erweitern wir mit $(\Delta\theta)^2$, damit wir diesen Term ausklammern können. Nun gehen wir zu den Differenzialen über und erhalten das infinitesimale Bogenelement $ds = \sqrt{r(\theta)^2 + (\frac{dr}{d\theta})^2}\,d\theta$. Das Integral führt dann zum Gesamtweg s, dem Kurvenbogen.

Satz 11.4 (Bogenlänge für Polarkurven)
Eine Kurve sei durch eine Polargleichung $r = r(\theta)$ gegeben. Dann wird der Bogen s, der vom Kurvenpunkt P_0 mit dem Polarwinkel θ_0 und dem Kurvenpunkt P_1 mit dem Polarwinkel θ_1 begrenzt wird, berechnet durch

$$s(\theta_0, \theta_1) = \int_{\theta_0}^{\theta_1} \sqrt{r(\theta)^2 + \left(\frac{dr}{d\theta}\right)^2}\, d\theta \tag{11.16}$$

Dieses wird in Beispiel 3.5 in Abschnitt 3.5 betrachtet, dabei gibt es noch Lerneffekte bezüglich der Integration.

11.5 Krümmungen

Von vielen Lehrenden, darunter Steinberg, Schupp und Henn, ist bedauert worden, dass der eigentlich so intuitiv erfassbare Begriff der Krümmung noch nicht in der schulischen Mathematiklehre etabliert werden konnte. Inzwischen sind doch die „ungemütlichen" Formeln wegen der Computerwerkzeuge nicht nur kein Hinderungsgrund mehr, sondern es sind neue interaktive Zugänge möglich.

11.5.1 Definition der Krümmung und interaktive Zugänge

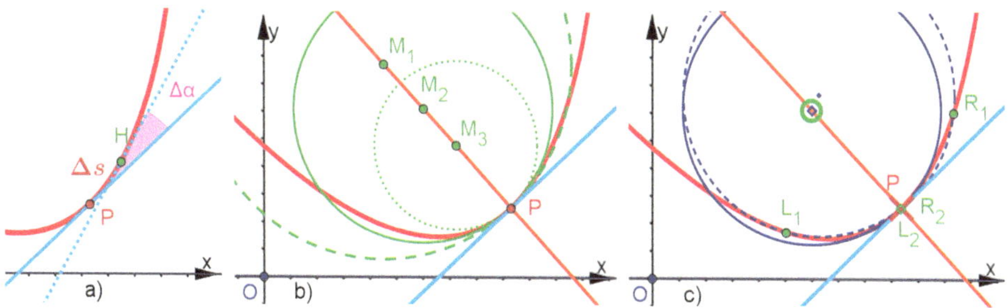

Abb. 11.5 a) Krümmung als Grenzwert von $\frac{\Delta\alpha}{\Delta s}$, b) Krümmungskreis interaktiv mit der Normalen finden, c) Krümmungskreis interaktiv als Kreis durch drei Kurvenpunkte finden (Schupp und Henn)

Die Krümmung ist ebenso wie die Steigung ein **lokaler Begriff**. Sie ändert sich i. d. R. von einem Kurvenpunkt zum anderen. Konstante Krümmung eines Weges erfährt man bei festgehaltenem Lenkrad, also auf einem Kreis und einer Geraden. Letztere sollte „Krümmung null" haben. In jedem Punkt einer Kurve müsste die momentane Krümmung des Weges mit der Kreiskrümmung übereinstimmen, die zu dem Kreis dieser Lenkradstellung gehört. Dieser Kreis soll **Krümmungskreis in** P heißen, sein Radius soll der **Krüm-**

mungsradius sein. Die Krümmung müsste beschreiben, wir stark man an jedem Punkt des Weges das Lenkrad einschlagen muss. Hierzu passt mit Abb. 11.5 a):

Definition 11.1

Die Richtungsänderung vom Punkt P einer Kurve zu einem Δs entfernten Punkt ist $\frac{\Delta\alpha}{\Delta s}$. Dabei ist $\Delta\alpha$ der Winkel, um den sich die Tangente drehen muss. Die Krümmung κ (sprich kappa) ist der Grenzwert dieses Bruches für $\Delta s \to 0$, also

$$\text{Krümmung in } \boldsymbol{P} \qquad \kappa = \frac{d\alpha}{ds} \tag{11.17}$$

Der Krümmungskreis hat den Radius $\boldsymbol{R} = \left|\frac{1}{\kappa}\right|$.

11.5.1.1 Finden des Krümmungskreises mit der Normalen

GeoGebra zeichnet für alle Kurventypen Tangenten in einem Punkt P und die Normale dazu als Senkrechte. Der gesuchte Krümmungskreis hat sicher seinen Mittelpunkt auf der Normalen und trifft auch P. Einen solchen Kreis erzeugt man vor den Augen der Lernenden, zieht an seinem Mittelpunkt und lässt sie entscheiden, welchen Kreis sie als Krümmungskreis akzeptieren wollen, dieses zeigt Abb. 11.5 b). Man kann überlegen, dass ein „guter“ Krümmungskreis die Kurve „durchsetzen“ muss, wenn man nicht an einem Scheitel der Kurve arbeitet. Die Erfahrung, dass eine Wendetangente die Kurve durchsetzt, passt dazu. Man festigt den Krümmungsbegriff und kommt zu einem einigermaßen richtigen Krümmungskreis.

Der Vorteil dieses Vorgehens ist, dass sich für Funktionen aus den drei Bedingungen:

1. Der Kreis $(x-m)^2 + (y-n)^2 = R^2$ mit dem Mittelpunkt $M = (m,n)$ enthält $P_0 = (x_0, y_0)$.
2. $M = (m,n)$ liegt auf der Normalen in P_0: $(y - y_0) = -\frac{1}{f'(x_0)}(x - x_0)$.
3. Kreis und Funktion haben in P_0 dieselbe zweite Ableitung.

die **kartesische Krümmungsgleichung** 11.18 in wenigen Zeilen (ohne Verwendung von Differenzialen) herleiten lässt. Auf der Website zum Buch finden Sie das als „Lernseite“. Die Idee für die dritte Bedingung hat zwei Wurzeln: Erstens beschreibt die zweite Ableitung die Änderung der Steigung, das passt zu $\Delta\alpha$ in Abb. 11.4 a). Zweitens kann man an die Anpassung mit der Taylorreihe denken.

11.5.1.2 Finden des Krümmungskreises mit drei Kurvenpunkten

Durch drei zugfest auf die Kurve gesetzten Punkten L_1, P, R_1 kann man mit einem Button in GeoGebra einen Kreis zeichnen lassen. (Vorschlag sowohl von Schupp als auch von Henn). Er ist gestrichelt in Abb. 11.5 c) zu sehen und hat den kleinen blauen Punkt als

Mittelpunkt. Zieht man nun L_1 und R_1 auf P, so hat man – im Rahmen der Pixelgenauigkeit – den Krümmungskreis gefunden. Im Bild ist er blau durchgezogen gezeichnet. Sein Mittelpunkt (blaue Raute) stimmt in drei Dezimalstellen mit dem Mittelpunkt aus der Methode in 11.5.1.1, Abb 11.5 b) grüner Kreis, und dem wahren Krümmungskreismittelpunkt überein.

Eine Herleitung der Krümmungsformel aus dieser theoretisch und auch handwerklich überzeugenden Idee erschien mir zu aufwändig. Es empfiehlt sich stattdessen der nächste Abschnitt.

11.5.2 Herleitung der kartesischen Krümmungsformel aus der Definition

Es ist nach Definition 11.17 $\kappa = \frac{d\alpha}{ds}$. Diesen Differenzialquotienten formen wir mit der Kettenregel 11.1 um zu $\frac{d\alpha}{ds} = \frac{d\alpha}{dx} \cdot \frac{dx}{ds}$. Wegen $f'(x) = \tan(\alpha)$ ist $\alpha = \arctan(f'(x))$ und, wieder nach der Kettenregel, gilt $\frac{d\alpha}{dx} = \frac{f''(x)}{1+f'(x)^2}$. Mit dem infinitesimalen Bogenelement $ds = \sqrt{1+f'(x)^2}\,dx$ aus der Herleitung von Satz 11.3 haben wir nun zusammen: $\kappa = \frac{d\alpha}{ds} = \frac{f''(x)}{1+f'(x)^2} \cdot \frac{1}{\sqrt{1+f'(x)^2}} = \frac{f''(x)}{(1+f'(x)^2)^{\frac{3}{2}}}$. Wie oben vor Satz 11.3 schreiben wir dieses in Parameterdarstellung: Aus $f'(x) = \frac{\dot y}{\dot x}$ folgt mit Ketten- und Quotientenregel $f''(x) = \frac{\ddot y \dot x - \ddot x \dot y}{\dot x^3}$. Zusammen können wir nach einigen Umformungen formulieren:

Satz 11.5 (Krümmung für Funktionen und Parameterkurven)

$$\kappa(x) = \frac{f''(x)}{(1+f'(x)^2)^{\frac{3}{2}}} \qquad \kappa(x) = \frac{\ddot y\,\dot x - \ddot x\,\dot y}{(\dot x^2 + \dot y^2)^{\frac{3}{2}}} \tag{11.18}$$

11.5.3 Krümmungsformel für Polarkurven

Wir leiten sie aus der Parameterdarstellung her. Mit den Abkürzungen $c = \cos(\theta)$ und $s = \sin(\theta)$ erhalten wir aus $\dot x = r'c - rs$ und $\dot y = r's + rc$ in zwei Zeilen für die Basis des Nenners $\dot x^2 + \dot y^2 = r^2 + (r')^2$. Für den Minuenden des Zählers kommt $\ddot y\,\dot x = (r''s + 2r'c - rs)(r'c - rs)$. Entsprechendes folgt für den Subtrahenden. Auflösung aller Klammern und Zusammenfassung passender Terme ergibt den Zähler der folgenden Formel. Zusammen haben wir:

Satz 11.6 (Krümmung für Polarkurven)

$$\kappa(\theta) = \frac{r^2 + 2(r')^2 - r \cdot r''}{(r^2 + (r')^2)^{\frac{3}{2}}} \tag{11.19}$$

Dieses wird in Beispiel 3.6 in Abschnitt 3.5 betrachtet.

11.5.4 Orientierung von Kurven

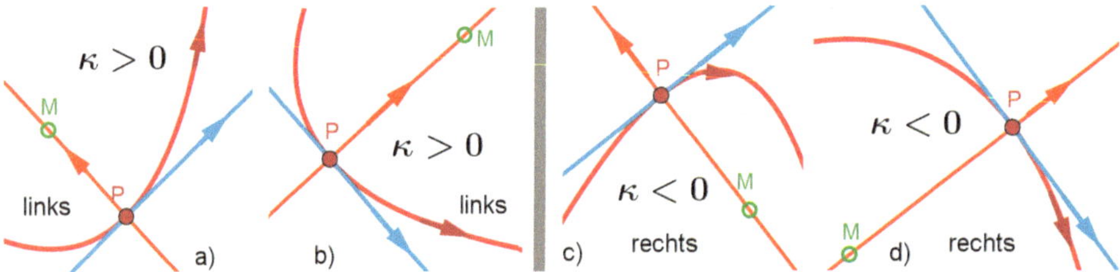

Abb. 11.6 Krümmungstypen: a) und b) Linkskrümmung, c) und d) Rechtskrümmung

Eine Kurve hat *als Form* nicht unmittelbar eine Orientierung. *Bezogen auf eine Gleichung* sind folgende Orientierungen üblich.

- Bei expliziten kartesischen Darstellungen bezieht sich die Orientierung auf wachsende Abszissen x.
- Bei impliziten kartesischen Darstellungen kann man nichts Allgemeines sagen.
- Bei Parameterdarstellungen bezieht sich die Orientierung auf wachsende Werte des Parameters t.
- Bei Polardarstellungen bezieht sich die Orientierung auf wachsende Werte des Polarwinkels θ.

Bei orientierten Kurven übernimmt die Tangente die Orientierung der Kurve und die Normale ist im mathematisch positiven Sinn um 90° von der Tangente aus gedreht. So werden die Begriffe **Links- und Rechtskrümmung** in Abb. 11.6 erklärt.

11.5.5 Wirkung des Vorzeichens der Krümmung

11.5.5.1 Krümmungskreismittelpunkt $M = (m, n)$

In Abschnitt 11.5.1.1 führt die Umsetzung der ersten beiden Bedingungen zu $(x-m)^2 + (y-n)^2 = R^2$ und $(n-y) = -\frac{1}{f'(x)}(m-x)$. Dabei haben wir den Index 0 fortgelassen, da wir den Krümmungskreis zu einem beliebigen Punkt $P(x, y)$ finden wollen.

Wenn wir $R^2 = \frac{1}{\kappa^2}$ und die Abkürzung $B = \sqrt{1+(y')^2}$ verwenden, erhalten wir aus diesem Gleichungssystem $m = x \pm \frac{y'}{B \cdot \kappa}$ und $n = y \pm \frac{1}{B \cdot \kappa}$. Der letzte Bruch hat stets das Vorzeichen von κ. Das Rechenzeichen, das wir anstelle von $\pm$ nehmen müssen, muss zur Lage des Krümmungskreises in Abb. 11.6 passen. Daher ist es notwendig, bei m das Minus- und bei n das Pluszeichen zu wählen.

Der Term $B = \sqrt{1+(y')^2}$ kommt sowohl in Satz 11.3 als auch in Satz 11.5 vor. Insbesondere nimmt er in einer Parameterdarstellung die Gestalt $\frac{\sqrt{\dot{x}^2+\dot{y}^2}}{\dot{x}}$ an. Zusammen mit $y' = \frac{\dot{y}}{\dot{x}}$ und $d\,s = \sqrt{\dot{x}^2+\dot{y}^2}\,d\,t$ erhalten wir die folgende Übersicht:

Krümmungskreis der Kurve $y = f(x)$ in $P = (x, y)$

Für dem Mittelpunkt $M = (m, n)$ des Krümmungskreises gilt,

$$\begin{array}{lll}
\text{falls } \kappa \text{ bekannt:} & m = x - \frac{y'}{\sqrt{1+(y')^2}} \cdot \frac{1}{\kappa} & = x - \frac{\dot{y}}{\sqrt{\dot{x}^2+\dot{y}^2}} \cdot \frac{1}{\kappa} = x - \frac{dy}{ds} \cdot \frac{1}{\kappa} \\
\text{sonst:} & m = x - \frac{y'}{y''}\left(1+(y')^2\right) & = x - \frac{\dot{y}(\dot{x}^2+\dot{y}^2)}{\ddot{y}\dot{x}-\ddot{x}\dot{y}} \\
\text{falls } \kappa \text{ bekannt:} & n = y + \frac{1}{\sqrt{1+(y')^2}} \cdot \frac{1}{\kappa} & = y + \frac{\dot{x}}{\sqrt{\dot{x}^2+\dot{y}^2}} \cdot \frac{1}{\kappa} = y + \frac{dx}{ds} \cdot \frac{1}{\kappa} \\
\text{sonst:} & n = y + \frac{1}{y''}\left(1+(y')^2\right) & = y + \frac{\dot{x}(\dot{x}^2+\dot{y}^2)}{\ddot{y}\dot{x}-\ddot{x}\dot{y}}
\end{array} \tag{11.20}$$

Der jeweils letztgenannte Term mit s, der besonders übersichtlich ist, gilt für Kurven, die nach der Bogenlänge s parametrisiert sind.

Man kann oben nicht R anstelle von $\frac{1}{\kappa}$ schreiben, da das Vorzeichen benötigt wird. Bei Formeln in Büchern muss man sehr aufpassen.

Die Ortskurve aller dieser Mittelpunkte heißt auch **Evolute** der Ausgangskurve und sie erscheint auf einfache Weise als Hüllkurve der Normalenschar. Die obigen Gleichungen für $M = (m, n)$ sind ihre Parameterdarstellungen. Siehe Abschnitt 9.3.

Literaturverzeichnis

[2dcurves Website] http://www.2dcurves.com/cubic/cubicr.html#witch%20of%20agnesi, allgemeine Site zu Kurven http://www.2dcurves.com

[Ableitinger und Herrmann 2011] Ableitinger, Christoph; Herrmann, Angela (2011): Lernen aus Musterlösungen zur Analysis und Linearen Algebra. Ein Arbeits- und Übungsbuch. Wiesbaden: Vieweg+Teubner Verlag Wiesbaden.

[Ableitinger et al. 2013] Ableitinger, Christoph; Kramer, Jürg; Prediger, Susanne (2013): Zur doppelten Diskontinuität in der Gymnasiallehrerbildung. Ansätze zu Verknüpfungen der fachinhaltlichen Ausbildung mit schulischen Vorerfahrungen und Erfordernissen. Wiesbaden: Springer Sektrum (Konzepte und Studien zur Hochschuldidaktik und Lehrerbildung Mathematik).

[Agnesi 1748] Kalifornia State University: Agnesi: http://instructional1.calstatela.edu/sgray/agnesi/ Leider funktioniert dieser Link nur, wenn Sie ihn „von Hand“ kopieren.

[Archimedes 240 v. Chr.] Archimedes; Czwalina-Allenstein, Arthur (2003): Über Spiralen (u.a., Abhandlungen). Unter Mitarbeit von Ostwalds Klassiker. 2. Aufl., reprint der Ausg. Leipzig, Akad. Verl.-Ges., 1922, 1923.

[Arens et al. 2014] Arens, Tilo; Hettich, Frank; Karpfinger, Christian; Kockelkorn; Lichtenegger, Klaus; Stachel, Hellmuth (2014): Mathematik. für Anwender der Mathematik. 3. Aufl. Heidelberg: Springer Spektrum. Zitiert aus 1. Aufl. von 2009.

[Balsam 1861] Apollonius von Perga : Kegelschnitte. Deutsch bearbeitet von H. Balsam. Sieben Bücher nebst dem achten von Halley wieder hergestellt. Berlin (1861): Verlag Georg Reimer. Volltext online verfügbar: http://www.wilbourhall.org/pdfs/apollonius/siebenbcherb00apol.pdf. Bitte blättern, nur die **erste** Seite ist schwarz.

[Bemelmans 2011] Bemelmans, J. (2011), Anhang 2 Archimedes (Einleitung) http://www.instmath.rwth-aachen.de/Preprints/bemelmans20110116.pdf.

[Bewersdorff 2013] Bewersdorff, Jörg (2013): Algebra für Einsteiger. Von der Gleichungsauflösung zur Galois-Theorie. 5. Aufl. Wiesbaden: Springer Sektrum. Zitiert nach der 1. Aufl. von 2002.

[Brieskorn und Knörrer 1981] Brieskorn, Egbert; Knörrer, Horst (1981): Ebene algebraische Kurven. Basel, Boston: Birkhäuser.

[Brockhaus 1988] Brockhaus-Enzyklopädie, 24 Bde, Bd. 6, 19. Aufl. 1988.

[Bronstein 1999] Bronstein, Ilja N. et al. (1999): Taschenbuch der Mathematik. 4. Aufl. Frankfurt am Main [u.a.]: Deutsch.

[Burau I 1962] Burau, Werner (1962): Algebraische Kurven und Flächen I. Algebraische Kurven der Ebene. 2 Bände. Berlin: de Gruyter, Göschen (435).

[Burau II 1962] Burau, Werner (1962): Algebraische Kurven und Flächen II. Algebraische Flächen 3. Grades und Raumkurven 3. und 4. Grades. 2 Bände. Berlin: de Gruyter, Göschen (436/436a).

[Burau und Hauser 1958] Hauser, Wilhelm; Burau, Werner (1958): Intergrale algebraischer Kurven und ebene algebraische Kurven. Berlin: VEB Dt.V.Wiss.

[Courant und Robbins 1941] Courant, Richard; Robbins, Herbert; Kirsch, Arnold (1992): Was ist Mathematik? 4., unveränd. Aufl. Berlin, Heidelberg, New York, London, Paris, Tokyo, Hong Kong, Barcelona, Budapest: Springer.

[DMV Website 2000] DMV, Dt. Mathematiker Vereinigung, Behrends, Ehrhard: http://www.mathematik.de/mde/information/wasistmathematik/wasistmathematik.html

[Draeger 1937] Draeger, Max (1937): Ausgewählte höhere Kurven. Leipzig: Quelle / Meyer (Mathematische Arbeitshefte).

[Famous Curves Index] Famous Curves Index: http://www-history.mcs.st-and.ac.uk/Curves/Curves.html

[Fischer 1994] Fischer, Gerd (1994): Ebene algebraische Kurven. Braunschweig: Vieweg (Vieweg Studium Aufbaukurs Mathematik, 67).

[Fladt 1962] Fladt, Kuno (1962): Analytische Geometrie spezieller ebener Kurven. Frankfurt am Main: Akademische Verlagsgesellschaft.

[Franzke 2012] Franzke, Peter (2012): Zum Delischen Problem. Berlin, http://www.ebelt-beratung.de/ZumDelischenProblem.pdf und http://www.ebelt-beratung.de/html/veroffentlichungen.html

[Gaechter 1997] Grächter, Albert: Eine Handvoll fundamentaler Ideen. Infinitesimalgeometrie. In: MU Der Mathematikunterricht, Jahrgang 43 Bd. 3, S. 5–48. Verlber: Friedrich Verlag.

[Gandtner 1912] Gandtner, I. O. (1912): Analytische Geometrie. für den Schulunterricht bearbeitet (1887). 15. Aufl. Berlin: Weidmannsche Buchhandlung.

[Glaeser 2014] Glaeser, Georg (2014): Geometrie und ihre Anwendungen in Kunst, Natur und Technik. 3. Aufl. Heidelberg: Springer Spektrum, http://www.zentralblatt-math.org/zmath/en/search/?an=1159.00019.

[Glaeser 2014] Glaeser, Georg (2014): Der mathematische Werkzeugkasten. Anwendungen in Natur und Technik. 4. Aufl. Heidelberg: Springer Spektrum. Zitiert nach der 2. Aufl. von 2006.

[Glaeser und Polthier 2010] Glaeser, Georg; Polthier, Konrad (2010): Bilder der Mathematik. 2. Aufl. Heidelberg: Springer Spektrum.

[Haftendorn 2016] Haftendorn, Dörte (2016): Mathematik sehen und verstehen. Schlüssel zur Welt. 2., erw. Aufl., 1. Aufl. 2010, Berlin [u.a]: Springer Spektrum. Website zum Buch Haftendorn 2016 http://www.mathematik-sehen-und-verstehen.de

[Haftendorn Website zu diesem Buch] Haftendorn http://www.kurven-erkunden-und-verstehen.de Die Gliederung entspricht dem Buch.

[Haftendorn 1] Website http://www.mathematik-verstehen.de Suchen Sie mit Hilfe des Menüs links.

[Haftendorn 2] Website http://www.mathematik-verstehen.de/mathe-lehramt/analysis/polar/polar-kartes/polar-kartes.htm

[Haftendorn 3] Website http://www.mathematik-verstehen.de/mathe-lehramt/kurven/kurven.htm

[Haftendorn 4] Website http://www.mathematik-verstehen.de/mathe-lehramt/computer/texas/texas.htm

[Haftendorn 5] Website http://www.mathematik-verstehen.de/mathe-lehramt/analysis/affenkasten/affenkasten.htm.

[Haftendorn 6] Website http://www.mathematik-verstehen.de/mathe-lehramt/kurven/terme/terme.htm

[Haftendorn 7] Website http://www.mathematik-verstehen.de/mathe-lehramt/kurven/lehre/lehre.htm

[Haftendorn 8] Website http://www.mathematik-verstehen.de/mathe-lehramt/geschichte/griechen/winkeldreiteil-falten.htm

[Haftendorn 9] Website http://www.mathematik-verstehen.de/mathe-lehramt/geo/geo-plus/quasi-konstrukt/quasi-konstrukt.htm

[Haftendorn 10] Website http://www.mathematik-verstehen.de/mathe-lehramt/kurven/kegel/leitkreis/leitkreis.htm

[Haftendorn 11] Website http://www.mathematik-verstehen.de/mathe-lehramt/kurven/kegel/namensgeheimnis/namensgeheimnis.htm, unten auf der Seite.

[Haftendorn 12] Website http://www.mathematik-verstehen.de/mathe-lehramt/geschichte/griechen/griechen.htm.

[Haftendorn 13] Website http://www.mathematik-verstehen.de/mathe-lehramt/numerik/numerik.htm.

[Heitzer 1998] Heitzer, Johanna (1998): Spiralen. Ein Kapitel phänomenaler Mathematik. 1. Aufl., 1. [Dr.]. Leipzig, Stuttgart, Düsseldorf: Klett-Schulbuchverl. (Lesehefte Mathematik).

[Henn 2012] Henn, Hans-Wolfgang (2012): Geometrie und Algebra im Wechselspiel. Mathematische Theorie für schulische Fragestellungen. 2., überarbeitete und erweiterte Auflage Wiesbaden: Vieweg+Teubner (Studium).

[Henn und Filler 2015] Henn, Hans-Wolfgang; Filler, Andreas (2015): Didaktik der Analytischen Geometrie und Linearen Algebra. Algebraisch verstehen - Geometrisch veranschaulichen und anwenden. Berlin [u.a.]: Springer Spektrum (Mathematik Primarstufe und Sekundarstufe I + II).

[Henn und Filler Website] Beweis zu den Quadriken http://www.mathematik.hu-berlin.de/~filler/didagla/dateien/Quadratische_Formen.pdf, allgemeine Website zum eben genannten Buch http://www.afiller.de/didagla.

[Hischer 2015] Hischer, Horst (2015): Die drei klassischen Probleme der Antike. Historische Befunde und didaktische Aspekte. Hildesheim: Franzbecker.

[Irrgang 1994] Irrgang, Rolf-Eberhard (1994): Kegelschnitte. Unter Mitarbeit von Scheid. 1. Aufl., 4. [Dr.]. Stuttgart: Klett (Themenhefte Mathematik).

[Kaenders 2014] Kaenders, Rainer (2014): Mit GeoGebra mehr Mathematik verstehen. Beispiele für die Förderung eines tieferen Mathematikverständnisses aus dem GeoGebra Institut Köln/Bonn. 2. Aufl. Wiesbaden: Springer Spektrum.

[Johanneum 2000] Johanneum Lüneburg zur Expo 2000. http://www.johanneum-lueneburg.de/expo/jonatur/wissen/mathe/kurven/kurven.htm

[Koecher 2005a] Köcher, Markus http://www.mathematik.de/ger/information/wasistmathematik/bruecke.html

[Koecher 2005b] Köcher, Markus http://www.mathematik.de/ger/information/wasistmathematik/tragseil.pdf

[Labs 2008] Labs, Oliver: Raumflächen-Software Surfer. http://www.imaginary2008.de/surfer.php?lang=en

[Labs 2015] Labs, Oliver: Website, 3D-Druck. http://www.oliverlabs.net

[Lambert 2016] Lambert, Anselm (2016): Experimentelle Geometrie: ein neuer Blick in alte Bücher. In: mathematik lehren (196), S. 44–46.

[Lietzmann 1933] Lietzmann, W. (1933): Kegelschnittlehre. Leipzig, Berlin: Teubner Verlag.

[Lockwood 1961] Lockwood, E. H. (1961): A Book of Curves. 1. Aufl. 1 Band. London: University Press.

[MacTutor 1999] St. Andrews history: Agnesi. http://www-gap.dcs.st-and.ac.uk/history/Biographies/Agnesi.html

[Math-World] Weisstein, Eric von Mathematica and the world's mathematical community http://mathworld.wolfram.com/topics/Curves.html, allgemein www.math-world.com.

[Mehlhorn und Curbach 2014] Mehlhorn, Gerhard; Curbach, Manfred (2014): Handbuch Brücken. Entwerfen, Konstruieren, Berechnen, Bauen und Erhalten. 3. Aufl. Wiesbaden, Springer Vieweg. Zitiert nach der 2., erw. und bearbeiteten Aufl. von 2010.

[Mathematikum] Mathematikum, Gießen, http://www.mathematikum.de

[Mathe Vital] Richter-Gebert, Jürgen Mathe Vital, TUM (TU München)

[Nix 1889] Nix, Ludwig (1889): Das fünfte Buch der conica des Apollonius von Perga, arab. Übersetzung Thabit, dt. mit Einleitung von Ludwig Nix, Leipzig: Drugulin, Volltext online verfügbar http://menadoc.bibliothek.uni-halle.de/ssg/content/titleinfo/931631

[Parchomenko 1957] Parchomenko (1957): Was ist eine Kurve? Berlin: VEB Dt.V.Wiss.

[Penßel und Penßel 1994] Penßel, Christine; Penßel, Hans-Jürgen (1994): Kegelschnitte. 1. Aufl., 1., unveränderter Nachdruck München: Bayerischer Schulbuch-Verlag (bsv Mathematik).

[Peters 2009] Peters, Thomas: Kettenlinie. http://www.mathe-seiten.de/kettenlinie.pdf

[Pólya 1949] Pólya, George (1995): Schule des Denkens. Vom Lösen mathematischer Probleme. Sonderausgabe 4.Auflage. 4. Aufl. Tübingen, Basel: Francke (Sammlung Dalp).

[Pólya 1969] Pólya, George (1969): Mathematik und plausibles Schließen. Bd. 1 Induktion und Analogie in der Mathematik. 2. Aufl. 2 Bände. Basel: Birkhäuser.

[Pólya1975] Pólya, George (1995): Mathematik und plausiblen Schließen. Bd. 2 Typen und Strukturen plausibler Folgerung. 2 Bände. Basel: Birkhäuser.

[Rademacher und Toeplitz 1933] Rademacher, Hans; Toeplitz, Otto (1933): Von Zahlen und Figuren. Berlin: Springer.

[van Randenborgh 2013] van Randenborgh, Christian: http://cermat.org/blog/christian-van-randenborgh-das-erforschen-von-historischen-zeichenger%C3%A4ten-im

[van Randenborgh 2012] van Randenborgh, Christian: Frans van Schootens Beitrag zu Descartes Discours de la méthode", journal="Mathematische Semesterberichte, Vol 59 Issue 2 pp 223-241.

[Riemer und Schmidt 2015] Riemer, Wolfgang; Schmidt, Reinhard (2015): Klothoiden „erfahren". - mit GPS, Google und GeoGebra. In: MU (4).Riemer, Wolfgang; Schmidt, Reinhard (2015): Klothoiden „erfahren". - mit GPS, Google und GeoGebra. In: MU (4). Online verfügbar: http://www.riemer-koeln.de/mathematik/publikationen/gps/mu-klothoide/klothoiden-erfahren.pdf

[Schlottke et al. 2002] Schlottke et al. (2002): Stationenlernen rund um den Kreis. Köln: Aulis Verlag.

[Schmidt 1949] Schmidt, Hermann (1949): Ausgewählte höhere Kurven. für Schüler der oberen Klassen und Studenten der ersten Semester. Wiesbaden: Kesselringsche Verlagsbuchhandlung.

[Schröer und Irle 1998] Schröer, Klaus; Irle, Klaus (1998): Ich aber quadriere den Kreis. Leonardo da Vincis Proportionsstudie. Münster, New York: Waxmann.

[van Schooten 1659] Frans van Schooten (1659): mathematische Offeningen. Gerrit von Godesberg, Amsterdam, S. 299ff, online verfügbar (niederländisch): http://www.fransvanschooten.nl/fvs_boek.htm

[Schumann 2007] Schumann, Heinz (2007): Schulgeometrie im virtuellen Handlungsraum. Ein Lehr- und Lernbuch der interaktiven Raumgeometrie mit Cabri 3D. Hildesheim, Berlin: Franzbecker.

[Schumann 2011] Schumann, Heinz (2011): Elementare Tetraedergeometrie. Eine Einführung in die Raumgeometrie. Hildesheim, Berlin: Franzbecker.

[Schupp 1988] Schupp, Hans (1988): Kegelschnitte. Mannheim: BI Wissenschaftsverlag

[Schupp und Dabrock 1995] Schupp, H., Dabrock, H.: Höhere Kurven: Situative, mathematische, historische und didaktische Aspekte. Mannheim: BI Wissenschaftsverlag.

[Schupp 2000] Schupp, Hans.: Kegelschnitte. Hildesheim: Franzbecker Verlag.

[Steinberg 1998] Steinberg, Günter (1998): Ausgewählte Aufgaben zur Analysis. Dr. A,1. Hannover: Schroedel.

[Steinberg 1993] Steinberg, Günter (1993): Polarkoordinaten. Eine Anregung, sehen und fragen zu lernen. Hannover: Metzler-Schulbuchverl.

[Weigand und Weth 2002] Weigand, Hans-Georg; Weth, Thomas (2002): Computer im Mathematikunterricht. Neue Wege zu alten Zielen. Heidelberg: Spektrum Akademischer Verlag.

[Weth 1993] Weth, Thomas (1993): Zum Verständnis des Kurvenbegriffs im Mathematikunterricht. Hildesheim: Franzbecker.

[Wikipedia] `https://de.wikipedia.org`, wenn nichts Anderes gesagt ist, geben Sie das jeweils naheliegende Wort bei der Suche ein.

[Wieleitner 1919] Wieleitner, H.: Algebraische Kurven I. Gestaltliche Verhältnisse. 1919. Aufl. Leipzig, Berlin:: Göschen, de Gruyter.

[Xah Lee Website] Xah Lee 2016, Webite zu Kurven mit Animationen, GeoGebra-Dateien und Mathematica-Dateien `http://xahlee.info/SpecialPlaneCurves_dir/specialPlaneCurves.html`.

Index